動物の進化生態学入門

教養教育のためのフィールド生物学

冨山清升［著］

学術図書出版社

はじめに

この本は，フィールド生物学（野外系生物学）の基礎を学ぶ教科書として企画された．フィールド生物学とは，生物学の中でも，進化学，系統分類学，生態学，行動学，保全生物学，等の野外のフィールドワーク（野外調査）を基盤とした研究体系を指している．これらの分野の基礎を解説した日本語で書かれた良質の教科書は，昔から少なく，大学の授業を進めるにあたっての頭痛の種であった．最近は，フィールド生物分野の教科書も，それなりに質の良い本が出版されつつあるものの，大著，もしくは，特定分野の本が多いのが現状である．このため，フィールド生物学の分野全般に関して広く触れた，授業で用いるための適切な内容の教科書が見当たらない状態だった．その様な状況のため，まず本書を，フィールド生物学を平易に解説する教科書として位置づけ，編集を行った．

本書は，大学の基礎教育課程において，教養教育を学ぶ学生向けに，フィールド生物学に関して易しく解説し，基礎科学としてフィールド生物学を学べるように工夫してある．

本書は読者として，大学の教養教育を学ぶ学生はもとより，高大接続教育（高等学校と大学の橋渡し教育）を学ぶ高校生や大学補習教育の学生，専門教育の基礎を学ぶ学生，フィールド生物学に興味を持つ一般読者や高校生，を念頭においており，フィールド生物学の基礎を学ぶために役に立てて頂けると思う．

この本を読まれた方は，まず，遺伝学や生態学の部分において，高等学校の「生物」レベルの内容が多いと感じられると思う．現在，高等学校の「生物」は，必修科目ではなく，特に文系学生は，高等学校時代に「科学と人間生活」や「生物基礎」という科目で生物学の初歩的な内容しか教わっていないことが多いようである．さらに理系学生は，医学部や工学部を主として，「物理」と「化学」を選択した者が多く，高校生物学の知識がない学生も多い．このため，例えば，私が勤務する鹿児島大学では，1 学年約 2100 名の学生のうち 8 割程度が理系で占められるという大学固有の事情もあるが，現場の文系理系の学生達の混じった教養教育の授業では，「生物」を高校で習っていない学生がクラス人数の約 5 割を超えることも珍しくない．したがって，昨今の基礎教育課程向けの生物学の教科書では，高等学校における「生物」分野の中でも，特に基礎分野の重複掲載が必須だと感じている．このため，特に遺伝学に関しては高等学校で学ぶ「生物」の内容を重点的に掲載した．

また，本書は，生物系の専門教育課程の学生がそれぞれの分野の基礎を学ぶための内容も念頭においてある．このため，日本のフィールド生物学の研究者の多くの割合を占める個体群生態学や農学分野を学ぶ学部や学科からの需要を考慮し，数式による解説も掲載するようにした．教養教育を学ぶための本への数式の掲載は，いささか疑問もあったが，数式を示さないと解説不能な項目もある．このため，なるべく平易な記述になるように数式はできる限り最小限に抑えた．しかし，ハーディー・ワインベルグの式，フィッシャー・ライトの集団遺伝公式，ロジスティック式，ロトカ・ヴォルテラの競争式・捕食式，包括適応度の公式，ゲーム理論の関連式，および，各種指標の算出式などには言及した．その他の数式は，できるだけ掲載を差し控えた．さらに，本書に出てくる数式の意味が理解できなくとも，解説の筋道は解るように構成した．

さらに，本書は，フィールド生物学に興味を持つ一般読者も考慮し，単なる入門教科書で終わらせないために，引用文献は，できるだけオリジナル論文や原典を引用するよう心がけた．本自体に資料性を持たせるために，詳細な引用文献表を掲載し，序章と終章には，やや入門書から外れる記述も載せた．

本書は，フィールド生物学に興味を持つ高校生も読者として考慮している．そのため，高等学校で学ぶ「生物」から大学の教養教育の生物学の内容に，知識レベルが容易に移行できるように配慮した．その意味で，この本は，高大接続教育のための教科書としても位置づけることもできるだろう．

本書の構成は，第 I 部：遺伝と進化，第 II 部：生態学，第 III 部：動物行動学，第 IV 部：保全生物学の 4 部構成となっている．日本では，動物行動学が生態学の一分野としてみなされているが，動物行動学は，心理学から派生してきた研究体系であり，ヨーロッパでは生態学とは別個の分野として扱われている．このため，行動学は別項として独立させた．

この本は，「動物進化学」，「生態学」，「動物行動学」，「保全生物学」という 4 本の理学部専門課程授業の講義ノートの中身から，教養教育向けの平易な事項を抜粋し，要約した内容となっている．たまたま，講義ノートの改訂作業を行っていたため，本書の執筆もそれに併せて行うことができた．

本文に出てくる初出の専門用語の重要語句は太字で表現し，特に重要な単語には，本文中で英訳を付けた．太字で表現した重要語句の英訳はすべて，巻末の用語索引に掲載した．本文中に出てくる生物名は巻末の生物検索で検索できる様にし，すべてに学名を付した．

この本で取り上げた内容そのものは，あまり目新しい理論は掲載していない．その意味で古典論に属する内容になると思う．それでも，なるべくは最近の情報を取り上げられるように，近年出版されたそれぞれの分野の各種文献を参考にし，引用文献として提示している．

そして最後に，若手の研究者の皆様方には，「この程度の本なら自分でも書ける．」と看破して頂き，さらに良質のフィールド生物学分野の教科書を執筆してくださるようにお願い申し上げたい．

2023 年 8 月 31 日

冨山 清升

コラム　ヤシガニ *Birgus latro*（オカヤドカリ科）

2012 年 5 月 27 日（日）与論島赤崎海岸．夜間に捕まえたヤシガニをトックリヤシの木に登らせた写真．通常，ヤシガニは夜行性で，昼間は隆起サンゴ礁（琉球石灰岩）の割れ目などに潜んでおり，このように昼間に木に登ることはない．ヤシガニは，太平洋域〜インド洋域の広い範囲の熱帯・亜熱帯域の島嶼に分布している．日本における生息域は，薩南諸島が北限となっている．ヤシガニは，「カニ」と名が付いているが，オカヤドカリの仲間でありカニ類ではない．幼少個体は，オカヤドカリと同様に貝殻に入って生活をしている．

目　次

第 III 部　行動生態学

序章　進化生態学を解説するにあたっての前書き

進化生態学の紹介を進めるにあたって，内容の指標となる序章を設けた．本章では，本文における議論の前提となるいくつかの事項を紹介してみたい．ここで述べる解説は，本文の中でも断片的に言及されているが，本文中で論ずるには文章として長くなってしまうため，本章で一般的な話題としてとりあげた．

1. ティンバーゲンの要因分析論

1973年，動物の行動学でノーベル医学生理学賞を受賞した，ニコラス・ティンバーゲンは「何故生物がある機能をもつのか？」に対する科学的な説明をする手法を4通りに分けて解説した (Tinbergen 1963)．これは，古代ギリシャの哲学者アリストテレスが提示した**四原因説**をもとに動物の行動進化を研究するための方法論を科学的に解説したもので，「ティンバーゲンの4つの何故」という命題として有名である．進化学研究者のジュリアン・ハクスリーやエルンスト・マイヤーも言及したため，進化学や生態学の分野では比較的有名な思考論となっている (長谷川 2002)．

① ある動物のその行動を引き起こしている直接のメカニズム要因は何なのだろうか．

② その行動は，どのような機能的有利性があるから進化してきたのだろうか．

③ その行動は，ある動物が受精卵から成長し死亡にいたるまでの一生の間にどのような発達過程を経て完成されたのだろうか．

④ その行動は，ある動物が進化してきた過程で，祖先型からどのような道筋をたどって現在の行動に至ったのだろうか．

これらの疑問は，フィールド生物学の分野では，それぞれ，①**至近要因**，②**究極要因**，③**個体発生要因**，④**系統発生要因**，と言われている．

例えば，「魚は何故泳ぐのか？」という命題に対する科学的解答を考えてみる．このような問題に対し，高等学校を卒業したばかりの学生にとっては，「出題者は何を意図としてこの問題を出したのか？」と考え，最も正解に近いと思われる受験生的な解答を1つだけ導き出す場合が多いと思う．しかし，この手の科学的命題に対する正解は1通りではないことを，今後とも肝に銘じておくべきだろう．下記に示した4つの解答例はすべて正解となる．

1. 魚が泳ぐための骨格，筋肉，および，ヒレを持っているから．
2. 魚は食物を摂取し，捕食者からすみやかに逃れるために泳ぐようになったから．
3. 魚が受精卵から個体として発生していく過程で泳ぐための機能が形成されたから．
4. 魚が始原的な生物から進化してきた過程で泳ぐ能力を持つようになったから．

上記4通りの説明は，すべて科学的には論理が通っており，それぞれに正しい解答となっている．しかし，これらの説明方法は，相補的ではあるが，あくまで独立した根拠に基づいており，混同してはならない．

上記4通りの説明を下記のようにも解説できる．

(1) 機構：どのようなメカニズムで魚が泳いでいるのか．

(2) 適応：どのように生息環境の中で生き残るために魚が泳げるようになったのか.
(3) 発生：どのような個体発生過程を経て魚が泳げるようになったのか.
(4) 進化：どのように生物の系統発生における進化過程で魚は泳げるようになったのか.

上記のように説明すると，より抽象的な解説になるだろう.

要因分析に関しては，それだけで大きな哲学テーマになるほど，種々の考察が行われてきた. 生命科学分野では，原因，機能，発生，系統の4要因論や，直接要因と本質要因の2要因論もよく知られている. 興味のある方は，類書を参照してもらいたい（長谷川 2002 等）.

2. 至近要因と究極要因

上記に示した，(1) の機構による説明，および，(3) の発生による説明の2通りの説明を合わせ，**至近要因**による説明とする場合もあり，また，(2) の適応による説明，および，(4) 進化による説明を合わせ，**究極要因**による説明とまとめる場合もある. この場合，多少なりとも英語が解る人は，「至近要因」= How 的な疑問に対する解答例,「究極要因」= Why 的な疑問に対する解答例，と置き換えて考えると解りやすいかも知れない.

生物学，もしくは，生命科学という名称でくくられる科学分野を考えて見ると，同じ命題に対しても，それぞれの研究者によって，追及している解答が異なっていることが解る. 実験室内で生命現象を研究する「実験系生物学」とよばれる分野では，至近要因 = How 的な原因追及が主要テーマであり，野外で生物を研究する「フィールド生物学」とよばれる分野では，究極要因 = Why 的な原因追及が主要テーマとなっている.

この本で解説する進化学，生態学，行動学，保全生物学などの分野は，フィールド生物学に属し，もっぱら究極要因 = Why 的な説明を展開することになる.

3. 至近要因と究極要因による解答例の違い

具体的に，命題「春になると何故ウグイスはさえずるのか？」に対する上記2種類の要因解答で記述してみよう.

(1) How（至近要因）的な解答例
春になると気温が上昇し，日長が長くなり，その変化が感覚刺激となって，ウグイスの視床下部から性ホルモン分泌促進ホルモンが分泌される. これによって，性ホルモンが体内に分泌され，発情する. 発情すると，交配のためにオスはさかんにさえずって，メスを誘うようになるから.

(2) Why（究極要因）的な解答例
ウグイスは適応度（⇒第I部第3章参照）を上げるように行動する遺伝的性質を持った個体が集団の中で多数を占めてきた（≒進化してきた）. 子孫をできるだけ効率よく残すには，餌も豊富でヒナの死亡率も低い春に繁殖を行うことがよい. 子孫を残すにはオスはメスとつがわなければならない. メスと効率よくつがうために，オスはよくさえずって，メスの注意を引く個体が沢山の子孫を残せたから.

以上のような2通りの説明になるのだが，一般の研究者達は，科学的な手続きに基づき，最も科学的な解答を得ようと日々努力をしている. では，科学的な手続き，もしくは，科学的な思考とはどのような方法論なのだろうか. 以下に簡単に解説したい.

4. 科学的思考の歴史

「科学的」とよばれる方法論は，古くは，ギリシャ哲学にまでさかのぼることができるだろう．しかし，現在もヨーロッパの思想に多大な影響を与えているプラトン哲学のイデア論は，我々が知覚している世界は，見ることのできない真の世界の投影であるとしており，ある種が別の種へ漸進的に変化するという進化的考え方とは真っ向から対立する．1859 年にチャールズ・ダーウィンによって提唱された進化論以降，現代アメリカのパブテスト派による進化学の否定に至るまで，ヨーロッパ文化における生物進化に対する一連の拒否反応は，その根源がプラトン哲学に原因があるように思える．

現代科学から観た場合，古代ギリシャの哲学の中で，アリストテレス哲学が現代的な科学論に近いだろう．アリストテレスは，抽象的な推論よりも直接的な観察の重要性を強調した．彼は，生物学の体系をまとめ，近代までヨーロッパの科学に大きく影響を与えた．観察を重視するアリストテレス的な思考は，現代科学まで繋がっている．ただし，アリストテレス哲学によれば，単純なものから複雑なものへの直線的な並びとして生物を順序づけており，生物の種は本質を固定されており，この世界は永遠であり変化しない存在としている．これは，どのような種類の生物進化も排除する見方であり，中世以降のキリスト教思想に強い影響を与えている．

ヨーロッパにおける中世は科学にとって暗黒時代との認識が強いが，まったく非科学的であった訳でもなさそうだ．神の存在証明論の 1 つとして，中世の大神学者トマス・アクエナスによって提唱された**目的論的証明**：Argument from design には，現代科学の萌芽を読み取ることができる．アクエナスは，アリストテレス哲学の影響もあり，生物を徹底的に観察した．彼が観察し，記録した生物の素晴らしい適応現象は，慈悲深い創造主の存在の証明であるとした．アクエナスが提唱者とされる**自然神学**：natural theology は，神の創造の秘密を解き明かす手段として，むしろ生物学の研究を促した．ただし，自然神学では，神によって創造されたこの世界は，創造の後に発展したとは考えないため，進化という考え方とは相容れなかった．

1453 年の中世ローマ帝国（ビザンツ帝国）の滅亡により，多量の古代ギリシャ・ローマの文献が西ヨーロッパにもたらされ，加えて，中世ローマ帝国の多数の学者達も西ヨーロッパに亡命してきた．その結果，古代ギリシャの自然科学的知識が再認識され，古代ギリシャ哲学の自然観察方法論の導入が行われ，15 世紀後半のルネサンスをもたらした．ルネサンス期には近代科学の萌芽がみられ，神聖な書物に関する深い検証や解釈ではなく，観察や実験によって世界を研究する思考への転換が生じた．

ルネサンス期以降，地動説に代表されるように，人間（あるいは地球）を世界の中心から移動させた結果，想像以上に世界は大きく変化に富んでいることが明らかにされた．ルネ・デカルトの機械論によって，複雑な現象の単純なしくみへの還元が行われ，その発展型として近代科学の誕生となるが，それは，物質的世界だけの状況であった．一部では，科学的探求を生物分野にまで広げられたが，当時の生物学のレベルでは効果的ではなかった．

ルネサンス期以降の人間中心主義において，自然神学の中から，**理神論**：deism とよばれる思想が生じた．理神論では，神が不変の自然法則を設計し，その法則が神の干渉なしに機械的に宇宙を生み出したとし，生物の環境への適応や相互作用の研究を通じて，神の計画を理解することが重視された．その哲学に基づき，個々の生物の環境への適応の詳細な研究事例が蓄積されていった．その様な正確な生物の諸現象の記載の蓄積が，後に進化の理解を早める結果を導いた．ダーウィンの生きた，19 世紀前期までの科学は，理神論に基づいて展開されており，ダーウィン自身も理神論者だったと言われている．

5. 帰納法

現代科学における方法論の始祖は，イギリスの哲学者フランシス・ベーコンとされている．ベーコンは，「知識は力なり」: Ipsa scientia potestas est という名言に代表されるように，徹底した自然現象の観察主義者であった．多数の観察成果の中から，一定の法則性を見いだすという方法論を編み出し，これが，後に，**帰納法**：Induction とよばれる現代科学の 1 つの方法論となった．

哲学では，帰納法は，多数に分類分けされているが，一般に自然科学の分野では，帰納法とは，**枚挙的帰納法**：enumerative induction をさすことが多い．それは，法則に関連する観察が増えれば増えるほど，その法則の確からしさは増大する，という原理に基づいており，野外生物学では，多数の観察例が要求される．これは，**確実性の原理**とよばれている．ただし，枚挙にはきりがないため，法則を正当化するために，すべての事象は，他に理由がない限り，これまで通りに進行する，という論理が展開される．これを**斉一性の原理**と呼んでいる．

しかしながら，詳細な説明は省くが，帰納法には，いくつかの欠陥が指摘されており，厳密な科学的思考も 20 世紀初頭には行き詰まりが生じていた．

6. 仮説演繹法

「進化は過去に起こった出来事を扱う分野であり，タイムマシンでもない限り，実際に生じた事象は観察できない．すなわち，進化学は科学ではない．」といった論理はよく聞かされる．厳密には，帰納法のみに拠っていては，生物進化の証明は，不可能ではないが，きわめて困難である．すなわち，20 世紀初頭には，当時勃興しつつあった現代的な進化学，生態学，行動学も科学的証明の方法論で大きな壁に直面していた．

その様な証明の方法論の壁を突き破ったのが，19 世紀に発想され，20 世紀に入って理論的に厳密化されつつあった**仮説演繹法**：hypothetico-deductive method とよばれる方法論であった（高島 1974）．

仮説演繹法を簡単に説明すると，(1) 事象の観察を行う，(2) 観察の中から問題点を抽出する，(3) 問題点を説明する仮説を設定する，(4) 仮説を検証する実験や観察を行う，(5) 実験や観察の結果，仮説に矛盾のないことを確認する定式化を行う．という手順となる．この場合，仮説の提示はなるべく多い方が，定式化が強固になるとされ，それぞれの仮説には，あくまで反証可能性が要求される．

フィールド生物学においては，多くの仮説や有力な仮説を導き出すためには，数多くの事前観察が要求される．少数の観察例のみでは，誤った仮説が立てられる可能性もある．このため，帰納法と仮説演繹法を組み合わせた方法論が推奨されている．

進化生物学における機能的な適応分析については，ポパーの形而上学的研究プログラム：metaphysical research program；(Popper 1976)，もしくは，ラカトシュの科学研究プログラム：scientific research program；(Lakatos 1978) のモデルが厳密に適用される．その思考は，仮説演繹法に立脚した方法論を是とする現代の進化生態学の研究者からも支持されている（岸 1991）．

現代では，科学的思考とは，仮説演繹法に立脚した科学的な手続きを指しているとも言える．現代科学の方法論の主流は，その方法論を仮説演繹法に拠っており，フィールド生物学であっても例外ではない．例えば，フィールド生物学の投稿論文においても，仮説演繹法に基づく論理展開が行われていないと，投稿した科学誌から受理されない場合が多い．

仮説演繹法にも多くの欠陥や限界が指摘されているが，その詳細は列挙しない．例えば，大前提となる仮説の提示前の段階では，仮説演繹法自身があまり機能しないという指摘もある．また，近年のフィールド生物学においては，確率論や偶然性が重視される傾向にあるが，その様な現象の分析には仮説演繹法は非常に弱い．そもそも，フィールド生物学の分野では，観察結果やデータそのものにきわめてノイズが多いことが常識であり，法則性があてはまる事例が 3 割を超える現象はむしろ少ない．このような場合では仮説演繹法は強みを発揮できない．すなわち，仮説演繹法は，物理学のような例外事例が，ほとんど存在しないか，きわめて少ない分野で威力を発揮できる．つまり，仮説演繹法は，「エリート科学」向けの研究方法論であって，フィールド生物学とは相性が悪いとも言える．

7. 科学研究を行う動機づけ 3 種類

昨今，研究費の不正使用，とか，御用学者の大活躍，および，それに伴う研究者の利益相反行為といった話題に事欠かない．これらの社会現象を背景に研究倫理が盛んに問われるようになった．研究社会は，昔はもっと牧歌的であったのであるが，何故，最近になって，このような話題が頻出するようになったのだろうか．研究の分野へもコスト（損失）とベネフィット（利益）の比較といった経済学的論理が導入されるに至り，研究業績が厳しく問われるようになった時代背景が最も大きな要因と思われる．すなわち，全世界の研究者が，研究業績を上げるために，なりふり構っておられない研究環境に置かれるようになってしまっている．このため，研究の動機づけが大きく変化していることがその背景として挙げられるだろう．

また，フィールド生物学を行う研究者の共通話題として，「その研究がいったい何の役に立つというのですか？」という，非難じみた疑問を投げかけられることが多いという体験を誰でも一度ならず持っている．どうやら，世の中は，自然科学は「役に立つ研究」をやらねばならないという錯覚が強いと思われる．基礎科学ほど，「何の役に立つのですか？」と問われることが多いようで，それも日本では，科学ジャーナリストとよばれる，ある意味，科学に精通しているはずの報道関係者から，その様な質問を投げかけられる事例が多い．源氏物語を研究している国文学の研究者に対し，「その研究が何の役に立つのですか？」などという愚問を投げかけるジャーナリストは少ないだろう．どうも，自然科学分野の「研究」を行う動機づけに関する認識に大きな錯誤があるとしか思えない．

研究の動機づけは，大きく分けて 3 種類程度に分類分けされるだろう．

まず，ヒトがヒトたる本質として，ヒトが個体の生命維持や子孫維持とは関係のない行為を行う存在であることが，他の動物と比較して特異的だとし，ヨハン・ホイジンガーは「遊び」という単語を使い，ホモ・ルーデンス (Homo Ludens：遊ぶヒト) という造語を用いて，ヒトの遊びの意義に関して論じた (Huizinga. 1938)．科学研究とは，その様な「遊び」に類する好奇心に基づく動機づけを，最も根源的な科学研究の動機づけとみなされうるだろう．これを第 1 の動機づけと位置づける．岸 由二は，この科学の動機づけを，ドイツ語の前置詞の性質を用い，好奇心に基づく動機づけを「für」的動機と定義した (岸 2019)．

次に，社会の発展と共に，科学技術が，社会の維持に役に立つ，場合によっては，医学や薬学のように，科学がヒトの命を救うことになる事例が出てくるようになった．このため，自分自身の好奇心に基づいて行っていた行為が，他人の幸福，もしくは，ヒト社会の役に立つということが判明するにおよび，それを目的とする新たな動機づけが生じるようになったと推定できる．これが第 2 の動機づけである．岸は，この科学の人のために役に立ちたい動機づけを「mit」的動機と定義した (岸 2019)．

最後に，ヒト社会の巨大化と複雑化に伴い，科学研究を行う者が，独立した職業として認知されるようになった．いわゆる学者とよばれる階層の出現である．学者の地位を維持するためには，社会的な認知を得るために，研究業績を上げなければならない．さらに，経済的に食っていくためには，研究によって特許を取る等の金もうけもしなければならない．さらに，産業の発展や特許制度の整備の結果，研究そのものが資産を生み出す道具ともなった．そこに，金もうけや地位・業績のために研究を行うという第3の動機づけが出現することとなった．この第3動機づけの強い方々は，第1動機づけをして“趣味的動機づけ”とみなして嫌う傾向が強い．岸は，この科学で金や地位を得たい動機づけを「von」的動機と表現した（岸 2019）．そして，昨今の研究者不祥事や堕落は，「von」的動機づけで科学研究を行う者が増えているためだ，とした．岸は，また，シモーヌ・ベェイユの，「科学の与えるものは三つの益．その一は技術的な応用，その二はチェスの試合，その三は神への道」という言葉（Weil 1947）を引用している（岸 2019）．

フィールド生物学に限らず，研究を行うにあたって上記3種類の動機づけの中で，1種類だけの動機に基づいて研究を行っている人はほとんどいないだろう．動機づけの強弱はあるとは言え，頭の中は，上記3種類の動機づけのモザイクになっているはずだ．

8．フィールド生物学としての進化生態学の動機づけ普遍性

研究を行うにしろ，自然観察を行うにしろ，誰でも何らかの動機づけがあって，実施している行為だろう．ニコラス・ティンバーゲンの専門分野であった行動学に関して考えてみると，視点を変えれば，歴史的には，研究方法論のめまぐるしい変遷があった．それに伴い，研究を行う側の研究の動機づけ，および，研究分野側の要求する研究の内容も大きく変動していった（⇒第 III 部参照）．

動物行動心理学は，19 世紀末に心理学から派生した．動物行動心理学は，20 世紀初頭，機械論と生気論のぶつかり合いの中で，走性，反射，本能，学習や知能などの概念を生み出した．これが，行動学の1回目のパラダイムシフトである．しかし，1920 年代，動物心理学は，あまり意味のない複雑な行動実験や，極端な解釈至上主義に走り，科学的な思考から離れていった．そこでは，実際の研究の目指すところと，単純に動物観察が面白い，という動機づけで研究を行っている者との間に乖離（かいり）が生じていった．この分野は，現在も，動物心理学という形態で続いている学問体系であるが，野外観察を主体とするフィールド生物学ではなくなってしまっている．

ヨーロッパには，貴族文化を源流とする野外観察を重視したナチュラリストの伝統がある．20 世紀初頭の段階で，主流科学とはやや距離を置いた形で，膨大な量の野外観察例が蓄積されていた．その様な野外観察主義の中から，ティンバーゲンやコンラード・ローレンツを中心とした心理学ドイツ学派から動物行動心理学という新しいフィールド行動学が派生してきた．動物行動心理学には，野外観察主義の人材が多数流入し，行動学研究の一大ムーブメントとなった．これが行動学における2回目のパラダイムシフトである．やがてティンバーゲンらの体系化された行動学が認められ，1973 年にノーベル医学生理学賞が授与されることになる．

しかし，動物行動心理学の主流派は，より厳密な動物行動の原理を追求するために，神経に電極を打ち込んで動物行動の神経伝達現象を分析する神経生理行動学や，ホルモンによる行動の制御を分析する内分泌生理行動学にシフトしていった．やはり，その方面の研究分野は現在も継続しているが，およそ野外観察の生物学とは言えないレベルにまで発展的解消をとげてしまっている．単純に野外観察が面白いという動機で動物を追いかけたい人材は，この分野には寄りつかなくなってしまった．これも，科学側が要求する研究内容と研究する側の動機づけの不一致によると認められる．

その時代，一部の行動生理学の研究者が，その時代における学生の評価として，「最近は，『動物の行動を観察するのが楽しいので動物行動学を研究テーマとして選びました．』，とか主張する“個人的趣味”で動物行動を研究したいと申す学生が多くて困ったものだ．」と苦言を呈していたのを覚えている．研究の動機づけをして趣味と言われてしまっては取り付く島もないが，下記のような研究入れ替わりの時期が背景にあった．（⇒第 III 部第 22 章参照）．

動物行動学は，1964 年発表のハミルトンによる血縁選択説（⇒第 III 部第 23 章参照）の提唱以降，進化学と結びついた形で，行動生態学や社会生物学という名称で 1970 年代以降の動物行動学の主流となった．これが，3 回目のパラダイムシフトの招来であった．行動生態学は，仮説演繹法の方法論を前面に出していたこともあって，野外観察に基づく仮説検証を重視した．それで，単純に野外観察が好きだ，という動機づけと結びつきが良好で，多くの野外観察主義者（ナチュラリスト）が研究人材として流れ込んだ．

行動生態学，行動進化学，もしくは，社会生物学とよばれる分野は，現在も継続している．しかし，過去に 3 回生じた行動学のパラダイム転換を引き起こした「研究側の要求する研究内容と，研究者側の動機づけの不一致」も既に生じつつある．社会生物学の大きな特色の 1 つであったヒトの行動研究分野の多くは，人類学に融合し，発展的解消をとげてしまった．また，1990 年代から，親子判定や血縁判定のために DNA 分析などの，生理学や分生生物学的な手法を用いた行動生態学が流行り始めた．最初は，野外観察結果の検証のために，手段として，その様な実験系生物学的な手法を用いていたのだが，現在は，主従関係が入れ替わり，その目的と手段の逆転現象が生じつつある．

実験系生物学の手法を用いて，フィールド生物学の学会などで成果発表をすると，一見，派手で最先端研究を行っているような錯覚を覚える．しかし，手法的には，実験系生物学の分野では，既存のルーティンワーク化した実験方法を用いているに過ぎない．たまたま，フィールド生物学でその様な手法を使っていた者がいなかったというニッチの空隙（⇒第 II 部第 15 章参照）を見ているだけだろう．

例えば，とある学会の懇親会の席における自己紹介で，「マイクロサテライト遺伝子の分析に興味があって研究しています．材料は某動物種で，血縁判定をやっています．」とお聞きした経験がある．詳しく伺うと，あくまで興味があるのはマイクロサテライト遺伝子の分析であって，材料は何でも良かったとのことだった．本来の野外生物学の研究であれば，某動物種が研究目的の対象であって「主」であり，マイクロサテライト分析はその手段の「従」だと思うのだが．これは個々人の価値観の相違だと思うが，実験系生物学における，生物種を研究の「部品」や「材料」としてしか見ない材料主義には，学生時代から強い違和感をいだいていた．

ともあれ，フィールド生物学にとって深刻な状況は，特に学生・大学院生クラスの若手が，その様な実験系生物学の手法を用いた研究が「最先端のフィールド生物学である．」と勘違いしているところにある．そのため，ヨーロッパ伝統のナチュラリスト文化に源流がある野外観察主義との乖離が既に生じてしまっている．二度あることは三度ある．結果として，またもや，フィールドワーカーとしての人材，単純に野外観察が好きだという人材が，行動生態学から離れつつある．実際に，学生の大学院進学先の選択の段階で，フィールドワークは達人級であるものの「DNA の分析や，実験室で細かい実験やらされるのは嫌だ．」と主張する学生さん達が少なからず存在する．「研究上必要だから...」と説得し，DNA 塩基配列に基づく解析実験を勧めても拒否反応を示す学生さんもいる．このあたりの状況は少し深刻に受け止めた方がよいかも知れない．人材の枯渇は，その研究分野の先細りを意味している．

しかしながら，フィールド生物学の将来には，あまり悲観していない．「野外に出て動植物を観察することが好きだ．」という人材は，いつの時代にも多数存在する．その様な人材集団が，新たな 4 回目のパラダイムシフトを図ってくれるだろう．いや，既にパラダイム転換は生じており，気づいていないだけなのかも知れない．

フィールド生物学・進化生態学の理論装置，包括適応度の理論（⇒第 III 部第 23 章参照）のような発見法は，哲学や科学のようにもちまわるのではなくて，ナチュラリストの道具箱におさめて，「大地にいでよ，都市の自然保護の前線にでよ！」，という「まなざし」メッセージの根っこは；

mit Wissenschaft Leben !

コラム　現代人類の起源

本書では，進化における古生物学に関する解説をほとんどカットしたが，人類進化に関する記述も掲載しなかった．しかしながら，このコラムで，現代人の起源に関して簡単に紹介したい．専門的な記述の詳細は，この方面の学術書や本書の解説を読んで欲しい．

ヒトと他の類人猿との系統関係はDNAを用いた分子系統解析でほぼ決着している．約1000万年前とされるチンパンジーとの分岐以降の歴史は化石情報に頼るしか術がなかったが，比較的新しい化石からは，化石DNAも抽出できるようになり，DNA分析による研究も進歩している．人類発祥の地はアフリカ大陸の東部地溝帯であり，主に東部アフリカで各種の人類が進化した．その後，何派にも分けてユーラシア大陸に進出したが，現在生き残っている人類種は現生人類のみである．

ミトコンドリアDNAは，母系遺伝しかしない．このため，世界各地の人々のミトコンドリアに蓄積した突然変異をもとに，枝分かれの時期を推定し，さかのぼっていくと，12万～20万年前ごろアフリカにいたであろう8名の女性（ミトコンドリア・イヴ）にたどり着く．現代人のミトコンドリアDNAの基本型（ハプロタイプ）は，8タイプのみであり，女性8名と推定される．すなわち，アフリカ南部のL0a，L0k，L0dの各古い型，アフリカ多地域のL1，L2，L3の各型，および，ユーラシア大陸・南北アメリカ大陸のM型とN型である．現生人類の祖先は約20万年前にアフリカ南部のボツワナ・マカディカディ低地で生まれた．最初期の人口は10数名以下と推定される．祖先たちは13万～11万年前ごろまで同地域で生活し，人口は数千人まで増えた．気候変動に伴って南と北へ拡散を始め，北方のL3型からM型とN型が分化した．約6万年前には，M型はスエズ地峡を通り，N型は当時陸続きだった紅海南部を通ってアフリカを出て世界中に広がった．

現代人の13,454対の遺伝子のDNAコドンの同義置換率と非同義置換率の数値から，現代人（約70億人）の遺伝的多様性は，チンパンジー（約2～5万頭）に比較しても非常に低いことが解った．すなわち，現代人は，極めて小人数の集団が起源となっている．また，現代人どうしのミトコンドリアDNAを比較すると，アフリカ内の現代人の遺伝的多様性よりも，アフリカ以外の地域の現代人の遺伝的多様性は，非常に低いことが解った．

化石の分析から，ネアンデルタール人は，20万～4万年前のリス-ウルム間氷期に進化し，ウルム氷期第I期まで生存していた．しかし，現代人との交雑の結果，消えてしまった．DNAの分析から，ネアンデルタール人は，白い肌・金髪・碧眼という北方適応の形質を持っており，現代人に受け継がれている．

2008年にロシアの西シベリアのアルタイ山脈にあるデニソワ洞窟で5～7歳の少女の小指の骨の断片が発見され，細胞核DNAの解析の結果，ネアンデルタール人でも現代人でもない第三人類であることが判明し，デニソワ人と命名された．デニソワ人はネアンデルタール人と近縁なグループで，約80万4千年前に現生人類との共通祖先からネアンデルタール人・デニソワ人の祖先が分岐し，約64万年前にネアンデルタール人から分岐したことが判明した．デニソワ人も現代人との交雑の結果，消えてしまったと推定される．また，現代人のDNAに埋もれている塩基配列のAI分析の結果から，第四人類の存在も推定されている．

アフリカ以外の地域の現代人には，数％の割合で，ネンデルタール人やデニソワ人由来の遺伝子が受け継がれていることが解っている．目の瞳の色が，緑色や青色の薄色のヒトは，日本人では約1％の割合で存在し，非常に大雑把な計算で，10人に一人が薄色瞳の遺伝子を持っていることになる．これらの遺伝子は，ネアンデルタール人やデニソワ人由来であろうと推定できる．

第 I 部

生物の進化学

現代の生命科学の基礎を成す理論は，(1) **生命現象の中心原理**（**セントラルドクマ**），および、(2) 生物の進化理論であろう．

DNA の遺伝情報が RNA に転写され，タンパク質に翻訳される一連の流れは，**セントラルドグマ**（中心原理）とよばれ，すべての生命現象の根幹を成している（図 1）．

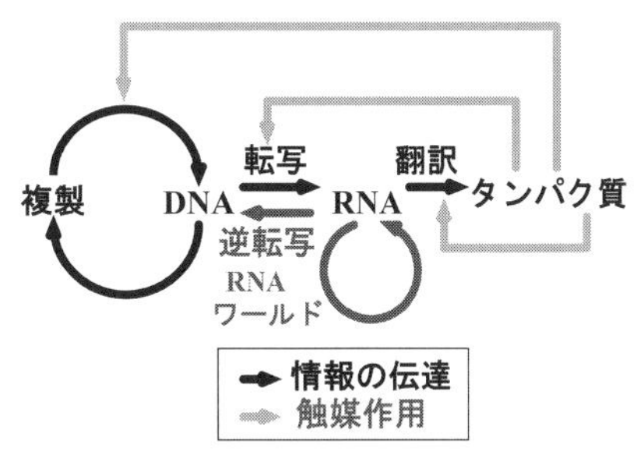

図 1　生命現象のセントラルドクマ（中心原理）：クリックが提唱（click 1957）．クリックは，DNA の遺伝情報発現に RNA が介在していることを予測した．DNA ⇒ RNA ⇒タンパク質

現代進化生物学の理論は，生物学や古生物学などの基礎科学から，医学や農学などの応用科学などの分野を統一的に指揮する原理である．生物進化学の理論は，1859 年にダーウィンによって科学的な説明が行われて以降，遺伝学，生理学，細胞学，発生学，生態学などの生命科学各分野の発展を取り入れながら共に進歩してきた．すなわち，進化生物学は，他のすべての分野の生命科学の現象を説明するための枠組みを提供し，また，逆に，進化生物学は，他のすべての生命学に分野の理論に依存している (Futuyma 1989)．そこで，第 I 部では，現代の進化学に関し，概説してみたい．

現在の地球上に存在するすべての生物は，現在よりもはるかに少数の，約 40 億年前～35 億年前には存在していたであろう生物に由来する．どの生物のもつ遺伝子もすべて，祖先から受け継いできた遺伝子に由来している．生物の進化を，「変化を伴う生命の継承」と定義するならば，進化の理解は，遺伝現象を理解して初めて可能になる．このため第 I 部の前段では，遺伝現象に関する簡単な解説を行う．

第 1 章

生物の進化とは

1.1 生物の進化の説明

地球上に存在するすべての生物は，約 39 億 5000 万年前には存在していたと推定されている生物に由来している．最古の生命活動の証拠と言われるものは，2017 年に 39 億 5000 万年前のカナダ北東部の岩石中から見つかっており，直径 10〜20 μm の球状の炭素塊とされている．最古の生物の化石とされるものは，1980 年代に南アフリカや西オーストラリア（1982 年）で発見された約 35 億年前の糸状の細菌と推定される化石である (Futuyma 1989)．

最初の生命体は，複数回生じた可能性もあるが，現在の地球上に生息するすべての生物の起源は，偶然生き残った恐らく 1 つの生物であろう．その根拠は DNA の遺伝子暗号を規定した有機塩基の暗号表にある（表 1.1）(⇒第 I 部第 5 章参照)．現生の生物は，すべて同一の遺伝子暗号に基づいて生命活動を営んでいる．この同一の遺伝子暗号をもつ生物が多発的に複数回生じる可能性はほぼないと言ってよい．

約 35 億年前から現在に至る間，その途中で進化に伴う分化とよばれる過程を経て，1 つの起源から，現在の多種多様な生物が存在する状態に至っている．現在の地球上には，多種多様な生物種が存在するが，それらは，進化の中で，**種分化**とよばれる過程を経て出現してきたものである．種分化とは，進化

表 1.1 標準遺伝暗号表．*m*RNA の塩基配列で示す．このうち 4 つ（3 種類の停止コドンと 1 種類の開始コドン）は，信号であることに注意．メチオニンをコードする AUG コドンは，通常，開始に使われる．コドンは慣例上，5′ 塩基を左側に 3′ 塩基を右側に表示した．各アミノ酸の括弧内は，3 文字略号と 1 文字略号を示す．

第一位 (5'末端)	第二位				第三位 (3'末端)
	U	C	A	G	
U	UUU フェニルアラニン (Phe: F)	UCU セリン (Ser :S)	UAU チロシン (Tyr :Y)	UGU システイン (Cys :C)	U
	UUC フェニルアラニン (Phe :F)	UCC セリン (Ser :S)	UAC チロシン (Tyr :Y)	UGC システイン (Cys :C)	C
	UUA ロイシン (Leu :L)	UCA セリン (Ser :S)	UAA 停止	UGA 停止	A
	UUG ロイシン (Leu :L)	UCG セリン (Ser :S)	UAG 停止	UGG トリプトファン (Trp :W)	G
C	CUU ロイシン (Leu:L)	CCU プロリン (Pro:P)	CAU ヒスチジン (His:H)	CGU アルギニン (Arg:R)	U
	CUC ロイシン (Leu:L)	CCC プロリン (Pro:P)	CAC ヒスチジン (His:H)	CGC アルギニン (Arg:R)	C
	CUA ロイシン (Leu:L)	CCA プロリン (Pro:P)	CAA グルタミン (Gln:Q)	CGA アルギニン (Arg:R)	A
	CUG ロイシン (Leu:L)	CCG プロリン (Pro:P)	CAG グルタミン (Gln:Q)	CGG アルギニン (Arg:R)	G
A	AUU イソロイシン (Ile: I)	ACU トレオニン (Thr:T)	AAU アスパラギン (Asn:N)	AGU セリン (Ser:S)	U
	AUC イソロイシン (Ile: I)	ACC トレオニン (Thr:T)	AAC アスパラギン (Asn:N)	AGC セリン (Ser:S)	C
	AUA イソロイシン (Ile: I)	ACA トレオニン (Thr:T)	AAA リジン (Lys:K)	CGA アルギニン (Arg:R)	A
	AUG メチオニン(開始) (Met :M)	ACG トレオニン (Thr:T)	AAG リジン (Lys:K)	CGG アルギニン (Arg:R)	G
G	GUU バリン (Val:V)	GCU アラニン (Ala:A)	GAU アスパラギン酸 (Asp:D)	GGU グリシン (Gly:G)	U
	GUC バリン (Val:V)	GCC アラニン (Ala:A)	GAC アスパラギン酸 (Asp:D)	GGC グリシン (Gly:G)	C
	GUA バリン (Val:V)	GCA アラニン (Ala:A)	GAA グルタミン酸 (Glu:E)	GGA グリシン (Gly:G)	A
	GUG バリン (Val:V)	GCG アラニン (Ala:A)	GAG グルタミン酸 (Glu:E)	GGG グリシン (Gly:G)	G

の過程において1つの生物種が複数の生物種に分かれる過程を言う．

(1) どの生命体のもつ遺伝子もすべて，祖先から受け継いできた遺伝子に由来する．
(2) 「変化を伴う継承（進化）」の理解は，遺伝のしくみを理解して初めて可能になる．

地球上には多種多様な生命体が存在するが，これらはすべて進化によってもたらされたものである．進化 evolution とは，世代を経るうちに，今までとは異なる新しい遺伝的性質をもつ個体が現れ生物の集団内に広がっていく現象を指している．そこでは，新しい性質は，親から，子，孫へと受け継がれ，代々にわたって遺伝しなければならない．

進化は，「生物の遺伝的性質が世代を通して変化していく現象」と定義できる．進化は，単純なものから複雑なものへの変化や，下等なものから高等なものへの変化を意味するものではない．

どの生物のもつ遺伝子もすべて，祖先から受け継いできた遺伝子に由来している．生物の進化を，「変化を伴う生命の継承」と，さらに短く定義し直すならば，進化の理解は遺伝現象を理解して初めて可能になる．そこで，第I部第2章〜第7章では，生物の遺伝現象を理解するための基本的な理論の解説を行う．

1.2 進化現象の概略

進化の現象は，以下の5点に要約できる (Patterson 1978)．

(1) 再生産：生物はその性質（**形質**）：character のよく似た子孫を再生産する（**遺伝**）．
(2) 過剰生殖：親のもつ生殖能力は，実際に生き残る子の数をはるかに上回ることが通常である．
(3) **変異**：生物が，一定空間の中で生息する際の個体のまとまりを集団と言う．生物の集団内の各個体は，種々の形質が異なっている場合が多い．この形質の違いを**変異**：variation と呼び，変異の多くは，子孫に伝わる（遺伝的）．ただし，まったく新たな形質（**突然変異**：mutation）が出現することもある．
(4) **自然選択**：natural selection 生物が，生存する環境を伴う空間は有限であるため，そこに生息できる個体数は，有限個体である．このため，その空間に多数の子孫を残せる形質を持った個体の子孫が，その空間で多数派を占めていく．すなわち，多数の子孫を残すために有利な形質を持った個体は，有利さの少ない形質を持った個体よりも多くの子孫を，その生息空間の中に残す．
(5) 分岐：生物の生息環境は時間と共に，また，場所によって変化するが，それぞれの環境において，それに適した遺伝的変異が，自然選択の結果，残っていく．したがって，元は同一の集団であっても，異なる環境条件下で生活するようになった別集団どうしは，それぞれの環境に適応するにつれて，互いに異なる形質を各集団内で共有するに至る．このため，互いに別環境に生息するようになった集団どうしは，異なる形質を共有した複数集団に分岐する．

上記の現象を端的に表現すると，**変異**，**遺伝**，**自然選択**の3条件を満たせば，自然選択による進化は自律的に進行する．その際，複数の集団が別環境に生息している条件では，分岐が生じる (Myer, 1969)．第I部第6章〜第11章では，これらの進化を動かしている基本原理と具体例の解説を行う．

ちなみに，中学校や高等学校の教科書では，進化学用語として，ダーウィンが用いた英語の Natural Selection に対応する用語として「自然選択」という言葉を用いている．自然選択でも誤りではないが，この言葉からは，「何かが選択している．」，もしくは，「何かによって選択されている．」という他者によって外的に操作されているという印象を受けかねないし，その解釈に従い，生物進化に関する数多くの誤解が生じてしまった歴史がある．また，その訳語として自然淘汰という単語もときどきみかける．しかし「淘汰」であっても，言葉としては外的作用を意味し，劣る物が姿を消すというほとんど同じ意味の単語である．結局，Natural Selection や自然選択も自然淘汰も言葉としては，現象の本質を言い表していないが，詳細は後述する（⇒第 I 部第 10 章参照）．

1.3 進化は観察できる

「進化は長い時間かかって生じるものであり，目撃ができない．目撃ができない現象は検証ができないため，進化学は科学ではない」といった乱暴な議論が 1970 年代までは普通に聞かれた．しかし，進化の現象は実際に目撃できる．その実例の 1 つを挙げてみよう．

ガラパゴス諸島の大ダフネ島は，例年の年間降水量が 100 mm 程度しかない乾燥した島である（図 1.1）．この島では，わずかに雨が降る 12 月から 3 月にかけての雨季に，植物は花を付け，雨季が終わる頃には結実し，種子をばら撒く．この島に生息するガラパゴスフィンチは，これらの植物の種子を専食している．例年通りの乾燥した年であれば，軟らかい種子はすぐに食べ尽くされてしまい，乾期の後半は種皮の硬い種子を食べることができなければ，飢え死にしてしまう．このため，くちばしの大きな個体が硬い種子を食べることができるため，子供を多く残せる．くちばしの太さや長さが大きな個体の生き残り率が高く，くちばしが大きくなる選択圧がかかっていた．くちばしの大きさは遺伝的である．1977 年の大干ばつの結果，1976 年から 1978 年のわずか 2 年の間にくちばしが大きくなる進化が観察できた．

しかし，1982 年 12 月から 1983 年 2 月の雨季には大規模なエルニーニョが生じ，ガラパゴス諸島に観測史上最大の雨が降った．このため，軟らかい種子を生産する植物が大量の種子を付け，豊富な餌をもたらした．くちばしが小さい個体は，大きな個体に比べ，短時間で効率的に採餌ができる．1984～1985 年には，上記とは逆に，スリムなくちばしで小さな体形の方へ形態へと大きな変化が生じた．すなわち，くちばしの大きさの変化という進化の現象が短期間で目撃できたことになる（Boag 1983; Gibbs & Grant, 1987）．

このような 1 つの種の中において短時間で生じる遺伝的変化を小進化とよび，長い時間をかけて大き

図 1.1　ガラパゴス諸島の地図．地名標記は英名ではなく，現地名とした．

な形態の変化を伴う進化を大進化とよんで区別してきた．しかし，両者は，連続的なものであり，特に区別する必要はない．その詳細は後述する（⇒第I部第9章参照）．

1.4　現代の遺伝学と進化学の簡潔なまとめ

DNA（遺伝物質）は，表現型を決めるために，細胞および環境と相互作用する．進化するのは集団である．種は1つの遺伝的に均質な集団ではない．種：species の進化とは，集団に含まれる異なる種類：kind の個体の占める割合の変化であり，突発的な，あるいは，継続性のない変化ではない．species と kind の違いは後述する（⇒第I部第8章参照）．

また，進化は枝分かれする木に似ている．集団は変化し，異なる種に分かれ，しばしば絶滅する．進化は特定の到達点に向かって進まない．集団は偶然の変異と変化する環境に応答して進化する．

コラム　ガラパゴス諸島におけるガラパゴスフィンチのくちばしの大きさの進化

グラント夫妻：{ピーター・レイモンド・グラント（Peter Raymond Grant；1936年10月26日～）とバーバラ・ローズマリー・グラント（Barbara Rosemary Grant；1936年10月8日～）} は，1973年から，毎年，ガラパゴス諸島の小さな無人島である大ダフネ島に半年間滞在し，地道にガラパゴスフィンチ類の調査を継続した．捕獲したフィンチにマーキング用のタグを装着させ，体の各種形質の測定を行い，血液サンプルを採取した上で，放逐するという地味な手法を数十年間にわたって継続した．その結果，ガラパゴスフィンチ類の進化や種分化の過程を明快に示すことに成功した．図はその一例で，ガラパゴスフィンチのくちばしの大きさの進化の事例である．1976年（上段）と1978年（下段）のくちばしの大きさの比較したグラフである．1977年に大干ばつが襲い，軟らかい種子の生産量が激減した．その結果，硬い種子を割って摂食できる大きなくちばしを持った個体が，相対的に多くの子孫を残せた．つまり，フィンチに硬い種子を摂食できる大きなくちばしを持った形質に進化するプラス方向の選択圧がかかり，くちばしが太くなる進化が生じた．すなわち，進化が実際に目撃可能であることが判った．くちばしの大きさは遺伝的な形質であることが解っている．Gibbs & Grant (1987) の図を改変掲載．

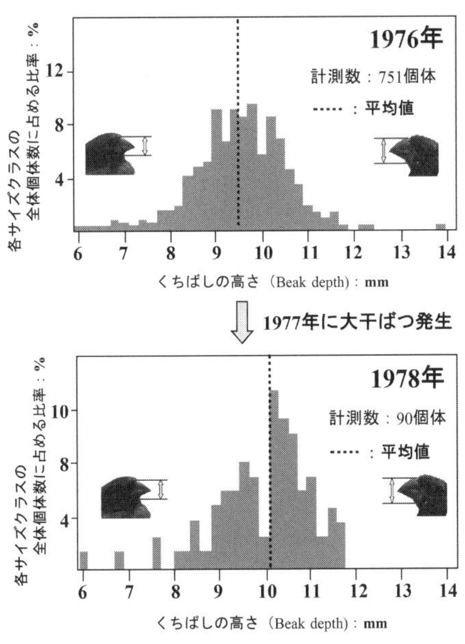

第2章

細胞分裂，染色体，メンデル遺伝

2.1　細胞分裂と染色体

2.1.1　細胞と体細胞分裂

ロバート・フックにより，1665年に顕微鏡を用いた生物観察の実例が発表されて以降 (Hooke 1665)，顕微鏡による生物体の詳細な観察研究が行われてきた．多くの生物が**細胞**とよばれる基本単位から構成されることが判明し，複数の細胞から構成されるヒトを含む生物を**多細胞生物**とよび，細菌類や原生生物などの**単細胞生物**とは区別された．

細胞は，**リン脂質**の**脂質二重層**からなる**細胞膜**で外界と仕切られており，その内部は2つの領域に分けられる．内部には，**細胞質基質**とよばれる領域，および，生命活動を維持するために，**ミトコンドリア**，**葉緑体**，**小胞体**といった様々な**細胞小器官**が存在する．内域は二重膜で囲まれた**細胞核**であり，この中には，遺伝の暗号が記録されたDNA (デオキシリボ核酸：deoxyribonucleic acid) が**遺伝物質**として存在し，遺伝に関わっている．

細胞は，**細胞分裂**とよばれる過程で，1個の細胞から2個の細胞（**娘細胞**：daughter cell）が生じる．生物の体の中では，絶えること無く細胞分裂が生じている．生物体の成長，組織修復，細胞の入れ替わり等の際には，常に細胞分裂が行われている (Simon *et al* 2016)．

細胞が分裂を始めてから，次の分裂までの周期を**細胞周期**とよぶ（図2.1）．**M期**（分裂期）で核分裂と細胞質分裂が起こった後，娘細胞は**間期**に入る．間期は**G1期**（DNA合成準備期）・**S期**（DNA合成期）・**G2期**（細胞分裂準備期）からなる．そして，再びM期に入る．細胞周期の総時間は細胞の

図2.1　細胞の周期．M期（分裂期 Mitosis）で核分裂と細胞質分裂が起こった後，娘細胞は間期に入る．間期はG1期（DNA合成準備期 Gap1）・S期（DNA合成期 Synthesis）・G2期（細胞分裂準備期 Gap2）からなる．そして，再びM期に入る．宮本ら (2012) から転載．

種類によって様々であるが，総時間の 90％，あるいは，それ以上の時間が間期である．

通常の細胞分裂の際の主に核の挙動を顕微鏡で観察すると，以下のようになる（図 2.2）．

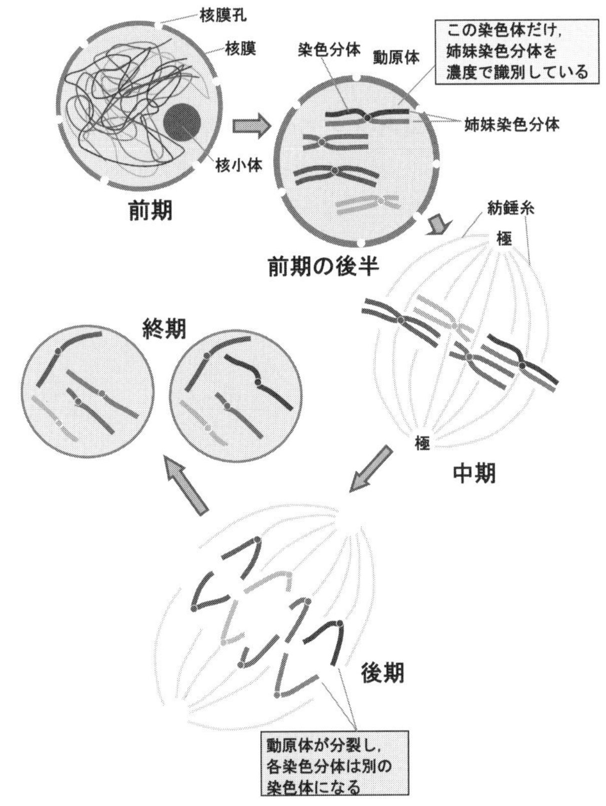

図 2.2 体細胞分裂の模式図．2 対の染色体をもつ生物の体細胞分裂における染色体の挙動を表している．

間期 核内の DNA 量を 2 倍量にまで合成する．

前期 **核膜**はまだ存在しており，**染色体凝縮**が開始される．核の内容物が**染色糸**とよばれる糸状構造に変化する．その後，染色糸から**染色体**とよばれる複数個の棒状構造物が形成され，染色体に縦の割れ目ができ，**染色分体**が形成される．

前中期 核膜が消失する．**中心体**が 2 個に分かれ，両極に移動．タンパク質の**微小管**から構成される**紡錘糸**とよばれる糸状構造物が細胞の両端に現れる．紡錘糸は**紡錘体**とよばれる紡錘型の構造物を構成する．

中期 染色体は太く明瞭な形になり，この紡錘体の中央部（赤道面）に集合する．このとき染色体は，**動原体**とよばれる付着構造物で紡錘体に付着する．この時期の染色体が最も観察しやすく，染色体の顕微鏡写真は，そのほとんどが中期のものである．写真でよくみかける X 字形の染色体は，染色体が倍加し，染色分体が二本接合した状態を見ている．次の分裂後期には真ん中で割れて両極に引きはがされる．

後期 紡錘体は，各染色体を構成している 2 本の染色分体を引きはがし，染色分体は 2 組に分かれ，それぞれ紡錘体の両極に移動し始め，それらが新しい娘染色体となる．

終期 娘染色体は糸状の染色糸にもどる．核膜が再び現れ，2 個の娘核が形成される．細胞質が 2 分し，2 個の娘細胞が完成する．

以上のような多細胞生物の細胞分裂の様式は，**体細胞分裂**とよばれる．体細胞分裂で形成される染色体の数は必ず偶数である．また，生物によって染色体の数は一定である．このため体細胞の染色体数を $2n$（**基本数**）本という記述をする．ヒトの体細胞の染色体数は 46 本（$n = 23$）である．染色体は 2 本ずつ対になっており，その 2 本は大きさと形が同じであるため，**相同染色体**：homologous chromosomes とよばれる．このような染色体の数や形のことを**核型**：karyotype とよぶ．

染色体は，細胞分裂の際に形成される**遺伝物質**（**DNA**）を運ぶコンテナの役割をしている．それぞれの染色体上には決まった位置に，決まった遺伝物質が折りたたまれている．相同染色体上には，それぞれの決まった同じ遺伝物質が位置しており，このため，相同染色体どうしは，互いに遺伝のバックアップ機能を果たしている．

細胞分裂や染色体の機能などの生命現象の基本事項に関する専門的な解説は，それぞれの分野の文献を参照して欲しい（例：Simon *et al.* 2016; エッセンシャル キャンベル生物学；池内ら 監訳 2016, Hartl & Jones 2002；エッセンシャル遺伝学；布村・石和 監訳 2005 など）．

2.1.2　性染色体

染色体の種類には，大きく分けて，雄雌の性に関わらず両性が共有している**常染色体**：autosomal chromosome と，どちらかの性に特有の**性染色体**：sex chromosome の 2 種類が存在する．ヒトを含む多くの生物では，性染色体は 2 本であり，互いに相同染色体としての役割を果たしている．ヒトの場合，46 本の染色体は，22 種類 $\times 2 = 44$ 本の常染色体と 2 本の性染色体から構成される．ヒトの性染色体には，形態によって X 染色体と Y 染色体の名称が与えられており，男性は X 染色体と Y 染色体の 2 本（XY），女性は X 染色体の 2 本（XX）をもつ（Hartl 2012）．

2.1.3　生殖器官における減数分裂

生物の生殖器官（動物では精巣と卵巣，植物ではおしべと胚珠など）では，精子・卵子・花粉・卵母細胞・胞子・遊走子，等々の**配偶子**：gamete や胚嚢細胞を形成するために**減数分裂**とよばれる複雑な分裂を行う．減数分裂の後に形成される細胞は，染色体数が半数（n 本），DNA 量も半量になる．染色体数が n 本の細胞で形成される多細胞体を**配偶体**とよぶ（シダの**前葉体**など）．これに対し，染色体数が元の $2n$ 本にもどる**受精卵**などを**接合子**：zygote とよぶ．また，染色体数 $2n$ 本の細胞で形成される多細胞体を**接合体**：zygote とよぶ．

減数分裂は以下のような過程で行われる（図 2.3）．

間期　核内の DNA 量を 2 倍量にまで合成する．

第一分裂 前期　核の中で染色糸が細長く紐状になる．染色糸は太く短くなりながら染色体を形成し，相同染色体どうしが対合し，融合して**二価染色体**を形成する．染色体に縦の割れ目ができ，染色分体が形成される．このため 1 個の二価染色体は，合計 4 本の染色分体から構成される．タンパク質の微小管から構成される紡錘糸とよばれる糸状構造物が細胞の両端に現れる．紡錘糸は紡錘体とよばれる紡錘型の構造物を構成する．

第一分裂 中期　二価染色体が赤道面に集合する．二価染色体の動原体部分に紡錘糸が接着する．

第一分裂 後期　二価染色体の 4 本の染色体は 2 本ずつに分かれ，両極に移動する．この際，相同染色体の 2 種類がそれぞれに 2 本ずつ分かれるため，形成された娘細胞 2 個どうしの遺伝組成はこの段階で異なっている．

第一分裂 終期　染色体がほぐれて糸状にもどり，核膜が形成される．細胞質が分裂し，娘細胞が 2 個形

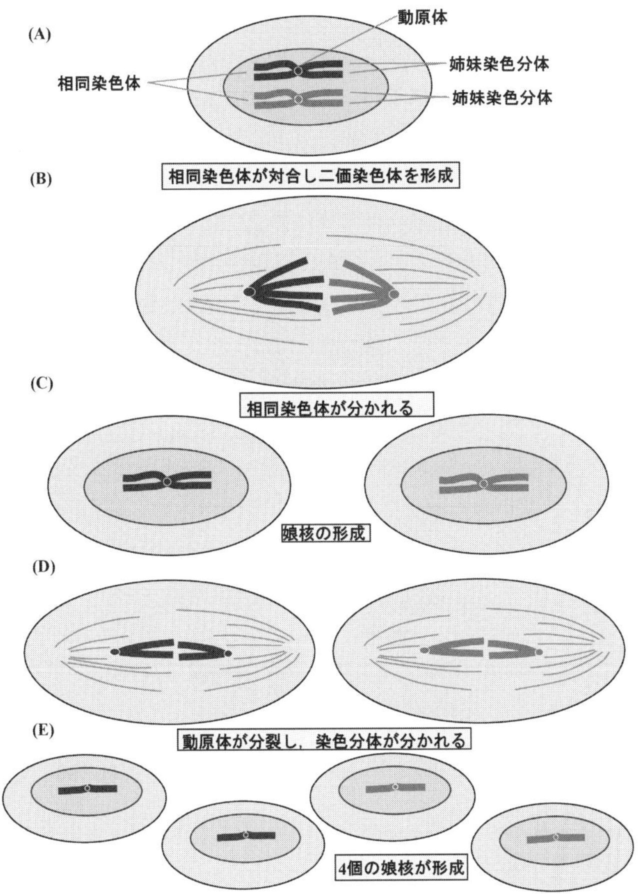

図 2.3　減数分裂の模式図．減数分裂における 1 対の相同染色体の動き．(A) 相同染色体が一緒になって対（二価染色体）を形成する．(B) 相同染色体対のそれぞれが分かれる．(C) 第一分裂の終わりには，娘核のそれぞれはいずれか一方の相同染色体をもつ．(D) 第二分裂で娘核の中で姉妹染色分体が分かれる．(E) 相同染色体の対のうち 1 本をそれぞれもつ．

成される．

間期　終期の後に間期があるが，ここでは DNA 合成と倍加は起こらない．

第二分裂 前期　2 個の細胞の核が消失し，染色体が形成される．この際の染色体の構成は，第一分裂後期と同じである．各染色体に縦の割れ目ができ，染色分体が形成される．各染色体は 2 本の染色分体から成る．タンパク質の微小管から構成される紡錘糸とよばれる糸状構造物が細胞の両端に現れる．紡錘糸は紡錘体とよばれる紡錘型の構造物を構成する．

第二分裂 中期　各染色体の動原体部分が紡錘糸に接続し，赤道面に集合する．

第二分裂 後期　各細胞の紡錘体は，各染色体を構成している 2 組 2 本の染色分体を引きはがし，染色分体はそれぞれ 2 組に分かれ，それぞれの紡錘体の両極に移動し始め，それらが，新しい 4 個の娘染色体となる．

第二分裂 終期　4 個の娘染色体は糸状体にもどり，4 個の娘核を形成する．2 個の細胞の細胞質が分裂し，4 個の娘細胞を形成する．各娘細胞の染色体数は，体細胞の染色体数の半数（n 本）となっている．

以上のように，減数分裂では，連続した 2 回の分裂が行われ，1 個の生殖母細胞から 4 個の生殖細胞が形成される．また，減数分裂では，細胞 1 個あたりの相同染色体数は，2 本（相同染色体）→ 2 本分（二価染色体）→ 4 本分（倍加）→ 2 本分（第 1 分裂）→ 1 本（第 2 分裂）と変化する．相同染色体 2 本のうち必ずどちらかが 4 個の娘細胞（配偶子）に入る（Hartl 2012）．

性染色体も相同染色体と同様の動きをするため，ヒトの場合，最終的には 4 個の娘細胞にはいずれか 1 本の性染色体を入る．男性の配偶子の場合は常染色体 22 本，および，X 染色体，もしくは，Y 染色体のいずれか 1 本をもつ．女性の配偶子の場合は常染色体 22 本，および，X 染色体 1 本をもつ．

ヒトの子供の場合，染色体の動きを見ると，父親から計 23 本，母親から計 23 本の染色体をそれぞれもらい受け，染色体数は元の 46 本にもどる．この場合，子供は父親と母親のそれぞれから丁度半数の染色体をもらっていることになる．そこで，孫の世代では，祖父母の染色体の $1/2 \times 1/2 = 1/4$ 本の染色体を譲り受けているだろうか？　ヒトの場合，細胞の染色体の本数が 46 本であり，4 では割り切れない．したがって，孫の世代では，祖父母の染色体の 1/4 をもらい受ける計算にはならない．多かれ少なかれ，必ず偏りが生じているはずである（図 2.4）．この，「ヒトの場合，祖父母の染色体を正確には 1/4 を受け継いではいない．」という命題は，後々の進化を論ずる際に重要になってくる．

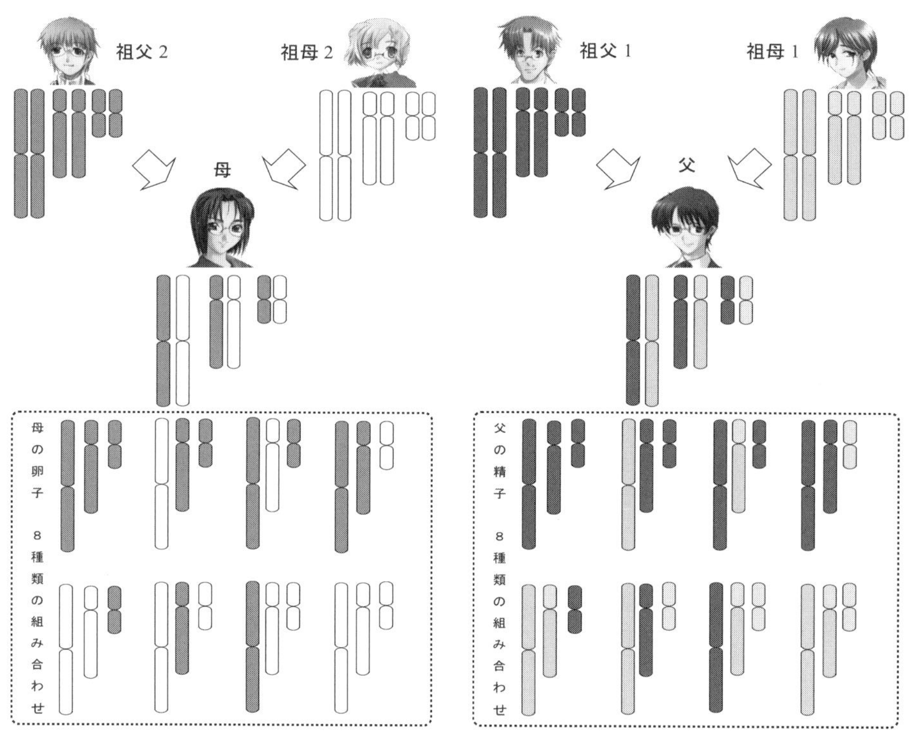

図 2.4　ヒトの染色体の挙動．母方と父方．染色体の挙動の把握を容易にするために，ヒトの相同染色体の組数を 23 組から 3 組に減らした場合の染色体の動き．奇数組の相同染色体をもつ場合，祖父母の 1/4 の染色体をもつ配偶子が形成されないことに注目．この場合，父と母の子供の取りうる染色体の組合せは $8 \times 8 = 64$ 通りになる．確率的には，4 人いる祖父母のうち，1 人もしくは 2 人から受け継いだ遺伝子をまったく持たない場合も生じる可能性がある．

2.1.4　生殖細胞質連続説

ワイズマンは，多細胞動物では，原則として世代を超えて受け継がれていくのは生殖細胞であり，細胞分化の進んだ体細胞は 1 世代限りである，という**生殖細胞質連続説**を提唱した．多細胞動物の場合，生殖細胞は，体内の生殖器官に奥深くにしまい込まれており，外部環境の影響を受けにくい状態で保存されている．外部環境の影響を強く受けるのは，体内の各器官に細胞分化した体細胞であり，それが遺伝的な変化だとしても，子の世代に引き継がれることはない．すなわち，環境に応答した細胞の変化が子に伝わるという獲得形質の遺伝現象を明確に否定した（Winther 2001）．生殖細胞連続説の概念は，細胞分化に至っていない幹細胞の存在を予言し，細胞分化の過程で生じる遺伝子のスイッチングという重要な概念を初めて示唆した．この考え方は，現在のクローン生物，**ES 細胞**（胚性幹細胞）や **iPS 細胞**（人工多能性幹細胞）の研究の基礎となっている．

2.1.5 エピジェネティクス

現代では，発生生物学の研究から，エピジェネティクス遺伝とよばれる遺伝物質（DNA）の遺伝暗号の変化が関与しない，環境による不可逆的な生体構成物質の化学修飾変化による形質変化が，多数見つかっている．エピジェネティクスは，「DNA 塩基配列の変化を伴わず，細胞分裂後も継承される遺伝子発現，あるいは，細胞表現型の変化を研究する研究分野」と定義することができる（Riggs et al., 1996）．同一の DNA 情報をもつ細胞や個体であっても，発生過程の結果，異なる形質の表現型となる事例は珍しくない．例えば，一卵性双生児やクローン動物，挿し木などの栄養繁殖した，遺伝的には同一であるはずの個体の間で，表現型に違いが認められることがある．それらの現象を総称して，エピジェネティックな変化とよんでいる．しかし，エピジェネティックな変化が，個体の DNA の基本構造を変え，それが子孫に遺伝する現象までは確認されていない．エピジェネティックな形質変化は，遺伝子の突然変異（⇒第 I 部第 6 章参照）が原因ではないものの，エピジェネティックな機構そのものは遺伝子の制御の下にある（Johnson & Tricker 2010）．エピジェネティクスが獲得形質を進化の要因とするラマルキズム，もしくは，ネオ・ラマルキズムを支持する研究分野と誤解している向きが多いようだが，エピジェネティクスは，獲得形質進化そのものを支持する研究分野ではないことに留意しておきたい．

2.2 メンデルによる遺伝の法則の発見

2.2.1 グレゴリー・ヨハン・メンデル

グレゴリー・ヨハン・メンデルは，1822 年にオーストリアのシュレジア地方の小村 Heinzendorf で貧農の子として生まれた．苦学ののち，1843 年にブリュンのケーニゲン修道院の訓練士に就職した．1847 年に司祭となる．ブリュンの修道院は，その地方の教育と研究の中枢で，彼はここで農学と植物学を学び，やがてウィーン大学に派遣された（1851〜1853 年）．ウィーン大学では，自然科学を学び，植物学者の F.ウンガー（進化説の先駆けをなした人物の一人）の講義も聴いた（写真 2.5）．

写真 2.5 メンデルの肖像写真．1862 年にロンドンで行われた会議における集合写真の中から抽出．1943 年に発見された．

メンデルが修道院の庭でエンドウマメの研究を行ったのは，1856 年から 1864 年にかけてのことである．1865 年に発表し，1866 年に印刷刊行された，Mendel G. J. (1865) Versuche über Pflanzen-Hybriden. *Verhandlungen des naturforschenden Vereins in Brunn* **4**: 115-165. は，エンドウマメの遺伝様式を考察した論文であり，生物の遺伝様式の基礎を固めた近代遺伝学の古典的な金字塔である（写真 2.6）．

メンデルは 1868 年にブルンのオーガスチノ修道院の院長に就任した．その後も植物とセイヨウミツバチの交配実験を続けたが，出版されなかった．メンデルは学会から認められないまま没したため，不

Versuche über Pflanzen-Hybriden.

Von

Gregor Mendel.

(Vorgelegt in den Sitzungen vom 8. Februar und 8. März 1865.)

Einleitende Bemerkungen.

Künstliche Befruchtungen, welche an Zierpflanzen desshalb vorgenommen wurden, um neue Farben-Varianten zu erzielen, waren die Veranlassung zu den Versuchen, die her besprochen werden sollen. Die auffallende Regelmässigkeit, mit welcher dieselben Hybridformen immer wiederkehrten, so oft die Befruchtung zwischen gleichen Arten geschah, gab die Anregung zu weiteren Experimenten, deren Aufgabe es war, die Entwicklung der Hybriden in ihren Nachkommen zu verfolgen.

Dieser Aufgabe haben sorgfältige Beobachter, wie Kölreuter, Gärtner, Herbert, Lecocq, Wichura u. a. einen Theil ihres Lebens mit unermüdlicher Ausdauer geopfert. Namentlich hat Gärtner in seinem Werke „die Bastarderzeugung im Pflanzenreiche“ sehr schätzbare Beobachtungen niedergelegt, und in neuester Zeit wurden von Wichura gründliche Untersuchungen über die Bastarde der Weiden veröffentlicht. Wenn es noch nicht gelungen ist, ein allgemein giltiges Gesetz für die Bildung und Entwicklung der Hybriden aufzustellen, so kann das Niemanden Wunder nehmen, der den Umfang der Aufgabe kennt und die Schwierigkeiten zu würdigen weiss, mit denen Versuche dieser Art zu kämpfen haben. Eine endgiltige Entscheidung kann erst dann erfolgen, bis Detail-Versuche aus den verschiedensten Pflanzen-Familien vorliegen. Wer die Ar-

1*

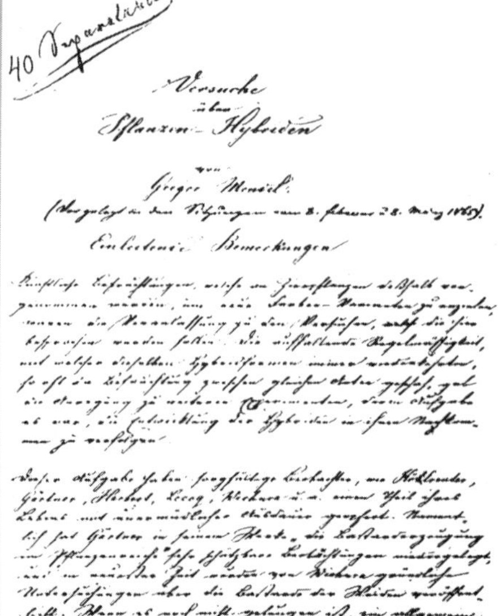

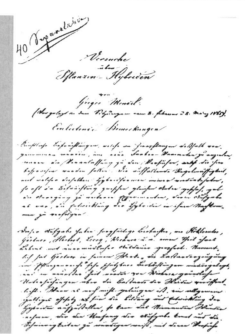

写真 2.6　左：メンデルの論文の第1ページの部分．右：メンデルの手書きの原稿．1865年発表の論文の原稿が印刷所で保管されていた．メンデルの後を継いだ修道院長が，遺品類をすべて焼却してしまったため，実験ノートなどは残っていない．

遇の一生を送ったかような書き方をした文献もあるが，彼は，修道院のトップにまで上り詰めた人であり，自分の専門領域では成功した人物であった．

メンデルの死後16年を経て，1900年になって，エンドウマメの研究が，ド・フリース，コレンス，および，チェルマックらによってそれぞれ独自に再発見され，彼の理論が確認されるにおよび，初めてその研究が不滅のものとして世に受け入れられた（Klug *et al.* 2020）．

2.2.2　メンデルによる新しい遺伝様式の着想

親の性質が子に伝わるという遺伝現象は，アリストテレスの時代から経験的に知られていた．メンデルが遺伝現象の新しい着想を発表するまでは，遺伝現象は，量的遺伝（液体的な遺伝概念）が広く受け入れられていた．すなわち，親の性質の半分が子供に伝わるのであるが，親→子→孫→曾孫と世代を経て伝わるにしたがって，親の性質は，1/2，1/4，1/8，と薄まっていく．遺伝的な性質は，無限に薄めていくことができる，無限に分割可能な存在とみなされていた．これを**混和式遺伝**：blending inheritance と言う（駒井 1963）．

メンデルの遺伝に関する新たな着想は，遺伝を司る遺伝因子は分割不能で，粒子的な存在ではないかというものであった．これは，ウィーン大学における化学の講義において，最先端科学として学んだドルトンの元素記号の概念から強く影響を受けたものとされている．ドルトンは，混合気体の研究から原子量の概念と化学記号を考案した．物質にギリシャ哲学から拝借した言葉で，分割不能な原子という最小単位をもうけ，原子にはいくつかの種類があり，それぞれを元素と名付けた．彼は，それぞれの種類の元素を記号で区別して表し，化学反応を記号で示す表現方式を開発した．

メンデルは，この元素の概念にならって，分割不能な遺伝因子に種類によって記号を付け，遺伝現象の分析に用いた．

メンデルは，遺伝も分割不能な最小単位，すなわち，遺伝因子（≒遺伝子：gene）があるのではないかとみなし，遺伝子をアルファベットの記号で表してみた．それらの記号を用いて，遺伝を最小単位のある粒子的なものとしてとらえたところに彼の着想の新規性があった．これを**粒子式遺伝**：particulate inheritance と言う（駒井 1963）．ここでは，メンデルの想定した遺伝因子やその発現形態についての用語は，便宜的に現代遺伝学の用語に置き換えて，以下に説明していく．

メンデルの想定した「遺伝子」はあくまで遺伝の情報を表す記号的な存在で，具体的な物質を想定したものではなかった．「遺伝子」とよばれる情報単位が具体的に細胞内に存在し，遺伝物質（DNA）から構成されることが判ったのは，かなり後世になってからである．

生物進化を考える場合，混和式遺伝では，進化がうまく説明できない．生物のもつあらゆる性質や特徴を，それが遺伝的であれ非遺伝的であれ，**形質**：character というが，一般に単に形質と言えば遺伝形質のことをさすことが多い．例えば，他個体よりも優れた形質をもつ個体が移入や突然変異（⇒第 I 部第 8 章参照）によって集団内に出現したとする．混和式遺伝が行われたとすると，他個体との交配によって 10 代も経ればその性質は薄まって最初の 1/1000 以下になってしまい，優れた形質が集団内に広まる可能性はほぼない（⇒第 I 部第 9 章参照）．ダーウィンが進化論を発表した 1859 年当時の遺伝学は混和式遺伝を想定していた．このため，進化のメカニズムをうまく説明できず，ダーウィンは進化論発表以降，後退を繰り返すことになってしまった（駒井 1963）．

2.2.3 エンドウマメの交配実験

メンデルは，修道院の狭い庭園で 33500 株以上のエンドウマメを育て，交配と仕分けを根気強く繰り返す地道な実験を行った．エンドウマメの基本的な交配方法は以下のようなものである．交配相手個体のおしべの葯を花粉が形成される前に取り除き，交配したい花の花粉を交配相手個体のめしべの柱頭に付けて受粉させる．そして，交配から得られた豆の性質，および，個体の性質を記録する．

自家受粉を繰り返しても，注目する形質が安定して発現する個体を**純系**と名付けた．純系どうしで雌雄を逆転させる交雑（**正逆交雑**）を行い，交配の方向に関わらず，雑種はすべて同じ形質になることを確認した．例えば，豆の形では，丸型としわ型の純系を，豆の色では，黄色と緑色の純系を確立した．メンデルが純系を確立するために注目した形質は，表に示したように 7 種類の形質であった（表 2.1）．このような事前実験で多数の種類の純系を確立し，異なる形質の純系のかけあわせ実験で法則性を見いだしていった（Hartl & Jones 2002）．

表 2.1 メンデルが研究したエンドウマメの 7 種類の形質．それぞれの形質の組で，どちらが優性（顕性）かは，F1 がつくられて初めて明らかになる．

	優性（顕性）の親系統	劣性（潜性）の親系統	一遺伝子雑種の F1で発現する形質
豆の形	丸	しわ	丸
豆の色	黄色	緑色	黄色
花の色	紫色	白色	紫色
さやの形	ふくれる	くびれる	くびれる
さやの色	緑色	黄色	緑色
花とさやの付く位置	軸性（茎に添う）	頂性（茎の頂部）	軸性（茎に添う）
茎の丈	普通	矮生	普通

2.2.4　顕性（優性）の法則

緑色種子の純系と黄色種子の純系親（P：両親）どうしを交配させると，その種子（F1：雑種第一代）はすべて黄色になった．そのF1を自家受粉させると，その種子（F2：雑種第二代）は，黄色：緑色 ＝ 3：1の比率となった（図 2.7）．F2の種子を播種すると，緑色種子からはすべて緑色の種子が生じた．黄色種子の 1/3 は黄色の種子のみ生じたが，黄色種子の 2/3 からは，F1の播種結果と同様に，黄色：緑色 ＝ 3：1の比率となった．

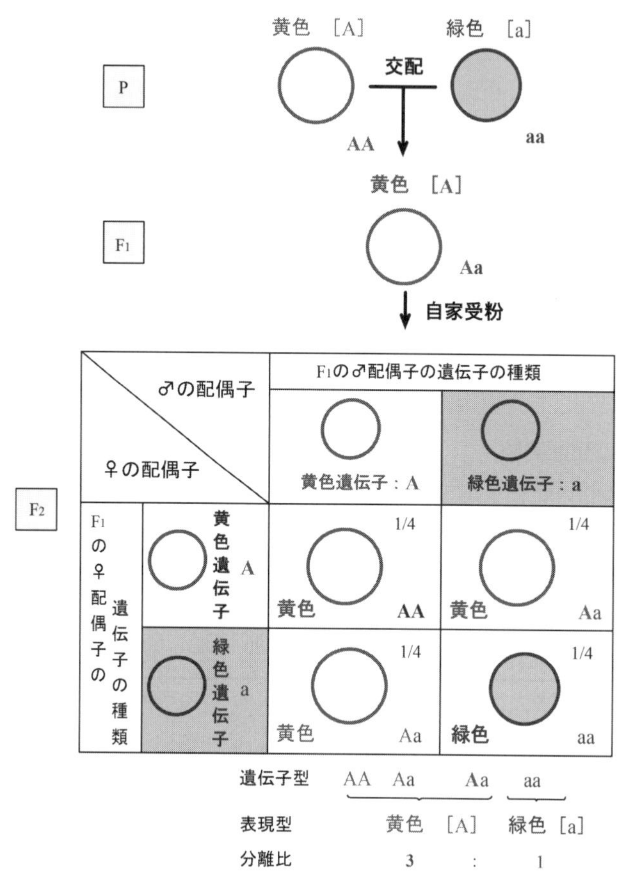

図 2.7　マメの黄色と緑色の純系の交配結果．純系親（P：両親）どうしを交配させると，その種子（F1：雑種第一代）はすべて黄色になった．そのF1種子どうしを交配させると，その種子（F2：雑種第二代）は，黄色：緑色 ＝ 3：1の比率となった．

この実験結果を説明するために，メンデルはアルファベット記号を付けた遺伝子の概念を用いた．純系の黄色種子と純系の緑色種子を交配させるとすべて黄色になることから，黄色は緑色に対して強いという意味で，黄色を**顕性形質（優性形質）**：dominant character，緑色を**潜性形質（劣性形質）**：recessive character と名付けた．黄色の遺伝子を，**顕性遺伝子（優性遺伝子）**：dominant gene として**遺伝子記号** A で表した．また，緑色の遺伝子を，**潜性遺伝子（劣性遺伝子）**：recessive gene として**遺伝子記号** a で表した．

2017 年 9 月に表明された日本遺伝学会の提案により，2023 年現在，遺伝学用語として，**優性**を**顕性**，**劣性**を**潜性**と置き換える作業が進行中であり，中学校・高等学校の生物学の教科書においても，これらの用語が置き換えられつつある．したがって，本書では，両語併記をする．

F1 雑種の自家受粉で，黄色種子と緑色種子が生じたことから，F1 雑種には，顕性遺伝子（優性遺伝子）と潜性遺伝子（劣性遺伝子）の両方が存在しないと説明がつかないことから，遺伝子記号を Aa とした．黄色種子の純系個体の遺伝子記号を AA，緑色種子の純系個体の遺伝子記号を aa とそれぞれ表した．黄色種子の場合，その遺伝子記号には AA と Aa の異なる 2 種類が存在することから，種子の色などの形質の性質を**表現型**：phenotype，遺伝子記号を**遺伝子型**：genotype として，それぞれを言葉で区別した．現代では，黄色種子の表現型を記号で［$\boldsymbol{A}$］，緑色種子の表現型を記号で［$\boldsymbol{a}$］と書き表すこともある．この場合，表現型の比率の表現は，**黄色種子：緑色種子 ＝［$\boldsymbol{A}$］：［$\boldsymbol{a}$］**と表す．

以上のように，遺伝子は必ず 2 個で対を形成しており，1 個だけとか 3 個以上の組合せでは存在できない．今日では，対を形成する遺伝子を**対立遺伝子**とよび，記号の組合せで表す．種子の色の対立遺伝子の組で表した遺伝子型は，$\boldsymbol{AA}$，$\boldsymbol{Aa}$，$\boldsymbol{aa}$ の 3 種類となる．対立遺伝子の位置する場所を**遺伝子座**：locus；複数形は loci；とよぶ．すなわち，ある 1 つの遺伝子座に対応する遺伝子 2 個が対立遺伝子ということになる．同じ遺伝子座に存在する対立遺伝子は，同一アルファベット記号で表す．この顕性（優性）遺伝子を大文字記号（例：A）で，潜性（劣性）遺伝子を小文字記号（例：a）でそれぞれ表す．

対立遺伝子によって発現する対となる遺伝的形質を**対立形質**：allelomorphic character とよぶ．例えば豆の色形質では，黄色豆と緑色豆が対立形質となる．

同じ対立遺伝子をもつ個体を**ホモ接合体**：homozygote（AA，aa など），異なる対立遺伝子をもつ個体を**ヘテロ接合体**：heterozygote（Aa など）とよぶ．豆の色の場合を遺伝子型と表現型で表すと，ホモ接合体は，AA（黄色）と aa（緑色），ヘテロ接合体は，Aa（黄色），となる（図 2.8）．

以上のように，遺伝現象の最小単位の遺伝子は，分割不能なため，その性質も粒子的にふるまう．すなわち，黄色純系 × 緑色純系 の交配の場合，その F1 雑種に種子の色は中間型の「黄緑色」にはならない．F1 雑種は黄色のみである．このように，同一遺伝子座に，顕性（優性）遺伝子と潜性（劣性）遺伝子の 2 個が存在していた場合，顕性（優性）形質が表現型として発現する現象を，**顕性（優性）の法則**：dominance law とよぶ (Hartl & Jones 2002)．

2.2.5 分離の法則

親の遺伝子が子供に伝わる際には，配偶子（卵子，精子，卵母細胞，花粉など）が形成される．エンドウマメの配偶子は，めしべの根元の胚珠にある卵母細胞，および，おしべの先端の葯にある花粉である．

種子を形成する際に 1 対 2 個の対立遺伝子は分離して，それぞれ 1 個ずつが配偶子に入る．

例：　接合体 $Aa \Rightarrow$　配偶子 A, もしくは，配偶子 a

対立遺伝子の必ず 1 方が子供に伝わるが，対立遺伝子の両方が同じ子供に伝わることはない．配偶子どうしはランダムに受精するため，接合体の遺伝子型は組合せ確率で決まる．どのような配偶子の遺伝子型の組合せで，どのような接合体の遺伝子型が出来上がるのか，簡単に見やすくした表を**パンネットの方形**とよぶ（図 2.7）．

F1 が両親から受け継いだ対立遺伝子は，配偶子ができる際に，2 個 1 組の対立遺伝子がそれぞれ分離して別々の配偶子に入る．これを**分離の法則**：segregation law とよぶ（図 2.8）．その結果，F2 では顕性（優性）形質 : 潜性（劣性）形質 ＝ 3 : 1 の割合で生じる (Hartl & Jones 2002)．

2.2.6 検定交雑

優性形質の個体の遺伝子型は，ホモ接合体（Aa）である場合と，ヘテロ接合体（AA）である場合が

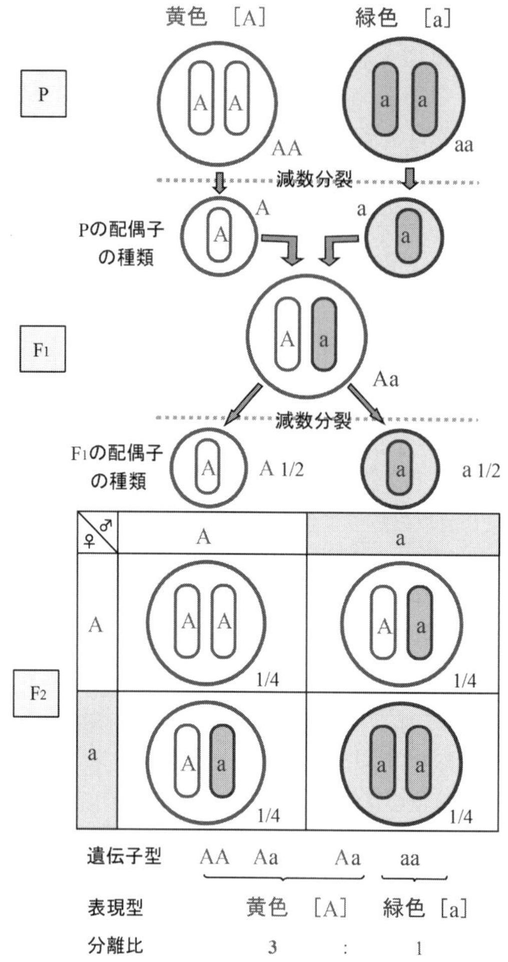

図 2.8　マメの交配実験の遺伝子と遺伝子座の動き．対立遺伝子の必ず1方が子供に伝わるが，対立遺伝子の両方が同じ子供に伝わることはない．配偶子どうしはランダムに受精するため，接合体の遺伝子型は組合せ確率で決まる．

ある．それを調べるために劣性ホモ接合体（aa）と交雑することを**検定交雑**：test cross と言う．

優性形質の個体の遺伝子型が不明の場合の遺伝子型を $A?$ とする（図 2.9）．劣性ホモ接合体（aa）との交雑の結果，F_1 に顕性（優性）形質しか出現しなかった場合は，$?$ の遺伝子が A であることが分かる．F_1 が，顕性（優性）形質と潜性（劣性）形質が 1 : 1 の分離比で出現した場合，$?$ の遺伝子が a であると判る．このように，検定交雑の結果の F_1 表現型の分離比で，遺伝子型が未知の親の遺伝子型が判定できる (Hartl & Jones 2002)．

2.2.7　独立の法則

メンデルは，2対の遺伝子座を対象とする複雑な交配実験も行った．上述のように，エンドウマメの種子色は，黄色が顕性（優性）形質で遺伝子記号は A で表され，緑色が潜性（劣性）形質で遺伝子記号は a で表された．加えて，エンドウマメの形に丸型としわ型の2種類の対立形質が存在することに注目し，丸型が顕性（優性）形質で，遺伝子記号を B，しわ型が潜性（劣性）形質で，遺伝子記号を b とした．この場合，豆形の遺伝子記号は，それぞれ，丸型が BB，もしくは，Bb であり，しわ型は bb という

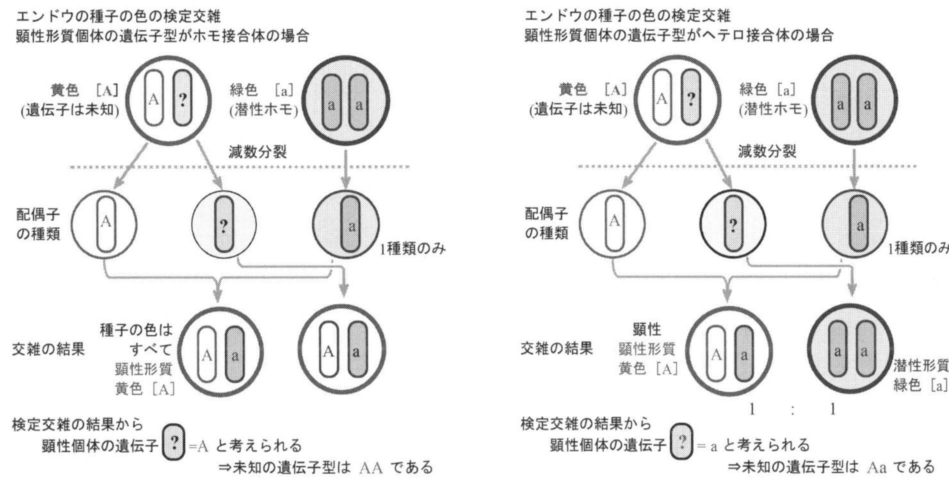

図 2.9　検定交雑．検定交雑の結果の F1 表現型の分離比で，遺伝子型が未知の親の遺伝子型が判定できる．

ことになる．

豆色と豆形を併せた表現型は，それぞれの組合せから，黄色丸形，黄色しわ形，緑色丸形，緑色しわ形の 4 種類となる（図 2.10）．一見複雑に見えるが，各形質だけに注目すれば，豆色には 2 種類，豆形にも 2 種類の表現型しか存在しないことがわかる．

この場合は，遺伝子座には 2 種類があり，それぞれの遺伝子座には対立遺伝子がそれぞれ 2 個ずつ存在することになる．遺伝子座の種類ごとに，上記のアルファベット記号を用いて対立遺伝子を区別する．

例：　A と a の遺伝子座：AA，Aa，aa
　　　B と b の遺伝子座：BB，Bb，bb

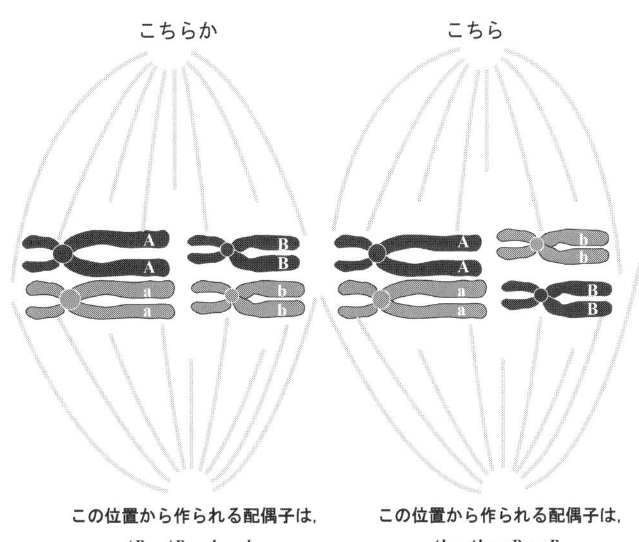

図 2.10　減数分裂時に染色体上にある遺伝子座．$AaBb$ の遺伝子型の配偶子の遺伝子型．減数分裂第一分裂中期の図．A 遺伝子の乗った染色体と B 遺伝子の乗った染色体が存在する場合で，それぞれの染色分体が 4 分割されて配偶子ができる．

各個体はすべての種類の遺伝子座を持っている．個体によって，特定の種類の遺伝子座を持っていたり，持たなかったりはしない．2 遺伝子座をもつ場合，遺伝子型を遺伝子記号で書き表すと下記のように表され，表現型は括弧内のようになる．

$AABB$（黄色丸形），$AABb$（黄色丸形），$AAbb$（黄色しわ形），
$AaBB$（黄色丸形），$AaBb$（黄色丸形），$Aabb$（黄色しわ形），
$aaBB$（緑色丸形），$aaBb$（緑色丸形），$aabb$（緑色しわ形），

これも，一見複雑に見えるが，表現型は，上記に示した黄色丸形［AB］，黄色しわ形［Ab］，緑色丸形［aB］，緑色しわ形［ab］の 4 種類しかないことが判る．

メンデルは，豆色と豆形のそれぞれの表現型で純系の個体を準備した．その表現型と遺伝子型は，それぞれ，黄色丸系（$AABB$）と緑色しわ形（$aabb$）となる．この 2 系統には，配偶子の遺伝子型は，それぞれ，黄色丸系（$AABB$）は AB，緑色しわ形（$aabb$）は ab が生じる．この 2 系統の親系（P）どうしを交配させた．

それぞれの配偶子が接合する結果，$AaBb$（黄色丸形）の 1 種類だけの遺伝子型・表現型を持った F_1 雑種が生じる（図 2.11）．

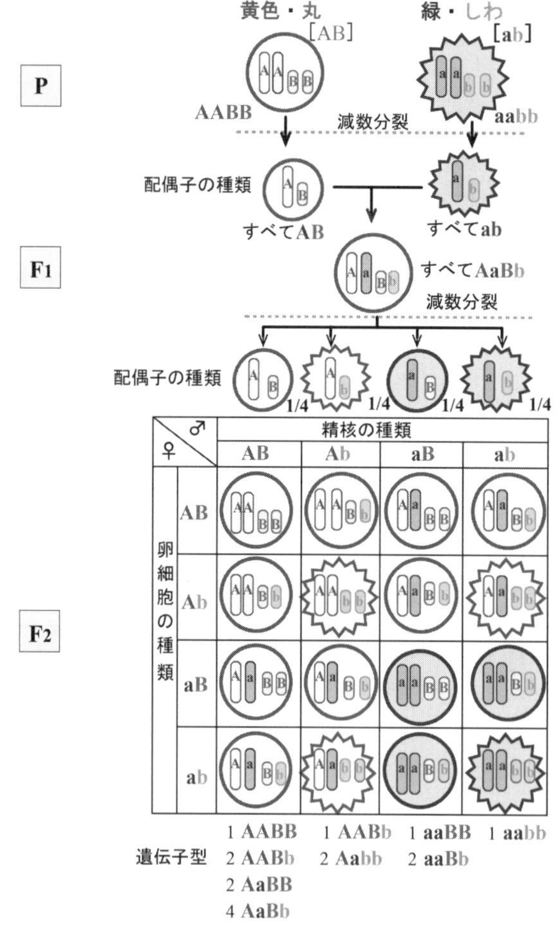

図 2.11　マメの色としわの純系の交配結果．F2 表現型の分離比は，黄色丸形［AB］：黄色しわ形［Ab］：緑色丸形［aB］：緑色しわ形［ab］$= 9:3:3:1$，となる．

2 対以上の対立形質の遺伝について，配偶子ができるとき，それぞれの対立遺伝子は，他の遺伝子に関係なく，つまり独立して配偶子に分配される（図 2.11）．

この F_1 雑種には，分離の法則の結果，AB，Ab，aB，ab の 4 種類の遺伝子型をもつ配偶子が生じる．減数分裂の過程で，染色体の組合せは，図 2.10 に示すように 2 通りが存在するが，染色体がどちらに位置するかは，確率的に同一であり，各配偶子は，$AB : Ab : aB : ab = 1 : 1 : 1 : 1$ となる．

F_1 雑種を自家受粉させた場合，4 種類の遺伝子型を使ったパンネットの方形は図 2.12 の様になる．F_1 雑種を自家受粉させた場合，図 2.11 が示す様に $4 \times 4 = 16$ 通りの組合せの遺伝子型が生じる．

このパンネットの方形に示された遺伝子型は，9 種類であるが，表現型は図 2.11 で示した様に 4 種類のみである．4 種類の表現型の出現確率の比率は：

$$\text{黄色丸形}\ [AB] : \text{黄色しわ形}\ [Ab] : \text{緑色丸形}\ [aB] : \text{緑色しわ形}\ [ab] = 9 : 3 : 3 : 1$$

となる．

この 2 遺伝子遺伝の場合，表現型の出現比率が，一見複雑なように見えるが，色と形を別々に見ると，2 つの遺伝子座は独立して存在するため，黄色 : 緑色 $= 3 : 1$，丸形 : しわ形 $= 3 : 1$，となっている．

以上のように，異なる遺伝子座の遺伝子どうしはお互いに影響し合わず，独立して形質を発現する．異なる遺伝子座の遺伝子どうしは，それぞれ独立して子に遺伝する．これを遺伝の**独立の法則**：independent-assortment law とよぶ (Hartl & Jones 2002)．

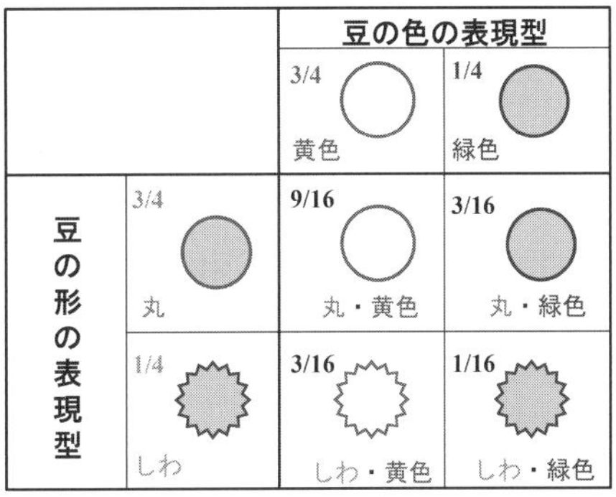

		豆の色の表現型	
		3/4 黄色	1/4 緑色
豆の形の表現型	3/4 丸	9/16 丸・黄色	3/16 丸・緑色
	1/4 しわ	3/16 しわ・黄色	1/16 しわ・緑色

図 2.12　マメの色としわの遺伝形質の組合せ．豆色と豆形を併せた表現型は，それぞれの組合せから，黄色丸形，黄色しわ形，緑色丸形，緑色しわ形の 4 種類となる．二遺伝子雑種の F2 世代における表現型の比は，9 : 3 : 3 : 1 になる．

2.2.8　メンデルの遺伝の法則の再発見

メンデルの遺伝の論文は，地方誌に発表されたこともあり，発表後 35 年間忘れ去られていた．1900 年に，ド・フリース，コレンス，チェルマックら 3 人によって独自にメンデルの遺伝の法則が再発見された．その後，3 人それぞれにメンデル遺伝（粒子式遺伝）の研究発展に貢献している．もし，メンデルがいなかったとすれば，コレンスがその法則の発見者となったであろうとも言われている (Klug *et al.* 2020)．

2.2.9　潜性（劣性）遺伝子の本質

イギリスの遺伝学者ベイトソンは，メンデル遺伝をする潜性（劣性）遺伝子は，正常な顕性（優性）遺伝子が働かなくなった状態であろうと推定した (Bateson 1909)．実際，潜性（劣性）遺伝子の多くは，正常な野生型遺伝子が働かなくなったものが多い．結果として，相同染色体の遺伝子座の片方に正常な野生型遺伝子が存在する条件下では，潜性（劣性）遺伝子は形質発現をせず，その存在は隠される場合が多くなる．

例えば，メンデルが実験で用いたエンドウマメの品種はすべて失われてしまったが，しわ豆と同じと思われる系統が東欧の種子業者によって維持されていた．この系統では，しわ豆はデンプン合成に関わる遺伝子の一つであるデンプン分枝酵素I（SBEI；starch-branching enzyme I）の遺伝子が壊れていた．デンプン分枝酵素Iが働かないと，デンプンの種類中でアミロペクチンという枝分かれしたデンプンが合成できず，乾燥すると不規則に豆が収縮してしわ豆になる．また，正常な丸い豆のSBEI遺伝子を遺伝子操作によって機能を消失させ，人工的にしわ豆系統を作製できることも判明した（Hartl & Jones 2002）．

コラム　ABO式血液型の発現メカニズム

遺伝的な背景をもつ血液型は，多数存在するが，輸血の際に重要になるABO式血液型は，一般に最もよく知られている血液型である．ABO式血液型は，赤血球の細胞膜表面に存在する糖鎖の性質に因っている．ABO式血液型は，抗A抗体，もしくは，抗B抗体の入った試薬への血液凝集反応で検査するが，その凝集反応は赤血球表面の糖鎖の性質が要因となっている．ABO式血液型の遺伝的な発現メカニズムは，以下のようなものである．図のように，赤血球表面の糖鎖の端末に付く糖の種類でABO式血液型が決定されている．A型遺伝子（I^A）は，糖鎖の末端に*N*-アセチルガラクトサミンを糖鎖に付加する．B型遺伝子（I^B）は，糖鎖の末端にガラクトースを糖鎖に付加する．AB型は両方の遺伝子を持ち，O型は両方とも付加しないO型遺伝子（I^O）をもつ．これらの遺伝子の組合せで，A型，B型，AB型，および，O型の血液型が決定される．A型遺伝子とB型遺伝子はO型遺伝子に対して顕性（優性）であるが，A型遺伝子とB型遺伝子は，複対立遺伝となる．

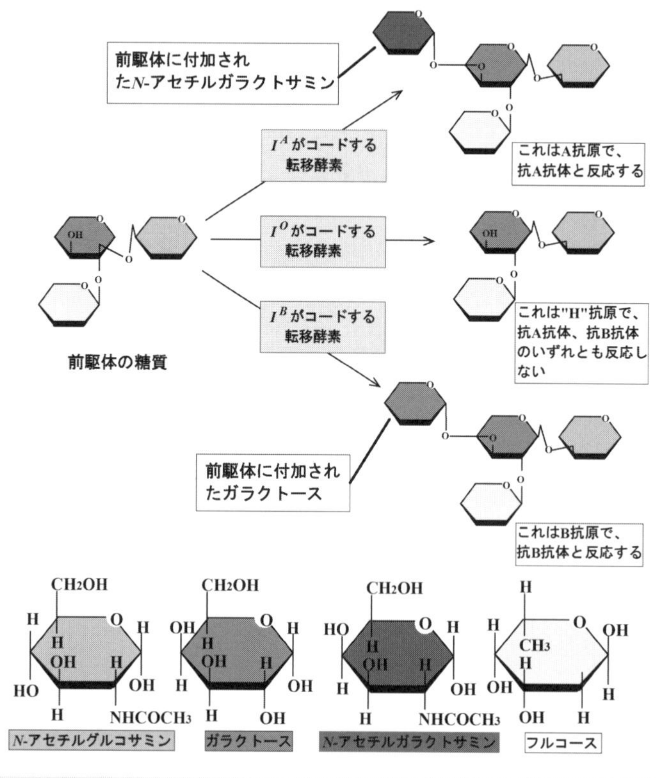

第3章

連鎖，エピスタシス作用，性の決定と伴性遺伝

3.1 連鎖と組換え

3.1.1 遺伝子は染色体上に実在する

メンデルが遺伝の法則を発表した1865年以降，生物学の分野では，細胞分裂の研究が進行し，染色体の詳細な挙動が記述されるようになっていった．その結果，メンデルの示した遺伝子記号の動きは，概念的な存在ではなく，遺伝子は染色体上にあり，染色体という実際に存在する物体の動きを記号で言い換えただけではないかということが判ってきた．ただし，メンデルが生きた時代は，染色体の挙動は詳細に判っていなかったし，メンデル自身も遺伝子が染色体上にあるとは考察できなかった．

染色体上に遺伝子が存在することを，最初に証明したのはサットンだとされている．コロラド大学のウィルソン研究室の大学院生だったサットンは，染色体は元々2本ずつ対を成していて（相同染色体），減数分裂では対を成す個々の染色体がそれぞれ分離することを，バッタを使って最初に確認した．受精で再び対となる染色体は一方は母方，もう一方は父方に由来していることになり，メンデルの法則でいう「分離の法則」を染色体レベルで説明したことになる (Sutton 1902, 1903; Morgan 1922)．

メンデル遺伝の遺伝子記号の動きと，実際の染色体の動きを図示すると（図3.1）のようになる．体細胞には相同染色体が2本ずつ存在し，対をなしている．遺伝子座は相同染色体のそれぞれの染色体上にある．遺伝子座上の2個の遺伝子記号で表現される [ene] 遺伝子 gene は実体のある存在として対になった2本の相同染色体上に位置している．それぞれの遺伝子が染色体上の特定の位置，すなわち遺伝子座を占

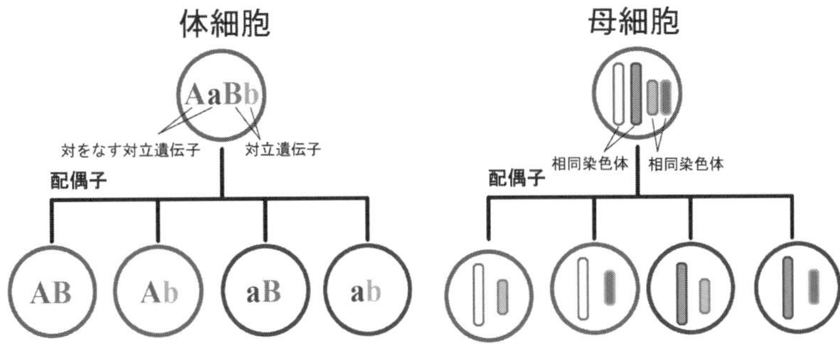

図3.1 配偶子形成時の遺伝子記号の動きと染色体の動き．【左：遺伝子の動き】1個体には，1つの形質につき1対の遺伝子（対立遺伝子）がある．配偶子には，対を成す対立遺伝子が必ず分かれて1個ずつ別々に入る．1つの形質の遺伝子は，受精によって再び対を形成する．【右：染色体の動き】体細胞には，対を成す相同染色体を2本ずつ持っている．減数分裂の際，相同染色体は1本ずつ別れ，片方ずつ別々の配偶細胞に入る．受精によって相同染色体は，再び1つの細胞（受精卵）に含まれる．

め，ヘテロ接合体では一つの遺伝子の対立遺伝子が相同染色体の対応する場所を占める．減数分裂の際，相同染色体は分かれてそれぞれ別の配偶子に入る．遺伝子座の2個の遺伝子も分かれてそれぞれの配偶子に入る．受精によって相同染色体は，受精卵という1つの細胞の中で，再び統合される（図3.2）．

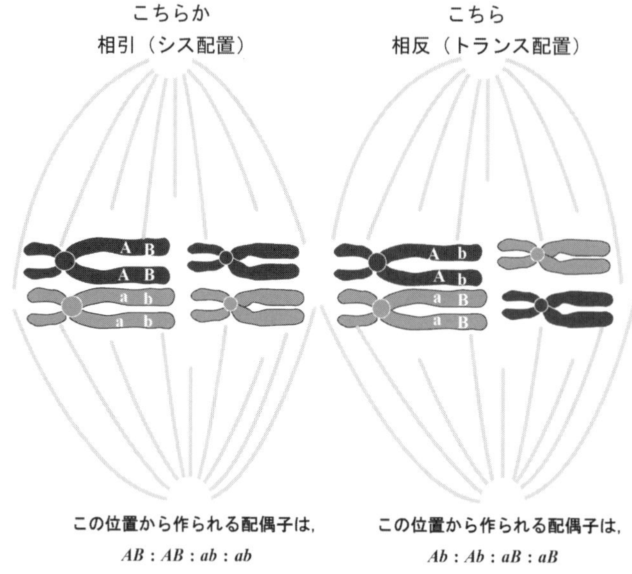

図 3.2　減数分裂時に染色体上にある遺伝子座．AaBb の遺伝子型の配偶子の遺伝子型．減数分裂第一分裂の図：A 遺伝子と B 遺伝子が同一染色体上で連鎖していた場合で，それぞれの染色分体が4分割されて配偶子ができる．

ちなみに，数多くの遺伝子座が存在する中で，ある遺伝子座を占める対立遺伝子は，遺伝子型としても1種類しかない場合が大半であり（*AA* のみ等），*A* と *a* のような2種類以上の対立遺伝子が存在する事例はむしろ少ないと考えておいてよい．

3.1.2　連鎖

ベイトソンは，スートピーの花の観察で，花色表現型において，紫花が顕性（優性）形質でホモ接合の遺伝子型が *BB*，赤花が潜性（劣性）形質でホモ接合の遺伝子型 *bb*，花粉形の表現型において，長花粉が顕性（優性）形質でホモ接合の遺伝子型が *LL*，丸花粉が潜性（劣性）形質でホモ接合の遺伝子型 *ll*，とした場合の2遺伝子座遺伝の交配実験を行った（図3.3）．F_1 個体の遺伝子型 BbLl を自家受粉して得られる4種類の表現型の比率［*BL*］:［*Bl*］:［*bL*］:［*bl*］は，予想された 9 : 3 : 3 : 1 ではなく，3 : 0 : 0 : 1 という比率になった．このため，花色遺伝子の遺伝子座 B と，花粉形遺伝子の遺伝子座 L が，同一の染色体上に載っているためにこのような分離比が生じたと考察した (Bateson & Punnet 1911; Bateson 1912, 1913)．

1本の染色体上には複数の遺伝子座があり，そこに存在する遺伝子も1個だけではない．その条件では，独立の法則が成り立っているのは，各遺伝子の乗っている遺伝子座が，別々の種類の相同染色体上にある条件の時のみである．しがたって，同じ相同染色体上に A と B の遺伝子座があれば，各遺伝子が独立して，配偶子に分配されることはない．すなわち，独立の法則は成り立たなくなる．

メンデルの論文では，7種類の形質を選び，それぞれの遺伝子座で独立の法則が成り立っていることを示している．これは，それらの7遺伝子座が，それぞれ別個の相同染色体上にあったから生じた現象で，メンデルは，恐らく意図的に独立の法則が成り立つ 7 形質だけを選んだためだろうと言われている．しかし，実験ノート類などの遺品は，メンデルの所属した修道院の後継者が一切を破棄しており，真相不明とされている．

以上のように，同一染色体上にある遺伝子どうしの関係を**遺伝的連鎖**：genetic linkage，もしくは単に**連鎖**と言う（図 3.3）．A 遺伝子座と B 遺伝子座が連鎖して同じ染色体上にある場合，遺伝子型が $AaBb$ だとすると，減数分裂時に，対立遺伝子の染色体上の配置は（図 3.2）に示すように 2 種類が存在する．A と B，および，a と b がそれぞれ同一染色体上に並んでいる場合を**相引**，あるいは，**シス配置**，A と b，および，a と B がそれぞれ同一染色体上にある場合を**相反**，あるいは，**トランス配置**と言う（Hartl & Jones 2002）．

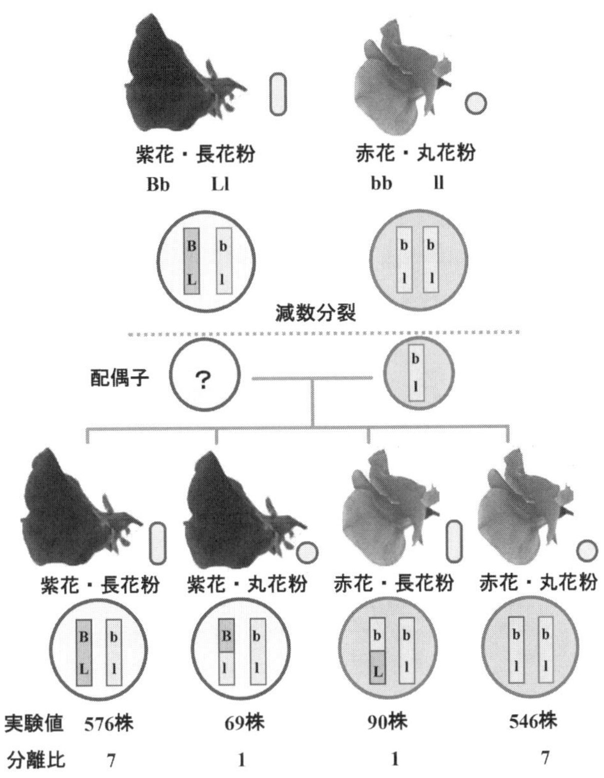

図 3.3　スイートピーの花の色と花粉の形の連鎖と組換え．スイートピーの花の色と花粉の形の遺伝子座は同一染色体上にあり，連鎖している．bbll の劣性ホモ個体で検定交雑を行うと，配偶子の遺伝子型が推定できる．一部で染色体の組換えが生じていることが解る．田中（1977）のデータから描き直す．

3.1.3　組換え（乗換え）

染色体は，弾力性のある物体だが，一定以上の物理的な力が加わると切れたり接合したりする．それも，低頻度ではない．減数分裂の分裂中期に，相同染色体の一部が交叉し，染色体の一部が入れ換わってしまう現象が度々生じる．これを染色体の**組換え（乗換え）**：recombination と言う（図 3.4）．減数分裂の第一分裂で染色体の交叉によって生じる X 字型の部位を**キアズマ**と言う．図 3.4 のように，1 か所で乗換えがある場合，交換は 4 本の染色分体のうちの 2 本だけでおこるため，2 本の組換え体と 2 本の非組換え体が生じる．また，組換えは，図 3.5 のように減数分裂の第一分裂中期に 4 本ある染色分体がからみあって，2 重 3 重の組換えを起こす複雑な組換えの事例もある．

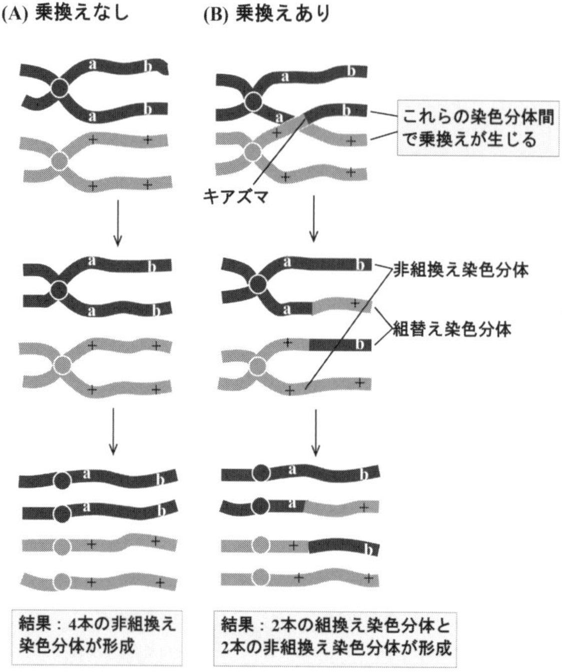

図 3.4　染色体の組換えの模式図．2 つの遺伝子の間で乗換えがない場合，対立遺伝子は組換わらない．1 か所で乗換えがある場合，交換は 4 本の染色分体のうちの 2 本だけでおこるため，2 本の組換え体と 2 本の非組換え体が生じる．

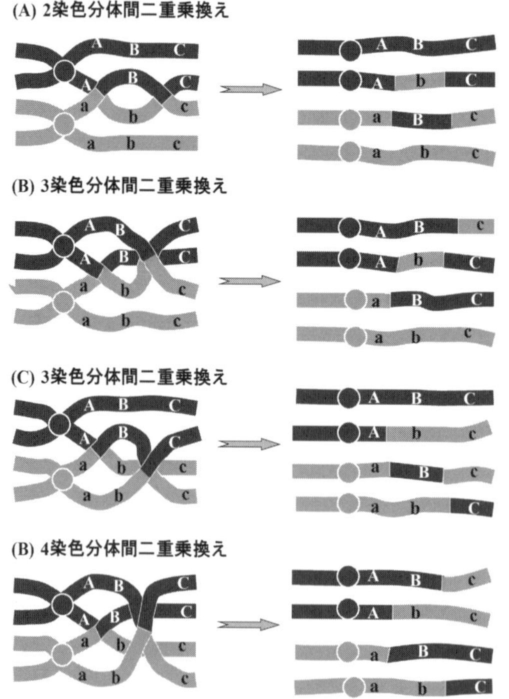

図 3.5　複雑な組換えの事例．減数分裂の第一分裂中期に 4 本ある染色分体がからみあって，2 重 3 重の組換えを起こす事例もある．

組換えを考える時，染色体が切れて再付着する際，染色体上に乗っている遺伝子が破壊されないのだろうかと，素朴な疑問がわく．例えば，ヒトのもつ 46 本の染色体上には，約 2 万個程度の遺伝子が存在することが判っている．これは非常の多いように思えるが，染色体上で換算すると，非常に遠距離の島どうしのようにポツポツとしか存在していない．多少乱暴に染色体が切れたところで，遺伝子が機械的に破壊されることは滅多に生じない．もし，遺伝子が壊れたならば，その細胞は死亡して消えてしまうことが多い．

メンデル遺伝は，それまで流布されていた，個体の遺伝情報が世代を経るに従って，1/2，1/4，1/8 ... と無限に分割されていく混和式遺伝の考え方を明確に否定し，遺伝子という分割不能な最小単位を想定した粒子式遺伝であった．すなわち，メンデルが論文の中で想定したところの分割不能な粒子としての遺伝子とは，実在する染色体を意味しており，1 組の相同染色体は原則として相同染色体どうしが 2 分割され，配偶子に分配される 1/2 分割のみである．しかし，染色体の組換えを想定すると，世代を経るに従って，1 本の染色体が何回も細切れに分割されて子孫に遺伝していく場合もある．ある意味，染色体の組換えによって，最小単位のはずの染色体の分割が生じていることが判る．

ある染色体上で連鎖している 2 対の対立遺伝子について見た場合，それらの遺伝子間の距離が短いときは連鎖が完全で，遺伝子の組換えが起こらない．このとき，その遺伝子間の関係を**完全連鎖**と言う．また，2 対の対立遺伝子間の距離が長いほど連鎖が不完全で，遺伝子の組換えが起こりやすい．組換えが起こったとき，その遺伝子間の関係を**不完全連鎖**と言う（図 3.6）．

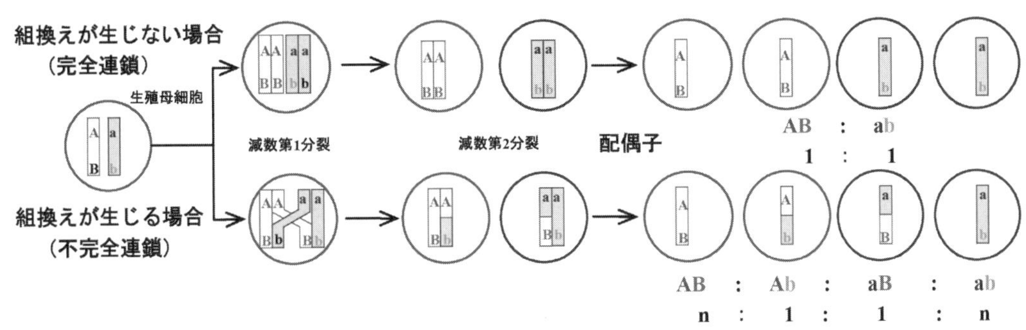

図 3.6 完全連鎖と不完全連鎖．不完全連鎖の場合，配偶子形成の一部で遺伝子の組換えが生じ，Ab や aB のような配偶子が生じるが，大部分は AB と ab で，配偶子の比は，$n:1:1:n$ となる．

3.1.4 連鎖の有無の判定と検定交雑

遺伝子座間が連鎖しているかどうかの有無（各遺伝子座が同一染色体上にあるかどうか）は，劣性ホモをかけあわせる検定交雑で確認できる．検定個体（$AaBb$）× 劣性ホモ（$aabb$）の検定交雑の結果（表現型）から推定できる結果は下記のようになる．

$$[AB]:[Ab]:[aB]:[ab] = 1:1:1:1 \quad \Rightarrow \quad \text{独立遺伝}$$
$$[AB]:[Ab]:[aB]:[ab] = 1:0:0:1 \quad \Rightarrow \quad \text{完全連鎖}$$
$$[AB]:[Ab]:[aB]:[ab] = n:1:1:n \quad \Rightarrow \quad \text{不完全連鎖}$$

そこで，ある生殖細胞内の同一染色体に連鎖している 2 個の遺伝子が，減数分裂時に染色体の交叉によって組換えを起こす割合を**組換え価（組換え率・組換え頻度）**と言う．組換えは連鎖している遺伝子間の距離が大きいほど起こりやすく，遺伝子間の距離が小さいほど起こりにくくなる．組換え価を調べることで，同一染色体上にある遺伝子間の相対的な距離を知ることができる（図 3.7）．組換え価は下記の計算式で算出される（Shine &. Wrobel 1976）．

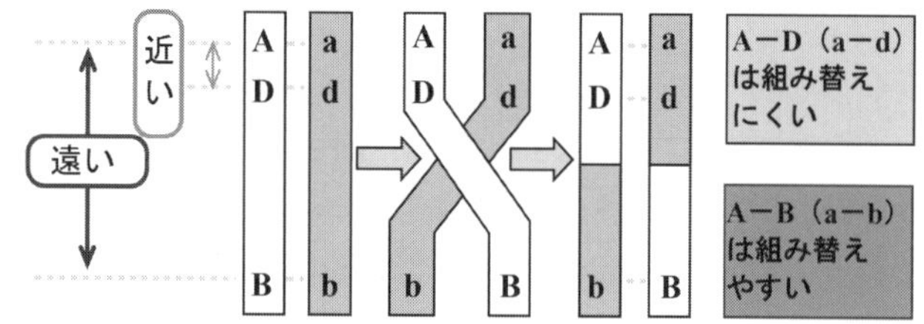

図 3.7　組換え価．組換えは連鎖している遺伝子間の距離が大きいほど起こりやすく，遺伝子間の距離が小さいほど起こりにくくなる．組換え価を調べることで，同一染色体上にある遺伝子間の相対的な距離を知ることができる．

$$\text{組換え価} = \frac{\text{組換えによって報じた個体数}}{\text{得られた総個体数}} \times 100$$

同一染色体上にある遺伝子がどのような位置関係で存在しているのかを図に示したものを**連鎖地図**，あるいは，**染色体地図**と言う．染色体地図には**遺伝子地図**（**連鎖地図**）と**細胞学的地図**とがある．

同一染色体上にある3つの遺伝子間の組換え価を用いて，それらの配列順序と位置関係を調べる方法を**三点交雑法**（**三点実験**）と言う（図3.8）．遺伝子地図は，遺伝子の組換え価をもとにしてつくられたもので，モーガンらによって考案された (Morgan *et al.* 1919)．連鎖する遺伝子間の組換え価が，遺伝子間の相対的な距離を表すことに気がついた Morgan (1926) らは，三点交雑法によって遺伝子の相対的な位置を決めることで，染色体上の遺伝子の並びを示した遺伝子地図を作製した．ただし，遺伝子地図は遺伝子の相対的な位置関係を示したものに過ぎない．染色体の動原体周辺のヘテロクマチン部分ではほとんど組換えが起こらない．このため，遺伝子地図は染色体上の実際の距離を反映しない．

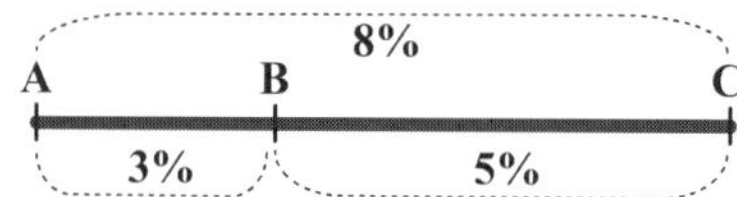

図 3.8　三点交雑法（三点実験）．図のように A-B の組換え価が 3％，B-C が 5％，A-C が 8％とすれば，これら3つの遺伝子が A, B, C の順に 3 : 5 の距離比で並んでいることになる．

遺伝子が実際に染色体のどの位置にあるかを示したものを細胞学的地図と言う．ペインターはキイロショウジョウバエの唾液腺染色体の横縞を目印にして，実際の遺伝子がどの位置にあるかを示す**細胞学的地図**（**唾液腺染色体地図**）を作製することに成功した (Painter 1933)．現在は，染色体上の遺伝子 DNA を直接，蛍光染色することにより詳細な細胞学的遺伝子地図（染色体地図）が作製できるようになっている．

3.2　いろいろな遺伝とエピスタシス作用

3.2.1　様々な遺伝様式の発見

メンデル遺伝の発見以来，典型的なメンデル遺伝の様式とは異なる各種の遺伝様式が発見された．その中で，遺伝子間の相互作用による各種の遺伝も発見された．遺伝子間に相互作用がある場合，優性の法則や独立の法則の原則が崩れる例が生じる．

3.2.2　不完全優性，致死遺伝，および，複対立遺伝

同一遺伝子座上の遺伝子間の相互作用がいくつか知られている．

キンギョソウの花色は，一連の酵素反応により，赤色のアントシアニン色素が形成される．対立遺伝子 I は，野生型の酵素を発現させ，花は赤色となる．酵素量が多いほど色素量は増える．これと対立する遺伝子 i は，活性を持たない酵素を発現させるため，ii の花は色素を欠き，アイボリー色になる．Ii ヘテロ接合では，酵素の量が減少するため，生産される色素量も減少し，この希釈の結果はピンク色の花として発現される．赤色花の個体（II）に，アイボリー色花の個体（ii）を交配した場合，F_1 はすべて中間色のピンク色の個体（Ii）になる．F_2 では，赤 (II) : ピンク色 (Ii) : アイボリー色 (ii) $= 1:2:1$ となり，この場合，遺伝子型と表現型が一致する（図 3.9）．このような遺伝子間の関係を**不完全優性**とよぶ．また，ピンク色（Ii）のように，両親の中間の形質を示す雑種を**中間雑種**：intermediate hybrid とよぶ．

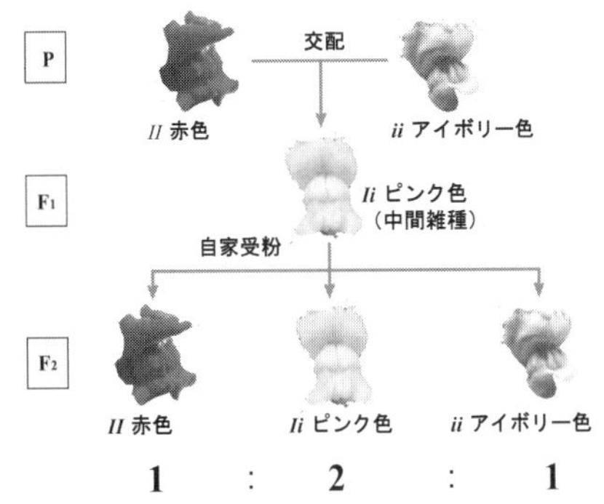

図 3.9 キンギョソウの花の色の遺伝にみられる不完全優性．田中（1977）のデータから描き直す．

このように，遺伝子の効果の強さが単純に対立遺伝子の数の合計となるような対立遺伝子の相互作用を**相加的**：additive と言う．赤色の遺伝子 I のような相加的性質を示す遺伝子を**相加的遺伝子**：additive gene とよぶ．

身長，体重，雌鳥の産む卵の数，植物の開花時期，および，細胞や生体中の酵素の量などの，何らかの連続的な尺度で計測ができる形質のことを**量的形質**（連続形質）：quantitative trait というが，遺伝的な表現型である量的形質も多い．相加的遺伝子による不完全優性は，表現型が不連続な量的形質に多く観察される．

ハツカネズミの毛の色で，黄色遺伝子（Y）は黒色遺伝子（y）に対して顕性（優性）である．しかし，黄色の優性ホモ（YY）になると致死作用が発現し，YY 遺伝子型の個体は胎児期に死亡する．したがって，黄色 Yy どうしの交配分離比は，黄色 : 黒色 $= 2:1$ となる（図 3.10）．このように，遺伝子がホモ接合になると致死作用を表す遺伝子を**致死遺伝子**とよぶ．

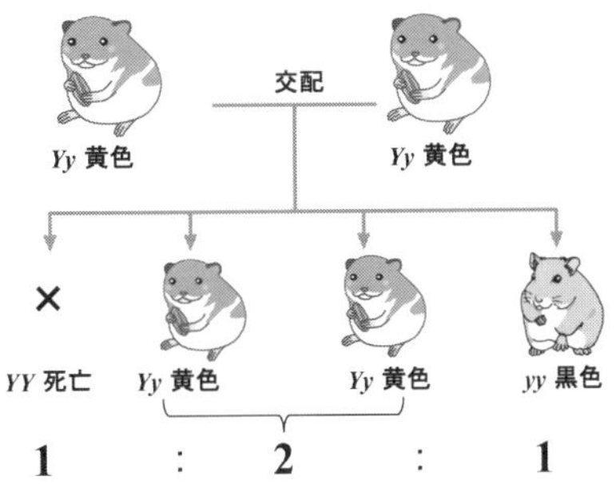

図 3.10 ハツカネズミの致死遺伝子による遺伝．

1つの形質に3種類以上の対立遺伝子が関係することがある．これを**複対立遺伝子**：multiple alleles とよぶ．ヒトの赤血球の表面は，多糖類が鎖状に連なった多糖類の糖鎖で覆われている．その糖鎖の先端部分を決定する **ABO 式血液型**遺伝子が存在する．A 型遺伝子（I^A）は N-アセチルガラクトサミンを，B 型遺伝子（I^B）はガラクトースを，それぞれ糖鎖の先端に付加する．O 型遺伝子の場合は，どちらも付加しない．この遺伝子座には，対立遺伝子が 2 個位置できるが，対立遺伝子の種類には，上記 ABO

の 3 種類が存在する．O は A, B に対して劣性であり，A と B は不完全優性の関係にある．表 3.1 に示すように，これら 3 種類の対立遺伝子の組合せによって，表現型である 4 種類の血液型が決定する．

表 3.1　ABO 式血液型の複対立遺伝．遺伝子は A, B ,O の複対立遺伝子，O は A, B に対して劣性，A と B は，互いに不完全優性の関係．

表現型（血液型）	遺伝子型	
	ホモ接合体	ヘテロ接合体
A型	AA	AO
B型	BB	BO
AB型	—	AB
O型	OO	—

3.2.3　エピスタシス

独立の法則が成り立っている 2 遺伝子間の F_2 雑種の分離比は，9 : 9 : 3 : 1 であった．しかし，2 遺伝子座間に何らかの相互作用が生ずると，この分離比がくずれてくる．このように，遺伝子座や遺伝間に見られるあらゆる相互作用を**エピスタシス**：epistasis と言う．以下に，2 遺伝子座間にエピスタシスがある事例を紹介する．

スイートピーの花色を決定する遺伝子座に，C：色素原遺伝子，P：酵素遺伝子（色素原を色素に変える）という 2 遺伝子座がある．$CCpp$ の遺伝子型個体と，$ccPP$ の遺伝子型個体は，どちらも表現型は白色である．この遺伝子型の異なる白花どうしを交配させると，F_1 はすべて紫色（$CcPp$）になり，F_2 は紫 : 白 = 9 : 7 となる（図 3.11）．このような遺伝様式を示す遺伝子を**補足遺伝子**とよんでいる．

カイコガの繭色を決定する遺伝子座に，黄色を発現する遺伝子（Y）と色の発現を抑える遺伝子（I）

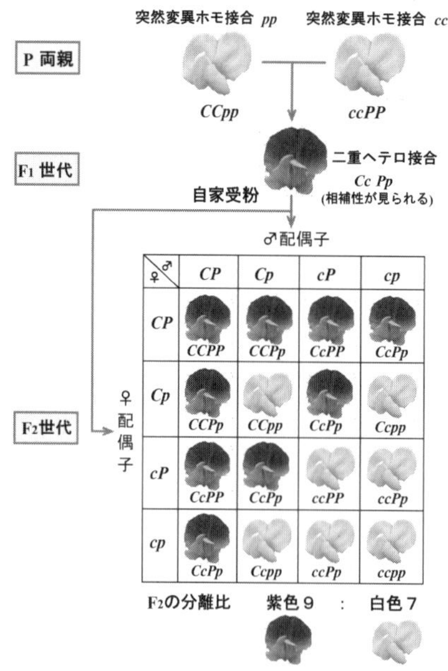

図 3.11　補足遺伝：エピスタシス作用の例．スイートピーの花の色．C：色素原遺伝子，P：酵素遺伝子．田中（1977）のデータから描き直す．

の2遺伝子座が存在する．$IIyy$ の遺伝子型個体は白色，$iiYY$ の遺伝子型個体は黄色に発現する．この両者を交配した F_1 はすべて白色（$IiYy$）になるが，F_2 は白色：黄色 = 13 : 3 に分離する（図3.12）．これは，黄色遺伝子（Y）が，抑制遺伝子（I）の作用で，色素発現が抑制されるためである．このような遺伝様式を示す遺伝子を**抑制遺伝子**とよんでいる．

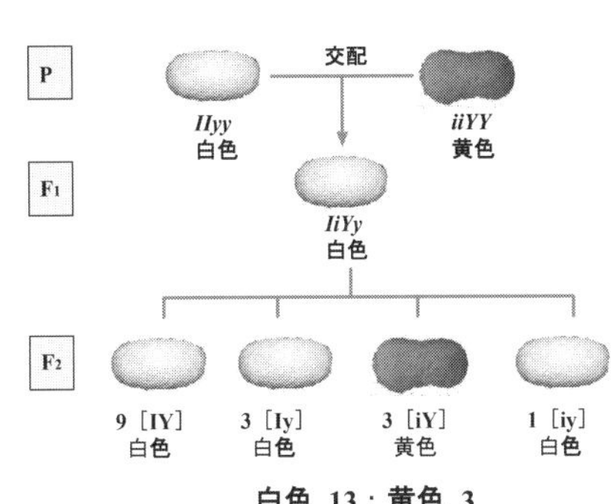

図3.12 抑制遺伝：エピスタシス作用の例．カイコの繭の色．I：抑制遺伝子，Y：黄色の遺伝子．田中（1977）のデータから描き直す．

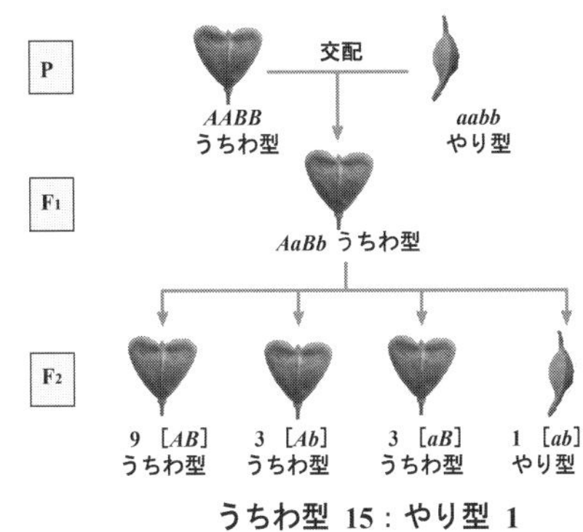

図3.13 同義遺伝：エピスタシス作用の例．ナズナの果実の形；A, B：うちわ形遺伝子，a, b：やり形遺伝子．田中（1977）のデータから描き直す．

ナズナの果実の形の決定には，AとBの2つの遺伝子座が知られており，両遺伝子座共に同等に果実形を決定する．うちわ型遺伝子（A，B）は，やり型遺伝子（a，b）に対し，それぞれ顕性（優性）である．うちわ形の果実を作る系統のナズナ（$AABB$）とやり形の果実を作る系統のナズナ（$aabb$）を交配すると，F_1 はすべてうちわ形となり，F_2 はうちわ形：やり形 = 15 : 1 となる（図3.13）．果実の形をうちわ形にする顕性（優性）遺伝子が2つ（A，B）あり，そのうちどちらか1つでも発現すれば，うちわ形の表現型が発現するからである．1つの形質の発現に2組以上の顕性（優性）遺伝子が関係し，そのうち1つでもあれば特定の形質を発現できる場合，これらの同じ働きをする複数の遺伝子座による遺伝様式を示す遺伝子を**同義遺伝子**：multiple genes / polymeric genes と言う．

以上のような例を含め，2遺伝子座間にエピスタシス作用がある場合，分離比が 9 : 3 : 3 : 1 からくずれてくるが，表3.2に示すように，分離比の変形で計10通りの遺伝様式が存在する (Hartl & Jones 2002)．

3.3 伴性遺伝

3.3.1 性染色体

ヒトを含む多くの生物には，性を決定するための染色体があり，これを**性染色体**：sex chromosome と言う．これに対して，オス・メス共に共通に持っている染色体を**常染色体**：autosomal chromosome と言う (⇒第I部第1章参照)．

キイロショウジョウバエの体細胞の染色体は，$2n = 8$ である．常染色体6本と性染色体2本で構成され，性染色体にはX染色体とY染色体の2種類がある．性染色体による表現型は，Xホモの場合（XX）はメス，XYヘテロの場合（XY）はオスとなる．常染色体の1セットをAで表すと，オス = 2A + XY，メス = 2A + XX，と表現できる (Morgan 1910)．

表 3.2　遺伝子間にエピスタシスがある場合，分離比が 9 : 3 : 3 : 1 からくずれる．2 遺伝子遺伝の F2 に見られる分離比の変更．田中（1977）のデータから描き直す．

AA BB 1　*AA Bb* 2　*Aa BB* 2　*Aa Bb* 4	*AA bb* 1　*Aa bb* 2	*aa BB* 1　*aa Bb* 2	*aa bb* 1	変更されない比
9	3	3	1	9 : 3 : 3 : 1
				変更された比
9	3	3	1	12 : 3 : 1
9	3	3	1	10 : 3 : 3
9	3	3	1	9 : 6 : 1
9	3	3	1	9 : 4 : 3
9	3	3	1	15 : 1
9	3	3	1	13 : 3
9	3	3	1	12 : 4
9	3	3	1	10 : 6
9	3	3	1	9 : 7

3.3.2　性染色体による性の決定の遺伝様式と性比の問題

雌雄異体の動物のほとんどがオスとメスの比率は 50％ : 50％ = 1 : 1 である．性決定は，配偶子による性染色体の動きを考えると単純である．メスの遺伝子型が XX，オスの遺伝子型が XY の場合，メスの配偶子の遺伝子型 = X のみ，オスの配偶子の遺伝子型 = X と Y が 1 : 1 で生じる．性決定はオスの配偶子遺伝子型で決まっていることが判る．パンネットの方形を用いて考えると，配偶子 X : Y = 1 : 1 なので，メス : オス = 1 : 1 となる（表 3.3）．基本的な説明はこれでも間違いではない．しかし，性比に関する問題は，性の起源や有性生殖の起源と並んで，生態学や行動学でも根幹を成す命題である．特に III 部第 7 章を参照して欲しい．

表 3.3　XY 型性染色体による性決定様式．XX（メス）: XY（オス）= 1 : 1 に分離することが解る．

		XX接合子（♀）	
		X配偶子	X配偶子
XY接合子（♂）	X配偶子	XX接合子（♀）	XX接合子（♀）
	Y配偶子	XY接合子（♂）	XY接合子（♂）

3.3.3　伴性遺伝

キイロショウジョウバエ（XY 型性決定様式）の野生型は赤眼だが，その突然変異に白眼のものがある．眼色を決定する遺伝子座は X 染色体上に位置する．赤眼の遺伝子（W）は白眼の遺伝子（ω）に対して顕性（優性）である．この場合，赤眼雌の遺伝子型には，W ホモ X^WX^W とヘテロ X^WX^ω の 2 種類が存在するが，赤眼雄は，X^WY のみである．これに対し，白眼雌は ω ホモ $X^\omega X^\omega$ のみであり，白眼雄も $X^\omega Y$ のみである．

赤眼のおす（X^WY）と白眼のメス（$X^\omega X^\omega$）を親として交雑すると図 3.14 のようになる．メスでは，親が潜性（劣性）ホモ（$X^\omega X^\omega$）の場合のみ白眼となり，親の遺伝子型が赤眼（X^WX^W と X^WX^ω）の場合はすべて赤眼となる．これに対し，おすでは，親が白眼（$X^\omega Y$）の場合は白眼，赤眼（X^WY）の場

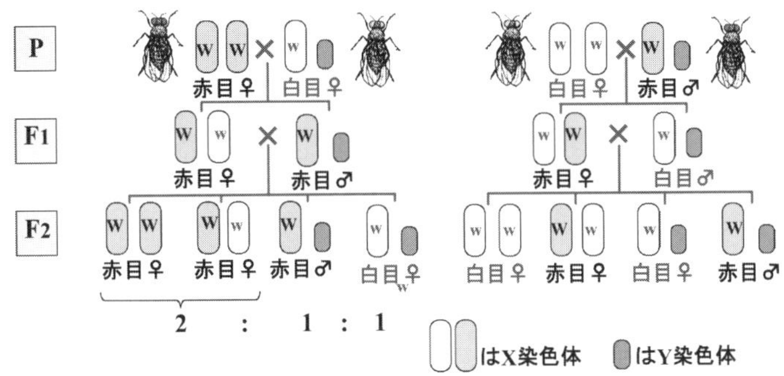

図 3.14 キイロショウジョウバエの眼の色の伴性遺伝．白眼は赤眼に対して劣性で，赤眼の遺伝子（W）も白眼の遺伝子（ω）も X 染色体上にあり，赤眼の遺伝子（W）は白眼の遺伝子（ω）に対して優性である．

合は，赤眼になる（図 3.14）．

このように，**伴性遺伝**：sex-linked inheritance / sex-linkage は，雄の X 染色体が 1 本しかないため，潜性（劣性）遺伝子をもつ場合，それがそのまま表現型として発現してしまう．これに対し，雌は X 染色体を 2 本もつため，潜性（劣性）表現型は，潜性（劣性）遺伝子がホモ接合体の場合のみ発現する．このように，雄と雌の表現型の出現様式が異なることが，伴性遺伝の 1 つの特徴である（Morgan 1910）．

3.3.4 色覚特性

色覚異常は，色覚特性ともよばれる．日本遺伝学会は 2017 年に「色の見え方（**色覚**）は人によって多様であり，色覚特性は色覚多様性の 1 つである．」とし，**色覚多様性**という概念を提唱し，色覚特性がヒトのもつ**遺伝的多型**の 1 つに過ぎないとした（日本遺伝学会 2021）．

♂ 男性	X Y	・・・・	正常男性
	X' Y	・・・・	色覚特性
♀ 女性	X X	・・・・	正常女性
	X X'	・・・・	色覚特性 保因者
	X' X'	・・・・	色覚特性

図 3.15 赤緑色覚異常の表現型の男女差．

ヒトの**赤緑色覚特性**は，伴性遺伝の事例として知られている．光の色は，網膜上の**錐体細胞**で感じている．錐体細胞には，色素タンパク質（オプシン）の違いにより，3 種類が存在する．赤錐体（L 錐体），緑錐体（M 錐体），青錐体（S 錐体の 3 種類の細胞で光の波長を感じており，その混合で，色を区別している．これを **3 色型色覚**と言う．色素タンパク質を決定する遺伝子は，X 染色体上に乗っている（新川ら 2020）．このため，色覚は伴性遺伝する（図 3.15）．

3 種類の色素タンパク質を決定する遺伝子のどれかが正常に働かなくなると，潜性（劣性）遺伝子となり，三原色ではなく，二原色の感受性になる．色素タンパク質の遺伝は，伴性遺伝のため，色覚特性は男性に多い．色覚特性の中でも，赤と緑の区別が難しくなる赤緑色覚特性が最も多い．色の区別が 2 色のため，これを **2 色型色覚**と言う（渡邊 2017）．

3.3.5 4 色型色覚（4 原色色覚）

色を感じる網膜上の錐体細胞の色素で，赤色型に 2 種類が存在することが知られている．その 2 種類の赤色感受性色素タンパク質の光波長吸収スペクトルは微妙に異なるため（図 3.16），2 種類の赤色感受性タンパク質をもつ場合の赤色の感受性は，赤色とオレンジ色の 2 原色となる．赤色感受性の遺伝子座は X 染色体上にあり，2 種類の赤色感受性遺伝子は，顕性（優性）の複対立遺伝子である．女性は，X 染色体を 2 本もつため，合計で 4 種類（赤，オレンジ，緑，青）の色素タンパク質をもつ可能性があり，

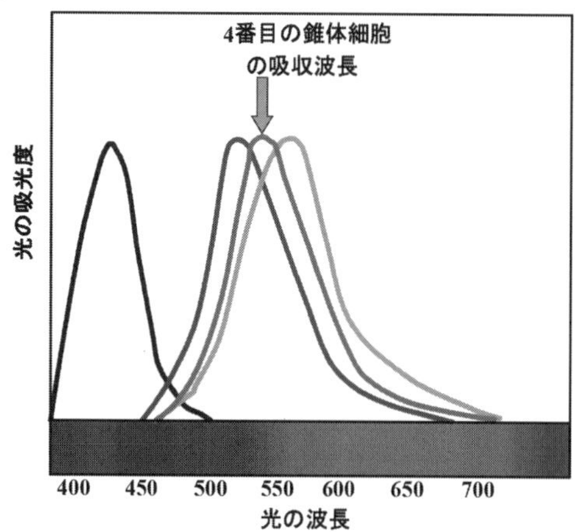

図 3.16　色型色覚（4原色色覚）．一部の女性は，網膜上の青，緑色，赤色の波長をそれぞれ感じる錐体細胞の他に，赤色を感じる赤色型の錐体細胞の色素に赤色とオレンジ色の2種類がある．女性は，X染色体が2本あるため，2種類の赤色色素をもつ可能性がある．その場合，4色型色覚となる．

その場合は**4色型色覚（4原色色覚）**となる．ヒトの女性の2〜3％が4色型色覚であると言われている（Jameson *et al.* 2001）．

甲殻類，昆虫，ハ虫類や鳥類の一部などは，波長300〜330 nmの紫色〜紫外線を感知できる錐体細胞をもつ．このため，これらの生物は，ヒトの一部の女性とは異なった4色型色覚をもつと考えられている．多くの哺乳類は，ハ虫類からの進化過程において，夜間生活に適応した結果，非常に弱い光でも感知できる色素タンパク質である**ロドプシン**をもつ**桿体細胞**が進化し，その代わりに錐体細胞を失う進化が進行した．しかし，一部の昼行性のサル類では，二次的に3色型色覚が進化した（Surridge & Osorio 2003; 岡部・伊藤 2002）．

3.3.6　細胞共生説

生物の中で，細胞中の核が不明確で細胞小器官が見られない細胞の生物を**原核生物**：Prokaryotaと言う．細菌や光合成細菌（らん藻類）がこれに属する．それに対し，細胞内に核膜や細胞小器官が存在する細胞をもつ生物を**真核生物**：Eukaryotaと言う．動物，植物，菌類，原生生物などがこれに属する（Margulis 1970）．

原核生物から真核生物が進化したことは間違いないのだが，その中間的特徴を有する生物がまったく見つからず，真核生物の起源は長らくはっきりしなかった．真核生物が細胞内にもつミトコンドリアや葉緑体が分裂して増える観察例などが蓄積されるに従い，これらの細胞小器官が元々は別の細胞体だったものが共生したものではないかというオルガネラ共生説が提唱された．この説は，ド・バリーによって最初に提唱されて以来（de Bary 1879），多くの研究者から提示されてきた（Martin & Kowallik 1999 など）．1960〜1970年代，細胞の超音波破砕機や超遠心分離機によって細胞小器官を別個に取り出せる**細胞分画法**の技術が確立すると，個別の細胞小器官それぞれの性質が研究され，細胞共生説の証拠が多数提示されるようになった（Sagan 1967 など）．マーギュリスは細胞共生説を体系化し（Margulis 1970），真核生物の起源に関する考え方が定着した．マーギュリスは，ミトコンドリア，葉緑体，鞭毛が別個の単細胞生物由来であるとした（図3.17）．

真核生物の宿主細胞となった生物は，高度好熱性・嫌気性の硫黄代謝古細菌類であろうという見解でほぼ一致している．**ミトコンドリア**：mitochondrion, 複数形: mitochondriaの起源生物は，寄生性真性細

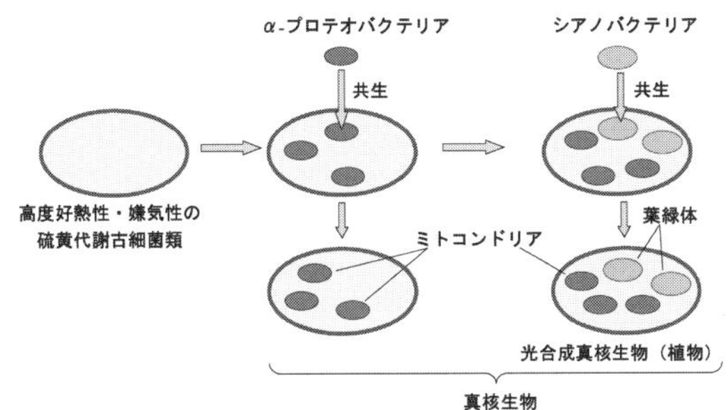

図 3.17 Margulis（1970）の細胞共生進化説．マーギュリスは，ミトコンドリア，葉緑体，鞭毛が別個の単細胞生物由来であるとした．鞭毛の共生起源説は，ほぼ否定されている．真核生物のホスト細胞は，高度好熱性・嫌気性の硫黄代謝古細菌類．ミトコンドリアの起源細胞は，α-プロテオバクテリア．葉緑体の起源細胞は，シアノバクテリア．

菌類のリケッチア類に属するα-プロテオバクテリアの 1 グループであることでほぼ確定している（Esser *et al.* 2004）．ミトコンドリアの起源は単一で 1 回の進化で生じたのだろうと考えられている．**葉緑体**：chloroplast の起源生物は，真性細菌類の酸素発生型光合成細菌のシアノバクテリア（藍藻類）に近いグループだろうとされている．葉緑体の起源も単一進化で生じたと推定されている（Margulis 1970）．

マーギュリスが提案した鞭毛の共生起源説は，決定的な証拠がなく，ほぼ否定されている．ミトコンドリアと葉緑体以外の細胞小器官には，共生起源の痕跡は現時点では認められない．しかし，核も二重膜に囲まれているため，核そのものが共生生物起源ではないかとも推測されているが，核膜の特徴以外の決定的な証拠がない．

3.3.7 現在も細胞内共生は多発的に進行中

細胞内共生は，始原生物が生じた初期の時代に限定された現象ではなく，現在も各種の生物で観察される同時多発的な現象である（Margulis 1970）．

動物の起源とされる鞭毛虫類に，単細胞の緑藻類が共生した生物体が，ミドリムシ植物（ユーグレナ），クラミドモナス，パンドリナ，ボルボックスなどの鞭毛を持った光合成生物の起源である．これらの複数細胞から構成される光合成型原生生物が，多細胞緑色植物の起源であるかのような解説をときどき見かけるが，共生体の宿主の鞭毛虫は，むしろ多細胞動物に近縁であり，明らかに間違いである．DNA 分析の結果，ボルボックスは，パンドリナ類の共通祖先から進化して，たかだか 1000 万年程度の歴史しかないことが判っている（Umen 2000 等）．

繊毛虫類のゾウリムシ類の仲間には，その細胞内にクロレラを共生させたミドリゾウリムシという一群が知られている．共生クロレラは，葉緑体だけを残して，細胞の自律性を失う一歩手前の状態にまで退化している（Kadota & Fujishima 2012 等）．

多細胞の動物にも藻類の共生が見られる．刺胞動物門に属するサンゴ類，イソギンチャク類やクラゲ類の一部や，二枚貝類のシャコガイ類では，褐虫藻（渦鞭毛藻の仲間）を外とう膜の細胞内に共生させ，光合成産物を得ている種が多く知られている（Biquand *et al.* 2017 等）．

軟体動物のアメフラシ類（後鰓亜綱）に属するコノハミドリガイ等の種は，緑藻類のハネモ類（ハネモ目）を摂食し，その葉緑体を，中腸腺細管を用いて全身に送り，外とう膜に葉緑体を集積され光合成産物を得る生態で知られている．この事例は，厳密な意味では共生とは見なせず，**盗葉緑体現象**と呼んでいる（Gast *et al.* 2007 等）．

第4章

量的遺伝と計量遺伝学，遺伝分散

4.1 量的遺伝と計量遺伝学

4.1.1 多くの人がいだくメンデル遺伝に関する素朴な疑問

メンデル遺伝を初めて知った際にいだく素朴な疑問がある．「メンデル遺伝学は粒子的な遺伝を想定しており，足して2で割った中間形質は発現しないとしている．すなわち，基本的に変異は非連続であるとしている．しかし，連続的な変異は多数存在するし，遺伝的な連続量の変異も存在する．ヒトの身長，体重，肌の色，髪の毛の色，といった遺伝する連続量の形質はどのように説明するのか？」というものである．この疑問は，遺伝現象に関するかなり本質的な疑問で，この**量的形質**（連続量の形質）：quantitative trait の遺伝現象は，フィールド生物学において正確に理解されるようになるまで，100年以上かかった．1970年代になって，フィールド生物学の分野でも，ファルコナーやランデらの研究によって，ようやく厳密な解答が与えられるようになったと言ってもよい (Falconer & Mackay 1989; Lande 1979, 1981, 1992)．日本のフィールド生物学で量的遺伝が意識され始めたのは1984年頃以降となっている．

4.1.2 計量遺伝学

変異は連続的で遺伝は量的に遺伝すると主張する学問体系を**計量遺伝学**（**統計遺伝学**）：genetics of quantitative trait とよぶ．メンデル遺伝学が主に，**植物育種**（**品種改良**）の分野で発展したが，計量遺伝学は，主に動物の育種の分野で発展してきた．植物の品種改良が花の色や形などの質的形質の育種が主だったのに対し，動物は，体重（肉の量）や乳の量などの量的形質を増大させる育種が主要な命題であった違いが大きかった．計量遺伝学は，ピアソン，ゴールトン，ウェルドンなどが創出し，発展させた．

メンデル遺伝学派の中でも論争好きの集団遺伝学派は，量的遺伝学派（数量遺伝学派）と対立し，1960年代まで論争を繰り返してきた．1960年代になってようやく，フィッシャーやファルコナーの理論によって，メンデル式遺伝と量的遺伝の整合性がとられるようになった．

4.1.3 量的遺伝形質の現代的な解釈

メンデル遺伝学と量的形質との整合性をとるには，体重や身長などの量的形質の取り扱いの難しさがあった．量的遺伝形質の現代的な解釈は，「**遺伝の基本型は質的遺伝 (粒子式遺伝) のメンデル遺伝で変わりはない．遺伝子発現そのものは，あくまで不連続なものである．しかし，各種の因子によって変異が連続的なものに変換して見える場合がある**」，となる．

すなわち，(1) ポリジーン（≒同義遺伝子：同じ形質発現に複数の遺伝子が関わる)，(2) 不完全優性，(3) 環境変異によるばらつき，(4) エピスタシス作用とよばれる遺伝子間の相互作用や遺伝子と環境の相互作用，(5) 発生過程での変異，等々が，メンデル遺伝の形質発現に影響し，二次的に量的形質が生じている，というものである (Hartl & Jones 2002)．

4.1.4　量的形質の分析方法

量的遺伝の分析は統計学的手法を用いなければならないため，いささかやっかいである．表 4.1 は，干潟に生息する巻貝ウミニナの殻高の**度数分布表**である (杉原・冨山 2016)．このような表の数値列では，データ傾向が見えづらいため，度数分布を棒グラフで表した**ヒストグラム**で表現することが多い．野生動物の各種形質の頻度分布のデータをヒストグラムで表示することも多い．ヒストグラムの元データが，**平均値**を中心とした**正規分布**に従っているのであれば，**正規分布曲線**を重ねて描くことが可能である (図 4.1)．図 4.1 のグラフは，2006 年に鹿児島市喜入町の愛宕川河口にあるマングローブ林干潟で採集された巻貝ヘナタリ成熟個体の 1397 個体の殻幅を測定した値の頻度分布をヒストグラムで表したものである (片野田ら 2017)．ヘナタリは約 2 歳令で成熟すると殻口付近が肥厚してねじ曲がり，殻成長が停止するため，成熟個体と未成熟個体の区別が容易である．グラフから，ヘナタリ成熟個体の殻幅サイズ頻度分布が，正規分布に近似していることが解る．ただし，ウミニナやヘナタリの成熟個体の殻サイズが，遺伝的な違いに基づいているのか，単なる環境変異であるのかまでは，現時点では，解明されていない．

表 4.1　干潟に生息する巻貝ウミニナの殻高頻度分布の表．2002 年 9 月に鹿児島県喜入町のメヒルギマングローブ林干潟で採集された成熟個体の測定値．ウミニナは約 2 歳令で性成熟し，殻の成長が停止する．成熟個体は殻口部に滑層が形成され，幼体との判別は容易．杉原・冨山 (2016) から数値データを修正描き直す．

区間番号 (i)	殻高の区間 (mm)	区間の中間値 (X_i)	個体数 (f_i)
1	0～2	1	0
2	2～4	3	0
3	4～6	5	0
4	6～8	7	0
5	8～10	9	0
6	10～12	11	9
7	12～14	13	33
8	14～16	15	40
9	16～18	17	83
10	18～20	19	94
11	20～22	21	75
12	22～24	23	28
13	24～26	25	2
14	26～28	27	1
15	28～30	29	0
16	30～32	31	0
17	32～34	33	0
18	34～36	35	0
		合計	N=365

このような頻度分布表やヒストグラムは，煩雑で判りにくいため，**平均値**と**分散**だけの統計的手法で表しても，正規分布の性質を示すことができる．

$$\text{平均値：} x = \frac{\sum_i f_i x_i}{N}$$

$$\text{分　散：} S^2 = \frac{\sum_i f_i (x_i - x)^2}{N-1}$$

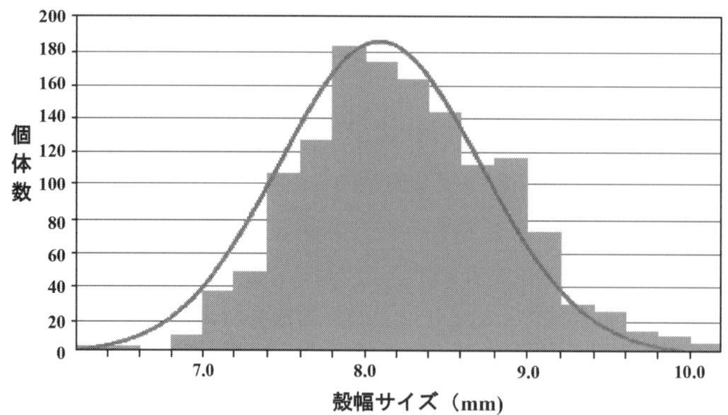

図 4.1　干潟に生息する巻貝ヘナタリの成熟個体の殻高頻度分布のヒストグラム．ヘナタリは成熟すると殻口部が変形し，幼体との判別は容易．鹿児島県喜入町のメヒルギマングローブ林干潟において，2006 年採集．横軸は殻高 (mm)，縦軸は個体数をそれぞれ表す．標本数は 1397 個体．平均値 ± 標準偏差 = 8.3 ± 0.64．最小値 = 6.2 mm，最大値 = 10.2 mm．ヘナタリは殻頂部が欠けた個体が多く，正確なサイズ比較には殻幅を測定する．片野田ら (2017) のデータを再集計し，描き直す．

図 4.2 は，分散が平均のまわりの分布の広がりを表すことを示すグラフである．ある表現型の範囲と曲線で囲まれる面積は，その範囲の表現型を示す個体の割合に等しい．平均から標準偏差（分散の平方根）の 1 倍，2 倍，3 倍の範囲内にある個体の割合は，それぞれ，約 68％，95％，99.7％ である．正規分布では，平均 = μ，標準偏差 = σ で表す．個体の遺伝子型の違いによって引き起こされる表現型の変異を**遺伝子型分散**：genotypic variance と言う（Falconer & Mackay 1989）．

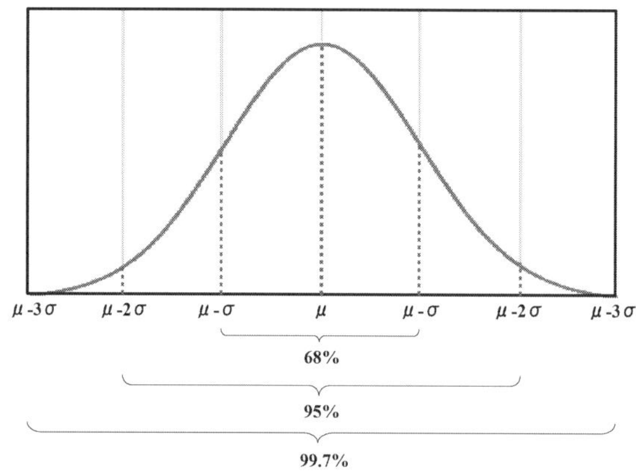

図 4.2　正規分布の性質．平均から標準偏差（分散の平方根）の 1 倍，2 倍，3 倍の範囲内にある個体の割合は，それぞれ，約 68％，95％，99.7％ である．正規分布では 平均 = μ，標準偏差 = σ で表す．ある表現型の範囲と曲線で囲まれる面積は，その範囲の表現型を示す個体の割合に等しい．

4.2　量的遺伝をもたらすものとしての遺伝子分散

4.2.1　遺伝子分散の考え方

まず，1 遺伝子座の対立遺伝の事例で考えてみ見よう．身長を決める遺伝子座が 1 個で，A と a が顕性（優性）と潜性（劣性）の関係であったと仮定した場合，F_1 雑種 Aa の F_2 の分離比は，$AA : Aa : aa = 1 : 2 : 1$

であり，表現型の分離比は，$[A]:[a]=3:1$ である．遺伝子が不完全顕性（優性）の場合は，1 : 2 : 1 となる．これをヒストグラムで表すと図 4.3 のようになる．この場合も正規分布に従っており，正規分布曲線で近似できる．すなわち，遺伝子型と表現型，どちらの場合であっても頻度分布はばらつき，分散値が発生する．

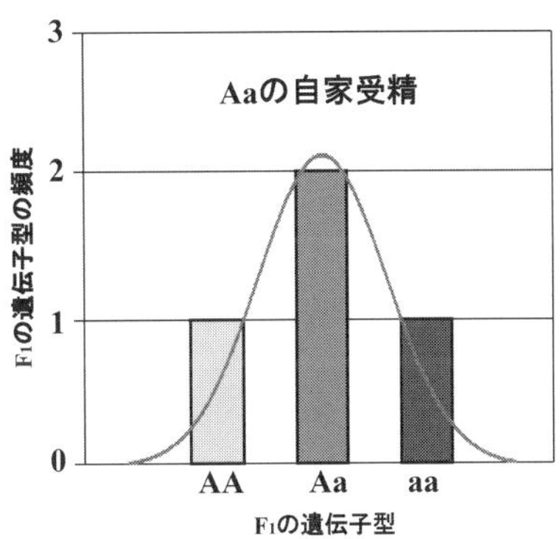

図 4.3 1 遺伝子座で不完全優性（顕性）であった場合の表現型の頻度分布．F_1 雑種 Aa の F_2 の分離比は，$AA:Aa:aa=1:2:1$ である．この分離比も正規分布に従っている．

4.2.2 相加的遺伝子型分散

次に，ある量的形質に 3 つの独立した遺伝子座（同義遺伝子）が関わっている場合を考えてみる．この場合，どの遺伝子座も不完全優性だとすると，これらの同義遺伝子は相加的遺伝子となる．表現型は顕性（優性）遺伝子の数が増えるに従って，優性形質の表現型がより強く発現する相加的遺伝を示す．3 個の遺伝子がすべてヘテロ接合の個体（$AaBbCc$）どうしをかけあわせた場合，この量的形質に関与する遺伝子の分離は，$2^3\times2^3=8\times8=64$ 個のパンネットの方形で表される（図 4.4）．接合体の遺伝子型に含まれる顕性（優性）遺伝子の数でこの量的形質の表現型の大小が決定される．したがって，表現型は，7 段階になる．この量的形質の表現型数の頻度分布をヒストグラムで表すと図 4.5 のようになる．グラフは曲線で示された正規分布で近似されるが，頻度分布は，正規分布に従っていることがわかる．このように量的形質に関わる同義遺伝子が相加的遺伝を示す場合，接合体の有する顕性（優性）遺伝子の数の大小によって分散が生じる．ある遺伝子の作用が同じ形質に関与する他の遺伝子の作用に対して加算的である遺伝子の効果を**相加的遺伝子効果**：additive gene effect と言う．

量的形質では，関与する遺伝子座の数も対立遺伝子の数も不明である．そこで，不特定多数の座位や遺伝子を仮定し，個々の遺伝子の相加的（加算的）な効果の総和により遺伝的な能力が決まると考える．このようにして生じる分散を**相加的遺伝分散**：additive genetic variance と言う (Falconer & Mackay 1989)．

1900 年の「メンデルの法則の再発見」から 5 年後，コムギの種子色もメンデルの法則に従って遺伝することが発見された (Bateson 1913)．コムギの種子は「赤粒」と「白粒」とがあり，赤粒が優性で，この「種子を赤（Red）に着色する遺伝子」は R 遺伝子と報告された．種子色素を蓄積している「種皮」とよばれる部分は母親組織であるため，母方の遺伝子型を反映しており，種子その物の遺伝子型の表現型ではない (Himi *et al.* 2011)．このように 1 世代遅れて形質が発現する遺伝様式を**遅滞遺伝**と言う．種皮色の遺伝子座 R は小麦の A, B, D ゲノムに一個ずつ座乗しており，それぞれ不完全優性で同義遺伝子である．したがって，小麦の種皮の色は，3 種類の遺伝子座の遺伝子の組合せによって，白～褐色の 7 段階の表現型を示す．この種皮の色の差は不連続形質なのだが，見た目には，連続量の量的形質に見えてしまう（図 4.6）．

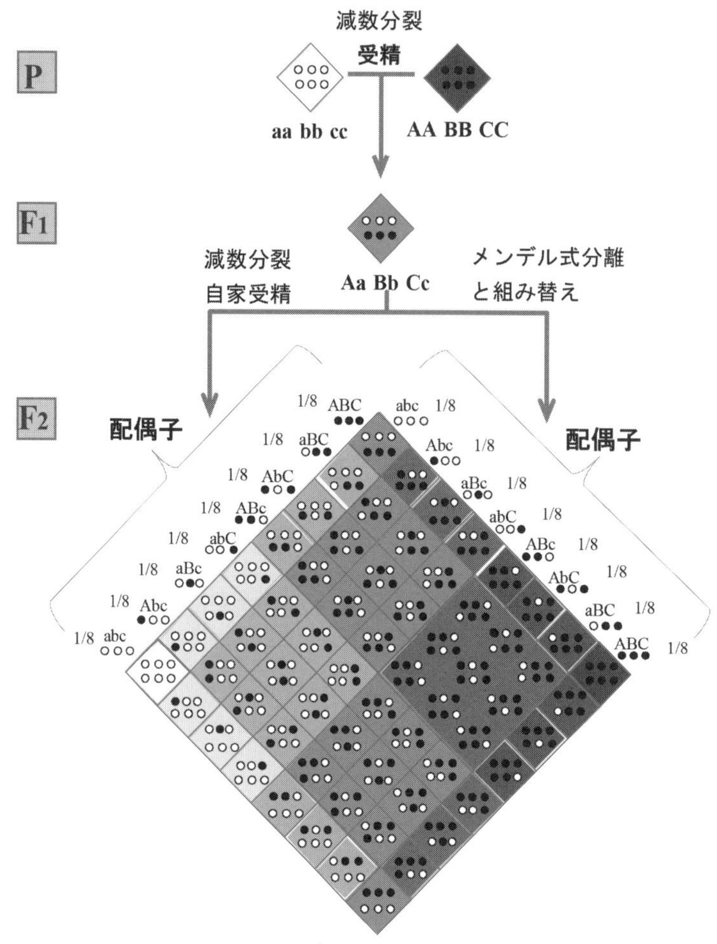

図 4.4　ある量的形質に関与する 3 つの独立した遺伝子（同義遺伝子）の分離．3 つの遺伝子座上の遺伝子はそれぞれ不完全優性（顕性）とした場合，遺伝子型に含まれている大文字の各対立遺伝子は表現型 1 単位分に寄与する．

4.2.3　顕性（優性）分散

相加的遺伝子効果だけであれば，ヘテロ接合体の遺伝子型値は 2 つのホモ接合体の遺伝子型値の平均になるはずである．しかし，実際は，ヘテロ接合体の遺伝子型値が 2 つのホモ接合体の遺伝子型値の平均からはずれる場合が存在する．この平均からの偏差を顕性（優性）効果とよび，ヘテロ接合体の遺伝子型値が，親の遺伝子型値よりも小さい場合を部分顕性（優性），親の遺伝子型値と同じ場合を完全顕性（優性），親の遺伝子型値を越える場合を超顕性（優性）とよぶ．このように，ヘテロ接合体の遺伝子型値が両ホモ接合体の遺伝子型値の中間よりずれる場合があり，これを**顕性（優性）効果**：dominance effect があると言う．このような顕性（優性）・潜性（劣性）の対立遺伝子によって生ずる分散を**顕性（優性）分散**：dominance variance と言う（Falconer & Mackay 1989）．これは相加的な遺伝子効果ではない．このように，遺伝子の作用は，相加的遺伝子作用，および，顕性（優性）分散を生じさせる顕性（優性）効果のような非相加的遺伝子効果に分けることができる．非相加的遺伝子効果には，この顕性（優性）効果と，次に説明するエピスタシス効果がある．

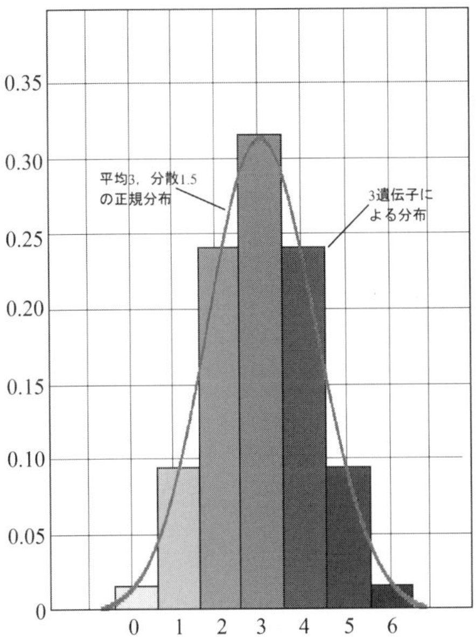

図 4.5 色で示した棒グラフは 3 遺伝子座の同義遺伝子の分離による表現型の分布を示す．グラフは曲線で示された正規分布で近似される．

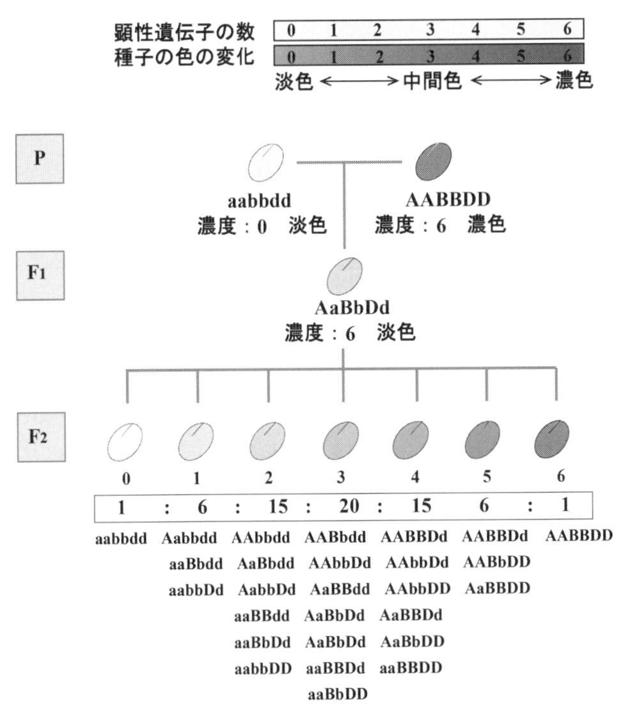

図 4.6 コムギの種子の色．A, B, D は種子の色を濃くする遺伝子．優性（顕性）遺伝子 A, B, D は同じ働きで，この優性（顕性）遺伝子の数で種子の色は段階的に変化する．小麦の種皮の色は遅滞遺伝のため，母方の表現型であり，種子その物の遺伝子の表現型ではない．種子の遺伝子型を知るためにはその種子を播種し，実った種子の表現型を検討しなければならない．

4.2.4　エピスタシス分散

複数の遺伝子間で相互作用が存在する場合，これをエピスタシスとよんだ．例えば，補足遺伝（⇒第 I 部第 3 章参照）の場合は，複数の遺伝子が補足しあって 1 種類の表現型を発現した．逆に，抑制遺伝（⇒第 I 部第 3 章参照）の場合は，遺伝子どうしが抑制しあった．

1 種類の量的形質の表現型を発現する同義遺伝子どうしでは，全遺伝子型分散は，それぞれの遺伝子の遺伝子分散の合計値で表され，これを相加的遺伝分散といった．しかし，遺伝子間にエピスタシス作用がある場合には，全分散は各遺伝子型分散の単純な合計値では表されず，条件ごとに修正された分散値となる．このような表現型分散を**エピスタシス分散**：epistatic variance と言う（Falconer & Mackay 1989）．

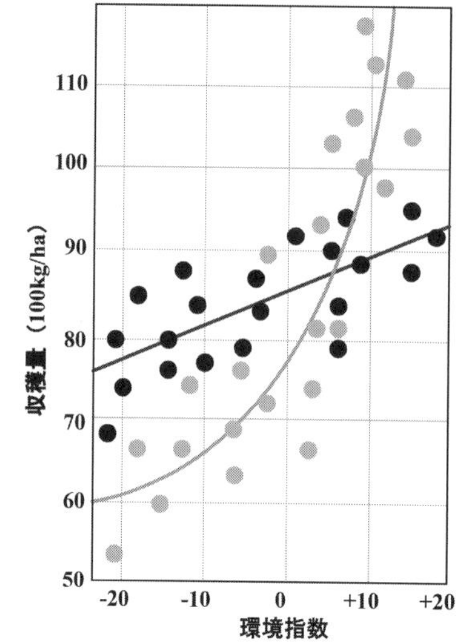

図 4.7　環境と収穫量の関係を模式的に示した図．黒は在来品種，灰色が銘柄品種の例を示す．在来品種は，田畝への肥料投下量が増やしても収量の増加は比例関係に近いが，銘柄品種は，劇的な収穫量が見込める．

また，異なる環境によって，遺伝子に基づく表現型が影響を受ける場合もある．例えば，トウモロコシ品種の系統 A は劣悪環境下でも一定量に収穫が見込めるが，優良環境下であっても収量はさほど増加しない．系統 B は，劣悪環境下では，ほとんど収穫できないが，優良環境下では収量が激増する．同様の例はイネの収穫量と肥料の量の関係の品種間の違いにもあてはまる．銘柄米として人気のある品種は，水田に多量の施肥をほどこすと劇的に収穫量が増加するが，やせた土地では収穫量が激減する．それに対し，在来の普通品種は，肥料の投下量が増えても収量はあまり増えないが，やせた土地の栽培でもそこそこの収穫が期待できる．図 4.7 は，この遺伝子と環境のエピスタシス作用の関係を模式的に示している．

このように，遺伝子型の違いによって環境応答が異なる場合も，全分散は表現型分散の単純な合計値にはならず，修正された分散値をとる．この場合は，遺伝子と環境の間のエピスタシス作用に基づくエピスタシス型遺伝子型分散となる．

4.2.5　環境分散

環境の違いによって引き起こされる個体間の表現型の変異を，**環境変異**：environmental variation とよび，環境変異によって生じる量的変異量の分散値を**環境分散**：environmental variance とよぶ．

図 4.8 は，収穫されたエンドウマメの種子 1 個の重量の頻度分布をヒストグラムで表したものである．ここで，思い豆と軽い豆を選抜し，自家受粉させ播種することを繰り返し，種子重量の表現型を選抜してみた．表 4.2 は，自家受粉を繰り返した個体の遺伝子型におけるホモ接合体とヘテロ接合体の比率を表したものだが，自家受精を繰り返すと，ホモ接合体の割合が増えていき，純系の占める割合が増えていく．このように，自家受粉の結果，種子重量の表現型は，一定回数の選抜で安定し，何回選抜しても同じ表現型となる純系を作出できた．しかし，この純系（遺伝子型は完全に同じ）を播種しても，種子の重さは平均値を中心にして正規分布でばらつく（図 4.8）．このばらつきは，遺伝子型ではなく，種子形成の環境の違いによることから，環境分散とよぶ（Falconer & Mackay 1989）．

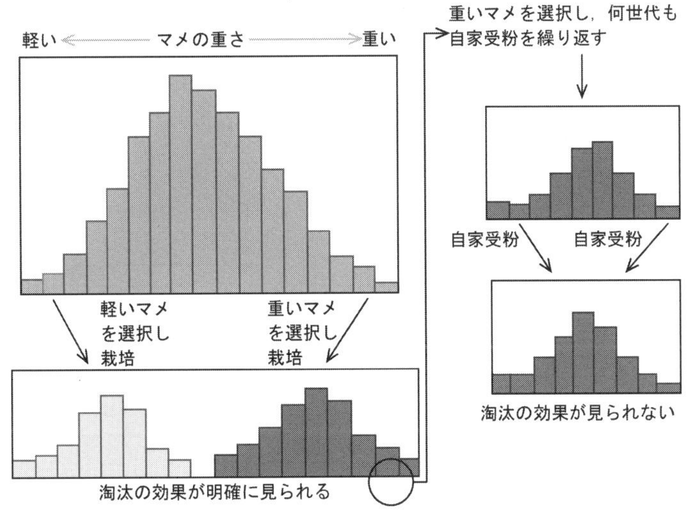

図 4.8　エンドウマメの種子の重さの分布．自家受粉を繰り返し，あらゆる遺伝子を限りなく純系（遺伝子型は完全に同じ）にしても，種子の重さは平均値を中心にして正規分布でばらつく．これは，種子形成の環境の違いによる環境分散 である．

表 4.2　エンドウマメで自家受精を繰り返した場合のホモ接合体とヘテロ接合体の比率の変化．自家受精を繰り返すと，ホモ接合体の割合が増えていき，純系が増える．

世代	ホモとヘテロの数（理論値）			ホモの割合%	ヘテロの割合%
	ホモ（AA）	ヘテロ(Aa)	ホモ(aa)		
F1	0	1	0	0	100
F2	1	2	1	50	50
F3	3	2	1	75	25
F4	7	2	7	87.5	12.5
F5	15	2	15	93.7	6.3
F6	31	2	31	96.8	32
F7	63	2	63	98.4	1.6
F8	127	2	127	99.2	0.8
F9	255	2	255	99.6	0.4
F10	511	2	511	99.8	0.2

4.2.6　遺伝子型分散と環境分散の合計

ここで，遺伝子型分散と環境分散が組み合わさった効果を考えてみる．1 遺伝子座で不完全顕性（優性）であれば，遺伝子型分散 σ_g^2 のみの効果がある集団は図 4.9-A の頻度分布を示す．それぞれ 3 種類の遺伝子型の集団が別々に環境分散 σ_e^2 の効果を示している集団は，それぞれ，図 4.9-B1〜3 の頻度分布を示すとする．遺伝子型分散 σ_g^2 と環境分散 σ_e^2 の両方の効果のある集団の頻度分布は，図 4.9-C の様に表される．すなわち，全表現型分散 σ_p^2 は，遺伝子型分散 σ_g^2 と環境分散 σ_e^2 の単純な合計値であることがわかる．

以上をまとめると，量的形質の分散が，遺伝子型分散と環境分散があり，遺伝と環境が互いに影響をし合わない場合，全分散は，単純に遺伝子型分散と環境分散の相加的な分散で表される (Falconer & Mackay 1989)．

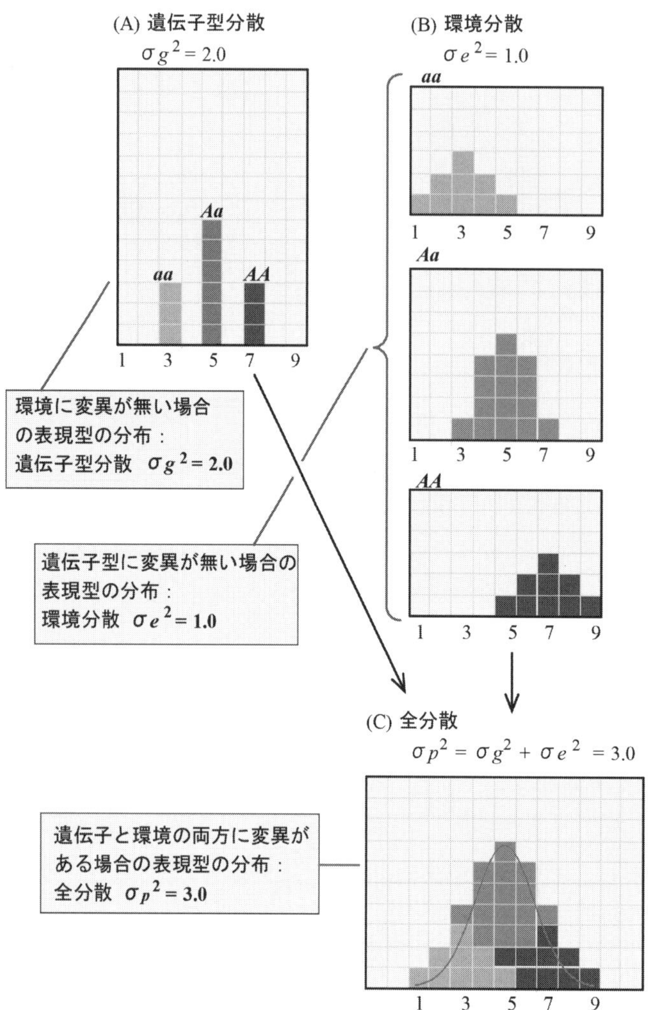

図 4.9　遺伝子分散と環境分散の関係．(A) 遺伝子分散 σ_g^2 のみの効果がある集団．(B) それぞれの遺伝子型の集団が別々に環境分散 σ_e^2 の効果を示している集団．(C) 遺伝子型分散 σ_g^2 と環境分散 σ_e^2 の両方の効果のある集団．全表現型分散 σ_p^2 は，遺伝子型分散 σ_g^2 と環境分散 σ_e^2 の合計である．

4.2.7　量的形質の遺伝の分散の成分

量的遺伝の分散の成分は，下記のようにまとめられる (Falconer & Mackay 1989)．

表現型分散（全分散：V_P）：　$V_P = V_G + V_E$

V_G は遺伝分散　　V_E は環境分散，

遺伝分散（V_G）：　$V_G = V_A + V_D + V_I$

V_A は相加的遺伝分散　　V_D は優性分散　　V_I は相互作用によるエピスタシス分散

以上をまとめると次のようになる．(1) 量的形質は，各種の要因による表現型の分散によってもたらされる．(2) 表現型の分散は，遺伝子型分散と環境分散に大別できる．(3) 遺伝子型分散は，相加的分散と非相加的分散に分類でき，非相加的分散には，顕性（優性）分散とエピスタシス分散がある．(4) エピスタシス分散には，遺伝子型どうしの相互作用による分散，遺伝子型と環境の相互作用による分散がある．

第 5 章

遺伝子の本体 DNA，遺伝子の翻訳とタンパク質合成

5.1 遺伝物質としての DNA

5.1.1 遺伝子の正体

遺伝子とは，記号的な概念なのか，それとも，実体的な物質なのだろうか．生物学の各分野において，**遺伝子**：gene と**遺伝物質**：genetic material の言葉の使い方の区別があいまいで，混乱している事例をときどきみかける．そこで，それぞれを定義してみる．まず，遺伝子とは，(1) 親から子に継代的に受け継がれ，形質発現に関わる遺伝情報を伝達する機能単位．(2) 個々の遺伝子は互いに独立した単位であるが，物質を指してはいない．(3) 遺伝子は，遺伝物質による情報発現の単位である．(4) 遺伝子は，染色体上にそれぞれ固有の位置を占めている．と定義可能である．これに対し，遺伝物質は，(1) 生命現象の遺伝を司る物質である．(2) 遺伝物質は **DNA**（**デオキシリボ核酸**）である（一部のウィルスでは **RNA：リボ核酸**．(3) DNA 上の塩基の配列順という情報で個々の遺伝子（プロモーター；上流調節部位・TATA ボックス，エキソン，イントロン，AATAA 配列，ポリ A 付加部位，等々で構成される単位）を構成している．と定義される (八杉ら 1996)．

もう少しわかりやすいように，夏目漱石の文学作品「我が輩は猫である」を用いて解説してみる．「我が輩は猫である」は，文学の名作という情報として存在している．これは遺伝子の説明に相当する．次に，「我が輩は猫である」の情報が載っている本は，紙とインクでできている．これが遺伝物質 DNA に関する説明となる．

次に，遺伝に関する紛らわしい言葉として，ゲノム：genome に関しても説明しておく．ゲノムとは，配偶子に含まれる染色体あるいは遺伝子の全体を呼称する用語である．ウィンクラーは半数性の染色体の 1 組（相同染色体の片方のすべて）に対してゲノムという表現を与えることを提唱した (Winkler 1920)．しかし，現在では，DNA の 2 本鎖の片方の鎖が遺伝子発現に働いているため，二重らせん DNA 鎖の一方の鎖の塩基配列すべてをゲノムともよんでいる．以上の 2 つの意味が混在して使われているので注意が必要だ．

5.1.2 核酸（DNA と RNA）の発見と遺伝物質の特定

ミーシャーは，ヒトの膿（白血球の死骸）からリンを多量に含む物質ヌクレインを発見したが (Miescher 1869)，後年，酸性物質だったので**核酸**と名付けられた．その後，構成する化学物質の違いから，核酸には DNA と RNA の 2 種類があることがわかった．

グリフスは，肺炎連鎖球菌で，細胞間において病原性の遺伝形質の移動する現象である，**形質転換**を確認した (Griffith 1923)．形質転換を担う遺伝情報は熱に強い物質として存在するのだろうと推定された．

エイベリーは，肺炎連鎖球菌の形質転換物質の大量抽出に成功し，それが DNA 型の核酸であると発表した (Avery *et al.* 1944)．しかし，非常に精密な実験であったにも関わらず，エイベリーが非主流派の細菌学者であったことから，成果は認められなかった．当時，主流派の生化学者達にとっては，遺伝的多様性をもたらす遺伝物質は，タンパク質とみなす説が有力で，化学構造が単純な核酸は多様な遺伝情報を取り得ないとする説が一般的だった．

ハーシーとチェイスは，バクテリオファージとよばれる**大腸菌**に感染するウィルスと，**放射性同位元素**（**RI**）を組み合わせた巧妙な実験によって，遺伝物質が DNA であると確定した (Hershey & Chase 1952)．

5.2 DNA 構造の解明と複製方法

5.2.1 核酸の基本構造

核酸（DNA と RNA）の基本構造は，**有機塩基**，**五炭糖**，**リン酸**から構成される．(1) 五炭糖は DNA が**デオキシリボース**，RNA が**リボース**をそれぞれもつ（図 5.1）．(2) 有機塩基は，DNA が**チミン**を，RNA が**ウラシル**をそれぞれ特異的にもつ（図 5.1）．この五炭糖と有機塩基の違いで，DNA と RNA は化学的に識別可能である．

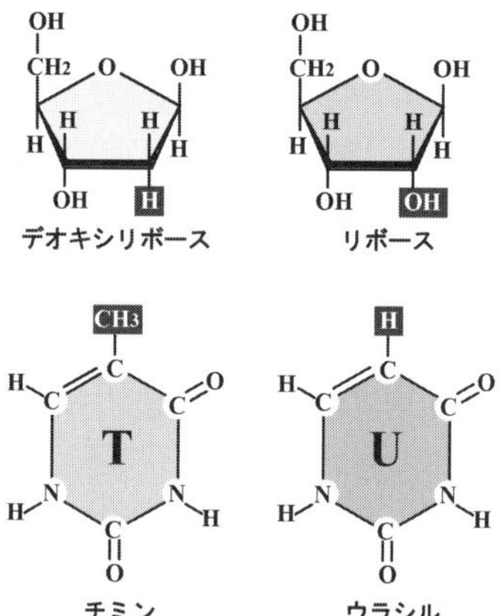

図 5.1 五炭糖，チミン，および，ウラシルの化学構造．五炭糖は DNA がデオキシリボースを，RNA がリボースをもつ．塩基の場合，DNA はチミンを，RNA はウラシル を特異的にもつ．両者の違いで DNA と RNA が識別できる．

DNA と RNA を構成する塩基はそれぞれ以下の 4 種類であり，アルファベット 1 文字の略号で表すことが多い．DNA は，アデニン（A），グアニン（G），シトシン（C），チミン（T）でれ，RNA は，アデニン（A），グアニン（G），シトシン（C），ウラシル（U）でそれぞれ構成される．図 5.2 には DNA を構成する各塩基の化学構造を示す．太文字で表した，O と N の原子は，DNA の構造を構成する際に重要な役割を果たす**水素結合**に使われる．化学構造の説明が容易なように，五炭糖の炭素原子には，**1′**〜**5′** までの番号がふられる (Watson 2017)．

DNA や RNA 分子の構成単位は，リン酸，五炭糖，有機塩基の 3 種類の要素から構成される**ヌクレオチド**である（図 5.3）．ヌクレオチドからリン酸分子がはずれたものを**ヌクレオシド**とよぶ．ヌクレオチドは 1 個，2 個，または 3 個のリン酸と結合した状態で生物体内に存在し，リン酸の結合エネルギーを

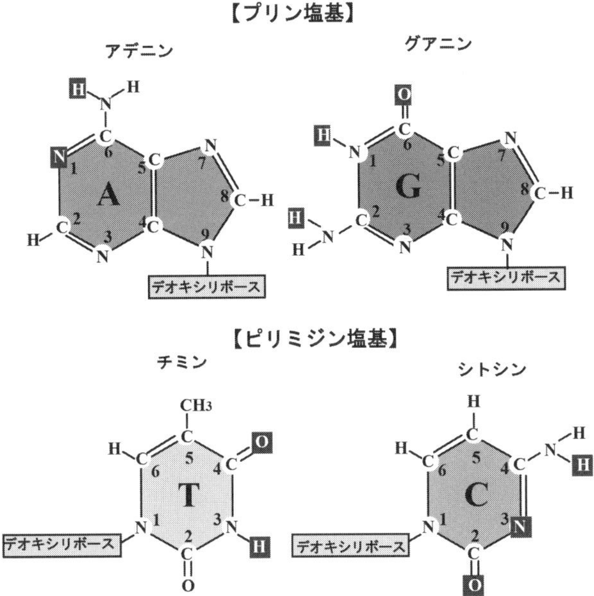

図 5.2 DNA を構成する 4 種類の有機塩基の化学構造．DNA を構成する 4 種類の塩基である：アデニン adenine，チミン thymine，グアニン guanine，シトシン cytosine，の各化学構造．各塩基におけるデオキシリボースに結合した N 原子を示す．囲った原子は DNA 塩基対の水素結合に関与する．

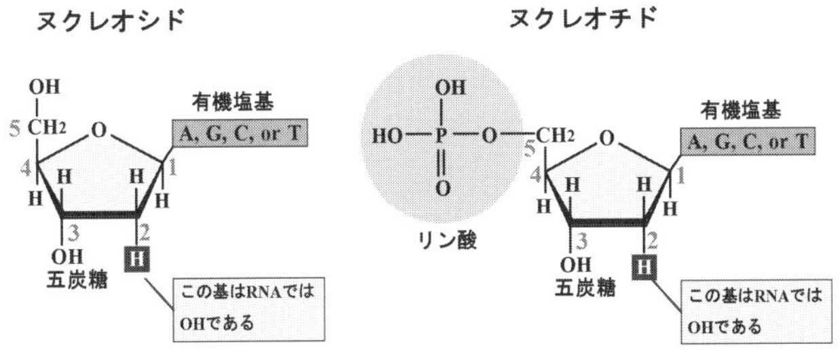

図 5.3 ヌクレオチドを構成する 3 種類の主要な要素（リン酸，五炭糖，塩基）．ヌクレオシド（リン酸がない）とヌクレオチドの違い．ヌクレオチドは 1 個，2 個，または，3 個のリン酸と結合した状態で生物体内に存在する．

体内代謝や核酸合成に利用している．例えば，アデニンにリン酸が 1 個結合した物質を **AMP**（アデノシン 1 リン酸），2 個結合した物質を **ADP**（アデノシン 2 リン酸），3 個結合した物質を **ATP**（アデノシン 3 リン酸）とよぶ（Alberts *et al.* 2014）．

DNA や RNA のような核酸においては，ヌクレオチドが複数結合して**ポリヌクレオチド鎖**を作る．ヌクレオチドは，塩基が結合している五炭糖の炭素原子を 1′ 炭素とし，順番に番号をふる慣習がある（1′ はワン・プライムと発音する）．ポリヌクレオチド鎖では，端のヌクレオチドの五炭糖の 3′ 炭素原子が，リン酸を介し，次のヌクレオチドの五炭糖の 5′ 炭素原子と結合している（図 5.4）．ポリヌクレオチド鎖は，末端に五炭糖のどの炭素が位置しているかで 2 つの末端が区別でき，それぞれ，**5′ 末端**（図では上），**3′ 末端**（図では下）とよぶ（Alberts *et al.* 2014）．

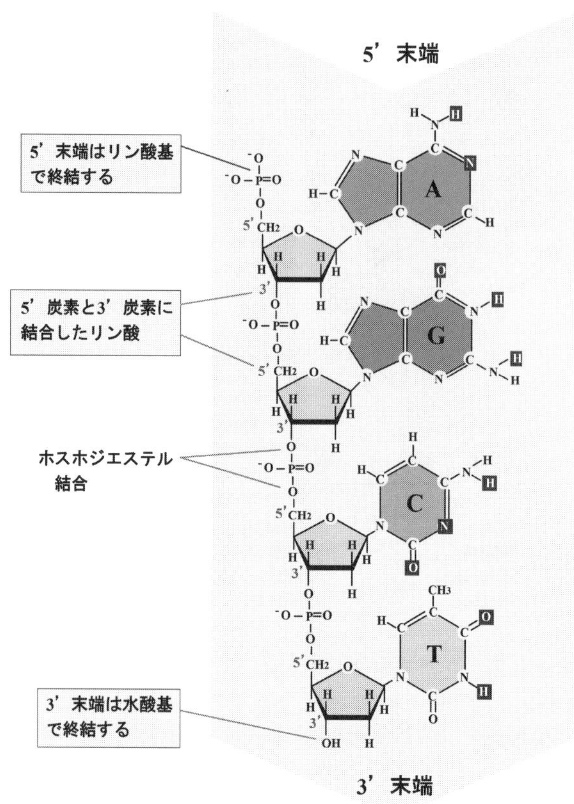

図 5.4　ヌクレオチド鎖の模式図．DNA や RNA のような核酸ではヌクレオチドが結合してポリヌクレオチド鎖を作る．

5.2.2　DNA の物理構造の解明

DNA が遺伝物質でことが確定して以降，化学的には単純な構造の DNA がどのように遺伝子発現をするのか解明することが主要研究テーマとなった．

DNA の立体構造は長い間，謎だった．DNA の構成物質は単純だが，その分子構造がなかなか決定できなかった．フランクリンは，**X 線回折法**を用いて，DNA が**二重らせん構造**をとる巨大分子であることを明らかにした (Franklin 1953)．

X 線回折法とは，化学物質の結晶に X 線を当てると，X 線の軌跡が結晶構造の中で回折する（曲げられる）性質を利用する．回折した X 線を写真に撮ると，結晶構造に特異的な像が得られる．回折像を分析することで，結晶構造が判る．X 線回折法は，鉱物の結晶構造の研究では普通に用いられていた手法であった．現代の生命科学の分野では，タンパク質分子の立体構造を知るために，タンパク質結晶の X 線回折分析が，自動化された装置で簡便に行われている．しかし，DNA は結晶にならない．フランクリンは，湿った DNA 分子を縦方向に束ねる工夫で，X 線回折像を得ることに成功した．フランクリンが撮影に成功した湿 DNA の X 線回折像から，DNA が二重らせん構造であることが判明した．

5.2.3　DNA の化学構造決定と情報の複製方法

DNA の化学構造のモデルは，ワトソンとクリックによって提示された (Watson & Click 1953)．ポリヌクレオチド鎖の二本鎖から構成される DNA は二重らせんであり，塩基は二重らせんの内側で互いに水素結合している（図 5.5）．水素結合は，アデニンとチミン，および，グアニンとシトシンを相補的に弱く結合させている．らせんは，互いにひねりあった右巻きであるが，2 本鎖の 1 回転あたり 10 塩基対が存在する．DNA を構成する 2 本のポリヌクレオチド鎖は，5′ 末端から 3′ 末端への方向性が互いに逆向きである（図 5.6）．

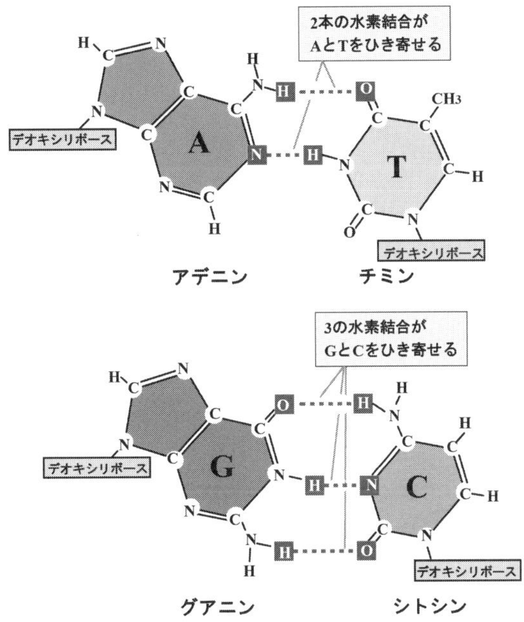

図 5.5 有機塩基どうしの水素結合．二本鎖 DNA は二重らせんであり，塩基は互いに水素結合している．アデニンとチミン（上），グアニンとシトシン（下）が水素結合で弱く結合している．

ワトソンとクリックは，1953 年の DNA 分子構造の発表に DNA の複製の様式についても仮説を提示していた．塩基の水素結合の 2 通りの組合せの結果，DNA 二本鎖の一方が鋳型になって新しい鎖が合成されれば，まったく同じコピーができるとした（図 5.7）．DNA の二本鎖の一方半分が新しい二本鎖に保存されるため，**半保存的複製**とよばれる．メッセルソンとスタールは，半保存的複製モデルが正しいことを実験で証明した (Meselson & Stahl 1958)．

しかし，実際の DNA の複製はワトソンとクリックが示したモデルほどには単純ではないことが判った．DNA の複製は，非常に多くの酵素が関わっており，複雑である（図 5.8）．まず，DNA 合成開始時にプライマー RNA とよばれる RNA 合成が最初に行われる．プライマー RNA は後に切り捨てられる．続いて DNA の合成を行う DNA 合成酵素は，DNA 鎖を 5′ → 3′ の方向にしか合成できないという性質がある．このため，DNA2 本鎖のうち，片方は連続的にポリヌクレオチド鎖が合成できるが，もう 1 本の DNA 鎖は，5′ → 3′ の小さな前駆断片を合成して，後からそれらをつなぎ合わせるという様式をとっている．連続合成しているポリヌクレオチド鎖を**リーディング鎖**，前駆断片を**ラギング鎖**とよぶ（図 5.8）．ラギング鎖は，**DNA 非連続合成モデル**を完成させた岡崎令治に献名し，**岡崎断片**とよばれる (Okazaki *et al.* 1968; Ogawa & Okazaki 1980)．また，DNA 合成の開始には，プライマー RNA とよばれるポリヌクレオチド間を接続させる RNA の合成が行われることも岡崎が発見した．プライマー RNA は DNA 複製が完了した後に取り除かれる (Okazaki 2017)．

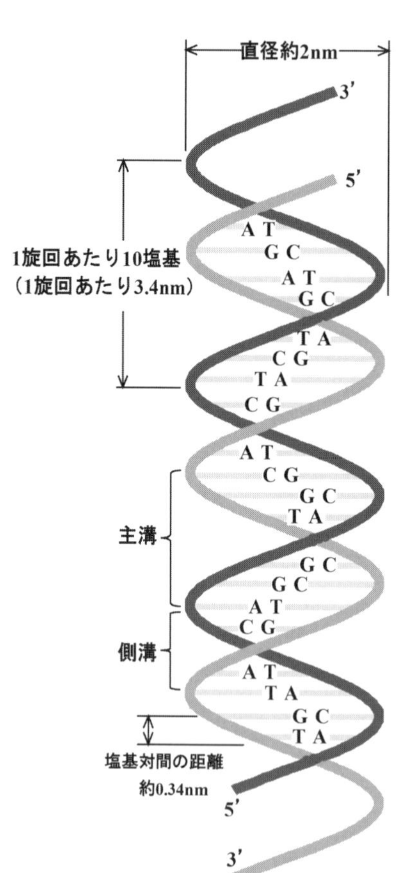

図 5.6　二本鎖 DNA の二重らせん構造．DNA の二本鎖分子は，2 本のポリヌクレオチドから成っているが，互いにひねりあった右巻きらせんになっており，アデニンはチミンと，グアニンはシトシンと対になっている．

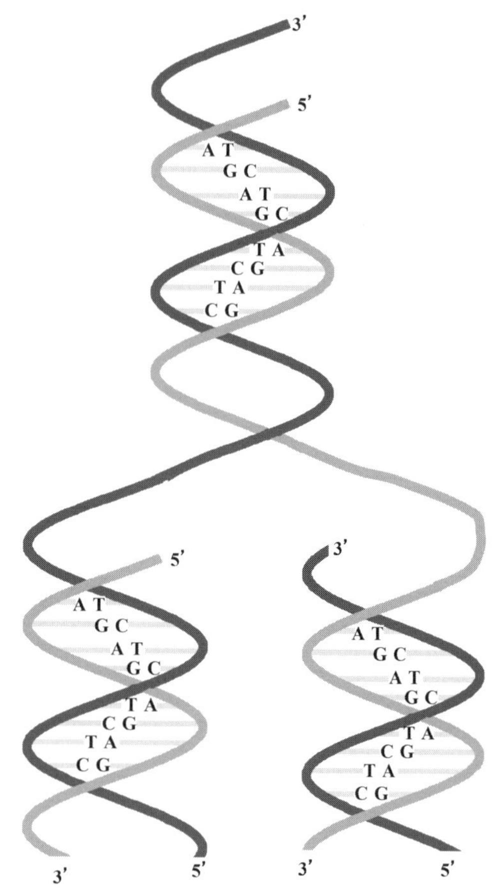

図 5.7　ワトソン & クリックによって提示された DNA の半保存的複製のモデル（Watson & Click 1953）．DNA 二本鎖の一方が鋳型になって新しい鎖が合成されれば，まったく同じコピーができるとした．DNA の二本鎖の一方半分が新しい二本鎖に保存されるため，半保存的複製とよばれる．半保存的複製モデル自体は正しかったが（Meselson & Stahl 1958），実際の DNA の複製方法はこのように単純なものではなかった（Ogawa & Okazaki 1980）．

5.3　DNA 遺伝情報の発現のメカニズム

5.3.1　生命現象のセントラルドクマ（中心原理）

クリックは，DNA の遺伝情報発現に RNA が介在していることを予測し，DNA → RNA →タンパク質という情報が変換されていく一連の過程を生命現象の**セントラルドクマ**（**中心原理**）：central dogma of molecular biology と命名した（Click 1957）（⇒第 I 部第 1 章参照）．セントラルドクマにおいて，情報は，DNA からタンパク質へは流れていくが，その逆は存在しない．すなわち，タンパク質の情報が DNA 情報に変換されることはなく，外部環境によって変性した体のタンパク質の情報は DNA 情報には反映されない．これは獲得形質による進化が存在しない根拠の 1 つにもなっている．ただし，例外的に**レトロウィルス**とよばれる RNA を遺伝物質としてもつ一部のウィルスでは，RNA の情報を DNA 情報に変換

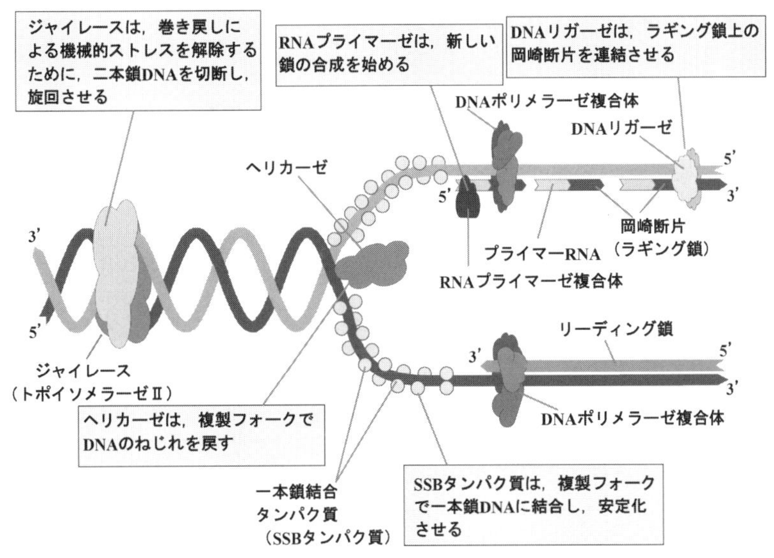

図 5.8　DNA 複製の模式図．DNA の複製は，非常に多くの酵素が関わっている．DNA 合成開示部分ではプライマー RNA とよばれる RNA から合成が行われ，RNA は切り捨てられる．DNA ポリメラーゼ（合成酵素）は DNA 鎖を $5' \rightarrow 3'$ の方向にしか合成できないという性質がある．

する**逆転写酵素**というシステムを持っている（Temin & Mizutani 1970; Baltimore 1970）．

DNA のもつ生命現象を規定した情報は，いったん各種のタンパク質に翻訳される．DNA 情報が直接，タンパク質以外の炭水化物や脂質に翻訳されることはない．すべての生命現象は，ほとんどタンパク質が介在して動かしていると言ってよいが，一部では RNA が重要な役割を果たしている部分もある．生命現象のあらゆる化学反応を動かしているタンパク質は，**酵素タンパク質**とよばれる一群である．酵素は生体内のあらゆる化学反応を促進する働き手となっている．体を構成するあらゆる物質（タンパク質，糖，脂肪，DNA，RNA 等）は，酵素の各種化学反応によって合成されている（Alberts *et al.* 2022）．

5.3.2　酵素の働き

酵素は，生命活動を営むために必要な多くの化学反応の**触媒**として働く．化学物質としての基質が反応するためには，外から余分なエネルギーを加えなければならない．そのエネルギーを**活性化エネルギー**とよび，酵素には活性化エネルギーを低くする触媒の働きがある．例えば，カタラーゼは体内で発生した過酸化水素 H_2O_2 を分解する反応を低温で触媒する．傷口にオキシドール（低濃度の過酸化水素水）を塗ると酸素が白い泡として発生するが，これは体内にあるカタラーゼの作用による．このように，酵素による触媒作用は，無機触媒よりも低い活性化エネルギーで化学反応を促進する（Alberts *et al.* 2022）．

酵素は，生体内の特定の 1 つの化学反応にしか作用しないことから，多数の種類が存在する．膨大な種類の酵素の名称は国際生化学連合の酵素委員会によって命名され，同時に **EC 番号**（酵素番号）とよばれる通し番号が与えられている．

5.3.3　タンパク質の構造

1つのタンパク質分子は，1つあるいは複数の**ポリペプチド鎖**という直線上に連続した**アミノ酸**の鎖から成っている．アミノ酸は，**α-炭素原子**に，**カルボキシル基**（-COOH）と**アミノ基**（-NH_2），Rグループとよばれる1つの**側鎖**が付いた構造をとる（図5.9）．側鎖の違いによってアミノ酸の種類が決まる（図5.9）．

図5.10は，遺伝暗号で規定される20種類のアミノ酸のすべての化学構造である．各種アミノ酸は，慣習的な3文字，もしくは，1文字の略記号で表すこともある．プロリンは他と同じ一般的構造を持たない，すなわち遊離のアミノ基を持たないことに注意しよう．

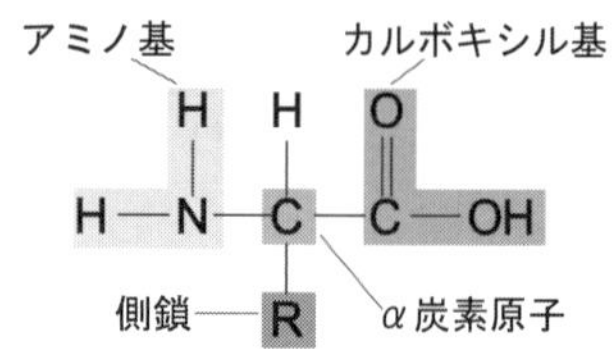

図5.9　アミノ酸の一般的な基本構造．α-炭素原子に，カルボキシル基（-COOH）とアミノ基（-NH_2），側鎖とよばれる1つの化学物質が付いた構造を取る．

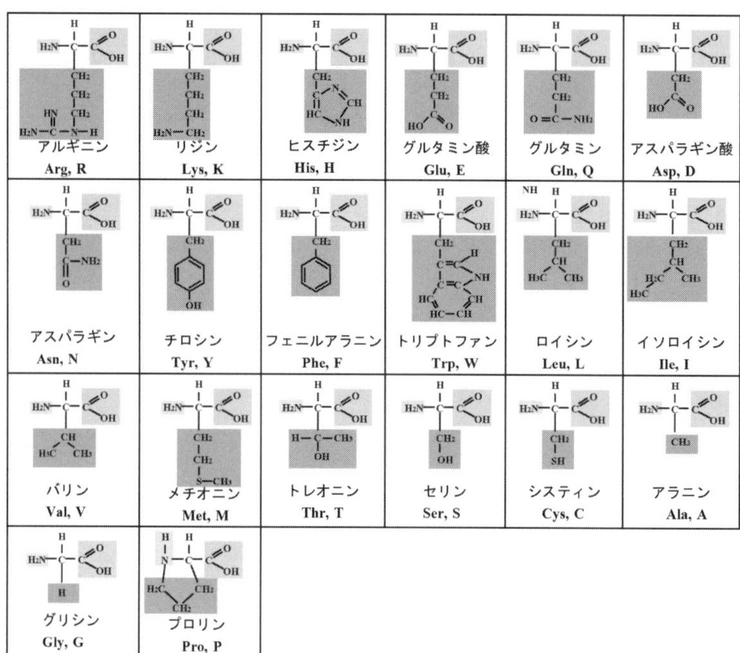

図5.10　遺伝暗号で特定される20種類のアミノ酸のすべての化学構造．略称は，慣習的な3文字，もしくは，1文字の略記号で表される．

タンパク質のポリペプチド鎖は，1つのアミノ酸のカルボキシル基が2番目のアミノ酸のアミノ基と**ペプチド結合**を形成することで，直線的に形成される（図5.11）．ペプチド結合した各アミノ酸は，単体アミノ酸と区別するために，**アミノ酸残基**と言う．図5.12は，α-炭素原子とペプチド基が交互に現れることを示すテトラペプチド（4個）を示している．4のアミノ酸残基にはペプチド鎖の下に数字で番号をふった．アミノ酸鎖は，アミノ基のある末端を**N末端**，カルボキシル基のある末端を**C末端**と区別する．

タンパク質分子は，その段階によって，**1次構造**，**2次構造**，**3次構造**，**4次構造**とよばれる分子構造を持っている．ポロペプチド鎖は直鎖であり，枝分かれや網目状の鎖にはならない．1次構造とはポリペプチド鎖のアミノ酸の配列順序である．タンパク質は100個以上のアミノ酸が順番通りにペプチド結合でつながっている．2次構造は，ポリペプチド鎖のうち，近くにある水素と酸素原子が水素結合によって弱く結合するためにできる，部分的な立体構造を言う．**α-ヘリックス構造**とよばれる同じポリペプチ

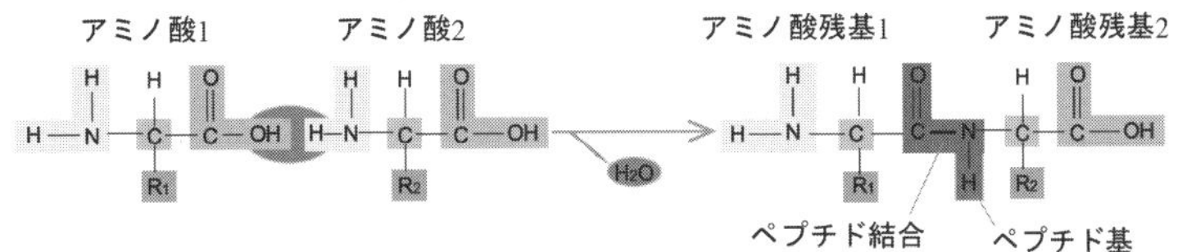

図 5.11 ペプチド結合の様式．ポリペプチド鎖は，1 つのアミノ酸のカルボキシル基が 2 番目のアミノ酸のアミノ基と縮合し，ペプチド結合を形成することで，直線的に形成される．ペプチド結合した各アミノ酸は，単体アミノ酸と区別するために，アミノ酸残基と言う．

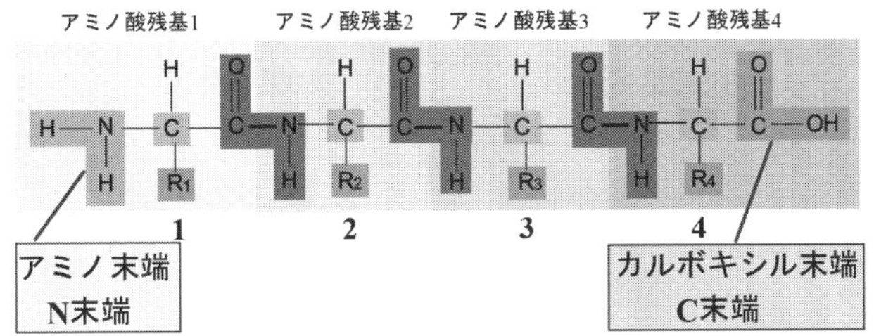

図 5.12 α-炭素原子とペプチド基が交互に現れることを示すテトラペプチド（4 個）．アミノ酸鎖は，アミノ基のある末端を N 末端，カルボキシル基のある末端を C 末端と区別する．

ド鎖の中にできるらせん構造や，**β-シート構造**とよばれる横に並びあう，異なるポリペプチド鎖できるシート構造などが知られている．2 次構造をとったポリペプチドがアミノ酸残基の側鎖間の相互作用によって，さらに折りたたまれ，それぞれのタンパク質に特有の立体構造を形成する形態を 3 次構造と言う．タンパク質の種類によっては，3 次構造をとった複数のポリペプチド鎖がさらに結合し（会合），大きな立体構造を形成し機能する場合があり，これを 4 次構造と言う．ポリペプチド鎖のアミノ酸の配列順序である 1 次構造が決まると，自動的に 4 次構造までが決定される (Alberts *et al.* 2022)．

5.3.4 DNA 情報の転写と翻訳

各種タンパク質のアミノ酸の直線的な配列順序は DNA 塩基配列に遺伝情報として書かれている．遺伝情報の発現（**遺伝子発現**）の過程は，DNA → **伝令 RNA** → **運搬 RNA**+ アミノ酸 → タンパク質と情報が伝達されて行われる．DNA の塩基配列の遺伝子暗号は，**伝令 RNA**（***m*RNA**）に**転写**され，*m*RMA の遺伝子暗号は，**運搬 RNA**（***t*RNA**）の働きでアミノ酸配列に**翻訳**されてタンパク質合成が行われる．つくられるタンパク質は**遺伝子産物**とよばれる（図 5.13）．

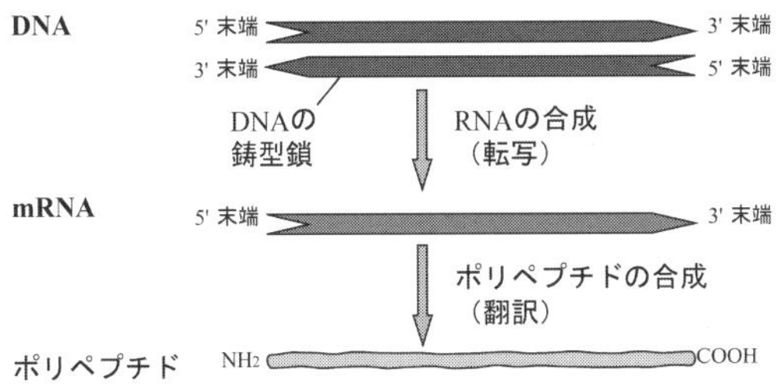

図 5.13 遺伝子発現の過程の模式図．DNA → 伝令 RNA → 運搬 RNA+ アミノ酸 → タンパク質．

DNA は，塩基 3 個で 1 つのアミノ酸を規定する**コドン**とよばれる暗号を成している．DNA の遺伝暗号は，ニーレンバーグとコラーナによる解読競争の末，1965 年に共同で，当時は最も早い印刷媒体であった新聞紙上で発表された．DNAの遺伝子暗号は一般に*m*RNAの塩基配列で示されることが多い（表5.1）．コドンは慣例上，5′塩基を左側に3′塩基を右側に表示される．コドン表のうち3種類が，**停止コドン**と1種類の**開始コドン**の信号である．メチオニンをコードするAUGコドンは，通常，開始コドンとして使われる．全部で61種類のコドンが20種類のアミノ酸を特定する．多くの場合，複数のコドンが同じアミノ酸の暗号となっている．トリプトファンとメチオニン以外のアミノ酸はすべて2種類以上のコドンで特定される．この塩基の重複性はランダムではない．例えば，セリン，ロイシン，アルギニンを除いて，同じアミノ酸に対応するすべてのコドンは表の同じ枠内にある，すなわち，**同義コドン**：synonymous codonは3番目の塩基のみが異なる．

表5.1　準遺伝暗号表；*m*RNAの塩基配列で示す．このうち4つ（3種類の停止コドンと1種類の開始コドン）は，信号であることに注意．メチオニンをコードするAUGコドンは，通常，開始に使われる．コドンは慣例上，5′塩基を左側に3′塩基を右側に表示した．全部で61種類のコドンが20種類のアミノ酸を特定する多くの場合，複数のコドンが同じアミノ酸のポリペプチド鎖への挿入を指令する．トリプトファンとメチオニン以外のアミノ酸はすべて2種類以上のコドンで特定される．この重複性 はランダムではない．例えば，セリン，ロイシン，アルギニンを除いて，同じアミノ酸に対応するすべてのコドンは表の同じ枠内にある，すなわち，「同義コドンは3番目の塩基のみが異なる」．各アミノ酸の括弧内は，3文字略号と1文字略号を示す．

第一位（5'末端）	第二位				第三位（3'末端）
	U	C	A	G	
U	UUU フェニルアラニン(Phe: F)	UCU セリン (Ser :S)	UAU チロシン (Tyr :Y)	UGU システイン (Cys :C)	U
	UUC フェニルアラニン (Phe :F)	UCC セリン (Ser :S)	UAC チロシン (Tyr :Y)	UGC システイン (Cys :C)	C
	UUA ロイシン (Leu :L)	UCA セリン (Ser :S)	UAA 停止	UGA 停止	A
	UUG ロイシン (Leu :L)	UCG セリン (Ser :S)	UAG 停止	UGG トリプトファン (Trp :W)	G
C	CUU ロイシン (Leu:L)	CCU プロリン (Pro:P)	CAU ヒスチジン (His:H)	CGU アルギニン (Arg:R)	U
	CUC ロイシン (Leu:L)	CCC プロリン (Pro:P)	CAC ヒスチジン (His:H)	CGC アルギニン (Arg:R)	C
	CUA ロイシン (Leu:L)	CCA プロリン (Pro:P)	CAA グルタミン (Gln:Q)	CGA アルギニン (Arg:R)	A
	CUG ロイシン (Leu:L)	CCG プロリン (Pro:P)	CAG グルタミン (Gln:Q)	CGG アルギニン (Arg:R)	G
A	AUU イソロイシン (Ile: I)	ACU トレオニン (Thr:T)	AAU アスパラギン (Asn:N)	AGU セリン (Ser:S)	U
	AUC イソロイシン (Ile: I)	ACC トレオニン (Thr:T)	AAC アスパラギン (Asn:N)	AGC セリン (Ser:S)	C
	AUA イソロイシン (Ile: I)	ACA トレオニン (Thr:T)	AAA リジン (Lys:K)	CGA アルギニン (Arg:R)	A
	AUG メチオニン(開始) (Met :M)	ACG トレオニン (Thr:T)	AAG リジン (Lys:K)	CGG アルギニン (Arg:R)	G
G	GUU バリン (Val:V)	GCU アラニン (Ala:A)	GAU アスパラギン酸 (Asp:D)	GGU グリシン (Gly:G)	U
	GUC バリン (Val:V)	GCC アラニン (Ala:A)	GAC アスパラギン酸 (Asp:D)	GGC グリシン (Gly:G)	C
	GUA バリン (Val:V)	GCA アラニン (Ala:A)	GAA グルタミン酸 (Glu:E)	GGA グリシン (Gly:G)	A
	GUG バリン (Val:V)	GCG アラニン (Ala:A)	GAG グルタミン酸 (Glu:E)	GGG グリシン (Gly:G)	G

原核生物では，転写の直接的な産物（転写一次産物）がそのまま*m*RNAとなる．真核生物では，転写されたRNAがそのまま*m*RNAとなるのではなく，RNAプロセシングという過程でRNAの転写一次産物が*m*RNAに変換される．RNAプロセッシングには，大きく分けて以下の3種類の過程がある（図5.14）．(1) 5′末端に修飾グアノシン（G）が付加し，それがメチル化され，キャップ構造が形成される．(2) 3′末端には通常，200個にもおよぶ連続したAをもつヌクレオチドから成るポリA尾部とよばれる配列が付加する．(3) 転写産物RNAの内部のイントロンとよばれる特定定領域がスプライシング によって取り除かれる．残った部分はエキソンとよばれ，遺伝子発現に使われる．それぞれのエキソン部分は，元は互いに別遺伝子だったと推定され，進化の過程で合体したとされている．

細胞におけるすべてのタンパク質分子の合成は，DNA遺伝情報から転写された*m*RNAによって決まる．*m*RNAの遺伝情報のポリペプチド鎖への翻訳は，細胞内の**リボゾーム**上で行われる．リボゾームは**リボゾームRNA**（***r*RNA**）とタンパク質から構成される粒子で，その上でタンパク質合成がおこる．タンパク質の合成は以下の二つの過程があり，(1) RNAの塩基配列がアミノ酸配列を決める情報

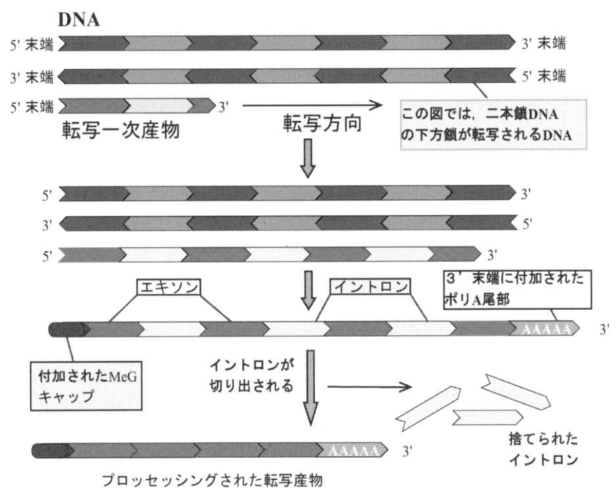

図 5.14　真核生物のプロセッシングの過程を示す模式図．1. 5′ 末端に修飾グアノシン（G）が付加し，それがメチル化され，キャップ構造が形成される．2. 3′ 末端には A をもつヌクレオチドから成るポリ A 尾部とよばれる配列が付加する．3. 転写産物 RNA の内部のイントロンとよばれる特定定領域がスプライシング によって取り除かれる．残った部分はエキソンとよばれ，遺伝子発現に使われる．

に転換される情報転換過程，および，(2) アミノ酸配列が連結されてポリペプチド鎖が合成される化学的過程である (Hartl. 2012)．これら一連の過程を**翻訳**とよぶ．

原核生物では翻訳に必要なすべての構成要素は細胞質中に拡散している．真核生物では，翻訳に必要な構成要素は，細胞質に加えて，元々は別生物で共生体起源のミトコンドリアと葉緑体にも存在する．

翻訳までの一連の流れは以下のようになる，まず，DNA の活性化した部分で塩基対間の水素結合がずれ，二重らせんがほどける．ほどけた DNA 鎖の一方の塩基配列に，*m*RNA のヌクレオチドが相補的に結合し，**RNA 合成酵素**によって，そのヌクレオチドがつながって，DNA 情報が転写され，*m*RNA が合成される．DNA の塩基配列を転写した *m*RNA は，核膜孔 を通って核中から細胞質中に移動し，リボゾーム に付着する．*t*RNA は特定のアミノ酸と結合し，リボゾームへ運搬する．*t*RNA が結合するアミノ酸の種類は，その *t*RNA 固有の塩基配列（アンチコドン）によって決まる．リボゾームが *m*RNA 上を端から移動していくが，このとき，*m*RNA のコドンと相補的なアンチコドンを持った *t*RNA が，*m*RNA の端から順に結合しては，離れ，アミノ酸配列が決定する．ペプチド鎖の最初は開始コドンのメチオニンから始まる．アミノ酸どうしはペプチド結合によって連結され，*m*RNA の停止コドン（UAA, UAG，UGA のどれか）まで翻訳されると，ポリペプチド鎖の合成が終わる．そして出来上がったポリペプチド鎖はリボゾームから離れていく (Hartl. 2012)（図 5.15）．

5.3.5　DNA の塩基配列の分析手法と PCR 反応の発明

DNA が遺伝物質の本体であることは解ったものの，その塩基配列の順番の解明には，非常に手間のかかる手順が必要であった．タンパク質のアミノ酸配列の分析手法を確立し，1958 年に，その功績でノーベル化学賞を受賞したサンガーは，DNA の塩基配列を簡便に分析する **DNA 塩基配列決定法**：DNA sequencing を開発した．サンガーの開発した手法は，サンガー法とよばれる方法群で，その原理は，現在も DNA 塩基配列を分析する手法の基本型となっている．サンガーは，この研究業績で，1980 年に 2 回目のノーベル化学賞を受賞した．

DNA の特定の遺伝子部位の塩基配列を分析する前処理として，同じ塩基配列をもつ遺伝子部位が大

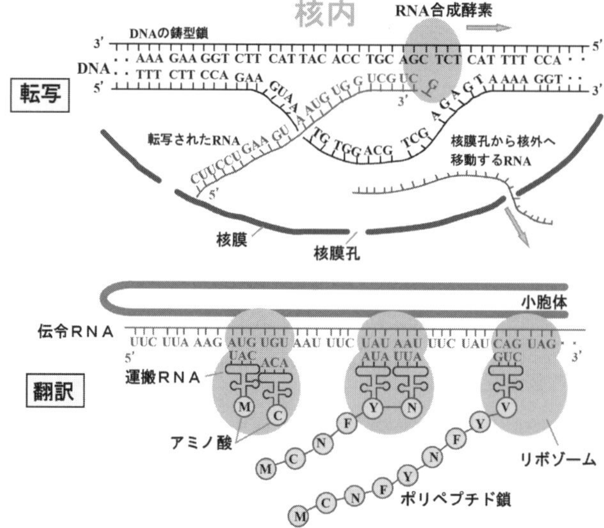

図 5.15　DNA の暗号からタンパク質が合成されるまでの模式図.

量に必要である．このため，初期の時代には，特定遺伝子をクローニング技術で大腸菌に組み込み，大量培養しなければならないという手間がかかった．1983 年にマリスは，**PCR 法（ポリメラーゼ連鎖反応）**：polymerase chain reaction という短時間で特定部位の DNA を大量に増やす手法を開発し，DNA 研究の発展に貢献した（図 5.16）．

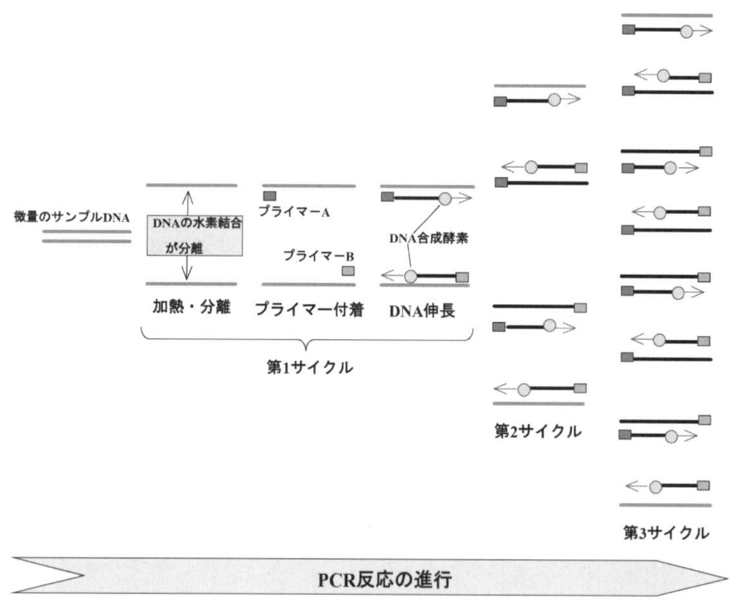

図 5.16　PCR 法（ポリメラーゼ連鎖反応）の原理．ターゲット DNA 両端の塩基配列に相補的な 20～30 個程度の塩基配列をもつ DNA2 種類をプライマー DNA として，あらかじめ大量合成しておき試薬として用いる．PCR 反応では，一連のこのサイクルを 20～30 回繰り返すことにより，DNA 量を増幅する．好熱性細菌の DNA 合成酵素を用いることで，70°C 前後の高温下で DNA 合成が行われ，環境からの混入細菌によるかく乱を防止できるようになった．

このPCR法とサンガー法を組み合わせることを基本手法とし，DNA分析の各種の手法が開発された．また，下村 脩が，オワンクラゲから抽出に成功した緑色蛍光タンパク質は，遺伝子操作によって，紫色～赤色の多種多様の蛍光色を発する生体染色の試薬として安価に流通するようになった．これらの蛍光タンパク質の蛍光色4種類をDNAの4種類の有機塩基を特異的に標識する手法を用い，DNA塩基配列を自動的に分析するオートシークエンサー（自動塩基配列読み取り装置）が開発された．このような技法の発展を背景に，生物の遺伝子の研究は，1980–1990年代に飛躍的に発展した．

さらに，2000年代に開発された同時分析PCR法によるオートシークエンサーの原理は以下のようなものである．平板プレート上に数万個のくぼみを設け，断片化したDNAをそれらのくぼみに流し込み，それぞれのくぼみの中でPCR反応を行う．AGCTの4種類の塩基配列の順番に従って，くぼみは4種類の色の蛍光を連続して断続的に発する．数万個のくぼみが同時進行で蛍光を発するため，その発光を超高感度カメラで撮影し，パソコンに取り込んで数万個のくぼみの中にあるDNAの塩基配列順を導き出す．このようにして得られた数万通りの塩基配列順を，最節約計算でつなぎ合わせ，DNA全体の塩基配列を決定する．最近では，計算とつなぎ合わせには，人工知能（AI）の技術が用いられている．

この手法を用いると，複数の遺伝子の塩基配列も同時進行で計算できる理屈となる．原理的には，異なった生物のDNAでも同時に分析できる．その結果，河川水を濃縮し，淡水中に含まれる微量DNAを**環境DNA**（*e*DNA）として分析する手法がフィールド生物学の分野でも用いられるようになった．現在では，環境DNAの分析から，その川や湖に生息する動植物が推定できるようになった．

2018年，「ネス湖にはネッシーが存在するか？」，という命題に対し，スコットランドのネス湖の湖水を用いて，大々的な環境DNA調査が行われた．その結果，ネス湖には，ネッシーと想定された恐竜の痕跡は存在しないことが解った（Neil & Ellie 2018；Matthew 2019）．存在しないことの証明はきわめて困難なため，「悪魔の証明」と言われてきたが，環境DNA分析によって，「ネッシーは存在しない．」という結論で決着している．

環境DNAの分析は，土壌や海水でも行われるようになっているが，土壌や海洋では，DNAの配列が不明の未知の生物も多く，むしろ，それらのデータベースの整備が，研究推進の律速となっている．

DNA塩基配列の分析手法は，現在は，PCR法を用いず，短時間で完了する手法も開発され，実用化されつつある．

5.3.6 ヒトゲノム・プロジェクト

生命のDNAやRNAにコードされた全遺伝子暗号は，1977年に大腸菌に寄生するウィルスであるφx174（ファイ・エックス174）の全塩基配列が解明されたのを最初として（Sanger *et al.* 1977），大腸菌の全DNA塩基配列の解読も成功した（Yamamoto *et al.* 1997）．1990年代後半に入ると，ヒトの全遺伝暗号が解読されるのも時間の問題と言われるようになった．

1970年代まで，遺伝物質である生物DNAの全塩基配列が解明されれば，すべての生命現象が説明できるようになるという説が流布されていた．全DNAの塩基配列が解明されたならば，複雑の生命現象も説明できるようになると言われていた．それには，一刻も早いDNAの全塩基配列の解明が必要であった．

20世紀末期，ある民間企業がヒトDNAの全塩基配列の解読プロジェクトに着手したことが発表され，DNA情報が私企業に特許として独占される事態が危惧された．その結果，アメリカを中心に，ヒトゲノムをすべて解読して，人の遺伝情報を明らかにする国際計画が立ち上がった（Venter *et al.* 2001）．

2003年4月15日，日米欧他6カ国は30億個の塩基配列のうち解読不能の1％を除き，99.99％の精度で解読したと宣言した．遺伝子数は約 3 万 2000 個と判明した．しかし，2004 年 10 月，より正確なヒトゲノムの解明を行った結果，遺伝子数は約 2 万 2000 個であることが判った．2005 年 10 月，ヒトの約 30 億個の塩基配列のうち，個体差のある部分は約 25 万個程度であることが判った (Hartl 2012)．

ヒト DNA の全塩基配列が解明された結果，ヒトの全遺伝子数は予想よりはるかに少なくショウジョウバエと同程度であることが判明した．すなわち，DNA だけでは，すべての生命現象は説明できそうにないことが判ってきた．したがって，2000 年代以降は，生命科学の研究対象は，DNA から RNA，タンパク質や糖鎖等に移っており，ポストゲノムの時代と言われている．

すなわち，遺伝物質 DNA が構成する遺伝子は，生命現象の設計図ではないと結論される．遺伝子は，操作者による自由度が存在する，料理のレシピ，音楽の楽譜，実験のプロトコル，機械の操作マニュアル，のようなものらしい (Alberts *et al.* 2022)．

コラム　ネアンデルタール人が先祖返りで現代に出現することはない

染色体の組換え現象の具体例： ネアンデルタール人が先祖返りで，現代に出現することは有り得ない．現生人類とネンデルタール人が，同時代を生きた時期があり，両者は交雑していた事実が知られている．このため，ユーラシア大陸や南北アメリカ大陸の現生人類には，ネンデルタール人由来の DNA が数 % の割合で混じっている．しかしながら，交雑から数千世代以上を経た現代では，染色体の組換え現象の結果，ネアンデルタール人由来の染色体部位は，細切れに分割されて現代人の染色体上に分布している．すなわち，先祖返りでネアンデルタール人が現代人の間に出現する可能性はほぼないと言ってよい．図は，現代人のある相同染色体上にあるネアンデルタール人由来の染色体の分布状況の変遷のイメージ図である．黒色の部分がネアンデルタール人由来の部分であることを示している．交雑 1 回目の交雑個体の相同染色体は，ネアンデルタール人由来と現代人由来の染色体が半々になる．しかし，その後，交雑を繰り返すごとに組換えがランダムに生じ，元のネンデルタール人由来の染色体部位は切り刻まれてバラバラに位置するようになる．現在の現代人は，数 % がネアンデルタール人由来の遺伝部位をもつが，その分布は，全染色体上に散らばっている．

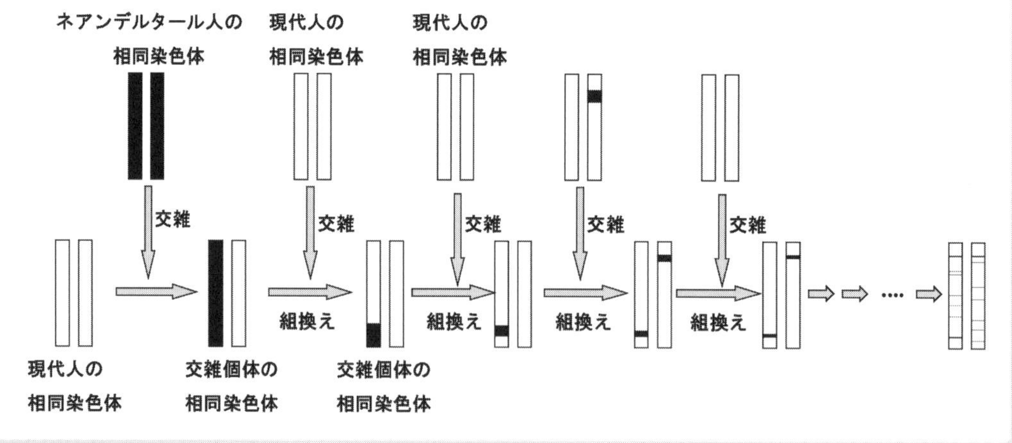

第6章

変異と突然変異

6.1 変異と突然変異

6.1.1 変異とは何か

一般に，生物個体が有している形態，色彩，音声，臭い，化学物質，等々のあらゆる物の性質を，遺伝的・非遺伝的に関わらず，その個体の**形質**と言う．形質が個体間で異なっている場合，例えば，同じ親から生まれた子の間どうし，もしくは，同じ生息地域内の同種の生物個体間に見られる形質の違いを**個体変異**：individual variation と言う．

図 6.1 左：オナジマイマイとコハクオナジマイマイ（飼育品），右上：オナジマイマイの殻色色彩多形3型；左から：黄色有帯・褐色無帯・黄色無帯，右下：コハクオナジマイマイ；殻頂部は内臓が透けて黄色く見え，紫外線を照射すると蛍光を発する．いずれも殻径約 15 mm 前後．写真はすべて浅見崇比呂さん撮影．写真は浅見崇比呂さんのご厚意による．

一般に生物の個体変異には，**遺伝的変異**：genetic variation と**非遺伝的変異**（**環境変異**）：environmental variation とがある．コハクオナジマイマイという佐多岬を模式産地とする種がいるが（図 6.1），この種は，殻の外から透けて見える軟体部が黄色くなることが知られている．この種は人工飼育を続けると，軟体部の黄色が失われてしまうことが知られている (Seki *et al.* 2008)．これは環境変異の一例である．

このコハクオナジマイマイ，および，日本各地でも比較的普通に見られる近縁種のオナジマイマイには，殻色が無色と赤茶色，色帯が有帯と無帯のそれぞれ遺伝的な2型があり，その組合せで4種類の殻型の表現型が知られている（浅見・大羽 1982；Asami *et al.* 1993, 1997； Asami & Asami 2008）．赤茶色は無色に対して顕性（優性），有帯は無帯に対して顕性（優性）である．殻色と色帯は連鎖した別個の遺伝子にコードされている．だが，組換えが抑制されているため，これらの遺伝子は1個の**超遺伝子**を構成している．その超遺伝子の対立遺伝子としては，無色無帯，無色有帯，赤茶無帯の3種類しかない．赤茶色有帯の対立遺伝子は存在せず，野生集団にまれにみつかる赤茶色で有帯の表現型はすべて，無色有帯の対立遺伝子と赤茶色無帯の対立遺伝子とのヘテロ接合体であると考えられる (Asami & Asami 2008)（図 5.16）．本種は地域によって，4種類の殻型の構成比率が異なっており，遺伝生態学の研究材料として用いられている (Nyumura & Asami 2015 等)．

6.1.2　突然変異

ド・フリースは，オオマツヨイグサの交配実験で，親系統にはない遺伝的形質が突然現れる現象を発見し，これを**突然変異**：mutation と名付けた (de Vries 1901)．しかし，後にオオマツヨイグサの染色体の遺伝的構成はきわめて複雑なことが判明し，ド・フリースの観察した結果は，突然変異ではないことが判った．それでも，彼の突然変異の概念は，現在でも，ある種について，進化につながる変異がどの程度起きるかを考察するために重要なものとみなされている (駒井 1963)．

6.1.3　突然変異と突然変異体

遺伝子もしくは染色体の遺伝的な変化，もしくは，このような変化がおこる過程を**突然変異**：mutation と言う．これに対し，**突然変異体**：mutant とは，突然変異 DNA 分子，突然変異対立遺伝子，突然変異遺伝子，突然変異染色体，突然変異細胞，あるいは，突然変異表現型など，野生型とは異なる遺伝性の生物的実体をさす．また，突然変異対立遺伝子が発現している細胞や生物個体も突然変異体とよぶ．突然変異と突然変異体は，同義語のように用いられる事例もあるが，正確には同じ意味を成す言葉どうしではないので注意が必要である (Hartl & Jones 2002)．

6.2　染色体突然変異

6.2.1　染色体突然変異

遺伝子をになう染色体の数や構造が何らかの原因で変化したことによっておこる突然変異を**染色体突然変異**と言う．

染色体で組換えが生じた際，相同染色体が不揃いに並んだ場合に，染色体上の遺伝子の並びに不均衡が生じる．これを**不等交差**とよぶ．配偶体形成の際に不等交差が生じると，ある遺伝子が 2 個存在する染色体をもつ配偶子と，その遺伝子が存在しない染色体をもつ配偶子が生じることになる（図 6.2）．

図 6.3 はジョウジョウバエの唾液腺染色体を例に挙げ，染色体突然変異を示したものである (Morgan 1926)．染色体突然変異には以下のようなものがある．(1) **欠失**：染色体の一部分が欠けたもの，(2) **重複**：染色体の一部分が重複したもの，(3) **逆位**：染色体の一部分が逆の方向についたもの，(4) **転座**：染色体の一部分が他の染色体の一部と入れ代わったもの (駒井 1963)．

6.2.2　染色体の異数性

体細胞の染色体数は，通常は $2n$ だが，減数分裂の異常によって，まれに $2n \pm 1$ や $2n \pm 2$ の個体が現れることがある．このように染色体数が変化することを**異数性**と言い，その個体を**異数体**と言う．異数体は，減数分裂の際の染色体が不分離を起こし，各配偶子に均等に分配されなかった場合に生じる．

染色体どうしが融合し，染色体数が減るために異数性が生じる場合がある．動原体が末端にある非相同の染色体 2 本が，動原体領域で融合して 1 本の染色体を形成する転座様式を**ロバートソン型転座**と言う (Robertson 1916)．このタイプの染色体融合はヒトでも起こっている．現在のヒトの第 2 番染色体は，ヒトの祖先が昔持っていた 2 本の染色体が融合したものである．その結果，$n = 24$ が $n = 23$（$2n = 46$）に変化したと推定されている．チンパンジーは昔のままで $n = 24$（$2n = 48$）である (Hartl & Jones 2002)．

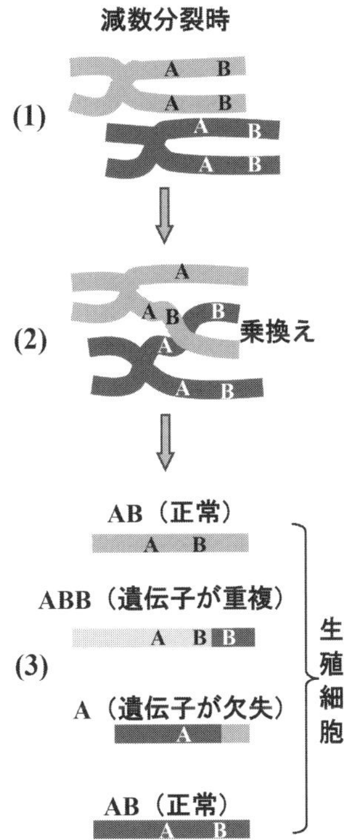

図 6.2 不等交差による遺伝子重複や欠失の例．減数分裂において相同染色体が対合する際，遺伝子 A と B の相同性が高い場合に，(1) のように相同染色体どうしがきれいに並ばずに，(2) のように一部ずれて乗換えが生じる場合がある．その結果，(3) のように染色体の一部が，欠失したり，重複したりした生殖細胞が生じる．

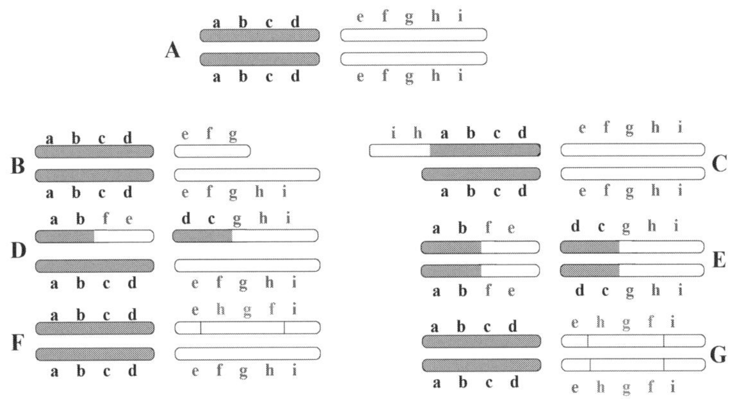

図 6.3 ショウジョウバエの唾液腺染色体に見られる染色体の構造変化による突然変異．A：正常タイプ，B：欠失，C：重複，D：相互転座（ヘテロ），E：相互転座（ホモ），F：逆位（ヘテロ），G：逆位（ホモ）．Morgan (1926) から修正し再描画．

6.2.3　染色体の倍数性：同質倍数体と異質倍数体

染色体の基本数（ゲノム：n）が倍数的に変化することを**倍数性**：polyploidy と，その個体を**倍数体**と言う．基本的な染色体の 1 組を **1 倍体**の染色体セットと言う．1 倍体の染色対数を**基本数**と言い，X もしくは n で表す．倍数体には，$2n$ の **2 倍体**，$3n$ の **3 倍体**，$4n$ の **4 倍体**，等がある．例えば，2 倍体は，染色体の完全な 1 倍体セット（ゲノム：n）を 2 組もつことになる (Hartl 2012)．動物では倍数体による変異はまれで，環形動物や昆虫の自家受精や単為生殖する種に限られる．

日本産の野生のキク属 *Chrysanthemum* では X = 9 を基本数として，2 倍体から 10 倍体まで，様々な倍数体が存在している（表 6.1）．単一の 2 倍体祖先種に由来するので，これを**同質倍数体**：autopolyploid とよぶ．

表 6.1　同質倍数体で形成された日本産の野生キク属 *Chrysanthemum* の各種の染色体数．日本産の野生のキク属では X = 9 を基本数として，2 倍体から 10 倍体まで，様々な倍数体が存在している．中野ら (2019) のデータから作製．

学名	和名	染色体組数	染色体本数	倍数性
C. lavandulifolium	ホソバアブラギク	n=9	18	2n
C. makinoi	リウノウギク	n=9	18	2n
C. indicum	シマカンギク	n=18	36	4n
C. wakasaense	ワカワハマギク	n=18	36	4n
C. vestitum	ウラゲノギク	n=27	54	6n
C. japonense	ノジギク	n=27	54	6n
C. ornatum	サツマノギク	n=36	72	8n
C. shiwogiku	シオギク	n=36	72	8n
C. yezoense	コハマギク	n=45	90	10n
C. pacificum	イソギク	n=45	90	10n

倍数体は異種間交雑からも生じうる．2 種あるいは多数の異なった祖先種の完全な染色体セットをもつ倍数体を**異質倍数体**：allopolyploid と言う．これは異なる種の 2 倍体どうしがたまたま交雑することによって生じる．異質倍数体は，木原によって解明されたコムギの進化が有名な例（図 6.4）として挙げられる (木原 1944)．

6.2.4　マイオティックドライブ（減数分裂駆動）

減数分裂の際，相同染色体の間で，不均質な分離が生じ，配偶子に多く残る遺伝子の頻度が増加することがある．そのために，集団の遺伝子構成に変化が生じる場合がある．この現象をマイオティックドライブ（減数分裂駆動）とよぶ (Buckler et al. 1999)．例えば，ショウジョウバエでは，性染色体間でこの減数分裂駆動が生じる場合があり，特定の変異がある X 染色体をオスが持っていた場合，Y 染色体をもつ精子の形成がうまくいかない．そのため，X 染色体をもつ精子が多く生産される結果となり，性比がメスに偏る現象が知られる．オナジショウジョウバエでは，X 染色体ドライブによって Y 染色体を持ったオスが殺傷されていることが判った (Rice 2014)．

6.3　DNA 情報の突然変異

6.3.1　遺伝子突然変異と点突然変異

遺伝子の本体である DNA の分子構造が変化したことによって生じる変異を，**遺伝子突然変異**と言う．DNA の塩基対のうち 1 個だけが変化する突然変異は，最も小さい遺伝子突然変異で点突然変異とよばれる．点突然変異が生じても，それが 3 塩基から構成されるコドンの 2 番目もしくは 3 番目の塩基であ

図 6.4 異質倍数体で形成されたコムギ．人類が最初に栽培したコムギは 2 倍体の一粒コムギで，これは $n=14$ で，今日では中近東に野生で見られる．現在もマカロニやスパゲッティ用に栽培されているマカロニコムギは 4 倍体で $n=28$ であるが，これは一粒コムギと，同じく $n=14$ のクサビコムギ（中近東の畑の雑草）との雑種で，染色体が倍加したことによって生じた．パンコムギは $n=42$ の 6 倍体で，$n=28$ のマカロニコムギと，$n=14$ のタルホコムギの雑種において染色体数が倍加して生じた．写真は各地の実験圃場で栽培中の株を撮影したもの．

れば，そこから翻訳されるアミノ酸の種類が同じ場合がある（⇒第 I 部第 6 章の遺伝子暗号表を参照）．これを**同義置換**：synonymous substitution とよぶ．しかし，塩基の位置やアミノ酸の種類によっては，アミノ酸が置き換わってしまう場合もある．これを**非同義置換**：non-synonymous substitution と言う．また，点突然変異によって，塩基 1 個が欠失したり挿入されたりすると，特定の開始部位から始まるコドンの読み取り枠がずれてしまうため，それ以降の DNA 塩基配列によって生産されるアミノ酸配列が狂ってしまう．これを**フレームシフト変異**とよぶ．以上のような非同義置換やフレームシフトといった点突然変異によってアミノ酸配列が正常でない状態で合成されるタンパク質は，正常な働きができない場合が多い．その結果，表現型に変化が生じ，突然変異体として認識されるようになる例も多い（Hartl & Jones 2002）．

鎌状赤血球貧血症は遺伝子突然変異の例として有名である．鎌状赤血球貧血症のヒトは，激しい運動で酸素が不足すると，赤血球が鎌状（三日月型）に変形し血管が詰まって悪性貧血を起こす症状となる．これは，赤血球中のヘモグロビン β 鎖の 6 番目のアミノ酸がグルタミン酸からバリンに置き換わった突然変異で生じる．この突然変異は DNA の第 17 番目の塩基配列が，CTT が CAT と塩基が 1 か所置き換わっただけで生じる点突然変異である（図 6.5）．赤血球に含まれるヘモグロビン・タンパク質の 4 次構造は，α 鎖（141 個のアミノ酸）が 2 本と β 鎖（146 個のアミノ酸）が 2 本から構成される．鎌状赤血球貧血症の遺伝子 *Hs* は，潜性（劣性）遺伝子だが，劣性ホモ型（*HsHs*）は悪性貧血で若死にしやすい．正常遺伝子 *Hn* の正常ホモ型（*HnHn*）はマラリアに罹患する．ヘテロ型（*HnHs*）は貧血になるが，マラリアには罹患しない．マラリア原虫に感染した鎌状赤血球は酸欠状態になって赤血球の形態がくずれてしまう．このため，マラリア原虫が正常に増殖できない．したがって，鎌状赤血球貧血症のヒトは，悪性貧血のために，正常なヒトに比べ死亡率が高まる危険性はあるが，マラリアに罹患せず，マラリア流行地帯では死亡率が低い．このために鎌状赤血球貧血症のヒトが生き残ってきたと解釈されている（Hartl & Jones 2002）．

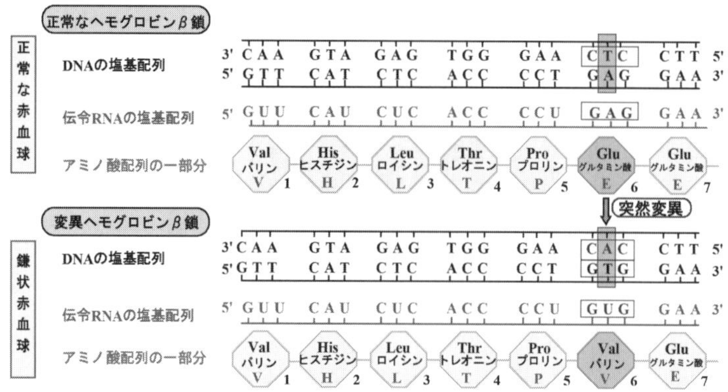

図 6.5　鎌状赤血球症の遺伝子突然変異．この突然変異は DNA の第 17 番目の塩基配列が，正常型の CTT から，変異型の CAT と塩基が 1 か所置き換わっただけで生じる点突然変異である．その結果，6 番目のアミノ酸が，正常型のグルタミン酸から，変異型のバリンに置き換わっている．

6.3.2　突然変異率

大部分の突然変異は，**自然発生的**であり，統計学的にランダムで，予測不可能な事象である．それにも関わらず，遺伝子にはそれぞれ固有の**突然変異率**：rate of mutation がある．突然変異率は，1 世代の間に DNA 配列の変化がおこる確率として測定される．突然変異率は，**化学突然変異原**や放射能で処理されると増加することがあり，この場合，突然変異が**誘発**されると言う．

配偶子を形成する細胞で起きる突然変異を**生殖細胞系突然変異**と言い，その他の細胞で起きる突然変異を**体細胞突然変異**と言う．動物では体細胞突然変異は子孫に遺伝しない（Hartl & Jones 2002）．

6.3.3　突然変異誘発原

遺伝子突然変異は，**突然変異原**によって DNA の遺伝子部位の塩基配列が異常をきたすことによって生ずる．例えば，食品添加物として多くの食品に用いられている亜硝酸には，塩基を脱アミノ化する作用があり，アデニンが脱アミノ化されると，ヒポキサンチンが生じ，チミンと水素結合で対合できない状態になる．また，**塩基類似物質**は，本物の塩基であるかのようにふるまい，これらが DNA に取り込まれると正常な塩基と対合せずに，複製時に塩基が入れ代わって突然変異を引き起こす．例えば，5-ブロモウラシルはチミンのメチル基の代わりに臭素が付いており，似た化学構造である．5-ブロモウラシルはアデニンともグアニンとも水素結合で対合できるため，そこに点突然変異が生じる（Hartl 2012）．

DNA に吸収される紫外線（UV）は，すべての細胞やウィルスにおいて突然変異原である．DNA が光エネルギーを吸収することにより塩基に化学変化が生じる．**紫外線**（UV）の照射を受けた DNA 鎖上の隣り合うチミンどうしが，分子間で架橋し結合を形成して連結する（図 6.6）．隣り合うチミンが連結すると，塩基間の間隔がかなり短くなるため，二本鎖構造はゆがめられる．その 2 か所の塩基対には，正常であればアデニン 2 個が対合するが，どの塩基でも入ることができる状態になってしまう（Hartl 2012）．

電離放射線には，X 線および放射性元素から放出される粒子と放射線（α，β 粒子および γ 線）がある．マラーは，X 線照射がショウジョウバエの遺伝子突然変異を 150 倍も高めることを見いだし（Muller 1926），電離放射線が強力な突然変異原であることを示した（Hartl 2012）．

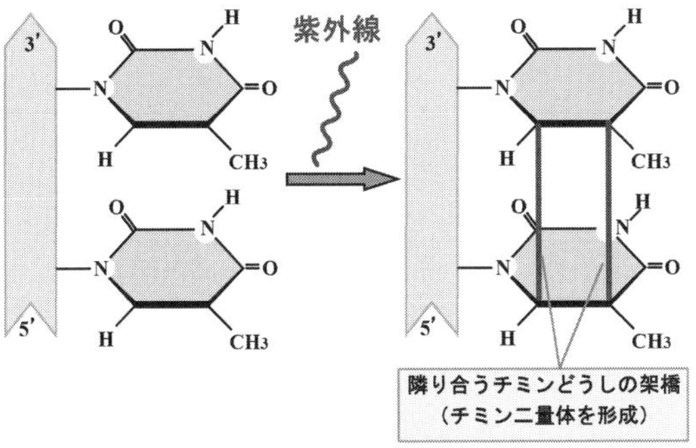

図 6.6 紫外線による DNA 突然変異の誘導．紫外線照射を受けると，DNA 鎖上の隣り合うチミンどうしが，励起して，架橋形成し，連結する．

6.3.4 DNA の修復

生物には，各種の DNA 修復機能が備わっており，DNA の損傷は修復される場合が多い．その中でも，異常塩基配列の部位を取り去り，正常な塩基を挿入する**ミスマッチ修復**は，主要な修復機構である．生物には，各種の DNA 修復機能が備わっており，DNA の損傷は修復される場合が多い．ミスのままの状態で残される確率は 10^{-10} と非常に少ない．癌細胞とは，細胞分裂を制御する遺伝子に遺伝子突然変異が生じた突然変異体であり，ミスマッチ修復遺伝子に異常があると，癌が生じやすい．遺伝性非腺腫性結腸直腸癌などはその例である (Hartl 2012)．

6.3.5 まとめ

以上のように，突然変異によって，まったく新しい遺伝子型が集団に生じる．突然変異は，個体の移入と並んで，集団内の変異の供給源となっている．

コラム DNA 鑑定によく使われる手法

生物には，同じ遺伝子座で対立遺伝子が非常に多い遺伝子があり，かつ，その対立遺伝子間の区別が容易な場合は，個体の特定まで可能になってくる．DNA の塩基配列の多型のある複対立遺伝子を用いて，検体の分析をする手法を DNA タイピング（DNA typing）と呼んでいる．これは，DNA 指紋法（DNA finger prit）とも言う．DNA の塩基配列の各所には，塩基の繰り返し配列の部位が多数発見されている（AGCC 繰り返し，CA 繰り返し等）．繰り返し数に多型があり，その部分の上流部と下流部における共通塩基配列部位を制限酵素で切り分けると，繰り返し数によって DNA の長さが異なるため，アガロース（寒天）電気泳動法によって，DNA の長さの違いとして区別が可能となる．このようなタイプの多型は単純反復配列（simple sequence repeat：SSR）部位と呼ばれる．SSR 遺伝子も染色体上の DNA 塩基配列であるから，個体はその部位を 2 個持ち，1 個だけとか 3 個以上持つということはあり得ない．ほとんどヒトは SSR 多型をヘテロで持っている．電気泳動で検出される DNA バンドの位置を共有しているか否かで，親子鑑定が可能になる．また，多種類の部位を組み合わせることによって，個人の特定や血縁鑑定も可能になる．また，ミトコンドリア DNA（*mt*DNA）は母系遺伝をすることから，同じ母系の *mt*DNA を共有しているかどうかで，血縁関係や個人の特定も可能になる．ヒトを含む脊椎動物では，SSR 部位や *mt*DNA による個体識別や血縁推定が行われている．

ヒトの場合，歴史的事件の解明に DNA 鑑定が用いられる事例もある．例えば，1789 年に始まったフランス革命によりブルボン朝のフランス国王ルイ 16 世と王妃マリー・アントワネットは 1793 年に処刑された．2 人の第 3 子（次男）のルイ・シャルル（当時 8 歳）は，国王ルイ 17 世となったが，タンプル塔に幽閉されたまま，1795 年 6 月 8 日に結核で病死した．死亡の翌日，遺体は解剖されたが，心臓はアルコールで固定後，乾燥して保存され，最終的にはサン・ドニ聖堂（フランス王家の墓所）に安置された．20 世紀末に，ルイ 17 世がタンプル塔で死んだのか，身代わりが死んだのかを明らかにするために，DNA 鑑定（マリー・アントワネットとの母子鑑定）が行われた．マリー・アントワネット遺髪，および，母系で現代に生存している方からのサンプル提供をあおいで，墓所の心臓の DNA との比較が行われた．結論として，タンプル塔で死んだ少年はマリー・アントワネットと同じ型のミトコンドリア DNA を持ち，本物のルイ 17 世と考えて矛盾はなかったという結果になった．

第 7 章

集団遺伝

7.1　集団遺伝学

7.1.1　集団遺伝学の確立

メンデルが体系化した粒子式遺伝の考え方が，1900 年に再発見されて以降，生物の遺伝学は，急速な進歩をとげた．染色体が遺伝の実体を担っていることが判ってくると，ベイトソンやモーガンらに代表される細胞遺伝学の研究が発展した．一方，これらのメンデル遺伝学を基盤板とする体系が，両親，子孫，同族なとの血縁者の遺伝的関係を主に扱っているのに対し，さらに広い範囲の群れや地域集団などの，集団の中における遺伝の様式を研究対象とする学問体系が芽生えてきた．その様な遺伝学を称して**集団遺伝学**：population genetics とよぶ．集団遺伝学は，同じ種の個体が集合した集団についての，遺伝的組成，その性質，および，変遷等に関する理論体系である．また，集団遺伝学が研究の対象とする生物は，基本として有性生殖を行う種であるという前提条件がある．

集団遺伝学は，フィッシャー，ライト，ホールデン，および，ドブジャンスキーなどの研究者が確立した．フィッシャー は，イギリスの統計学者，集団遺伝学者であり，統計学に基礎づけられた実験計画法を確立し，それは，一般の生物学研究においても新たな道をひらくものとなった (Fisher 1930)．ライトは，アメリカの遺伝学者で，統計遺伝学の分野では量的形質の分析や近親交配の扱いについて画期的な理論を創始し，集団遺伝学の数学的理論の基礎を築いた (Wright 1984)．ホールデンは，イギリスの生理学者，遺伝学者であり，集団遺伝学の数学的理論の確立者の一人とされている (Haldane 1924)．ドブジャンスキーは，ロシア生まれのアメリカの遺伝学者で，集団遺伝学を確立し，主としてショウジョウバエを用いた実験的手法に基づく集団遺伝学的研究が著名である (Dobzhansky 1937)．

ドブジャンスキーは，集団遺伝学が研究対象とする生物集団を「遺伝子供給源を共有する個体からなる繁殖集団」と定義し，それを**メンデル集団**：Mendelian population と名付けた (Dobzhansky 1953)．メンデル集団を構成する個体は，互いに配偶者，親子，兄弟姉妹などの遺伝的関係によって結ばれている．遺伝学におけるメンデル集団は，生態学における個体群にほぼ対応する．

7.1.2　個体群と遺伝子頻度

生物における**個体群**：population とは，ある空間を占める同種個体をまとめたものをさす．必ずしも実際に集まっているものをさす訳ではなく，概念的な存在である．すなわち，個体群の内部では，交配や種々の相互作用を通じて個体間に密接な関係があり，同種の他個体群とは多かれ少なかれ隔離された地域集団である．生物個体の各遺伝的形質の表現型には個体差，すなわち，表現型の違いが存在する．通常は，個体群内では，多くの形質で，個体間に表現型の個体差が存在し，これを**多型的**：polymorphic

という（Dobzhansky 1953; Mayr 1963）.

個体群が広範囲におよんでいる場合，地理的もしくは他の何らかの特徴によって，いくつかの**分集団**に分ける場合もある．集団内で，個体どうしが交配相手を見つけることができる程度の範囲の大きさの集団を**地域個体群（地域集団**）と言う．さらに，同種内において，小さな生息場所が地域全体にパッチ状に散在し，各集団間の移動の頻度が低い場合，このような各集団を**小個体群**（デーム）とよぶ．同種内において，小さな生息場所が地域全体にパッチ状に散在し，その間を個体が低頻度で移動することにより，各集団がゆるく結合した構造をもつとき，その様な小集団の集合体を**メタ個体群**：meta-population とよぶ．

ある集団において，特定の遺伝子型をもつ個体の割合をその集団の**遺伝子型頻度**：genotype frequency と言う．また，任意の遺伝子座のすべての対立遺伝子の中での特定の対立遺伝子の割合を**対立遺伝子頻度**：allele frequency と言う．

遺伝学的には，個体群は各種の表現型を持った個体の集合体と定義できる．すなわち，個体群は各種の遺伝子型を持った個体の集合体であり，メンデル集団ともみなされる．集団内のすべての個体がもつ遺伝情報の全体を**遺伝子プール**：gene pool と言う．つまり，個体群を遺伝子の集合体（遺伝子プール）とみなすことも可能である．この遺伝子プールに属する個体は，このプールから個体ごとに固有の遺伝子セットを得て生まれ，同じ集団内の他個体と配偶し，新個体を集団内に送り込むことによって，自分のもつ遺伝子のうち一部を遺伝子プールに返し，その個体はやがては死んでいく．集団を構成する個体の数は変動するし，構成メンバーも常に入れ替わっている．これに伴って，遺伝子プール集団の遺伝子型頻度や対立遺伝子頻度は常に変動している（Wright 1984）.

個体群ごとに，それを構成する個体の，表現型の割合は異なる場合が多い．すなわち，個体群によって遺伝子型の種類や各遺伝子型の割合が異なる．個体群中の個々の表現型や遺伝子型の割合も，上記のように時間や環境などによって変動する．個体群を遺伝子プールとみなした場合，その中のすべての個体のもつ遺伝子の中において，ある遺伝子の割合をその個体群の**遺伝子頻度**：gene frequency と言う．また，ある遺伝子座に座乗するすべての対立遺伝子の中で，特定の対立遺伝子の頻度を，その個体群における，その対立遺伝子の対立遺伝子頻度と言う．

遺伝子頻度や対立遺伝子頻度も時間や環境によって常に変動する．集団遺伝学は，この遺伝子プールにおける遺伝子頻度の変動を研究対象とする学問体系と言ってもよい．

7.1.3 ヨーロッパにおけるエイズ抵抗遺伝子の存在

個体群の遺伝子頻度に関し，ヒトの HIV ウィルス（エイズウィルス）抵抗性の表現型について考えてみよう．**ケモカイン**は，免疫系の白血球が互いに誘因しあうのに必要な分子であり，ケモカインの受容体の遺伝子 CCR5 受容体があると，HIV ウィルスは細胞膜に結合して，免疫系の CD4(+) クラスの T 細胞に感染する．その結果，エイズを発症する．ヒトの集団内には，CCR5 遺伝子の塩基配列の中で，$\Delta 32$ と言われる 32 個の塩基が欠失した塩基配列の対立遺伝子をもつヒトが，少数存在する（図 7.1）．$\Delta 32$ では，欠失があるために翻訳の際にフレームシフトが起こり，216 番目のコドンに停止コドンが現れるまで，185 番目から 215 番目に正常なタンパク質にはない 31 個のアミノ酸が挿入されている（Jiao *et al.* 2019）.

$\Delta 32$ 突然変異 CCR5 遺伝子の作るタンパク質にはケモカイン受容体としての機能がないため，$\Delta 32$ 突然変異をもつヒトには，HIV ウィルスが CD4(+) 細胞に侵入できない．$\Delta 32$ 突然変異遺伝子（a）と正常型遺伝子（A：野生型）との関係は不完全優性で，$\Delta 32$ 遺伝子のヘテロ接合体（Aa）のヒトはエイズを発症しにくい（Dean *et al.* 1996；Samson et al. 1996）.

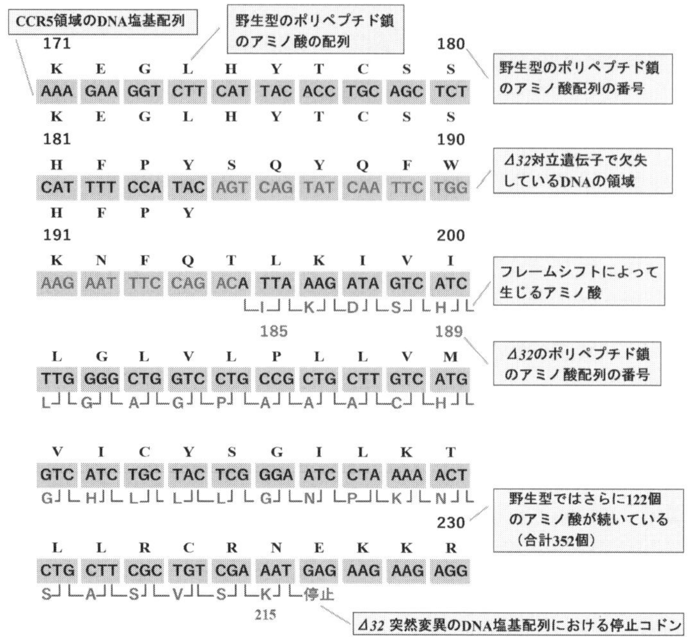

図 7.1　エイズ抵抗性遺伝子 Δ32 突然変異．Δ32 では，CCR5 受容体タンパク質の遺伝子コードに欠失があるために翻訳の際にフレームシフトが起こり，216 番目のコドンに停止コドンが現れるまで，185 番目から 215 番目に正常なタンパク質にはない 31 個のアミノ酸が挿入されている．3 列の文字列のうち，上段は野生型のポリペプチド鎖のアミノ酸の配列．中段は CCR5 領域の DNA 塩基配列．下段のカギで囲まれたアルファベットは，フレームシフトによって生じるアミノ酸の配列．上段の数字（171-180，181-190，191-200）は，野生型のポリペプチド鎖のアミノ酸配列の番号．下段の数値（185-189，215）は，Δ32 のポリペプチド鎖のアミノ酸配列の番号．野生型では，230 番の後にさらに 122 個のアミノ酸が続いている（合計 352 個）．Δ32 突然変異では，215 番の次に停止コドンの塩基配列となるため，そこでポリペプチド鎖の合成が停止してしまう．
Dean *et al.* (1996)，Samson *et al.* (1996) のデータから書き起こす．

エイズ抵抗性遺伝子である Δ32 突然変異は，CCR5 遺伝子周辺の DNA 塩基配列の塩基の置き換わり頻度（分子時計）から，約 700 年前に出現したと推定された．Δ32 突然変異は，ヨーロッパの人類集団で 10％ 前後と頻度の高い遺伝子である．これだけ高い遺伝子頻度になるためには，約 700 年前にエイズ大流行があったと想定しなければならず，エイズが 1960 年代に人類社会に出現した事実と矛盾する．

ヨーロッパでは 1347 年～1350 年にペスト（黒死病）が大流行し，全人口の 1/4～1/3 が死亡したとされている．その後も散発的に大流行を繰り返した．ペスト菌もエイズウィルスと同様に，白血球に結合し，毒素を注入して免疫機能を麻痺させる．Δ32 突然変異を持ったヒトは，白血球に正常な CCR5 レセプターがないために，ペストに罹患しにくかった．ペスト大流行の結果，ヨーロッパの人類集団で，Δ32 突然変異の遺伝子頻度が高くなった．これは，ヨーロッパにおけるエイズの被害が，アジア・アフリカ地域よりも少なかった原因の 1 つと推定されている (Libert *et al.* 1998)．

7.1.4　エイズ抵抗遺伝子の遺伝子型頻度と対立遺伝子型頻度の考え方

以下の遺伝子頻度等の具体的数値や処理法は Hartl & Jones (2002) からの引用になる．1000 人のヨーロッパのある集団の CCR5 遺伝子の遺伝子型を調査した結果，その人数は，AA（795 人），Aa（190 人），aa（15 人）であった．ホモ接合体 AA には 2 個の対立遺伝子 A が，ホモ接合体 aa には 2 個の対

立遺伝子 a が，ヘテロ接合体 Aa には 2 種類の対立遺伝子（A と a）が 1 個ずつある．これらを合計すると，1000 人のサンプル集団には，1780 個の CCR5 の野生型対立遺伝子（A）と 220 個の $\Delta 32$ 対立遺伝子（a）が含まれることがわかる．

集団遺伝の解析を行うには，一般的に，観察された個体数そのものよりも，遺伝子型と対立遺伝子の相対的な頻度をデータとして用いるのが便利である．

遺伝子型頻度は観察された個体数をサンプル数で割って求められる．CCR5 ではサンプル数は 2000 個体であるので，遺伝子型頻度は次のようになる．

$$AA = 0.795, Aa = 0.190, aa = 0.015$$

対立遺伝子の頻度は，観察されたそれぞれの対立遺伝子の数を対立遺伝子の総数（この場合は 2000）で割って求められる．

$$\text{対立遺伝子 } A \text{ の頻度} = 1780/2000 = 0.89$$
$$\text{対立遺伝子 } a \text{ の頻度} = 220/2000 = 0.11$$

遺伝子型頻度も対立遺伝子頻度も，すべての可能性を考慮すれば，合計値 $= 1.0$ になるはずである．ある対立遺伝子について 対立遺伝子頻度 $= 1.0$ であるような集団は，その対立遺伝子に**固定した**と言う．対立遺伝子頻度 $= 0$ になると，その対立遺伝子は**消失した**と言う．

ここで，この集団を構成する個体の交配を考える．ホモ接合体の遺伝子型は 1 種類の対立遺伝子をもつ配偶子のみを作るが，ヘテロ接合体の遺伝子型はメンデル式分離のために，2 種類の配偶子を等しい頻度で作る．対立遺伝子がランダムに組み合わされると仮定したときに，遺伝子頻度がどのような値になると期待されるだろうか？　以下のような頻度が期待される．

2 個の対立遺伝子 A の組合せ（AA）；

$$0.89 \times 0.89 = 0.7921$$

対立遺伝子 A と対立遺伝子 a の組合せ（Aa）；

$$2 \times 0.89 \times 0.12 = 0.1958$$

2 個の対立遺伝子 a の組合せ（aa）；

$$0.11 \times 0.11 = 0.0121$$

これらの値は実際に観察された遺伝子型頻度の値にきわめて近い．すなわち，配偶子における対立遺伝子頻度は，親における対立遺伝子頻度にほぼ等しい．

7.2 ハーディー・ワインベルグの法則

7.2.1 ハーディー・ワインベルグの法則とは

上記のように，ある対立遺伝子をもつ配偶子の頻度は，その対立遺伝子についてホモ接合の遺伝子型の頻度に，その対立遺伝子が，ヘテロ接合で含まれるすべての遺伝子型の頻度の 1/2 を足した値になる．

ある集団内において，交配が遺伝子型に関係なく生じる状態を**任意交配**：random mating と言う．ある地域集団が任意交配を行っているということは，その集団に属する個体が遺伝子型とは関係なく交配のペアーを形成することを意味している．すなわち，交配ペアーが，それらが偶然に出会う頻度で形成されるということである．**自家受精**：self-fertilization や**近親交配**：inbreeding のような近縁な個体間で行う交配システムを除いて，任意交配は，ほとんどの動植物で最もよく見られる交配システムである．

2 種類の対立遺伝子 A と a の頻度を，それぞれ p と q としよう．$p + q = 1$ である．CCR5 受容体遺伝子型の例では，対立遺伝子の頻度を以下のように計算した；

野生型対立遺伝子 A　　$p = 0.89$

$\Delta 32$ 対立遺伝子 a　　$q = 0.11$

任意交配のもとで期待される遺伝子型の頻度は，どのようになるだろうか（図 7.2 ⇒パンネットの方形）．

遺伝子型 AA の頻度は；$p \times p = p^2$,

遺伝子型 aa の頻度は；$q \times q = q^2$，であるが,

遺伝子型 Aa の頻度は；$pq + pq = 2pq$　；となる.

したがって，任意交配から期待される遺伝子型頻度は，次のようになる；

$$AA : p^2 \qquad Aa : 2pq \qquad aa : q^2$$

つまり，任意交配により，$p^2 : 2pq : q^2$ の比となることを示している.

		♀の配偶子	
		p A	q a
♂の配偶子	p A	p^2 AA	pq Aa
	q a	pq Aa	q^2 aa

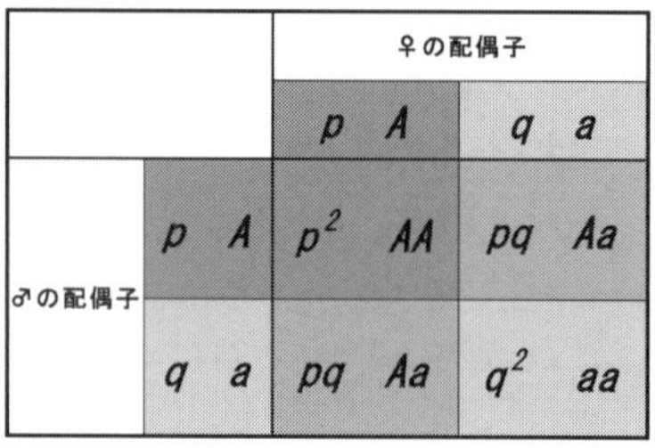

図 7.2　任意交配を示したパンネットの方形．任意交配により，$p^2 : 2pq : q^2$ の比となることを示している.

2 種類の対立遺伝子をもつ遺伝子については，このように，p^2，$2pq$，q^2 の頻度が任意交配によって生じる，という法則性は，イギリスの数学者ハーディー（Hardy 1908）とドイツの医学者ワインベルグ（Weinberg 1908）が独自に提唱した．これを，**ハーディー・ワインベルグの法則**：Hardy-Weinberg principle と言う．しかしながら，二項展開の結果，頻度が同じになるという事実は，数学的原理に過ぎず，これを法則とよんでよいのか疑問がある.

ハーディー・ワインベルグの法則は，まず，分裂や出芽のような無性生殖をせず，自家受精を行わない雌雄異体の生物にのみあてはまる法則性である．また，この法則が成り立つには，下記の 5 項目の条件が成り立っていることが前提である.

(1)　集団を構成する個体数が十分に多い．集団は十分に大きく，世代間で対立遺伝子頻度の偶然による変動がない．＝ **遺伝的浮動**：random genetic drift がない.

(2)　完全に自由交雑が行われ，近親交配がない．＝ **同類交配**：assortative mating がない.

(3)　**突然変異体**：mutant が生じない.

(4)　他個体群との間で個体の移出入がない．＝ **遺伝子流動**：gene flow がない.

(5)　個体間に繁殖力の差がない．生存力と妊性はすべての遺伝子型で等しい．＝ **自然選択**：natural selection がない.

以上の条件を満たすならば，ハーディー・ワインベルグの法則に従って，集団内の各遺伝子の頻度は世代を超えて一定比で保たれる．しかしながら，上記 5 条件を完全に満たす個体群などほとんど存在せず，仮想的な理想型の個体群を想定している.

7.2.2 ハーディー・ワインベルグの式

ハーディー・ワインベルグの法則を数学的に表す**ハーディー・ワインベルグの式**は以下のように展開される．しかし，これは生物学的に易しい事実をわざと難しく説明する悪弊の典型例だと思われる．

A，a が対立遺伝子

p が A の遺伝子頻度，q が a の遺伝子頻度，$p+q=1$ とした場合；

$AA : Aa : aa = p^2 : 2pq : q^2$，となる．

$(Ap+aq)(Ap+aq)$ が任意交配の式だとすると

$= (Ap+aq)^2 = AAp^2 + Aa2pq + aaq^2$　：このように遺伝子型頻度が算出される

p^2+q^2：ホモ接合体の頻度，$2pq$：ヘテロ接合体の頻度，であるから；

$A : a = p^2+pq : q^2+pq = p(p+q) : q(p+q) = p : q$，となり；

任意交配後の各遺伝子型の頻度（対立遺伝子がランダムに出会う確率の状態）が算出される（図 7.2）．

このように任意交配を繰り返しても，A と a の遺伝子頻度は常に一定に保たれている．これを，**ハーディー・ワインベルグ平衡**と言う．

7.2.3 ハーディー・ワインベルグの法則の重要性

ハーディー・ワインベルグの法則から生物学的に重要な性質を 2 項目挙げることができる．

まず，第一に上記 5 項目条件を満たせば，「**対立遺伝子頻度は代々一定である**」という事実である．ハーディー・ワインベルグの法則は，単純なかけあわせ（二項展開の繰り返し）だけでは遺伝頻度は変わらない，という算術計算の単純な事実を言っているに過ぎず，それ自体に重要性はない．むしろ，自然個体群でハーディー・ワインベルグ平衡を乱している要因は何なのかという原因に重要性が隠れている．つまり，前提 5 条件のどれかが成り立っていないことを意味しており，その原因解明という新たな研究展開が期待できる．

次に「**少ない対立遺伝子に関しては，ヘテロ接合体の頻度がホモ接合体の頻度をはるかに上回る**」という二つ目の重要性が指摘できる．つまり，ある対立遺伝子の頻度がごく低いとき，その対立遺伝子に関しては，ホモ接合体よりもヘテロ接合体の方がはるかに多く存在する（図 7.3）．

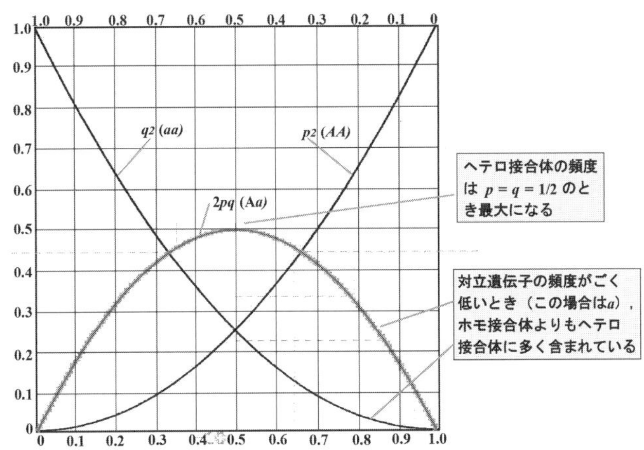

図 7.3 遺伝子型頻度と対立遺伝子頻度の関係．少ない対立遺伝子に関しては，ヘテロ接合体の頻度がホモ接合体の頻度をはるかに上回る．対立遺伝子の頻度が 0 か 1 に近いとき，ヘテロ接合の遺伝子型の頻度は，まれなホモ接合の遺伝子型の頻度よるもはるかにゆっくりとゼロに近づいている．

7.2.4　劣性遺伝子病とその遺伝子の頻度

時代を問わず，現在でも，民族主義的な知識人が，「民族浄化のために劣性遺伝子病の遺伝子保持者は子供を作るべきでない．潜性（劣性）遺伝子は取り除かれねばならない．」等の主張を繰り返している（木村 1988 等）．基本的人権の観点からも問題のある一連の発言だが，倫理学的側面は他に委ね，生物学的にもいかにトンチンカンで誤った発言であるかを集団遺伝学の観点から検証してみよう．

遺伝子病遺伝子の大半は潜性（劣性）対立遺伝子である．話を単純化するために，下記のような単純メンデル遺伝で考えてみよう．

A：正常遺伝子

a：遺伝子病の遺伝子

だとすると，考えられる遺伝子型は，

AA：正常

Aa：正常

aa：遺伝子病

命題 1　遺伝病遺伝子は減らせるのか？

例として，20 世紀初頭までヨーロッパ王室で見られた血友病について考えてみる．血友病とは，小さな傷からの出血でも止まらなくなる病気である．血友病には，多数のタイプが知られているが，ここで取り上げる血友病は，潜性（劣性）遺伝子病である．この血友病遺伝子は劣性であるが，X 染色体上に存在するため，伴性遺伝の遺伝形式（⇒第 I 部第 3 章参照）を示す．

19 世紀末から，ビクトリア女王の子孫を持つヨーロッパ各国の王室に血友病が頻発した．この血友病遺伝子は，伴性遺伝するため，X 染色体に座乗している．このため，男性の遺伝子型は，A か a の 2 種類で，a 遺伝子をもつ個体は，表現型として血友病を発現してしまう．女性の場合，X 染色体を 2 本もつため，遺伝子型は，AA，Aa，および，aa の 3 種類となる．この場合，Aa の遺伝子型をもつ女性は，表現型は正常であるが，血友病遺伝子の保因者ということになる．したがって，ヨーロッパの王室においても，女性に保因者が多く，男性に血友病が多発した．現在，ビクトリア女王の祖先に血友病患者は見られないため，ビクトリア女王本人，もしくは，その母親が突然変異体であり，血友病遺伝子の保因者だったと推定されている．しかし，その血友病遺伝子は，発現者の若死などにより，現代には伝わっていない．

このように，遺伝子病の遺伝子は，通常は，突然変異で常に集団に供給されている．すなわち，遺伝子病の遺伝子は一定の割合で集団内に存在するものである．多少の遺伝子病のヒトを取り除いたり，遺伝子病を発現したヒトが子供を作らない程度の変更では，集団の中の遺伝子頻度はさほど変化しないし，減ることもない．

命題 2　潜性（劣性）遺伝子病の遺伝子は，特殊なヒトが持っているまれな遺伝子であるのか？

例えば，日本における全身白子症（アルビノ）の表現型をもつヒトは（図 7.4），2 万 6860 人に 1 人の割合とされている (藤木 1988)．アルビノを引き起こす遺伝子は，約 20 種類程度が知られており，主な症状はヒトによって異なる．アルビノの遺伝子は，単純なメンデル遺伝を示し，正常遺伝子を A としたとき，アルビノ遺伝子は a で表される．アルビノは潜性（劣性）遺伝子がホモ接合体の場合に発現し，その遺伝子型は aa である．ハーディー・ワインベルグの式から，$aa = q^2$ であり，アルビノの遺伝子頻度は，q^2 の平方根で算出される．すなわち，$\sqrt{26860} \fallingdotseq 164$ となる．つまり，164 人に一人がアルビノ遺伝子を保有している計算になり，アルビノ遺伝子が決してまれな遺伝子ではないことが判る．

図 7.4 アルビノの方の写真．写真はアルビノ・ドーナツの会のご厚意による．©アルビノ・ドーナツの会．

その他の潜性（劣性）遺伝子病の遺伝子保因者の割合は，上記で述べたハーディー・ワインベルグの式から算出できる．例えば以下のようになる．

先天性聾　10883 人に 1 人　：保因者 ≒ 104 人に 1 人
フェニルケトン尿症　12703 人に 1 人　：保因者 ≒ 113 人に 1 人
全色盲　40800 人に 1 人　：保因者 ≒ 202 人に 1 人
真性小頭症　43122 人に 1 人　：保因者 ≒ 208 人に 1 人

現在，潜性（劣性）遺伝子病は，その遺伝子がホモ接合体となって，表現型として発現した場合．日常生活に支障が出る程度に症状が重い遺伝子病だけでも，下記の例を含め，数 100 種類が登録されている (藤木 1988；新川ら 2020; 渡邊 2017)．症状の軽い弱有害遺伝子病はさらに多い．

無眼球症，白子症，先天性全色盲，フェニルケトン尿症，先天性聾，真性小頭症，ウィルソン症，黒内障性痴呆，先天性魚鱗癬，膵臓嚢腫，先天性表皮水疱症，先天性筋無力症，テイ＝サックス症，ヒューラー症候群，網膜変性症，幼年性網膜剥離，Pendred 症候群，ハンター症候群，偽神経膠腫，Lowe 症候群，Fabry 病，Leber 病，ガラクトース血症，Lesch-Nyhan 症候群，Laurence-moon 症候群，亜急性甲状腺炎，先天性副腎皮質過形成，若年性糖尿病，尋常性乾癬，Bechet 病，ナルコレプシー，多発性硬化症，潰瘍性大腸炎，慢性活動性肝炎，重症筋無力症，強直生脊椎炎，Reiter 症，慢性関節リウマチ，Sjogren's 症候群，Hodgkin 症，重症複合免疫不全症，胸腺形成不全症，PNP 欠損症，Louig-Bar 症候群，Good 症候群，先天性無ガンマグロブリン血症，トランスコバラミン II 欠症，選択別 IgA 欠損症，secretory piece 欠症，無 β リポ蛋白血症，カーペンター症候群，濃化異骨症，シュワルツ・ヤンペル症候群，アスパラギン合成酵素欠損症，アンダーマン症候群，神経有棘赤血球症，…

これらの遺伝子頻度から逆算すると，**誰でも 10〜20 個程度の潜性（劣性）遺伝子病の遺伝子保因者である**．確率から言って，潜性（劣性）遺伝子病の遺伝子を持っていないヒトは存在しない (藤木 1988；新川ら 2020; 渡邊 2017)．したがって，「潜性（劣性）遺伝子病の遺伝子を社会から取り除く．」という主張がいかに的外れであるかがよくわかる．

7.2.5 近親交配

近親交配：inbreeding とは，近縁関係にある個体間の交配である．近親交配のもたらす主要な影響は，ヘテロ接合の子孫の頻度が，任意交配の場合よりも低くなるということである．すなわち，潜性（劣性）遺伝子のホモ接合体が増加し，集団内の潜性（劣性）表現型個体が増えることを意味している．繰り返し自家受精が行われている場合には，この効果は劇的である．近親交配が弱い条件でも，ヘテロ接合体の割合が減少するという点では，質的に自家受精と同じであり，潜性（劣性）ホモの表現型個体は増加する (Hartl & Jones 2002)．

第8章

種とは何か

8.1 変異とは何か

形質とは，生物の個体がもつ特徴すべてをさす．例：足が何本，皮膚の色は何色，目はいくつ，血液型は何型，等々．生物の観察単位の間に存在する形質（個体の特徴）の「違い」のことを変異とよぶ．腕の数や心臓の個数のように，変異の存在しない形質もある．一般に生物の変異には，**遺伝的変異**と**非遺伝的変異**（**環境変異**）とがある．以下で述べる変異は，特に注釈がない限り，遺伝的変異を指していると見なして構わない（Ashiloc & Mayr 1991）．

8.1.1 遺伝的変異と環境変異

一般に有性生殖をする同種の生物個体は，**地理的集団**＝**個体群**を構成している．個体群とは，その構成個体が互いに自由に交配しあう（遺伝子を交換しあう）**繁殖集団**の単位である（Dobzhansky 1937）．ライトなどの集団遺伝学の研究者らは，個体群を「**遺伝子プール**」定義した（Wright 1978 等）（⇒第I部第7章も参照）．移動能力の大きい生物の場合，個体群の実在が明瞭でない場合も多いが，例えば，陸産貝類は移動能力に劣るため，比較的はっきりとした個体群を形成している．

オナジマイマイの場合，同一個体群の中に4つの色彩形が存在する訳であるが，このように個体群内にいくつかの型（形）が存在する場合，これを**多型現象**：polymorphism とよんでいる．図8.1は，鹿児島県高隈山系のほぼ同じ場所で採集されたタカチホマイマイの殻の色彩多形の例である．分類学では，それぞれの型（形）を，**変異型**（形），もしくは，**品種**：form とよんでいる．個体群内での変異を**多型**（**形**）**変異**：polymorphic variation（不連続変異の型だけでなく，連続変異も含む），もしくは，**個体群内変異**：intra-population variation と言い，個体群内変異がみられる状態を**多型現象**：polymorphism（言葉の統一性を考慮すれば多形現象と表すべきなのだろうが，一般的ではない．）とよぶ．また，個体群によって型（形）の構成比率が異なっているように個体群間で違い（＝変異）が存在する場合，これを，**多型変異**：polytypic variation と言い，**個体群間変異**：inter-population variation，もしくは，**地理的変異**：biogeographic variation ともよぶ．図8.2は，北部琉球列島の各島々に分布するタネガシママイマイの島間の個体群間変異の例である（冨山 1984）．写真のように，殻の形態や色彩が個体群によって著しく異なっている．遺伝的な個体群間変異が著しい場合，1つの種をいくつかの**変種**，もしくは，**亜種**に分けることが可能である（Ashiloc & Mayr 1991）．

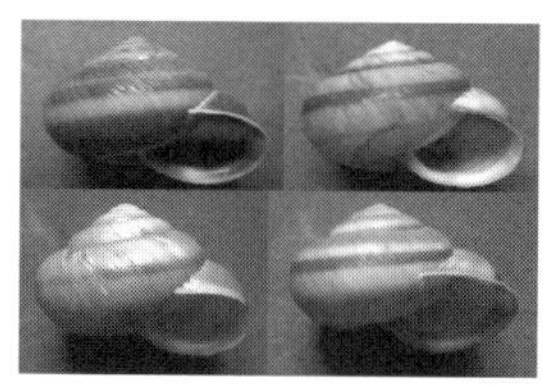

図8.1 タカチホマイマイの殻の色彩多形．鹿児島県垂水市猿ヶ城渓谷にて，1980年5月3日採集．

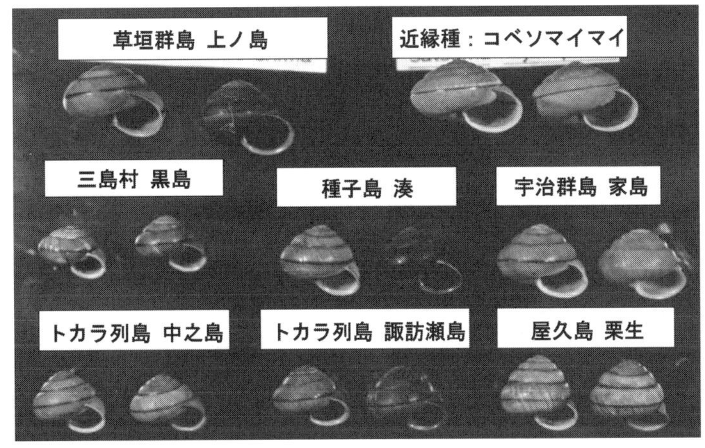

図 8.2 タネガシマママイマイの北部琉球列島（南西諸島）における，各島産個体の殻色の個体群間変異．右上は近縁種のコベソマイマイ．

8.2 生物における種の定義

8.2.1 種とは何か？

ハトには多種多様な**品種**が存在するが（図 8.3），どれも**同種**のカワラバトである (Darwin. 1859)．イヌには，チワワやセントバーナードの様に，形態や大きさの異なる様々な品種が存在するが，全品種がすべてオオカミに由来する (Patterson 1978)．日本産のシマヘビの色彩には，普通型，黒化型，赤色型などのいくつかの型が存在し，多型（形）変異を示すが (Hasegawa Moriguchi 1989；Kuriyama *et al.* 2011, 2013, 2020)，すべて同種に属する（図 8.4）．これらの事例のように，外見が著しく異なっているのに同種と見なされる生物が存在する．一昔前の教科書では，品種の訳語に race（レース）を当てることがあったが，国際的には，レースという単語は，差別用語として嫌われている．うかつにレースという言葉を使わないように注意したい．

図 8.3 19 世紀にヨーロッパで改良されたハトの品種．すべて同一種のカワラバト Columba livia に由来する．Darwin. (1859) から転載．

逆に，目で見ても違いが分からないのに別種とみなされる例もある．日本産の食用二枚貝であるマシジミとヤマトシジミは別種である．マシジミは淡水産，ヤマトシジミは汽水産で生息域がまったく異なるが，形態的には区別が難しい (波部 2011)．

図 8.5 は，同種に属するがまったく色彩の異なる事例としてマガモを示している．本種は，写真の様にオスとメスの色彩は極端に異なっている．これを**性的二型**と言う (Mayr 1970a)．

図 8.4　日本の伊豆七島産シマヘビの色彩変異．日本産のシマヘビの色彩には，A：普通型，B：黒化型，C：赤色型などの多形変異を示すがすべて同一のシマヘビに属する．撮影者はいずれも長谷川雅美さん．長谷川雅美さんのご厚意による．

図 8.5　日本産のマガモ．雌雄でまったく羽の色彩が異なり，これを性的2型と言う．左がオス，右がメス．2023年3月10日，東京都立大学南大沢キャンパスの理学部前の池にて，冨山清升が撮影．

では，生物における種 species とはどのように認識すべきなのであろうか．ここではまず，有性生殖をする生物について述べる．ある種を他の別種と区別する場合，

(1)　**他種と遺伝的に違っている**；例えば，同じ DNA 部位の塩基配列が，個体間の違いよりも大きく異なっている，

(2)　**形態的な違いがある**；ヒトは視覚に頼っている部分が多いが，これには音，光や匂いの違いも含まれる，

(3)　**生殖的に隔離している**；他種と交配しないか，妊性のある子が生まれない，がおおざっぱな基準で，この三者がすべて揃っている場合は，「互いに別種である．」と判断するに異論をはさむ余地はない（Ashilock & Mayr 1991）．

上記の基準で別種として認識される事例を下記に挙げてみよう．

(1)　遺伝的な違い：日本全国に分布するゲンジボタルは1種とされてきたが，西日本と東日本でオスの発光様式が異なるため，両者は交配せず，生殖的に隔離していることが判った．両者は，形態では区別ができない．西日本のゲンジボタルは，集団産卵する等の生態的特徴が異なり，これらの性質は東日本に移植しても変わることがない．形態では両者は区別ができない．DNA レベルでは，ミトコンドリア DNA（*mt*DNA）のチトクロームオキシターゼ遺伝子 II（COII）領域の塩基配列を比較した結果，両者の違いは，別種ホタルとゲンジボタルとの違い程度に大きいことがわかり，両者は明確に区別できることが判った（Suzuki *et al.*, 2002）．

(2)　形態的な違い：進化学者マイヤーは，ニューギニアに分布する鳥類は，形態が似通っているために，分類が難しい種が多いのにも関わらず，現地の人々が種の違いを正確に形態で分類できていること

を示した (Mayr 1969).

(3) 生殖的隔離：ウマとロバ（アフリカノロバ）は，別種であるため，野生状態では，交配しない．しかし，飼育条件下では交配し，ラバという雑種を生じる．ラバは，ウマとロバ両者の利点を兼ね備えているため使役用家畜として重宝されるが，妊性がないため，繁殖させることができない (Mayr 1970b).

しかし，生物の進化の過程で，遺伝的な分化・形態的な変化・生殖隔離の成立，は同時に生じない場合が多い．種分化の初期にある別種どうしは，分類学的に紛らわしい事例が多く，特に比較する集団どうしが異所的に分布している場合，両者が別種であるか否かをめぐって，延々と水掛け論が続く場合もある．例えば，上記に示したタカチホマイマイは，形態差から伝統的には九州北部に分布するツクシマイマイの亜種とされてきた．しかし，*mt*DNA 分析の研究によって，両者が完全に別種であることが示された (Nishi & Sota 2007)．しかも，両種を外部形態で区別することは，ほぼ不可能であることも判明した．すなわち，両者には亜種の根拠とされた形態差がそもそも存在しないことが解った．同時に，鹿児島県霧島地方の亜種とされてきたキリシママイマイは，塩基配列の違いではタカチホマイマイと区別ができず同種であり，主に宮崎県南部に分布し，亜種とされてきたオオヒュウガマイマイは，ツクシマイマイと同種ということも解った．これは，形態では種の区別がまったくできないという典型例である．

ただし，*mt*DNA の違いにより，種が客観的に識別できるという保証はない．これが可能であれば，異所的集団のすべてをどれかの種に所属させることができるが，その様な見込みはまったくない．これは，以下に示す生物学的種概念でもっとも重視される生殖隔離の有無が，異所的集団では，確認することが困難，あるいは，不可能であるからである．

8.2.2 生物学的種概念

ドブジャンスキーは，個体群とはその中の個体が自由に交配する**遺伝子プール**であるという考え方に基づいて，種の在り方を考察した (Dobzhansky 1937)．マイヤー（図 8.6：Ernst Walter Mayr；1904–2005）は，この理論を発展させ，生物種の明確な定義を提案した (Mayr 1963, 1970a, 1971)．すなわち，**『種とは相互に交配可能な個体群の集合体であり，異なる種どうしは（潜在的にも）お互いに生殖的に隔離されている．』**これが一般に広く受け入れられている**生物学的種概念**：biological species concept と言われるものである．上記三原則の中の第三項だけを取り出したようにも受け取れるが，遺伝子プール論という集団遺伝学に基づいた理論に立脚した最も矛盾の少ない種の定義とされ，**ドブジャンスキー・マイヤーのモデル**：Dobzhansky & Mayr's model と言われている (Mayr 1979, 1982)．無論，これにあてはまらない事例は無数に存在するし，この定義ですべての種が説明できる訳ではない．

図 8.6 エルンスト・ワルター・マイヤーさん (Ernst Walter Mayr; 1904–2005)；1994 年来日時の懇親会にて．山根正気さんのご厚意による．

8.3 生殖隔離

8.3.1 生殖隔離のメカニズム

生殖隔離の現象例はその様式によって分類されている．交配する前から生殖的に隔離されている状態を**交配前隔離**：premating isolation と言う．動物の場合，最初から交尾に至らない事例がこれにあたる．交配した後に生殖的に隔離されている場合を**交配後隔離**：post mating isolation と言う．交尾しても子ができない，あるいは，子孫に妊性がない事例がこれにあたる．ここでは，主に動物を例にとって説明する．

交配前隔離には，以下のような事例が知られている (Futuyama 1986)．

(1) 生態的隔離：生殖場所の違い，食草や寄主の違いなど．
(2) 時間的隔離：季節的隔離（繁殖季節の違い），1 日の中の交尾や開花の時間帯の違いなど
(3) 行動的隔離：性的隔離．同種個体を交尾相手として認識し，異種個体を選ばない行動もしくは特性．花粉媒介動物の違い．
(4) 機械的隔離：交配中隔離．雌雄の交尾器の形態の不一致による交尾不成立．花粉媒介動物と花の形態的対応が不完全．

交配後（接合前）隔離機構には，配偶子隔離として，メスの体内環境と精子の不適合や花粉管の成長不全等が知られている．

交配後（接合後）隔離機構としては，以下のような事例が知られている．

(1) 雑種の生存力低下や生存不能：雑種は正常な個体より生存率が劣る，or 成熟前に死亡．
(2) 雑種の妊性低下や不妊・不稔：雑種の生殖力が正常な個体より劣る，or 完全に不妊．
(3) 雑種の行動的・生態的不適合：雑種と正常個体の行動的隔離，生態的隔離，時間的隔離等．
(4) **雑種崩壊**：hybrid breakdown：雑種の劣った性質が戻し交配や雑種第 2 代以降に現れる．

8.3.2　生殖隔離の実例

近縁種の間での生殖隔離の例は，様々な動植物において，多数報告されているが，その具体的なメカニズムに関しては，それほど多くの研究がある訳ではない．I 部 6 章で示したコオナジマイマイとコハクオナジマイマイという近縁種間での生殖的隔離の機構は，例外的にかなり解明されている．有肺類に属する陸産貝類は雌雄同体であるが，双方向に精子を受け渡すために交尾を行う必要がある．これら 2 種も繁殖の際には交尾を行うが，生殖器の陰茎内壁の微細構造（陰茎彫刻の形状）がコハクオナジマイマイとオナジマイマイで異なっている (Seki *et al.* 2008)．この陰茎彫刻が，両種の生殖隔離を引き起こしているという重要な役割が，両種の種間の交尾実験で判明している．両種は飼育条件下では，種間交尾を起こすが，種間で互いに求愛し，交尾器を露出して交尾しておきながら，コハクオナジマイマイの陰茎が途中で抜けてオナジマイマイへは**精包**が渡らない．この異種の認識には，陰茎彫刻の形状が寄与していると考えられている (Wiwegweaw *et al.* 2009a)．カタツムリの陰茎彫刻の形態は，分類学では種を同定するための重要な形質として使用されてきたが，恐らく，この研究は，カタツムリの陰茎彫刻の機能については，初めて明らかにしたものであろう．また，コハクオナジマイマイの方は，オナジマイマイから精包を受け取り，雑種を産むことができるが，雑種第一代は**雑種強勢**（雑種の生存力が強い現象）を示し，雑種第二代で**雑種崩壊**（雑種の生存力がきわめて弱い現象）が見つかる (Wiwegweaw *et al.* 2009b)．すなわち，コハクオナジマイマイの側も子孫が正常な生殖をできていない．つまり，両種は生殖的に隔離されていると結論づけられる．また，オナジマイマイは関東以南の地方に広く分布しているのに対し，コハクオナジマイマイは，大隅諸島やトカラ列島では広く生息しているものの，日本本土では関東地方までの地域で非常に限られた産地しか知られていない．これは，両種の生活史が極端に異なり，これが分布の極端な差異と関係するかも知れないとされている (Nyumura & Asami 2015)．

8.3.3　クラインと輪状種

南北・東西・高度・深度などの地理的変化・環境変化に沿って連続変異が見られる現象を**クライン**：cline と言う（図 8.7）．一繋がりになっている図の A,B,C はクラインを表す．A は直線上に並んでいる場合である．B のように円状に分布している場合もある．C は，輪状の終端どうしが重複して生息して

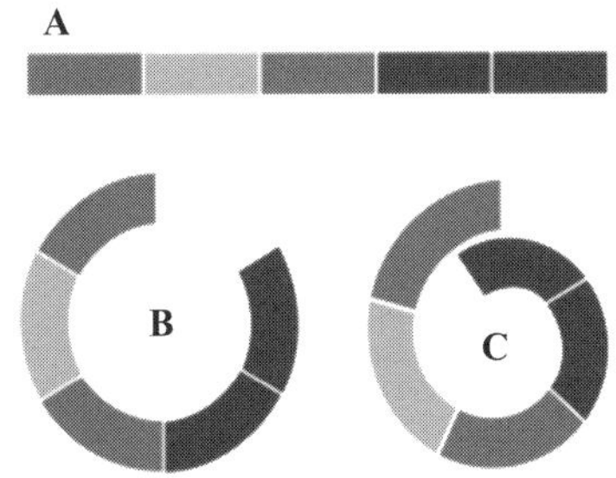

図 8.7 生物種のクラインの模式図．A は地理的な距離に比例して形質変異の勾配が直線上に見られる例．B は，真ん中の非生息地（山岳，極地，海洋，砂漠等）を取り囲んで形質変異の勾配が輪状に見られる例．C は，輪状に分布する形質変異の勾配の端で生殖隔離が生じ，別種どうしになっている例．

いる事例である．そして，終端の個体群どうしは交雑しないほど遺伝的に離れており，生殖隔離している．これを**輪状種**：ring species と言う（Mayr 1970a; Endler 1977）．

輪状種は，北半球に生息するセグロカモメの事例が有名である（図 8.8）．セグロカモメには，北極を取り囲んで複数の亜種が存在する．近接した亜種間では交配があるため，亜種間で遺伝的交流がある．このため，亜種として認識されている地域個体群どうしは，生殖的に隔離されていないため，別種ではない．しかし，亜種の連続の端どうしが接しているヨーロッパでは，同所的に見られる 2 亜種の間に，生殖的隔離の障壁があり，これらは別種と見なされる（Mayr 1970a, b）．このように生殖隔離説を援用しても種の問題は一筋縄では解決できない．

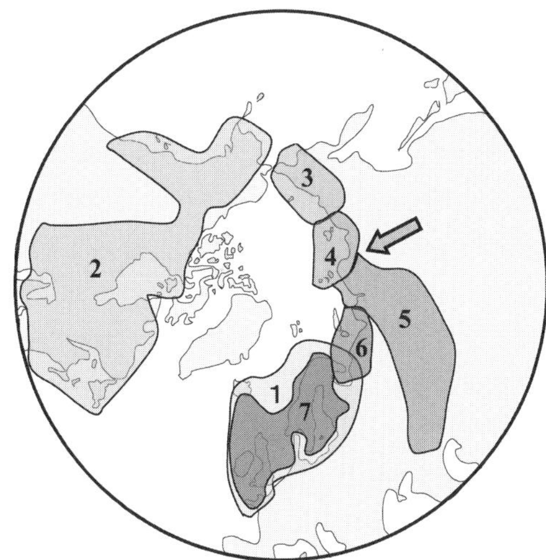

図 8.8 セグロカモメ類の北極を囲んだ周北極的輪状種の分布を示す．セグロカモメ *Larus argentatus* とコセグロカモメ *Larus fuscus* のいくつかの亜種の分布を示している．数字はそれぞれ別亜種を示す．7 の地域は両種が共存している地域を示し，矢印は両種の分布境界を示す．1：*Larus argentatus*（セグロカモメ），2：*Larus argentatus smithonianus*，3：*Larus argentatus vegae*，4：*Larus argentatus birulae*．5：*Larus fuscus heuglini*，6：*Larus fuscus antelius*，7：*Larus fuscus / graellsii*（コセグロカメ）．

8.3.4　複合種の存在

北米のヒョウガエル属は，形態的に種分化が著しいが，同種内で生殖的隔離が見つかったり，異種間で雑種個体群が見つかったりしている．このグループは，DNAレベルで調べても分類ができない．したがって，ヒョウガエル属は，種を区別単位として，集団を分離認識することできない状態であり，その様な状態にある分類集団を**複合種**：species complexとよんでいる（Mayr 1979, 1982；Futuyama 1986）．

8.3.5　無生殖する種の分類問題

生物学的種概念による種の定義は，多細胞生物の中でも有性生殖をする種においてに，互いに交配する遺伝子プールという個体群を念頭に置いた定義であった．しかし，無性生殖をする生物の種の定義にはそのまま使えない．また，有性生殖をする「同一種」とされていながら，一部の集団が単為生殖をしている事例は少なくない．さらに，ワムシ類のように有性生殖系統がほとんど見つかっていない分類群も存在する．このような場合,「種」をどのように定義すべきなのかという難題が存在する（Mayr 1970）．単純に形態差やDNA塩基配列の差で分類すべきなのか，各分類群によって，試行錯誤が試みられているのが現状であろう．

8.3.6　遺伝子プール理論に基づく亜種の定義

遺伝子プール理論に基づくドブジャンスキー・マイヤーのモデルは，**亜種**に関しても定義している．すなわち『**ある個体群が同種に属する他個体群と区別できる変異をもつ場合，その個体群を亜種として区別することが可能である．**』となっている（Mayr 1963, 1970a, b）．ここで注意しておきたいのは，亜種とは，遺伝子プールとしての個体群に命名されるものであって，上記で示した多型（形）現象における**変異型**（形）に命名されるものではないということである．亜種は，便宜的な意味から，個々の生物種において，遺伝的違いや形態的な違いに基づいて命名されることが多く,「亜種とは遺伝子プールとしての個体群に与えられる名称である．」と大上段に構えて亜種を考えている分類学者などほとんど存在しない．しかし，そのことが，若干の分類学上の混乱を招いていることも事実であろう．なお，**変種**：varietyという不明確な分類単位も存在する．これは亜種とみなせるほどには明確な特徴を持たない個体群に対して命名されることが多い（Mayr 1979, 1982）．ただし，動物の場合，変種は命名規約が扱う対象とはなっていない．

亜種に関して，上記で示したタネガシママイマイを例にとって考えてみたい．種子島を模式産地として，殻色が黄色のタネガシママイマイ：*Ganesella tanegashimae*が記載され（Pilsbry 1901a）．その後，殻色が褐色のクリイロタネガシマイマイ：*Ganesella dulcis*が，同じく種子島を模式産地として記載された（Pillsbry 1902a）．その後，クリイロタネガシママイマイは，タネガシママイマイの亜種とされた．最終的には，この亜種クリイロタネガシママイマイ*Satsuma tanegashimae dulcis*は，**名義タイプ亜種**タネガシママイマイ：*Satsuma tanegashimae tanegashimae*の殻色が褐色である個体に過ぎないとして，クリイロタネガシママイマイ：*Satsuma tanegashimae* forma *dulcis*は，タネガシママイマイ：*Satsuma tanegashimae*の**同物異名**：synonymであって，変異型：formに過ぎないということで決着している（黒田, 1963）．属の名前は，その後の研究で*Ganesella*から*Satsuma*に変更された．ここで注意しておきたいのは，**名義タイプ亜種**：nominotupical subspeciesとは，ただ単に，手続き的に最初に命名されたという意味であって，系統的に原型という意味ではない．また，名義タイプ亜種を学名で表す際は，上記のように，種小名を繰り返して記述する．

タネガシママイマイの各島個体群で黄色型と褐色型の構成比率が著しく異なる（図8.9）．では，種子島の個体群の殻色が茶色いという特徴で，亜種クリイロタネガシママイマイとして定義した場合，どの

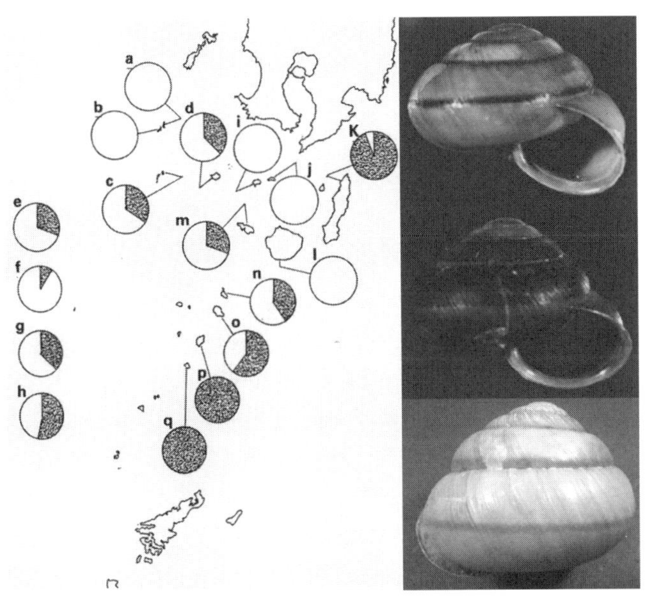

図 8.9 タネガシマママイマイの殻色色彩二型．上段と下段：黄色型，中段：褐色型．円グラフは各島個体群における構成比率を示す．白：黄色型，黒：褐色型．e〜h は，d の黒島内部における 4 産地の構成比率を示す．ab：宇治群島，c: 草垣群島，i：硫黄島，j：竹島，k：種子島，l：屋久島，m：口永良部島，n：口之島，o：中之島，p：諏訪瀬島，q：悪石島

ような不都合が生じるのだろうか．この場合，名義タイプ亜種タネガシマママイマイは，模式標本から殻色が黄色の特徴をもつ個体群と定義される．亜種とはマイヤー定義では，個体群を特徴づける形質が存在する場合に，その個体群に命名されるものである (Mayr 1963, 1970a, b)．遺伝子プールとしての，その個体群に属する個体は，すべてその亜種に属する．名義タイプ亜種名タネガシマママイマイでくくられる，多くの島の個体群には，一定比率で褐色型が存在するが，例えば，中之島には，黄色型と褐色型が存在するので，名義タイプ亜種タネガシマママイマイと亜種クリイロタネガシマママイマイが同所的に存在すると言えるだろうか．答えは否である．亜種とは，個体群に対して命名されるものであるというマイヤー定義の原則をあてはめれば，中之島の褐色型の個体も，名義タイプ亜種タネガシマママイマイということになる．間違っても，「亜種クリイロタネガシマママイマイは中之島にも生息している．」とは言わない．また，種子島の個体群に小数存在する黄色型は，亜種クリイロタネガシマママイマイに属することになる．クリイロタネガシマママイマイを褐色型として，黄色型と区別したいのであれば，黒田が示したように (黒田 1963)，殻の色の変異型：form とすれば，黄色型のタネガシマママイマイと同所的に存在しても分類学上は何の問題も生じない．亜種どうしは，亜種の定義上，同所的には存在しない．この手の分類上の過誤は，昆虫等の他の動物でも散見される (冨山 2016)．このように，亜種にはあいまいな点がつきまとうので，亜種概念を完全に放棄すべきという分類学者も存在する．

動物命名規約では，種・亜種いずれの定義も行っておらず，研究者の見解を尊重している．例えば，人類に関しては，時間的亜種の概念も一部使用されている．また，現代人とネンデルタール人は，明らかに，一部で同所的に存在していたし，交配もしていた．したがって，亜種を地理的な集団とする解釈が一般的であるとはいえ，それ以外の見解を排除はしていない．単に種より 1 つ下のランクとのみ扱っている．

ちなみに，かつては，原名亜種，基亜種，もしくは，模式亜種とよばれていたものは，現在では，名義タイプ亜種とよばれることが多い．どれが正しいという訳ではないが，詳細は動物命名規約第四版を参照して欲しい（ICZN 1999：2000年1月1日発行）．

8.4　生物の分類学

8.4.1　生命の起源と生物分類

遺伝子暗号の共通性から，地球上の全生物はただ1つの生命の起源から生じたとされている．遺伝子暗号のコドン表（⇒第I部第5章参照）は，すべての生物で同一であり，偶然の一致はほぼあり得ない．たった1個の起源から，現在の地球上で多様化し，1000万種以上に分化した種が存在する．これらの種は，30数億年の歴史を共有する．ちなみに，地球上に存在する生物の種数の正確な算出は，ほぼ不可能であるが，おおざっぱに見積もって1000万種～1億種の間であろうと推定される（Futuyama 1986）．

8.4.2　分類学

生物には，**類縁**：relationshipの近い種もあれば，類縁の遠い種もある．類縁関係を分かり易くする方法論が，生物の分類とよばれる行為である．生物が歴史的過程を経て現在に至ったまとまりを単位とするものを**分類群**：taxonとよぶ．この分類群を整理する学問体系が分類学：taxonomyとよばれ，その進化過程も含めて研究する体系を**系統分類学**：systematics，あるいは，体系学：systematicsとよんでいる（Ashilock & Mayr 1991）．

分類群は以下の階層構造で表すと決まっている．

ドメイン	**Domain**	
界	**Kingdom**	
門	**Phylum**	**(pl.：Phyta)**
綱	**Class**	
目	**Order**	
科	**Family**	
族	**Tribe**	
属	**Genus**	**(pl.：Genera)**
種	**Species**	**(pl.：Species)**
亜種	**Subspecies**	**(pl.：Subspecies)**

生物群によっては，上記の分類群では，体系化が難しい事例もあり，必要に応じて，亜門，上綱，下綱，亜科などの補助的な分類群を上記階層構造の中に設けることがある．

ちなみに，ヒトの分類学的位置を表すと下記のようになる．

ドメイン	Domain	真核生物ドメイン	Domain Eucaria
界	Kingdom	動物界	Animal Kingdom
門	Phylum	脊索動物門	Chordata
亜門	Sub Phylum	脊椎動物亜門	Vertebrata
綱	Class	哺乳類綱	Mammalia
目	Order	サル目（霊長目）	Primates
科	Family ヒト科	Hominidae	
族	Tribe ヒト族	Hominini	
属	Genus ヒト属	*Homo*	
種	Species ヒト	*Homo sapiens*	
亜種	Subspecies	現代人	*Homo sapiens sapiens*
	参考：ネアンデルタール人		*Homo sapiens neanderthalensis*

現在は, 化石はすべて別種として扱うという原則があり, ネアンデルタール人は, *Homo neanderthalensis* と表示される.

8.4.3　リンネの分類体系

上記のような分類体系は，リンネによって提案された (Carolus Linnæus 1735–1770)．リンネは，生物分類の基本単位である種に関し，当時は使われなくなっていた言語で中立的な言葉であったラテン語で種名を記述することを提案し，種名を属名＋種小名で記述する**二名法**：binominal nomenclature を提唱した．例えば，ヒトの学名は**属名**：generic name である *Homo* と**種小名**：specific epithet / specific name である *sapiens* を並べ，*Homo sapiens* と書き表す．亜種の場合は，種小名の後に亜種名を付け，上記のように 3 語表示になる．**名義タイプ亜種**の場合は，種小名を 2 回表示する．これらの提案は，非常に簡潔で合理的であったため，その後，広く受け入れられるようになり，現在に至っている．日本では，**二語名法（二名法）**，あるいは，三語名法（三名法）によるラテン語表記の種名を**学名**：scientific name とよんでいる．学名は，属名＋種小名＋記載した人物名＋記載した年の 4 項目を並べて書くことが正確な表示法とされている．なお，現在は，二名法という用語を使う研究者は激減している．

生物の種名は，勝手に付けることはできず，国際命名規約という，生物の学名を命名するにあたっての規則集に従った手続きで命名しなければならない (ICZN 1999)．新しい生物に学名を付ける行為を，**新種**：new species を**記載**：description すると言う．現在，学名は，ローマ字表記であればよいことになっている．例えば，最近，記載され直した巻貝のサザエの学名は，*Turbo sazae* Fukuda, 2017 となり (Fukuda 2017)，種小名にローマ字表記された日本語が使用されている．

ただし，正式なラテン語，あるいは，ラテン語化された外国語を使う場合は，種（亜種）小名を属の性に合わせるなど，ラテン語文法にのっとらなければならない．外国語由来の語を使う場合は，通常は名詞の主格を使い，名詞属格や形容詞として使う場合には，ラテン語化し，語尾変化はラテン語文法にのっとらなければならない．

8.4.4　種や亜種の定義の異質性

リンネは，「似たものどうしを同じグループ」で集める，という作業を繰り返して，上記の分類体系を完成させた．主に形態という表現型の形質に着目して分類が行われたが，その手法は現在もあまり変わっていない．現在は進化の系統に即した分類に変化しているが，手法そのものはリンネの時代とそれほど変わっていない．技法として DNA の塩基配列に基づく種の分類も一部では行われている．例えば，多くの分類群において，DNA 情報が使われている．特に最近では，ultraconservative genes という核遺伝子の中で，非常に変わりづらい遺伝子を多数釣り上げて，それらを総合して使っている．

分類の基本単位の種から最上位分類群のドメインに至るまでの分類は，「似たものどうしを集める」という同じ方法論で行われている (Mayr 1971)．昆虫類（節足動物）や貝類（軟体動物）の多くのグループでは，DNA 系統樹に立脚したグルーピングがルーティンで行われている．例えば，アリでは，DNA が検討できていない少数のグループを除き，ほぼ 100 % DNA 系統樹に依っている．鱗翅目（チョウ類やガ類）でも大変動が起きている．軟体動物の綱より下位の分類群は，ここ数十年で大きく変動しており，分類体系の見直し作業は現在進行形である．もっとも，DNA に依拠しようが形態に立脚しようが，手続き的には，結局は，似たものどうしを寄せ集めているに過ぎないとも言える．

しかし，現在では，種と亜種に関しては，「遺伝子プール」によって定義するという，集団遺伝学的・進化学的な定義が，最も合理的で厳密な定義となっており，他の分類階級の分類とは，やや異質な存在が挿入される結果となっている．すなわち，このために，種レベルでの分類の現場では，例えば，生殖隔離と DNA レベル・形態レベルの分類の不一致という混乱がときどき生じることもある．

実際には，個々の種や亜種を形態で認識する伝統的な分類手法に立脚する研究者が多数派だろう．しかし，その行為は，遺伝子プールや生殖的隔離を無視している訳ではなく，その方が現実的だからである．生殖的隔離や遺伝子プールの独立性を証明することは，一部の例外を除き，非常に困難である．したがって，分類学は，今後も伝統的な外部形態に基づく分類や DNA による分類が一般的であり続けるだろうし，遺伝子プールに基づく思考による分類が補助的に使われるという状態が継続するであろう．

8.4.5　個体的属性をもつ種の概念

ギセリンは，個体的属性をもつ種の概念を提案し，生物の種：species が保つ属性が，日常の分類で用いる種類：kind とはまったく異なった属性をもつ存在であることを示した (Gayon 1996; Ghiselin 2010; Zachos 2016)．このことは，上記で述べたように，種という**分類群**が，属以上の科，目，綱といった他の分類群とは異質な存在であることを示している．

まず，定義とは，人間が言葉や文字，場合によっては絵や音声その他の表現で対象とするものの性質を規定することを意味する．世の中には，定義だけの情報によってその物（概念）が再現できる定義可能な存在と，定義だけの情報によってその物（概念）が再現できない定義不能な存在がある．**種**：species と**種類**：kind の違いを，この定義可能性に照らし合わせて比較してみる．

例として，自動車を取り上げる．個々の種類 kind であるクラウン，アウディ，パジェロ等々の個々の種類は，設計図や仕様書だけから再現可能であるから，**定義可能**である．それに対して，個々の種類には個々の車，すなわち個体：individual が存在する．私のクラウン，山田さんのパジェロ，田中さんのアウディ等の個々の車は，バラバラに壊した後，仕様書に従って原子配置まで同じ物を再現することはできない．その個体が起源した場所，存在した時期，たどってきた歴史，経験なども再現できない．すなわち，個体は**定義不能**な存在である．

種：species に関してはどうであろうか．まず，個々の種には個々の個体：individual が存在する．ヒト：吉永小百合さん，田中角栄さん，鈴木一朗さん，等々．イヌ：ポチ，ロン，ポン，チー，等々．これらは，当然のことながら，仕様書に基づいて，同じ個体を再現することはできないため，個々の個体は**定義不能**な存在である．では，個々の種：species はどうだろうか．ヒト，イヌ，ネコ，ゾウ，ヤギ，等々．個々の種は，それを定義した仕様書から再生可能な存在であろうか．絶滅してしまったマンモスは，再現不能である．種も再現不能という意味で**定義不能**な存在である．

結論として，種：species は明らかに種類：kind とは別の存在である．個々の種は定義不能という意味において個体に似た属性を持っている．属以上の分類群は，ヒトが定義した上で設定した存在であるから，性質として定義可能という属性も併せ持っており，種類：kind に近い．その意味で，種は，属以上の分類群とは，明確に性質の異なる存在である．

類と個体の二分法でいくと，特定の種（個体）に属する個体を種のメンバーではなく，部分であるとする考え方に行き着く．これは理解できるが，これは実践的には困難をもたらすことがないだろうか．例えば，個体群生態学等において．類と個体の二分法が多くの現象を整理するのに重要な役割を担ってきたことは事実だが，そろそろ再検討の時期がきているのではないだろうか．

8.4.6 系統

それぞれの分類群がもつ歴史的変遷の過程を**系統**とよび，種などの複数の分類群の類縁関係を表す．類縁関係を 視覚的に分かり易く書いた図を**系統樹**：phylogenetic tree とよび，ダーウィンが最初に科学的な系統樹を提示したとされている (Mayr 1963)．

分類学に基づく系統樹の作成は，伝統的に分類学者の職人技，経験や勘に頼る部分が多かった．これを誰が行っても同じ系統樹が作成でき，後々に科学的な検証が可能な（と考えられる）系統樹作成法を提案したのが，ドイツの分類学者ヘンニックであった (Vogel 1999; Schmitt 2002)．ヘンニックの系統樹作成の方法論は**分岐分析**：cladistics analysis と言われている．

分岐分析に基づく分類をクラディズムと言い，分岐分析によって作成された系統樹をクラドグラム（分岐図）とよぶ．そして，クラディズムに基づく研究を行っている系統分類研究者をクラディストとよんだ．

ここで注意したいのだが，分岐分析のみを検証可能な系統樹を作成する方法論と解釈し，また分岐分析をクラディズムと同一視している研究者が多いが，まったくの誤解である．実際，現在の分子系統樹は，分岐分析に基づいておらず，数量分類学の方法論を援用しながら，様々な統計理論を用いて系統を推定している．形質の祖先・派生状態の判断は，逆に，この系統樹からなされている．結局のところ，系統樹をどのように作成しようが関係なく，それが信頼できればよい．端的に言えば，クラディズムとは，信頼おける系統樹を用いた，単系統群（クレード）に基づく分類群の設定である．そして，分類群としては単系統群しか認めない．すなわち，現在，主流を占める分子系統学者を含め系統分類学研究者のほとんどがクラディストであるという解釈になる．

分岐分析の基本的な手法は，多数の形質を抽出し，個々の形質が，進化の過程で新しく生じた**派生形質（新形質）**：apomorph か，元から持っている**祖先形質（旧形質）**：plesiomorph なのかに分け，派生形質を共有するか，否かでグループ分けを試みるという後の検証が可能な方法であった．クラディズムの方法論は複雑多岐にわたるため，類書を参考にして欲しい (Wiley 1981; Ridley 1986; Brooks & Mclennan 1991; Wiley *et al.* 1991 等)．

しかし，その後，分岐分析に基づいて作成された系統樹でも，検証は，困難であったり，不可能であることが判明した．例えば，手持ちのデータをもとにし，ある分類群のクラドグラムを作成したとしよう．しかし，その分類群に属する新たな種が見つかり，そのデータを加えたところ，元の樹形（分岐順序）が大きく変わってしまうことが，頻繁に生じてしまった．同様に新しい形質を追加すると，樹形が変わるケースも出てきた．かなり安定した系統樹が得られた事例もあるが，いろいろな見解が次々と出てくるだけで，どの系統樹が真であるかの判定は，困難なケースが少なくなかった．

また，DNA 塩基配列の類似性に基づく分子系統解析でも，同様な問題点が指摘されている．出来上がった分子系統樹に新たなデータを加えた結果，前とはまったく異なった分子系統樹が出力されてしまう事態が頻発している．個人的な経験でも，これにはまいった．結局，その時点で得られている結果を公表するしかなかった．現在，分子系統学の研究者グループが，真の系統樹を作成できると主張しているが，これは分岐分析とは関係なく，また，かなり怪しい．重要なことは，歴史仮説が検証／反証可能なのかどうかという根本的問題が残っていることである．

クラディズムの方法論に基づき，系統樹における分類群の系統関係は，**単系統**，**側系統**，**多系統**の 3 種類に分けられる．図 8.10 は，3 種類の系統関係を同一の系統樹で説明した事例である．**単系統**：monophyly とは，同じ分類群に属する生物がただ 1 つの共通の祖先をもつ場合を，**多系統**：polyphyly とは，同じ分類群に属する生物が複数の祖先を持つ場合を，**側系統**：paraphyly とは，単一の共通祖全の子孫の一部を欠く場合を，それぞれ意味している．

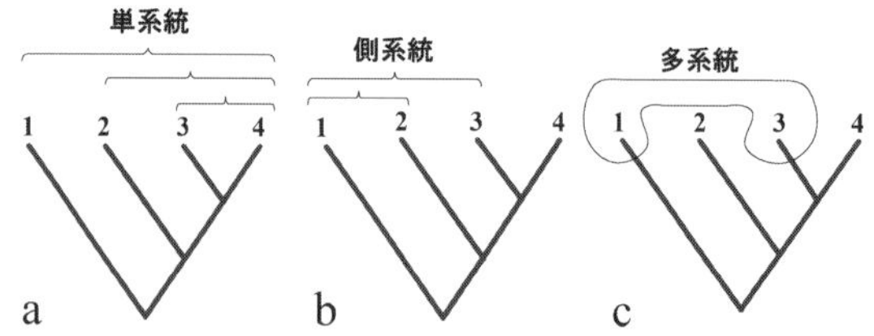

図 8.10　単系統，側系統，多系統の違いの概念図．同一の系統樹を用いて比較してみた．

クラディズムは単系統のみを認め，側系統を拒否するが，Mayr 学派に代表される伝統的な進化分類学者は，単系統を重視する側系統群も認めている．しかし，現在，伝統的な進化分類学者は圧倒的な少数派になってしまった．

例えば，飛翔動物というカテゴリーで集めた動物は，昆虫，鳥類，コウモリ類などの雑多な分類群が含まれることになってしまい，これらは多系統群ということになる．側系統群が少し判りにくいため，具体例で解説する．脊椎動物亜門の鳥類綱とハ虫類綱は別綱に分類されているが，各種の化石の分析の結果から類推すると，鳥類は，恐竜の仲間の竜盤亜綱に属するとされている．正確な意味で鳥類は恐竜の生き残りである．もし，鳥類綱を独立させると，残りは側系統群となってしまい，側系統群を排除するという原則にたてば，ムカシトカゲ類，カメ類，ヘビ・トカゲ類，ワニ類も独立させて別綱を立てなければならず，分類学に多大な混乱が生じてしまう．このため，鳥類綱だけを独立させ，他はハ虫類綱という側系統群でくくるという処理法が提案された．すなわち，同一祖先由来の子孫の一部である鳥類を欠くグループが，ハ虫類綱である．このような事例は，他の分類群にも多数存在する．

以上の事情を考慮すると，厳密なクラディストは容認しないだろうが，生物分類の大原則は，(1) それぞれの分類群は，進化的な系統関係を正しく反映していることが求められ，単系統でなければならない．(2) しかし，一部では側系統も認める．(3) 多系統になる分類群は不可である．というものである．ただし，後述するように，無性生殖が多く，網目状進化も認められる原生生物や細菌類の分類には，これらの原則はあてはまらない (⇒第 I 部第 11 章参照)．

系統樹の作成方法は，現在では，DNA 塩基配列に基づく方法も含め，多種多様な計算方法が提案されている．近年では，ビッグデータ解析の中で培われてきた AI (人工知能：Artificial Intelligence) を用いた方法も使われている．しかし，系統樹認識は，上記の単系統群と側系統群で思考する方法論が基本だと思われる．

第 9 章

自然選択説　遺伝子プール理論による進化の再定義

9.1　生物の進化と自然選択

9.1.1　生物の進化

進化とは,「個体の集合体である生物集団の遺伝的性質が，世代を通して変化していく現象.」と定義できる．決して，一部で流布されているような「単純なもの → 複雑なもの」，もしくは,「下等なもの → 高等なもの」といった様な変化を指してはいない．個体群を遺伝子プールと見なした場合，集団遺伝学的には，進化を「遺伝子プールにおける遺伝子構成の変化」と再定義することができる（Dobzhansky 1937；Ford 1964）．これは，必ずしも外部形態の変化や生殖的隔離を伴うものではない．遺伝子構成の変化が積み重なった結果，それらが伴うこともありうると理解すべきである．

9.1.2　進化の時間的概念

進化の進行は，物理学における「速度」に置き換えて考えれば判りやすいかも知れない．進化とは，ある時間内におこる変化をさす概念である（図 9.1）．その間に進化による変化は急激に進行する場合もあるし，停滞する場合もある．

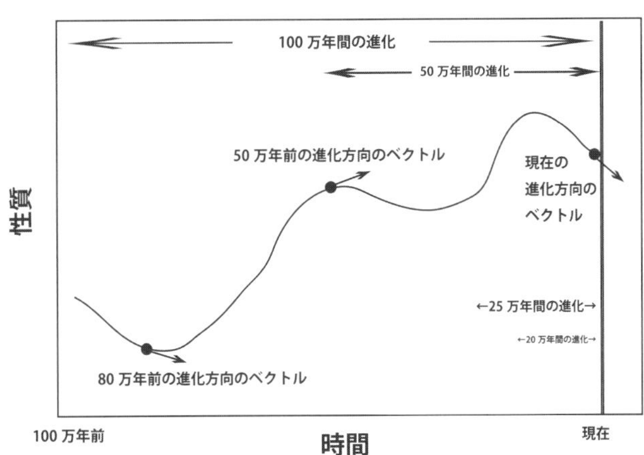

図 9.1　進化の時間的な概念．ドブジャンスキー（1964）が進化を「遺伝子頻度の変化」と定義し直したことにより，瞬間の進化も定義できるようになった．酒井ら (1999)「生き物の進化ゲーム」共立出版から転載し描き直し．

過去から現在までの100万年間の変化も進化であるし，50万年前，25万年前，20万年前から現在に至るまでの変化も進化である．過去から現在までの時間を，1000年，100年，10年，1年と間隔を短くしていった場合，物理学における速度では，微分で定義できるような瞬間の進化が，定義可能であろうか．

集団遺伝学は，個体群に代表される遺伝子プールとよばれるメンデル集団の中では，そこに生息する個体の世代が移り変わるにしたがって，メンデル集団の遺伝子頻度が振動することが解明された．また，その集団に移出入や突然変異によって新しい遺伝子が出現した場合，その遺伝子による変異が，集団全体に広がり固定する場合もあった．長時間かかれば，その様な集団に固定した新しい変異が蓄積していき，集団のもつ性質は，過去とは異なったものに変化してしまう．ドブジャンスキーは，この変化を進化ととらえ直した (Dobzhansky 1937)．

すなわち，集団の遺伝子頻度の変化が，集団の進化を意味している．集団の遺伝子頻度は，その集団を構成する個体の出生死亡や移出入に伴って変化している．1年間経てば，その集団の遺伝子頻度は変化しているであろうし，1か月間，1週間，1日間でも変化している．つまり，遺伝子頻度の変化を進化と置き換えて定義し直すことによって，「瞬間の進化」も定義可能になる．

一昔前の進化学では，種内変異で観察されるような数年単位の形態の変化を「小進化」とよび，種分化を伴うような大きな形態の変化を「大進化」として区別する説明が多かった．しかし，上記のように進化を伴う経時変動は，連続的な存在であり，無理に小進化と大進化を区別する必要はない．

9.1.3　目撃できる進化

そこで，以上のような概念的な問題ではなく，実際の進化は観察できるのだろうか．「進化は，長い時間かかって起きるので観察できない．」と信じ込んでいる人が科学者にも意外に多い．そこで，実際に形態の変化を伴う進化が目撃された事例を挙げてみる．

カリブ海のバハマ諸島に分布するブラウンアノールは，後肢の長さは，サイズを決める相加的遺伝子によって遺伝的に決まっている．後肢が，木をつかみやすい構造になっている．島によって植生（= 木の太さ）が異なるため，このトカゲは，島によって後肢の長さは異なる．生息する島の止まり木に適応した後肢の長さは，どれくらいの時間で進化するのか観察可能だろうか．

実験　1977年と1981年に，Staniel島のトカゲを，今まで生息していなかった近隣の14の島に5～10個体ずつ放した．10数年後に，各島でトカゲは増殖していた．

結果　測定の結果，島によって，後肢の長さのばらつきが生じていた．すなわち，後肢の長さの進化が観察できた．後肢の長さは，10数年間で進化したということになる (Losos *et al.* 1997)．

以上ように，進化は実際に目撃可能であるが，その進化はどのようなメカニズムによって進行しているのであろうか，下記に，進化を進行させる原動力について考えてみよう．

9.1.4　進化の自然選択理論の考え方

Darwin (1859) は，その著書「種の起源」(On the origin of species) の中で，(1) **自然選択**による**適応進化**の説明（**自然選択説**），および，(2) **種分化**：speciation と**系統樹**：phylogenetic tree の提案，という大きな二本柱を示している．進化を進行させる原動力としては，**自然選択**（**自然淘汰**）：natural selection という概念を提唱した．その基本的な考え方は，現代でも変わっていない．

ダーウィンは，まず，マルサスの人口論にヒントを得た．人口増加は無限には続かない．環境収容能力が有限なため，人口も有限値までしか増えられない．それならば，ヒト以外の生物も同様のはずである．収容個体数が有限ならば，その中で，多数派を占めたものが生き残っていくであろう．これは，椅子取りゲームを連想すればよい．多数派になるには，子孫を多く残せばよい．すなわち，子孫を多く残せた者の子孫が，その集団内で残っていくことを意味する．子孫を多く残せるかどうかという能力が，遺伝的なものであるとするならば，子孫を多く残す遺伝的性質は，その個体の子孫に遺伝して伝わっていくであろう．やがて，子孫を多く残す遺伝的性質をもった個体が，その集団を占めるようになるだろう．単純明快であるが，これがダーウィン提唱した自然選択の原理である．

しかし，その後の集団遺伝学が証明しているように，この自然選択の原理は，遺伝現象に最小単位の遺伝子を想定する**メンデル遺伝**（**粒子式遺伝**）でないと明快に説明できない．当時，信じられていた遺伝様式は，親の遺伝的性質の 1/2 が子供に，孫には 1/4 が，曾孫には 1/8 が伝えられるという混和式遺伝であり，このような液体的な遺伝では，自然選択はうまく説明できない．**混和式遺伝**では，親の性質は世代を経るに従って，どんどん希釈されてしまい，集団に固定される可能性はきわめて低くなってしまう．ダーウィンは，遺伝現象を要領良く説明できなかったために，ダーウィンの進化学説は，その後，後退を繰り返すことになってしまった（⇒第 I 部第 10 章参照）．

進化の原動力は，下記に示す 3 つの条件のみである．

(1)　**変異**：個体間にある形質に変異が存在すること．
(2)　**遺伝**（**遺伝的変異**）：変異による性質は遺伝すること．
(3)　**選択**（**自然選択**）：性質が異なる個体間では，残す子の数や生存率の平均値が異なる．自然選択は，生物がある環境の中で生存し，生殖する遺伝的な能力が異なることによって生じる．生物の集団が，環境によりよく適応するようになる主要な過程である．

この 3 条件を満たせば，他の条件は必要とせずに，自然選択による進化は自立的に進行する（図 9.2）．変異・選択・遺伝のどれか 1 つが欠けても，自然選択による進化は起こらない（図 9.3）．変異とは，あくまで遺伝的変異であることが大前提であり，日焼けや肥満のような環境要因に基づく環境変異は，子孫に遺伝しないので，進化の要因にはならない．

遺伝的な変異は，主に，以下の 3 つの要因によって集団にもたらされる．

(1)　**突然変異**：mutation：遺伝子に自然に生じる遺伝的な変化．集団における新しい遺伝的可能性の起源となる．
(2)　**移住**：大きな集団の分集団間での生物の移動．
(3)　**遺伝的浮動**：random genetic drift：偶然によっておこる対立遺伝子頻度のランダムで予測できない変化．すべての集団において生じるが，特に小さな集団においては著しい．

自然選択は，生存と生殖に優れた遺伝子型に有利にはたらく．自然選択は，適応的な進化を引き起こす力である．これは，生物がそのときに優勢である環境下で生存し，生殖する能力が遺伝的に異なっていることによるものである．自然選択の概念は，Darwin (1859) によって提案されて以来，遺伝的な考え方を取り入れて改変・強化され，さらに拡張されてきた．

現代では，自然選択の考え方は，次の 3 つを前提としている (Patterson 1978)．

(1)　すべての生物において，生存して生殖を行う個体の数よりも，多くの子孫がつくられる．
(2)　生存と生殖の能力は生物個体により異なるが，その違いのある部分は，遺伝子型の差異によるものである．
(3)　毎世代，優勢である環境に生存できる遺伝子型（有利な遺伝子型）は，生殖年齢において，他の遺伝子型よりも多く存在するようになる．つまり，次の世代の子孫にどの遺伝子型がどの程度寄与するかは均等ではない．生存と生殖を有利にする対立遺伝子は，世代ごとに頻度が増加し，集団はし

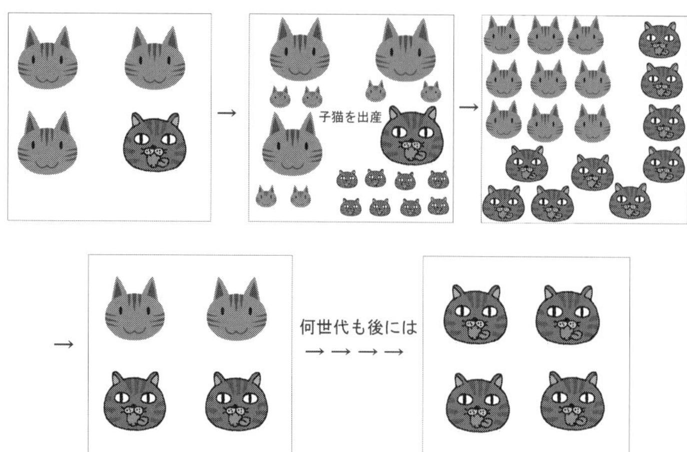

図 9.2　自然選択のイメージ図．変異・選択・遺伝の 3 条件がそろえば，自然選択による進化（= 遺伝子頻度の変化）がおこる．□は 1 つの閉鎖集団を表す．
条件 1：白ネコと黒ネコは遺伝的な色彩変異とする（変異・遺伝）．初期条件は，生息域内で白ネコ 3 個体，黒ネコ 1 個体ですべてメスとし，初期条件でのオスは生息域外と仮定する．
条件 2：白ネコは 1 回の出産で 2 匹の子ネコを，黒ネコは 8 匹の子ネコを生産するとする．
条件 3：子ネコの生存率には，黒ネコととらネコには差がないとする．
条件 4：集団の環境収容力は 4 個体とした場合，全ネコ（とらネコ + 黒ネコ）のうち 4 個体だけが生き残る．生き残るかどうかは単純な確率で決まる．この過程が何世代も繰り返せば，黒ネコが多数派となり，とらネコは消え去って，黒ネコ個体だけが集団を占めるようになる（選択）．酒井ら (1999)「生き物の進化ゲーム」共立出版から転載し描き直し．

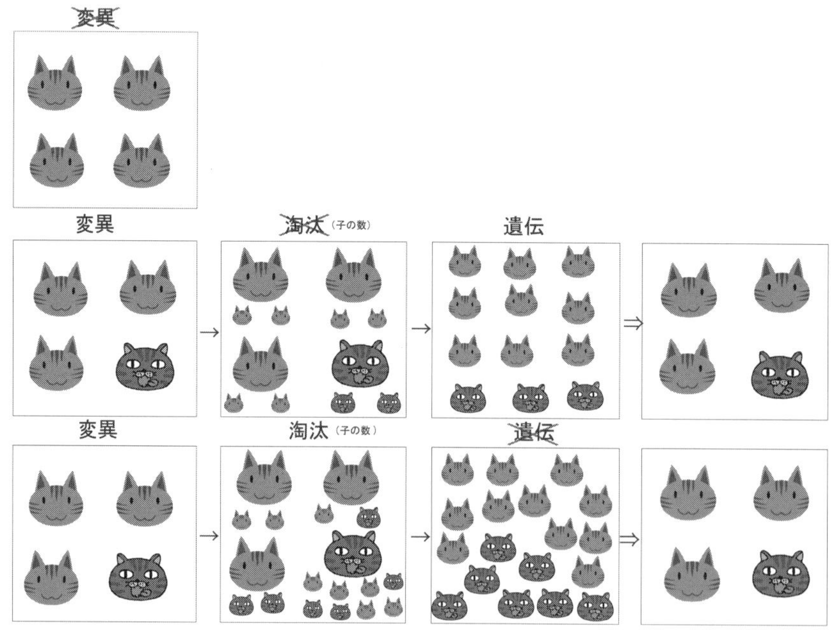

図 9.3　変異，選択，遺伝のどれか 1 つが欠けても自然選択による進化は起こらない．酒井ら (1999)「生き物の進化ゲーム」共立出版から転載し描き直し．

だいにその環境でよりよく生存し，生殖するようになる．すなわち，その個体，および，その子孫は，その生息環境により**適応的**：adaptative である．

自然選択は，あくまで個体に対して働く作用であって，遺伝子そのものに対して直接は働くものではない．自然選択は，ある遺伝子を持った個体が，その遺伝子による表現型（形質）を発現した個体に対して働く．

9.1.5 適応度（適応値）

個体群中のある個体がどの程度，その生息環境に適応的であるかを数値化した値を**適応度**（**適応値**）：fitness と言う．適応度とは，子孫をどれだけ残せたかを測る度合いである (Mayr 1970a)．

適応度は大まかには，下記の式で近似可能である．

適応度 ≒ 子の数 × 子の繁殖令までの生存率 × 子の繁殖成功度（どれだけ子供を残せたか）

この場合，適応度は絶対的な数値ではなく，あくまで他個体との相対値として比較可能である．

生活史と適応度との関係を考えると，ライフサイクル（世代）が 1 周すると，ある遺伝的性質を受け継ぐ個体が何倍になっているかを表す言葉としても，適応度が定義可能である（図 9.4）．

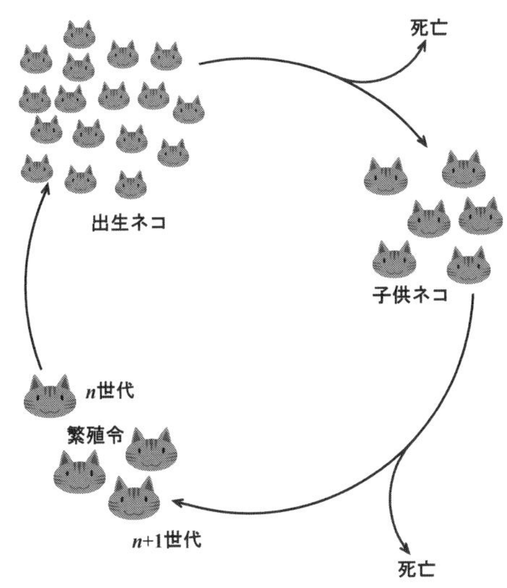

図 9.4 適応度のイメージ図．変異・選択・遺伝のどれか 1 つが欠けても自然選択による進化は起こらない．
適応度（fitness）≒ 子の数×子の繁殖齢までの生存率×子の繁殖成功度（子供がどれだけ子供を残せたか）．
適応度（fitness）≒ ライフサイクルが 1 周したら，ある遺伝的性質を受け継ぐ個体が何倍になっているか．
酒井ら (1999)「生き物の進化ゲーム」共立出版から転載し描き直し．

適応度は一般に，1 世代後の個体数をその前の個体数で割った値で表される．適応度がプラスであれば，その個体は集団内で子孫の数を増やし，マイナスであれば減らすことになる (酒井ら 1999)．

ある遺伝的変異が子孫の適応度を上げる変異であれば，その変異遺伝子を持った子孫が，その集団の多数派になっていく．自然選択による進化は，「～のために」という目的とは関係なく進行するものである．しかしながら，後世の研究者が「～のために進化した」という不適切な表現を連発して，多くの誤解を招いているのが現状である．

例：× 「キリンは，高い木の葉を食べることができるようになるために，首が長くなった」

○ 「首の長い性質を持った個体が，多数の子孫を残せたため，キリンの集団は，首の長い個体で占められるようになった」

9.1.6　有害な突然変異遺伝子の集団内の挙動

ある集団の中に，有害な作用をもたらす突然変異が生じたと仮定してみる．この有害な突然変異遺伝子が，顕性（優性）なのか，潜性（劣性）なのかによって，その後の集団内における有害突然変異遺伝子の挙動は異なってくる．話を判りやすくするために，この遺伝子が致死遺伝子だと仮定する．つまり，この遺伝子によって形質発現した個体が死亡してしまうとする．致死遺伝子としない場合でも，有害遺伝子が形質発現した個体の適応度が低い訳だから，集団内のその遺伝子の挙動の結果は，同じである．

致死遺伝子が顕性（優性）遺伝子だと仮定すると，結果ははっきりしている．その遺伝子を持った個体は死亡する訳だから，その有害遺伝子は，すみやかにその集団の中から消失してしまう．致死遺伝子が，潜性（劣性）遺伝子の場合は，潜性（劣性）ホモ接合の遺伝子型になった場合にのみ，形質発現するため，その遺伝子が集団から消失するのには時間がかかる．特に，その遺伝子が非常にまれな遺伝子だった場合には，ハーディー・ワインベルグの法則が示すように，集団内からは容易に消失しない．有害遺伝子が不完全顕性（優性）であった場合は，ヘテロ接合体であっても若干の形質発現をする訳だから，潜性（劣性）遺伝子にあった場合に比べ，集団から消失する時間は，かなり速くなる（Patterson 1999）．

9.1.7　有益な突然変異の集団内の挙動

自然界において，新しい有益な突然変異は，まれにしか生じないと予想される．現生種は，自然選択の結果，常にその生息環境に最も適応した状態に近づきつつあるはずであり，その個体のもつ遺伝子のほとんどが，その生息環境に適応した表現型（形質）を発現する遺伝子であるはずだからである．したがって，突然変異の大半は，その個体の適応度を減らすように働く有害突然変異だと考えられる．それでも，有益な突然変異は生じるであろうし，生息環境が激変し，それまでの遺伝子による発現形質が不利に働くような場合，有益な突然変異が生じる可能性は高くなる（Patterson 1999）．

有益な突然変異の遺伝子も，それが顕性（優性）なのか，潜性（劣性）なのかによって，その後の集団内における挙動は異なる．顕性（優性）遺伝子であれば，集団内にきわめてすみやかに広がり，固定する．有益な突然変異が潜性（劣性）遺伝子であった場合は，その遺伝子が集団内に**固定**するのに非常に時間がかかる．

有益な顕性（優性）突然変異には，突然変異遺伝子と非突然変異の遺伝子を一つずつヘテロ接合にもつ個体の方が，それぞれをホモ接合にもつ個体よりも適応度が高まる現象が知られている．これを**超優性**（**超顕性**），もしくは，**雑種強勢**と言う．その結果，自然選択によって，その遺伝子をヘテロ接合にもつ個体の集団内の割合が高まり，多形的な集団が形成される．つまり，超顕性（優性）現象が原因となって，安定した多形的な集団が形成されることになる．このような自然選択は，**平衡的自然選択**：equilibrium natural selection とよばれ，集団内に様々な変異が維持される要因となっている（下記の数式を用いた解説も参照）．

9.1.8　中立な突然変異の集団内の挙動

集団内に自然選択に対して，有利でも不利でもない表現型をもたらす中立な遺伝子が，集団内の1個体に出現した場合，その遺伝子の集団内における増減の挙動は，まったくの偶然だけに支配される．その中立遺伝子が，その集団に固定するか消失するかの確率は，統計学的にその集団の個体数サイズに依存する．集団が小さい場合には，中立突然変異が固定する，もしくは，消失する確率が高まる（Patterson 1999）．

9.1.9 単純な自然選択における遺伝子頻度の挙動を数式で追ってみる

自然選択の作用によって集団の遺伝子頻度はどのように変わるのだろうか．また，自然選択が継続すると，集団はどのような状態に達するのだろうか．単純なメンデル集団を想定して，その動きを数式でたどってみよう（以下：Wright 1984；岸 2019 から引用）．

自然選択は，変異間に，生活条件の特性に対応した生存・繁殖成績の規則的な差があるときに作用する．そこで，生存・繁殖成績を総合的に評価する尺度として，適応度（または適応値）という概念を上記で示した．適応度は，ある遺伝子の個体が平均して次世代にどれだけを残すかを示した量であった．世代の重ならない生物では，接合子から繁殖時までの個体の生存率に，繁殖時に放出しうる受精可能な配偶子の数，あるいは，子（接合子）の数をかけあわせた値で適応度を推定できる．

いま，S_1，S_2，S_3 をある率で含むメンデル集団において，遺伝子 A の頻度は，接合子段階で，p^2 となる場合を考える．S_1，S_2，S_3 のそれぞれの適応度を，w_1，w_2，w_3 とし，これらはいずれも定数だとすれば，ある世代の遺伝子頻度 p と，次の世代の遺伝子頻度 p' の間には，(9.1) の式のような単純な関係が成り立つことが判っている．

$$p' - p = \Delta p = \frac{pq}{2\overline{w}} \cdot \frac{d\overline{w}}{dp} \tag{9.1}$$

この式では，$p+q=1$，$\overline{w}$ は集団の適応度の平均，$\overline{w} = p^2 w_1 + 2pqw_2 + q^2 w_3$

この (9.1) 式は，以下のように導き出せる．

遺伝子型	AA	Aa	aa
遺伝子頻度	p^2	$2pq$	q^2
適応度	w_1	w_2	w_3

とした場合，親の数を N とすると，次世代を作る配偶子総数 α は，

$$\alpha = N(2p^2 w_1 + 4pqw_2 + 2p^2 w_3) \times C$$

このうち A をもつ配偶子の数 β は，

$$\beta = N(2p^2 w_1 + 4pqw_2) \times C \quad (C \text{ は 1 親あたりの配偶子数})$$

したがって，

$$\begin{aligned} p' - p = \Delta p &= (\beta/\alpha) - p \\ &= \frac{pq\{p(w_1 - w_2) + q(w_2 - w_3)\}}{\overline{w}} \end{aligned} \tag{9.2}$$

ところで，定義から，

$$\frac{d\overline{w}}{dp} = 2\{p(w_1 - w_2) + q(w_2 - w_3)\}$$

そこで，

$$\Delta p = \frac{pq}{2\overline{w}} \cdot \frac{d\overline{w}}{dp} \tag{9.1}$$

この (9.1) 式で，$\Delta p > 0$ なら，A 遺伝子は 1 世代の自然選択で増加し，$\Delta p < 0$ なら逆に減少する．この (9.1) 式はライトによって与えられたもので，ライトの公式とよばれている．

ライトの公式は単純なメンデル集団での自然選択の作用について重要な性質をいくつか明らかにしてくれる．その 1 つは，集団平均適応度最大化の傾向とでもいうべきものである．集団平均適応度の時間的変化は，次のように書き換えられる．

$$\frac{d\overline{w}}{dt} = \left(\frac{d\overline{w}}{dp}\right)\left(\frac{dp}{dt}\right) \tag{9.3}$$

(9.1) 式では，$pq/2\overline{w}$ は定義から正または，ゼロの値しかとらないので，Δp と $\left(\dfrac{d\overline{w}}{dp}\right)$ は同じ符号である．Δp は $\left(\dfrac{dp}{dt}\right)$ と同符号とみなせるので，結局，(9.3) 式の右辺はゼロまたは正となる．つまり，$\left(\dfrac{d\overline{w}}{dp}\right) \geqq 0$ である．これは，自然選択によって，集団平均適応度が世代経過と共に最大化されることを示している．

ところで，集団平均適応度が最大化されている状態で，遺伝子頻度がどのようになっているかは，遺伝子型と表現型の関係が決まらないと分からない．

例えば，A が a に対して顕性（優性）のとき，つまり，a が A に対して潜性（劣性）の場合，S_1 と S_2 は表現型が等しくなり，したがって，適応度も $w_1 = w_2$ となる．このとき，(9.2) 式から，このとき，

$$\Delta p = \frac{pq^2}{\overline{w}}(w_1 - w_2)$$

となることがわかる．もしも，S_1 タイプの方が S_2 タイプより適応度が高ければ，Δp は常に正であり，A 遺伝子は増加しつづけ，最終的に，集団は A 遺伝子だけ（$p = 1$）になる．逆に，$w_3 > w_1$ のケースでは，Δp は常に負であり，A 遺伝子は，やがて消失（$p = 0$）する．一般に，$w_2 > w_2 > w_3$，または，$w_2 < w_2 < w_3$ なら，高適応度の表現型が低適応度の表現型を排除する形で平均適応度の最大化がおこることがわかる．様々な形式について，このタイプの自然選択がうまく進行すると，集団内の個体は，どれもその固有の生活条件のもとで，生存・繁殖にいっそう都合のよい形態が習性の表現型を示す方向に変わっていくと予想される．

別な重要なケースは，ヘテロの遺伝子型 Aa の個体が，ホモ接合体 AA や aa の個体よりも高適応度となる場合である．このケースは，$w_2 > w_1$，w_3：超優性（オーバードミナンス）とよばれる（上記参照）．この場合は，(9.2) の式から；

$p < p^*$ のとき，$\Delta p > 0$
$p = p^*$ のとき，$\Delta p = 0$
$p > p^*$ のとき，$\Delta p < 0$
　ただし，$p^* = (w_2 - w_3)/(2w_2 - w_1 - w_3)$

となり，$p = p^*$ の状態で集団平均適応度は最大になっている．このケースでは，高適応度表現型が低適応度表現型に完全に置き換わることはなく，3 つの遺伝子型が少なくとも接合子の段階では，一定の比率で集団内に維持された状態で集団平均適応度が最大になってしまう点が注目される．集団遺伝学の自然選択論では，ある表現型の適応度が他の表現型の適応度より高いからといって，高適応度の表現型が，集団に必ず固定するとは言えない訳である．適応を考える上で，これは大切なポイントである．

9.2　遺伝的浮動，中立説，分子進化

9.2.1　遺伝的浮動

ハーディー・ワインベルグの法則が成り立っている条件下であっても，Aa の遺伝子型の個体どうしがランダム交配した場合，子の遺伝子型の分離比の $AA : Aa : aa$ が正確に 1 : 2 : 1 になることはあまりない．必ず，偶然によって，その比率は多かれ少なかれ期待値から微妙にずれるはずである．このようなランダムな揺らぎを統計学では，**標本誤差**とよぶ．メンデル集団の個体数が少数になるほど，標本誤差によるずれは大きくなる確率が高くなる．その様な偶然によって生じた遺伝子頻度の期待値と実測値の間のずれは，世代を経るに従って，大きくなっていく可能性も確率的にはありうる．このように，その

集団の世代を超えて，偶然によって生じる遺伝子頻度の変動を**遺伝的浮動**：random genetic drift と言う．この遺伝的浮動によって，集団内の遺伝子頻度が変化する現象も，遺伝子プールの構成が変化する現象であるから，集団遺伝学の定義では，進化とよべる．すなわち，自然選択が介在しない進化が生じうる (Wright 1984)．

遺伝的浮動によって，ある対立遺伝子の遺伝子頻度が，その集団内で，0％から出発し，世代を経るに従い，どのように変動するのか，確率を乱数発生させて計算し，シミューレーションすることが可能である．数値は，世代を経るに従って，ランダムに振動する．場合によっては 1.0 となり，その集団に固定する例もあれば，0 となり，集団から消失する例も生じることがある．これを**ランダムウォーク**：random walk という (Patterson 1978)．この変動は，メンデル集団を構成する個体数が少ないほど極端に振動する．

個体数の大きい集団が，環境変動で，その構成数を激減させた場合，元の集団の存在した遺伝子によっては消失するものも出てくる．このような遺伝的変異が激減した状態は，個体数が復元しても，元の遺伝子頻度の構成には復元しない．このような個体数減少がもたらす遺伝的効果を**ビン首効果（ボトルネック効果）**：bottle neck effect と言う．また，例えば，大きな母集団から少数個体が抜け出して，他地域に移住した場合，遺伝的変異が極端に減少してしまう．このような少数の移住者によって生じる現象を**創始者効果**：founder effect と言う (Wright 1984)．

9.2.2 中立説

集団遺伝学の体系化に多大な貢献をしたライトは，自然選択が生じなくとも，偶然の作用で遺伝子が集団に固定したり，消失したりする現象に注目するようになり，自然選択に因らない遺伝的浮動による進化を模索するようになった．自然選択に不利な形質であっても，集団のサイズが小さければ，ランダムウォークによって集団に固定してしまう可能性も示した．このため，集団遺伝学の主流派からは離れていったが，数学的な分析は厳密化し，偶然による進化現象は体系化されていった (Wright 1984)．

このようなライトの理論に注目したのが**中立説（進化の中立説）**：neutral evolution theory を提唱した木村資生であった．木村は，タンパク質のアミノ酸配列の進化を研究する過程で，自然選択が，プラスにもマイナスにも働かない変異の存在に気づき，その様な変異がランダムウォークによって集団に固定する（進化する）可能性を指摘した (Kimura 1968, 1969)．また，太田朋子は，木村の中立説を数学的に補強完成させた (Kimura & Ohta 1971, 1974)．

突然変異によって生じた，タンパク質の機能に影響を与えないアミノ酸配列を決定する中立な性質の遺伝子は，多くが世代を経るに従って，メンデル集団から消失してしまうが，たまたま頻度を増して固定する例も生じる．その固定される速度は，一定性を示す．

DNA の遺伝子暗号であるコドンで考えると，コドンの 3 塩基のうち，アミノ酸決定に関わる塩基は，1 番目と 2 番目ある場合が多く，3 番目の塩基の入れ替わりによる**点突然変異**：point mutation は，アミノ酸情報が変化しない，**同義置換**であることが多い．このような突然変異は，中立形質であり，自然選択にかからず，遺伝的浮動で挙動が決まってくる．

DNA 鎖に巻き付いているタンパク質であるヒストンは，DNA 保護という重要な機能があるため，アミノ酸置換による変異がほとんど生じない．ヒストンでは，アミノ酸が変化しない同義置換は，アミノ酸を置き換えてしまう非同義置換に比べ，数百倍も置換速度が高い．

中立説は，自然選択説と並んで，生物の進化を説明する重要な概念となっている．

9.2.3　分子進化

1951年，タンパク質を構成するアミノ酸の配列順番を解析するサンガー法が開発された (Hartl 2012)．アミノ酸配列順序という情報が得られるようになると，タンパク質を用いて，生物間の類縁関係を比較する研究に注目が集まるようになった．同じ種類のタンパク質を構成するアミノ酸の配列順序を，異なる分類群の間で比較することにより，アミノ酸配列の系統樹の作成が可能になった．このような生物の分子情報を用いた系統樹を，**分子系統樹**：molecular phylogenetic tree と言う．伝統的な系統分類学の系統樹と，分子系統樹が，かなり一致することも判明するようになった．すなわち，遺伝子の表現型である外部形態の形質を用いなくとも，同一タンパク質のアミノ酸配列を比較することによって，進化が類推できることが証明された．このような分子情報が，進化に基づいて変化する過程を**分子進化**：molecular evolution とよぶ．

現在では，アミノ酸配列よりも情報量が多く，実験が容易な，DNA の塩基配列の分析が分子系統推定の主要な手法となっている (Brown 2002)．

系統の異なる別種の複数種の間で，同一遺伝子の塩基配列を比較し，塩基の置換した数を比較すると，分岐した年代と置換数が相関関係にある事実が示された．塩基の置換数を時間に置き換えることが可能なことから，ある2種が，別種どうしに分岐してからの時間が塩基置換数で近似できるようになった．これを**分子時計**：molecular clock とよんでいる (Zuckerkandl & Pauling 1962)．塩基置換数をもとにして系統樹を描くことも可能で，この分子系統樹を作製する計算方法も，最尤法（さいゆうほう）やベイズ法などの各種アルゴリズムが用いられている (三中 1997 等)．

分子系統樹で系統樹を作製する手法は，外部形態の形質を比較する場合の方法論と大差ないが，分子系統解析には2つほど利点が存在する (長谷川・岸野 1996)．(1) 形態比較のような名人技が不要である．形態比較の場合，その分類群の分類に長けた分類学者が，長年の経験から，形質の取捨選択をする事例が多いが，分子系統解析では，その様な職人技は不要になる．同じ手順の実験方法を踏めば，誰でも，同じ結論に到達することができる．(2) 形質の収斂（しゅうれん）現象が生じにくい．外部形態の場合，例えば，コウモリの飛翔膜とプテラノドンの飛翔膜のように，まったく別の進化過程を経て，よく似た形態に進化する場合があり，これを**収れん進化**とよんでいる．塩基配列の1個くらいなら，何らかの偶然で同一の置き換わりが生じる可能性もあるが，通常，分子系統解析には約1000個以上の塩基配列を比較しており，収れん進化が生じる可能性は，まずあり得ない．

コラム　エドワード・シルベスター・モース

エドワード・シルヴェスター・モース：Edward Sylvester Morse (1838～1925)．モースは，アメリカの博物学者であり，日本の近代動物学の祖とされている．ハーバード大学で，ダーウィン進化論を否定し続けたジョアン・ルイス・ロドルフ・アガシー (Jean Louis Rodolph Agassiz；1807～1873) の門下生であったが，モースは，師とは反対にダーウィン進化論の熱烈な信奉者であった．モースは，1877年（明治10年），1878年（明治11年），1882年（明治15年）の三度にわたってお雇い外国人として来日し，東京大学で動物学の教鞭をとった．日本では，明治初期にモースによってダーウィン進化論がかなり省略された形で紹介されたが，生物学としてのダーウィン進化論は，確実に日本の生物学の研究者層に根付いた．モースは，日本の近代生物学の定着に大きな貢献をしたことで高く評価されている．モースは大森貝塚の発見者としても知られ，日本において初めて科学的な考古学の発掘を行った．写真は，初めて来日した頃の若きモースの肖像である．

第 10 章

自然選択の実例・進化の総合説

10.1 自然選択

10.1.1 自然選択の 3 事例

自然選択の現象は，大きく分けて，**安定化選択**：stabilizing selection，**方向性選択**：directional selection，および，**分断化選択**：disruptive selection の 3 つの事例に分けられる（Futuyama 1986）．

安定化選択は，特定の形質が多数派になるような選択である．突然変異の大半は，個体の生存や繁殖に有害な変異であるため，安定化選択は，遺伝子プールに生じた突然変異や組換え型を取り除く自然選択として働く（図 10.1）．安定化選択は，環境が変化せずに，集団が安定して繁殖を続けている個体群に，多く見られる．

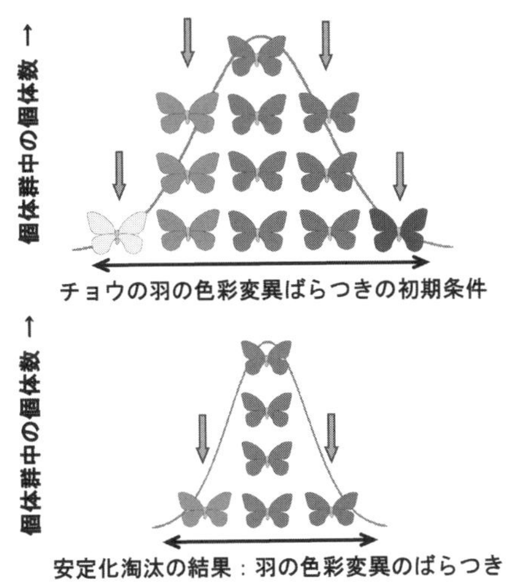

図 10.1 安定化選択の模式図．チョウの羽に色彩変異があった場合，安定化選択の結果，特定の形質が多数になり，他の色彩変異は個体群中の比率を減らす．

方向性選択は，環境が変化したり，分布を広げて新しい環境に遭遇した場合，新たな環境に有利な形質を持った個体が自然選択される結果（**適応**）が生じる（図 10.2）．新しい環境に適した形質（表現型）の個体が増加するように働く自然選択である．

分断化選択は，1 つの遺伝性形質について中間型の表現型をもつ個体が，両極端の型よりも不利になるような場合に働く選択である（図 10.3）．

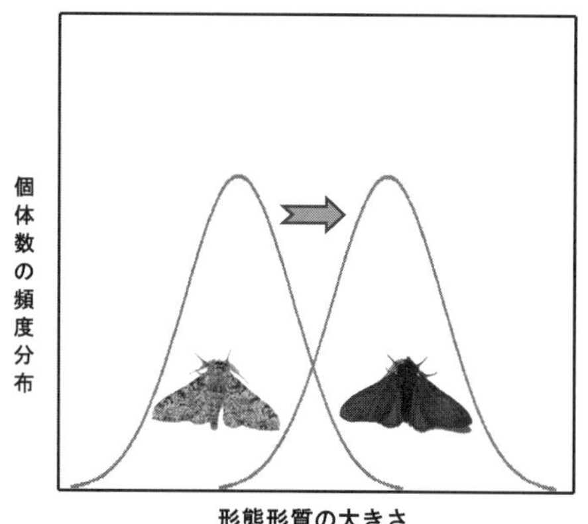

図 10.2　方向性選択の事例．イギリスの工業地帯においてオオシモフリエダシャクの羽の色が薄い色から黒い色に進化した．頻度分布をとると，羽色の濃い個体の頻度が増える方向にシフトした．矢印は方向性選択の方向を示す．この場合は，遺伝に基づく中間色がないため，頻度分布は正規分布にはならないが，正規分布曲線を当てはめると図のように近似できる．

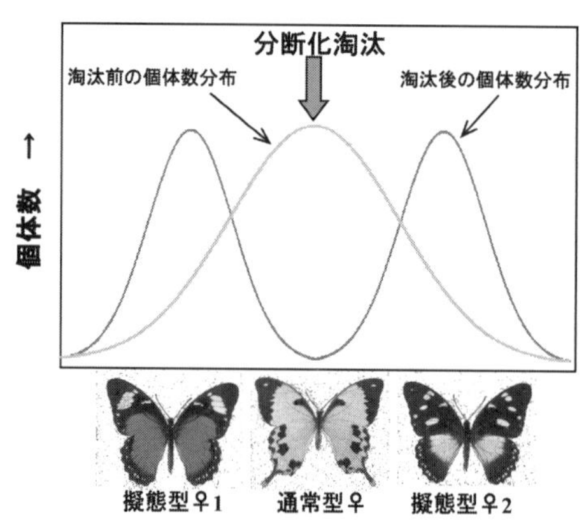

図 10.3　分断化選択の事例．アフリカに生息するオスジロアゲハのメスは，標準型の真ん中の型が捕食によって比率を減らし，毒チョウ 2 種に擬態した 2 つの型のメスが比率を増やした．矢印は負の選択圧を示す．

10.1.2　頻度依存的自然選択

安定化選択の特殊な事例として**頻度依存的選択**：frequency-dependent selection が知られている．環境条件によって遺伝子の適応度は変化するのであるが，他個体との関係もその環境条件となる．例えば，同じ空間に生存する異物の生物との種間関係や，集団内に共存する他の遺伝子型の個体との種内関係も，自然選択に関わってくる場合がある．自分の繁殖や生存の有利さが，相手がどうふるまうかに依存している場合もある．同種他個体の表現型の集団内での頻度が影響する場合，頻度依存選択が働く．

集団の中で，少数派が有利になる場合，遺伝子型の頻度・適応度が，負の相関となり，これを**負の頻度依存選択**と言う．多数派が有利になる場合は，遺伝子型の頻度・適応度が正の相関となり，これを**正の頻度依存選択**と言う（Futuyama 1986）．

10.1.3　負の頻度依存選択の事例

中部アフリカのタンガニイカ湖に生息する他魚種（宿主）のウロコを専食するように進化したウロコ食い魚（寄主）の負の頻度依存選択の事例である．この魚種には，宿主のウロコを剥ぎ取るために，口が右か左か，どちらかの方向を向いており，口の方向は遺伝的に決まっている．もし，集団内に右向き口の個体が増えると，宿主は学習して，体の左側に注意するようになり，寄主を排除するようになる．その結果，右向き口の個体の寄主が排除される**負の頻度依存的選択**が働く．逆に，その自然選択の結果，左向き口の個体の寄主が増えてくると，宿主主は右側を注意するようになり，左向き口の個体の寄主が排除されるようになる．このような，頻度依存的選択が交互に働くことによって，寄主集団の右向き口の個体と左向き口の個体の比率は，定期的に振動するようになる（Hori 1993）．

10.1.4　正の頻度依存選択の事例

陸産貝類（デンデンムシ）の貝殻の巻き方には，右巻きと左巻きが知られている．有肺類に属する陸産貝類は雌雄同体であるが，基本的に自家受精はせず，互いに精子交換をするために交尾が必要である．

しかし，交尾は右巻きどうし，左巻きどうしでしか交尾できない．頻度の少ない巻き方の個体は，集団の中で少なくなる**正の頻度依存的選択**がかかる．このために，陸産貝類の種は，左向き個体だけ，もしくは，右巻き個体だけで占められる種が多い．

ところで，陸産貝類の交尾様式には，対面型交尾と乗っかり型交尾の2パターンが知られている．対面型交尾は，殻が平たいタイプの種が行い，乗っかり型交尾は殻が細長いタイプの種が行う行動である．対面型交尾の場合，生殖孔の位置関係で右巻きと左巻きが交尾をすることができない．しかし，乗っかり型交尾の場合は，軟体部をひねることで，生殖孔の位置を無理矢理に合わせ，交尾に至ることがある．このため，ポリネシアマイマイ類などの細長い殻を持つ陸産貝類では，同集団の中に右巻きと左巻きの形態多型が生じている場合がある．このような集団では，頻度依存による選択圧は弱くしか働いていないと思われる（浅見 2007））．

10.2 自然選択の研究例

10.2.1 工業暗化

北半球に広く分布するオオシモフリエダシャクというガは，翅の色が通常は模様を持った白っぽい色であり（明色型），それが樹肌にとまった際に，捕食者に対する保護色として働く．1840年代まではイギリスのオオシモフリエダシャクは明色型だった．しかし，1840年代に点突然変異で翅が黒い暗色型が出現した．この突然変異は，DNAの塩基1個だけが置き換わった**非同義置換**による**点突然変異**であり，暗色遺伝子（C）は顕性（優性）遺伝子であり，野生型の明色遺伝子（c）は潜性（劣性）遺伝子であった．

イギリスにおけるオオシモフリエダシャクは，1940年代には大都市では96％までが暗色型に置き換わってしまった．しかし，農村部では大半が明色型であった．これは，工業地帯では，工場の吐き出す煤煙によって，樹肌が真っ黒にすすけてしまい，野生型の明色型個体が目立ちやすくなり，捕食圧が高まったためと考えられた．逆に暗色型の遺伝子は有利な突然変異として働き，暗色型の表現型個体が集団内に固定したためと考えられる．この現象を**工業暗化**：industrial melanismと言う（Kettewell 1973）．

この仮説を検証するために，標識再捕実験が行われた．明色型と暗色型それぞれのガを放逐し，再捕獲された個体数を，明色型と暗色型で比較した．樹皮にガが留まった状態での鳥の捕食圧（生き残り率）が高ければ，回収率が低くなるはずである．その結果，都市では暗色型の再捕率が2倍高く，田舎では明色型の再捕率が高いという統計的に有意な結果となった（表10.1）．すなわち，鳥の捕食圧という自然選択が働き，オオシモフリエダシャク集団内の黒色遺伝子の遺伝子頻度が高まり，工業暗化という進化が生じたと結論することができる（Kettewell 1973）．

表10.1 オオシモフリエダシャクの野生型（白色型）と工業暗化型（黒色型）の標識再捕実験の結果．樹皮に留まった状態での鳥の捕食圧（生き残り率）を観察できる．標識再捕実験では，鳥に食われれば回収率が低くなる．Patterson (1978) から修正引用．

採集場所	採集年	採集地の分類	明色型			暗色型		
			マーク個体	回収個体	回収個体比率	マーク個体	回収個体	回収個体比率
ドーセット	1955	田舎	496	62	13%	473	30	6%
バーミンガム	1953	都市	137	18	13%	447	123	28%
バーミンガム	1955	都市	64	16	25%	154	82	52%

工業暗化はイギリス，オランダ，北米で並行的に観察され，工業暗化の突然変異が同時多発的に独立に生じていることが判った．しかし，各国の工業地帯では大気汚染が抑制され，樹肌の煤煙汚染が無く

なった結果，ガの暗色型の減少が観察された．イギリスのリバプール郊外では，1960年に暗色型が90％以上だったが，1985年には，25％未満に減少した（Clarke *et al.* 1985; Patterson. 1999）．また，アメリカのミシガン州では，1960年に，90％以上が，1995年には，20％に減少していた．これは，樹肌の色というガの生息環境が変化した結果，それまで有益な突然変異だった黒色型が，有害突然変異に転換し，負の自然選択が働くようになった結果だと解釈できる（Grant & Wiseman 2002）．

10.2.2　ヨーロッパモリマイマイの殻色多型

西ヨーロッパの草原や森林に普通に生息する中型の陸産貝類であるヨーロッパモリマイマイは，殻色に豊富な色彩（黄色〜褐色）や色帯（無帯〜五本帯）の遺伝的変異が存在する**多型現象**が知られていた．この殻色の多型は，同一の地域でも草地と森といった微小生息場所によっても構成が異なっており，何らかの自然選択が働いている可能性があった．

マイマイ類の最大の捕食者は鳥類である．その中でもイギリスに生息するツグミの一種は，石にマイマイの殻を叩きつけて殻を割る道具を使う行動が知られてきた．この石を「つぐみの金トコ」とよぶ．つぐみの金トコ周辺には，直近に捕食したるヨーロッパモリマイマイの殻が散乱しており，その割られた殻を調べることによってどのような殻型のマイマイが捕食されているのか推定できた．森林では有帯で黄色型が多く捕食され，草原では無帯で褐色型が，多く捕食されていた．つまり，生息環境によって保護色として働く殻色や色帯数が異なることが判明した．すなわち，殻色変異によって自然選択圧が異なることから，微小環境による構成比率の違いをもたらしていることが判った（Ford 1975；Patterson. 1999）．また，殻色の構成比率に**負の頻度依存的選択**が生じたり，殻色の違いで日光の吸収率が異なり，体内温度の上昇率の相違が多形維持に関係しているらしいことも分かっており（Wolda 1963），本種の多型現象のメカニズムは複雑で単純でないことが判っている．

10.3　社会進化論

10.3.1　ダーウィン進化論への誤解と社会進化論

自然選択（自然淘汰）natural selectionという言葉自体から受ける印象があまりよくないし，本質をよく言い表した単語とは言い難い．「強い者が生き残り，弱い者が死んでしまう．」という偏った認識をしている人が研究者にも意外と多い．Natural selectionの訳語として，自然淘汰という単語を使用している文献も多いが，この本では，標準的な「自然選択」という用語を用いている．

ダーウィンは，**struggle for existence**という言葉を「種の起源」の中で繰り返し用いている．しかし，その標準的な日本語訳となっている「生存競争」は明らかに誤訳であり，本質を言い表していない．「種の起源」の中で用いられているstruggle for existenceとは，生存力や繁殖力の個体差のことであり，現代では「個体の適応度の違い」と表現されるべきものである．その意味で，ダーウィンは，適応度の個体差に基づく自然選択の本質を見抜いていた．

後世の進化論でときどきみかける，適者生存・弱肉強食・生存競争・自然の掟，などという単語の一群は，後に**社会進化論**（社会ダーウィニズム：**Social Darwinism**）で用いられてきた言葉に過ぎない．社会進化論とは，19世紀後半，自然選択と生存競争（$\neq$ struggle for existence）の曲解された概念を人間社会に適用し，社会の発展を説明し制御しようとする社会理論および社会運動の総称である．社会進化論はその様な一種の科学宗教（イデオロギー）を指し，およそ科学とは言えない思想体系である．

10.3.2　現代でも見られる進化の誤解

日本では，明治期以来の社会進化論の悪影響が強かったこともあり，進化における自然選択の役割に関する理解，および，生存力や繁殖力の個体差を表している適応度の概念への理解は，一般にはあまりにも浸透していない印象が強い．進化が何かの目的を目指して進んでいるかのような目的論的進化観が，いまだに幅を効かせている．進化の過程における自然選択は，何かの目標を目指して進んでいる訳ではない．進化過程の結果として現在の状態が存在するだけだ．キリンの首は，自然選択の過程の結果として長くなっただけであって，長くなろうという目標を目指して長くなった訳ではない．進化過程の結果，生じた現在の状態だけを観て進化を語る様な，目的と手段を取り違えた議論や，過程と結果を混同した議論があまりにも多い．結果だけから進化を論じようとすると，獲得形質による進化の過程という誤った解釈も導き出され易くなってしまう．自然選択による進化とはあくまでその過程なのであって，進化の結果のみを見て議論するのであれば，「神が現在の状態を造りたもうた．」と言う様な極端な論理も成り立ってしまう．

さらに付け加えるならば，物理学の「アインシュタインを超えた新説」と同様に，進化学の「ダーウィンを超えた新説」といった耳ざわりだけは良い疑似科学の主張も多いため，だまされないように慎重に考えたい．

コラム　分子系統樹の具体例

鹿児島県三島村の竹島周辺地域のカワニナの分子系統樹の事例．ミトコンドリア DNA の COI 領域を用い，近隣結合法で計算している．竹島は約 7600 年前の火山大噴火で形成されたカルデラ壁の一部であり，過去に他の陸塊と陸続きになった歴史がない（第 19 章 p.193 の地図参照）．竹島の淡水巻き貝カワニナは何らかの方法で海を超えて定着したものと推定される．この分析に用いたカワニナは，2008 年に種子島，屋久島，口永良部島，黒島，竹島，大隅半島南部，薩摩半島南部で採集した個体を用いた．各調査地で採集したサンプルは，軟体部を 99.5％エタノールに保存した．サンプルは，足の筋肉を切り取り，CTAB 法の手順に従い DNA を抽出した．DNA サンプルは，PCR 法で分析部位を増幅したサンプルの塩基配列決定を行い，系統樹を作成した．その結果，本調査地域におけるカワニナは，鹿児島グループ（大隅半島南部，薩摩半島南部，種子島）と，屋久三島グループ（屋久島，口永良部島，竹島，黒島）の 2 つの大きな集団から構成されることがわかった．鹿児島グループと屋久三島グループ間の sequence divergence は，17.6～18％と非常に高い値を示し，これらの集団間のハプロタイプには非常に多くの塩基置換がみられたことから，これら 2 つの集団は，互いに別種どうしである可能性が高いと考えられる．本調査地域の地史および分子系統解析の結果より，種子島のカワニナ集団は鹿児島県本土から水系分散により移入したと考えられる．竹島のカワニナ集団は，屋久島，もしくは，口永良部島から人為分散により移入したと推定される．Katanoda *et al.*（2020）から修正転載．

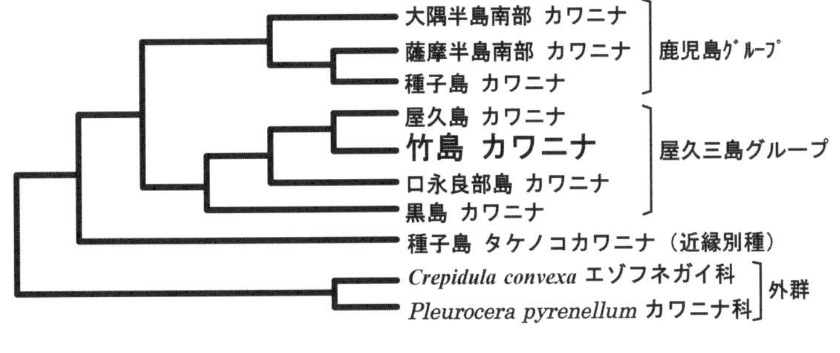

第 11 章

種分化理論

11.1　種分化の様式

11.1.1　種分化と種分化の様式

1 つの種が複数の種に分かれ，進化的に新しい種が生じることを**種分化**：speciation と言う．ドブジャンスキーは，遺伝子プールを共有していた集団から，生殖的に隔離され，新しい遺伝子プールを有する集団が生まれる過程を種分化として定義した (Dobzhansky 1937)．すなわち，種分化した後に形成された，新しい遺伝子プールという別種との間では交配という遺伝子交流は断絶している．ドブジャンスキーはまた，種分化には相互作用のある複数の遺伝子で段階的に突然変異が生じるのであれば，種分化は容易に生じるが，1 個だけの突然変異では種分化は起きないだろうと理論的に予言した (Dobzhansky 1937)．

種分化の様式は，個体群の状態に視点を置いて，**異所的種分化**：allopatric speciation と**非異所的種分化**：non-allopatric speciation がある．非異所的種分化は，さらに，**側所的種分化**：parapatric speciation と**同所的種分化**：sympatric speciation に分けられる．その他各種の細かい種分化様式が研究されているが，それらはこれらの 3 パターンのいずれかに分類分けすることが可能である（図 11.1）．

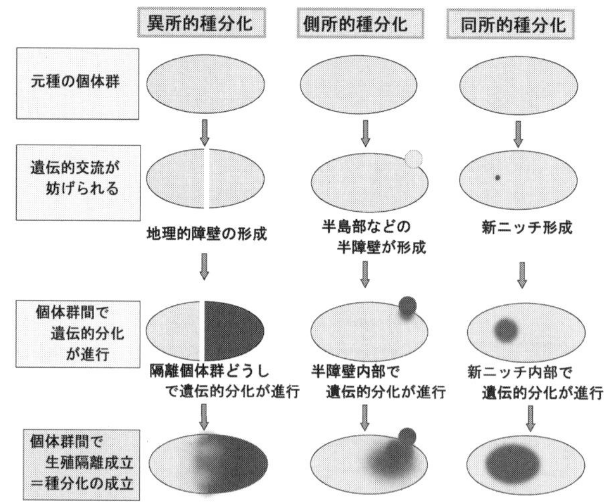

図 11.1　種分化モデルの 3 種類．左から，異所的種分化モデル，側所的種分化モデル，同所的種分化モデル．

11.1.2　ドブジャンスキーとマラーの 2 座位モデル

生殖的隔離をもたらす変異遺伝子は，集団内で自らを隔離し，適応度上昇に反する性質をもつ．すなわち，その頻度が増えるはずがなく，生殖隔離をもたらす形質は進化できないことになる．ドブジャンスキーとマラーは，このパラドックスを解決する遺伝モデル（図 11.2）である **2 遺伝子座の種分化モデル（2 座位モデル）**：double-gene speciation model を提案した（Dobzhansky 1937；Muller 1940）．単一の変異遺伝子 B の効果で生殖的隔離が生じるとしたならば，その変異遺伝子 *AA* の集団で頻度を増やすことができないから，*BB* の集団が進化できない（図 11.2）左．一方，異なる座位の遺伝子 *A* と *B* の間のエピスタシス作用で生殖的隔離が生じる場合には，変異遺伝子 A と B は，それぞれが選択されずに別個の集団で頻度を増やし，固定できる（図 11.2 右）．これによって，種分化には最低 2 遺伝子座位の間のエピスタシス作用が不可欠であり，単一遺伝子による種分化はないだろうとされた．ドブジャンスキーとマラーの **2 遺伝子座の種分化モデル**は，種分化を語る場合の不可欠条件とされ，その後の進化や種分化に関する研究発展を阻害する大きな要因にもなった．

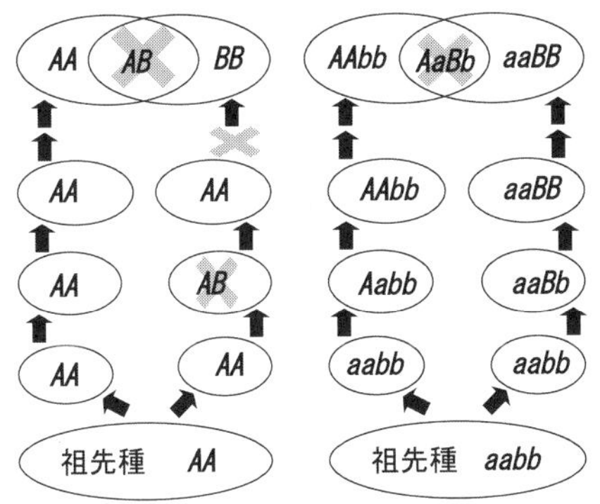

図 11.2 ドブジャンスキーとマラーの 2 座位モデル．最低 2 個の遺伝子の相互作用が無ければ種分化が生じないことを示す遺伝モデル．Dobzhansky (1937) の解説をもとに描き直す．

しかし，近年では，例えば，カタツムリ類の DNA 分子系統解析の研究の結果，1 遺伝子座の突然変異でも種分化：single-gene speciation が生じることが証明され（浅見 2007），2 遺伝子座の種分化モデルにこだわる必要がなくなった（Ueshima & Asami 2003；Davison *et al.* 2016）．

11.2 異所的種分化

11.2.1 ドブジャンスキーとマラーによる異所的種分化のモデル

異所的種分化は，地理的種分化ともよばれ，教科書的によく知られた種分化の様式である．この種分化様式の原型はベーツソンが提唱したが（Baetson 1909），ドブジャンスキーとマラーが集団遺伝学的に厳密に定義したため（Dobzhansky 1937；Muller 1945），**ドブジャンスキー・マラーのモデル**ともよばれる．元の遺伝集団が地理的な障壁（海・川・標高差・海深差など）で個体の交流が分断された結果，2 つの集団が遺伝的に分化していき，場合によっては形態的にも違いが生じる．2 つの集団が十分に異なった遺伝子構成になった後に，2 つの集団の生息地が再び重なったとしても，両者には生殖的隔離が成立しているため，両者は遺伝的に交流しない．すなわち，両者は別種として認識される状態になる，という種分化モデルである．隔離個体群の二者をダンベルに例えてダンベル・モデルともよばれる（図 11.3）．さらに，ドブジャンスキーは，2 対立遺伝子以上の数の遺伝子に突然変異が生じ，個体群に固定しなければ，生殖解離による種分化は成立しないという 2 座位モデルを提唱している（上記解説参照）．

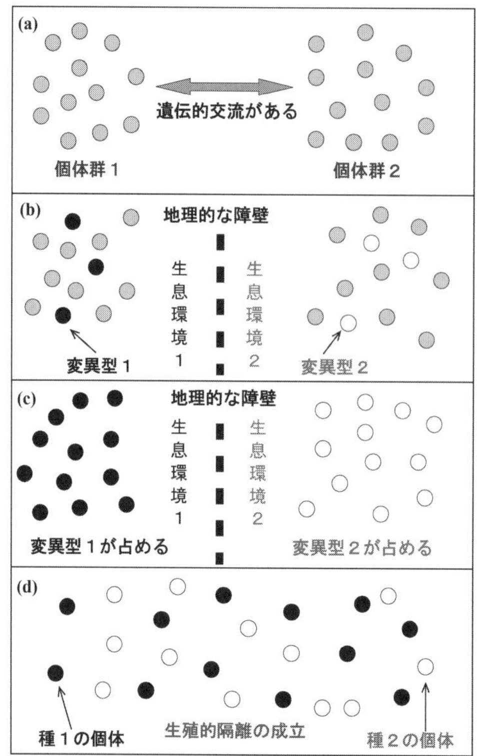

図 11.3　異所的種分化（地理的隔離種分化）の模式図．二所的種分化とも言う．二者をダンベルに例えてダンベル・モデルともよぶ．提唱者の名前から Dobzhansky-Muller model ともいう．

11.2.2　周縁個体群種分化のモデル

マイヤーは，分断された集団を構成する個体数が十分に大きかった場合，集団内の交配によって変異が集団全体に広がって固定するには時間がかかり過ぎ，種分化の過程が通常の異所的種分化モデルではうまく説明できない欠点を指摘した．マイヤーは，個体群の周辺部には数個体から数十個体程度の小さな個体群が見られ，その様な個体群が地理的に隔離された場合，短時間で変異が構成個体全体に固定し，短時間で種分化が成立するというモデルを示した (Mayr 1970a)．マイヤーは自然選択しか認めていなかったが，周縁の小規模個体群では，**創始者効果**や**遺伝的浮動**が大きな役割を果たす．すなわち，短時間で突然変異が集団全体に行き渡り，短時間での種分化が成立する．これを異所的種分化の特殊例として，**周縁個体群種分化**のモデルと言う（図 11.4）．

11.3　側所的種分化

11.3.1　側所的種分化モデル

ある種が，巨大な個体群の集団（遺伝子プール）だった場合，生息環境は，生息範囲の場所によって異なる．つまり，同一種だから，すべての生息地で自然選択が同一とは限らない．このような条件では，生息場所によって，同じ形質に異なった自然選択の型がかかることもある．ある場所では安定化選択だったものが，別の場所では分断化選択や方向性選択が働く場合も生じる．その様な離れた生息場所間で，生殖的隔離が成立する場合もあり，これを側所的種分化と言う．この側所的種分化は，異所的種分化の変形型である．

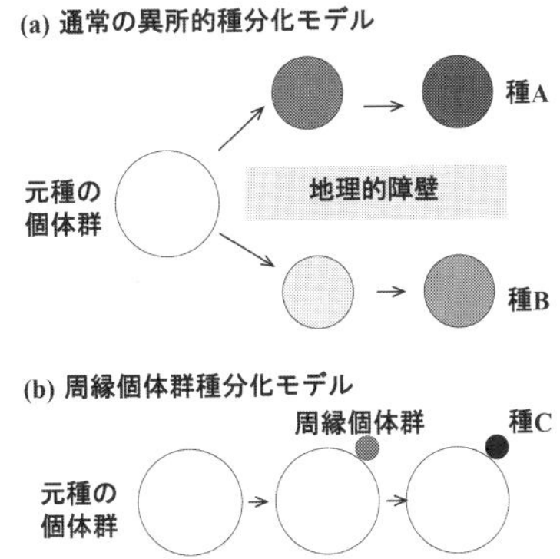

図 11.4　周縁個体群種分化モデルの模式図．(a) は通常の異所的種分化モデル．元種の個体群が地理的隔離によって，同等の大きさの個体群に二分される．(b) は異所的種分化モデルの変形版の周縁個体群種分化モデル．元種個体群の周縁部において，ごく少数の個体が隔離個体群を形成する．

鹿児島県甑島列島に分布するナタマメギセル類で瀬尾（せび）岬に分布する**同胞種**：sibling species は，ナタマメギセルと接しており，お互いに生殖的に隔離はしているものの，接した地帯では，わずかに交雑も生じていることを示した（図 11.5）．これは，典型的な側所的種分化の事例である（Ueshima 1993）．このように近縁種どうしが一部で接し，その領域で交雑が生じている場合，一方の種が固有にもつ遺伝子が，他方の種に混入していく現象が知られている．これを**遺伝子浸透（遺伝子移入・浸透性交雑）**：introgression と言う．瀬尾岬のナタマメギセル類にも遺伝子浸透が観察される（Ueshima 1993）．

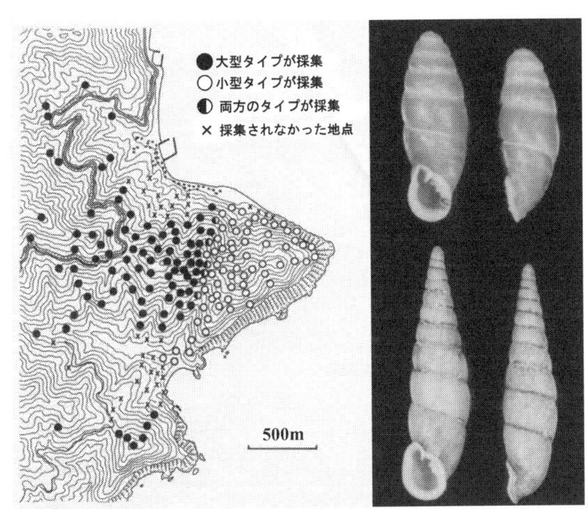

図 11.5　鹿児島県下甑島瀬尾岬のナタマメギセルの側所的種分化．ナタマメギセル（写真上段左側）には，同属小型の別種が存在し，ナタマメギセルと小型別種の間には瀬尾岬で側所的種分化が生じている．●がナタマメギセルが採集された地点．○が小型別種が採集された地点．×は採集されなかった地点．写真下段は，ナタマメギセル類と同じ甑島列島に生息する同属のアズマギセル．Ueshima (1993) のデータから書き起こした冨山 (2016) の図を修正転載．写真は行田義三さんのご厚意による．

11.3.2　クラインや輪状種を伴う側所的種分化

半島部の根元〜先端部や，高山の低標高〜高標高，北極圏周域，砂漠周域のように，個体群がベルト状に連続的に分布している場合，分布域に沿って遺伝的・形態的な性質が，断続性を持たずに連続的に変化しているような**クライン**：cline を成す場合がある．クラインの端では生殖的隔離が成立するほどに，分化が進行している場合がある．その様な場合，明確な地理的隔離が存在しなくとも，種分化が進行することがある．

鳥類のヤナギムシクイは，ヨーロッパ中部からロシア，中国北西部と中央アジア，ヒマラヤ地方から南アジアの一部の地域で繁殖し，冬季はインド，ネパール，インドシナ半島等に渡り，越冬している．本種には 5 亜種が認められているが，中央アジアの砂漠地帯を囲むように輪状種となっており，南アジアから東回りで北上しているグループと西回りで北上しているグループは，シベリア地方で接触している．接触地では，生殖的隔離が認められ，別種レベルまで遺伝的分化が進んでいる（Bensch *et al.* 2009; Irwin 2009）．

北米西部カリフォルニア州産のエシュショルツサンショウウオ種群は，デスバレーのある砂漠地帯を囲むようにクライン分布している．砂漠地帯の周りでは**輪状種**：ring species を形成している．この種群は，中央の砂漠峡谷部を囲んで分布しているが，個体群間でもきわめて遺伝的分化が著しい．分布域の末端の 2 個体群（原名亜種のエシュショルツサンショウウオと亜種オオモンエシュショルツサンショウウオは生殖的に隔離されており，遺伝子レベルでも別種程度に異なる．つまり，輪状種の分布様式による側所的種分化が生じている（Moritz *et al.* 1992）．

11.4　同所的種分化

11.4.1　同所的種分化

同所的種分化とは，同じ場所で種分化が生じるモデルである．同一個体群の中に，空間的，時間的，食性，行動）といった**生態的地位（ニッチ）**：niche に相違が生じた場合（⇒第 II 部第 15 章参照），各ニッチの間での遺伝的交流が乏しくなり，非常に狭い地域の中でも，種分化が成立する可能性がでてくる．昆虫類や淡水魚類のように広域な移動能力に乏しい動物群の場合，同所的種分化の事例は，意外に多いかも知れないとされている（Futuyama 1986）．

11.4.2　北米のサンザシミバエ類の食性ニッチによる同所的種分化

北米のサンザシミバエの類：*Rhagoletis pomonella* は，自分の育ったバラ科の果実を非遺伝的に記憶し，同じ果実上で交尾して産卵する習性がある．これを食物ニッチとよぶ．この種群においては，食物ニッチは，非遺伝的な記憶として子孫に受け継がれていく．寄生植物が異なり，それぞれ異なる集団を**寄主系統**：host race と言う．したがって，食物ニッチ寄主系統の異なる系統どうしは交配する機会がなく，遺伝的な交流が断絶する．このため，異なる寄主系統が別種として同所的に分化していく．

北米のサンザシミバエは，元々は，在来の野生のサンザシ類に寄生するミバエであった（Bush 1966）．しかし，1864 年に，ニューヨーク州ハドソンバレーで，リンゴ食いの寄主系統が発見された．リンゴは，ヒトが新たに持ち込んだ作物であり，リンゴ食い系統は新しい寄主系統である．栽培種のリンゴと野生種のサンザシは，2 週間ほど果実の熟期が異なるため，リンゴ系統とサンザシ系統の間で遺伝的交流が阻害されている．このように，リンゴ系統とサンザシ系統に生殖的隔離が生じており，同所的種分化が成立していると見なされる．実際に，両系統の間には，生殖的隔離に加え，遺伝的分化も生じており，互いに別種と見なされうる．さらに，2002 年にはサクランボ系統が新たに出現し，これも別種に分化していく可能性が高い（Forbes *et al.* 2009; Hood & Yee 2013）．

11.4.3 発生時期の相違による同所的分化

北米のバッタ類：*Gryllus* spp には，春に発生する系統と秋に発生する系統が知られていた．これは，元々，年間を通じて発生していた種が，夏の過酷な乾燥期を避けて年2回発生するようになったと推定された．この季節の異なった系統どうしは交配できないため，季節間で遺伝的交流がない．春型と秋型は，飼育室で同時発生するようにしても，交配しないことから，生殖隔離が成立している，両系統は別種どうしとして認識できる．これは，発生季節が時間的に分断されたことによって生じた同所的種分化の例である（Alexander & Bigelow 1960; Alexander 1968）．

アメリカ北東部には，17年に1回しか発生しないセミ（17年ゼミ）が3種と，13年に1回しか発生しないセミ（13年ゼミ）が4種，知られている．発生が素数年間隔で生じていることから，捕食者回避のためのランナウェイ（イタチゴッゴの振り切り）で素数年発生が生じたとする仮説が有力であった．しかし，以下のような内的要因でも進化の説明が可能である．セミ類は，毎年発生していたものが，氷河期を通じて，寒冷化のために，成虫の大きさにまで成長できる年数が延び，周期性を獲得するようになった．たまに周期がずれた系統が生じても，仲間がいないために繁殖できず，周期がずれた系統は適応度が著しく下がるため，絶滅していく．結果として，発生周期が同調するようになった．この場合，13年や17年の素数年での同調が，際立って適応度が高くなる．他の周期との出会いの確率が高くなる非素数年の周期系統の場合，他周期系統との交雑を繰り返し，同調する個体が脱落していき，適応度が下がる．周期のずれた系統も適応度が低いため，いずれ絶滅していく．結局，素数年で繁殖する系統は出会う機会が多いため，適応度が高くなり，素数年周期で発生する正の頻度依存選択が強く働くようになる．この13年ゼミと17年ゼミは，発生年がずれることから，両種は交配せず，別種ではないかと推定されていた．しかし，13年系統と17年系統は，$13 \times 17 = 221$ 年に1回は同時に発生し，交配している．また，完全に素数年発生で固定しておらず，12年とか18年でも発生し，遺伝的交流の頻度がさらに高い．このため，両系統は互いに別種ではなく，種内多型の例であると理解されている（Lloyd & Dybas 1966; Williams &. Simon 1995; Marshall *et al.* 2018）．

11.4.4 交配型による同所的種分化モデル

動物の雌雄は，交配の前に，複雑な配偶行動をすることが多い．このような配偶形式では，鳴き声，ダンス，体色等の互いの配偶因子が配偶者の好みに一致しないと，交尾に至らない場合が多い．すなわち，交配前隔離が生じる可能性がある．突然変異で，配偶因子が異なる個体が生じると，同所的種分化が成立する可能性がある．

ガラパゴス諸島の大ダフネ島に，他島から偶然飛来した1羽のオオサボテンフィンチが本来生息していたガラパゴスフィンチと交配する機会が生じた．その子孫の系統は，両者の中間的な形態となり，在来種系統とは食性も異なり，異なる食物ニッチを占めるようになった．恐らく，その子孫系統は，鳴き声や求愛行動が在来種系統と異なっていたため，在来系統とはほとんど交配しなくなった．つまり，新系統と在来種系統の間には，遺伝的交流が行われなくなり，生殖解離が成立するようになった．すなわち，わずか約40年という短期間で，種分化が成立したと認定された（Grant & Grant 1992, 2009, 2014）．

タンガニーカ湖には，非常に狭い地域に，多種多様なシクリッドフィッシュが生息している．これだけ多くの種が分布するには，同所的種分化を想定するのが合理的である．このため，交配型による同所的種分化のモデルが提唱された．シクリッドフィッシュの交尾前の配偶行動には，雄雌間で複雑な行動をとる．メスは一定パターンの，好む行動をとるオスとしか交尾しない．もし，標準外行動を好むメスが突然変異で現れた場合，たまたま標準外行動したオスと交尾する．その子も標準外行動を好むようになる．次に，標準外行動のオスが突然変異で出現した場合，標準外行動の集団が同所的に生殖隔離され，種分化が成立するだろう．しかし，このモデルでは，オスとメスの両方に突然変異を想定しているところに難点がある．

11.4.5　1 回突然変異による同所的種分化の成立の実例

デンデンムシの殻の巻き方には，左巻きと右巻きがあるが，種によって，どちらかの巻き方に固定している事例が多い．殻の巻き方は 1 遺伝子突然変異で生じる．左と右には中間型はない．左巻き個体と右巻き個体は，ほとんど交尾できない．陸産貝類には，雌雄同体で自家受精する種があり，単一個体で同じ巻き方の複数個体が産出される可能性が生じる．もし，突然変異で右巻きから左巻きが生じれば，左巻き個体が自家受精で多数の左巻き個体を生産し，その系統が左巻きに固定する．右巻きと左巻きは交尾できないため，両系統間に同所的隔離が成立し，別種が生じる．

日本列島で進化したマイマイ属では，右巻きのクロイワマイマイの亜種とされてきた右巻きのアオモリマイマイは，実は，左巻きのヒダリマキマイマイが左右反転して進化した系統であることが判明した (Ueshima & Asami 2003)．このグループでは，右巻きと左巻きの交尾は，物理的にほぼ不可能であると考えられる (Asami *et al.* 1998; Ueshima & Asami 2003)．ヒダリマキマイマイの複数の周縁個体群が，それぞれ遺伝的浮動により，右巻きに固定するだけで他の左巻個体群との交配前隔離が成立し，右巻きのアオモリマイマイが種分化したと考えられる (Orr 1991；Van Batenburg & Gittenberger 1996)．*mt*DNA の分析から，左巻きから右巻きが少なくとも 3 回，別個に生じている．これは，同種内に同所的に 3 系統が存在し，アオモリマイマイが動物にはまれな多系統起源の「種」であることを示唆する (図 11.6)．この事例から，カタツムリでは，発生の左右極性および巻き方向を決める単一遺伝子が，種分化遺伝子として機能することが明らかとなった．これは，ドブジャンスキー・マラーの 2 対立遺伝子モデルが否定する単一遺伝子による種分化が，可能であることを示す最初の実例として注目を浴びた．

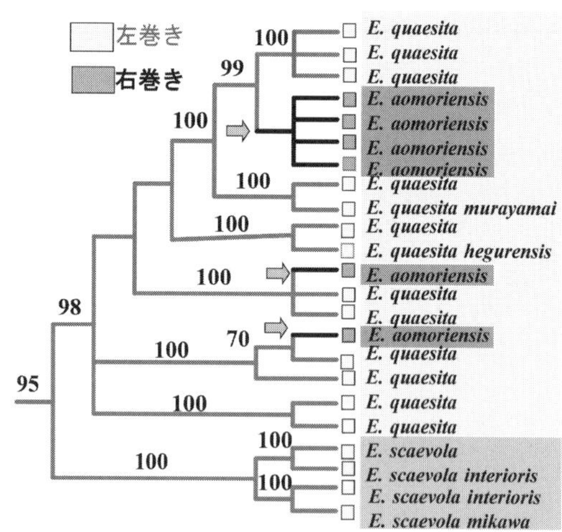

図 11.6　アオモリマイマイが多系統起源の『種』であることを示す．ミトコンドリア DNA（ND1, ND4L, Ctyb 遺伝子）の塩基配列をもとに描かれたマイマイ属（*Euhara*）の系統樹．矢印は，右巻き種のアオモリマイマイ（*E. aomoriensis*）が左巻き種のヒダリマキマイマイ（*E. quaesita*）から進化した推定時期．樹上の数字は近隣結合法による各ノードのブートストラップ確率を示す．アオモリマイマイは 3 回独立してヒダリマキマイマイから進化していることがわかる．アオモリマイマイの各個体群が単系統ではなく，複数起源の「種」であることがわかる． Ueshima & Asami (2003) のデータをもとに修正し書き直す．浅見崇比呂さんのご厚意による．

ヨーロッパモノアラガイの交配実験から，1920 年代には，巻き型の左右性を決定する遺伝子は 1 遺伝子であろうと予想はされていた．実際に，2016 年に左右の巻き型を決定する遺伝子が 1 遺伝子として特定され，1 対立遺伝子の突然変異に基づく種分化の遺伝的根拠が強化された (Abe & Kuroda 2019)．デヴィソンらの研究によると，貝殻の巻き方の左右性を決めている遺伝子は，フォルミンとよばれる細胞骨格の形成に関与する遺伝子であった．この遺伝子は，個体発生のごく初期の二細胞期には発現しており，フォルミン遺伝子の発現を，阻害すると右巻きが左巻きになることも証明された．さらに，この遺伝子は，系統進化では大きく離れた動物であるカエル類の体の左右非対称性にも関わっていることが解った (Davison *et al.* 2016)．このことから，フォルミン遺伝子による動物の左右性の決定が，多細胞動物の進化の初期から行われてきたらしいことも判明した (千葉 2017)．

世界のカタツムリの大多数の種は右巻きである (Gittenberger *et al* 2012)．カタツムリ専食のセダカヘビ類は，右巻きカタツムリの捕食に特殊化しているため，セダカヘビ類の分布する東南アジアでは左巻き変異が生存上有利になり，単一遺伝子による左巻への適応的種分化が繰り返し生じていることがわかった (Hoso *et al.* 2007, 2010)．これら陸産貝類の単一遺伝子による種分化の研究は，チャールズ・ダーウィン「種の起源」発刊 150 年目の 2009 年 11 月 24 日に The New York Times 紙が特集し，著者のショーン・キャロルがこう締めくくっている (浅見崇比呂 私信)．

「ダーウィンを乗せたビーグル号が，もしもガラパゴス諸島ではなく日本列島に来ていたら，フィンチではなく，カタツムリとヘビが，今日，有名な進化のシンボルになっていただろう.」

11.4.6 染色体変化による同所的種分化

北米のハイイロアマガエル (*Hyla versicolor*) は，4 倍体 ($2n = 48$ 本) で，コープハイイロアマガエル (*H.chrysoscelis*) は，2 倍体 ($2n = 24$ 本) である．この 2 種は鳴き声が異なり，生殖的に隔離されている．染色体の倍数化で 1 世代で生じた同所的種分化であるらしい (Gerhardt et al. 1994)．

さらに，ハイイロアマガエルの *mt*DNA (母系遺伝) には 3 系統があることが判明した．すなわち，ハイイロアマガエルは，倍数化が独立して，3 回起こって生じている．ちなみに，これら 3 系統の鳴き声は，同一である．このことは，ハイイロアマガエル起源が複数であり，二分岐種分化のモデルを否定している事例である．

11.4.7 定 (停) 所的種分化

オーストラリア産の無翅のバッタ類：*Vandiemenella* 属は，染色体構成の異なる集団がモザイク状に分布している．ある染色体変異は，部分的な交配後隔離機構として働いている．この変異は，1 つの地域集団内に異所的隔離なしに生じている．この変異集団は，元集団とは完全に交配できないのではなく，わずかに交雑できる．すなわち，元種とのわずかな交雑性質を利用して個体数を増加させることできるため，元集団と狭い交雑帯を形成しながら分布を広げている．この状態で，元種との交雑性質が無くなれば，同所的種分化成立するとし，この同所的な種分化様式に，**定 (停) 所的種分化**：stasipatric speciation と命名した (White & Contreras 1979)．

11.5 種分化が成立するまでに要する時間

11.5.1 短時間での種分化の実例

短時間で種分化が成立する事例は，上記に挙げたガラパゴスフィンチの事例が有名である (Grant & Grant 1992, 2009, 2014)．そのほかにも，下記のような，短時間種分化の事例がいくつか知られている．

ハワイ諸島には，バナナを食草とするハワイ固有種のガである*Hedylepta maia* と *H. meyricki* の2種が分布している．しかし，約1000年前に，ハワイには，ヒトによってバナナが持ち込まれたことがわかっている．すなわち，このハワイ固有種のガ2種は，たかだか約1000年程度の間に種分化が成立したことになる (Zimmerman 1958)．

11.5.2 短時間の種分化と推定されている実例

ハワイ諸島には，ハワイ産のミツドリ類8属数10種が分布している．ハワイ諸島の地質年代に照らして，これらの種は，数万年以内に分化したと推定されている (Mayr 1970a)．

メコン川水系には，イツマデガイ科の巻貝が，3属：*Halewisia*, *Pachydrobia*, *Tricula* で数十種が分布している．地質学的な証拠から，これらの種は，たかだかに数万年で種分化したと考えられている (Bouchet *et al.* 2005)．

アフリカのビクトリア湖のシクリッドフィッシュ類は，多種多様な色彩や形態の種が約300種知られている．これらの種は，食性も，昆虫食，魚食，貝類食，等々，生態的にも異なっている．ビクトリア湖は水深の浅い湖であり，最終氷期には広大な草原であったことが知られている．ビクトリア湖の成立は，たかだか約1万3000年前と推定されており，この湖に分布する，多種多様なシクリッドフィッシュ類は，その短い期間で種分化したと推定されている (Goldschmidt 1996)．

ケープミツバチのある系統は，ヒトが持ちこんだセイヨウミツバチ固有の社会寄生者となっている．この系統は，元種のケープミツバチと遺伝的交流が遮断されており，形態的分化も認められる．外来種である西洋ミツバチの導入という人為による環境変化によって，数10年で種分化が成立したと見なされると主張されていた (Peter Neumann & Radloff 2004)．しかし，これは単為生殖個体群であり，別種の成立とは見なし難い．

11.6 その他の種分化モデル

11.6.1 芝状種分化モデル

第I部第8章で述べた，北米のヒョウガエル類は，形態，生態，DNAなどの形質を比較しても，系統推定は不能な**複合種**：species complex の事例であった (Newman *et al.* 2012)．そのほかにも，化石記録でも，分子系統でも，時間的な分解能が絶望的に悪く，系統推定不能な事例が見られる．このような事例では，種分化は必ずしも二分岐進化ではなく，広い芝生が細切れになるような多種同時発生的な種分化も多いのではないかという**芝状種分化モデル**：bushy evolution が提唱されている (Willmer 1990)．複合種は，まさに芝状種分化モデルの現在進行的な事例であろう．例として，北米のツノトカゲ属の複合種 (Lock. 2006) や，メジロザメ属の複合種 (De Carvalho 1996) の研究例が挙げられる．

古生代カンブリア紀，およそ5億4200万年前から5億3000万年前の間に，突如として今日見られる動物の「門」が出そろい，現在以上の多様な動物がほぼ同時代に出現した．これを**カンブリア爆発**とよんでいるが (Zhuravlev & Riding 2000)，これも芝状種分化モデルのような，分化の結果ではないかと推定できる．

11.6.2 網目状進化モデル

進化初期に出現した単細胞の細菌類では，現在と同様に，ウィルスやトランスポゾン，プラスミドなどのベクターによる共生進化や**遺伝子の水平伝播**：horizontal gene transfer が頻繁に生じていたと推定される．その結果，DNA塩基配列を詳細に比較しても，初期生命の系統推定が不可能に近い．初期の生命は，網目状の系統関係をもつ進化を行っていたのではないかと推定され（Dagan *et al.* 2008），**網目状進化**：network evolution のモデルとよんでいる（Ochman *et al.* 2000; Robinson *et al.* 2013)）．

11.6.3 断続平衡進化モデル

1970 年代後半から 80 年代にかけてもてはやされ，1990 年頃の急速に消えてしまった進化モデルに**断続平衡進化**モデル：Punctuated equilibria という種分化モデルがあった（(Eldredge & Gould 1972; Eldredge 1985, 1989; Eldredge & Cracraft 1989)．Gould はバーミューダ島での *Cerion* 属のデンデンムシ化石の進化分析から提唱した（図 11.7）．種の形態は，進化の総合説が提唱しているような，形態的に徐々に変化しながら，進化はしていない．形態の変化には，長い停滞期と急激に変化する激変期があり，元種から新しい種が，激変期を経て，急激に出現する（図 11.8），と主張した．短時間で急激に進化が進行するため，激変期には中間的形態の化石があまり出土せず，跳躍的に進化が進行しているように見える．

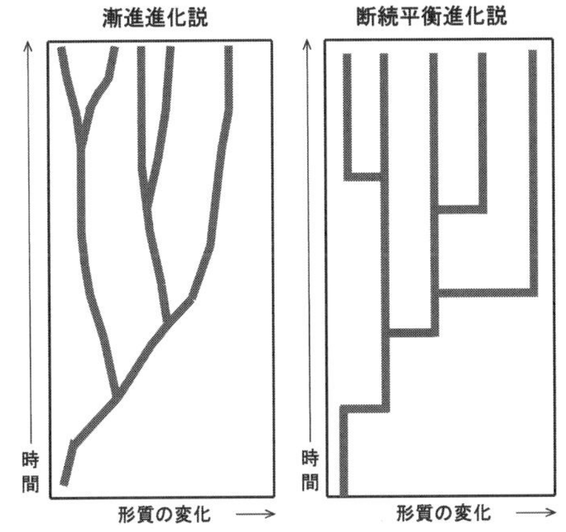

図 11.7 左；漸進進化モデルによる系統樹，右：断続平衡進化モデルによる系統樹

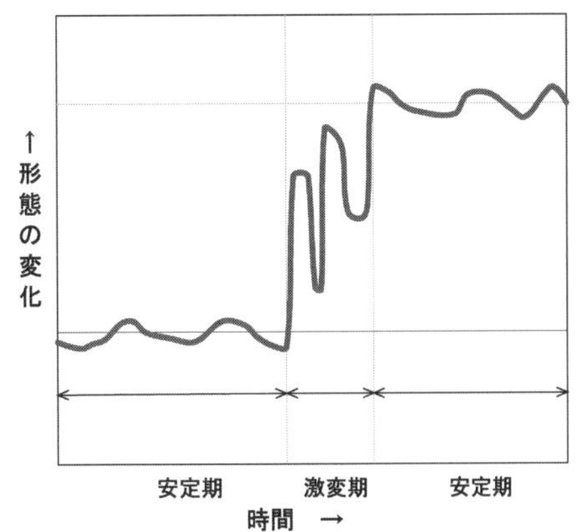

図 11.8 化石の形態変化の編年から作成された断続平衡進化モデル．形態の変化には停滞期と急激に変化する激変期がある．

しかし，断続平衡進化モデル，それ自体は，特定の種形成モデルを提唱しておらず，化石証拠以外の現生種にもあてはまるような，新しい種分化モデルを提示できなかった．断続平衡進化説は，種分化に関し，独自のメカニズムで説明できなかったため，1990 年頃に，議論は急速にしぼみ，現代では，断続平衡進化モデルは顧みられなくなっている．

古典ダーウィン進化論的な進化観は，目に見えないようなわずかな違いの積み重ねで徐々に進化していくというもので，昔も現在も同じように，徐々に進化は進行しているというものであった．これは，ダーウィンが，ライエルの**地質の斉一説**：uniformitarianism (Lyell 1830–1833) の影響を受けたものと言われている．現在の進化総合説では，斉一説的な進化観は払拭されているが，断続平衡進化モデルを主張する古生物研究者は，断続平衡進化モデルは，斉一説的な進化観を否定するものであるとし，その点に妙にこだわっていた．断続平衡進化の現象は，上記に挙げた，各種の自然選択や種分化のモデルを組み合わせればすべて説明可能であり，結果として，何ら目新しい進化理論ではないというのが，論争決着の結論であった．

1980 年代後半に，日本でも，断続平衡進化モデルが一般向けにかなり流行った．未だに，断続説に言及する方々も存在する．これも，科学ジャーナリズムが「非ダーウィン進化論」という売り文句で世論をあおった後遺症と思われる．

コラム　古生物学における進化上の話題

このコラムでは，進化に関わる古生物学的なトピックをいくつか述べてみたい．

生命の定義づけは，古典的には自己複製性・自己境界性・自己代謝性の 3 つだが，自己代謝性を「物資の代謝」と「恒常性の維持」の 2 通りに分ける場合もある．地球上の生命がどのような過程を経て誕生したのかに関しては多くの仮説が提示されており，興味のある方は類書を参考にして頂きたい．生命の誕生が必然性よりも多くの偶然の過程を経たであろうことは，現在の生命現象からも読み取れる．例えば，生物が利用するアミノ酸は，鏡像異性体の L 型のみで，D 型は利用しない．生物の遺伝物質である DNA は，$5' \rightarrow 3'$ の方向に見て，すべて右巻き（時計回り方向）である．DNA の有機塩基は 4 種類，および，アミノ酸は 20 種類のみであって，他の化合物は利用しない．これらの事実には，必然性が存在せず，偶然にそのように決まったとしか言わざるを得ない．

しかしながら，偶然とは考えにくい現象も存在する．全生物の共通祖先で最も新しい生物からの分岐は，約 38 億年前頃とされている．もっとも始原的な生物は，遺伝物質 DNA の塩基配列の比較から，古細菌類に属する超好熱性硫黄代謝古細菌類に一番近いとされている．すなわち，全生物の共通の祖先が，現生生物の中では，超好熱性細菌類に近いということになっている．しかし，何故，始原的生物が好熱性である必要性があったのか，という疑問が生じるし，偶然だとは思えない．70°C を越えるような高温では，タンパク質等のような生命活動に必須な高分子有機物は安定して存在することが困難であり，高温環境下では，生物の進化は難しいと考えられるからだ，そこで，マグマオーシャン仮説や深海熱水仮説が有力視されている．まず，月クレーターの年代測定から，約 40 億年前の地球は，隕石の衝突が頻繁であり，その衝突エネルギーによって，地球の地表面は数千度の高温にさらされ，岩石が溶けてマグマオーシャン状態だったと推定されている．しかし，現在，南アフリカの鉱山の地下約 4000 m 付近は摂氏 50°C を近い温度にも関わらず，岩石中に化学合成細菌類が生息している．恐らく，マグマオーシャン時代にも数千度の高温に達していたのは地表面だけで，地下数千 m には摂氏 70°C 程度の環境が維持されていたと推定される．そのような過酷な環境で生き延びられる生物は，超好熱性細菌類だけであり，結果として，これらの細菌類が現在の全生物の祖先となった，という仮説である．次に，現在の深海数千 m には，プレート活動による噴気孔が存在し，周囲には 100〜300°C の熱水が存在する．熱水による高温化と周辺海水による冷却の繰り返しによって，生体高分子重合反応が生じており，このような場所で初期生命が誕生や維持が可能であったとする仮説がある．これらはあくまで仮定を積み重ねた仮説に過ぎず，当然のことながら詳しい検証作業が必要である．

このような高温環境とは逆に，地球は，寒冷化のため，カンブリア紀以前に，地質的な証拠から赤道付近まで氷床に覆われる全休凍結状態になった時期があったと推定されている．スノーボールアースともよばれる全球凍結状態は，過去に少なくとも 3 回生じたとされており，直近では，6 億 5〜3 千万年前に起こったとされている．地球表面が氷床で覆われた結果，生物による光合成が抑制され，大気中の CO_2 が増大していき，最終的には温室効果によって全球凍結状態が解かれた．全球凍結状態の環境下で，原生生物類の大量絶滅が生じたと推定され，その結果，次の時代の多細胞生物の出現，大型動物を擁する生態系であるエディアカラ生物群集の出現，多種多様な分類群の動物が同時多発的に進化したカンブリア大爆発へと繋がったとされている．ちなみに，生物進化の証拠は，その大半が，化石を伴った堆積岩から得られるが，カンブリア紀以前の堆積岩が極端に少ないことが知られている．この原因として，全球凍結期に地球上を覆っていた氷河が，その浸食作用により，地表面の岩石を繰り返し削り去ったためだという説明が有力視されている．

最後に，これも偶然の産物に因る進化と思われる現象を紹介したい．節足動物は，はしご形神経系の神経束の間を食道が通る構造になっている．これは発生進化の過程の偶然だとされている．このせいで，節足動物は，太い食道が進化過程で生じることがなかった．したがって，食べ物を細かく砕いて飲み込む生態にならざるを得ず，獲物を丸呑みするような巨大昆虫や巨大カニのような節足動物は進化しなかった．

第 II 部

進化から見た動物生態学

生態学（Ecology）とは，生物が生活しているその法則性を研究する分野である．生物の生活様式を観察し，その生物が生活を営んでいる環境とどのような関係性があるのか，記載し，その法則性を解明していく学問だと言ってよい．その法則性は，生物どうしの相互作用，もしくは，生物とその生物が生息している環境との相互作用によって説明されるものである．

ヒトが生きていく上で，ヒトが生活する環境の中で，そこに生息する他の動植物の生き様は，好むと好まざるとに関わらず，日常的に目に入ってくる．このため，人類の歴史が始まって以来，生物の生き様は，それがどのようなものであるのか，ヒトが生きていくために，常に観察し続けてきたはずだ．生態学とは，その様な観察結果を体系化した分野だと言ってもよい．

コラム　野外調査の写真

フィールドワーク（野外調査）の実際の写真．全国の大学には，フィールド生物学の研究や教育を行っている学科や研究室があり，授業として野外調査の実習が行われている．左上：与論島前浜海岸におけるサンゴ礁リーフの生物観察実習；2009 年 5 月 23 日．右上：鹿児島市喜入町にあるメヒルギのマングローブ林干潟の調査実習．この林は太平洋地域の北限のマングローブ林とされている．；2012 年 12 月 12 日．左下：鹿児島市桜島における袴腰大正溶岩の潮間帯生物の調査実習．背景に見える桜島が噴火している．；2018 年 11 月 21 日．右下：屋久島の屋久杉林の観察実習．「仏陀杉」の前で記念撮影．解説教員は冨山清升．海岸地域は晴れていたが，標高の高い屋久杉林地帯は雨模様で，ガスがかかっていた．；2019 年 10 月 12 日．いずれも鹿児島大学で行われている実習．

第 12 章

生態学とはどのような学問分野だろうか

12.1 階層構造で構成された観察単位

生態学を語る時，最初に観察単位の階層性が説明される場合が多い．これは，恐らく，ヒトの分析が，言語の特徴に即した思考に基づいているからだろう．ヒトの言語は，単語が順番に一直線に並んだ単純な構造で，途中で枝分かれしたり，編み目状になった言語は存在しない．このため，ヒトの思考パターンもこの言語処理に則り，直線上に並んだ情報処理を無意識に行う．したがって，ネットワークを成したり，ランダムに存在したりする情報は，何らかの処理を行い，意識的に直線上に並んだ情報に変換している．

例えば，第 I 部第 8 章で紹介した生物の分類は，似たものどうし，正確には進化的系統の近いものどうしを入れ子でくくって並べて，分類群を形成して思考している．たまたま，生物の進化の系統樹がその様な構造に近いものであったということもあるが，その方が考えやすいからだ．

生態学でも地球上で営まれている生物，他生物や無機的環境との相互作用の観察単位は，入れ子状の階層構造にした方が思考しやすい．以下に，生態学における観察単位の階層構造に関し，用語の説明を兼ねて解説してみよう．

12.1.1 階層構造性を持った生物学における観察単位

生態学に限らず，生物学における観察対象の生物は，階層構造に分けて語られる場合が多い．例えば，分子生物学，細胞生物学，組織学，神経生物学，等々，その観察単位によって，研究分野の名称が付いている場合もある．

生物の観察単位を小さい順に挙げていくと，**素粒子→原子→分子**→構造物質→細胞小器官→細胞→組織→器官→器官系→**個体→**，となる．ここで，太文字標記は，独立して他と区別できる非連続な存在，すなわち数えられる粒子的なものを指している．それ以外は，独立性や存在性がやや不明確なもので，ヒトが定義を与えた用語である．

生態学においては，植物では，竹のように地下茎でクローン繁殖していく植物や，ヒドロ虫類のような出芽繁殖する動物では，**個体**の存在が不明確になる場合もある．DNA 鑑定技術が確立して以降は，どこからどこまでが遺伝的に同一の個体に属するのか，明確に区別できるようになり，その様な生物を扱った生態学的研究が飛躍的に進展している．

生物学では，個体以下の階層構造を扱う分野を，実験系生物学，もしくは，ミクロ系生物学とよび，個体以上の階層構造を扱う分野を，フィールド生物学（野外系生物学），もしくは，マクロ系生物学とよんで，区別することもある．生態学は便宜上，フィールド生物学として語られる場合が多い．ただし，両者は学問体系として厳密に分けられるものではなく，便宜的な区別に過ぎない．例えば，上記に挙げたクローン生物の生態学的な研究は，分子生物学で確立されたDNA分析技術が必須である．すなわち，この2通りの生物学は，相互交流しながら発展してきた歴史がある．

12.1.2 個体以上の種以下の観察単位

生態学は，もっぱら個体以上の観察単位の階層構造を研究対象とする学問分野である．そこで，個体以上の階層構造を以下に挙げ，説明していこう（日本生態学会 2012）．

→個体→（群れ）→小個体群→（メタ個体群）→個体群→（亜種）**→種→**；やはり，太文字で表した個体以外の観察単位は，人が便宜的に与えた観察単位であり，言葉を定義した存在である．研究分野によって，または，研究者によっても，これらの観察単位の定義が微妙に異なることも多い．

群れ（group；英語では，大型哺乳類では herd，ライオンでは Pride，羊や鳥では flock，小鳥では bevy，オオカミや犬では pack，魚では school や shoal，虫では swarm，無脊椎動物では cluster，等々，対象によって使い分けることが多いので注意.）とは，多少とも統一的な行動をとる動物の集合状態をさす．しかし，ツキノワグマのように単独性の動物も多いため，群れが必ず存在するとは限らない．

小個体群とは，生息場所がパッチ状に散在し，各集団間の移動の頻度が低い各集団をさす．小個体群は，生態遺伝学の分野では，**デーム**：deme，もしくは，生態学の分野では，**局所個体群**と言う場合もある．例えば，植栽された芝生は，連続的ではなく，場所ごとにパッチ状に植えられている例が多いが，それぞれのパッチを「芝生の小個体群」とよんでも構わない．

メタ個体群：meta-population とは，小個体群どうしがゆるく結合した構造をもつ集合全体をさす．例えば，石ころの転がる河原では，河原植物のオギが連続的ではなく，パッチ状に生えている．また，その根元には，一部で農業害虫化しているウスカワマイマイが，この種の本来の生息地として生息していることが多い．これらのそれぞれの小個体群に属する個体は，各小個体群どうしが花粉を飛ばしたり，まれに移動したりといった，緩やかな遺伝的交流を維持している．これらのパッチの総体をメタ個体群とよんでいる．

個体群：population とは，同じ時間で同じ空間を占める，ある種の同種個体をまとめたものをさす．必ずしも実際に集まっているものをさす訳ではなく，集団遺伝学，系統分類学，あるいは，生態学における概念的な存在である．同じ個体群に属する各個体は，同じ資源に依存し，同一の環境要因に影響され，互いに影響しあって繁殖する．個体群の内部では，交配や種々の相互作用を通じて個体間に密接な関係があり，同種の他個体群とは多かれ少なかれ隔離された地域個体群であるとして定義される場合が多い．

亜種と種に関しては，第I部で詳しく述べているため，説明を省きたい．同一種内における，個体数の増加や種内競争を扱った分野も生態学における重要なテーマである．

12.1.3 種以上の観察単位

生態学では，種以上の観察単位を扱う分野も重要である．それらの観察単位の研究は，生物に加え，その生物が生息する環境も重要な存在になってくる．種より大きな観察単位の階層構造は以下のようになる．

→種→群集→群系→生態系→景相（ヒトの生活文化をも含む）→（地域）→（地方）→生物圏**→地球→**太陽系→…．やはり，太文字で表した観察単位以外は，人が定義した階層構造である．

群集（**生物群集**）とは，ある一定区域に生息する，複数の生物種をまとめて考えるとき，これを生物群集，あるいは単に群集とよぶ．群集を構成する生物種間には，競争，捕食-被捕食，寄生，共生など，様々な種間関係が存在する．

群系（**生物群系：バイオーム**）：陸上の生物群集は，地理学的に，森林，疎林，草原，砂漠，ツンドラ，氷雪地などの相観ごとに分類分けすることができる．その区別に基づいて定義される生物群集を群系（バイオーム）とよんでいる．バイオームは主に，陸上植物群集を研究する上で重要な分類単位であり，熱帯〜極地にかけての植物の相観ごとに，**熱帯雨林**，**雨緑樹林**，**照葉樹林**，**硬葉樹林**，**夏緑樹林**，**針葉樹林**，**サバンナ**，**ステップ**，**砂漠**，**ツンドラ**，**高山植生**，**氷雪地**などに分類分けされている．それぞれのバイオームの植生には，それに対応した動物群集が生息している．

生態系：ecosystem とは，ある地域に生息するすべての生物とその地域内の非生物的環境をひとまとめにし，主として物質循環やエネルギー流に注目し，機能系としてとらえた系である．**生産者**：producer・**消費者**：consumer・**分解者**：decomposer・**非生物的環境**：physical conditions が，生態系を構成する 4 つの部分から構成されると定義されている（Odum 1971）．消費者は，さらに，生産者を食べる 1 次消費者，さらに，それを捕食する 2 次消費者，3 次消費者と細かく段階分けされることもある．これらの生物の段階を**栄養段階**：trophic level と言う．生態系は物質循環とエネルギー流と生物がセットになった概念である．しかし，栄養段階を図示した**食物ピラミッド**：food pyramid や**食物網**：food network / food web と取り違えた事例も散見され，教科書ですら間違った解説図による紹介をときどきみかける．

景相（景域・景観）：land scape とは，一定の地域の中の，生態系，地質，水などに加え，人工物，人間の生活空間，人の文化，すべてを含んだ状態をさす．古典的な生態学では，ヒトの存在を切り離した形で生態学が語られる場合が多かったが，1980 年代からヒトの存在を組み込んだ形の新しい形の生態学が，景相生態学：Land scape Ecology としてアメリカを拠点に急速に発展した．日本では景観生態学という形で紹介されたが，あまり流行らなかった．景相を扱った生態学は，第 IV 部で詳しく解説する．

生物圏：biosphere とは，地球上で生物が生息している場所をさす．一般的には地球表面の部分をさすことが多い．しかし，生物は地中や空中にも存在しており，生物圏は，正確には，地下数 1000m〜地上 1000m までが含まれる．「地球環境問題」の「地球」が生物圏を指している場合が多いので注意が必要である．

地球は，**生物圏**：biosphere（地球表層），**地圏**：lithosphere（地球本体；リソスフェア，岩石圏，岩圏ともよばれる），**大気圏**：atmosphere（大気分子の存在する空間）の 3 要素によって構成される．地球よりもさらに外の階層構造は，生態学では，あまり扱わない．

コラム　与論島の野外実習

与論島における野外調査の実習．全国の大学において，理学部で生物系の研究室がある大学は，臨海実験所などの野外研究を行うための拠点研究施設を有している場合が多い．しかし，鹿児島大学理学部は，現在に至るも，離島部に野外研究施設を持っていない．奄美群島や屋久島といった世界遺産地域を離島に有する県に位置する大学としてはかなり特殊ではないかと思われる．しかしながら，鹿児島大学理学部では，与論島や屋久島をフィールドとした野外実習が，1982 年から 40 年以上にわたって地道に継続されてきた．写真は，与論島の金崎海岸における海岸植生の観察実習の様子である．写真左は，与論島金崎海岸における海岸植生の観察実習の様子．2006 年 5 月 18 日撮影．説明している教員は相場慎一郎さん（現在，北海道大学教授）写真右は，与論島前浜海岸で採集された海岸動物を屋外で解説している．2005 年 5 月 27 日撮影．解説教員は冨山清升．

第 13 章

個体群における個体数の増加，種内競争，大卵少産・小卵多産，rK-選択

13.1　個体群動態

13.1.1　個体群生態学

個体群生態学：population ecology は，個体群サイズ（個体数），齢構造（齢ごとの個体数の頻度分布），密度（面積，または，体積あたりの個体数）などを研究する研究分野である．個体群生態学は，農業分野では害虫消長の推定や防除のために欠かせない基礎科学といえる．また，漁業における漁獲割り当てや漁獲制限の分野や，生物の保全を図る際の野生動物の個体数管理では必須の知識となっている (Berryman 1981)．

13.1.2　個体群密度

個体群密度：population density とは，その種の面積・体積あたりの個体数を言う．個体群内での個体の出生，および，死亡，個体群間の個体の移出，もしくは，移入によって，個体群密度は常に変動しており，一定の値にはならない．

個体群密度を算出するためには，一定地域の個体数推定をする必要がある．植物の樹木等では，全個体調査（全標本調査）が可能であるが，ある地域に生息する野生動物の正確な個体数調査は，悉皆（しっかい）調査（全標本調査）が可能な一部の大型哺乳類を除けば，ほぼ不可能であろう．このため，生息個体数の推定のために，長年にわたり，区画法（方形区調査，センサス調査など），標識再捕法（マーキング調査など），除去法（捕獲率低下から推定など），密度指数法（足跡やフン等からの間接推定など）などの各種手法が開発されてきた．昆虫のような生息個体数が膨大な小型動物でも，生息個体数の推定は，ある程度可能になっている (久野 1986)．

一定地域の内の個体数推定には，対象種がその調査地域内でどのような分布をしているのか事前に把握しておく必要がある．まんべんなく一様に分布している場合を**一様分布**，塊状に集中している場合を**集中分布**，個体の分布に規則性が見られない場合を**ランダム分布**とよんでいる．このような，一定の生息地域内の個体の散らばり方を**分布様式**と言う（図 13.1）．これは，一般に，個体間に誘引が生じている場合には，集中分布となり，個体間に反発が生じているなら一様分布を示し，個体間に何の相互作用がない場合には，ランダム分布を形成すると予想される．個体の分布状態を表す指数としての $\boldsymbol{I_\delta}$ **指数**という指数を算出する手法がある (久野 1986)．

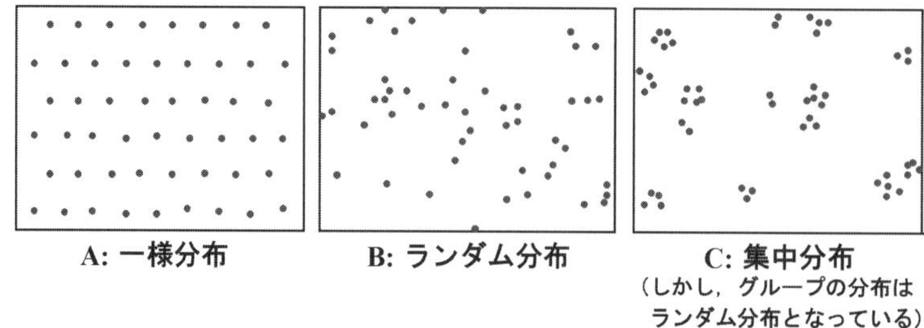

図 13.1　生物の分布．個体群の個体，つがい，群れ，もしくは，他のグループ単位に関する 3 種類の分布型．左から；A：一様分布，B：ランダム分布，C：集中分布（しかし，個々のグループはランダム分布を示す）．

13.1.3　単一種内における個体の増える力

自然選択の結果として，動物は適応度を上げる高い繁殖能力を進化させてきた．例えば，からしメンタイで有名な卵生のスケトウダラは 1 回に約 20 万〜150 万個の卵を産む．胎生のハツカネズミでも，1 回に 8〜12 匹の子供を産む．このような繁殖能力の発現を**個体の繁殖努力**と言う．このように動物には潜在的に強力な増殖能力が備わっており，成熟年齢までの死亡が生じなければ，文字通り“ねずみ算式”に指数関数的な大増殖をとげる．

ある個体群における個体数の増加は，**個体群成長**とよばれる．上記で述べた個体の繁殖努力が，個体群成長をもたらす．ここでは，現象を単純化するために，個々の個体の体の成長は考慮せず，個体の数の変動にだけに注目する．図 13.2 の個体数増加について式を立てて以下に考えてみよう（斎藤ら 2000）．

個体数の増加率は，増加した個体数をその時間で割ることで表すことができる．個体数を N，個体数の変化を ΔN，その時間を Δt とすると，増加率は，

$$\frac{\Delta N}{\Delta t}$$

となる．これが瞬間の増加率では，

$$\frac{dN}{dt}$$

で表される．

個体数の増加は，出生個体と他個体群からの移入個体に由来する．逆に個体数の減少は，死亡個体と他個体群への移出個体による．個体数の定常状態，もしくは，他の集団とかなり孤立的である場合など

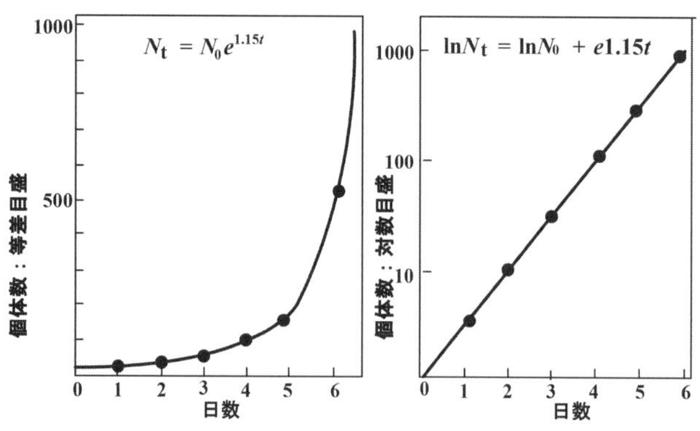

図 13.2　通りに描いた同一の個体群成長曲線．ヘール・マルサスの増加モデル．左：個体数（N）は等差目盛．右：個体数（N）は対数目盛．この仮想例では，個体数は 2 日間で 10 倍に増加している．

では，移入と移出個体は 0 と見なされる．増加率は，出生数（B）と死亡数（$-D$）によるから，

$$\frac{\Delta N}{\Delta t} = B - D$$

となる．B は，成熟メスの割合とその産卵（産仔）数で決定されるため，現在の個体数 N の関数である．D も老齢個体によるために，B と同様に個体数 N の関数であり，

$$B = bN, D = dN$$

と示される．この場合，b は出生率，d は死亡率である．式を書き換えると，

$$\frac{\Delta N}{\Delta t} = bN - dN$$

となる．この $(b-d)$ は**内的自然増加率**：intrinsic rate of natural increase とよばれ，r で表される．したがって，次式のようになる．

$$\frac{\Delta N}{\Delta t} = rN$$

この微分方程式は，積分されると，

$$N_t = N_0 e^{rt}$$

となる．この場合，N_0 は初期の個体数，e は自然対数の底である．式は r がプラスであれば，時間とともに J 字型の個体数の増加を示す．この個体群がこのまま増加を続ければ，それぞれの種が無限に増加を続けることを意味する．その種の資源が十分にあって，増加を抑える要因がまったくない場合は，幾何級数的増加を示し，一般に**ヘール・マルサス型増殖モデル**とよばれている（斉藤 2000）．

13.1.4　種内競争と密度効果

ある生物種が成長し，子孫を残すためには，食べ物，生息場所や配偶相手などの資源を獲得しなければならない．しかし，その様な資源は有限であり，資源の質が異なる場合もある．質の高い資源が豊富であれば，個体群成長は維持されるだろう．しかし，資源が不足すると，限られた資源をめぐって同種個体群内における個体間で競争が生じる．これを**種内競争**：intraspecific competition と言う．種内競争の結果，それが生じている個体群では，成長速度，生存率，あるいは，繁殖力が低下し，個体群成長は低下するだろう．このような資源不足は，資源環境そのものの変動や，個体群が高密度になることによっても生じる．競争は密度の上昇に従って激しくなり，個体数の増加に抑制がかかるようになる．このように，高密度になるほど個体群の成長率が低下する負の効果を**密度効果**と言う．

13.1.5　ロジスティック曲線

密度効果を上述の式にあてはめ，以下に考えてみよう．ある種の個体数が増加すればするほど，その種が利用する資源の量は減少するはずである．そうなると r は一定ではなく，減少するであろう．恐らく，ある環境の中では，個体数はある定常値に近づくのではないか．個体数の増加を抑える要因を**環境抵抗**：environmental resistance と言う．環境抵抗の項を入れた式は，以下のようになる．

$$\begin{aligned}\frac{\Delta N}{\Delta t} &= rN\left(\frac{K-N}{K}\right)\\ &= rN - \frac{rN^2}{K}\end{aligned}$$

ここで，K は**環境収容力**：environmental carrying capacity とよばれており，その個体群が生息している環境における最大の個体数（密度）を示す（実際には，N を K より大きな位置に置くことも可能であ

る）．上の式を，1 個体あたりの増加率とすると，

$$\frac{1}{N}\frac{dN}{dt} = r\left(1 - \frac{N}{K}\right)$$

となる．N が K に比べて非常に小さければ，N/K は小さいので，$(1-(N/K))$ は 1 に近い．しかし，N が K とほぼ同じになると，N/K は 1 に近づき，$(1-(N/K))$ は 0 に近づく．したがって，増加率は減少することになる．

実際に，1 個体あたりの資源の量は，個体数の増加と共に減少するために，成長が十分でなく成熟メスになれなかったり，大きくなれなくて，産卵数が減ることにもなるであろう．このように密度の増加が増加率を抑制しており，上記で説明した密度効果が式でも説明できる．このように環境抵抗の項を組み込んだ式は，**ロジスティック方程式**：logistic equation とよばれており，図 13.3 のような曲線を描く．この曲線を**ロジスティック曲線**：logistic curve とよんでいる（斉藤 2000）．ロジスティック曲線は，生息環境条件を厳密に一定化させた動物の実験個体群においてよく適合する（Gsuse 1932, 1934）．

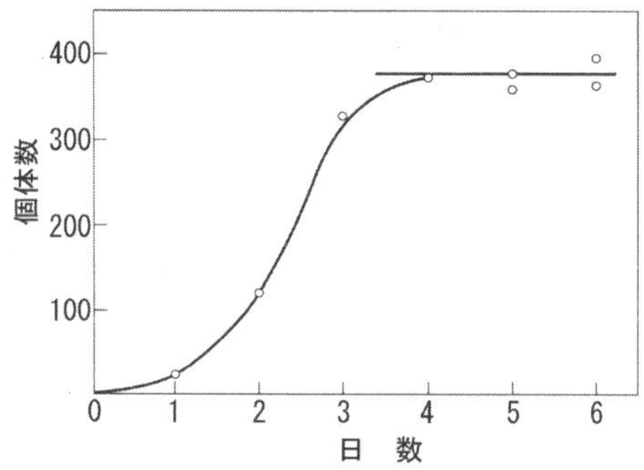

図 13.3　ロジスティック式のグラフ．ゾウリムシの実験室における個体数の増加の実測値に基づくグラフ．K は密度効果による環境抵抗値．この場合は，375 個体で増加が抑えられている．Gause (1934) から修正転載．

13.1.6　アリー効果：密度効果と個体群の消滅

負の密度効果が適切な範囲内で働いていれば，個体群内の個体数の変動は適切な範囲内に収まり，急激な個体数の連続増加や激減は回避される．通常であれば，密度が低下するほど，個体数の増加率は増大するはずである．しかし，低密度になるほど，個体数の増加率が逆に低下してしまう現象が野生動物の個体群で確認されている．これは**アリー効果**：Allee effect とよばれ，絶滅危惧状態にある野生動物種が，一定数の閾値以下にまで個体数を減らしてしまうと，増殖率がますます低下してしまい，絶滅に至る現象がたびたび報告されている（Courchamp *et al.* 2008）．この原因としては，個体の低密度が，配偶者の出会う機会を奪っている，集団で繁殖する種の共同繁殖の機会を低下させている，捕食者から狙われ易くなっている，などの原因が指摘されている．近親交配によって劣性遺伝子病が発現し易くなるという，遺伝的な要因も考えられる．このように，希少野生生物の保全を考える上で，アリー効果は重要な概念である．

13.1.7　個体群の齢構成

ある個体群の齢グループごとの個体数の頻度分布を，その個体群の**齢構造**：age structure と言う．ある個体群の齢構造から，その個体群を構成する個体の生存，死亡，繁殖成功の履歴，あるいは，そこの

生息環境との相互作用を推定することが可能になる (Krebs 2009).

しかしながら，野生動物では，個体群の齢構造を知るためには，個体の絶対年齢の把握が必須条件であり，容易なことではない．加えて，対象とする動物の寿命以上の期間のモニタリング調査も必要になってくる．このため，野生動物の齢構造の研究は，ガラパゴス諸島のダフネ島におけるガラパゴスフィンチの齢構造の解明のような，地道な調査が行われている動物に限られている (Gibbs & Grant 1987)．ガラパゴスフィンチの齢構成の頻度分布には，ばらつきがあり，毎年一定数が巣立ちしている訳ではないことが判っている．これは，ダフネ島では毎年の降雨量に変動が激しく，降雨量によって食料となる植物の種子生産量が変動するために，それに応じて巣立ちヒナ数も変動するからである (⇒第 I 部第 1 章の図 1.1 参照)．このように，齢構造を分析することで，過去の環境変動と個体群が受けた影響を推定することが可能になる．

最も正確に齢構造が判っている動物はヒトであろう．ヒトの齢構造は，**人口ピラミッド**：demographic pyramid とよばれるヒストグラムで表される（図 13.4）．

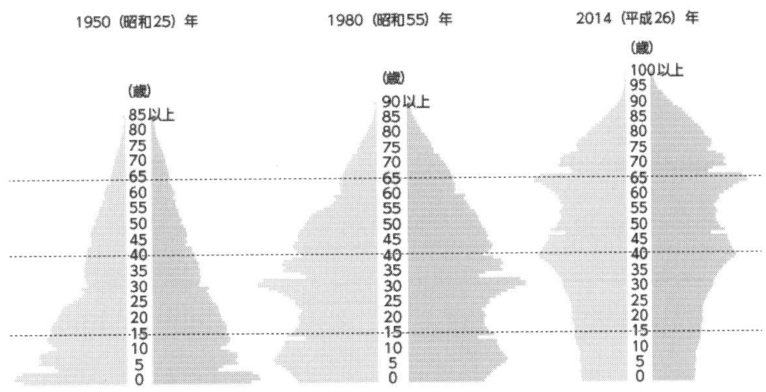

図 13.4 日本における人口ピラミッドの変遷．1950 年，および，1980 年は総務省統計局「国勢調査」，2014 年は総務省統計局「人口推計」から作成．平成 27 年版厚生労働省の資料「人口減少社会を考える」から転載．厚生労働省 (2015).

13.1.8 生命表と生存曲線

生命表 Life Table とは，生物の生存率，すなわち，ある個体群における様々な年齢の個体が生存する確率を追跡記録した表である．生命表は，元々はアメリカの保険会社が，保険金の掛け金算出の根拠となる資料として編み出した手法である．ある 1 年間の各年齢層の死亡率のデータに基づき，各年齢層が 10 年度，20 年度，30 年度といった一定期間後の推定生き残り数，および，推定生き残り率を算出することが可能になる (Krebs 2009).

この生命表の手法を利用し，野生生物の個体群構造や動態を解明するために，様々な動物の生命表が作成されてきた．生命表のデータから，対象とした動物の死亡率の高い年齢層や，寿命などのその種の生活史が推定できるようになった（表 13.1）．

一般に生態学では，生命表そのものよりも，それをグラフ化し，可視化を容易にした，**生存曲線**を用いることが多い (Ricklefs. & Miller 2000)．生存曲線は，最大寿命に対し，各齢で生存している個体数をつないで描いたグラフである（図 13.5）．横軸は，実際の年齢よりも，最大寿命に対するパーセント値で表した方が寿命の異なる動物どうしの比較が容易である（図 13.5）．

ヒト個体群の生存曲線は，ほとんどのヒトが最大寿命近辺の年齢まで生き残ることを示しており，この

表 13.1　生命表の具体例．北米産のオオヤマヒツジの生命表．608 個体の死亡時の年齢に基づいており，雌雄ともに含む．平均寿命は 7.09 才．Murie (1944) のデータに基づき，Deevy (1947) が作製した表を修正し作成．

年齢	平均寿命からパーセント偏差で表した年齢	生まれた1000個体のうち各年齢期間中に死亡した個体数	生まれた1000個体のうち各年齢期間開始時に生きている個体数	各年齢期間開始時における1000個体当たりの死亡数	各年齢期間に達した個体の期待寿命または平均余命（寿命）
x	x'	d_x	l_x	$1000q_x$	e_x
0-0.5	-100	54	1000	54.0	7.6
0.5-1.0	-93	145	946	153.0	-
1.0-2.0	-85.9	12	801	15.0	7.7
2.0-3.0	-71.8	13	789	16.5	6.8
3.0-4.0	-57.7	12	776	15.5	5.9
4.0-5.0	-43.5	30	764	39.3	5
5.0-6.0	-29.5	46	734	62.6	4.2
6.0-7.0	-15.4	48	688	69.9	3.4
7.0-8.0	-1.1	69	640	108.0	2.6
8.0-9.0	13.0	132	571	231.0	1.9
9.0-10.0	27.0	187	439	426.0	1.3
10.0-11.0	41.0	156	252	619.0	0.9
11.0-12.0	55.0	90	96	397.0	0.6
12.0-13.0	69.0	3	6	500.0	1.2
13.0-14.0	84	3	3	1000	0.7

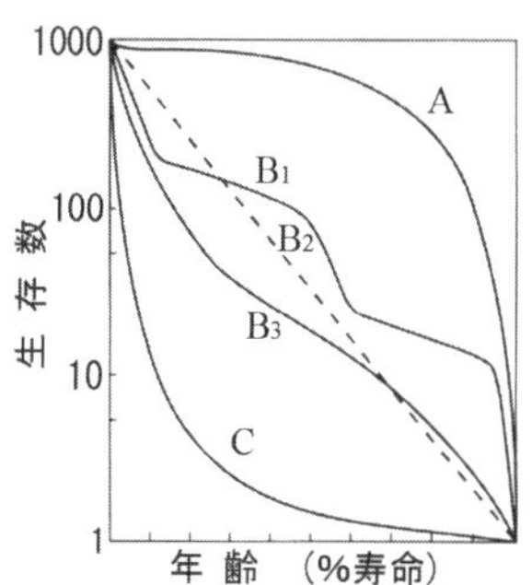

図 13.5　動物個体群の生存曲線の 3 種類の型．横軸は，寿命に対する％で表した年齢．縦軸は，1000 個体あたりの生存数を対数目盛で表している．A：I 型曲線（凸型曲線）：死亡の大部分は寿命の終わりに近づいた頃に生じる．B1：II 型曲線（階段型）：生活史上の発育段階の移行時に生存率が急激に変化する．B2：II 型曲線（理論的曲線）：齢別生存率が一定．B3：II 型曲線：B2 にやや近い S 字型（シグモイド）曲線．C：III 型曲線（凹型曲線）：死亡率は若齢期にきわめて高い．

上に凸の曲線を**I 型**の曲線と言う．I 型にあてはまる動物としては，大型哺乳類が挙げられ，少数の子を産んで，子を大切に世話し，成熟するまでの生存率を増加させる生態型を採る (Ricklefs. & Miller 2000)．

対照的に**III 型**の曲線は，凹型の曲線となっている．若齢での死亡率が非常に高く，一定齢まで生き残った個体の生存率は高くなる．最大寿命近辺まで生き残る個体はほとんどいない．III 型に属する動物としては，昆虫類や貝類などの多くの無脊椎動物が挙げられる．多数の子を産むが，子の世話は，ほとんど，あるいは，まったくせず，そのエネルギーを個体の成長や卵生産の方にまわす．**II 型**の曲線は，生存率が生涯を通して一定に近く，生存曲線は直線状である．II 型は，I 型と III 型の中間であり，特に死亡率が高い齢級は存在しない．具体的には，多くの鳥類や，ネズミ類，トカゲ類，一部の無脊椎動物などがあてはまる（Ricklefs. & Miller 2000）．

13.2　生活史の進化；繁殖方法の戦略

動物が受精卵から発生し，成長し，繁殖し，最後に死亡していく一連の一生涯のサイクルを**生活史**とよぶ．生活史の間に生じる分散，休眠，寿命，繁殖開始齢，産卵（仔）数，繁殖回数，および，親による子の保護などを**生活史特性**：life history traits とよぶ．また，生物が生まれてから死ぬまでの間に，どのように時間とエネルギーを配分するかを**生活史戦略**：life history strategy と言う（Ricklefs. & Miller 2000）．

生物の生活史そのものもその生物の重要な形質の 1 つであり，多種多様な自然選択の結果，現在の生活史が進化してきたはずである．このため，生態学では生物の生活史の解明も重要な研究テーマの 1 つである．ある動物が生息する環境において，その動物がどのような生活史を進化させてきたのか，そこに何らかの法則性が見いだされるのか考えてみよう．

13.2.1　卵の大きさはいかに決まるか；大卵少産と小卵多産

生物が進化してきた過程で，適応度を最大化するように自然選択が働くのであるが，ある生物には，その生物そのもののもつ種固有の各種の制約条件のために，進化は制限されることが多い．無限に大きなゾウは進化しないし，無限に首の長いキリンも進化し得ない．その様な制約条件の中で生活史も適応度を最大にするように進化してきた．しかし，形質によっては，ある形質を大きくすることで，他の形質が制限を受けるような，形質間の対立も存在する．体長，産卵数，寿命，移動範囲，配偶者数などが，その様な対立関係になる事例が多い．この拮抗的な状態を形質間の**トレードオフ**：trade-off とよぶ．

イギリスの鳥類研究者ラックは，親による保護・養育のある動物の産卵数や子の数は親の養育能力とトレードオフ関係にある事例が多く，生活史進化の重要な鍵をにぎっていると気づいた．1 回に産むことができる卵数を**一腹卵数（クラッチサイズ）**：clutch size と言う．親鳥の養育能力には餌の調達量など限界があるから，一腹卵数を増やすとヒナ一羽あたりの受ける給餌量は下がって生存率が低下するため，ヒナの数と次世代に生き残る子の数の間に上に凸の関数関係が成立し，特定の餌環境においては，その環境における親鳥の給餌能力に対応した最適な卵数（ヒナ数）が決まってくると考え，各種の野外実験で肯定的な結果をえた（Lack 1954a, b, 1966）．

他方，親が子を養育せず子が自力で餌をとるような生物の場合は，子の初期のサイズが重要であり，最適なサイズに応じて産卵数（産仔数）がきまると示唆するにとどまり，ラックは，数理的な分析にはいたらなかった．

13.2.2　大卵少産－小卵多産の進化に関する考察

この問題に，数理モデル，グラフモデルによって詳細な理論的，比較生態学的な検討を加えたのは，岸（1979）である．動物の大卵少産－小卵多産の問題は，日本では，下記に示すように日本の進化生態学研究者の大きな誤解もあり，一般的な生物学の解説本も含め，日本では，混乱が続いている．動物の大卵少産－小卵多産の問題に関する解説を下記に示すが，やや専門的に過ぎる部分もあり，興味のない方は読み飛ばしてもらっても構わない．

岸は，卵（仔）の形で放出される生体量総量，卵（仔）1 個当りに配当される平均的な生体量（サイズ）の 2 つの基本量に注目し，与えられた環境のもとで仔（子）の生態量（サイズ）と生存率がどのような関数関係（卵サイズ－生存率曲線）を示すかを，グラフモデルで明示した．さらに，最適卵（仔）サイズが自然選択によって決定されるロジックを明示し，様々な条件のもとでどのようなサイズが最適解になるか，さらには，どのような環境条件であれば大卵，小卵型が同所，側所的に種分化できるか等の解明を進めた．

その様な解明の例として，岸は，大卵－小産，小卵－多産は，自明な対立戦略ではなく，大卵－多産，小卵－小産の適応進化もありえること，あるいは，親による卵保護は卵サイズと独立に進化できるものであり，その場合は，親の保護が微生物，捕食者等による被害を低減できるならば，保護によって最適卵サイズは小型化する可能性がある（ボウズハゼの事例など）とも指摘しており，「栄養条件がよければ小卵多産，貧栄養なら大卵多産となり，これが保護を発達させる基盤となる．」というような，自然選択の理論を介さない，類型的な理解，一般化を批判している（岸 1979）．

しかし，日本の生態学研究においては（例えば：伊藤 1966，1975，1976），この論点はあまり注目せず，**小卵多産**（小さい卵を沢山産む）か**大卵少産**（大きな卵を少なく産む）か，というひたすらに卵の数や大きさばかりが論議される傾向が続き，現在に至っている．

それらの議論は，生態学的な社会進化理論の出発点に，Lack の仮説からの示唆を組込むことを試みている．動物一般に，餌が少なく天敵などの危険の少ない環境では大卵少産，その他の環境では小卵多産の傾向があるとし，さらに前者における大卵少産化が親による子の保護の発達の前提だと主張した．栄養条件が卵（仔）サイズを決定し，卵（仔）サイズが，親の保護行動の発達を左右し，進化を左右するというストーリーは，一見美しい．しかし，何故か卵サイズそのものが選択によっていかに決定されるかという基本問題に対する一般的理解を抜きにしている（岸 2019）．すなわち，伊藤らの大卵少産－小卵多産という議論は，種や個体群の利益が暗黙の前提に議論されていて，遺伝子プール内の多様な形質に関係する多様な遺伝子間の競争という正しい視点（genes-eyes view）がなかったということだろう．

「卵の大きさはいかに決まるか」という問いかけは，当然のことながら，「何で決まるのか」という問いかけと対をなしている．クラッチサイズの単なる類型化による問いかけの次に，「何で決まるのか」という進化学的な本質論議があって然るべきなのにも関わらず，その検討には至っていない研究が多い．「親による子の保護＝大卵少産」，もしくは，「生みっぱなし＝小卵多産」という生活史戦略の単なる類型化の議論には，注意をしなければならない（岸 2019）．

13.2.3　1回繁殖か多回繁殖か

1回の繁殖で生涯の繁殖活動を終わらせてしまうことを**1回繁殖型**：semelparous，生涯の間に何回も繁殖を繰り返すことを**多回繁殖型**：iteroparous と言う（Cole 1954）．河川魚でも，繁殖のために河川を降下して産卵を終えると死んでしまうアユのような魚は1回繁殖型，数年かけて成長した後に，毎年繁殖するオイカワやカワムツなどは多回繁殖型である（Ricklefs & Miller 2000）．

進化的にみて，1回繁殖は，多回繁殖よりも不利なように見える．資源が豊富な環境下で，個体数が急激に増加させている個体群においては，個体群の増加率を高めるには，速い成長，早い繁殖齢，小さな成熟親，多産，短命で，世代の回転を速めるような生活史戦略が適しており，適応度を増加させる．具体的には，農業害虫の多くが，この生活史戦略を採っているとされている（Gotelli, 2008; Futami. & Akimoto 2005）．しかし，餌資源の少ない厳しい環境で，種内競争が激しい，個体群の増殖率が低い種にはこの原則はあてはまらない（Krebs 2009）．

13.2.4 繁殖のコスト

生活史形質のトレードオフの中で，特に注目されてきたものは**繁殖のコスト**であろう．ここでいうコストとは，進化上において適応度を低下させる要因をさす．すなわち，ある個体が，現時点での繁殖へのエネルギー配分を増加させると，生存率，もしくは，成長率が低下し，そのために，将来の潜在的な繁殖率が低下してしまう状態を意味する．どのような繁殖戦略を採れば，進化的に最も有利であるかは，この繁殖のコストの大きさが決定要因となる場合が多い（Lamont 1954; Roff 1992）．

多くの生物にとって，繁殖は多大なエネルギーが必要なばかりでなく，自己の生存維持のための採餌時間を削ったり，天敵から逃避する行動を抑えるなど，多くのコストが必要である．どのような繁殖のパターンが適応度を上昇させるかは，この繁殖のコストの大きさによっている場合が多い．すなわち，繁殖のコストは，現在の繁殖と将来の繁殖とのトレードオフ関係をもたらす（Krebs 2009）．

ここで，動物個体が適応度を上げるために，自らの時間やエネルギーを特定の行為にまわす状態を「投資」と定義しておく．動物は，繁殖のための配偶行動に，多大な時間やエネルギーを投資する種も多い．また，卵の生産や授乳のための母乳生産などに，親は自身の生存や成長に回せるはずの資源を費やす．配偶行動，産卵，保育などのコストによって，繁殖個体の適応度は低下し，将来の繁殖に時間やエネルギーを投資する機会は減少してしまう．しかし，繁殖投資の結果による子の数の増加は適応度の上昇を意味するため，繁殖投資による適応度低下と上昇は，トレードオフ関係にあり，何らかの拮抗点で安定しているはずである（Begon *et al.* 2006）．

一般的に，繁殖コストが小さい場合は，現時点での繁殖を促進することが適応度の上昇有利であり，逆に，繁殖のコストが大きい場合は，現時点での繁殖を抑制し，将来への投資を増やす方が適応度上昇に有利になるであろう．繁殖のコストが大きい条件では，現時点での繁殖が将来の繁殖の機会を大きく妨げるため，一度に少しずつ何回にも分けて子を産む多回繁殖型が有利となる（Ricklefs & Miller 2000）．

もし，捕食者による捕食圧が非常に大きいといった，死亡率の高い環境条下では，繁殖コスト軽減のために繁殖を先延ばしする意味そのものが無くなってしまう．現時点で繁殖抑制することで将来の確実な繁殖が保証されず，適応度上昇には，かえって不利に働く．このような条件下では，繁殖コスト回避が適応度上昇には作用せず，若齢繁殖型や 1 回繁殖型が適応度上昇で有利になる．

渓流魚のヤマメは，通常は体長 30 cm 程度の中型魚で，毎年の繁殖期に何回も産卵する多回繁殖型での生活史戦略を採っている．しかし，一部の個体は，海に下り，数年を経て大型のサクラマスとよばれる降海型として母川回帰し，産卵して寿命が尽きる 1 回繁殖型の生活史を採る．これは，多回繁殖型と 1 回繁殖型の生活史形質の種内多型であり，多回繁殖型の小型個体は，降海して大量の卵が生産できる大型個体に成長するまでに，海洋の大型捕食者にとって捕食されるリスクを避ける生活史戦略を採っていると考えられる．

13.2.5 rK-選択

マッカーサー&ウィルソンは，島の生態系に侵入した動物の生活史を分析する過程で，***r*-選択**と ***K*-選択**という概念を提案した（MacArthur & Wilson 1967）．上記で論じたロジスティック式において，r は**内的自然増加率**を，K は**最大の密度**を，それぞれ意味している．個体群が成長初期の段階で，利用可能な資源が豊富な環境条件下では，個体数は等比級数的な増加を示す．このような条件下では，r 値を最大化するような自然選択が働くだろう．このような自然選択を，r-選択とよんだ．しかし，個体群密度が環境収容能力の限界値である K 値近傍にある個体群においては，種内の厳しい個体間競争が生じ，単純に「産めよ増やせよ」の方式では適応度を高めることができない．少数の子を産み，成熟までの死亡率が低くなるような生活史をもつように自然選択が働くだろう．このような自然選択を K-選択と呼んだ (MacArthur. & Wilson. 1967)．

r-K-選択説は，生物の生活史戦略が，r もしくは K を大きくする方向に進化すると仮定しているため，r 戦略的な生活史形質と K 戦略的な生活史形質の間にトレードオフ関係が存在すること示している．すなわち，相対的に，r 戦略者は，種内競争の能力よりも，繁殖能力を優先的に高めた種，K 戦略者は，繁殖能力よるも，種内競争の能力を高めた種と言い換えることもできる (Pianka 1978)．

13.3　生活史形質の適応的表現可塑性

13.3.1　表現型可塑性

気温，日長の変化，もしくは，受容可能な化学物質の濃度等，生物にとって将来の環境変化が予測可能な場合，それらの環境が変化する何らかの予兆が生じると，生物は，個体の成長段階において生活史形質や形態そのものを変化させる場合がある (Grasswitz.& Jones 2002)．

例えば，オオミジンコやカブトミジンコは，頭部の形態に，丸い「丸型」と頭の先が尖った「尖頭型」の 2 型が知られている（図 13.6）．普段は丸型だが，ミジンコ類の有力な捕食者である蚊の一種であるフサカ類の幼虫が出現すると，フサカ幼虫の発する化学物質が刺激となって尖頭型に成長する．体外に発せられるごく微量の化学物資が，他種の生理活性に対し重大な影響を及ぼす場合，その化学物質を**アレロケミカル**：allelochemical とよぶが，この関係では，受容者側に利益を与え産出側にはメリットがない事例で，その化学物質を**カイロモン**：kairomone と言う．フサカ幼虫の出すカイロモンによってミジンコ類の体内代謝が変化し，尖頭型の形態に変化する．この形態は，フサカがミジンコを捕食しようとする場合，尖頭がフサカ幼虫の口に引っかかり，捕食回避に役立つ (Dodson 1989)．

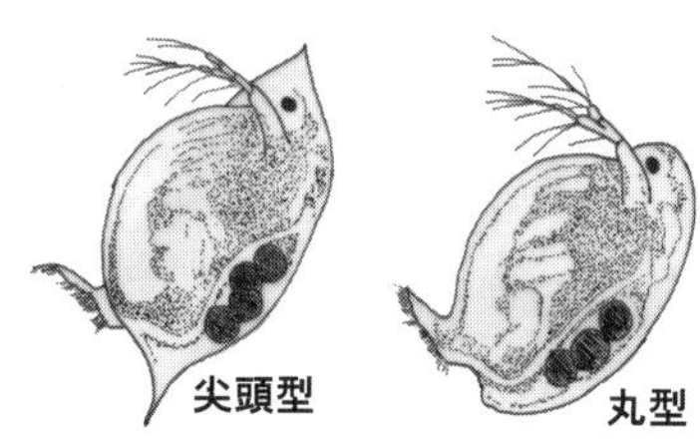

図 13.6　オオミジンコの丸い「丸型」(右) と頭の先が尖った「尖頭型」(左) の 2 型．通常は丸型の形態をとるが，捕食者フサカの存在によりフサカから出るカイロモン物質に反応し，尖頭型が出現する．Dodson (1989) に基づき修正し作成．

このような形態の変異は，形態的にきわめて大きな差異ではあるが，あくまで環境変異であって，遺伝的な差異に基づく表現型の違いではない．つまり，ミジンコ類では丸型と尖頭型の 2 種類の遺伝子型が集団に多型状態で混在しているのではなく，すべての個体が 2 種類どちらの表現型も発現できる能力があり，環境条件によって 2 種類の表現型を切り替えて発現している．同じ遺伝子型をもつ個体が，環境条件の違いによって，発現する表現型を切り替えることを**表現型可塑性**：phenotypic plasticity と言う (Price *et al.* 2003)．これは，異なる遺伝子型が同一集団内に混在することによる，発現する表現型の違いに基づく遺伝的多型とはまったく異なった現象である (Kelly *et al.* 2012)．表現型可塑性という生活史形質に対する自然選択は，環境の変動が生物にとって予測可能な範囲であることが条件となっている．

13.3.2　反応基準

環境の変化に対して，生物が形態変化だけではなく，生活史形質そのものにおいて，複雑で量的な反応を示す場合もある．環境変化に対する形質の量的な反応を**反応基準**（**反応規格**）：reaction norm と言う（Lewontin & Levins 1985; Lewontin. 2000）．

多くの魚類や両生類の種では，繁殖を開始する性成熟のタイミングは，体の大きさによってほぼ決まっている．しかし，魚類では，体サイズは可塑性が高く，食物が不足した環境条件では成長率が著しく低下する．例えばアマゴ（サツキマス）の繁殖では，様々なサイズでの繁殖が観察されている（田子 2010 等）．アマゴの繁殖サイズのばらつきは反応基準によるものと考えられる．

成長が遅れるのは，食物不足という生理的制限の必然的な結果であるのかも知れないが，食物が不足した環境条件では，繁殖可能な体サイズまで成長することなく，体が小さいうちから繁殖を開始してしまっている．この現象は，進化的な適応度の増加という観点から以下のように説明できる．食物が少なくて成長が遅い環境条件では，通常のサイズにまで成長する時間がかかるため，それまで待っていたのでは，天敵からの捕食などによって生存率が低くなってしまうだろう．このため，食物が少ない条件では，繁殖開始サイズを小さくし，死亡して繁殖そのものが不能になるリスクを減らしていると考えられる．この仮説は，ブルーギルの繁殖サイズの違いの観察によって証明されている（Gross & Charnov 1980）．

13.3.3　適応的表現可塑性

適応的な表現型可塑性は，様々な環境変化に対応するために進化してきた生活史形質ではあるが，環境に対する遺伝的変化を伴う適応進化に取って代わることはできない．つまり，表現型可塑性によって生じる生活史形質や形態の変異の幅は，適応進化によって生じる変異の幅よりかなり狭いからである．表現型可塑性によって，短いブタの首がキリンのように長くなったり，ウマがカバのように水中生活をするようにはならない．

表現型可塑性は，もちろん遺伝子によって支配された形質であることは間違いないため，この表現型可塑性が適応度を増加させる自然選択の結果であり，その場合，特に**適応的表現可塑性**：adaptive phenotypic plasticity と言う（DeWitt *et al.* 1998；岸田・入江 2007）．

表現型可塑性は，遺伝的な変化を伴わずに形質が適応的に変化することから，表面的には自然選択による適応度を上げる進化とは異なる機構のように観察される場合があり，それを以って「ダーウィン流の進化論が否定された.」と主張する事例が後を絶たない．ここで強調しておかなければならない点は，この適応的表現可塑性が，あくまで形質発現の範囲内での環境応答であるということである．適応的表現可塑性は，環境の変化が遺伝的形質に影響を与え，それが子孫に伝わる獲得形質による進化とは原理的にまったく異なるという点に注意しなければならない．

13.3.4　単為生殖

第 I 部第 3 章で述べたように，生物において，オスとメスが交配することなしに繁殖する生殖様式を**無性生殖**：asexual reproduction と言う．性がありどのように交配してオスメスで繁殖するのかを**性配分**と言う．有性生殖が行われる様々な様式のことを**性表現**：sex allocation と言う（Charnov 1982）．挿し木のように自らの体の一部を新たな別個体として生産された，元個体と遺伝的に同一の個体をクローンとよぶ．

害虫としてよく知られているアブラムシ類は，飛来したメスは，オスと交配することなく，遺伝的に自分とまったく同一のメスの子だけを自分のクローンとして産み，子が成長するとまたメスの子だけを生産する．このようにメスがオスと交配することなくクローン繁殖することを**単為生殖**：parthenogenesis / apogamy と言う．単為生殖は無性生殖の一種である．

単為生殖によって生産される性がメスのみの場合は，**産雌性単為生殖**：gynogenic parthenogenesis（増殖相のアブラムシ類やミジンコ類など），生産される性がオスのみの場合は，**産雄性単為生殖**（ハチ類やアリ類など）と言う（産雄性単為生殖の詳細：⇒第III部第23章を参照）．

しかし，単為生殖などの無性生殖を行う多くの種も，有性生殖をときどき行わなければ，遺伝的な理由で系統が存続できない（その進化的な意味づけ：⇒第III部第27章で詳述する）．アブラムシの場合は，食物不足など，環境条件が悪くなると，**産性虫**とよばれる雌雄を生産する子を産むようになる．さらにその産性虫が有性生殖するオスとメスを生産する．それらのオス・メスは有性生殖を行い，子を生産する．その様な雌雄性のある状態の型を**有性型**と言う．

ミジンコ類やアブラムシ類，ワムシ類のように単為生殖をする種が知られているが，ワムシ類のような例外的な事例を除き，これらの種は有性生殖と無性生殖を繰り返す**周期的単為生殖**の種である（Charnov 1982）．

単為生殖は大まかに2種類の様式に分けることができる．1つは，減数分裂が起こらない様式で，子はすべて親のクローンとなる．このような生殖法を**アポミクシス**（**無融合生殖**）と言う．ミジンコやアブラムシは，アポミクシスによって単為生殖を行う．一方，あらかじめ倍加しておいた染色体を，体細胞分裂と同じしくみによって分離する様式を**エンドミトシス**（**核内有糸分裂**）と言う．エンドミトシスでは，相同染色体の分離によって親と違った遺伝子型をもつ子が生まれる可能性が生じる（Charnov 1982）．

13.3.5　雌雄同体

明確に雌と雄が個体ごとに分かれていることを雌雄異体と言い，ミミズ類やマイマイ類（カタツムリ類）のように，同一の個体が雌雄の生殖器官をもっていることを**雌雄同体**：hermaphrodite と言う．雌雄同体の動物であっても，自分の精子で自分の卵を受精させる**自家受精**：self-fertilization の事例は，他個体が存在しない条件下のような緊急避難的な状況に限られている．通常は，交尾を行い，交尾相手と精子の交換を行い，卵を受精させる．何故，精子交換というエネルギーを使う様な，適応度を下げる行動を採るのかは，有性生殖の進化と同様な自然選択がかかっているためと推定されている（Tompa 1984）．

雌雄同体のカタツムリ類の場合，多くの種は，成熟と同時に，卵と精子を同時に生産できるようになる**同時的雌雄同体**：simultaneously hermaphrodite である．しかし，アフリカマイマイのような一部の種では，先に精子だけを生産するようになる**雄性先熟**：protandry の成熟様式を取る．これは，サイズアドバンテージモデルで説明可能である（Ghiselin 1969; Warner 1975）．すなわち，サイズの小さい時期に死亡率が高く，卵に比べて生産エネルギーが低い精子生産を先に行い，適応度を高める生活史戦略を採っていると推定されている（Tomiyama 1996）．逆に，ハワイマイマイ類のように卵を先に生産するようになる**雌性先熟**：protogyny を採る種も知られている（Tompa 1984）．

13.3.6　栄養繁殖

配偶子や胞子のような，生殖のための細胞を用いない生殖様式を**栄養生殖**：vegetative reproduction / vegetative propagules と言う（Swingle 1940）．栄養生殖は，一般には，竹やチガヤなどの地下茎や，ヤマイモ類のムカゴなどで**クローン繁殖**（**栄養繁殖**）：clonal propagation を行う植物において生態学的な研究が非常に進んでいる（McKey *et al.* 2010 等）．クローン繁殖とは，減数分裂によって産出された配偶子の接合を経る繁殖ではなく，体細胞の一部がそのまま別個体となる繁殖様式を言う．動物では，海綿動物門のカイメン類，刺胞動物門のサンゴ類やヒドロ虫類，外肛動物門のコケ虫類，内肛動物門のスズコケムシ類，脊索動物門のホヤ類やサルパ類，および，半索動物門のフサカツギ類などが栄養繁殖で増殖することが知られている（Charnov 1982）．しかし，栄養繁殖動物の生態は，植物ほどには研究が進んでいないのが現状である．

第 14 章

動物の生理生態

14.1 動物の資源としての食物

14.1.1 動物の食物によるエネルギー摂取

動物にとっての資源は，配偶者，食物，生活場所，および，時間であるが，その中でも食物は活動のためのエネルギーを得る資源である．動物にとって，エネルギー源としての食物は，すべて，他生物由来の有機物である．無機物からエネルギーを得る動物は知られていない．

活動のためのエネルギー源となる化合物は，おおざっぱに分類分けすれば，炭水化物，タンパク質，および，脂質の三大栄養素ということになる．これらの物質は，炭水化物と脂質は，C，H，O の元素から成っており，最終的な代謝分解産物は，H_2O と CO_2 である．タンパク質は，さらに N が加わり，最終分解産物に，アンモニア，尿素，および，尿酸が加わる．

動物のエネルギー代謝のエネルギー源として，どの物質が消費されているのか，おおざっぱに推定する手法として**呼吸商**の測定と計算が行われる．呼吸商は，消費した O_2 1 リットルあたりに排出された CO_2 の容積比，すなわち，CO_2/O_2 で表され，RQ と略される．RQ 値は，炭水化物は 1.0，脂質は 0.71 で，タンパク質は 0.74〜0.81 の間の数値を示す．排出された N の量から，代謝されたタンパク質の量は推定可能である．炭水化物と脂質の代謝量は，呼吸商の値から，両者の比率が概算可能であることが解っている（斉藤 2000）．

動物は，食物を得るため探索や摂食のために多くの行動エネルギーと時間を消費する．動物は，最低限のエネルギーと時間で最大限の食物を得ようと最節約的な生活史戦略を採っているとも言える．これは，摂取するエネルギーを最大化することを意味しており，**摂取エネルギー最大化則**として知られている．摂取エネルギー最大化則は，E_f は食物から得られるエネルギー，E_s は食物を探し，食べ終えるのに要するエネルギー，T_s は食べ物を探し終えるまでの時間，とした時に，適応度を上げるために，

$$\frac{(E_f - E_s)}{T_s}$$

を最大化するように生活史形質が進化してきたことを意味する．

14.1.2 動物の食性

動物の食べ物は，多種多様である．動物が何を餌としているかは，その動物の**食性**と言う．動物を食べている動物の食性は，**肉食性**，植物を食べている場合は，**草食性**，および，落葉落枝や遺骸などを食べている場合は，**腐食性**などとよばれる．その種の食性が草食性の場合は，葉を食べている種は葉食性，材の部分を食べていれば材食性，根を食べていれば，根食性などと，さらに細かく分類分けすることもある（斉藤 2000）．

生理学者のシュミット=ニールセンは，動物の食性と，それを摂食するための口や口器，および，摂食様式を表にまとめたものを示した（表 14.1）．この表から，動物の食性，摂餌器官，および，摂餌方法が非常に多種多様であることが解る (Schmidt-Nielsen 1975)．

食物対象とする餌種が多種多様である動物の食性を**広食性**：polyphagy，特定の狭い餌種しか食べない食性を**狭食性**：oligophagy，単一の餌種のみを食べる食性を**単食性**：monophagy と言う (Ricklefs 2000)．例えば，クワしか食べないカイコガは単食性であり，広く広葉樹全般を食べるアメリカシロヒトリは，広食性と言える．

表 14.1　動物の食性と，それを摂食するための口や口器，および，摂食様式を表にまとめたもの．斉藤ら (2000)「生態学への招待」開成出版社に基づき修正し作成．

食物の大きさと種類	摂食のための器官や方法
I 小さな粒子	1. 食胞の形成（アメーバ、放散虫） 2. 繊毛の使用（繊毛虫，海綿動物，二枚貝，オタマジャクシ） 3. 粘液トラップの形成（腹足類，尾索類） 4. 触手の使用（ナマコ） 5. 剛毛やろ過器（ミジンコなどの小型甲殻類，ニシン，ひげクジラ類，フラミンゴ，ウミツバメ）
II 大きな粒や塊	1. 動かない塊の摂食（腐食性動物，ミミズ） 2. 削る，かむ，孔穴をあける（ウニ，カタツムリ，昆虫，脊椎動物） 3. 獲物を捕らえ，飲み込む（刺胞動物，魚，ヘビ，鳥，コウモリ）
III 液や軟らかい組織	1. 植物の体液や蜜を吸う（アブラムシ，ハチ，ハチドリ） 2. 血液を吸う（ヒル，ダニ，昆虫，血吸いコウモリ） 3. 乳を吸う（ほ乳類の幼児） 4. 外部消化（クモ） 5. 体表からの吸収（内部寄生虫，条虫） 6. うすい溶液からの吸収
IV 栄養素の共生的供給	1. 細胞間共生藻類（ミドリゾウリムシ，海綿動物，サンゴ類，ヒドラ，シャコガイ）

14.2　動物の時間制御：休眠，生物時計

14.2.1　休眠

休眠とは，動物の生活史形質の 1 つであって，生活史における一時期に，体の成長，発生過程，および，身体的な活動が，一時的に休止するような状態をさす．休眠の期間中，その動物は，代謝活動を低下させることで，エネルギーを節約している (Humphries *et al.* 2003; Geiser 2004)．その意味で，休眠も第 II 部第 13 章で述べた適応的表現可塑性の 1 つの形態とみなすこともできる．

休眠は，動物群によって日本語の用語が混乱している．休眠とは，大きく分けて，環境の温度低下に伴う**冬眠**：hibernation と，温度上昇や乾燥化に伴う**夏眠**：aestivation とに大別できるが，それ以外に，害虫研究などの応用昆虫学で用いる休眠：diapause という定義も存在する．

昆虫学で言及される休眠 = ダイアポーズ：diapause は，遺伝的な生活史形質の 1 つで，気温変化や日長変化などの環境変化の刺激に伴って，近い将来の環境変化を予測し，代謝を低下させ，発生休止状態に変化させる現象を指している．昆虫のダイアポーズは，卵，幼虫，マユ，および，成体などのあらゆる

発生ステージで生じている (Tauber *et al.* 1986; Chapman 1998)．このように環境条件に応答して誘導される休眠を**外因性休眠**とよぶ．一方，年に1回しか発生しない種，例えば早春に発生するギフチョウや，秋になると鳴き始めるコオロギ類やキリギリス類などは，生活史の特定のステージで必ず休眠する．これを**内因性休眠**とよぶ (神村 2015)．

恒温動物の中で，体サイズが小さいため，相対的に体表面積の大きな小動物は，低温時に熱生産を得るために，大量の食物を得なければならなくなる．しかし，十分に食物が得られない場合は，エネルギー不足に陥り，凍死の危険性が高まる．このため，ハチドリ類やコウモリ類では，エネルギー節約のために，日周行動の中において，一時的に体温を下げ，代謝を落とし，体温を環境温度まで低下させる時間帯を設ける生態を採っている種が存在する．このような時間的異温性の状態を**デイリートーパー**と言う．ハチドリ類は眠っている夜間にデイリートーパーとなり，コウモリ類は昼間にデイリートーパー状態となっている (Geiser 2004)．

さらに，冬期の食料確保が困難で，低温期を過ごさなければならないリス類，ヤマネ類，ネズミ類，コウモリ類などの恒温動物には，体温を下げ，活動を停止させてしまう，**冬眠**の生態を採る種も多く知られている (Galster & Morrison 1975; Watts *et al.* 1981; Barnes 1989)．

14.2.2 生物時計

生物体内に存在する時間的周期性のある代謝発現機構を**生物時計**：biological clock とよぶ．動物の生物時計の中でも代表的な存在が，地球の1日の自転周期に対応した**概日リズム**：circadian rhythm：**サーカディアン・リズム**とよばれるものである．概日リズムは，原核生物であるシアノバクテリア類から，脊椎動物まで，非常に多くの生物に存在することが確認されている．概日リズムの制御機構は，動物によって異なるが，哺乳類では，大脳の視交叉上核に存在する (Gumz 2016)．時計遺伝子とよばれる遺伝子群が，振り子タンパク質を生産し，そのタンパク質の生産と生産抑制が振動することで，約24時間周期の生物時計を形成しているとされている (Bernard *et al.* 2007)．ヒトの自由継続周期は，約25時間であるが，朝の強い光を浴びることで，大脳の**松果体**のホルモンである**メラトニン**の分泌が促進され，概日時計の周期をリセットしている．メラトニンは，太陽の光を浴びてから15〜16時間後に分泌され，眠気を誘って睡眠を誘導する (Cromie 1999)．

図14.1は，小笠原諸島父島において，振動センター付電波発信機を装着したアフリカマイマイの日周活動を記録したグラフである．本種は基本的に夜行性を示し，日没（18時）後約3時間後から夜間を通じて活動することが判るが，日の出（6時）と共に急速に活動停止する (Tomiyama & Nakane 1993)．ただし，この日周活動は晴天時の条件下に限られ，雨天時には日中も活動するなど，本種は厳密な意味での概日リズムに拘束された活動は示さない．

動物の時間周期のある内因性のリズムとしては，1年周期の**概年リズム**が知られている (Murphy 2019)．また，潮汐周期（12.4時間）に応じた**概潮汐リズム**：tidal rhythm や (Bos *et al.* 2011)，大潮と小潮の月齢周期（14.8日間）に応じた**概半月周リズム**なども知られている (Bos Gumanao 2012)．

日本の潮間帯干潟に生息するフトヘナタリは，干潮時は，潮間帯中部の上部において，主に落葉落枝のセルロースを主に食べている．しかし，満潮時には，水を嫌い，マングローブ林の樹幹やアシの茎によじ登って水没を避ける行動をとっている (谷口ら 2019)．満潮が押し寄せる前から樹幹に登り始めており，本種の木登り行動は，潮汐周期に同調した概潮汐リズムとなっている（図14.2）．

大潮と小潮の月齢周期に同調した概半月周リズムは，サンゴ類の一斉放卵，潮間帯上部におけるクサフグの集団産卵，オカヤドカリ類の大潮時の海岸における一斉放卵などの多くの海産動物の産卵行動で

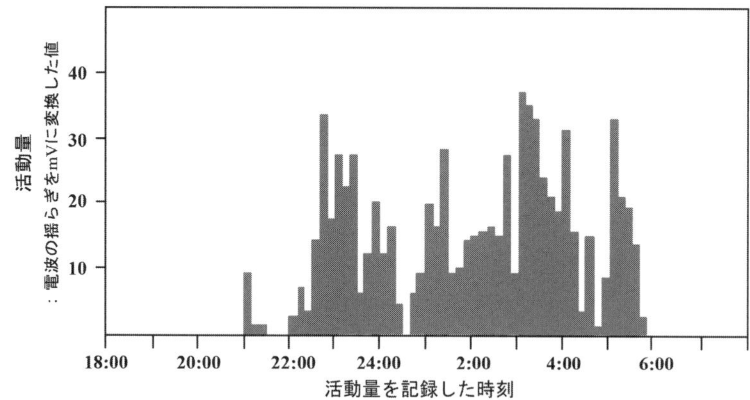

図 14.1　振動センサー付電波発信機を装着したアフリカマイマイから得られた日周行動．横軸は時間．縦軸は活動の度合い：電波の揺れをミリボルト単位の電圧の揺れに変換した値．Tomiyama & Nakane (1993) から引用転載．

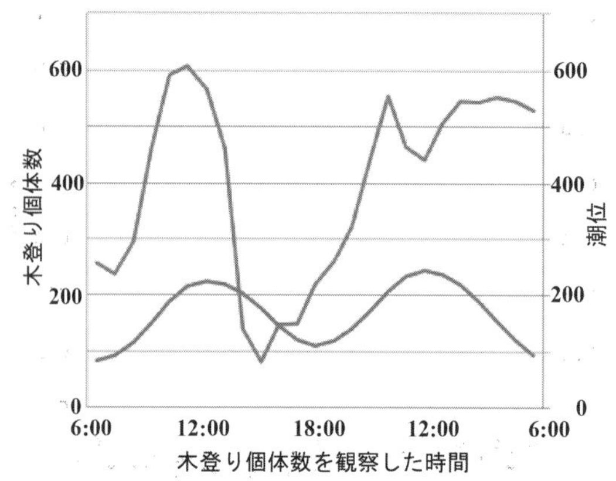

図 14.2　フトヘナタリの概潮汐リズム．薄い線（上）：満潮を避け，干潟表面からメヒルギの樹幹に登っているフトヘナタリの個体数．濃い線（下）：潮位の変化．木登り個体数と潮位変化の変動が時間的にずれており，満潮を予測して行動していることが解る．鹿児島県喜入町の北限のマングローブ林で観察．谷口ら (2019) から修正転載．

観察される（Zimecki. 2006）．

概周期リズムとは異なるが，動物個体の内部生理の周期によって周期的行動が生じる場合がある．哺乳類の排卵周期に基づく生態変化はよく知られている．繁殖が特定の季節に限られず，一定間隔で周期的に生じている動物では，擬似的な概周期リズムを示す事例がある．軟体動物のアフリカマイマイは，雌雄同体であるが，若齢成熟個体は精子しか生産できず，完全に成熟した後に精子と卵を共に生産するようになる（冨山 2019）．図 14.3 は，電波発信機を装着した野外個体の交尾行動を毎日追跡したグラフである．完全成熟個体のすべてにおいて，交尾のインターバル日数が 12 日前後とかなり間隔が空く事例が存在する．これは，剖見結果や配偶者選択行動の結果から，本種の産卵周期が約 10 日～2 週間であり，産卵体制に入らないと交尾行動を起こさないからだと判明している（⇒第 III 部第 25 章も参照）．産卵体制に入ると毎日集中的に数日間交尾を繰り返す．精子しか生産しない若齢個体は周期性を持たずにほぼランダムに交尾を繰り返している（冨山 2019）．

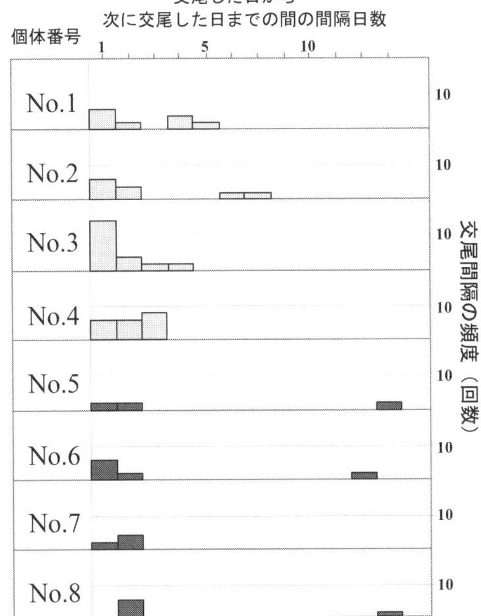

図 14.3 雌雄同体のアフリカマイマイの交尾間隔の日数．No1〜No.4 は精子のみ生産する若齢成熟個体．No.5〜No.8 は精子と卵子の両方を生産する完全成熟個体．冨山 (2019) から引用転載．完全成熟個体には約 12 日間の間隔が必ず生じている．

コラム　アフリカマイマイの日本への導入

アフリカマイマイ *Achatina* (*Lissachatina*) *furica* (Ferussac, 1821) はアフリカ東部海岸のモザンビーク付近が原産の大型のデンデンムシである．世界各地への分散は，食用としてアフリカ大陸本土から，18 世紀にマダガスカル島に持ち込まれたのが最初と言われている．19 世紀には，結核に効くという迷信によって，薬用として，インド洋の島々やセイロン島に持ち込まれまた．その後，インドを経由して，東南アジア全域，ハワイ諸島や太平洋全域に広がった．

日本へは，1932 年，シンガポールから 12 個体が台湾に持ち込まれたのが最初とされる．その後，「農家の副業として食用カタツムリの養殖！」として大々的に宣伝され，昭和大不況下だった全国の農家がこれに飛びついて各地で養殖された．1932 年には，既に東京の夜店でアフリカマイマイが売られていたことから，全国への拡散は短時間で急速だったようだ．しかし，本種は，食用としての販路がなく，1936 年には有害動物指定され，飼育が禁止された．現在，日本では，沖縄県，奄美群島，小笠原諸島で定着している．

本種は特殊病害虫指定されており，生息が確認された場合，農作物の移動が制限されることから根絶させる必要があるため，ときどき，本土への侵入が確認されるとニュースになることがある．2007 年 10 月に鹿児島県本土の出水市と指宿市において，本種の生息が確認され，大騒ぎとなった．写真は，2007 年 11 月 14 日に指宿市で行われたアフリカマイマイの発生現況緊急調査の様子である．左上：アフリカマイマイの発生していた温室で見つかった稚貝，左下：本種の発生した温室の調査，中上：温室付近のヤブで見つかった幼貝，中下：ヤブ地の調査，右上と右中：陸産貝類用の誘引トラップ，右下：発生地付近の温泉の川が地温を上げていた．

第 15 章

種間競争，競争排除則，ニッチ分化，空間利用

15.1　資源としての食物・空間・時間

15.1.1　資源としての食物，空間，および，時間

生物にとっての資源とは，ベゴンによれば，生物体を作るための食物，生物活動に使われるエネルギー（動物の場合は食物），および，その生活が行われる空間としての場所である（Begon *et al.* 1986）．これは，ティルマンが指摘するように，生物活動や環境要因と共に減っていくものという意味合いが強い（Tilman 1982）．ショーナーは，動物についてはさらに広く考え，時間もこの資源に含めている（Schoener 1974）．すなわち，活動時間をずらせば同所的に複数種が生息可能になるからである．図 15.1 は，南米のフランス領ギアナにおいて，活動時間を分けることで同所的に生息している *Hylesia* 属に属するガの活動時間の頻度分布グラフである（Lamarre *et al.* 2015）．13 種のガが微妙に活動時間をずらしながら共存していることが判る．

動物にとっての資源とは，大きく分類分けすれば，生息場所，食物，および，時間である．さらに細かく分類すれば，生息場所はマクロ的な広がりを持った場所やミクロ的な微小生息場所に分けられ，食物は，大きさや摂食タイプなどに分けられ，時間は，季節的な時間分類や 1 日の時間分類などに分けられる（Schoener 1974）．これらは，動物の種の間の**資源分割**において，住み分けや食い分けをすることによって動物が互いに競争をやわらげていると理解されている．

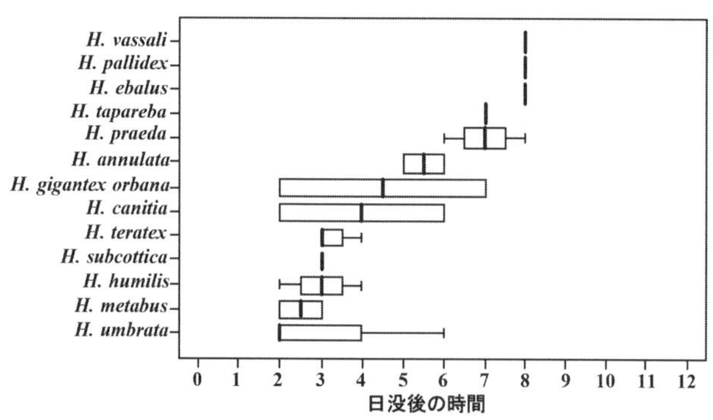

図 15.1　活動時間を分けることで同所的に生息している *Hylesia* 属のガの 13 種の活動時間の頻度分布．フランス領ギアナにおける 2010 年 1 年間の調査結果．横軸は日没後の時間．中央部の濃い線は活動時間のモード値，四角は標準偏差，横棒は時間分布域をそれぞれ示す．Lamarre *et al.* (2015) からの数値データを用いて描画．

15.1.2 生態的地位（ニッチ：niche）

自然界において，多くの種は，これらの限られた資源をめぐって競争関係にあると見なされる．異なる種の間で生じる競争のことを**種間競争**：interspecific competitionと言う．それぞれの種が必要とする資源の要素と生存可能な条件の組合せを，**ニッチ（生態的地位）**とよぶ．ラックは，北アメリカとヨーロッパにおいて，同じニッチを占めている別種どうしのシジュウカラ類の形態比較の結果，生息種の形態や生態が，ほぼ1対1対応になっていることを示した．シジュウカラ類は，林内の樹冠部分で採餌を行うが，くちばしの大きさと形は採餌場所と餌の型にほぼ完全に対応していることを示した．それぞれのヨーロッパ種には，大きさとくちばしの形態が同じだけでなく，採餌の様式も同じ北アメリカの対応種が存在している (Lack 1971)．

ニッチは，生息場所の微小環境（木の梢か根元か，土壌の表層か深層か等），時間帯（昼間，夜間，薄明薄暮など），および，食物のサイズや種類などを基準にし，比較のために数値を用い，量的に表されることが多い．ニッチという用語が一般的になり，生物群集の理解のために汎用されるようになったのはハッチンソンが用いて以降である (Hatchinson 1957)．図15.2は，ハッチンソンによるニッチ概念の模式図である．横軸に餌サイズをとり，縦軸に活動できる気温をとった二次元空間の中に，種Aと種Bの生息可能域が示されており，その範囲がその種のニッチということになる．ここで，互いのニッチが重なり合った環境条件で種間競争が生じ，一般に，ニッチの重なりが大きい種の間では種間競争が厳しくなるとされている．さらに，もう1つ条件が加われば，三次元におけるニッチとなり，立体で示すことになる．三次元以上は図示できないが，現実には，動物の種間では，さらに多くの環境条件が存在していると考えられている (斎藤 2000)．

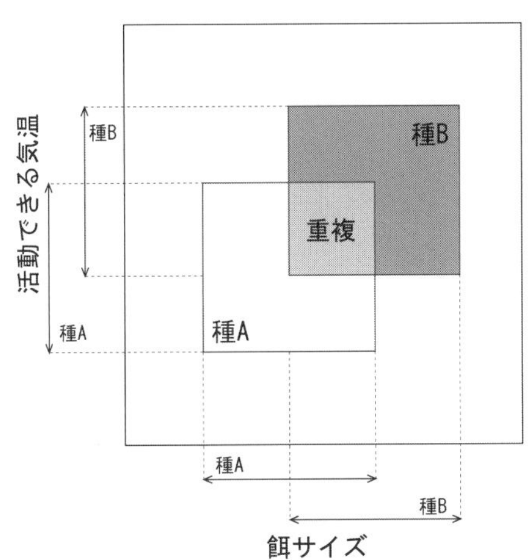

図15.2 ハッチンソンによるニッチ概念の模式図．横軸に餌サイズと縦軸に活動できる気温をとった二次元空間の中に，種Aと種Bの生息可能域が示されており，その範囲がその種のニッチということになる．

15.1.3 競争排除則（ガウゼの法則）

利用資源が限られている場合，もしくは，同じニッチをめぐって2種類の生物が競争した時に，一方の種が排除されてしまう事例が多い．この現象の解釈として，ガウゼは，「同一のニッチを共有する2種は，その平衡状態において，長くは共存できない．」という**競争排除則**：competitive exclusion principle（**ガウゼの法則**：Gause's law of competitive exclusion）を提唱した (Gause 1932, 1934)．ガウゼの法則は，後段で解説するロトカ・ヴォルテラの競争式によって数理モデルとして説明可能になった．

ガウゼは近縁なゾウリムシ類2種を培養液の中で培養し，簡単な共存実験を行った．最初は，*Paramecium caudatum*（ゾウリムシ）が数を増やしたが，やがて，*Paramecium aurelia*（ヒメゾウリムシ）が密度を増やしてくると，*Paramecium caudatum*（ゾウリムシ）は密度を減らし，24日後には消滅してしまった（図15.3上）．しかし，*Paramecium caudatum*（ゾウリムシ）と *Paramecium bursaria*（ミドリゾウリムシ）を一緒に飼育すると共存が続いた（図15.3下）．ゾウリムシ類の *Paramecium caudatum*（ゾウリムシ）を *Paramecium bursaria*（ミドリゾウリムシ）と共に，大腸菌と酵母を混ぜた培地で飼うと，*Paramecium caudatum*（ゾウリムシ）は浮遊層で大腸菌を摂食し，*Paramecium bursaria*（ミドリゾウリムシ）は底層で酵母を食べるため，生活空間が分離することで，異なったニッチで生活するようになり，両者は共存することができた．このように，2種間の競争とその結果としての共存のために，ニッチが2つ分かれることを**ニッチ分割**と言う．

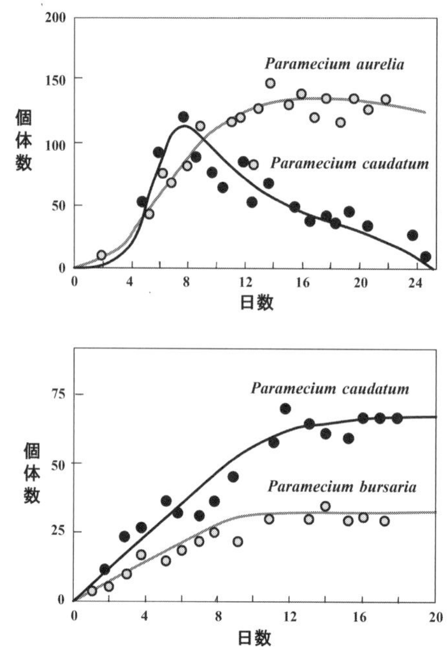

図15.3　ゾウリムシ類2種を同所的に飼育した結果．上：ゾウリムシ類2種 *Paramecium caudatum* と *P. aurelia* は共存できず，*P. caudatum* が消滅した．下：*P. caudatum* と *P. bursaria* を一緒に飼育すると共存した． Gause (1934) の論文のデータからを描き直す．

15.1.4　競争の定義

生態学における競争とは，一般用語に用いられる競争とは異なり，同じ栄養段階にある生物間相互作用に限って狭く定義される．クレメンツ & シェルフォードは，「生物学的競争は，同種の2個体，もしくは，それ以上の個体による種内競争，あるいは，同じ栄養段階の2種，もしくは，それ以上の種の成員が，現実に，または，潜在的に有限な共通の資源や要求物を能動的に求め合うこと．」と定義した（Clements & Shelford 1939）．エルトン & ミラーは，「種間競争は，その概念のより限定された使い方では，ある種が干渉のプロセスによって，すなわち，その競争相手の増殖率を減じ，あるいは，死亡率を高めることによって，他の個体群に影響を及ぼす状況を意味する．」と定義した（Elton & Miller 1954）．いずれにしても，二者の必要とする資源が有限で，それを奪い合うあう状態が定義の核心となっている（菊池 1974）．

アリ類の種間競争を研究したブライアンは，競争の内容を，**取り合い型競争**：exploitation competition と**干渉型競争**：interference competition に分けた（Brian 1956）．取り合いとは，「ある種が未利用の資源を見つけ，占め，保持する能力.」，干渉とは，「ある種が，他種の他種の個体を攻撃することによって，より直接的に，あるいは，その資源を損ない，それに近づくのを妨げることによって，間接的に他を害する能力.」と定義している（菊池 1974）．

15.2　ニッチ分割と形質置換

いくつかの種が，特に近縁種どうしが同所的に生息している場合，自然をめぐって競争が生じることが推測される．鹿児島県の河川の河口付近には，底生の巻貝として，イシマキガイとカワニナが同所的に生息している場所がある．カワニナが単独生息する川の上流部では，カワニナは，川底の基質として岩表面にのみ生息しているが，イシマキガイとの共存している川の中流部では，イシマキガイが岩表面に生息するため，カワニナは岩表面以外に砂泥地にも生息していた．言い換えれば，2 種が同所的に生息する場所では，生息空間の資源分割が生じており，カワニナはニッチを広げたと言える（表 15.1）．ちなみに，イシマキガイのみが生息している河口では，イシマキガイは岩表面のみに生息していた．この傾向は季節を通じて変わらなかった．統計解析の結果，イシマキガイは，岩表面の生息域選好性が非常に強く，カワニナは，岩表面の生息選好性が強いもの砂泥地に選好性もあることが解った（古城・冨山 2000）．

表 15.1　カワニナとイシマキガイのニッチ分け．8 月の鹿児島県五位野川において川の上流・中流・河口で 50 × 50 cm 方形区 20 区画中の生息数を 2 種間で比較．カワニナは上流の単独生息域では石の上を好んだ．中流ではイシマキガイが石の上を好むため，カワニナは生息域を砂泥地に広げた．イシマキガイは河口の単独生息域では石の上を好んだ．古城・冨山 (2000) から転載．

		カワニナの総生息数	イシマキガイの総生息数
川の上流部 カワニナが単独生息	川の石の上	41	0
	川の砂泥地	0	0
川の中流部 2種が同所的に生息	川の石の上	24	230
	川の砂泥地	12	0
川の河口部 イシマキガイが単独生息	川の石の上	0	394
	川の砂泥地	0	0

図 15.4 は，東南アジアのマレーシアにある熱帯雨林におけるリス類 5 種の採餌場所を示している．*Sundasciurus tenuis*（ホソスンダリス）は，熱帯雨林の下層部で餌を採っているのに対し，*Callosciurus notatus*（バナナリス）は中層部，*Ratufa bicolor*（クロオオリス）は頂上部で採餌を行っている．これら 5 種の近縁種リス類の採餌場所を比較すると，それぞれの種が少しずつ採餌場所をずらしている．つまり，ニッチをずらすことによって，熱帯雨林の同所的な採餌場所環境において共存していることがわかる（Paine 1980）．このように，東南アジアの樹上性のリス類は，熱帯雨林の樹冠部において採餌場所をずらすことで複数種による同所的な共存が可能になっていることが解っている．図 15.5 は，マレーシアのクアラルンプール近郊にあるウルゴンバックの森という熱帯雨林において，ワキスジリス，バナナリス，ハイガシラリスという 3 種のリス類が林冠部において生息場所ニッチを分割している模式図である．これは，採餌空間というニッチを分割して共存を図っている典型例である（田村 1995）．

鹿児島湾の干潟には，ウミニナ，カワアイ，ヘナタリ，フトヘナタリという生息地を共有する近縁種

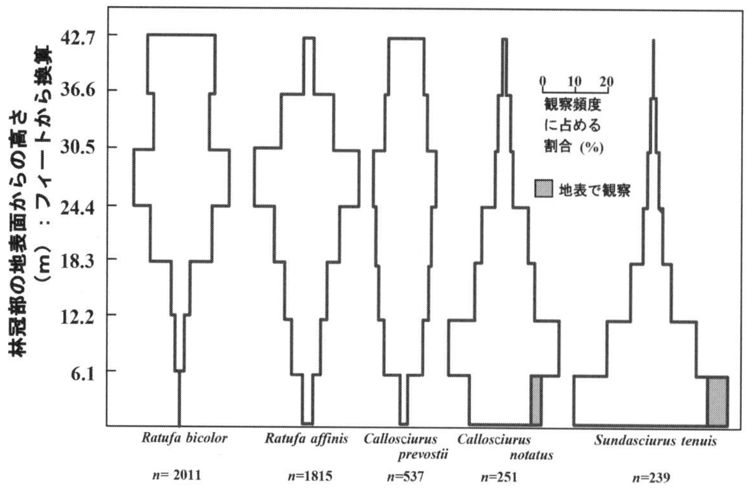

図 15.4　東南アジアのマレーシア熱帯雨林におけるリス類5種の樹冠の活動高度．種によって樹冠の利用高度が異なっており，生活空間を分けている．Payne (1980) のデータから描き直す．Payne さんのご厚意による．

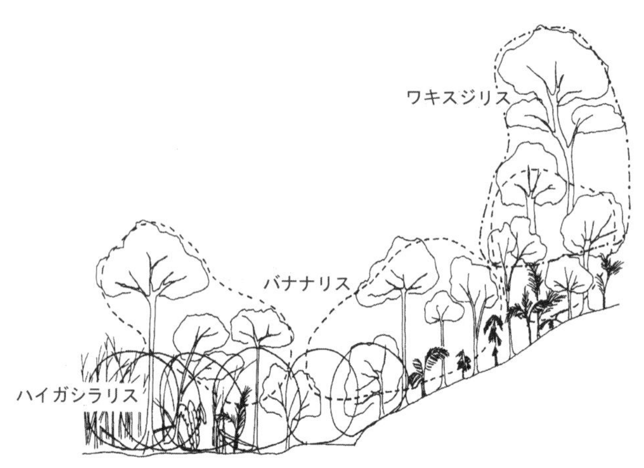

図 15.5　東南アジアのマレーシアの首都クアラルンプール郊外に位置するウルゴンバック熱帯雨林におけるリス類の生活空間ニッチ分けの模式図．ワキスジリスが尾根部近くの高層木林冠部に生息するのに対し，バナナリスは，斜面から平坦部にかけての樹林中層部を主に利用している．ハイガシラリスは，川沿い平坦部の樹林の低層部に生息している．田村 (1995) から修正転載．田村典子さんのご厚意による．

が4種生息している．この4種が同所的に生息している干潟において，食物種（胃内容物），潮間帯の低潮線からの高さ（海水に浸かる時間の違い），生息場所の底質環境（粒度の構成比率），湧き水による塩分濃度環境などが比較された．その結果，これらの4種の巻貝は，潮間帯の潮位，干潟底質の性質，食性，塩分濃度などの生息環境要素を違えることによって，4種間にニッチ分割が生じ，同所的に生息できていることが判っている（真木ら 2002）．

ある動物による資源使用の分布は，図 15.6A のように正規分布とみなされている．そして，2種によって，図 15.6B のように利用分布が重なっていれば，両種に競争が存在していることになる．図 15.6C のように重なりがなければ，両種に競争が無く，ニッチ分割がみられることになる．このように，ある種が単独で生息している際のニッチを**基本ニッチ**と言う．また，他種との共存によってニッチ分割が生じ，

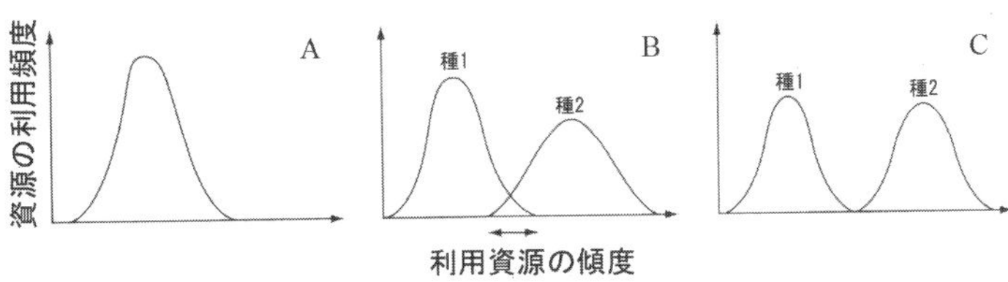

図 15.6　ある種による資源利用に頻度分布は A のように正規分布をとる．B は，2 種の資源利用の頻度分布に重なりがあり，一部で競争が生じている状態．C は，2 種間に資源利用が分かれており，ニッチが重なっていない状態を示す．

変形したニッチを**実現ニッチ**と言う．図 15.7 のように，同所的に他種と共存の結果，基本ニッチが変形しているかどうかで，2 種間に競争関係が生じているか否かを検証できる．基本ニッチが，ニッチ分割によって，複数の実現ニッチに分かれることを**ニッチ分化**と言う (Ricklefs & Miller 2000)．

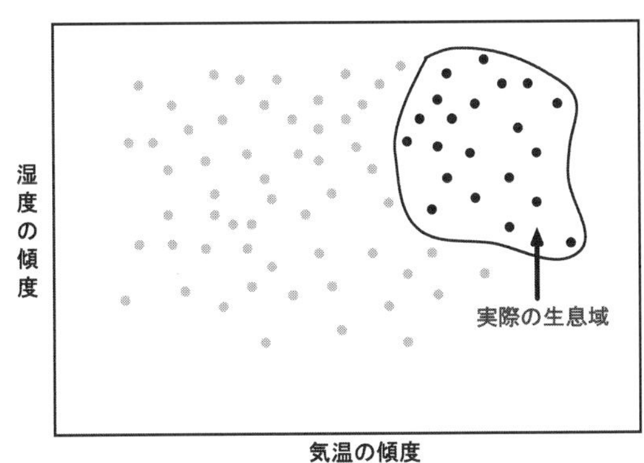

図 15.7　基本ニッチと実現ニッチ．ある種が単独で存在するときのニッチを基本ニッチとよび，他種との競争によって変形させられたニッチのことを実現ニッチとよぶ．仮想のある種の生息状態．縦軸に生息地の湿度，横軸に気温をとった場合，丸印は，生息の確認できた地点を示す．薄い丸は単独生息の地点，濃い丸は他種と共存している地点．丸の存在する地域が基本ニッチであり，線で囲った範囲が実現ニッチということになる．

15.2.1　形質置換

生活史形質に限らず，生物のある特性が進化した場合，その進化した形質が，他種の形質の特性の進化に影響を与えるような場合，それを**共進化**と言う．

北ヨーロッパの河川に生息する同属の巻貝の *Hydrobia ulvae* と *Hydrobia ventrosa* の 2 種は，砂泥地に生息し，砂泥を摂食して藻類をこし取る食性を持っている．両種ともにサイズの大きな貝ほど大きな砂粒子を摂食する．これら 2 種が異所的に生息している場所では，2 種間の殻サイズに差がないが，同所的に生息している場所では，*H. ventrosa* のサイズが変わらないのに対し，*H. ulvae* のサイズが小さくなっている．また，2 種が異所的に生息している場所では，摂食している砂の直径が変わらないのに対し，同所的に生息している場所では，*H. ventrosa* の摂食する砂の直径が小さくなっている (Fenchel 1975)．このように，互いの資源をめぐる競争の結果，異所的に生息している場合に比べ，同所的に生息している場合の形態が自然選択により変化し，ニッチ分化が生じる共進化の現象を，**生態的形質置換**：ecological character displacement とよぶ．

生態的形質置換の他の例として，ラックによるガラパゴス諸島におけるダーウィンフィンチ類のくちばしの形状の変化の研究例があげられる (Lack 1947)．ダーウィンフィンチ類のくちばしの形状は，餌とする種子の堅さに伴って進化したと考えられている．ガラパゴスフィンチとコガラパゴスフィンチがそれぞれ 1 種だけが生息している島では，くちばしの大きさに差がないが，2 種が同所的に生息している島では，両種のくちばしの大きさが変化し，サイズの重なり見られない（図 15.8）．これは，餌とする種子の大きさや堅さでニッチ分化による生態的形質置換が生じたためである．

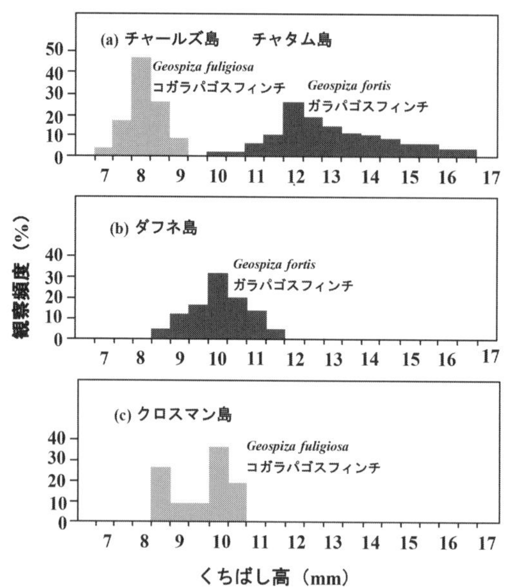

図 15.8　*Geospiza fortis*（ガラパゴスフィンチ）と *Geospiza fkliginosa*（コガラパゴスフィンチ）は，ダフネ島 (b) とクロスマン島 (c) で異所的に（別々に）生息している場合には，ともにくちばし高（くちばしの上下幅）が 8〜10 mm の似たような厚さを示している．しかし，チャールズ島やチャタム島など同所的に生息している島では，*Geospiza fortis*（ガラパゴスフィンチ）の方がずっと厚いくちばしに進化し，*Geospiza fkliginosa*（コガラパゴスフィンチ）は細いくちばしに進化している．Lack (1947) に基づき修正し作成．

同所的に生息する近縁種間では，まれに雑種が生じることがあるが，交配雑種は，交尾器官の形態や配偶行動などの形質も中間的で，純粋種との正常な交配が行われない事例が多い．このように雑種の適応度が低くなる場合，両種には中間形質を排除するような分断化選択が生じ，さらに両種の形質を極端化させる方向性選択が働く．これを，**生殖的形質置換**：reproductive character displacement と言う．

アフリカのビクトリア湖，タンカニーカ湖，および，マラウィ湖などに生息する淡水魚シクリッドフィッシュの驚くべき種多様性は，何回ものニッチ分割に伴い，多くのニッチ分化が生じた結果，共進化にともなう生態的形質置換や生殖的形質置換の結果生じた進化の典型例である．

15.2.2　ロトカ・ヴォルテラの競争式

同所的に生息するニッチが似通った 2 種が共存できたり，片方が絶滅したりする要因を論理的に説明する手法として，数理モデルがある．数理モデルによれば，種間競争よりも種内競争が強い場合に，2 種が共存する結論となる．逆に，種内競争よりも種間競争が強い条件では，初期個体数に依存せずに種間競争に弱い方の種が絶滅するか，もしくは，初期個体数に依存してどちらか一方の種が絶滅してしまう．

同所的に生息する 2 種の競争モデルは，アメリカのロトカとイタリアのヴォルテラによって独立に提案され，**ロトカ・ヴォルテラの競争式**：competitive Lotka-Volterra equations として知られている．以下，式の解説は，比較的よくまとまっている日本生態学会 (2004) を参考にした．

$$\frac{dN_1}{dt} = r_1\left(1 - \frac{N_1 + \alpha_{12}N_2}{K_1}\right)N_1$$
$$\frac{dN_2}{dt} = r_2\left(1 - \frac{N_2 + \alpha_{21}N_1}{K_2}\right)N_2$$

ここで，r_1, r_2 は，種 1 と種 2 の内的自然増加率，K_1，K_2 は，種 1 と種 2 の環境収容力を示している．ここで $\alpha_{12}N_2$ は，種 2 が種 1 に及ぼす影響で，$\alpha_{12}N_2$ は，種 1 の密度 N_1 に換算したもので，この分だけが競争相手からの密度効果の増加分となっている．同様に α_{21} も種 1 の 1 個体が種 2 に及ぼす影響である．このような α_{ij} を，種 j から種 i に及ぶ競争係数とよんでいる．

種 1 と種 2 の競争の結果到達する平衡点（N_1，N_2）は，上記式のそれぞれの方程式の左辺の微分係数が 0 になる（2 種の増殖率が変化しない）状態なので，左辺 = 0 とおけばよい．すなわち，

$$\hat{N}_1 = K_1 - \alpha_{12}\hat{N}_2$$
$$\hat{N}_2 = K_2 - \alpha_{21}\hat{N}_1$$

となる．中途は省略するが，2 種が共存する場合は，

$$K_1 < \frac{K_2}{\alpha_{21}} \quad \text{かつ} \quad K_2 < \frac{K_1}{\alpha_{12}}$$

であるので，ここから両辺の逆数をとると（不等号が逆になることに注意），

$$\frac{1}{K_1} > \frac{\alpha_{21}}{K_2} \quad \text{かつ} \quad \frac{1}{K_2} > \frac{\alpha_{12}}{K_1}$$

となる．

これは，種 1 の 1 個体が自種の個体群に与える増加率の抑制効果（$1/K_1$）は，その個体が種 2 に与える増加率の抑制効果（α_{21}/K_2）よりも大きく，同時に，種 2 の 1 個体が自種の個体群に与える抑制効果（$1/K_2$）は，その個体が種 1 に与える抑制効果（α_{12}/K_1）よりも大きいことを意味する．

つまり，自種における密度効果の方が，他種における密度効果よりも強く増殖を抑制する場合，言い換えれば種間競争よりも種内競争が強い場合にのみ，これら 2 種は安定な共存関係をもつ．

ロトカ・ヴォルテラの競争式は，生態学の教科書では，個体群生態学を解説する章で必ず紹介される公式である．しかし，上段で述べたガウゼの実験のように厳密に生息環境を規定した実験条件下では，この式で近似される個体群動態の結果が得られるものの，野外個体群の実測データとはほとんど一致しない場合が多い．この式には，条件を変更するなどの変形例が多数存在し，個体群生態学の理論の根幹を成すとされている．興味のある方は，解説本は多数出版されているため，類書を参照して欲しい．

コラム　ウミニナ類 4 種の共存

干潟表面に生息する複数種の巻貝の共存．写真は，鹿児島県喜入町の愛宕川河口にある北限のマングローブ林（メヒルギ林）干潟の表面に生息する巻貝類の写真である．この干潟表面には，ウミニナ科のウミニナ，キバウミニナ科のフトヘナタリ，ヘナタリ，および，カワアイの 4 種が，主に生息している．これら 4 種は，潮間帯の潮位，食性，底質の粒度，湧き水の有無による塩分濃度，などの要因によって，ニッチ分割を行って共存していることが解っている．写真は，鹿児島市喜入町マングローブ林干潟の表面に群生するウミニナ類．左手に喜入石油基地が見える．2021 年 11 月 7 日，冨山清升が撮影．

第 16 章

捕食-被捕食，メタ個体群，個体群のサイクル変動

16.1　異なった栄養段階の動物の種間関係

16.1.1　捕食-被捕食

異なる栄養段階の間では，動物は，捕食者となることもあれば，被食者ともなりうるため，動物間での捕食-被捕食の種間関係は，生態系に広く見られ，生物間相互作用の中でも重要な関係である．捕食の作用は，捕食者と被捕食者，それぞれの数の変動に大きな影響を与えている．

マクルーリックは，カナダにおける，カンジキウサギとカナダオオヤマネコの狩猟による毛皮取引の古文書に基づくデータから，ウサギとヤマネコの個体数が，それぞれ 10 年周期で変動している事実を示した (MacLulich 1937 ; EIton & Nicheolson 1942)．図 16.1 のように，捕食者の数は，被食者の数の変動を追うような形で，少し遅れて共振動している．この研究が提示されるまでは，野生生物の個体数は一定数に安定しているものと考えられていたため，このような個体数の振動が存在する事実は衝撃的な発見であった．

捕食者と被食者の相互作用系における個体数変動の研究は，ロトカとヴォルテラがそれぞれに独立して提案した数学的モデルに端を発している (Lotka 1925; Volterra 1926)．この数学モデルの提案によって，

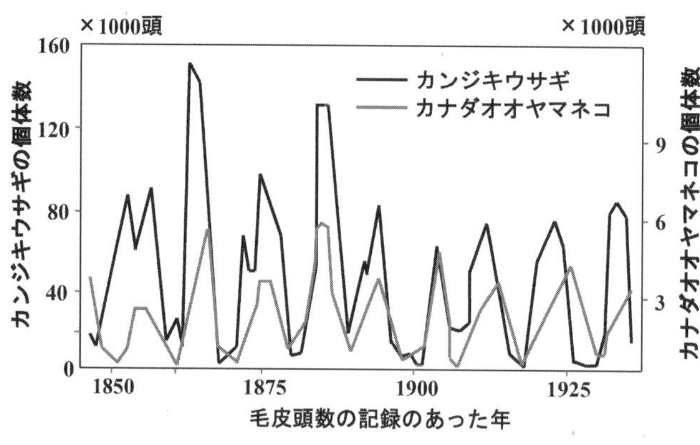

図 16.1　毛皮の数から推定したカナダのカンジキウサギとそれを食うカナダオオヤマネコの個体数変動．EIton & Nicholson (1942) から修正描き直す．

捕食者と被食者の野生個体群における個体数が定期的に振動する現象が存在しうることが示されたが，野生状態における捕食-被食の関係は，簡単な数理モデルで解決できるほど単純ではなかった．

内田は，室内実験の系において，被食者のアズキゾウムシと捕食者のコマユバチの個体数が共振動していることが示した（Utida 1957a, b）．このような共振動が繰り返される基本的メカニズムは単純で，簡単に説明すると以下のようになる．被食者が子を産んで増えると，捕食者はそれを餌として食べて子を増やすことができる．このため，捕食者も被食者より時間遅れで個体数を増やす．しかし，そのようにして捕食者が増えてくると，被食者は数を減らしてしまう．捕食者にとっての餌である被食者が減ると，餌不足になって，時間遅れで捕食者も数を減らす．これら一連の状況が繰り返され，両者の個体数振動が生じる（図 16.2）．このように，単純化された実験室内の飼育系においては，生態的な変動も数理モデルの予測する結果となることが証明された．

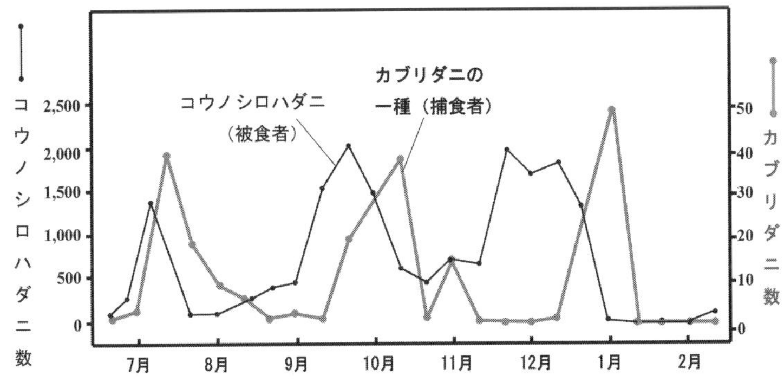

図 16.2　コウノシロハダニとカブリダニの個体数変動．Utida (1957b) から修正転載．

しかし，野外の野生動物においては，捕食者が，複数の種を餌にする多食性であったり，1 種の被食者が複数の捕食者から捕食される場合には，より複雑な個体数変動が生じる．また，密度依存的に変動が異なる場合もあり，個体数変動はより複雑になってくる．野外個体群の場合は，気候などの物理的要因も加わり，さらに変動が複雑になる．

カナダオオヤマネコとカンジキウサギの個体数変動の要因は，アメリカの個体群生態学者であるクレブスが長年にわたり膨大な研究費を投入して研究継続してきたが，結果は，「あまりにも系が複雑過ぎて原因不明.」という結論であった（Krebs 2009）．

16.1.2　捕食による共進化

被食者は，捕食者によって一方的に食われ続ける訳ではなく，何らかの防御措置を保持した個体の適応度が高ければ，対捕食者戦略の形質が進化するであろう．実際，カンジキウサギは，カナダオオヤマネコに追われた際には，捕食されないために，ジグザグ走行したり，横方向に長距離ジャンプしたりする等の行動を進化させてきた．ヤマネコ側も，捕食を容易にするために，強靱な足腰や，隠密行動などを進化させている．このように，対抗形質を互いにエスカレートさせていく共進化の現象を**進化的軍拡競争**：evolutionary arms race と言う（Dawkins & Krebs 1979）．

植物のヤブツバキは，果皮の厚い果実を実らせるが，鹿児島県や種子島・屋久島地方に自生するヤブツバキの変種であるリンゴツバキは，リンゴのように大きな実を付けることで知られている．これは，果皮が他地域のツバキよりも厚くなった結果で，種子を含む果実そのものが大きくなった訳ではない．これは，ツバキの実に，産卵のために口吻（こうふん）で穴を開けるツバキシギゾウムシに対抗して果皮を厚くする進化の結果と考えられており，シギゾウムシ類も果皮の厚いツバキに対抗して口吻を長く進化させている (Toju & Sota 2006)．両者の形質の進化的軍拡競争の結果，その地域に生息するシギゾウムシ類の口吻の長さと，ツバキの果皮の厚さの間には相関関係が見られる（図16.3）．

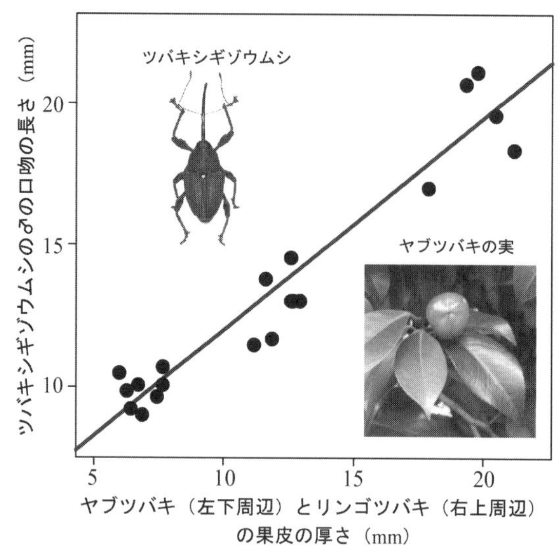

図16.3　ヤブツバキの果皮の厚さとツバキシギゾウムシの口吻の長さの関係．大型の実を付けるヤブツバキはリンゴツバキという変種名が付いている．両種の軍拡競争の結果，口吻はより長く，果皮はより厚く進化した．Toju & Sota (2006) から改変転載．東樹宏和さんのご厚意による．

16.1.3　ロトカ・ヴォルテラの捕食式

捕食-被捕食の関係にある2種間の個体数変動も数理モデルが存在する．詳述すると非常に長くなるため，以下に簡単に紹介したい．この解説は，良くまとまっている日本生態学会 (2004) を参考にした．

ロトカとヴォルテラによって1925年から1928年にかけて独立に考案された捕食者と被食者の個体数動態についてのモデルは，以下のような仮定に従っており，**ロトカ・ヴォルテラの捕食式**：Lotka-Volterra equations と言われている．

(1)　被食者の単位時間あたりの増殖は，捕食者がいないとき指数関数的に増加する．すなわち，一定の速度 r で増殖するので，被食者の個体数を N とすれば；

$$\frac{dN}{dt} = rN$$

となる．

また，被食者のいないとき，捕食者の単位時間あたりの死亡も指数関数的となり，捕食者の個体数を P とすると；

$$\frac{dP}{dt} = -qP$$

となる．

(2)　単位時間あたりに食べられる被食者の数は，被食者の数と捕食者の数の積に比例する．すなわち，捕食効率を a とすると，被食者は aNP という変化率で減り，一方，捕食者は食べた餌個体あたり f という率で1個体の子を産むとすると，$faNP$ の変化率で増えることになる．この被食者と捕食者の相互作用を組入れると，式はそれぞれ；

$$\frac{dN}{dt} = rN - aNP$$

および

$$\frac{dP}{dt} = faNP - qP$$

となる．これをロトカ・ヴォルテラの捕食式とよんでいる．この最も簡単な捕食モデルは，被食者と捕食者の個体数が基本的に共振動する性質があることが示されている．被食者と捕食者の個体数は，被食者増で捕食者増，捕食者増で被食者減，被食者減で捕食者減，捕食者減で被食者増…という変化を繰り返す．捕食者の個体数の変化がいつも被食者のそれより遅れて追従することが，両者で振動が繰り返される原因となっている．

上記の示した内容は，2 種間の捕食のモデルに関する最低限の説明であり，詳細に興味がある場合は，個体群生態学の解説書を参照して欲しい．

16.2 個体数の変動とその要因，非周期的な爆発的増加

16.2.1 個体群の個体数変動

すべての生物は種内や種間の相互関係の中で生きている．このため，生物の種を構成する各個体群は同種他個体との競争や，捕食-被捕食などの他種との相互関係を保ちながら存続している．しかし，個体群の個体数変動は，単純に単一個体群の動態だけを観察するだけでは，説明できない事例も多い．捕食-被捕食の関係にある 2 種の生物を実験室内で飼育すると，通常は，捕食者の種が，被捕食者の種を食い尽くして両方が全滅してしまうことが通例である．

ハフェカーは，オレンジの葉に付く植食性のハダニの一種と，それを捕食するカブリダニの一種を共存させる実験系の構築に成功した (Huffaker *et al.* 1963)．ハダニの一種コノシロハダニは，オレンジに付くハダニの仲間で，葉の汁を吸う食植者である．カブリダニの一種は，オレンジに付くハダニ類の天敵で肉食性の捕食者である．両者を室内実験で同所的に飼育すると，カブリダニはハダニを捕食し，やがて両種は共倒れで死滅してしまう．しかし，飼育ゲージの中に障害物を置いて，カブリダニの移動を制限し，ハダニの生息域を不連続なパッチ状に操作してやると両種は存続することができた．ハダニのある生息パッチをカブリダニが食いつくすと，カブリダニは餌を求めて他のパッチに移動する．その間に他のパッチからハダニがそのパッチに移動してくる．つまり，1 つのパッチの中では，ハダニの個体数は振動する．そして，飼育ゲージ全体としては，ハダニは食い尽くされることなく，両種が共存できるようになった (図 16.2)．

16.2.2 メタ個体群

前述のように，大きな個体群が，多数の**局所個体群**：microhabitat patches によって構成されているが，局所個体群の間での個体の出入りが多少制限され，局所個体群がある程度独立しているような場合，それらがゆるいつながりを持った局所個体群の集合体を，上位の個体群という意味で，**メタ個体群**：meta-population と言う（第 II 部第 12 章も参照）．

メタ個体群は，近年，保全生物学の分野で多用されるようになった概念である．絶滅危惧状態にある動植物は，生息域がパッチ状で非連続な場合が多い．その様な局所的に隔離された局所個体群では，生息個体数が少ないために，近親交配の影響で劣性（潜性）遺伝子病が発現し易くなったり (⇒第 I 部第 7 章参照)，天変地異や捕食による全滅のリスクが高くなる．その様な局所個体群全体を保全する場合，メタ

個体群の概念が有用になってくる (⇒詳細は第 IV 部参照)．

メタ個体群には，個体の移出入がほぼ等しい安定局所個体群と，移出入が非対称な局所個体群が存在する場合がある．メタ個体群全体の中で，個体の安定した供給源となっている局所個体群を**ソース個体群**と言う．ソース個体群は，良好な生息環境において，個体数が増えていく傾向にある．他の局所個体群からの個体供給が無ければ，やがて絶滅してしまう局所個体群を**シンク個体群**と言う (Kritzer. & Sale 2006)．

海岸動物には，シンク個体群の事例が多い．例えば，(図 16.4) は，2002 年の鹿児島湾におけるウミニナの分布状況であるが (武内ら 2022)，場所によっては，生息がまったく確認できなくなる年が出現する．しかし，その様な地域でも数年後には，ウミニナが回復する場合が多い．ウミニナは浮遊幼生の回遊によって分散定着する生態型を採っており，ある地域でウミニナが絶滅しても，近隣のソース個体群から幼生が供給されるためと推定される．鹿児島湾内では，ときどき，南方系のフネアマガイやドングリカノコ等の潮間帯の汽水性巻貝の生息が確認されることがある (藤田 2021)．しかし，冬場の低温のため，短期間で死滅してしまい，種としての定着が確認されることはない．このように，ソース個体群から繁殖困難な場所に分散する現象を**無効分散**，もしくは，**死滅回遊**と言う (日本ベントス学会 2020)．

16.2.3　個体群における齢級群

昆虫は，通常は 1 年生であることが多いために，もっぱら，個体群全体は均一の年齢個体から構成される．このため，昆虫の個体群生態学の各種研究は，均一年齢の集団を前提とした単純化したモデルによる例が多い．

しかし，動物によっては，寿命が数年にわたる種も多い．種によっては，数日間隔，数週間間隔，数ヶ月間隔，秋冬間隔で繁殖を繰り返す事例もある．その様な種の個体群は，若い個体から老齢の個体まで，多数の齢で構成されることになる．個体群の中において，同一齢に属する個体の集団を**齢級群**：age

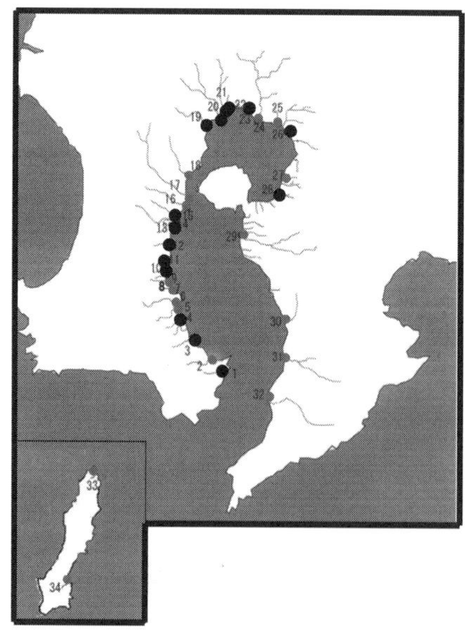

図 16.4　2002 年の鹿児島湾内と種子島における干潟のウミニナの分布状況．大きい黒丸は，河口干潟でウミニナの生息の見られた河川を示す．小さい薄い丸は，生息が確認できなかった河川を示す．数字は調査地通し番号．武内ら (2022) から修正転載．

classes とよび，その様なグループを**コホート**という場合もある．齢構造を生む真の原因は多年生ではなく世代の重複である．1 年のうち短期間にしか発生しない昆虫類でも，その種が多化性であれば齢構造が重要になってくる．

同一個体群内において，異なるコホートに属する個体は，体サイズが異なる場合がある．その様な個体群では，体サイズの頻度分布グラフを季節ごとに比較することによって，いつ新規個体がその個体群に加入し，個体がどのように成長していくのか，個体がいつ死ぬのか，その個体群が増加しているのか，絶滅しつつあるのか，等々を分析することが可能になる．このような分析を**齢級群分析**：virtual population analysis / cohort analysis と言う．図 16.5 は鹿児島湾に生息する巻貝のシマベッコウバイのサイズ頻度分布であるが，殻の大きさによる体サイズの頻度分布であるが，いくつかの齢級群に分けられることがわかる (當山・冨山 2021)．体サイズに基づく齢級群分析は，数多くの種で研究が行われてきたが，サイズ頻度分布のヒストグラムに基づいて齢級群を分析する各種の統計学的手法も開発されてきた (Tsutsumi & Tanaka 1994; Ota & Tokeshi 2002 等)．

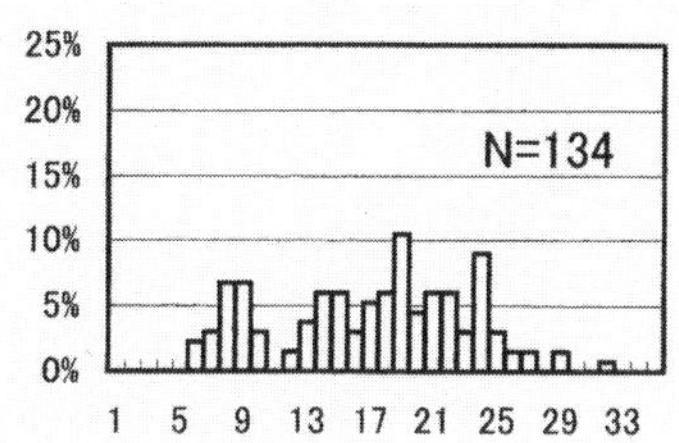

図 16.5 鹿児島湾内の桜島袴腰潮間帯における 2008 年 7 月のシマベッコウバイの殻高サイズ頻度分布．横軸は殻高サイズ (mm)，縦軸は個体数の頻度 (%) を示している．當山・冨山 (2021) から修正転載．

しかし，貝類の場合，齢が体サイズに比例している場合は齢査定が単純なため問題は少ないが，通常，齢査定は簡単には行えない．齢査定が行える種では，生命表分析や生存曲線から，より詳細な個体群解析が可能になるが，それは，ごく一部の種に限られる．巻貝の場合，年齢に伴って貝殻が成長し続ける種はむしろ少なく，繁殖を開始すると殻成長が停止してしまう種が多い．これは，殻成長に使っていたエネルギーを繁殖に回すようになるトレードオフと考えられる．その様な種では，体サイズに基づく齢級群分析は不可能になってくる．

しかしながら，貝殻の断面には，内部成長線が刻まれる種が多く，成長を停止する巻貝であっても，絶対年齢を査定することが可能である．図 16.6 は，イシダタミガイの体サイズ頻度分布と内部成長線数に基づく絶対年齢を示している．図から判るように，イシダタミガイは，同じ体サイズでも異なる齢級から構成される場合が多い (橋野・冨山 2013; 奥ら 2020)．干潟に生息するカワアイやウミニナも成熟するに従って貝殻の成長が停止する巻貝である．カワアイとウミニナの内部成長線を解析した結果，本種は繁殖期の 7 月前後と，冬期の 1 月前後に太い内部成長輪が形成されることが判った (図 16.7；図 16.8)．このため，貝の絶対年齢が判別できるようになったが，同じサイズの貝でも複数の年齢の個体が混じっていることが明らかになった (金田ら 2013; 水元ら 2019)．カワアイは最大で 11 年の寿命があることも解った (宮田ら 2022)．これらの事例から判るように，齢級群に基づく個体群の分析は，体サイズに基づく間接的な齢級分析に頼るのではなく，絶対年齢に基づく分析を行わなければ危険であろう．

16.2.4 個体群のサイクル変動

動物の個体数は，通年で安定する種もあれば，変動する種もある．アフリカマイマイは (図 16.9)，元来は東アフリカのサバンナ地帯が原産地であるが，19 世紀以来，食用・薬用として，主に熱帯・亜熱帯地域に移入され，各地で爆発的な増殖を示し，農作物に多大な被害を与えてきた (Mead 1960, 1979; 冨山 2019)．このような農業害虫とよばれる動物は，個体群における個体数が劇的に変動する事例が多い．

上述のように，エルトンは，カンジキウサギとカナダオオヤマネコの増減が，一定の周期をもって個

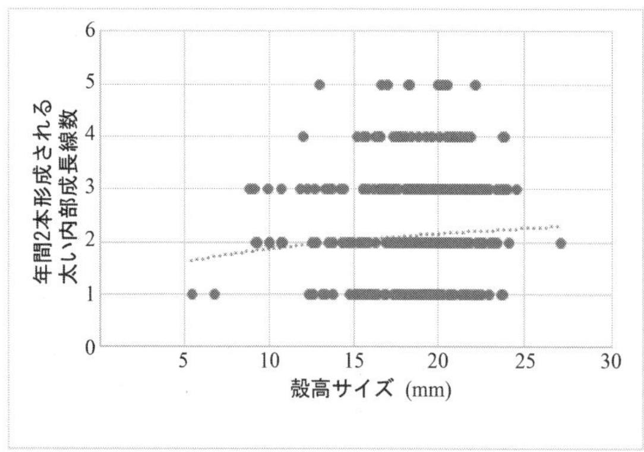

図 16.6　鹿児島湾の桜島袴腰海岸におけるイシダタミガイの体サイズ頻度分布と内部成長線数に基づく絶対年齢の関係．夏の繁殖期と冬期の成長遅滞期に太い内部成長線が形成され，絶対年齢が解る．年齢と殻サイズの間にはまったく相関がない．破線は相関軸．

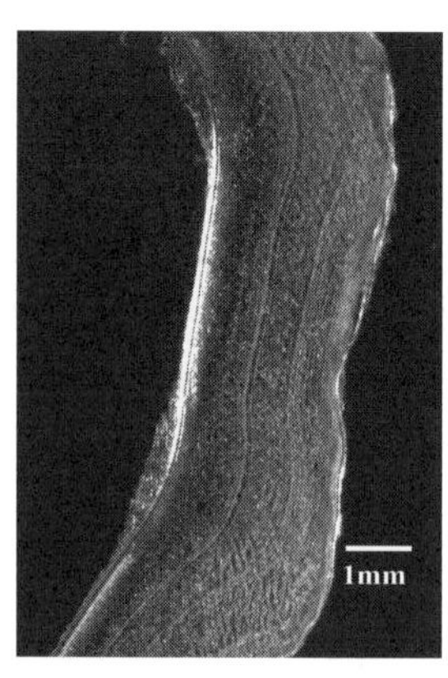

図 16.7　鹿児島湾の喜入町マングローブ林干潟におけるカワアイの貝殻外唇部の内側に形成される内部成長線の画像（スンプ法によるレプリカ像）．太い線の間に細い線がある．太い線は，夏の繁殖期と冬の成長遅滞期の年に 2 本形成される年輪で，細い線は，潮汐に伴う成長変動で形成される潮汐輪と推定された．宮田ら (2022) から転載．

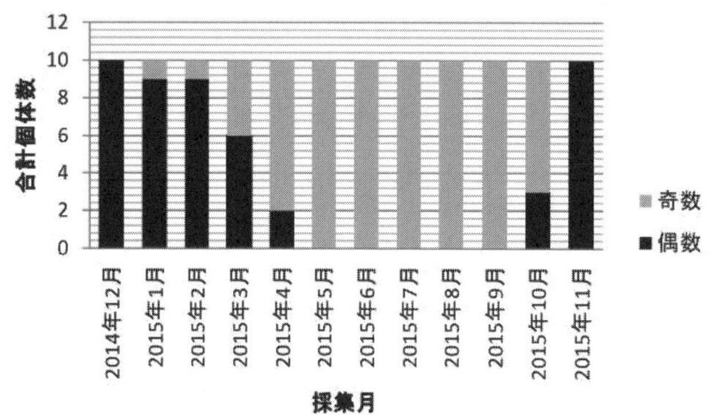

図 16.8　鹿児島湾の喜入海岸干潟におけるカワアイの貝殻の内側に形成される太い内部成長線（≒年輪）の本数の月変化の柱状図．夏期繁殖期には奇数本個体が多く，冬期成長遅滞期には偶数本個体が多く観察された．この結果から，カワアイの太い内部成長線は，夏期と冬期に 1 本ずつ，年間に 2 本形成されることがわかり，その個体の絶対年齢の推定が可能となった．宮田ら (2022) から転載．

図 16.9　野外におけるアフリカマイマイ．2 匹が交尾をしている．鹿児島県与論島城にて撮影．2015 年 5 月 17 日冨山清升が撮影．

体数が増減を繰り返すサイクル変動を示すことを初めて報告した (EIton & Nicheolson 1942)．このサイクル変動は約 10 年周期で生じており，カナダでは数 100 km の範囲にわたって変動が同調することが報告されている．同じ哺乳類では，北海道のエゾヤチネズミの個体群は，3～5 年で個体数変動を繰り返すことが判っている (斉藤 1997)．鳥類では，イギリスのライチョウ (*Lagopus muta millaisi*) が 1951～1990

年にかけて10年周期で個体数変更を繰り返していることが記録されている (Moss & Watson 2001).

昆虫類では，ヨーロッパのカラマツ林において，ガの一種であるカラマツアミメハマキが定期的な大発生を繰り返すことが知られている．この幼虫の個体数を丁寧に数えることで発生消長がわかり，このガの大発生は約9年周期で発生していることが判った．また，このガが大発生をするとカラマツの葉を食い尽くして丸裸にするため，カラマツの木が弱り，発生した年には狭くて濃い年輪が刻まれる．過去に渡るカラマツ材の年輪分析の結果，大発生は過去約1200年間にわたって繰り返されてきたことが判った (Baltensweiler *et al.* 2008).

野生個体群サイクル変動の研究は，生態学分野では重要な研究テーマであり，これまでに膨大な研究が行われてきた (Krebs 2009)．このようなサイクル変動の要因は，数多くの仮説が提案されているが，以下の3種類におおかまに分類分けすることができる．

(1) 非生物的要因：気候変動や黒点数の変動などの外部の物理的要因と考える説.
(2) 個体群外部の生物的要因：個体数に影響を与える食物や捕食者を要因と考える説.
(3) 個体群内部の生物的要因：個体群内における社会構造や，集団遺伝的な変動を要因と考える説.

上記のような各種の仮説が多数提示はされているものの，結局，特定の種についても，決定的な要因は判らず，個体群のサイクル変動は複数の要因が複合していると考えられている．

16.2.5 非周期的な大発生

サイクル変動する動物とは異なり，変動に周期性は見られないものの，個体数が著しく増加し，大発生となる場合がある．その様な事例の多くは，人の経済活動に影響を与えるようになって初めて，気づかれる場合が多い．例えば，1990年代から鹿児島県，宮崎県を中心とした九州南部では，ヤシオオオサゾウムシという甲虫の一種が大発生している（図16.10）．その幼虫はカナリーヤシの成長点を食い荒らすため，各地で樹齢100年を越える名木がことごとく枯死してしまった (佐藤・伊禮 2003)．また，鹿児島県下の日本庭園では，伝統的に，クロマツの代わりに，イヌマキが多用され，屋敷林や畑地の境界木として多数が植栽されてきた．イヌマキは葉に忌避物質を含むため，害虫の少ない樹木であったが，1980年代後半から，キオビエダシャクという東南アジア原産のガの幼虫が大発生し（図16.11），庭園の銘木を含む多くのイヌマキを枯死させてしまった (伊藤・小泉 2001).

図16.10 左：ヤシオオオサゾウムシ成虫の写真．坂巻祥孝さん撮影．右：ヤシオオオサゾウムシの大発生のために枯死したカナリーヤシ．幼虫はヤシ類の成長点を食害するため木全体が枯死してしまう．畑 邦彦さん撮影．いずれの写真も2003年11月に鹿児島大学郡元キャンパスにて．坂巻祥孝さんのご厚意による

図16.11 外来種キオビエダシャクの成虫．幼虫は，イヌマキを食害する．鹿児島県．2017年12月20日に鹿児島市鹿児島大学郡元キャンパスにて冨山清升が撮影.

昆虫の大発生で有名な事例は，サバクトビバッタなどのトビバッタ類の大発生であろう．トビバッタ類は，日本のトノサマバッタの近縁種で，古代から世界各地で大発生し，農作物被害による飢饉を引き起こしてきた．そのため，歴史記録に基づく大発生の記録が多数残されている．日本では飛蝗（ひこう）として多くの古文書に記録がある．

大発生するワタリバッタは，トノサマバッタよりも翅が長く，体色が黒ずんでおり，別種と考えられていた．しかし，ウバロフは，この2種類の型が，同一種に属し，形態，生理，生態の異なった形質は成長時の個体群密度の違いによって引き起こされる種内多型であることを解明した (Uvarov 1921)．高密度時に群れて活発に移動する型を**群生相**：gregarious phase，低密度時の群生しない型を**孤独相**：solitary phase，中間に当たるものを**転移相**：transition phase と命名した．このような現象を**相変異**：polyphenism と言う (Pflüger & Bräunig 2021)．

孤独相から群生相への相変異は，砂漠地帯で通常年に見られないような降雨が生じた場合，食物となる草木が繁茂するような食物環境の激変がきっかけになる場合が多い．集団でふ化した幼虫は，互いの触れ合いが刺激となり，その刺激によって集合性が高まり，群生相へと変異する．ひとたび集合性を持ち始めた成虫は，集合して産卵するようになり，その結果，より大きな幼虫の集団が形成され，雪だるま式に集合性が高まっていく．群生相に変異したトビバッタ類は，食草を求めて集団で大移動を開始する．移動先で，よい繁殖地に恵まれないと，大発生は終息していく (Tanaka *et al.* 2012)．

日本では明治期以降，長らく飛蝗は観察されてこなかったが，1986年秋に鹿児島県の無人島である馬毛島において，トノサマバッタの大発生が観察された．これは，島で山火事が発生し，山火事跡地に，春先に一斉にススキやチガヤ等の草本類が芽吹き，餌植物が劇的に増加したためではないかと推定されている (田中 2021)．

昆虫の大発生の要因として，捕食-被捕食の関係が関わっている場合もある．通常は，捕食者による強い捕食圧により，低密度に保たれていた個体群が，何らかの原因で捕食者による制御が効かないレベルにまで個体数が増加してしまった場合，爆発的な大発生が生じる場合がある．この現象は，**捕食者からのエスケープ**と言われており，アメリカシロヒトリなどの害虫の大発生で，そのメカニズムが示されている (Krebs 2009)．

16.2.6　大発生後の激減

非周期的な大発生をとげた動物は，個体数が激増後は，転じて大激減をとげる事例が多い．激減の原因は，通常は，増加による資源の消費や種内競争による環境抵抗の増加，捕食者の増加等が挙げられる．しかし，激減の原因が不明な場合も多い．

東アフリカ原産の外来種アフリカマイマイは，人為的な分散により，全世界の熱帯・亜熱帯地域において，爆発的な増加を示し，農作物へ甚大な被害を与える害虫として著名な存在である．本種は，プランテーションなどの農業開発地域に侵入した直後，大増殖を示す．1 m^2 あたりの生息個体数が1000個体を超えるという信じがたい生息密度に達する事例も珍しくない．しかし，大増殖後，10数年後から激減してしまうという生態的特徴がある．この大増殖と大激減というプロセスは汎世界的に観察されている．

日本でも小笠原諸島，沖縄県，奄美群島地域において，1970年代までの大増殖の後，個体数は激減に転じており，現在では目立った農業被害も報告されなくなった．図16.12は，1987年から1990年にかけて，小笠原諸島父島において観察された本種の激減のプロセスを示している (冨山 2019)．減少のはっきりした原因は未だに不明だが，外来種の陸生プラナリア類や陸生ヒモムシ類が激増したためではないかと推定されている (冨山 2002)．

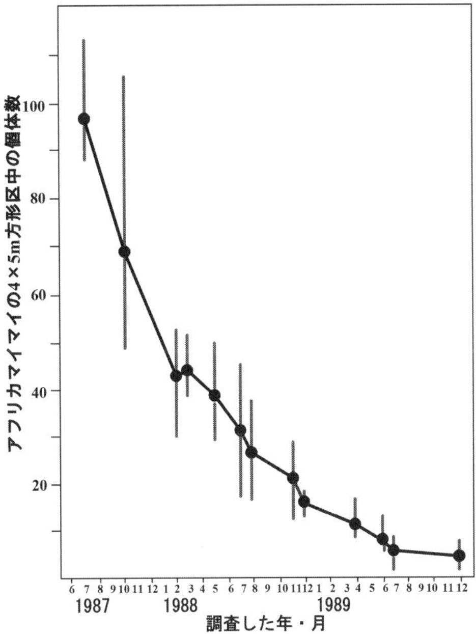

図 16.12 小笠原諸島父島宮之浜道で観察された，アフリカマイマイの 1987 年 6 月～1989 年 12 月の期間における生息密度の変化．4 × 5 m 方形区 4 区画における個体群密度の変化．1987 年時点において，1970 年代の最盛期の生息密度からかなり激減していた．縦のバーは，最大値と最小値の範囲を示し，バーの中央は，平均値を示す．

コラム　アフリカマイマイの特性

アフリカマイマイは，国外外来種の陸産貝類である．写真は 2015 年 5 月に与論島の石灰岩崖地で撮影されたアフリカマイマイである．日本を含む東アジアにはアフリカマイマイ属に属する貝類は分布していなかった．

軟体動物の多くの分類群は，雌雄異体の性システムをとっている．巻き貝類の中で，異鰓上目に属するアメフラシ類やウミウシ類，カタツムリ類は，雌雄同体であることが知られている．アフリカマイマイも雌雄同体であり，同時に精子と卵子を生産できる．しかし，成熟初期の若齢成熟個体は，精子しか生産できず，その後，成長が進んで完全成熟個体になると精子と卵子を生産するようになる雄性先熟の成熟様式をとっている．本種は雌雄同体ではあるが，自家受精はできないことがいくつかの飼育実験によって確認されている．

アフリカマイマイは，基本的に植物食である．本種は，強力なセルロース分解酵素（セルラーゼ）をもつことから，植物を消化分解する能力に優れていると言える．しかし，ゴミ溜めに群がって，何でも食べる傾向も強い．腐った草や葉も食べている．国外では，車に踏みつぶされたトカゲやネズミの屍体を食べていたという報告もある．基本型は植物食だが，死んだ動物も食べる雑食性も備えていると言ってよいだろう．

1930 年代に日本本土に持ち込まれたアフリカマイマイは，越冬できずに死滅してまった．霜のおりる気温（4°C 程度以下）にまで冬場に気温が下がる地域では冬越しできないとされている．本種は，0°C 以下の凍結温度では生き残れないと思われる．

アフリカマイマイの寿命は，飼育条件下では，10 年以上生きた例があるが，あくまで，生息条件が良ければそれくらい生きることができるという事例であって，例外的だと思われる．冬越しできる環境下での野外では 3～4 年程度の寿命であろう．大半の個体は 2 年以内で死亡している．稚貝の死亡率はかなり高く，夏の間に新たな稚貝が孵化し，生息密度が非常に高まるが，9 月まで生存率は約 10％ 程度である．

第 17 章

種間関係：寄生，共生，共種分化

17.1　動物の種間相互作用としての寄生と共生

17.1.1　寄生と共生

動物の種間相互作用の 1 つの形態として，寄生や共生が存在する．しかし，寄生と共生では，ありかたがまったく異なる．2 種間の資源利用の形態が判明している場合，寄生と共生は下記の 3 種類に分けることができる．一方が他方の資源利益を搾取する関係を**寄生**：parasitism と言い，一方は利益を得ているが，他方は害も利益も受けていない場合を**片利共生**：commensalism と言う．片利共生は定義が難しく，コバンザメのように，寄生に近い片利共生もある．そして，2 種共に利益を共有する共生を**相利共生**：mutualism とよぶ．相利共生は，機能別に**栄養共生**，**消化共生**，**防衛共生**，**送粉共生**などに分けられている (Ricklefs 2000)．

17.1.2　寄生の定義づけ

ある生物種の個体が，他の生物（同種の場合もある）種の他個体の資源を搾取して，自らの適応度を高める行為を寄生と言う．例えば，小型の生物個体が，大型の他個体（同一種の場合もありうる）の組織や細胞を生息場所にして，その生物の栄養分を奪ったり，ウィルスのように他個体細胞の DNA の複製機構を利用して子孫を増やす行為も寄生とよぶ．他の生物を搾取する方を**寄生者**，もしくは，**病原体**と言い，搾取される側を**宿主**と言う (Ricklefs 2000)．

寄生者は，程度の差はあれ宿主の負担にはなるけれども，容易に宿主を殺さないものである．宿主を殺すことは寄生者の自滅，すなわち，適応度の激減につながるからである．それ故，寄生バエや寄生バチのように，最終的に相手の昆虫を殺してしまう事例は，寄生の定義から外れるものであり，これらは，**捕食寄生**とよぶ．

一般に，寄生者は宿主よりも体が小さく，寿命が短い．短寿命のために，突然変異率が高くなり，遺伝的な多様性と変異性が高くなり，進化速度も速い場合が多い．特に，バクテリアやウィルスなどの病原体では，その傾向が著しい．次々に変異株が出現し，流行を繰り返すインフルエンザウィルスや，COVID-19（新型コロナウィルス感染症）の原因ウィルス（SARS-CoV-2）等はその典型例である．

地球上のどのような生物種にも，寄生者が必ず存在し，特定の種には，その種に特異的な寄生種が複数種存在するため，寄生性生物の全種数は地球上に存在する全生物種の数の過半数以上を占めるとも言われている．

寄生者が，宿主のどの部位に寄生するかで**外部寄生**，**半外部寄生**，**内部寄生**と分類分けする場合もある．ヒトに寄生するヒトノミやヒトジラミ等は外部寄生者，スナノミや水虫の病原体である白癬菌類等

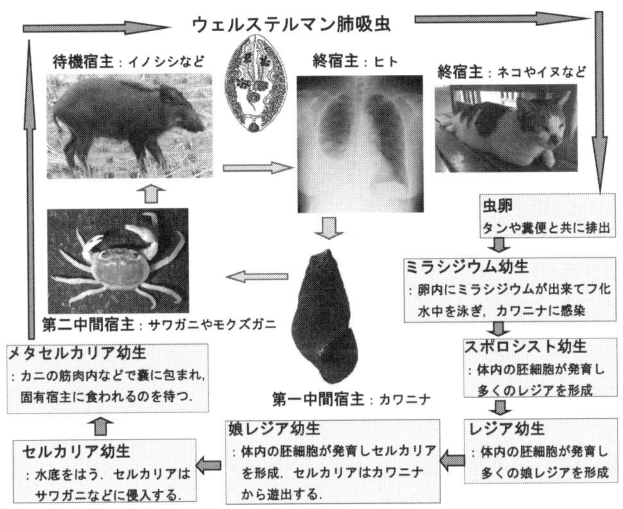

図 17.1 人の肺にも寄生するウェルステルマン肺吸虫（肺吸虫：扁形動物）の生活史．宿主を変えながら，各種の幼生の形態を経る複雑な生活史をもつ．写真のネコは，鹿児島県肥薩線嘉例川駅の猫駅長のサンちゃん．2022 年 9 月 4 日に冨山清升が撮影．

は半外部寄生者，カイチュウ類，サナダムシ類，病原性細菌類やウィルス類等は内部寄生者である．ヒトの外部寄生者であるヒトジラミは，アタマジラミとコロモジラミの 2 亜種に分類されており，分子系統解析から，両亜種が分化したのは約 10 万年前とされており，ヒトが衣服を使用し始めた時期と一致するのではないかと言われている（Baer 1971）．

17.1.3 寄生虫と中間宿主

扁形動物（吸虫類，条虫類：サナダムシ類，など）や線形動物（カイチュウ類，フィラリア類など）に属する寄生虫は，卵からふ化後，各種幼生に変態を繰り返す．各幼生は，中間宿主とよばれる各種の動物への寄生を経て，最終宿主において，成体へ変態する．例えば，ヒトの肺にも寄生するウェルステルマン肺吸虫（肺吸虫：扁形動物）は，卵からふ化後，各種形態の幼生から成体へと変態を繰り返す（図 17.1）．途中，第一中間宿主であるカワニナなどの淡水巻貝に寄生する（スポロシスト→ レジア→ セルカリア）．次に淡水巻貝から第二中間宿主のサワガニなどの淡水産甲殻類に中間宿主を代える（→メタセルカリア）．最後に，淡水産甲殻類を捕食した待機宿主のイノシシ類等に寄生し，そこで成体へ変態する（Baer 1971）．

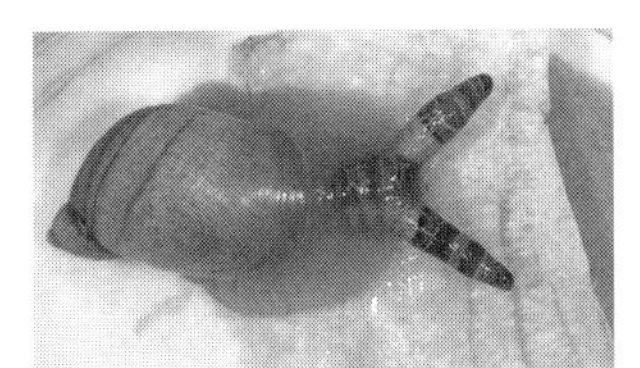

写真 17.2 オカモノアラガイ類の目柄に寄生しているロイコクロリディウム（*Leucochloridium paradoxum*）．2018 年 6 月，北海道旭川市にて佐々木瑞希さん撮影．佐々木瑞希さんのご厚意による．

ロイコクロリディウムは，オカモノアラガイ類を中間宿主とし，最終宿主を鳥類とする吸虫である（写真 17.1.3）．スポロシスト幼生が集合し，チューブ状になってオカモノアラガイ類の触角に入り込む．それを鳥類が餌の昆虫の幼虫と間違えてついばみ，宿主の鳥に寄生する．

17.1.4　軟体動物の寄生者

貝類（軟体動物）の寄生者が存在することは意外かも知れないが，その存在は多岐にわたっている (Baer 1971)．巻貝の一種 *Odostomia scalaris* は，二枚貝に群がり，貝殻の縁からフンを差し込んで捕食する．貝類の寄生生活はこのような捕食が起源と考えられている (Goodfellow 2006)．ヤドリニナの一種 *Mucronalia palmipedis* は発達した吻を用いて，寄主の体液を吸収する．本種は，ヒトデ類に付着する外部寄生の生態をとる．貝類の寄生者も，外部寄生から内部寄生の生態に進化し，各種器官が退化し，貝殻すら失ってしまった種も存在する．巻貝の一種 *Stylifer linkiae* は，ヒトデ類に内部寄生する巻貝であり，貝殻を宿主内部に埋没させている．巻貝の一種 *Gastrosiphon deimatis* は，ナマコ類の内部寄生の巻貝で，貝殻も失ってしまっており，生殖器官の管状の器官のみの状態にまで退化しているが，内臓の螺旋型は保持している．

17.1.5　甲殻類（節足動物）の寄生者

節足動物にも，甲殻綱を中心に多数の寄生性の種が知られている．ケンミジンコ類の仲間であるウオジラミ類の *Caligus rapax* は，魚類に外部寄生する．金魚などに付着するイカリムシは，碇のような形態の突起物で魚の皮膚に食い込んでおり，半外部寄生者である (Baer 1971)．

節足動物甲殻綱の寄生者も，外部寄生から内部寄生へと進化した種が多数知られており，内部寄生種は，体の各器官が退化する傾向が強い．*Linaresia mammillata* は，サンゴ類のポリプ内に内部寄生する．メスは定着し，オスはサンゴ群体内部のポリプ間を移動する．フクロムシに寄生されたカニ類は不妊になる．

17.1.6　人獣共通感染症であるエキノコックス

エキノコックス類は，扁形動物に属するサナダムシの仲間の寄生虫である(Thompson & McManus 2001)．本種は，主に北海道で問題になっていた．本種の成虫は，キツネ類やイヌなどの肉食獣の小腸に寄生する（図17.3）．本種の卵は肉食獣の便と共に排出され，汚染された植物や水を野ネズミが食べることで，中間宿主の体に入り，小腸でふ化し幼虫となって，嚢胞状の幼生として肝臓で増殖する．このような感染ネズミをキツネが食べると，キツネ類の小腸内で幼虫が成虫となる（図17.4）．

エキノコックスはキツネ類などの便で汚染された山の水を飲むことで，ヒトの体内に入ることがある．その場合，小腸でふ化した幼虫が，肝臓に移動して以降は，中間宿主中の寄生生活形態で止まってしまう．ヒトの肝臓では，感染してから自覚症状が出るまでには数年から十数年かかるが，発症後は，肝機能障害を起こして死亡に至ることもあり，致死率90％以上とされている．現在のところ，特効薬は無く，肝臓に寄生した幼虫を外科手術で除去するしかない (Goodfellow *et al.* 2006)．

エキノコックスは，北海道に土着の生物ではなく，毛皮の養殖用に北米から持ちこまれたギンギツネ

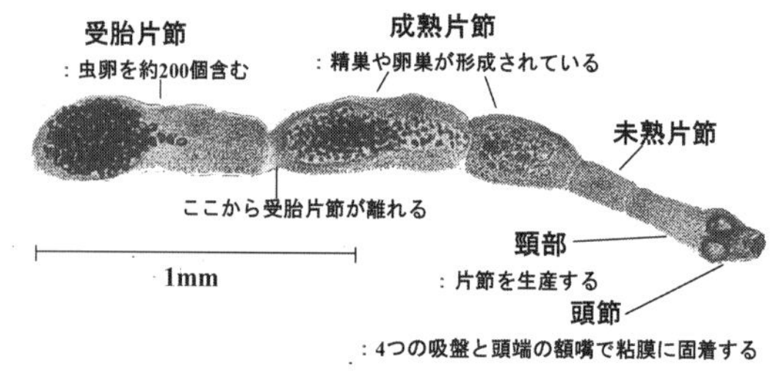

図17.3　エキノコックス（多包条虫）*Echinococcus multilocularis* の成虫．

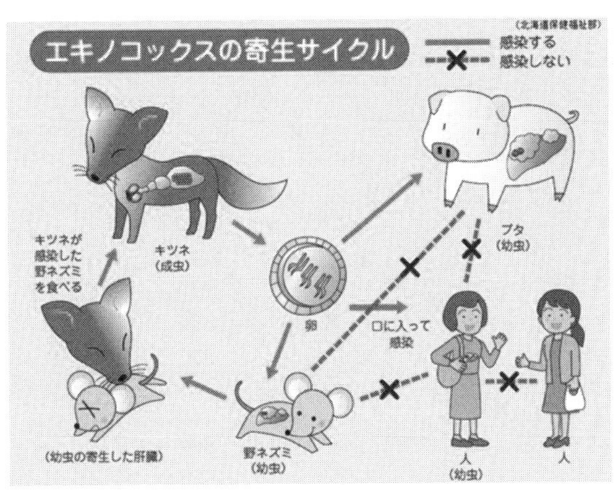

図 17.4 エキノコックス（多包条虫）*Echinococcus multilocularis* の生活史．北海道庁保健福祉部のパンフレットから引用．

(黒色化型キツネ）に付いてきたものと言われている．近年まで，北海道内に止まっていたが，青函トンネルが開通して以降，トンネルを伝ってドブネズミなどが本州に侵入し，それに伴って，エキノコックスも本州に入り込んだ．現在，本州各地でエキノコックスが散発的に見つかる状態となっており，本種に感染しないためにも，安易に山の生水は飲まない方が安全である．

17.1.7 昆虫の天敵としての捕食寄生

寄生バチや寄生バエとよばれている昆虫類は，主として他種昆虫の卵，幼虫やサナギに産卵し，宿主の内部でふ化・発育を完了した後に，幼虫や成虫の形態になって，宿主の体壁を食い破って外界に出てくる．この生活史形質は，宿主から栄養を横取りする通常の寄生とは異なり，結果的として，宿主を直接殺して食べてしまうという視点では，これらの寄生者は機能的に捕食者と同じである．このため，これらの寄生者を**捕食寄生者**，宿主を**寄主**とよんでいる．寄生者の幼虫が育つまでに宿主幼虫自身も生きている場合は，これを**飼い殺し寄生**とよび，寄生者の幼虫によって寄主がすぐに死に至る事例を**殺傷寄生**と言う (Ricklefs 2000)．

これらの捕食寄生者には，**寄主特異性**：host specificity のある種も知られており，特定の農作物の害虫の種に対し，化学農薬を使わずに駆除するため，害虫の天敵として使用する生物農薬として応用されている例もある．図 17.5 は，生物農薬としてではないが，伝統的な生物的防除を目的として，栗の大害虫であるクリタマバチの天敵として，チュウゴクオナガコバチをつくば市で試験導入した際，クリタマバチが劇的に減少した実際例を示したものである (Moriya *et al.* 2003)．ちなみに，クリタマバチの被害は「クリの新芽に顕著な虫えいを形成し，新梢の伸展と果実生産に重大な影響を及ぼす.」というもので，クリタマバチがクリの実を直接食害する訳ではない．

アリヅカコオロギ類のように，他種のアリ類に巣に入り込んで餌を横取りする様式を**労働寄生**と言う．サムライアリは，クロヤマアリなどの他種アリ類の巣を襲って働きアリやそのサナギを略奪し，自分の巣で働かせる習性があるが，これを**社会寄生**と言う．

17.1.8 寄生者による寄主の性別のコントロール

有性生殖において，細胞中のミトコンドリア，葉緑体，細胞質基質，等々の部分は，すべて卵子や卵母細胞を通じて，母親から由来したものである．精子は，受精卵には，DNA の半量を提供するのみで，

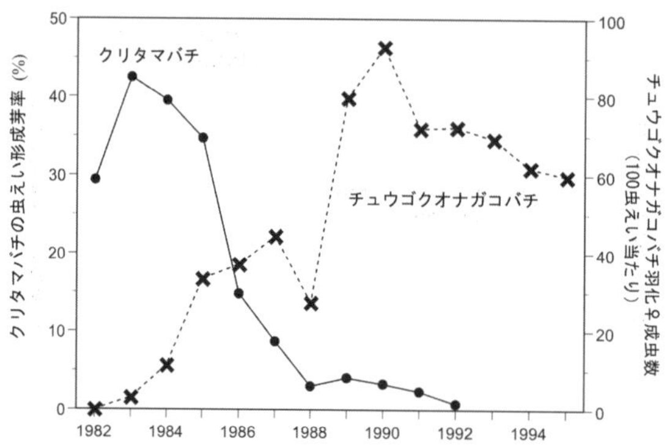

図 17.5　害虫に対する伝統的生物的防除の実際例．クリタマバチは，クリの新芽に顕著な虫えいを形成し，新梢の伸展と果実生産に重大な影響を及ぼす．クリタマバチの寄生バチとして中国からチュウゴクオナガコバチをつくば市で試験導入した際，クリタマバチの劇的な減少が観察された．Moriya *et al.* 2003 の図を修正転載．守屋成一さんのご厚意による．

オスの細胞質や細胞小器官は伝わらない．核 DNA の情報以外の細胞質の性質の子孫への遺伝は，すべて母親由来であり，これを**母系遺伝**とよび，細胞質が子孫に伝わることから**細胞質遺伝**と言う（⇒第 I 部第 2 章参照）．

寄主の細胞内に寄生する寄生者が，子孫にも感染する場合，細胞質を通じて，メスからしか子供に伝わらない．オス個体に入り込んだ細胞質内の寄生者は，子に感染ができず，その寄主の代で生存終了となってしまう．細胞質内に寄生する寄生者は，適応度を上げるためには，なるべく多くの卵もしくは卵細胞に感染する必要がある．このため，寄主がなるべく多くのメスを生産するように，寄生者が寄主の性比コントロールをする進化が生じた．

図 17.6　リュウキュウムラサキのフィリピン亜種のメス．オス・メスの性比確認のための飼育品．フィリピン・ルソン島バタンガス州サントトマースで採卵．1996 年 10 月 13 日，フシザキソウにて採卵．1996 年 12 月 13 日羽化．採卵と飼育者は北村 實さん．標本撮影は二町一成さん．写真は，二町一成さんのご厚意による．

日本では迷蝶（めいちょう）として扱われているリュウキュウムラサキは，いくつかの亜種に分かれているが，その中で，リュウキュウムラサキのフィリピン型亜種（図 17.6）などでは，1980 年代頃まで，ほとんどメスしか採集されず，産卵させて飼育しても，ほぼメスしか羽化しない性比異常が観察されていた（二町 2011）．リュウキュウムラサキの細胞質内には，ボルバキア（*Wolbachia*）というバクテリアが感染しており，ボルバキアは細胞質を通じてメスの子孫に感染する．ボルバキアに感染したリュウキュウムラサキのメスは，オスをほとんど産まなくなる．ボルバキアが，リュウキュウムラサキのメス親には，メスのみを生産するように性比コントロールをしているのではないかと推定された．これは，ボルバキアの感染による性比コントロールの事例ではないかとされていた．しかしながら，2000 年代以降の近年では，フィリピン型亜種の性比は正常比にもどっており，オスの採集例も増え，飼育でも正常性比に羽化するようになっている．これは，ボルバキアの感染個体が減った，もしくは，ホストのゲノム抵抗性が高まったのではないかと考えられている．（Dyson *et al.* 2004；二町 2011；三橋 2016；Nishino *et al.* 2022）

また，ボルバキアに感染したハモグリミドリヒメコバチは，性比がメスに偏っているが，抗生物質投与でボルバキアを死滅させると，性比が正常値に戻った（Hidayanti *et al.* 2022）．

17.1.9 寄生による宿主の行動のコントロール

寄生性原虫のトキソプラズマは，主に哺乳類に感染する病原体であるが，宿主の行動が寄生虫にコントロールされている事例として取り上げられることが多い（Dubey 2010; McConkey *et al.* 2013）．トキソプラズマに感染したネズミ類は，行動が怖いもの知らずになり，ネコを恐れなくなることが知られている．その結果，感染ネズミはネコに捕食されることとなり，結果としてトキソプラズマの感染が広がる（Lim *et al.* 2013）．トキソプラズマに感染した北米のオオカミは，行動が大胆になり，その結果として，感染オオカミが群れのリーダーになる確率が非感染オオカミに比べ，46 倍も高くなる（Meyer *et al.* 2022）．ヒトの場合，約 1/3 がトキソプラズマに感染していると言われているが，ヒトの行動にも寄生虫が関与している可能性があるのかも知れない（Zouei *et al.* 2018）．

17.1.10 淡水二枚貝類と淡水魚の寄生関係

多くの淡水産二枚貝類（主にイシガイ科）は，卵ではなく，グロキディウム幼生を水中に放出する．グロキディウム幼生は，淡水魚のエラやヒレに付着し，体液を吸って成長し，水底に落ちて定着する寄生を伴った生活史をとっている（図 17.7）．イシガイ科の淡水産二枚貝の多くは，外とう膜を魚の餌であるミミズや水生昆虫に擬態させている．二枚貝の外とう膜を餌と間違えた淡水魚がつつくと，二枚貝はグロキディウム幼生を吹きかけ，効率よく魚に寄生させる（Hartfield & Hartfield 1996）．

逆に，淡水魚のタナゴ類は，長い産卵管を淡水産二枚貝の出水管から差し込んで，二枚貝のエラの中に産卵する．魚の卵は二枚貝の中でふ化し，ある程度育った後に，二枚貝の出水管から水中に出る（稲留・山本 2008）．これも寄生関係である．

このように，淡水産二枚貝類と一部の淡水産魚類は，互いに寄生しあうという一種の共生関係にある（Baer 1971）．

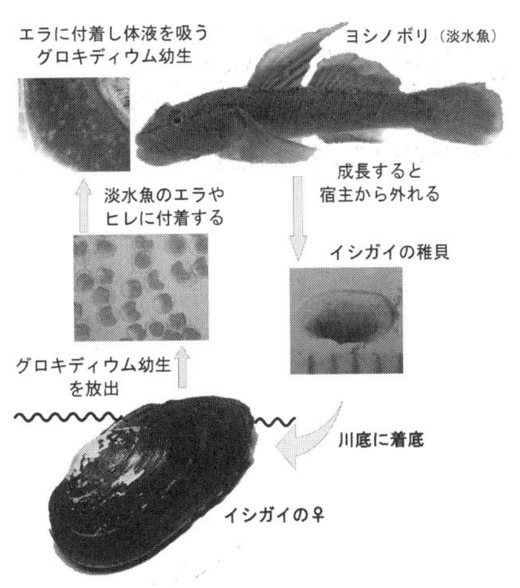

図 17.7 イシガイ科二枚貝類の生活史．二枚貝のグロキディウム幼生は，淡水魚のエラやヒレに付着し，体液を吸って成長し，水底に落ちて定着する寄生を伴った生活史をとる．

17.1.11　鳥類の托卵寄生

自分の卵の世話を他の個体に行わせる生態を**托卵**：brood parasite とよぶ．代わりの親は仮親とよばれる．本来は，鳥類の托卵を指したが，ハ虫類，魚類や昆虫類でも見られる．托卵は，巣作りや抱卵，子育てなどを仮親に行わせる生態である．一種の寄生とみなされる．他種に対して行う場合を**種間托卵**，同種に対して行う場合を**種内托卵**と言う (Soler 2017)．

鳥類の種間托卵でよく知られているのは，カッコウなどカッコウ科の鳥類が，オオヨシキリ，ホオジロ，モズ等の巣に托卵する例である．カッコウのヒナは比較的短期間（10–12 日程度）でふ化し，仮親のヒナより早く生まれる．カッコウのヒナは仮親の卵やヒナを巣の外に押し出してしまう．その時点でカッコウのヒナは，仮親からの給餌を独占し，成長して巣立つ．

鳥類の種内託卵は，ダチョウやムクドリで知られる．ダチョウは，オスが地面を掘って作った窪みの巣にメスが産卵，その巣に，さらに他のメスも産卵する．これを最初に産卵したメスが抱卵する．ダチョウは子育ても集団で行う．このため，ヒナの群れは同じメス親の子とは限らない．

17.2　生物間相互作用としての共生

17.2.1　栄養共生

栄養共生とは，共生関係にある 2 種の生物が，互いに不足する栄養分を補い合う関係をさす．生物の代表的例として，マメ科植物の根に根粒を形成する根粒菌リゾビウム属が挙げられる（図 17.8）．根粒菌は，**空中窒素固定**を行い，アンモニウムイオンを植物体に供給する共生関係にある．空中窒素固定を行う細菌類としては，ヤシャブシやヤマモモの根に共生する，放線菌の 1 種である**フランキア**属の細菌類や，ソテツの根（図 17.9）やオオアカウキクサに共生する光合成細菌類である**らん藻類**（**シアノバクテリア**）が知られている (De Bruijn 2015)．また，森林樹木の根茎に共生するトリュフ類，マツタケやホンシメジなどの**菌根菌**とよばれる菌類も栄養共生の代表例である．スダジイをはじめとする多くの樹種は，根系で菌類と共生している (Smith & Read 2008)．

また，刺胞動物に属する多くの群体サンゴ類，一部のクラゲ類，ヤギ類，および，軟体動物二枚貝綱に属するシャコガイ類では，ポリプ，傘，もしくは，外とう膜の細胞内に褐虫藻（ゾーキサンテラ）とよばれる藻類を共生させている（図 17.10）．

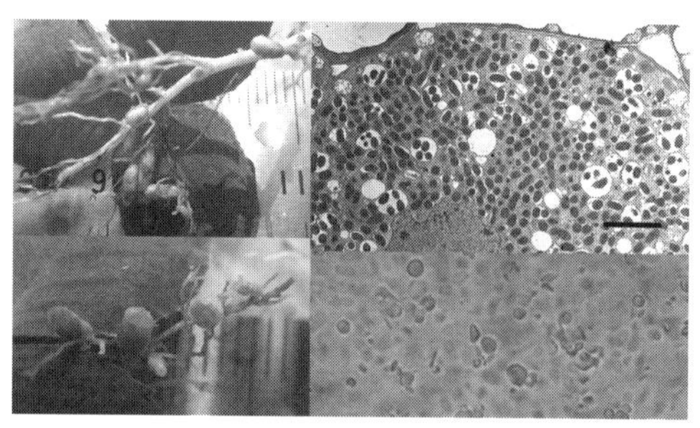

図 17.8　左上：シロツメクサの根粒．根に付着した楕円体が根粒で，中に根粒菌を共生させている．；　左下：根粒の断面．O_2 による空中窒素固定阻害への防御物質としてもつレグヘモグロビンのためにピンク色を呈している．2023 年 3 月 6 日鹿児島大学郡元キャンパスで採集．；　右下：シロツメクサの根粒に共生している根粒菌の透過型光学顕微鏡写真．根粒菌は動くため，ややぶれている；　右上：ミヤコグサ（マメ科）の根粒の透過型電子顕微鏡写真．やや濃い円形状がそれぞれ根粒菌．スケールは 5 µm．内海俊樹さん撮影．電子顕微鏡写真は，内海俊樹さんのご厚意による．

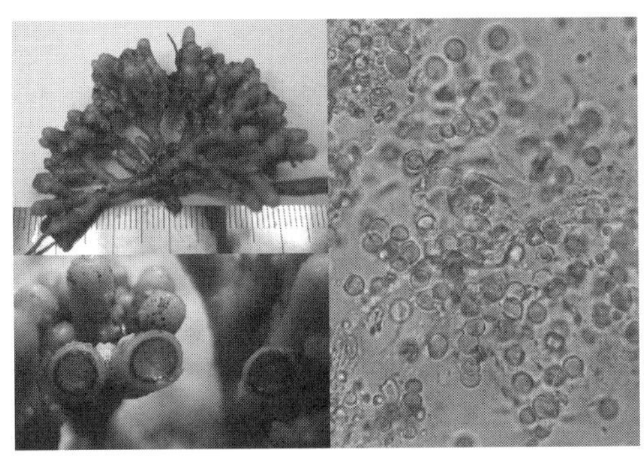

図 17.9　左上：ソテツの根の根粒．根の先端の薄緑色の膨らんだ部分が根粒で，中にシアノバクテリアを共生させている．左下：ソテツ根粒の断面．断面の形成層付近が同心円状に濃緑色になっており，シアノバクテリアが集中している．右：ソテツの根粒に共生しているシアノバクテリアの透過型光学顕微鏡写真．2023 年 3 月 6 日鹿児島大学郡元キャンパスで採集．

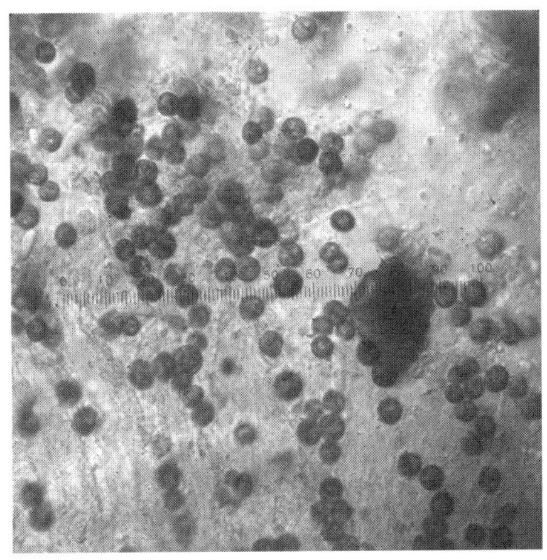

図 17.10　サンゴ類の細胞中に共生している褐虫藻（ゾーキサンテラ）(zooxanthellae) の透過型光学顕微鏡写真．接眼マイクロメーターのスケールは，10 目盛が約 20 µm．鹿児島県桜島袴腰海岸で 2009 年 8 月 18 日に採集されたミドリイシ類から採取．

褐虫藻とは，細胞内に共生するウズ鞭毛藻の総称である．ウズ鞭毛藻自体が，鞭毛虫類に黄色植物門やハプト藻植物門に属する単細胞の光合成藻類が共生したものである．褐虫藻は，自由生活時には単細胞であり，鞭毛を使って海中を浮遊しており，共生体の動物の体内に入り込むことがある．

褐虫藻は，光合成産物をサンゴに与え，サンゴは，褐虫藻に対して，生息場所を提供し，体内の呼吸代謝で生じた CO_2 などを光合成材料として提供する．

日本の南西諸島の海域にはサンゴが豊富であるが，夏期に，台風などで海水が攪乱され，深層海水と表層水が混じることで海岸部の海水温が極端に上昇しないように調節されている．しかし，台風の少ない年には，この攪乱が生じないため，サンゴ礁のリーフ付近の海水温が極端に上昇することがある．その結果，褐虫藻はサンゴの体内の生息環境が悪化し，サンゴから遊離し，自由生活になる．褐虫藻が脱出したサンゴは白色になってしまい，光合成産物を褐虫藻からもらえないため，やがては枯死してしまう．これは，**サンゴの白化現象**：coral bleaching とよばれる現象で，地球温暖化による海水温の上昇により，全世界で大規模に生じている (Gilmour *et al.* 2013; Hughes *et al.* 2017)．サンゴが全滅したサンゴ礁域の生態系は，生物多様性が著しく低下し，機能不全に陥った，半ば死んだ海と化してしまう．

17.2.2　消化共生

宿主の消化管内に生息する共生者との共生関係を**消化共生**と言う．一般に，動物は植物体のセルロースを分解できない．デンデンムシ類などの巻貝類の一部では，セルラーゼとよばれるセルロース分解酵素を独自にもつ種も知られているが，多くの動物では，消化管内に共生させている原生生物類に餌で食べた植物体のセルロースを分解させている．牛や羊などのはんすう消化をするクジラ偶蹄類，ウサギ類，および，一部の昆虫類（シロアリ類など）の消化共生が有名な事例である (Paracer & Ahmadjian 2000)．

ヒトの消化管内に生息する共生細菌類では，ヒトの消化酵素では分解できないマンナンなどの多糖類を分解する *Aerobacter mannanolyticus* なども知られている (Innami *et al.* 1960)．

17.2.3　防衛共生

宿主が，すみかや栄養物を提供することで，共生者が宿主を防衛する共生関係が知られており，これを**防衛共生**と言う．代表例として，**アリ植物**：myrmecophyte / ant plant とよばれる，植物が形成した空間を，アリ類が，利用して生活している事例が挙げられる (Benzing 1991; Beattie & Hughes 2002)．

熱帯に分布し，主に林縁部や 2 次林で大木になるオオバギ（マカランガ類）には，幹に穴を開けて内部の空洞に営巣するシリアゲアリ類が共生している (Linsenmair *et al.* 2001)．このアリは，かなり攻撃的であり，かまれると非常に痛い．このため，マカランガ類は，植物体を摂食しようとする草食動物や昆虫などの外敵から守られている．

マカランガ類は，脂質に富んだ蜜を分泌し，アリに餌として提供している．シリアゲアリ類は，マカランガ類の茎で吸汁するカイガラムシ類の分泌する甘露を採餌し，さらに，シリアゲアリ類は，幹内でカイガラムシ類を飼育し，防衛している．カイガラムシ類は，シリアゲアリ類に，餌としても利用されている．このように，マカランガ類の植物体上では，マカランガ類，シリアゲアリ類，および，カイガラムシ類の 3 者共生系が進化の結果生じたと言える．

日本産のアリ植物としては，アカメガシワが知られている．アカメガシワは，葉の付け根にある蜜腺から蜜を分泌し，アリ類がこれをなめている．アカメガシワにたかるアリ類は，植食性昆虫からアカメガシワを守っている (Yamawo *et al.* 2019)．

防衛共生としては，海産のイソギンチャク類とクマノミ類の相利共生が有名である．大型のイソギンチャク類の周辺に，クマノミ類は，オスとメス複数匹で縄張り形成を行い，イソギンチャク類の触手群の中を生活場所とすることで，天敵の捕食から守られている．クマノミの粘膜には，イソギンチャクの刺胞の毒に対して抵抗性があり，成魚になると免疫が確立するため，触手に触れても大丈夫であるが，イソギンチャク類とクマノミ類の種間には相性があることが知られている (Da Silva & Nedosyko 2016)．

17.3　送粉共生と共種分化，擬態

17.3.1　送粉共生

他家受粉する植物は，何らかの方法で受粉をしなければならない．動物に花粉を媒介してもらう場合には，花と**花粉媒介者（送粉者 / ポリネーター）**：pollinator との間に共生関係の進化が生じる．鳥類が花粉媒介する花を**鳥媒花**と言い，花弁の色が目立つ赤色の事例が多い (北村 2015)．ヤブツバキの赤い花は鳥媒花の典型例である．昆虫が媒介する花を**虫媒花**というが，虫媒花の花には，昆虫に対して目立つように，ヒトが感じることのできない紫外線を反射する事例が多い (田中 2009)．

バナナが属するバショウ科植物は，オオコウモリ類による**コウモリ媒花**か鳥媒花の花が多いが，両者の花には一定の法則性が知られている．鳥媒花のバショウ科の花は，花序は直立し，昼間に開花し，苞

が赤いという特徴がある．それに対し，コウモリ媒花の場合は，花序は下垂し，夜間に開花し，苞が黒紫色という特徴がある (van der Pijl 1956)．

変わった送粉動物として，糞虫類，ナメクジ類，ハマトビムシ（ヨコエビ）類，などが知られている．ショウガ目ロウイア科に属する植物は，糞虫媒花であり，糞の臭いを発散し，エンマコガネ類が訪花・送粉を行う (Sakai 1999)．日本では，鹿児島県の黒島，宇治群島向島，および，諏訪瀬島にしか自生していないハラン (*Aspidistra elatior*) は土壌動物のヨコエビ類が花粉媒介を行い，ヨコエビ媒花である．ハランの花は地際に咲き，花への入口がスリット状で細長く，ヨコエビの体の形態に適応進化している (Kato 1995)．

マルハナバチ類は，ストロー状の細長い口吻をもち，ツツジ類やサクラソウ類などの花の形態がラッパ状で，奥がすぼまった花の蜜をなめるのに適した形態になっている，花弁は，赤紫色や青色の花（紫外線の色；ヒトには紫外線色は見えない）を好む．これに対し，ハナアブ類，ハエ類，および，小甲虫などは口吻が短く，上を向いた開放的な形状の花で，花弁も黄色や白などの花を好む (田中 2009)．

以上のように，送粉動物と花の形状には共進化が認められる．送粉による共進化が極端に発達した事例として，ダーウィンも紹介したマダガスカル島のランとガの共進化が有名である．マダガスカル島に自生するランの一種：*Angraecum sesquipedale* は，花に非常に長い距（きょ）とよばれる筒状構造があり，その奥に蜜を溜めている．このラン類に形態適応した口吻が極端に長いキサントパンスズメガだけが蜜を吸うことができ，受粉を行う (Arditti *et al.* 2012)．

17.3.2 送粉に基づく共種分化と絶対送粉共生

送粉共生系の中で，植物と送粉者との間に，共種分化の系統樹マッチングが見られる事例がある．イチジク類 (*Ficus* 属) とイチジクコバチ類 (*Blastophaga* 属) の送粉共生系は，その好例である（図 17.11）．日本産のイチジク属植物とイチジクコバチ類は，厳密な 1 種対 1 種の関係にあり，両者の系統樹の分岐は見事に一致する (横山 2008)．

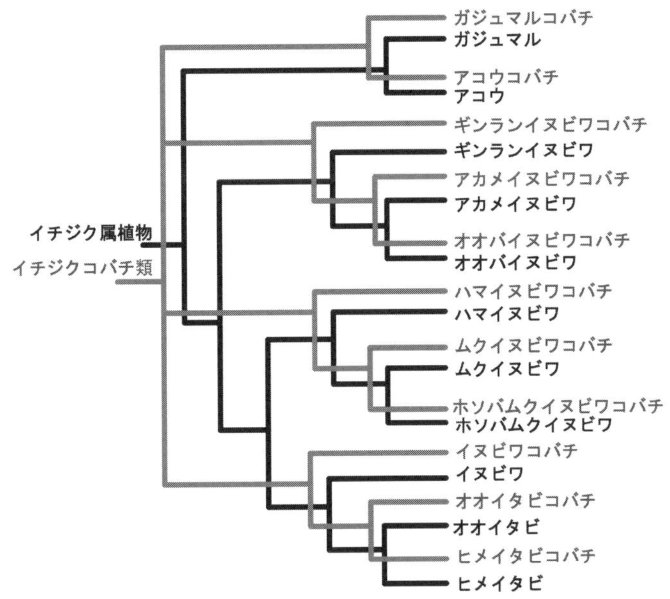

図 17.11 イチジク類とイチジクコバチ類との間に見られる，植物側と送粉者との間の共種分化による系統樹マッチング． 日本産のイチジク属植物とイチジクコバチ類は，厳密な一種対一種の関係にあり，両者の分岐は見事に一致する．横山 (2008) の図を修正転載．横山 潤さんのご厚意による．

イチジク類とイジジクコバチ類のように，植物と送粉者が共進化した結果，互いに完全に依存してしまった状態になっている送粉共生を**絶対送粉共生**：obligate pollination mutualism とよぶ．絶対送粉共生は，植物のイチジク属とユッカ属（*Yucca* spp.）で見つかっていた．絶対送粉共生系においては，

(a)　ある植物種の花が，ただ1種の種子食性昆虫によってのみ送粉される系になっている，
(b)　絶対送粉共生系では，1対1の高い種特異性がある，
(c)　胚珠寄生者が送粉者である，
(d)　能動的送粉行動が観察される，

という法則性が認められる．

ユッカ属（リュウゼツラン科）とユッカガ類（ユッカガ科）との間の絶対送粉共生系では，

(1)　ユッカガ類の雌が，葯から花粉を集め，柱頭に授粉，
(2)　ユッカガ類の幼虫は，果実の中で一部の種子を食べて成長する，
(3)　ユッカ属は，ユッカガ類によってのみ送粉される，
(4)　種子が，すべては加害されないしくみ，すなわち，選択的間引きが行われている，

等の共通性が認められる．また，ユッカガ科で，絶対送粉共生の進化は，複数回生じたと考えられている（Kato & Kawakita 2017）．

近年になって，第3の絶対送粉共生系が加藤 真によって発見された（Kato *et al.* 2003）．コミカンソウ科のカンコノキ属：*Glochidion* spp.に属する植物種は，ハナホソガ類が送粉昆虫である．ハナホソガ類は，カンコノキ属の各種と高い寄主特異性を持ち，両者は絶対送粉共生の進化をとげていることが解明された．

17.3.3　片利共生

2種の生物種の種間関係において，一方の種にのみ利益があり，他方の種には利益がないか，非常に少ない共生関係を**片利共生**：commensalism とよぶ（Huggett 1998）．片利共生には古くから誤解がある．一方が適応度を下げるような共生関係であれば，その程度が小さくとも，寄生とよぶべきであり，これまで片利共生とされてきた事例には，その様な例が多い．例えば，コバンザメは，宿主に付着することで，宿主の遊泳に対し，かなりの不利益を与えており，むしろ寄生関係とよぶべきである．

片利共生とされている事例は，熱帯林の樹幹に付着するラン類と付着された樹木との関係，ワタノメイガなど，葉巻き虫の葉巻の中に生息している昆虫類，ニホンアナグマの堀った古い巣穴を利用するタヌキ，枯れたサンゴ林に生息する魚類や藻類，等の事例が挙げられている（日本生態学会 2004）．

葉巻き，古い巣穴，枯れたサンゴの林など，他の生物の生息に役立つ構造物の構築によって間接相互作用をもたらす生物を**生態系エンジニア**：ecosystem engineer とよんでいる．

17.3.4　擬態

生物が，攻撃，防御，繁殖などのために，体の色彩や形態などを，他の物や植物・動物に似せることを**擬態**：mimicry と言う（Quicke 2017）．例えば，東南アジアに分布する，ハナカマキリは，体を花の色や形に似せており，花に寄ってくる被捕食者を捕食する（Wipfler *et al.* 2012）．日本産のキタスカシバ（スカシバガ科）は，体色を強力な捕食者であるスズメバチ類の色彩に似せて，他の天敵からの捕食を回避している（Maran 2017）．

被捕食者が，周囲の植物や地面の模様に似せた形態や隠蔽色にすることで，捕食者から発見されないようにする擬態を，**隠蔽的擬態**と言う．色彩と形態を木の枝に擬態させるナナフシや，木の葉に擬態するコノハチョウがこれにあたる．

逆に，目立つことにより，捕食者，被非捕食者をだます擬態を**標識的擬態**と言う（Howse & Wolfe 2012）．それには，**ベーツ型擬態**：Batesian mimicry，**ミューラー型擬態**：Müllerian mimicry，**攻撃擬態**がある．その生物のもつ，有毒性・危険性・不快な臭い・味と結びついて，他の生物に捕食や接近をためらわせるような目立った色彩や模様の体色を**警戒色**と言う．警戒色は，毒ヘビ，ハチ類，チョウ類，ガ類の幼虫などに見られる（Fogden & Fogden 1974）．

毒性や危険性を持った動物（モデル）に，毒性や危険性のない別の動物が，色彩や模様などの外見だけを似せることによって，捕食を回避する擬態を**ベーツ型擬態**と言う．図 17.12 は，日本産のシロオビアゲハ（無毒）が，モデル種のベニモンアゲハ（有毒）にベーツ型擬態をすることによって，鳥類からの補食を回避している事例である．モデル種のベニモンアゲハの分布地において，シロオビアゲハの擬態型が，多く生息していることが経験的に知られていた．宮古島のような新たにベニモンアゲハが侵入した地域において，シロオビアゲハの擬態型が生息比率を増やすという現象が観察され（Uesugi 1991），実際に，捕食圧による自然選択が遺伝子レベルで効いていることが証明された（Tsurui-Sato *et al.* 2019; Sato *et al.* 2020）．

図 17.12　シロオビアゲハ（無毒）は，モデル種のベニモンアゲハ（有毒）にベーツ型擬態をすることによって，鳥類からの補食を回避している．Sato *et. al* (2020) から修正引用．写真は，佐藤行人・鶴井香織・野林千枝・辻 和希各氏らのご厚意による．

有毒な種が複数存在し，それらが共通した派手な模様を持っている場合，相乗効果によって，他種からの攻撃が軽減される擬態を，**ミューラー型擬態**と言う．ヌマドクチョウは，アカオビマダラ属の 7 種を正確に真似た 7 つの羽の模様パターンを単一種で作り出す（Jiggins 2016）．

捕食者が被捕食者から隠れたりおびき寄せたりするための擬態を，**攻撃擬態**と言う．体を隠すという意味では，隠蔽擬態と同じ性質の擬態である．例えば，ヒョウやトラの体表の模様は，捕食が容易になるように，森林や草原で迷彩色として擬態している．カエルアンコウは，上顎部の触手を餌に擬態させている．触手を動かし，餌と間違えて寄ってきた小魚を捕食する．

繁殖において，形態や色彩を他の生物に似せ，繁殖を有利にするための擬態を繁殖擬態と言う．ビーオーキッド（Bee Orchid：ハナバチラン）は，花の形態がハナバチ類のメスに擬態しており，フェロモン疑似物質でオスをおびき寄せる．オスは花と交尾行動をし，受粉させる．北米産の淡水二枚貝：*Lampsilis higginsii* の外とう膜は，餌の小魚に擬態しており，餌と間違えて大型魚がつつくと，グロキディウム幼生：glochidium を吹き付ける．幼生は，魚のエラやヒレに付着し，魚の体液を吸ってしばらく寄生する．

第 18 章

種間相互作用，栄養段階と食物連鎖，生物群集の種多様性

18.1　生物群集と種間相互作用

18.1.1　生物群集

ある特定の地域に生息している多種多様な細菌類，原生生物，菌類，植物，動物などの種が集合し，形成している生物の集合体全体を，その地域の**生物群集**：biotic community と言う．生物群集を構成しているすべての種は，複数種の生物との間に多様な生物間の関係を保ちながら，個体の生存を維持し，個体群を継続させ，自分以外の種と共存状態にある．このような複数種の種間関係を**種間相互作用**：species interaction と言う（Begon *et al.* 2006）．

生物間相互作用には，第 II 部第 15 章で述べた**種内競争**や**種間競争**，第 II 部第 16 章で述べた**捕食-被捕食**，第 II 部第 17 章で述べた**寄生関係**や**共生関係**，などが挙げられる．種間相互作用には，上記に挙げたような，種間の**直接的相互作用**の他に，2 種間以外の 1 種以上の種を介して作用する**間接的相互作用**が知られている．

群集という言葉は，その地域に生息する特定の動物群に対し使われることもある．例えば，鳥類群集，土壌動物群集，魚類群集，底生動物群集，および，プランクトン群集などが挙げられる．動物群ごとに分ける群集は，研究目的によって使い分けられる場合が多く，生態学における階層化された観察単位に入れ込む存在とはやや異なったものである．

階層化された観察単位には，群集を構成している観察単位として，種と生物群集の間には，**ギルド**と**栄養段階**が挙げられる（Ehrkich & Roughgarden 1987）．

18.1.2　ギルド

ギルドとは，中世ドイツなどで形成された同一業者による商業組合をさす言葉であったが，生態学では，類似した餌を似たような摂食様式で利用する複数種で構成される生物群集内の観察単位を**ギルド**：guild とよぶ様になった．ルートの定義によれば，一定の地域の資源のうち，同じクラスを似た方法によって使用する種の集まりをギルドとしている（Root 1967）．最近の生態学の考え方では，似た生態的特性を有した種どうしはまとめて**機能群**：functional group/type とよび（Keddy 1992；Blondel. 2003），生態的特性を行動や資源要求性などを含めて広義に定義した場合，似た資源を似た方法で利用する種群として定義されるギルドも機能群に含める解釈となっている（山浦・天野 2010）．

図 18.1 は鳥類と昆虫類の群集形成するギルド構造を模式的に表したものである．(a) は森林の鳥類であり，(b) は使わなくなった畑地の昆虫を示している．それぞれ，大きく 5 種類のレベルに分類分けさ

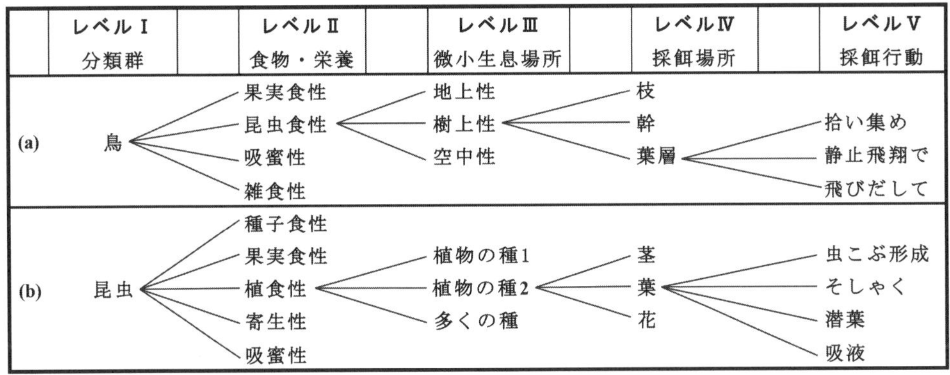

図 18.1 鳥類と昆虫類の群集形成するギルド構造を模式的に表したもの．斉藤 (2000)「生態学への招待」開成出版社 に基づき修正し作成．

れている．I は分類群であり，II は食物または栄養段階，III は微小生息場所，IV は採餌場所，そして，V は採餌方法の行動様式を示している．鳥類に関して言えば，食性には 4 種類が挙げられている．そのうちの昆虫食性は，さらに微小生息場所で 3 種類に分けられている．樹上性の場合の採餌場所は，枝，幹，葉層が区別される．葉層の中での採餌方法は，さらに 3 種類に区分されている．このように，多くの種は，食物をめぐって様々な様式を持っている (斉藤 2000)．

群集形成の成立過程における，ギルドの重要性について，エルリッヒ&ラフガーデンは，食物に規定されるギルドと生活基盤に規定されるギルドの 2 種類を挙げ，これらの構造から異種間どうしの共存，ニッチの相違，競争，攪乱などを理解しようとした (Ehrlich & Rourhgarden 1987)．

加えて，これら餌を同じくする捕食者どうしが，さらに捕食-被捕食の関係にあることを**ギルド内捕食**と言う．ギルド内捕食は，昆虫のギルドで観察される場合が多く，複数種の捕食者間でみられる種間相互作用であり，捕食者の個体数を決定する相互作用として重要な役割を果たすことがある．農業分野において，農業害虫の発生消長をコントロールする際に，ギルド内捕食は重要視されている (松村 2005)．

18.1.3 栄養段階

生物群集内の生物を，**生産者**：producer (≒ 植物)，生産者を摂食する **1 次消費者**：primary consumer (植食者；草食動物ともいう)，1 次消費者を捕食する **2 次消費者**：secondary consumer (肉食者；肉食動物ともいう)，それをさらに摂食する**高次消費者**：high level consumer (高次肉食者；高次肉食動物)，加えて，これらの生物の遺骸や排出物を分解する生物を**腐食者**：scavenger・detritus feeder・**分解者**：decomposer として分けることができる．生産者は無機物から有機物を作ることのできる独立栄養生物である．消費者は独自に有機物を作ることができず，食物としての生物体と，その変化した有機物を摂る必要がある．2 次消費者以上は，肉食動物して位置している．これらの摂食様式に注目した，生物群集内の構造を分類分けした段階を**栄養段階**：trophic level と言う．生物群集は複数の栄養段階から構成され，それぞれの栄養段階では，多様な種が生活している．1 つの栄養段階に属する種は，捕食者である上位の生物や，餌である下位の生物との間で，それぞれ捕食-被捕食の関係を形成している (Begon *et al.* 2006)．

18.1.4 食物網と食物連鎖

動物群集の理解のために重要な概念は，食物関係である．生物群集を構成する種は，互いに摂食-被食の関係が，網の目のようにつながり合っている．このような食物関係のつながり全体を**食物網**：food network / food web と言う．食物網の中で，植物と 1 次消費者，1 次消費者を捕食する 2 次消費者，さらに，2 次消費者を捕食する 3 次消費者へと構成種を捕食関係でつないで構成したつながりを**食物連鎖**：food chain と言う．エルトンは，栄養段階ごとの個体数，食物連鎖や食物の大きさは，生物群集を理解する上で重要であると最初に述べた (Elton, 1927)．

食物連鎖には，草食動物が植物を食べ，さらに肉食動物が草食動物を捕食するといった，生きた植物から始まる**生食連鎖**：grazing food chain，および，林床の落葉や落枝などの植物遺体を餌とする生物から始まる**腐食連鎖**：detritus food chain がある (Odum 1971))．

物連鎖は，端的に言ってしまえば，食うものと食われるもののつながりを指していると言ってもよい．例えば，サクラの木の上では，サクラ→アブラムシ→テントウムシ→小鳥の関係が食物連鎖である．サクラは，実際には，アブラムシ以外にもアメリカシロヒトリやその他のガの幼虫からも葉を食われている．また，小鳥も，テントウムシだけではなく，ガの幼虫も餌として捕食している．サクラの木だけではなく，周辺に生えているその他の樹種も含めた，その地域全体で観察する多くの食物連鎖が絡み合って，地域全体が，複雑な食物網を形成していることが判る．

図 18.2 は，オックスフォード大学のワイタムの森の食物網を簡略化して描いたものである．矢印は，摂食した物質とエネルギーの流れを表している (Varley 1970)．食物網を客観的に数値化した表が，**食物網マトリックス**とよばれる表である (Cohen *et al.* 1990)．

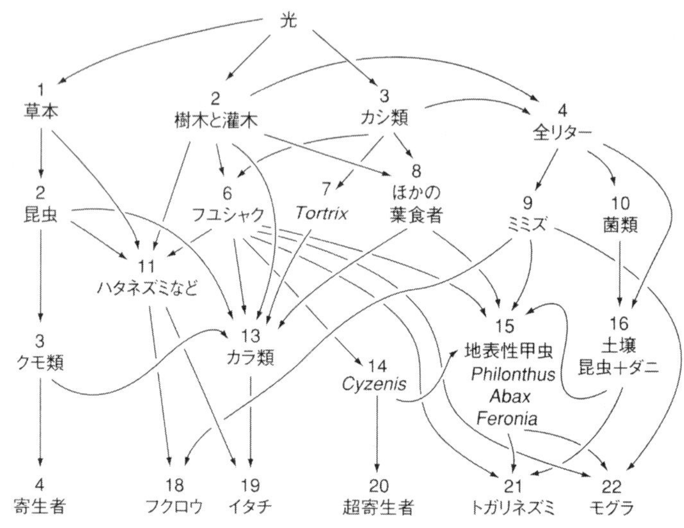

図 18.2　オックスフォード大学のワイタムの森の食物網．斉藤 (2000)「生態学への招待」開成出版社 に基づき修正し作成.

18.2　生物群集の生物多様性

18.2.1　生物多様性の 3 段階

1987 年から 2015 年まで実施された，地球圏・生物圏国際協同研究計画国際プロジェクト研究：International Geosphere-Biosphere Programme; **IGBP** において，**生物多様性**：biodiversity という概念がにわかに注目されるようになった (Loreau *et al.* 2002)．バイオダイバーシティーは，生物多様性と翻訳されることが多いが，岸 由二は，市民運動の現場で，もっと身近に感じられる言葉として「**生き物のにぎ**

わい」という訳語を用いている（岸 2019）．生物多様性とは，地球上に生息する生物が，いかに多様であるかを表す概念である．それぞれの生物群集，群系，および，生態系がもつ属性として，その地域にいかに多様な生物が存在しているかを表す尺度として用いられる（Wilson 1992）．

生物多様性は，観察するレベルに応じて，**遺伝的多様性**：genetic diversity，**種多様性**：species diversity，および，**生態系多様性**：ecosystem diversity の 3 段階から構成されると定義されている．

遺伝的多様性とは，ある種のある個体群内における個体群内変異が，遺伝的に，どの程度多様性があるかという意味で用いられる場合が多い．研究によっては，個体群間変異も遺伝的多様性に含める事例もあり，やや混乱している側面もある．

種多様性とは，ある地域の生物群集が，どのような種で構成されるかを表した概念である．後述するように，複数の生物群集間で，種多様性を比較する目的で，各種の種多様性を数値化する手法が開発された．

生態系多様性は，ある地域に，湖沼，河川，湿地，草原，または，森林といった様々な生態系が存在することの程度を示す尺度である．

この章は，生物群集を主テーマとして扱っている関係上，主に種多様性を重点的に取り上げる．遺伝的多様性の詳細に関しては，第 I 部を，生態系多様性の重要性に関しては，第 IV 部を参照して欲しい．

18.2.2 種多様性を表す尺度としての均質度

IGBP による生物多様性の概念が提案される，はるか以前から，生態学の研究においては，ある生物群集を構成する，種の組合わせの豊富さの程度を表す概念として，種多様性という言葉が使われてきた．種多様性の最も重要な基準は，その群集が何種の生物で構成されているかという具体的な数値である．しかし，構成する種数が同じ数値であれば，複数の生物群集間の種多様性が常に同じであるとみなすことはできない．

表 18.1 は，鹿児島市近郊にある，2 つの神社の社寺林に生息する，地表性の陸産貝類（デンデンムシ）の生息種数と出現頻度である．出現頻度は，50 × 50 cm 方形区を 20 か所設置した際，採集された総個体数で，各種の出現個体数を割った値で表現している．2 つの神社からは 10 種同じ種数が採集された．神社 A では，8 種の陸産貝類がほぼ同じ出現頻度で採集されたのに対し，神社 B では，アズキガイが極端に多く，他の種はほとんど数個体しか採集されなかった．

この場合，神社 A と神社 B で採集された種数が等しいからといって，「生物多様性が 2 か所では同じである.」，との結論は出せないだろう．この種組成の均等さを示す尺度を**均等度**とよんでいる．つまり，この場合，種多様性は，「種数」と「均等度」という二つの異なる要素から構成される概念ということになる．

表 18.1 鹿児島市近郊にある 2 か所の神社の社寺林で採集された陸産貝類（デンデンムシ）の生息個体数と出現頻度．生息個体数はランダムに設置された 50 × 50 cm の方形区 20 か所で採集された 8 種の個体数．出現頻度は各種の採集個体数を総個体数で割った値．灰色は，出現頻度が 0.05 以上．2019 年 8 月に調査．

		アズキガイ	ヤマクルマガイ	ヤマタニシ	アツブタガイ	ギュリキギセル	ナミハダギセル	フリィデルマイマイ	タカチホマイマイ	総個体数
神社A	採集個体数	72	54	35	11	15	5	4	2	198
	出現頻度	0.365	0.274	0.178	0.056	0.076	0.025	0.020	0.010	-
神社B	採集個体数	215	5	3	3	3	2	1	1	233
	出現頻度	1.080	0.025	0.015	0.015	0.015	0.010	0.005	0.005	-

18.2.3　空間スケールを考慮した種多様性の尺度

しかし，上記のように，特定の神社社寺林という小区画で見た場合は，種多様性の高かった群集でも，この社寺林を含む，大面積の鹿児島市地域という視点に置いた場合，種多様性が高いとは限らない．この場合，生息地全体の種多様性とは，小区画内の種多様性と，小区画間における種組成の違いを合わせたものとなる．小区画内の種多様性が高くても，小区画間での種組成が似通っていれば，生息地全体の種多様性は大きくはならない（図18.3）．大面積の生息域を小面積の区画に分けた場合，小区画内の種多様性を **$\boldsymbol{\alpha}$ 多様性**，全体の種多様性を **$\boldsymbol{\gamma}$ 多様性**，両者の違いを **$\boldsymbol{\beta}$ 多様性**とよんでいる．

これらの数値を実際の調査データから求める場合は，α 多様性と γ 多様性は，それぞれ小区画の平均の種数とすべての区画の総種数として計算した上で，二つの値の差として β 多様性を求めることができる．例えば，図18.3のように，複数の小区画を設置した場合，区画A，区画B，区画Cと検討する区画を増していくと，必ず，新たに出現した種が出てくる．この新たに出現した種の増加分が，β 多様性ということになる．このような操作で β 多様性を求めることで，全体の多様性である γ 多様性に対し，小区画内の種多様性である α 多様性と小区画間の種組成の違いを表す β 多様性が，それぞれどのように関連しているのかを知ることができる．

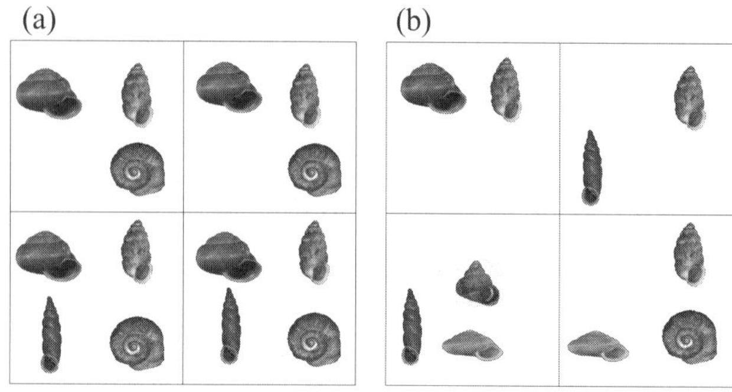

図18.3　種多様性の尺度を示した概念図．(a)：γ 多様性 $=4.0$，γ 多様性 $=3.5$，β 多様性 $=0.5$，(b)：γ 多様性 $=6.0$，α 多様性 $=2.5$，β 多様性 $=3.5$．小区画内の種多様性を α 多様性（α-diversity），全体の種多様性を γ 多様性（γ-diversity），両者の違いを β 多様性（β-diversity）とよぶ．

18.2.4　多様度指数

上記のようにある地域において，小区画が多数設置可能であった場合，出現種数と出現個体数の測定が，ある程度正確にできれば，その地域の種多様性の指数を算出することができる．複数の地域で算出した種の**多様度指数**：diversity index を比較することによって，種多様性の考察が可能になる．この場合，対象とする種は，調査したすべての生物種でも構わないし，研究対象によって，樹木，チョウ，トンボ，鳥類，もしくは，陸産貝類などに絞ることも可能だろう．

多様度指数の算出方法は，下記のように，多数考案されている．N はその地域で調査の結果得られた総個体数，n_i が i 番目の種の個体数，S はその地域の調査で得られた総種数，とした場合，各指数が，下記のような計算式で得られる（木元 1976）．

(1)　Simpson の多要素指数：λ

$$\lambda = \sum \frac{n_i(n_i-1)}{N(N-1)}$$

(2) Mcintosh の多様度指数：D_{Mc}

$$D_{Mc} = \frac{N - \sqrt{\sum(n_i)\sum(n_i)^2}}{N - \sqrt{N}}$$

(3) Brillouin の多様度指数：HB

$$HB = \frac{\ln(N!) - \sum \ln(n_i!)}{N}$$

(4) Masrgalef の多様度指数：Ma

$$D_{Ma} = \frac{S-1}{\ln N}$$

(5) Shannon-Wiener の多要度指数：H′

$$H' = -\sum \frac{n_i}{N} \log_2 \frac{n_i}{N}$$

それぞれの多様度指数には，利点・欠点やクセがあり，対象動物群や研究目的によって使用される指数は様々である．一般に，動物では，**Simpson の多様度指数 λ** が，植物では，**Shannon-Wiener の多様度指数 H′** が，それぞれ用いられる研究例が多い．

18.2.5 相対優占度曲線

調査区域の面積が広大である場合や，熱帯雨林のように生息種数が膨大である場合，もしくは，調査時間が限られる場合は，その地域の種多様性を推定することが困難な事例が出てくる．その様な場合は，その地域に生息する種多様性を推定する手法として，**相対優占度曲線**：rank abundance curve を用いた手法が使われる（Magurran. 2004）．

相対優占度曲線は，横軸に，個体数や現存量を多い順に並べた種の順位を，縦軸に，各種の個体数ないし現存量について群集中にその種が占める割合である**相対優占度**：rank abundance をそれぞれプロットして作製される．縦軸の数値は，対数で表される場合が多い（図 18.4）．この線の右端の種の順位は，その生物群集内の総種数と同じになるため，相対優占度曲線が，右に伸びている生物群集ほど種数が多いとみなせる．また，相対優占度曲線の軌跡が，垂直方向ではなく，水平に描かれる曲線に近いほど，種間の相対優占度の違いが小さいことを表しているため，均等度が高い生物群集であるとみなせる（Whittaker 1965）．

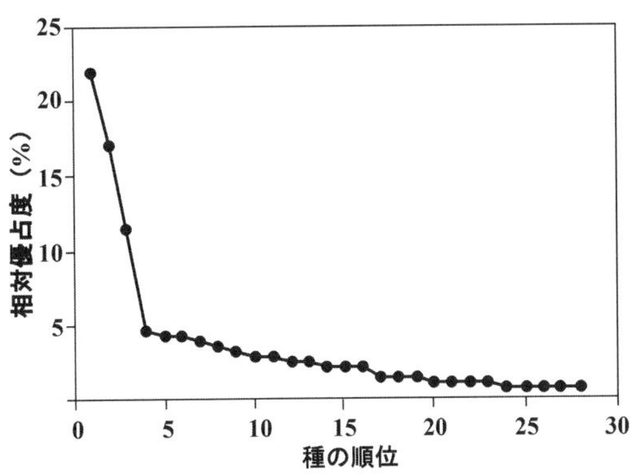

図 18.4 インドネシア・ランプン州の Pahawang 島の鳥類相の相対優占度曲線．相対優占度曲線は，横軸に個体数や現存量を多い順に並べた種の順位を，縦軸に各種の個体数ないし現存量で群集中にその種が占める割合である相対優占度（rank abundance）をそれぞれプロットする．縦軸の数値は対数で表される場合が多い．Iswandaru *et al.* (2020) のデータをもとに図を作成．

18.2.6　ニッチ分化と生物群集における多種共存のメカニズム

第 II 部第 15 章で紹介したように，似たような生活史形質を有する複数種が，ニッチ分化などの要因によって，ある同一の地域において，似たような資源を利用する種どうしが共存している事例はよく観察される．これは，**ニッチの類似限界説**という仮説では，ニッチの重複が小さいほど種間競争が緩やかなものになるからと解釈されている．そのため，そのニッチ重複が一定の水準以下である場合には，複数種の共存が可能となるからだと考えられている．資源利用が重ならない様に，より多くの種が詰め込まれるにつれ，占有する場所は小さくなるが，占有された生息場所内で受け入れられる利用資源の範囲は小さくならない (MacArther & Levins 1967; May 1973)（図 18.5）．

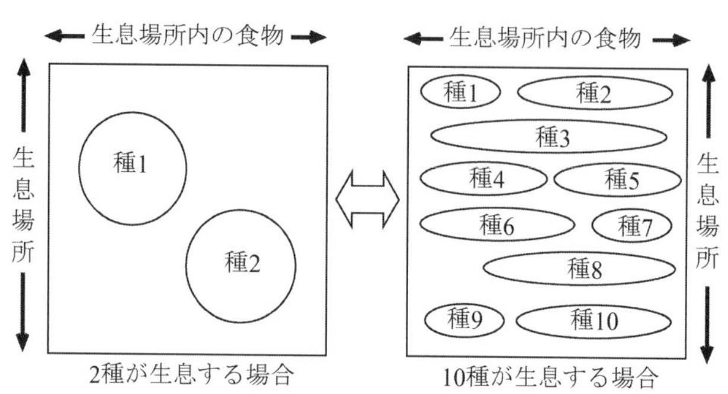

図 18.5　ある生息場所において同所的に生息する複数種が利用資源（この場合は餌資源）の重なり合わない状態．左は 2 種の場合，右は 10 種が，それぞれ同所的に生息する場合．

野外の生物群集においては，ある資源が非常に豊富な状態にある場合，ニッチの似通った複数種がその資源を消費しつくす状態にはならず，競争的劣位種が優位種と共存する場合がある．そこでは，各種の個体数は平衡状態にはならず，ダイナミックに変動している．ある資源の消費が平衡状態にあるとき，競争排除則 (ガウゼの法則；⇒第 II 部第 15 章参照) が働き，「同じニッチをめぐって競争する 2 種は，平衡状態では共存できない.」のであるが，平衡状態にない場合は，同一ニッチを共有しても，長く共存できる事例がある．このような状態を**非平衡な共存**：nonequilibrium coexistence と言う．

もし，それぞれの生物種ごとに，最も適した環境条件が決まっているのであれば，ある場所の環境条件に適応した種だけが，定着できているはずである．また，ガウゼの理論によれば，同一資源を利用する種間では，種間競争が生じ，結果として，競争に勝った種が選択されるはずである．すなわち，生物群集は環境や種間の相互作用によって，必然的に成立していると考えられていた．この仮説は，多くの群集生態学者によって支持されてきた．しかし，ハッベルは，生物群集のすべての個体や種の性質に差がないと仮定した場合，群集内の個体の確率的な死亡と置き換わり，外の群集からの偶然の移住によって，種構成や多様性が成り立つという**生物多様性の中立理論**：unified neutral theory of biodiversity を発表した (Hubbell 2001)．これは，生物群集の成立は偶然の結果である，といういささか乱暴な仮説であったのにも関わらず，中立理論（中立説）で予測される生物群集のパターンが，熱帯雨林群集やサンゴ礁群集等の非常に種多様性の高い群集と類似していることから注目を集めた．中立説は，そこに生息する個体や種の性質は同一である，という極端な前提条件を置いているが，そこに生息する種があまりに多いと，種間や個体間でニッチ分割の効果が薄れてくるだろう，という意味で支持されつつある仮説である．中立説の確率的な移住や置き換わりという考え方は，生物地理学 (⇒第 II 部第 19 章参照) のマッカーサーの考察にかなりのヒントを得ている (MacArthur & Wilson 1967)．

18.2.7　キーストーン種

捕食や物理的撹乱などの何らかの外的要因によって，競争上優位な種の個体数が減少する場合，非平衡な共存において，競争排除が抑制されることがある．

ペインは，北米太平洋の岩礁性海岸の潮間帯において，二枚貝捕食者であるヒトデ類を除去すると，岩礁固着性の二枚貝であるカリフォルニアイガイが，岩礁の表面を覆いつくすまでに増殖する．その結果，ヒトデ除去地区における潮間帯生物群集の種多様性が激減してしまうことを発見した（図 18.6）．これは，岩礁表面に固着する生活史形質をもつ動物種の間では，固着できる岩表面という資源をめぐる競争が存在し，その地域ではカリフォルニアイガイが最強であった．そのため，このイガイ類が，ヒトデによって適度に捕食されることで，ベントス（底生動物）群集の種多様性が維持され，競争的排除が抑制されていたのである (Pain 1969)．

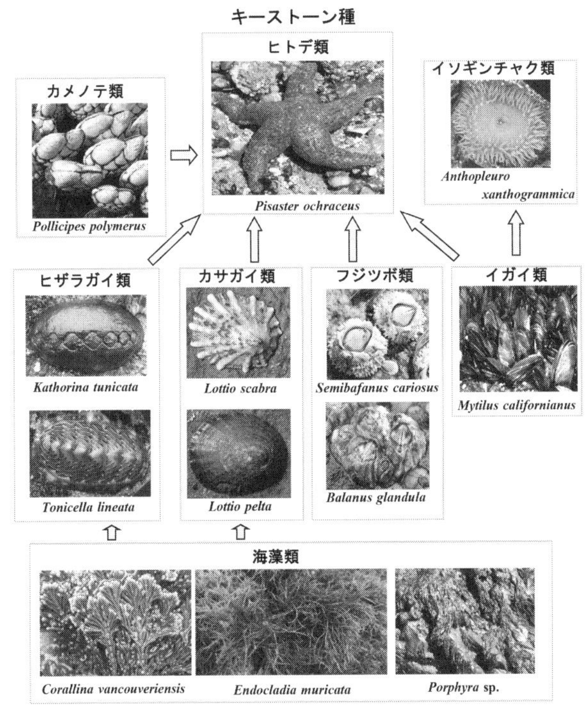

図 18.6　北米太平洋の岩礁性海岸の潮間帯では，ヒトデ類が生物多様性を維持するキーストーン種になっている．二枚貝捕食者であるヒトデ類を除去すると，岩礁固着性の二枚貝であるカリフォルニアイガイが，岩礁の表面を覆いつくす．2005 年にカリフォルニア州太平洋沿岸の潮間帯で撮影．

北米太平洋の岩礁性海岸の潮間帯のヒトデ類のような，その地域の生物群集の種多様性を維持するような働きのある捕食者を**キーストーン捕食者**：keystone predator，もしくは，**キーストーン種**：keystone species とよぶ (Terborgh & Estes 2010)．

ヒトデの除去によって，その実験地区のベントス相が変化してしまった結果，海藻類を摂食していたベントスの種構成も変わってしまい，結果として，その地域に生える海藻類の種構成も変わってしまった．ヒトデ類と海藻類のような直接的な捕食-被捕食関係のない栄養段階にまで影響がおよぶ現象を**栄養カスケード**：trophic cascade と言う．栄養カスケードは，群集構造に影響を与える間接効果として注目されている (Dungy. 2018)．

キーストーン種としては，他に北太平洋沿岸におけるラッコが，有名な事例として挙げられる（⇒第

IV 部第 31 章参照）．

18.2.8 中規模攪乱説

オーストラリアのグレートバリアリーフ（サンゴ礁）(Great Barrier Reef) では，生きているサンゴ類の海底面を被覆する割合（被度）が，波浪が強い場所ほど低い．波浪の弱い地域は，サンゴ類は岩からはがされにくいために，生きたサンゴ類の被度が高くなり，岩の表面をめぐる競争排除が生じやすい．逆に，波浪の強い地域では，サンゴ類の被度は低い．結局，被度が約 30％ の中程度の被度の場合に，そこで見られるサンゴ類の種数は最大になっていた．これは，波の波浪という攪乱現象が，生物群集の種多様性を高めており，**中規模攪乱説**：intermediate disturbance hypothesis という仮説が与えられている (Connell 1978)．

中規模攪乱説は，照葉樹林や熱帯雨林において，森林内よりも，攪乱の多い林縁部の方が動物・植物共に種多様性が高いという現象にもあてはまる．

コラム　軟体棒物（巻貝）の寄生性の進化

軟体動物の腹足綱（巻貝類）には，各種の寄生生活をとる種が知られている (p.160 参照)．外部寄生から内部寄生に移行する各種の段階も知られている．図左上は二枚貝に群がって吻を挿入し，捕食している巻貝 *Odostomia scalaris* である．巻き貝の寄生生活はこのような生態型が起源と考えられている．右上は，外部寄生の生態型をもつヤドリニナの一種 *Mucronalia mitteri* である．吻が収縮して偽外とう膜（ps）が見える．偽外とう膜 (ps) を押しつけて寄主の体液を吸収している．左下は，ヒトデ類に内部寄生する巻貝 *Stylifer linkiae* である．吻（pr）が発達し，偽外とう膜（ps）で体を覆っている．右下は，ヒトデ類に内部寄生する巻貝 *Gastrosiphon deimatis* である．貝殻も退化し，最低限の内臓系しか持たないが，内臓の螺旋型は保持している．c は宿主体表に連絡させる管，pr は吻，ps は偽外とう膜．Baer (1971) から修正描き直す．

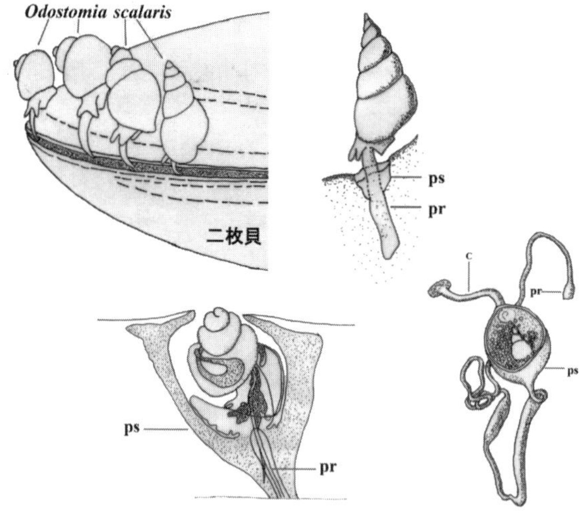

第 19 章

生物地理学

19.1　古典的な生物地理学

19.1.1　生物地理学の発祥とその歴史

地球上における生物種の分布状況を比較し，何らかの法則性を見いだして，分析する研究体系を**生物地理学**：biogeography とよんでいる (Cox. & Moore 1980)．恐らく，人類は古代から，地域によって，そこに生息している生物種が異なっていることは経験的に気づいていたであろうし，航海技術の発達や交易による，広範囲な旅行が可能になるにつれ，生物の分布比較やその法則性の抽出は可能になっていっただろう．

生物地理学の祖と言える人物は，古代ギリシャの哲学者アリストテレスであろうが，近代的な，科学的な意味での生物地理学を展開した人物は，ドイツの大地理学者フンボルトであろう．フンボルトは，主に南米地域に，自ら探検航海に出かけ，多くの動植物を含む地理的な考察を展開した．

生物学の 1 つの分野としての古典的な生物地理学は，大航海時代に，ヨーロッパに蓄積された動植物標本を分析する過程で生まれたものである．近代的な生物地理学は，イギリスの植物学者のフッカーや，動物学者のウォーレスによって創始された．

19.1.2　植物地理学

世界の植物分布の**生物地理区**は，多くは気候の影響を受けているが，地質的な歴史を反映した部分もある（図 19.1）．

地球の地質学的な歴史において，古生代から中生代に入ると，パンゲア超大陸が分裂し，北のローレンシア大陸と南のゴンドワナ大陸に分かれていった（図 19.2）．動植物もローレンシア大陸とゴンドワナ大陸の 2 つの地域で独自の進化が展開された．ゴンドワナ大陸が，その後の大陸移動で細かく分裂していったのに対し，ローレンシア大陸は，ユーラシアと北アメリカの大きな陸塊として保持された．このため，現在の地球上に見られる植物はローレンシア大陸起源の分類群が多いとされている．

植物地理学で世界を分けた区系では，**全北区系界**，**旧熱帯区系界**，および，**新熱帯区系界**に分布する植物は，ローレンシア大陸起源の種が多いとされている．それに対し，独自の植物が分布しているという意味で，**オーストラリア区系界**，**ケープ区系界**，および，**南極区系界**と命名された生物地理区が，南半球に設定されている．これらの区系に分布する植物は，ゴンドワナ大陸要素が残存したものとされている．1994 年に，オーストラリアの限られた谷部で発見された，ジュラシックツリーを含むナンヨウスギ科に属する樹木，ユーカリ類や，北方に進出したイヌマキ類などは，コンドワナ大陸要素の樹木の代表格である．

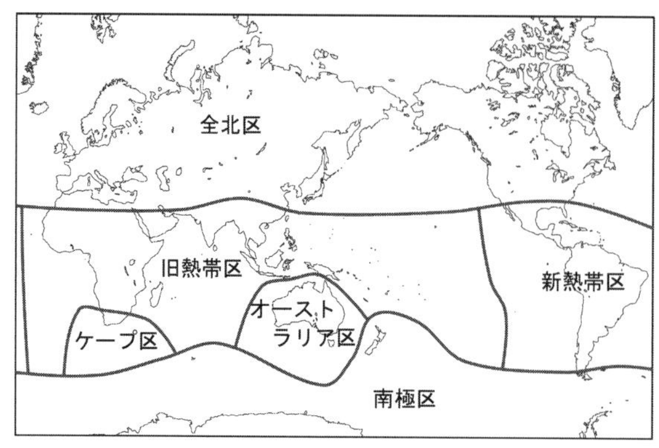

図 19.1　生物地理学における全世界の植物地理区界.

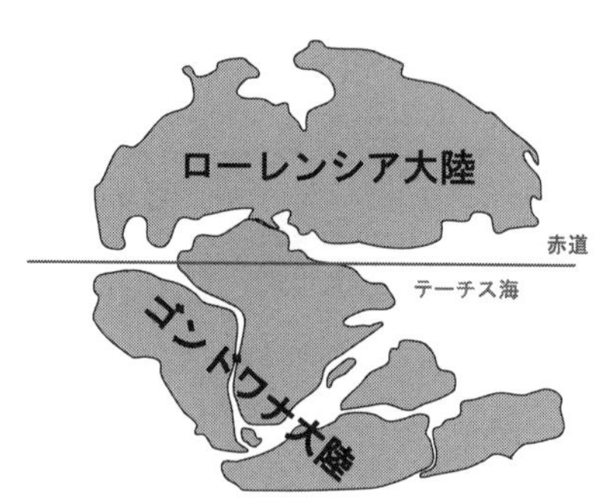

図 19.2　約2億年前の三畳紀におけるローレンシア大陸とゴンドワナ大陸の推定位置.

19.1.3　動物地理学

生物地理学では，世界の動物分布の区系は，気候の影響よりも，地質的な歴史を反映した部分が大きい（図 19.3）．世界の動物区界は，動物相の違いから，**旧北区**，**新北区**，**新熱帯区**，**エチオピア区**，**東洋区**，**オーストラリア区**，**オセアニア区**，および，**南極区**の8つに区分されるが，動物区系の，東洋区とオーストラリア区を分ける境界線は，ウォーレスによって1868年に提唱され，**ウォーレス線**とよばれている（図 19.4）．また，淡水魚類の分布から，**ウェーバー線**が1902年に提唱された（黒田 1972）．東南アジアの動物地理学では，スラウェシ島に分布する動物が，オーストラリア区要素と東洋区要素が混在することで，生物地理学の考察において，混乱の原因になってきたが，これは，プレート運動の結果，東西にあった2つの島が合体した結果とされている．

2013年にホルトらは，両生類・鳥類・哺乳類に関して，21,037種の分布状態や系統関係も考慮した上で，総計12種類の新生物地理区を提唱した（Holt *et al.* 2013）．上記の生物地理区に加え，中国・日本区，サハラ・アラビア区，マダガスカル区，パナマ区の計4区を新たに追加した．

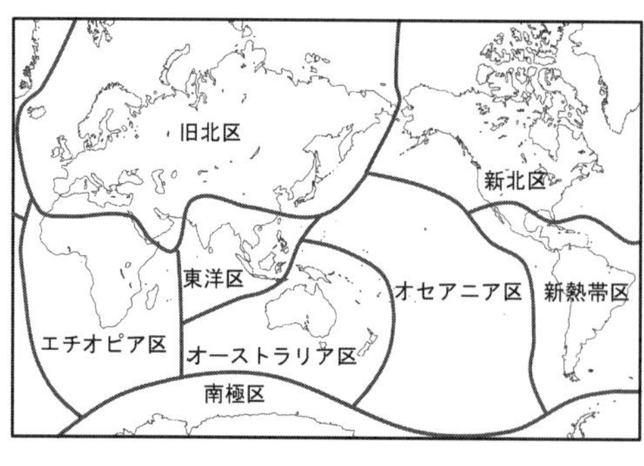

図 19.3　生物地理学における全世界の動物地理区界.

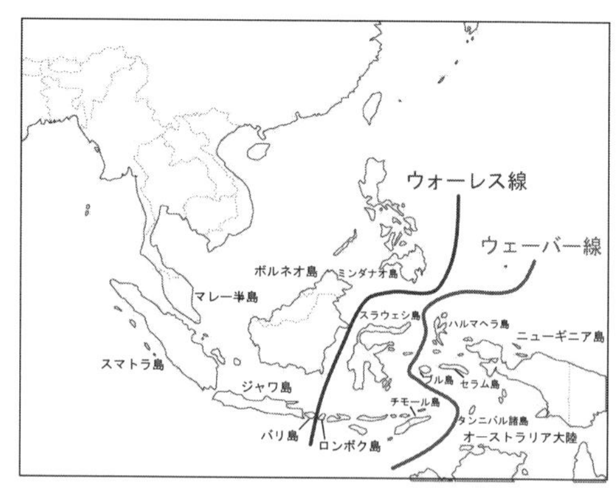

図 19.4　生物地理学における東南アジアのウォーレス線とウェーバー線の位置関係.

19.1.4 動物相の類似度の算出方法

古典的な生物地理学においては，複数の地域間での動物相の比較が必須の作業である．ある地域の特徴的な動物を挙げて，主観的に比較する手法が長らく主流であったが，20 世紀以降は，数値分析による客観的な手法も行われるようになった．

動物相の類似度比較には，下記のような手法が多数知られている（木元 1981）．ここで，a と b は両地域に分布している種数，c は両地域に共通して分布する種数である．

(1) ジャカードの共通係数：CC（Jaccard 1902）

$$CC = \frac{c}{a+b-c}$$

(2) 野村-シンプソン指数：NSC（野村 1939, 1940；Shimpson 1943）

$$NSC = \frac{c}{b}, a \geq b$$

(3) 正宗の相関率：PA（正宗 1931, 1934）

$$PA = \frac{1}{2}\left(\frac{c}{a} + \frac{c}{b}\right)$$

(4) 大塚の親和係数：CC（Otuka 1936）

$$CC = \frac{a}{\sqrt{ab}}$$

(5) 差異係数：CD

$$CD = \frac{a}{c}, a > b$$

(6) シュレーセンの類似係数：QS（Suresen 1948）

$$QS = \frac{2c}{a+b}$$

(7) クレジンスキー法：(Kulezynsky 1927)；N は両地域をあわせた総種数：$N = a + b - c$

$$\frac{c}{N-c}$$

以上の指数計算式は，一見，まったく異なっているように見えるが，式を変形させるとすべて

$$\frac{c}{b} \times \text{各変数に基づく係数}$$

に変形でき，すべて野村-シンプソン指数の変形に過ぎないことがわかる．木元は，これらの指数を用いて，同じ動物相から算出された類似度指数どうしの比較を行い，極端に 2 地域間で種数差が異なっていた場合や，両地域の種数が極端に少なかった場合，算出された類似度指数の誤差が非常に大きくなってしまう欠点を指摘した（木元 1981）．この欠点を考慮すると，意外にも，最も単純な野村-シンプソン指数を用いた場合に，誤差の少ない安定したファウナ比較ができることが判った．

類似度指数には，単純な種数に加え，各種の個体数の情報を加味することで，2 群間の類似度を正確に表現しようとした数式も多数提案されている．しかし，各地域において各種の個体数データを正確に得ることは不可能に近く，その利用は区画調査の様な限定的な事例に限られる．

19.1.5 群分析法（クラスター分析法）

類似度指数によって計量化された，動物相間の類似度は，表 19.1 で示したような，類似マトリックスによって表示されることが多い（有村・冨山 2021）．比較する動物相の数が多くなってくると，全体の把握が困難になる．これらの数値を**群分析法**（**クラスター分析**）によって算出された分岐図で図示すると，全体像の把握が容易になる．

表 19.1 鹿児島市近郊における陸産貝類相の調査地間の類似マトリックス．調査地間の類似度は野村-シンプソン指数で計算している．2021 年の調査結果．有村・冨山（2021）の表を転載．

調査地記号	A ：慈眼寺	B ：錦江湾公園	C ：岩屋公園	D ：中央公園	E ：三丁目公園	F ：西紫原森林	G ：宇宿森林	H ：鹿大森小径	I ：健康森公園	J ：城山広場
A										
B	0.50									
C	0.63	0.50								
D	1.00	1.00	0.67							
E	0.67	0.67	0.50	1.00						
F	0.71	0.86	0.79	1.00	0.50					
G	0.75	0.75	0.38	1.00	0.50	0.86				
H	0.80	1.00	0.00	0.67	0.40	0.80	0.80			
I	0.56	1.00	0.25	1.00	0.50	0.86	0.63	1.00		
J	0.70	0.64	0.75	1.00	1.00	0.71	0.75	1.00	0.78	

クラスター分析は，多変量解析とよばれる統計学的手法の 1 つで，最短距離法，最長距離法，群平均法，重心法，メジアン法，ウォード法，モード法，可変法などが知られている（奥野ら 1971, 1976; 田中ら 1984）．どの手法が最も正しいとは言えないため，動物相の性質によって用いる手法が異なる．経験的には，計算の密度空間を不変にし，空間が，濃縮されたり拡散されたりすることのない群平均法が，ヒトの直感に近い分岐図が得られやすい（奥野ら 1976）．図 19.5 は，鹿児島市近郊の公園に分布する陸産貝類（カタツムリ）の動物相を，野村-シンプソン指数で地区間の類似度を算出し，群平均法によるクラスター分析で可視化した例である（有村・冨山 202）．動物相（ファウナ）の比較法は，近年では，NMDS 解析法（非計量多次元尺度解析法）が，ファウナ比較で用いられる事例が増えている．

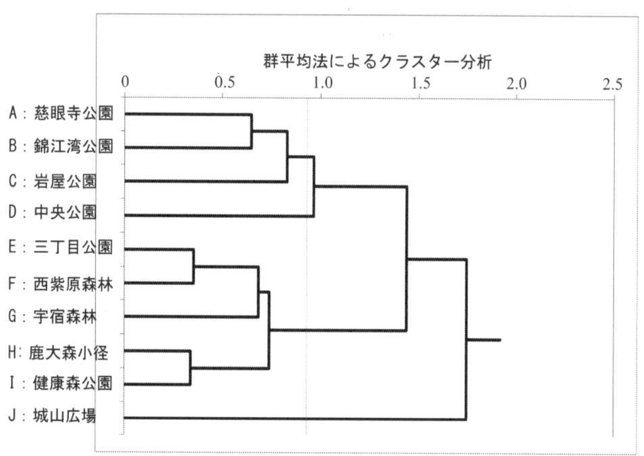

図 19.5 鹿児島市近郊における陸産貝類相の調査地間の類似度に基づくクラスター分析の結果．クラスター分析は群平均法を用いている．調査地間の類似度は野村-シンプソン指数で計算している．有村・冨山（2021）の図を転載．

19.1.6 日本における古典的な生物地理学

20 世紀まで，日本に分布する，生物の分布状況の調査が大まかに完了すると，生物地理学的な考察も行われるようになった．ヨーロッパの古典的な生物地理学では，地球上の，生物の分布状態から生物区界を細かく分ける分析が，主流になっていたが，日本周辺も，その様な亜区の分布を分ける境界線が，盛んに提唱されるようになった．宗谷海峡の八田線と津軽海峡のブラキストン線は，シベリア亜区と満州亜区を分ける線として設定された．

動物区界の旧北区と東洋区を分ける境界線として，1912年に**渡瀬線**が提唱された．渡瀬線が引かれている薩南諸島は，琉球列島中・北部に位置し，大隅諸島，トカラ列島，奄美諸島から成る島嶼群である．旧世界を北区と熱帯区に二分する境界線は，日本では，琉球列島上にある（図19.6）．それより北は旧北区，南は東洋区とされている (黒田 1972)．境界線の両側は，それぞれの区の特徴をもつと同時に，多分に他区の影響も受けている．主に昆虫相の違いから，九州と屋久島・種子島間 (大隅海峡) に**三宅線**が，主に哺乳類，ハ虫類，両生類でトカラ列島の悪石島・小宝島間 (トカラ海峡) に渡瀬線が，さらに，鳥類相によって，沖縄島と宮古諸島間に**蜂須賀線**が設けられている (山階 1955)．動物群によって境界線が異なるために，琉球列島全体を，幅をもった移行帯とする考え方もある (黒田 1972)．このような差は，分布を制限する地史，地形，および，気候などが，異なる動物群に一様に作用している訳ではないからだと推定される．多くの動物群でファウナのギャップが認められることから，悪石島と小宝島の間に引かれている渡瀬線は，その地域にトカラ・チャンネルとよばれる地溝帯が存在し (目崎 1980)，海退の進んだ氷河期には，長江と黄河が合流した大河の河口がそこを流れていたためとされている (黒田 1972)．

図 19.6 日本列島各地に設定された生物区界線．

ユーラシア大陸と日本列島を分ける境界線としては，主に哺乳類相やハ虫類相の比較から，対馬海峡に対馬線が，朝鮮海峡には朝鮮海峡線が提唱されている．この動物相のギャップは，朝鮮海峡線の方に，より強く反映されている (黒田 1972)．北方では，主に哺乳類相の相違から，1880年に，イギリス動物学者のブラキストンによって提唱され，津軽海峡に引かれたブラキストン線が比較的有名である．宗谷海峡には，1910年に，両生類，ハ虫類や淡水産無脊椎動物の相違から，八田三郎が，八田線を提唱した．エトロフ島とウルップ島の間に引かれた宮部線は，気温差による植物の分布から提唱された分布境界線である．本州中部地方のフォッサマグナ地溝帯は，植物やオサムシ類などの分布に影響を与えている研究結果が，いくつか発表されている (黒田 1972)．

生物の分布境界線を論じると，必ずと言っていいほど，その存在に対する素朴な疑問が呈されることがある．すなわち，「分布境界線を挟んだ地域には，生物区界の両方の地域の生物が見られる．境界は漸進的なものであり，断続的なギャップではない，したがって，境界線を引くのは間違いだ．」といった内容の意見である．常識的に考えて，ある地理的な境界線を挟んで，生物相が，完全に断絶していることなどあり得ないし，その様な場所は地球上では，海洋島の孤島ぐらいしか存在しないはずだ．ウォーレス線でも，渡瀬線でも，その境界を越えて，接する両方の生物区界の動物が越境分布している事例は，いくらでも存在する．生物分布の境界線とは，大きな生物相のギャップが観察される場所は，相対的に観察して，もしくは，統計的に処理して，どこなのか，という目安程度の存在と考えればよい．

19.1.7 陸産貝類による生物地理学的な分析

陸産貝類はその移動手段が主に腹足による匍匐（ほふく）であるため，移動能力が他の生物群に比してもきわめて低い．このため，地理的に局所的な遺伝的分化が生じ易く，特に島嶼部においては分化が著しい．したがって，島嶼における進化や生態系を論じる際，陸産貝類は有益な情報を提供してくれる．ハワイの陸産貝類は，「谷ごとに種が異なる」という言われ方をしてきた．ハワイは火山島であり，山の谷部の浸食の結果，島々には非常に深い谷が形成されている．その結果，陸産貝類は尾根を越えての移動が困難であり，谷底に生息する種（正確には亜種）が谷によって異なる例もある．ハワイマイマイ科に属する種は，基本的に樹上棲の種が多く，樹幹と林冠部では生息する種が異なるなどの細かい生態的地位（ニッチ）の分割が進んでいる．オアフ島の調査では，非常に狭い地域で，地理的種分化と生態的適応放散の進化を繰り返した結果，非常に多くの種に分化していったことが判っている (Cowie 1995)．また，陸産貝類には種内変異が著しい種も多く，古くから，生物地理学，進化学，集団遺伝学の研究対象とされてきた．

琉球列島（南西諸島）は，南北に長く連なっており，その地史も古く複雑である．このため，各島には固有種の陸産貝類も多い．これらの南西諸島の各島の陸産貝類相を調査し，各島の間で類似度指数を算出し，その数値をもとに，群平均法によるクラスター分析によって各島グループ分けし，大まかな生物地理の小区に分けたものが，図 19.7 である．北から，宇治群島区，大隅諸島区，トカラ列島区，奄美群島区，沖縄諸島区の各小区に分けられることが判った (冨山 1983, 2016)．宇治群島は，非常に固有種率が高い地域として知られる (冨山 1984c)．

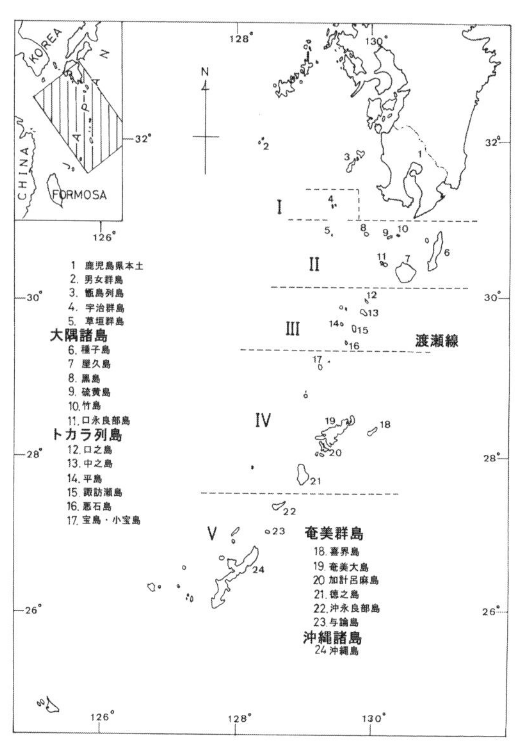

図 19.7　琉球列島の各島嶼間における陸産貝類相に基づく島嶼間のファウナ類似度指数の結果から描いた，生物地理の小区．I：宇治群島区，II：大隅諸島区，III：トカラ列島区，IV：奄美群島区，V：沖縄諸島区．島間の類似度指数には野村-シンプソン指数を用いた．クラスター分析は群平均法を用いた．冨山 (2016) から図を転載．

図 19.8 は，東洋区と旧北区を分けるとされる，渡瀬線のあるトカラ列島付近に絞って，陸産貝類相をクラスター分析した結果である．悪石島と小宝島の間にある渡瀬線を境に，陸産貝類のファウナが分けられることがわかる (市川ら 2014)．

各地域の生物相を生物地理学的に比較する場合，特定の種に絞って，個体群間変異の観点から，個体群間の比較をする場合もある．その場合，個体群間の類似度を算出する方法が必要になる．各個体群が，それぞれにその個体群固有の形質を有している場合には比較が容易だが，通常は，各個体群は，個体群

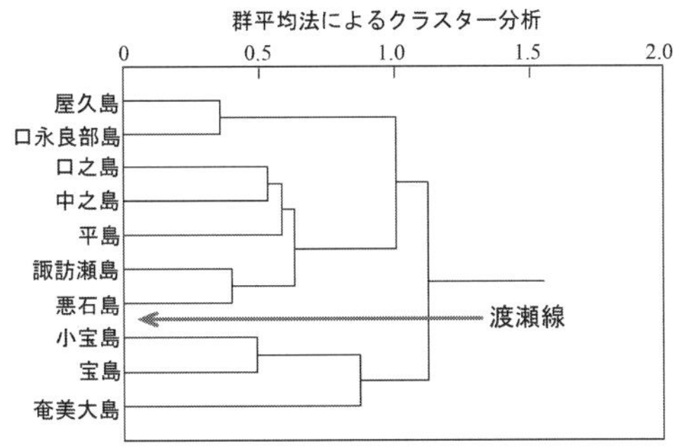

図 19.8 東洋区と旧北区を分けるとされる渡瀬線のあるトカラ列島付近に絞って，陸産貝類相をクラスター分析した結果．島間の類似度指数には野村-シンプソン指数を用いた．クラスター分析は群平均法を用いた．市川ら (2014) の図を転載．

内変異を有した個体から構成され，これらの変位幅は，個体群間で重複している場合が多い．その様な場合，個体群を構成する各個体の形質を，個体ごとに測定する必要性が出てくる．

例えば，陸産貝類の場合，殻の形質を測定する場合が多い（冨山 1984a; Urabe 1993, 1998; Kameda *et al.* 2007 等）．図 19.9 は，冨山式の殻測定法の計測部位である（冨山 1984a）．このような計測値をもとに，個体群間変異の把握を容易にするため，個体群間の類似度を算出することになる．この場合，個体群間の類似度の算出には，統計学的な手法を用いる．通常は，類似度を算出するために，殻高や殻幅といった各形質の平均値を算出し，個体群間の平均値点間の単純ユークリッド距離を算出する手順となる．しかし，殻高と殻幅のような量的形質の場合，形質間の相関が高い場合が多く，形質が増えるほど数値が大きくなってしまう．このため，それらの歪みを補正する距離の算出が必要になる．類似度の算出方法が，各種提案されており，相関形質が多い場合は，相関を相殺するマハラノビス距離が有効である（奥野ら 1976）．また，距離の算出は，平均値点間の距離ではなく，重心値間の距離を用いた方が歪みが少ない．

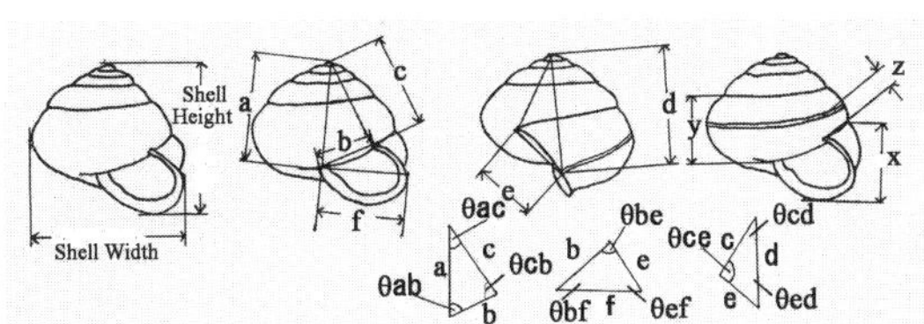

図 19.9 タネガシマママイマイの殻形質の測定部位．1.殻高，2.殻径，3.殻高／殻径，4.色帯幅，5.z の幅，6.x 値，7.y 値，8.a 値，9.b 値，10.c 値，11.d 値，12.e 値，13.f 値，14.θ b 角度（θ ac），15.θ c 角度（θ ab），16.θ d 角度（θ ce），17.θ f 角度（θ be），18.第一体層の螺状脈数／ mm，19.第二体層の螺状脈数／ mm，20.第三体層の螺状脈数／ mm，21.巻き数，22.巻き数／殻高，23.巻き数／殻径，24.θ cb，25.θ bf，26.θ ef，27.θ cd，28.θ ed，29. f ／殻径，30. a ／殻高，31.c ／殻高，32.x ／殻高，33.y ／殻高，34.b ／ f，35.y ／ x．冨山 (1984a) の図を改変転載．

しかし，個体群間の類似度を算出した，類似マトリックスの表は，比較する個体群数が増えるほど，数値羅列の表が大きくなり，個体群間変異の把握が視覚的に困難になる．このため，個体群間変異の程度の認識を容易にするために，類似マトリックスの数値を，上記で述べたクラスター分析で解析することになる．ここで注意しなければならないのは，最短距離法，最長距離法，群平均法の 3 手法以外は，単純ユークリッド距離しか適用できないという点である（奥野ら 1976）．図 19.10 は，タネガシマママイマイ

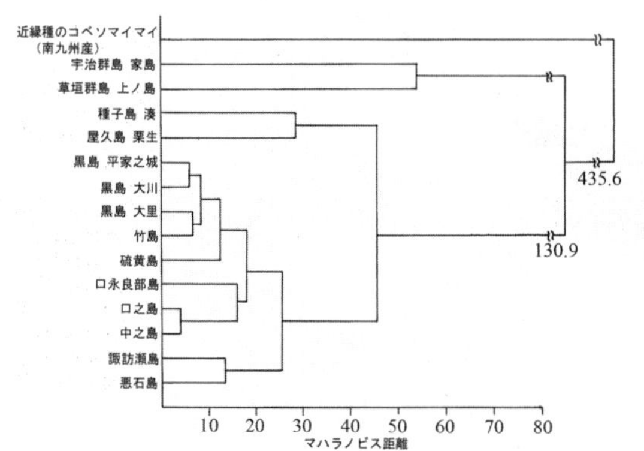

図 19.10　タネガシママイマイの個体群間の類似度を殻形質から算出し，重心間の類似距離をマハラノビス距離で算出し，クラスター分析の群平均法で作図した結果．冨山 (1984a) から転載.

の個体群間の類似度を殻形質から算出し，重心間の類似距離をマハラノビス距離で算出し，クラスター分析の群平均法で作図した結果である（冨山 1984a）．この結果を地図上に示すと図 19.11 のようになり，この種が，殻形態からは，大きく 4 種類の地理的グループに分けられることが解る（冨山 1984a）.

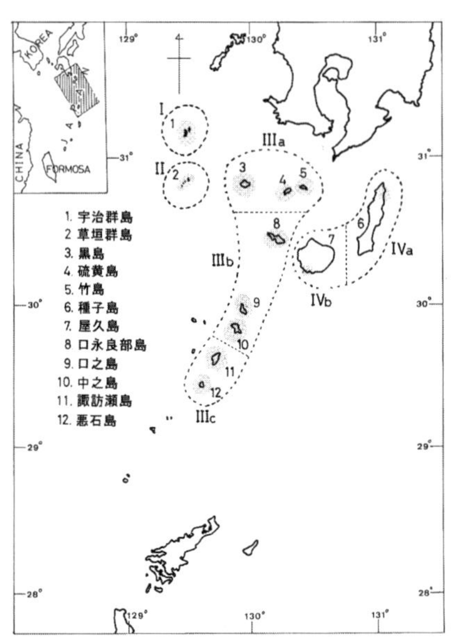

図 19.11　タネガシママイマイの殻形質に基づく個体群間類似度の結果から島嶼個体群をグループ分けした図．冨山 (1984a) から転載．I：宇治群島グループ，II：草垣群島グループ，III：三島-トカラ列島グループ，IV：種子島-屋久島グループ.

タネガシママイマイの殻形質の変異が，どの程度の遺伝的バックグラウンドがあるのか不明であるが，*mt*DNA 塩基配列の分析では，貝殻形質の分析とは，やや異なった結果が得られている（冨山未発表）.

19.1.8　DNA 塩基配列の比較を用いた生物地理学

最近では，*mt*DNA（ミトコンドリア DNA）の COI（チトクロームオキシターゼ I）遺伝子や 16SrRNA（リボゾーム RNA）遺伝子の塩基配列の比較が簡単に分析できるようになり，種間や個体群間の DNA

情報に基づく類似度がだせるようになった．このため，各種動植物の分類群において，DNA 塩基配列に基づいた生物地理学的な研究事例も多数発表されている．しかし，生物地理学的な考察の基本は，系統分類学を主体とした古典論にも基づいたものが多い．

図 19.12 は，南西諸島北部に分布するチャイロマイマイ種群各種の島間の変異を *mt*DNA の COI 遺伝子の塩基配列に基づいて解析し，個体群間の類似性の関係を，デンドログラムで表示した事例である（中島ら 2022）．本種がいくつかの DNA の型（ハプロタイプ）を持っていることが解り，この結果を地図上に示すと図 19.13 のようになる．

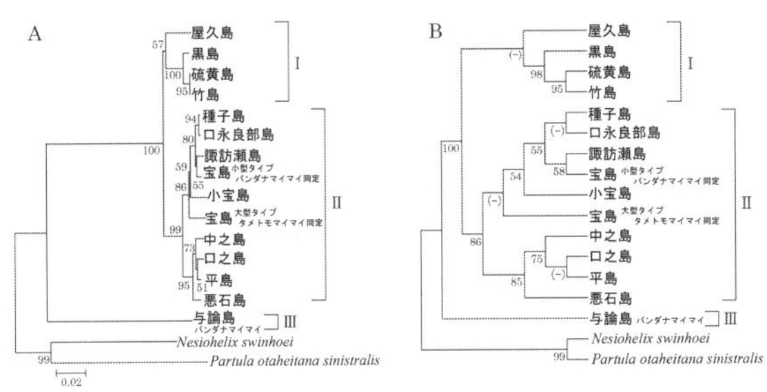

図 19.12 琉球列島北部に分布するチャイロマイマイ種群各種の島間の変異を *mt*DNA の COI 部位の塩基配列に基づいて解析し，個体群間の類似性の関係をデンドログラムで表示した．A：近隣結合法．系統樹の信頼性は 1000 回繰り返しによる Bootstrap test によって評価した．B：最大節約法．分岐限定探索法（branch-and-bound search）を探索方法として採用し，系統樹の信頼性は 1000 回繰り返しによる Bootstrap test によって評価した．中島ら (2022) の図を転載．

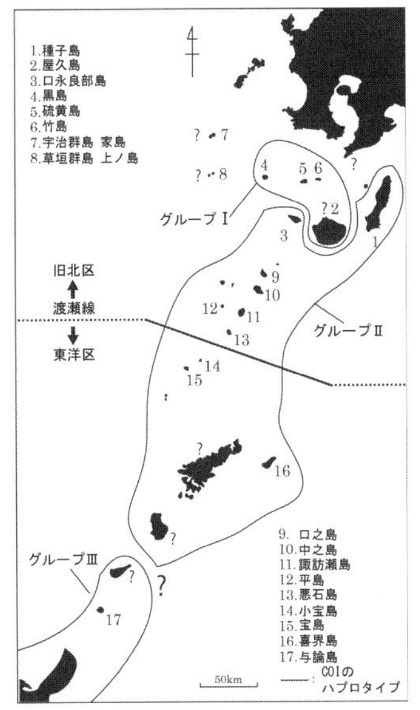

図 19.13 琉球列島北部に分布するチャイロマイマイ種群各個体群をミトコンドリア DNA ハプロタイプに基づいてグループ分けした図．大まかに Group I，Group II，および，Group III の 3 グループに分けられる．中島ら (2022) の図を転載．

19.2 島の生物群集をモデルとした現代の生物地理学

19.2.1 生物の分布確立のための分散様式

最初期の生物地理学は，分類学と表裏一体の関係にあった．近代的な分類学を確立したリンネは，生物が，想定的な発祥地から，新たな生息地に分散して，現代に至っているとの観点から発祥地分散仮説を提唱した．それ以降，古典論的生物地理学では，生物が，どのような過程を経て現在の分布状況に至ったのかという命題は重要なテーマであった．

古典論的生物地理学では，生物分散の過程は，大別して2通りが挙げられていた．すなわち，本来の分布地である陸塊が分断され，分布域が複数に分かれる過程を重視した**分断生物地理学**：vicariance biogeography，および，生物による分散を重視した**分散生物地理学**：dispersal biogeography である (Myers & Giller 1988)．分断生物地理学は，地球物理学において，プレートテクトニクス論が提唱される以前の地質学の主流的考え方であった，地塊の上下運動説に影響を受けた学説であった．現代的には，地質運動の結果，陸塊が分断された地域や，大陸周縁部の島嶼の生物地理学で有効になるが，広い地域での分析では，あまり参考にならない．分散生物地理学は，生物の分散手段を，陸上分散，水上分散，空中分散，および，人為分散などに原因を求める考え方で，現代でも重要な考え方である．

大隅諸島に固有と考えられていた，ツバキカドマイマイなどの陸産貝類の種やその系統に属する亜種が，伊豆七島に多数隔離分布している．これは，流木等に付着した海流分散が想定されている (波部 1977)．太平洋域の小型の陸産貝類の分散は，台風や竜巻などの強風によって吹き上げられた空中分散が想定されており，空中プランクトン（空中飛翔物）調査がその仮説に根拠を与えている (Peak 1981)．

生物地理学において，一般に「分布域の北上は容易であるが，南下は困難である．」という経験的な法則性が認められてきた．これは，植物や昆虫類で顕著であるとされている．高緯度地域の北方の原産種は，植物や昆虫では，気温や日長の季節変化に対応した休眠や光周性をその生活史形質として組み込んでいることが多い．このため，気温や日長の季節変動が少なくなる低緯度地域の南方へ分散するためには，それらの生活史形質を規定している遺伝子が，突然変異によって働かなくなることが条件となる．このため，北方系の種の場合，南下が困難になる．これに対し，南方系の種が北上するためには，耐寒性を獲得できれば可能になる．耐寒性の変異の獲得は，比較的容易であり，北上の機会も増える (冨山 2002)．したがって，いくつかの分類群によっては，分布域の北上は生じやすいが，南下は難しくなる．この仮説は，小笠原諸島や大東諸島などの初期開拓で，ソバなどの日長条件が要求される作物導入の多くが失敗したというエピソードにヒントを得ている．加えて，昆虫生態学の桐谷圭治氏や宮下和喜氏の「昆虫が光周性を獲得したり失ったりする突然変異は滅多に生じない．」というコメントから示唆を受けた．

古典論としての生物地理学は，各地域の生物相を比較し，数値分析する程度であったが，アメリカの生態学者マッカーサーは，生物種の移住分散の問題にヒントを得て，生物地理学に生態学や進化学の手法を導入し，現代的な意味での生物地理学を再構築した (MacArthur & Wilson 1967)．特に，閉鎖生態圏として，生物群集間の比較が容易な島嶼に注目し，「島の生物地理学」(Island Biogeography) という新たな研究ジャンルも開拓した．その様な分析の中で r-K 選択 (⇒第II部第13章参照) という概念の提唱もされた．

生物地理学を集大成したマイヤー & ギラーは，古典的な生物地理学を**歴史学的生物地理学**，現代的な生物地理学を**生態学的生物地理学**と区別したが (Myers & Giller 1988)，両者を区別すること自体にはあまり意味がない．すなわち，マッカーサーがまとめた現代的な生物地理学は，進化的な観点を重要視した体系であり，少なくとも生態学的と矮小化して論じられるものではない．

19.2.2 島の生態系に関する基本的な考え方

日本には離島が多いが，これらの島々にも，多くの生物が生息している．この島々に分布する生物は，島嶼で独自の進化をとげた結果，固有種が多いことが知られている．これらの島嶼の生物の性質を知るには，島嶼の生態系に関する基本的な考え方を知っておく必要がある．

まず，生物地理学的には，島は，**大陸島**：continental island と**大洋島**：oceanic island に分けられる．大陸島とは，大陸周縁部に位置する島を指し，地質学的時間スケールで大陸部と陸続きになった歴史がある島で，スンダ列島など東南アジアの多くの島嶼，アンチル諸島などのカリブ海の島々，日本列島や琉球列島などがその例である．大陸島の動植物相は近隣の大陸と関連が深い場合が多いが，島の面積によって収容できる種数が限られてくるため，各ニッチにおいて種の欠落が生じる例が多い．逆に，大陸では絶滅してしまった遺存種が島に生き残っている事例も多い．日本の島嶼はほとんどが，大陸島に分類される．

これに対し，過去に他の大陸と繋がった歴史のない島を海洋島と言う．ガラパゴス諸島やハワイ諸島は海洋島の代表的な例であり，日本では，大東諸島や小笠原諸島がこれに当たる．海洋島では，生物が地質学的年代で，長期間にわたって隔離される機会が多いため，何らかの手段で海を渡って島にたどり着いた生物は，島内で独自な進化をとげ，多くの固有種が分布する例が多い．また，海洋島では，同一起源の種群が，ニッチの細分化を起こしつつ，適応放散することが多い．

島嶼の生物研究は，このような大陸島と海洋島という 2 つの異なった生態系の性質を念頭に置かなければならない．島に生物が到達する機会が限られるため，動物・植物ともに，特定の分類グループに偏った生物相が形成される場合が多い．さらに，長距離分散や定着の困難さから，生物相のニッチが空いている場合が多いこと，哺乳類・ハ虫類の捕食者や大型草食獣の欠如のために，その様な動物に対する競争力や耐性を持っていない場合が多いこと，生物群集の構成要素が貧弱なために，食物連鎖がきわめて単純であることなどの理由で，島の生物群集は，一般に，外的攪乱に対してきわめて脆弱である．

19.2.3 面積-種数曲線

生物群集は，生息地の面積が広いほど，収容される種数が多くなる．同じ生息環境の複数の生息地を対象にして，横軸に生息地の面積をとり，縦軸に種数をとってグラフに表すと，生息地の面積（A）が大きくなると，そこに含まれる種数（S）が増加する関係が認められ，**種数-面積関係**とよばれ，

$$S = CA^z$$

の関係が成り立つことが知られている．これを**種数-面積曲線**：species-area curve：SAC とよんでいる．ここで，C と z は正の定数であり，また，z は，一般に 0〜1 の間の値で，この値が小さいほど，面積に伴う種数の増加率が低くなることを意味している．

ここで上記の両辺を対数変換すると，

$$\log S = \log C + z \times \log A$$

と変形でき，種数の対数値（$\log S$）は，面積の対数値（$\log A$）と直線関係になる（図 19.14）．すなわち，z はこの直線の傾きで，両対数で見たときの単位面積あたりの種数の増加率を意味し，$\log C$ は直線の切片で，面積が 1（面積の対数値がゼロ）の場合の種数を表している．

種数の対数値（$\log S$）は，$\log C$ と z という二つの係数の大小に左右されるため，調査対象面積を大きく取るか，小さく取るかによって，二つの群集間の種数が逆転する場合もある．島や内陸湖沼のような，他地域から隔離された場所のデータでは，z の値は，約 0.2〜0.3 の範囲になる場合が多い．これは，対象地域の面積が大きくなると，その地域に含まれる総個体数が増加するだけではなく，その生息環境が多様になるためでもある．また，面積が大きい生息場所ほど，新しい種が外部から移住してくる率は

増加し，内部で絶滅の生じる機会も低くなる．図 19.14 は，大陸島に分類分けされる，琉球列島（南西諸島）に生息する陸産貝類の種数-面積曲線である（冨山 1983）．

大陸の内部に，様々な面積の調査区を設置した場合は，海洋島に比べて，種数-面積関係における z の値（傾き）は，ずっと小さく，C の値（切片）は大きくなる．これは，大陸内部の調査区では，海洋島に比べ，狭い面積では種数が多く，種数-面積曲線は，面積に伴う種数の増加率が低いことを意味している．これは，隣接する地域からの移入が容易であることを示している．大型動物は，大陸では，繁殖が容易であるが，海洋島では，個体群の維持は困難である．調査区そのものの面積が小さくとも，その様な大型動物の存在が，面積-種数関係に反映される．

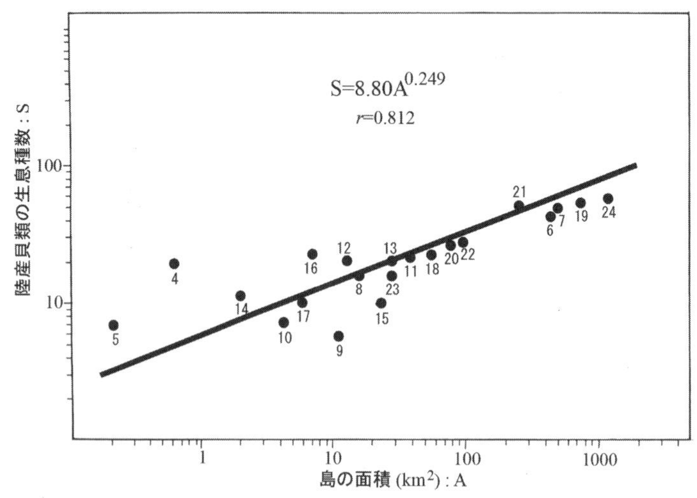

図 19.14　琉球列島各島における陸産貝類の種数-面積曲線．4: 宇治群島家島，5: 草垣群島上ノ島，6: 種子島，7: 屋久島，8: 黒島，9: 硫黄島，10: 竹島，11: 口永良部島，12: 口之島，13: 中之島，14: 平島，15: 諏訪瀬島，16: 悪石島，17: 宝島，18: 喜界島，19: 奄美大島．20: 加計呂麻島，21: 徳之島，22: 沖永良部島，23: 与論島，24 沖縄島．

19.2.4　島の生物地理学の研究の方法論

アメリカの生態学者であるマッカーサーは，島に分布する生物は，独自の進化をとげている場合が多いが，その多くは，祖先種が大陸由来であることに気づいた．そして，面積の狭い島ほど，分布する種数が少なく，動物相が貧弱であることに着目した．島に分布する動物の種数と島の面積は，対数変換すると相関関係にあるというアレニウスが提案した**面積-種数曲線**のモデル（Arrhenius 1921）を再評価した（MacArthur & Wilson 1967）．

マッカーサーは，島という閉鎖生態系の生物群集に注目し，**島の生物地理学**：island biogeography という新たな学問体系を確立したが，その独自性は，生態学に確率性と偶然性の思考を導入した観点にある．確率や偶然を重視するという観点では，ライトや木村によって構築された**進化の中立説**（⇒第 I 部第 9 章参照）に似た側面がある．それまでの考察では，ある生物群集や生態系が構築される際，それらを構成する生物種や環境によって，ある意味において，必然的な結果になるだろうという観点に基づいていた．しかし，マッカーサーは，島という隔離された狭い生態系では，確率や偶然によって決定される要素が大きいことに気づいた．以下にマッカーサーが構築した，島の生物地理学の理論に関して概略を述べてみよう．

太平洋の島々に分布する鳥類の種数と島の面積に関して，ニューギニアやオーストラリアなどの巨大陸塊に近い島々では，おおむねアレニウスの面積-種数関係のモデルがあてはまった．しかし，陸塊から遠い海洋島的な性格の強い島々では，面積に比較して分布種数が少ないことに気づいた．その傾向は，陸塊から島までの距離が，遠くなるほど強くなることにも気づいた．これらの具体的な調査結果に基づき，マッカーサーは，**種数平衡モデル**：species equilibrium model とよばれる理論を構築した．

離島に生息する生物の種数は，単位時間あたりに島に移入・定着する新参者の種数と，単位時間あたりに島から消滅する消滅者の種数の間に一定の動的平衡状態が成立し，その状態は，その島が生物相の供給源となる地域から遠いほど，また，小さいほど，低い水準で平衡に達するというモデルである（木元 1982）．

すなわち，島の生物群集の種数は，供給源である陸塊からの種の移住率と，既に住み着いている種の絶滅確率のバランスによって決まる．島に移住する種の移住率（単位時間あたりの移住種数）は，移住候補の種数で決まるため（図 19.15），ある島への移住率は，島に生物がまったく存在していないときに最も高くなる．しかし，移住によって島に生息する種数が増加すると，移住候補の種数が減少し，移住率は低下する．移住してくる種組成も偶然によって決まる要素が大きく，必然性は低い．

この移住率は，島そのものの大きさが小さい場合，低下し，大陸などの大きな陸塊である移住元からの距離が遠いほど，低下する．これは，例えば，射的ゲームにおいて，的の大きさが大きいほど，弾は当たりやすいし，距離が遠いほど，当たりにくくなる，という単純な物理的法則性を連想すれば考えやすい．ここでも，確率と偶然の要素が大きな意味をもつ．

島における絶滅率（時間あたりの絶滅種数）は，既に島に生息している種数によって決まり，生息種数が多いほど大きい．また，島が小さいほど，環境変動の影響を受けやすく，環境収容力も小さいため，絶滅の危険性が増大する．このため，絶滅率は，その島の面積が大きいほど低くなる．

以上の結果，島に生息する種数は，島への移住率と島における絶滅率が一致した平衡状態で安定となる（図 19.15）．このような島の種数を決定するメカニズムを，**移住と絶滅の平衡モデル**：equilibrium model between migration and extinction と言う．

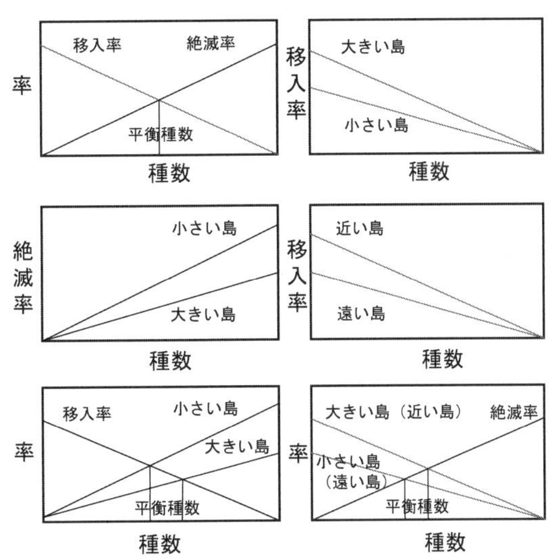

図 19.15　縦軸の単位はすべて対数変換しているため，曲線はすべて直線で表される．移入率と絶滅率の曲線が交わる点の種数が平衡種数となる（左側上段）．面積の大きい島と小さい島における絶滅率曲線と移入率曲線の関係（左側下段）．両曲線の交わった点における種数が平衡種数となる．陸塊からの距離が小さく面積の大きい島と，距離が近く小さい島，および，距離が遠くて大きい島における絶滅率曲線と移入率曲線の関係（右側下段）．両曲線の交わった点における種数が平衡種数となる．

19.2.5　島における移住と絶滅の平衡モデルの検証実験

アメリカ大西洋岸の，フロリダ半島の沖に位置するキーウェスト島沿岸には，マングローブ茂みのような小さな島が点在している．このような島をビニールシートで覆って，殺虫剤（メチルブロマイド）で内部をくん蒸し，動物をすべて除去した．その後，昆虫類などの節足動物相がどのように回復していくかを時間を追って調査した．その結果，種数は徐々に増加し，約 1 年後には，実験開始前のレベルまでほぼ回復した．フロリダ半島本土に近い島では，種数の回復が早く，距離の遠い島では，回復が遅かった (Simberloff & Wilson 1969)．

しかし，その際に，動物相の種組成の 1/3～1/2 は，くん蒸前とは一致しなかった．この結果から，生物群種の構成種が偶然によって決まっており，これらのマングローブの島々に生息できる節足動物の種数が，単純に移住と絶滅の平衡によって決定されているとみなすことができる．

19.2.6　クラカタウ島における動物相の回復

クラカタウ島は，インドネシアのジャワ島とスマトラ島の間に位置する火山島である．クラカタウ島は，有史以来，数回にわたる大噴火を繰り返しており，単一の島ではなく，カルデラ壁に相当する小島から構成される群島となっている．1883 年 8 月 27 日午前 10 時頃，クラカタウ群島で最も大きな島であったラカタ島が大噴火を起こし，島の大半が吹き飛んだ．噴煙の高さは，成層圏まで達し，約 3 万 8000 m におよんだ．噴火に伴う空振は全世界に到達し，5,863 km 離れた東京でも 1.45 hPa の気圧上昇が記録されている．気象観測の結果，噴火の衝撃波は，約 15 日間をかけ，地球を 7 周した．噴火で発生した高温の火砕流は，厚さ約 40 m に達し，海水を沸騰させて水蒸気を発生させ，その上を滑走するホバークラフト効果でジャワ島やスマトラ島沿岸に押し寄せ，多数の人々が亡くなった．噴火で発生した大津波は，周辺の島々やインド洋沿岸を襲い，約 3 万 6000 人が亡くなった．津波の高さは正確な記録がないが，沿岸に設置された灯台の頂部に逃げた灯台守だけが助かった事実から，高さ 70 m を超えていただろうと推定されている．津波は，日本にも到達し，鹿児島市中央を流れる甲突川にも押し寄せた記録がある．約 1 万 7000 km 離れたフランスのビスケー湾の検潮儀でも潮位変動が観測された．噴煙が広く成層圏に拡散した結果，太陽光の照射に影響を与え，北半球全体の気温を 0.5～0.8°C 低下させたとされている．その気温低下に伴う異常気象が数年間続いた (Simkin *et al.* 1984; Winchester & Perennial 2003)．

1883 年の大噴火によって，クラカタウ島は，一時期，無生物状態になったと推定されるが (田川 1987)，その後，1908 年から，生物相の回復過程を把握する調査が，断続的に行われてきた (Dummerman 1948)．しかし，1934 年を最後に，約 50 年間，生物調査が中断されていた．1982 年，クラカタウ島噴火 100 周年を記念し，日本の鹿児島大学とインドネシアの合同研究チームが，群島の総合調査を行った．研究成果は，各種の学会誌に論文として多数投稿されたが，田川日出夫は，それらの研究成果をまとめ，2005 年に論文集を出版した (Tagawa 2005)．それらの論文によると，クラカタウ島の植生は，遷移の途上にあり，周辺の島々，ジャワ島やスマトラ島の海岸部の自然林に比較しても，安定状態には達していないことが推定された．また，動物では，飛翔性の有剣類のハチ相も移住が継続しており，種の飽和には達していないことが解った．移動能力の劣る陸産貝類は，1933 年の調査までに，12 種が記録されているが，1982 年の調査では，新たに 2 種が未記録種として採集され，陸産貝類も，生息種数が飽和した安定状態には達していないことが解った (Yamane & Tomiyama 1986)．その後，オーストラリアやインドネシアの研究チームによって，断続的に，生物調査が継続中である (Ian 1997 等)．

19.2.7 日本の九州南部海域で生じた鬼海火山大噴火と動物移住の事例

クラカタウ島に似たような火山大噴火と生物移住の事例が，日本でも生じている．九州南部海域に位置する鹿児島県大隅諸島の硫黄島（面積 11.65 km^2；最高標高 703.7 m）と竹島（面積 4.20 km^2；最高標高 220 m）は，火山活動で形成された比較的新しい島々である（図 19.16）．約 7300 年前，この 2 島付近にあった大きな島が大噴火を起こし，山体が吹き飛んだ．これは，鬼界（きかい）カルデラの大噴火とよばれ，世界的にも，ここ 1 万年の間では最大規模の大噴火であった言われている．

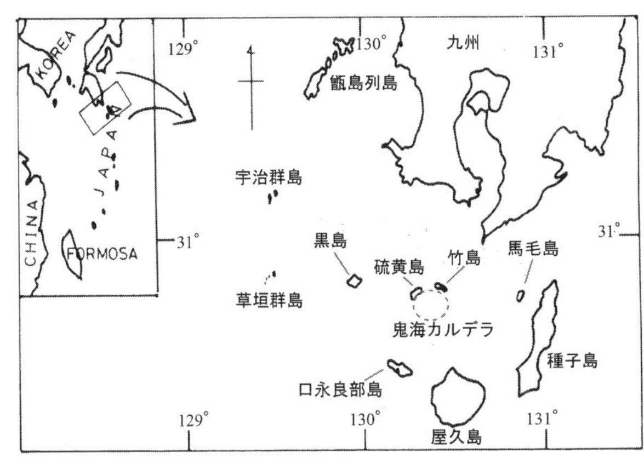

図 19.16 鹿児島県三島村周辺の地図と鬼海カルデラの位置.

鬼海カルデラの火山噴出物は，遠く東北地方まで確認されており，日本各地に降り注いだ．鬼界カルデラの降下噴出物は，特有の橙色の特徴から，アカホヤ火山灰層と言われ，日本各地の遺跡発掘で年代決定のための鍵層として活用されている．この噴火の降下火砕物の堆積層は，竹島で 15 m，屋久島で 1 m，大隅半島南部で 1 m，種子島で 0.4 m に達している．この噴火で発生した火砕流は，海にも流れ込んだが，高速で海面を押し渡り，南側の屋久島や北側の大隅半島の山を乗り越えたことが知られている．この火砕流堆積物は幸屋（こうや）火砕流とよばれている（町田・新井 1978; 藤原・鈴木 2013）．この大規模火砕流のために，九州南部は，一時的に無人の状態になったらしく，幸屋火砕流の上と下では縄文時代の土器の形式がまったく異なり，文化の断絶が生じたのは明らかだという（桒畑 2013）．

現在の竹島と硫黄島の北西側山塊は，この鬼界カルデラ大噴火時に形成されたカルデラ壁である．硫黄島の硫黄岳などの山体は，大噴火の後に形成された中央火口丘の 1 つとされている．すなわち，両島は，約 7300 年前に，一時的に完全な無生物状態になった．この当時，最終氷河期であるウルム氷期は終わっており，その後，この 2 島が他の陸塊と陸続きになった歴史はない．したがって，両島に分布している生物は，何らかの手段を使って他地域から移住分散してきたと推定できる．陸産貝類に関しては，近隣の西側に位置する黒島に生息する固有種と思われていた種が，両島にも分布すること，また，アイソザイム（多型タンパク質）や *mt*DNA の分析結果から，両島の陸産貝類は，人為的に，植木などに付着して黒島から持ちこまれたと推定されている（冨山 1984b, 2017；中島ら 2022）．また，淡水産巻貝のカワニナは，*mt*DNA 分析から南側の口永良部島，もしくは，屋久島から分散したと推定されている（Katanoda *et al.* 2020）．

第 20 章

生態系の構造，物質循環，エネルギー流

20.1 生態系の基本構造

20.1.1 生態系の概念

生産生態学の分野を発展させ，生態学を国際プロジェクトの実行できるビックサイエンスへと育て上げたオダムは，生態系を以下のように定義している．**生態系**：ecosystem とは，ある地域に見られる生物群集，および，その生物群集が生息していくための環境である無機的な要素から構成される系を指している．生物と非生物的環境は，切り離せない関係にあり，相互に作用しあっている．ある地域に生息する生物のすべて（生物群集）が物理的環境と相互関係を持ち，栄養段階の間でのエネルギーの流れ，生物の多様性，および，生物と非生物部分の間での物質のやりとりである，物質循環などを形成しているまとまりである．オダムは，生態系を，例えば下記のようないくつかの構成部分に分けて考えることができるとしている (Odum 1971)．

(1) 生態系を循環する無機物： C，H，O，N，CO_2，H_2O，NH_3^+，微量元素，その他.
(2) 生物と非生物をむすぶ有機化合物： タンパク質，炭水化物，脂質，核酸，有機物粒子，その他.
(3) 気候条件： 温度，湿度，降水量，その他の物理的諸要因.
(4) 生産者： 無機物から食物を作り得る独立栄養生物；主として緑色植物.
(5) 大型消費者，もしくは，摂食栄養者： 他の生物，あるいは，固形の有機物を摂食する従属栄養生物；主として動物.
(6) 微細消費者，もしくは，腐生栄養者，あるいは，浸透栄養者： 従属栄養生物でバクテリアや菌類を主とする．死んだ他生物の化合物を分解し，無機的栄養塩に変換する．栄養塩は，生態系内部の他の生物によって生体物質の合成に使われたり，抑制物質としても作用する.

このような構成要素間の関係や，構成要素の空間的な配置を，**生態系の構造**と言う．生態系は，生態学における基本的な単位である．また，生態系は，生物の観察単位としての階層構造の中で，重要な段階として位置づけられる．生態系は，生物群集と非生物環境から構成され，それぞれが互いに影響しあっている (Odum, 1971)．

20.1.2 生態系の生物群集の役割分類と食物連鎖

第 I 部第 1 章や，上記で解説したように，生態系における生物群集を構成する生物は，太陽光などの外部エネルギーを用いて，無機物から有機物を合成する**独立栄養生物**と，他の生物や生産物を摂食してエネルギーを得る**従属栄養生物**に分けられる．独立栄養生物は**生産者**とよばれる．それ以外の従属栄養生物は，生産者を捕食する **1 次消費者**（草食動物），1 次消費者以降の栄養段階の消費者を捕食する **2 次**

消費者（＋3 次消費者等：肉食動物），これらの生物の排泄物，遺骸，デトリタスなどを摂食分解する**分解者**，等の**栄養段階**に分類分けできる．海洋や湖沼においては，植物プランクトン（1 次生産者）を動物プランクトン（1 次消費者）が食べ，さらに，それを肉食の魚（2 次消費者）が食べている．

上記のように，生きた個体あるいはその部分を餌としてつながっている食物連鎖を**生食連鎖**と言い，死んだ個体あるいは有機物から成る排泄物を餌として出発する食物連鎖を**腐食連鎖**と言う．生食連鎖と腐食連鎖は，生態系の中で独立して存在しているのではなく，相互に結びついて網目状の構造を成し，全体として**食物網**とよばれる構造を形成している．図 20.1 は，東京都立大学生態学研究室によって，北部関東の尾瀬ヶ原地方で調査された栄養段階，食物連鎖，および，食物網の模式図である（北沢 1973）．

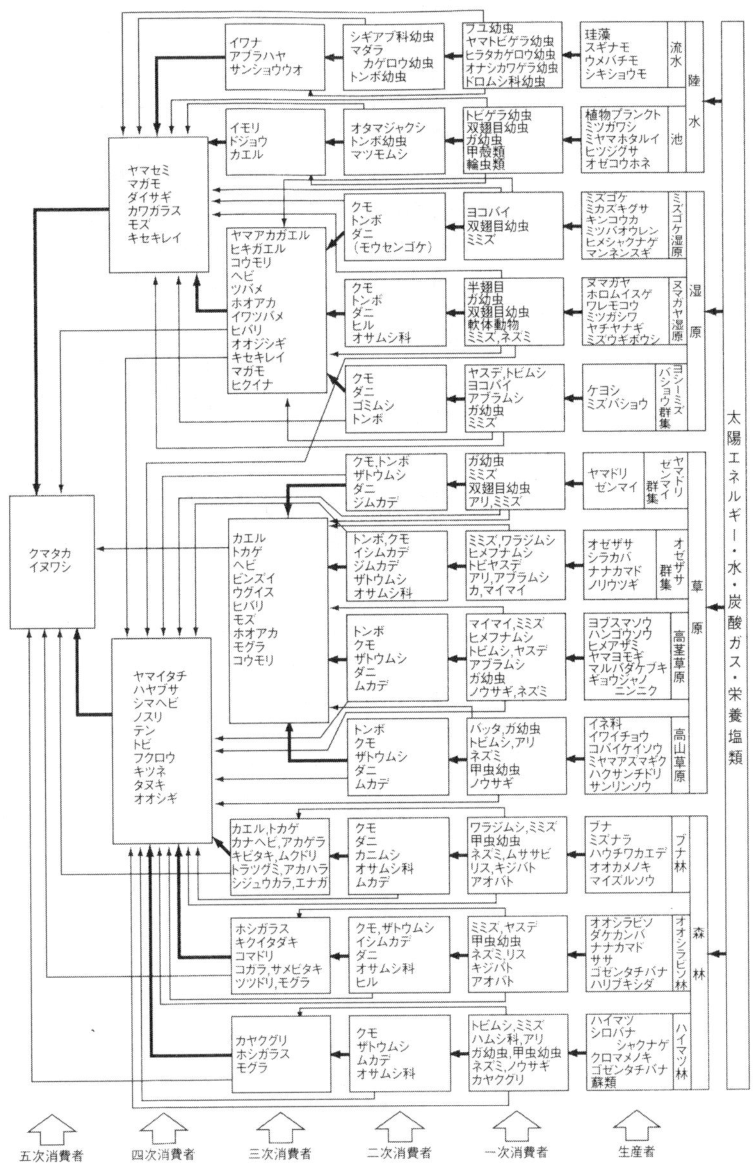

図 20.1 北部関東の尾瀬ヶ原地方で調査された栄養段階，食物連鎖，および，食物網の模式図．斉藤 (2000)「生態学への招待」開成出版社 に基づき修正し作成．

20.1.3　生態的（生態学的）ピラミッド

エルトンは，食うものと食われるものの個体の大きさとその個体数に注目した (Eltom 1927)．例えば，ヨコバイ類をクモ類が捕食する場合，ヨコバイ類の個体は小さく，その個体数は，クモ類よりもはるかに多い．それでなければ，ヨコバイ類は食い尽くされていなくなってしまう．生態系においては，生物群集の栄養段階が上がるに従って個体数は少なくなる．これを生態系における**個体数のピラミッド**：pyramid of numbers と言う．ただし，サクラの大木にアメリカシロヒトリがたかっているような場合には，ピラミッド型の個体数のピラミッドは成り立たないし，寄生の場合は，逆方向のピラミッドになる場合もある (斉藤 2000)．図 20.2 は，これら 3 種類の個体数ピラミッドのパターンを図示したものである．

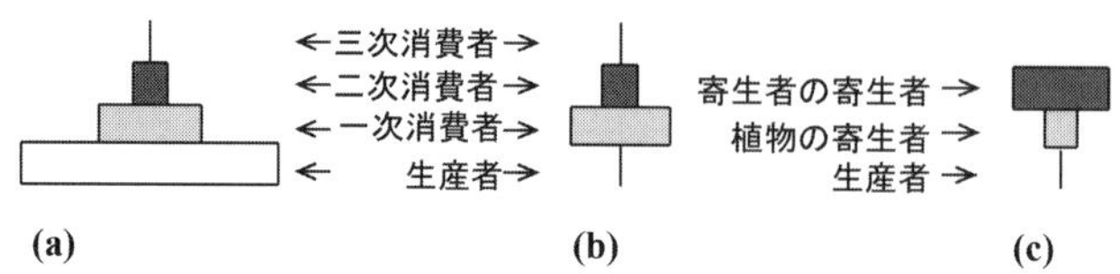

図 20.2　3 種類の個体数ピラミッドのパターン．(a)：生産者が小さい場合，(b)：生産者が大きい場合，(c)：植物とその寄生者の場合．斉藤 (2000)「生態学への招待」開成出版社 に基づき修正し作成．

下の栄養段階の生物は，上の栄養段階の生物の食物となってしまうため，総体として，自らを維持する生産を行う分に加え，食われる分も生産できないと，消滅してしまうし，ピラミッドが成り立たなくなってしまう（図 20.3）．したがって，代謝の速度が入った時間の関数，つまり**生産力**（**生産性**）で表さないとピラミッドにならない場合がある．これを**生産力のピラミッド**と言う．生産力のピラミッドはエネルギーで表されるため，**エネルギーのピラミッド**ともよばれる．さらに，ある特定の時点における単位面積内に，そこに存在するネルギー量（生物量）を重量で表した量を**現存量**（**生物量 / バイオマス**）：biomass と言う．単位面積内の生産者によって，主に光合成によって生産された有機物の総量を**総生産量**と言う．総生産量から植物の呼吸量を差し引いた値を**純生産量**とよぶ．すなわち；

純生産量 = 総生産量 − 生産者の呼吸量

となる．

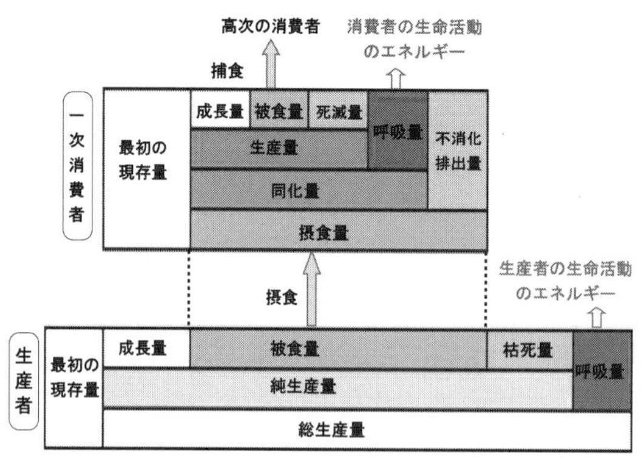

図 20.3　生産量，現存量，摂食量，成長量などの模式図．

図 20.4 は，東京都立大学生態学研究室によって，諏訪湖と丹沢山ブナ林で計測された現存量のピラミッドである (山岸 1973；北沢ら 1964)．

以上のような，個体数のピラミッド，生産力のピラミッド，および，現存量のピラミッドを総称して，

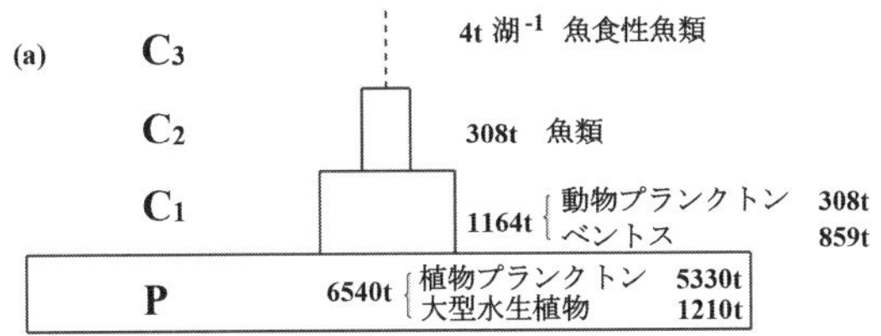

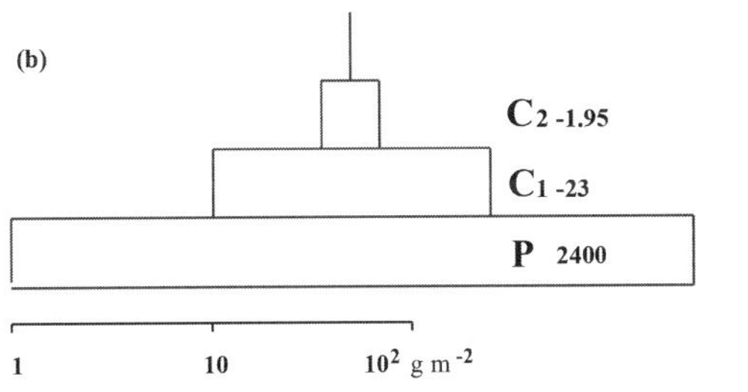

図 20.4　諏訪湖と丹沢山ブナ林で計測された現存量のピラミッド．(a) は諏訪湖の現存量ピラミッド．C1 は 1 次消費者，C2 は 2 次消費者．(b) は丹沢ブナ林の土壌動物の現存量ピラミッド．P は全リター（落葉落枝）量．斉藤 (2000)「生態学への招待」開成出版社 に基づき修正し作成．

生態系における**生態的ピラミッド**（**生態学的ピラミッド**），もしくは，提唱者から名を採って**エルトンのピラミッド**ともいう（齋藤 2000）．生態的ピラミッドを評価するにあたっては，生物の大きさ，重さあたりの代謝速度，および，生物の寿命などが，どのように生態ピラミッドに影響しているかという点に注意する必要がある（斉藤 2000）．以上の内容は，下記に示す各式にまとめられる．

同化量 ＝ 摂食量 − 不消化排出量

生産量 ＝ 同化量 −（呼吸量 ＋ 老廃物等の排出量）

成長量 ＝ 生産量 −（被食量 ＋ 死亡量）

1970 年代に，世界各地で森林や草原の生産力の測定が行われた．それらの結果，森林は，必ずしも，草原よりも純生産量が高い訳ではない，という予想外の結果が得られた．特に，熱帯雨林は，生産する量も多いが，消費される量も多く，純生産量は低いという結果となった．しかし，森林の価値が低い訳ではなく，森林には，草原よりも低いかも知れないが，毎年の純生産量が長年にわたって蓄積されており，大量の有機物が存在している．目先の純生産量の多寡に惑わされ，地球上における有機物の貯蔵庫としての森林の役割を見落としてはいけない．

20.2　エネルギー流と物質循環

20.2.1　生態系におけるエネルギー流

生物群集における，植物から始まる，単純な食物連鎖のエネルギーの流れを見てみよう．図 20.5 は，アメリカ合衆国ミシガン州のとある休耕中の畑における植物→ハタネズミ→イタチの例である (Golley 1960)．植物は 1ha あたり，58.3×106 kcal year^{-1} の総生産量（光合成量）であった．呼吸を引いた純生産量のうち，ハタネズミに利用可能な量は，同じく 15.8×106 kcal year^{-1} であった．ハタネズミ個体群の摂食量は，250×103 kcal year^{-1} であって，これは利用可能な量のうちの 1.6％ に相当する．この摂食し

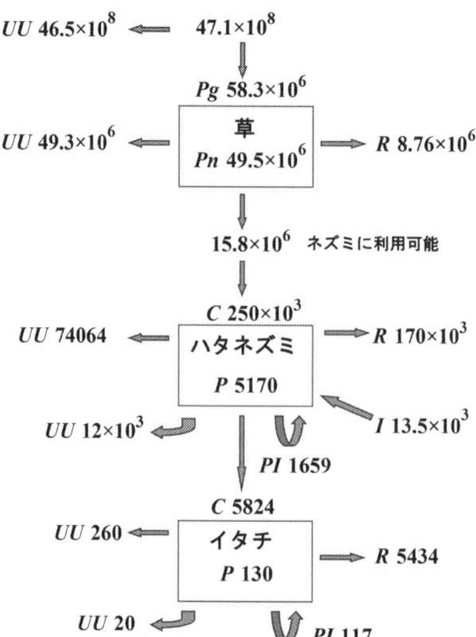

図 20.5　アメリカ合衆国ミシガン州とある休耕中の畑における植物→ハタネズミ→イタチの植物から始まる単純な食物連鎖のエネルギーの流れ．斉藤 (2000)「生態学への招待」開成出版社 に基づき修正し作成．

たエネルギーのうち，次のイタチに利用可能な量は，5170 kcal year^{-1} であった．しかし，イタチ個体群の摂食量は 5824 kcal year^{-1} であり，この値はハタネズミの生産量を超えている．これは，移入してきたハタネズミが多かったことと，ハタネズミ以外の動物も摂食していたことを示している (斉藤 2000)．

植物からエネルギーを取り込んだ 1 次消費者は，次は食われて，2 次消費者へエネルギーを渡すことになる．この栄養段階ごとの摂食量 C，n 段階の $C/n-1$ 段階の C の比は，**リンデマン比**：Lindemann ratio，もしくは，**累進効率（生態転換効率）**：progressive efficiency とよばれる．これは，生物群集，または，生態系レベルでの生態学的効率の 1 つで，ほぼ 10％であると言われている．しかし，リンデマン比は，生態系の種類や栄養段階によって大きく異なり，特に水界生態系における範囲は 1～25％までと変異が大きいことが知られている (斉藤 2000)．

水界の生態系において，生息する動物種の生活型で，グループ名称を分ける場合がある．自由遊泳の能力が比較的大きく，水流に逆らって移動が可能な魚類や両生類などの動物を**ネクトン**，水の流れなどに逆らって移動できないミジンコ類やミズクラゲ類などの動物を**プランクトン**，水底や壁面等の底質に生息する動物を**ベントス**と分けて呼称する．湖沼生態系の生物群集の解析等では，これらの 3 生活系の動物群を分けて考察する場合も多い．

図 20.6 は，東京都立大学生態学研究室によって，福島県の裏磐梯湖沼群にある竜沼において計測された，下位の栄養段階に属する生物群集構成生物の間でのエネルギー流を表した模式図である (Yamamoto 1975)．この沼は硫酸酸性の水質であり，表面積 7910 m^2，最大深度 10.4 m，容積 28980 m^3 である．図の示すように，左側が生産者で，右側へとエネルギーが流れていく．左から，1 次消費者，2 次消費者と並んで，3 次消費者のアブラハヤが頂上種となる．1 次消費者の総摂食量は，1361×103 kcal year^{-1} で，その生産量は 157.6×103 kcal year^{-1} なのでリンデマン比は，11.6％となる．同じようにトンボ類とセンブリの 2 次消費者の比は 15.9％となり，かなり高い．しかし，アブラハヤだけの 3 次消費者の比は，9.6％となった．これは，3 次消費者のアブラハヤが，付着藻類も摂食する雑食性のため，同化比が低くなったものと推定される (斉藤 2000)．

以上のように，生態系におけるエネルギー流の測定は，日本国内でも，いくつかの生態系で実測され

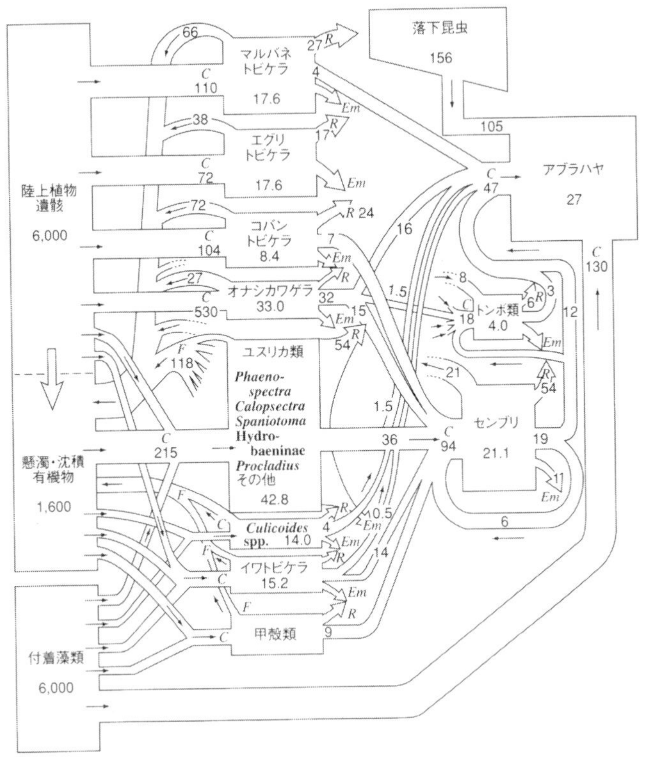

図 20.6 東京都立大学生態学研究室が，福島県の裏磐梯湖沼群にある竜沼において計測した，下位の栄養段階に属する生物群集構成生物の間でのエネルギー流を表した模式図．ボックスの中の数字は生産量で，湖あたり $\times$ 103 kcal year^{-1}．C：摂食，Em：移出，F：不消化排出，R：呼吸．斉藤 (2000)「生態学への招待」開成出版社に基づき修正し作成．

てきたが，調査測定の作業には，莫大な労力，時間，および，研究費が必要なため，その計測実例は，非常に少ない．

20.2.2 生態系における物質循環

化学元素は，生物体を構成するあらゆる基本元素を含め，生物圏の中で環境から生物へ，そして再び生物から環境へと，独特の経路を経て循環する傾向がある．これらの循環的な経路は，**生物-地球化学的循環**：bio-geo-chemical cycle とよばれている．

生態系を循環する主要な元素のうち，生物の体を構成する化合物で根幹を成している C（炭素）の循環は，開放的である（図 20.7）．大気中の CO_2 は生産者に吸収され，有機物中の C として，生産者，消費者や分解者の体に取り込まれてはいるが，最終的には呼吸によって，ほとんどすべてが再び CO_2 として放出される．このため，C は生態系の中にとどまることはなく，地球全体の中で循環している．C の循環には，生物体によるものに加え，火山噴火や化石燃料の燃焼によっても，非生物由来の C が加えられている．特に，化石燃料の燃焼は，人間活動による大気中の CO_2 を増加させる大きな要因となっている．

N（窒素）や P（リン）などの循環は，生態系の中において，生物による再利用の作用が強く働くため，閉鎖的な循環を示す．N は，大気中に窒素ガスとして大量に存在するが，植物はこれを直接利用できない．植物が利用できる N は，窒素化合物の中で，主に NH_3^+（アンモニウムイオン）と NO_3^-（硝

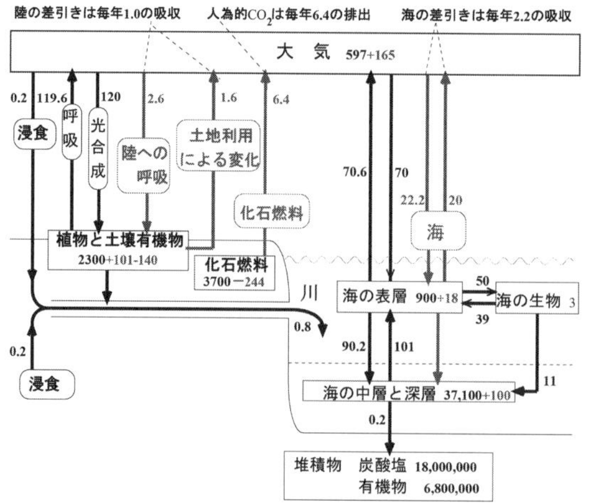

図 20.7　生態系における炭素（C）循環の模式図．全地球の炭素循環．蓄積量の単位は 1 GtC = 10 億 t 炭素．移動量の単位は 1 GtC/年．+101* は人間活動に伴う環境変化に対する植生の反応，−140* は土地利用の影響．（赤矢印）→は自然起源の炭素，（黒矢印）→は人為起源の炭素．IPCC 第 4 次評価報告書より改変．日本生態学会 (2004) の図から修正し描き直す．

酸イオン）である．これらのイオンは，陸上生態系においては，雷の放電によって生じる降下物，窒素固定の共生細菌（根粒菌，放線菌の一部，および，シアノバクテリア（ラン藻）の一部），空中窒素固定能のある自由生活細菌（*Azotobacter* 属，*Klostridium* 属，*Klebisella* 属，*Bacillus* 属，*Pseumonas* 属，*Beijerinckia* 属，*Derxia* 属，*Mycobacterium* 属，メタン酸化菌，硫酸還元菌，および，シアノバクテリア（ラン藻）の仲間の一部による空中窒素の固定，および，分解者による有機物の無機化などによって供給されている（図 20.8）．

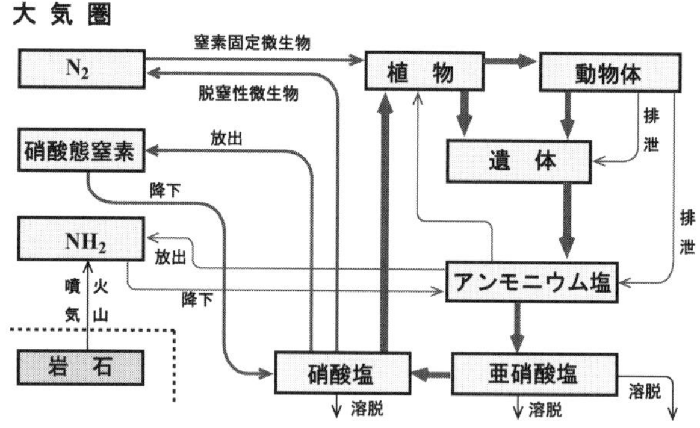

図 20.8　生態系における窒素（N）循環の模式図．人工的な窒素固定，燃焼は含めていない．赤い矢印の太さは，移動量の大小を示している．依田 (1982) から作成した図（日本生態学会 2004）を修正し描き直す．

P の場合は，植物はリン酸イオンを利用できるのみである．土壌中から空中に舞い上がったリン酸塩が降下する他には，岩石中に存在する P が岩石の風化によって供給されることが多い．P は，自然状態では，無機的環境には少ない元素であったが，ヒトの産業活動に伴い，大量の P が生態系に放出されている．

20.2.3 安定同位体を用いた物質循環の追跡

生態系の中における物質の循環について，具体的にどれくらいの量が，どの生物間でやりとりされているかは，その追跡が容易でないため，ある意味ブラックボックスになっていた．しかし，近年，生態系中において，**安定同位体**を用いた元素の追跡が可能になり，食物網や食物連鎖における物質の具体的な流れが解明されるようになってきた（和田 1986）．

追跡する元素として，H（水素），O（酸素），C（炭素），N（窒素），S（硫黄）が分析に用いられるが，C と N を用いた分析が主流となっている．

生態系を循環している上記の元素には，原子核中の中性子の数によって同位体が存在する．例えば，C には，自然状態で，中性子数が 6 個の ^{12}C，7 個の ^{13}C，8 個の ^{14}C が存在する．^{14}C は放射性同位元素であるが，^{12}C と ^{13}C は安定同位体である．H は，^{2}H と ^{1}H，N には ^{15}N と ^{14}N，S には ^{34}S と ^{32}S が，それぞれ安定同位体として存在する．これらの 4 元素に関して標準物質が決められており，安定同位体分析に用いられる．

同位体は，基本的には化学的性質は同一であるが，質量が異なるため，水中や空中における拡散性などの物理的性質や化学反応性が若干異なる．また，化学反応の際には，安定同位体の違いによって，基質から生成される物質の生成量に違いが生じる，このため，基質と生成物では，平衡に達するまでの存在比率（同位体比）に違いが生じることが知られている．これを**同位体分別**：isotopic fractionation / isotopic discrimination と言う．例えば，質量の軽い $^{12}CO_2$ は，重い $^{13}CO_2$ よりも反応速度が速く，光合成では，$^{12}CO_2$ が若干先に取り込まれる．また，光合成生物によって代謝が異なるため，C の安定同位体比が異なってくる．このため，生産者や生息環境によって，有機物の同位体比が異なってくる．さらに，動物の場合，食べた餌の C や N の安定同位対比が代謝によって変化する．その変化率が，濃縮係数として上位捕食者に受け継がれるため，ある生物の同位体比を調べることによって，その生物がもっぱら何を食べているのか推定が可能になる（Doi *et al.* 2005; Yokoyama *et al.* 2005）．

安定同位体比は，標準物質からの千分率偏差として表し，^{12}C と ^{13}C の場合は，次の式の様に表される．

$$\delta^{13}\mathrm{C} = \left\{ \frac{\left(\dfrac{^{13}\mathrm{C}}{^{12}\mathrm{C}}\right)\text{資料}}{\left(\dfrac{^{13}\mathrm{C}}{^{12}\mathrm{C}}\right)\text{標準物質}} - 1 \right\} \times 1000\,‰$$

上式によって算出された δ 値を比較すると，生態系ピラミッドにおいて，栄養段階が上がるに従って，δ 値が微妙に上昇する現象が解ってきた．例えば，琵琶湖の水界生態系においては，植物プランクトンから動物プランクトンへ，もしくは，小型の動物から大型の動物へと栄養段階が上がるに従って，資源となる物質の同位体比の違いと，生物体内の 2 次生産の同位体分別作用によって，δ^{13}C で約 1 ‰，δ^{15}N で約 3.3～3.5 ‰ 上昇することが解った（山田ら 1998）．

図 20.9 は，横軸に δ^{13}C 値を，縦軸に δ^{15}N 値を取って，**炭素・窒素安定同位体比**（δ^{13}C・δ^{15}N）：carbon and nitrogen stable isotope ratios を各栄養段階の値の推移を示した模式図である．栄養段階が上がるに従って，どちらの数値も上昇するため，右肩上がりのグラフが描けることが解る．この δ 値の変化を追跡することによって，ある生態系の食物網の連鎖を解明する研究が，急速に進みつつある．

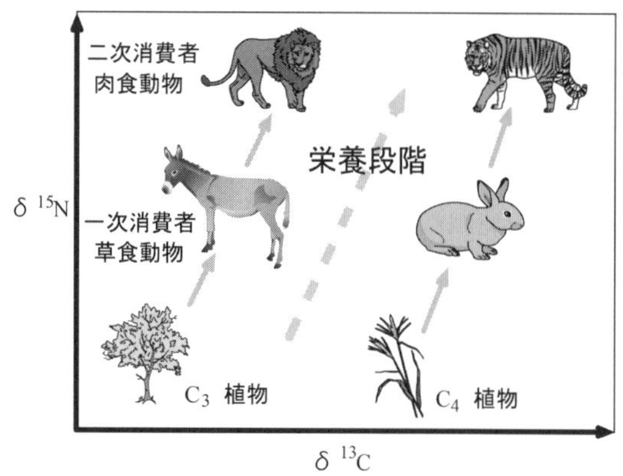

図 20.9　炭素・窒素安定同位体比（δ^{13}C・δ^{15}N）を各栄養段階の値の推移を示した模式図．横軸に δ^{13}C 値を，縦軸に δ^{15}N 値を取っている．

コラム　奄美大島の代表的な陸産貝類

島の一部の地域は世界自然遺産地域に指定されている奄美大島であるが，アマミノクロウサギ *Pentalagus furnessi* やアマミヤマシギ *Scolopax mira* 等の多くの奄美群島の固有種が分布することで知られている．陸産貝類も例外ではなく，奄美大島には，固有種が多数分布することで有名である．写真は，その代表的な種である．左列上から：オオシマフリイデルマイマイ *Aegista friedeliana vestita*（殻径 14.2 mm；奄美大島宇検村湯湾岳），マメヒロベソマイマイ *Aegista minima*（殻径 6.8 mm；宇検村湯湾岳），マルテンスオオベソマイマイ *Aegista squarrosa squarrosa*（殻径 18.5 mm；宇検村湯湾岳）．上段左から：オオシマアズキガイ *Pupinella oshimae oshimae*（殻長 9.8 mm；奄美大島秋名），オオシマママイマイ *Satsuma* (*Satsuma*) *lewisii lewisii*（殻径 30 mm；笠利町用；2014 年 5 月 3 日），以上行田義三さん撮影．下段左より：ネニヤダマシギセル *Phaedusa* (*Phaedusa*) *neniopsis neniopsis*（殻長 17.0 mm；奄美大島金作原；1977 年 12 月 29 日；西 邦雄さん撮影），オオシマギセル *Luchuphaedusa oshimae oshimae*（殻長 20.2 mm；奄美大島金作原；1977 年 12 月 29 日；西 邦雄さん撮影），ザレギセル *Luchuphaedusa mima mima*（殻長 15.6 mm；奄美大島湯湾岳；1977 年 12 月 28 日；西 邦雄さん撮影），トウギセル様の腔襞をもつキカイノミギセルの暗視野顕微鏡写真；腔襞の模様が透けてみえる（殻長 7.5 mm；この標本はトカラ列島口之島産；1982 年 06 月 24 日）．トウギセル *Zaptyx kikaiensis* var. *idioptyx* は，1909 年に記載されて以降，採集例がない種であるが，写真のようなキカイノミギセル *Zaptyx kikaiensis* の個体変異ではないかとされている．右列上より：ウラジロヤマタカマイマイ *Satsuma* (*Luchuhadra*) *sororcula*（殻径 21 mm；喜界島；行田義三さん撮影），コケハダシワクチマイマイ *Moellendorffia diminuta*（殻径 23.7 mm；奄美市小宿；行田義三さん撮影），ハラブトゴマガイ *Diplommatina* (*Sinica*) *saginata*（殻長 3.0 mm；奄美市名瀬）．右下：オオシマムシオイ *Chamalycaeus oshimanus*（殻径 4 mm；加計呂間島；1977 年 12 月 27 日；西 邦雄さん撮影）．このコラムの写真は，冨山（2015）から転載した．

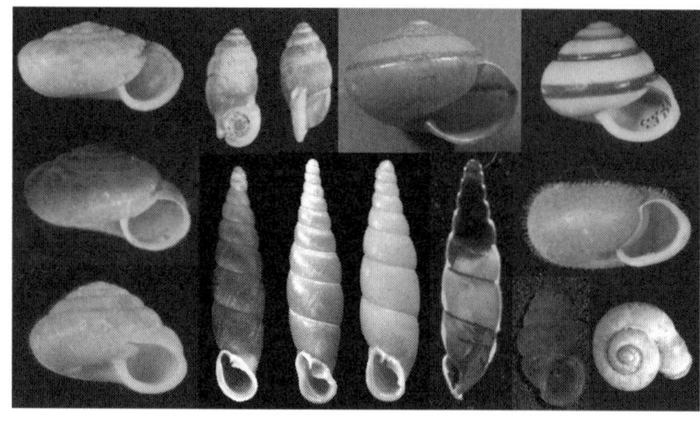

第 III 部

行動生態学

最初に動物の「行動」に関して定義を与える必要があるだろう．動物の行動とは，特定の刺激に対し，誘導や方向づけが行われ，それが，筋肉運動，腺の分泌活動，色素の移動，等々の生理反応となり，特定の機械運動として認知されるような系を指している．以下の章もこの定義に基づいて動物の行動を考察してみたい．

動物行動学：ethology / behavioral ecology は，日本においては，**動物生態学**：animal ecology の 1 分野としての扱いが定着しており，動物の**個体群生態学**：population ecology や農業分野の**応用生態学**：applied ecology の研究者が「行動学研究者」を名乗っている事例も多い．しかし，ヨーロッパにおいては，**行動学**：Ethology は，心理学分野にその発祥の起源が求められる学問体系と考えられており，生態学 Ecology とは明確に異なった研究分野と見なされている．もちろん，動物行動の研究には，動物の生活史や進化などの知識も必須であり，それらの分野の研究成果を組み込みながら行動学も発展してきた．したがって，本書においては，行動学を生態学とは異なった研究体系と位置づけ，別項を設けて解説することにした．

コラム　干潟の巻貝フトヘナタリの木登り行動

軟体動物腹足綱に属する汽水産巻貝のフトヘナタリは，通常は干潟表面に生息しているが，マングローブ林の木に登る行動が知られている（大滝ら 2002）．**木登り個体数と地表面の個体数の季節変化**：100 本のメヒルギに登っていたフトヘナタリの干潮時の個体数を年間通して比較した．その結果，フトヘナタリの木登りは秋から冬の時期に多く生じ，その時期は地表面の個体が減少していることがわかった．**幹直径と木登り個体数の関係**：メヒルギの直径とフトヘナタリの木登り個体数の間には，年間を通して有意な相関はみられなかった．木登りの高さと幹直径との関係：ランダム選択したメヒルギ 33 本には計 270 個体のフトヘナタリが付着しているのが見られた．フトヘナタリが付着する高さと樹幹直径との間に有意な相関はなかった．**木に対する選好性**：統計検定の結果，フトヘナタリは特定の木に集まる傾向が認められた．**日周活動**：木登り個体数の平均は，干潮時から緩やかに減少した後，最干潮時刻より以前には最低値となった．最干潮時刻直後から増加に転じ，急激に増加した．また，木ごとの木登り個体数は，干潮時には，2～5 個体の一桁であったが，満潮時には一本で最大の 50 個体に達した．すなわち，干潮時刻ほど木登り個体数が少なく，満潮時刻に近づくほど，満潮による潮の到来を見越して，木登り個体数が増加する傾向が見られた．潮汐変動という短い周期の中でもフトヘナタリは特定の木に集まる傾向が認められた．写真右：干潟表面のフトヘナタリ；喜入のマングローブ林干潟にて；2009 年 6 月 28 日撮影．写真左：マングローブ林における木登り行動の調査；2009 年 7 月 18 日撮影．

大滝陽美・真木英子・冨山清升 (2002) フトヘナタリの木登り行動．*Venus* **61(3–4)**: 215–223.

第21章

動物行動学の歴史，行動心理学の形成

21.1 日本における行動学分野の流行の推移

21.1.1 日本における動物行動学の流行の推移

動物の行動は，世代を問わず興味を引く研究分野である．ニホンザルの群れにボス猿（行動学ではアルファオスとよぶ.）がいることは幼稚園生でも知っている．テレビ番組でも動物を取り上げれば高視聴率が稼げる定番番組でもある．しかし，撮影には予算と時間がかかる．このように，世の中の興味を引きつける行動学ではあるが，日本における動物行動学の流行は，多くのタレント研究者達によってやや演出されたものであり，流行り廃りがあった．日本における動物行動学の流行を年代別に概説してみる．

21.1.2 第I期 動物社会行動の研究：1950〜1960年代

京都大学の生態学研究の非主流派だった今西錦司が（主流派は，京都大学理学部の宮地伝三郎を代表格とするグループ.），ニホンザルの研究から始まって，動物の社会を広範に研究するようになった．今西は，霊長類研究所というサル学研究の拠点も立ち上げた．しかし，日本の生物学の主流派（東京大学など）からは，「あれは科学ではない．文学である.」などと揶揄（やゆ）された（日高敏隆 談）．

この時代，各種の動物の社会行動の研究が行われ，国際的に見てもレベルの高い研究が発表された．京都大学の杉山幸丸は，大学院生時代，インドのハヌマンラングールというサルの調査で親による子殺し行動を発見したが (Sugiyama 1965, 1968)，本人も当時はその重要性に気づいていなかった．農業技術研究所の伊藤嘉昭は，トンボの縄張り行動を研究し，無脊椎動物にも縄張りという社会性があることを発見した．

しかし，1950年代，伝統的遺伝学や進化学を排斥するルイセンコ論争が巻き起こり，社会行動の研究は衰退してしまう．ルイセンコは，ソビエト連邦の農業生物学者で，スターリン時代にソ連の生物学を牛耳った．ルイセンコは，獲得遺伝の進化を主張し，メンデル遺伝学や進化学の研究者を「資本主義的生物学者」として粛清した (Medvedev 1969)．日本にもルイセンコ生物学が持ちこまれ，多くの有能な若手生物学研究者達がルイセンコ理論によって強い影響を受けた．その結果，それを嫌った多くの研究者は進化学，生態学や行動学から離れていった．そのために日本の行動学や進化学は，半世紀以上は遅れをとってしまった．

21.1.3 第II期 動物行動学ブーム：1970年代

1970年代に入ると，心理学を起源とする動物行動心理学が，突如としてブームとなった，これは，1973年，ノーベル医学生理学賞が，動物行動心理学の分野に与えられ，Ethology（行動学）の国際的な認知によるところが大きい．受賞者は，ローレンツ，ティンバーゲン，フィリッシュ日本人は，恐らく湯川秀樹のノーベル物理学賞受賞の影響のためか，数ある国際賞の中でもノーベル賞がとりわけ大好きである．行動学がノーベル賞受賞で国際的に評価され，日本のマスコミは積極的に動物行動学を紹介したがった．しかし，日本の研究者でまともに紹介できる人がいなかった．結局，東京農工大学で細々と行動学の研究を行っていた日高敏隆が，スポークスマンとして注目され，積極的に受賞3者の研究を紹介した．日高は，その後，テレビ番組への協力や，各種の啓蒙書を多数出版し，行動学の一般への普及に尽力した．Ethologyを行動心理学ではなく，行動学と翻訳し，紹介したのも日高である．動物の行動を扱った番組は高視聴率が取れることがわかり，動物行動を扱った番組が増えたのもこの時代からである．

しかし，1970年代後半になると，行動心理学は，神経生理学との融合による分析実験，ホルモン等の内分泌生理学による室内実験，心理学分野と融合したヒトの行動学，といった研究が主流となり，発展的な解消をとげていく．その結果，科学的な面白さ（動機づけ）が急速に失われ，フィールドワークを主体とした本来の野外生物学の研究者達が行動学から離れていくことになった．ただし，生態学分野との融合など，野外観察に基づく行動学を模索するグループは残った．

21.1.4 第III期 行動生態学ブーム：1980〜1990年代

ヨーロッパでは，ハミルトン（図21.1：William Donald “Bill” Hamilton：1936–2000）による1964年の**血縁選択説**の発表以降（Hamilton 1964），1970年代から，行動学は，進化学的な方法論を取り込み，生態学とも結びついて，行動生態学という新たな研究分野を確立しつつあった．その理論がアメリカに持ちこまれ，1975年頃，ウィルソン（図21.2：Edward Osborne Wilson：1929–2021）らによって引き起こされた**社会生物学論争**がホットな話題となっていた．その騒動に刺激され，周辺領域の進化生態学や行動生態学の研究に注目するようになったのが，北海道大学農学部や東京都立大学生物学科の若手研究者であった．日本の進化学，生態学，行動学では，非主流派であった彼等は，青木重幸による兵隊アブラムシの発見（青木 1987）や，岸 由二による動物の卵サイズに関する数理モデルの提案（岸 2019）など，現在でも国際的に評価される研究成果を発表していった．

その後，進化学と理論的に結びついた行動学は，日本でも，京都大学，九州大学，名古屋大学，東京大学でも研究されるようになり，行動生態学に関する研究の流行が到来した．1982年には日本動物行動学会が設立され，1983年には，国から科学研究費特定研究「生物の適応戦略と社会行動」として数億

図21.1 ウィリアム・ドナルド・ビル・ハミルトンさん（William Donald “Bill” Hamilton：1936–2000）．1990年8月，国際生態学会議（International Congress of Ecology）in Yokohamaで来日時に撮影．横浜市磯子にあった旧横浜プリンスホテルにて冨山清升撮影．

図21.2 エドワード・オズボーン・ウィルソンさん（Edward Osborne Wilson：1929–2021）．2008年5月，ハーバード大学にて山根正気さん撮影．写真は，山根正気さんのご厚意による．

円規模の研究費が投入されるようになり，行動学はメジャー研究分野に脱皮していった．日本における行動生態学の研究熱は，1991 年に京都で開催された**国際行動学会議**：International Ethological Congress: IEC の開催で頂点を成すが，来日した国外研究者にとって，日本の若手研究者の人数，多様性と熱気は驚異的に映ったというエピソードが伝えられている．現在は，1980 年代の行動生態学ブームも去り，一般的な研究分野の 1 つとなったのかも知れない．

21.2 動物行動学の歴史

21.2.1 科学的な行動学の確立

行動学の起源は心理学に求められる．このため，初期の行動学は心理学の影響が強かった．科学的な心理学の起源は，デカルトによるデカルト哲学の，動物を機械とみなす**生物機械論**：mechanistic view of life に求められる (Descartes 1662)．しかし，科学的な動物行動学が論じられたのは，ダーウィンによる著書「動物と人における感情の表現」(Darwin 1872) が最初であろう．

20 世紀初頭の行動学は，行動心理として，心理学 Psychology の 1 分野とみなされていた．行動心理学は，全体性を重視する**生気論**：vitalism 的解釈学派 (McDougall 1936; Tolman 1932; Russell 1938 等) と，デカルト哲学的な部品個別性を重視する**機械論**：mechanismus 的解釈学派 (Bethe1898; Loeb 1913 等) が対立していた．行動心理学の分野では，生気論からは，**本能**や**学習**の体系化，機械論からは，**走性**：taxis や**反射**：reflex の発見などの成果が提唱された (Eibl-Eibesfeldt 1974)．

やがて，生気論と機械論の対立は先鋭化し，生気論的な心理学からは，学習を重視する観点から教育学が発達し，機械論的な心理学からは，**無条件反射**：nonconditioned reflex や**条件づけ**：conditioning に基づく，動物行動の複雑な実験系心理学に発展した (Bechterev 1913; Pavlov 1927 等)．しかしながら，どちらの学派も極端な解釈至上主義に走り，科学的な思考から離れていった．生気論的な思考は，アメリカに渡り，教育学という分野に発展的に解消していったが (Thorndike 1911; Watson 1930 など)，一部は学習至上主義となり，機械論的な行動学を批判した (Lashley 1938; Skinner 1953 など)．

行動心理学の分野は，現代においては，フィールド生物学としては発展的な解消をとげており，神経生理学と結びついて，動物行動の様式も整理されている．始原的な学習としてアメフラシ類の神経生理学的な研究に基づき，簡単な学習である**慣れ**，反復刺激への応答としての**慣れの解除**，微弱な刺激にも応答するようになる**鋭敏化**などが神経生理学の分析結果と併せ定義された．また，条件づけも異なる行動どうしが後天的に関連付けられる現象として**連合学習**という概念でくくられ整理されている．パビロフの実験として有名な (Pavlov 1927)，餌を観るという**無条件刺激**に対して唾液を流すイヌの反応の際に，繰り返しブザーをならすことにより，ブザーを効いただけで唾液を流すようになる行動は，**古典的条件づけ**と言われている．また，その行動を引き起こす，ブザー音のような刺激を**条件刺激**とよんでいる．また，イヌの「お手」やイルカショーのジャンプのように，自らの意思に基づく行動によって報酬を得るような連合学習を**オペラント条件づけ**とよび区別している．オペラント条件づけには，ミツバチが蜜源の花の位置を覚える行動も含めている．

現代日本の高等学校の生物学の教科書を見ると，動物の行動を解説した部分に，走性・反射・本能・学習・知能などの概念が並べられ，その中に「条件づけ」や「刷り込み」が挿入されている．あたかも，これらの行動様式が，生物進化にともなって，時系列的に系統発生してきたかような解説が多い．しかし，これらの動物行動に関する概念は，生気論と機械論のそれぞれの思考体系の中から，それぞれに提案されてきたものであって，互いに相容れない概念もある．さすがに最近は，「本能」という単語の代わりに，

生得的行動：innate behaviour とか「遺伝的に組み込まれた行動」などの言葉で言い換えられてはいる.

21.2.2 行動心理学の新しい流れ

ヨーロッパには，貴族文化に立脚した野外観察を重視するナチュラリストの伝統がある．20世紀初頭には，科学とはやや距離を置いた形で，膨大な量の野外観察例が蓄積されていた．その様な多くの観察事例は，動物行動の種間比較を容易にした．その時代には一般化していた遺伝学や進化学の思考を取り入れた結果，系統発生的（≒進化的）な適応行動の発見に至った．すなわち，行動も進化の結果生じたものではないかという結論を提案する研究事例が相次ぐようになった．ハトの行動の種間比較を行ったハインロス（Heinroth 1910），ガン・カモ類の研究で有名なウィットマン（Whitman 1919），および，自身は進化論を否定していたが多くの昆虫の行動を記述したファーブル（Fabre 1879–1910）などは，比較行動研究者として代表格であろう.

これらの研究から，動物の行動を種間比較すると，形態の種間比較と同様に，系統発生に基づいて，行動も進化してきた，という研究者達の共通認識が醸成されるに至った.

その様な研究の蓄積を背景にし，動物の行動には，(1) 生まれながらの能力（遺伝する）と，獲得した能力（学習による）があり，(2) 個体の経験にあまり影響されない部分が大きく，パターン化できる部分が多い，という結論が導き出されてきた（Eibl-Eibesfeldt 1974; Brooks & Mclennan 1991）.

以上のような行動心理学の歴史を背景に，**行動学**：Ethology を集大成した研究者が，1973年にノーベル賞を受賞した，ローレンツ，ティンバーゲン，フィリッシュ達であった．行動学という言葉は，Ethos（習性とか習慣という意味）と Biology（生物学）を繋げた単語である．この時代以降，ドイツにおいて1937年に *Zeischrift für Tierpsychologie*（動物心理学雑誌）の創刊，イギリスにおいて1948年に *Behaviour*（行動学雑誌）の創刊，および，1953年に *British Journal of Animal Behaviour*（英国動物行動学雑誌）の創刊（1958年以降は *Animal Behaviour* と改称），フランスにおいて1960年に *Revue du comportment animal*（動物行動学雑誌）の創刊，と相次いで動物行動学に関わる学会が設立されている.

ここで押さえておきたいことは，日本では，行動学は生態学 Ecology の一分野として捉えられているが，ヨーロッパでは Ethology は生物学の中の独立した学問体系とされてきた歴史性があるという事実である.

コラム　動物行動における「遊び」

脊椎動物亜門の哺乳類綱に属する動物は，その発達過程において幼少時に「遊び」という行動を体験する．滑り台ごっこをするカワウソの子，追いかけっこをする子犬，馬跳びごっこをするアナグマの子，取っ組み合いをするクマ類の子，角突きごっこをする子ヤギ，石を転がして遊ぶサイ類の子，探索ごっこをするハムスターの子，マリにじゃれる子猫，でんぐり返しをするオランウータンの子，等々の行動は「遊び」と位置づけられ，その行動自体は意味を成さない．「遊び」行動は生長して後の行動のための練習とみなされており，成長して後は，あまり観察されなくなる．しかし，例外的にヒトは，大人になっても「遊び」行動が持続する．ヨハン・ホイジンガー（Johan Huizinga；1872–1945）は，その著書「ホモ・ルーデンス」の中で，「ヒトは大人になっても遊び続ける珍しい動物である．人間の文化は遊びから生じた.」と，ヒトの進化における「遊び」行動の重要性を見抜いた．「ホモ・ルーデンス」中公文庫.

第 22 章

動物行動学の発展

22.1 ドイツにおける行動心理学の発達

22.1.1 動物行動学ドイツ学派による刷り込みの発見

動物行動心理学ドイツ学派のローレンツとティンバーゲンは，現代的な行動学の創始者とされている．彼らの発見した動物行動の現象は沢山あるが，当時は本能とよばれていた生得的な行動パターンを系統発生と個体発生の観点から研究していった結果，本能と学習を結びつける理論を構築した．

まず，鳥のヒナが，羽化直後に最初に見る動くものを自分の親と思いこみ，それが一生変化しない現象を発見した．ローレンツはこれを**刷り込み**：imprinting と名付け，これが始原的な学習行動の一種であり，半生得的な行動として報告した (Lorenz 1935, 1937)．彼は，その著書「ソロモンの指環」の中で，ヒトが親だと刷り込まれたコクマルガラスのオスが，若い娘に求愛し，ミミズをこねて彼女の口に押し込むという求愛給餌行動を記述している (Lorenz 1949)．

動物は，生得的な行動パターンを遺伝的に持っているが，発生（成長）過程で生得的行動パターンに修飾が加えられる．弱い修飾が刷り込み現象で，後からの再修正が困難である．強い修飾が可能な行動が学習現象で，後からの再修正が容易である．このように，動物の行動には，修飾困難な**生得的行動**：innate behaviour から修飾容易な**習得的行動**：acquired behavior まで，連続的に存在する．

22.1.2 解発因子

ローレンツとティンバーゲンは，行動がいくつかの最小単位に分解できることを発見した．行動にも遺伝子のような最小単位が存在する．最小単位行動は，遺伝的に組み込まれた生得的な存在である．複雑な行動も，最小単位行動の組合せと，最小単位行動の修飾で成り立っている．どのような複雑な行動でも，最小単位行動に分解可能である．最小単位の行動は，その行動を引き起こす（解発する）固有の刺激と，その刺激で解発される行動から構成される (Lorenz & Tinbergen 1938)．行動における**解発因子**とは，行動の最小単位を引き起こす，視覚，聴覚，嗅覚，触覚等で，動物が受け取るあらゆる外的刺激をさす．解発因子は単純化することができ，遺伝的には単純な形で組み込まれている．

例えば，ハイイロガンは，抱卵中の親鳥が巣外に出た卵をもどそうとする行動をとる．卵が巣から転がり出ると，首を伸ばし卵の背後に嘴（くちばし）を回して転がしながら巣にもどす行動をとる．丸い形態であれば，大きさに関わらず，何でも巣にもどそうとする．抱卵行動を解発するのは，卵の形態をした一方が尖った楕円体であり，卵の大きさは関係ない．ダチョウの巨大な卵も解発因子として機能し，親は，自分の胴体ほどの大きさのダチョウ卵を抱こうとしてジタバタする．これは，解発因子が大きさに関係なく，単純な「卵の形態をした一方が尖った楕円体」として遺伝的に組み込まれているからであ

る (Lorenz & Tinbergen 1938).

イトヨのオスは繁殖期に縄張り形成をし，他のオスを追い払う行動をとる．口を下にした姿勢は，威嚇行動であり，闘争行動を解発する（図 22.1）．ガラス管にイトヨのオスを閉じ込め，下向きにすると相手の闘争行動が解発され，横向きだと無反応であった．また，下腹部が赤い個体が闘争行動を解発することから，精巧なオスの模型を作成し，形を単純化してみた（図 22.2）．その結果，下半分が赤い色をした楕円の板にまで単純化できた (Pelkwijk & Tinbergen 1937).

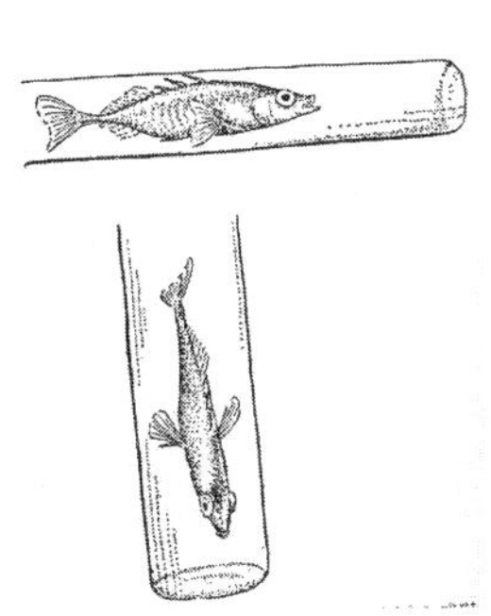

図 22.1 ガラス管に封入されたイトヨのオス．口を下にした姿勢は威嚇行動であり，闘争行動を解発する．上は威嚇行動をとれないイトヨ，下は威嚇しているイトヨ．Lorenz & Tinbergen (1938) に基づき修正し作成．

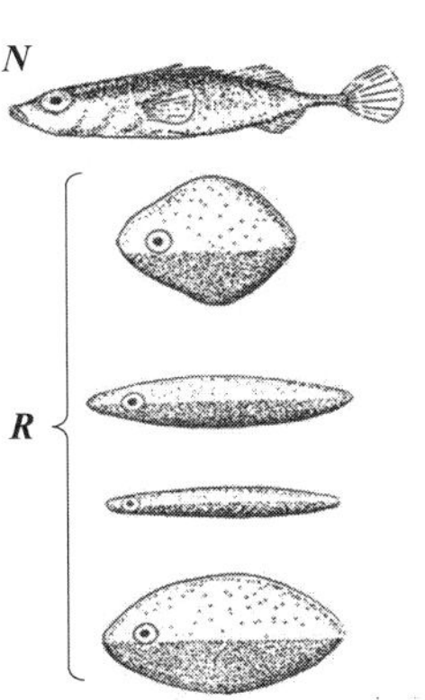

図 22.2 N シリーズ (本物そっくり) と 4 個の R シリーズ（パターン化）の模型．イトヨは，相手が下向きの場合で威嚇しなかったオスでも，腹部が婚姻色で赤いオスには攻撃する．模型で解発因子の単純化する実験の結果，下半分が赤い色をした楕円の板に攻撃した．Pelkwijk & Tinbergen (1937) に基づき修正し作成．

ヨーロッパコマドリ（ロビン）のオスは，春の繁殖シーズンに，胸毛が真っ赤な婚姻色となり，縄張り防衛をするために，他のオスを追い払う行動を採る．追い払い行動は，胸毛の赤色によって解発されていたが，その形態は，棒の上に留めた針金の先の赤い毛糸の玉にまで単純化できた（図 22.3）(Lack 1943；Tinbergen 1948a, b).

図 22.3 ロビンの縄張り防衛行動．左：茶褐色の胸をしたロビンの剥製には無反応．右：赤い羽根のフサでは，防衛行動が解発された．Lack (1943) に基づき修正し作成．

22.1.3 音声による解発因子

解発因子は視覚刺激以外の聴覚刺激も知られている．ニワトリの母親は，ヒナの姿が見えなくとも鳴き声が解発因子になり，保護行動が解発される．しかし，ヒナをガラスで覆い，声が聞こえないように処置すると，姿は見えても保護行動は解発されなかった (Brückner 1933).

キリギリスの仲間のメスは，鳴いているオスの音に求愛行動が解発され，引き寄せられるが，音声を遮断すると近づかない (Duyn & Oyen 1948)．交尾しようとしているメスは，鳴いているオスの周囲を徘徊する．可視範囲にないメスも鳴いているオスに引かれてやってくる．オスの翅を固着させて鳴かないようにするとメスは来なかった．

シジュウカラのオスは一定面積の縄張り行動をとる．オスの除去実験の結果，スピーカーでオスの声を人工的に流した実験区では新たなオスの定着が遅れ，鳴き声がオスの忌避行動の解発因子になっていることが判った (Hunter & Krebs 1979)．

22.1.4　フェロモン

匂いの解発因子も知られている．ハイイロジャノメチョウのオスは，腹部末端のヘアー・ペンシルという毛束から化学物質の匂いを出す（図 22.4）．この匂いがメスの求愛行動の解発因子となっている (Tinbergen *et al.* 1942; Browe et al. 1965)．

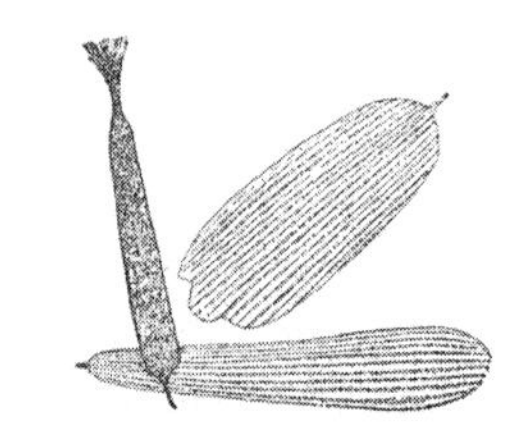

図 22.4　ハイイロジャノメチョウオスの通常鱗 2 つ（右）と，臭覚鱗 1 つ（左）．Tinbergen *et al.* (1942) に基づき修正し作成．

このように，体外に分泌され，微量で同種他個体の生理活動に影響を及ぼす物質を**フェロモン**：pheromone とよぶ．フェロモンは昆虫の情報交換物質として多数知られている．フェロモンの発見は，ファーブルがヤママユガで観察した事例が最初だとされる (Fabre 1910)．メスがひとたびフェロモンを放出すれば，数 km 先からでも嗅ぎつけてオスが集まってくる．カイコガの場合は，100 億分の 1 g もあれば，匂いを嗅ぎつけるのに十分な量である．

フェロモンは，(1) 効果が短時間に起こり，神経的反射のように，すぐに行動を引き起こすリリーサーフェロモンと，(2) 同種他個体の内分泌生理過程に影響し，間接的に個体の発達や生殖機能などに効果を与え，効果は比較的，長時間持続し，内分泌ホルモンなどの変化により，影響は二次的なものになるプライマーフェロモンとに大別される (O'Day. & Horgen 1981; Regelson 2002)．

哺乳類のプライマーフェロモンはマウスで研究が進んでおり，表 22.1 は効果の代表例である．また，図 22.5 は，哺乳類のフェロモン物質の科学構造である．ヒトにも PDD (pregna-4,20-diene-3,6,-dione) のような求愛誘発フェロモンが存在することが解っている．

表 22.1　マウス類で研究が進んでいる哺乳類のプライマーフェロモン効果の代表例．

【♂⇒♀への効果】	
1. Vandenberg 効果	♂マウスの尿中のフェロモンは、幼弱♀マウスの性成熟を早める．
2. Whitten効果	♂マウス尿中のフェロモンは、♀マウスだけの群居生活で非発情状態にある成熟♀に発情を誘起する
3. Bruce効果	♀マウスは、交尾後着床までの間に、交尾相手と異なる♂の匂いに曝露されると着床が阻害され妊娠続行が不可能（流産）になる
4. 雄効果	ヤギのように季節繁殖する動物で、♂由来のフェロモンが非繁殖期にある♀を発情するように誘導する
【♀⇒♀への効果】	
5. Lee-Boot効果	♀マウスの尿の匂いは♀マウスの性成熟を遅らせる。
6. 寄宿舎効果	♀のマウスやラットを集団飼育すると性周期が同期する。この効果はヒトでも存在が認められている。全寮制の女学校で最初に確認されたため、寄宿舎効果と命名された。

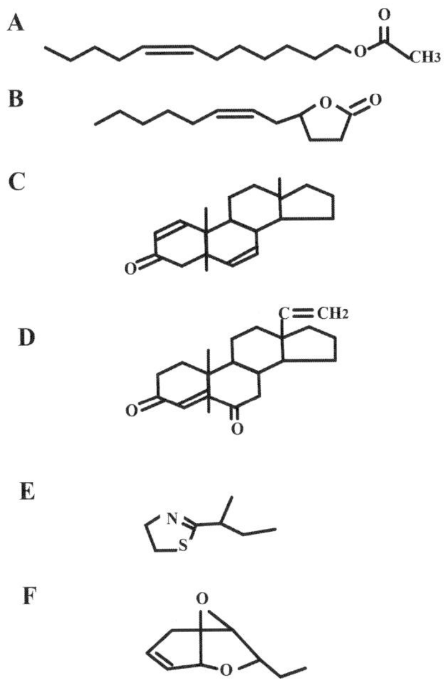

A
B
C
D
E
F

図 22.5 哺乳類のフェロモンの化学構造式の例. A: デシニルアセテート：ゾウ, B: シカラクトン：オハグロジカ, C: アンドロステノン：ブタメスの交尾行動誘発, D:PDD (pregna-4,20-diene-3,6,-dione)：ヒトの求愛行動誘発, E:2-sec-ブチルジヒドロチアゾール：マウス攻撃誘発, F: デヒドロ-exo-ブレビコミン：マウス攻撃誘発.

22.1.5 行動の連鎖

動物の行動は, 非常に複雑な動物の行動も, 最小単位に分解することが可能である. 多くの行動の単位が組み合わさって, 複雑な行動を構成している. 特定の行動が, 次の行動の解発因子となっており, これを**行動の連鎖**：chain-reaction of behaviour と言う (Tinbergen 1942).

例：解発因子→行動 A（＝解発因子 A）→行動 B（＝解発因子 B）→行動 C（解発因子 C）→→

行動の連鎖は, 遺伝的に組み込まれた行動であり, 非遺伝的な学習行動とは本質的に異なる. 動物が行う学習行動による複雑な行動と, 行動の連鎖との違いを比較すると下記のようになる.

学 習 行 動：やり直しが効き, 途中からでも始められる. 基本型のみ遺伝的に組み込まれており, 多くの行動は後から記憶したもので, 修正可能.

行動の連鎖：やり直しが効かない. 中断するとすべてリセットされ, 途中からは始められない. すべての行動が遺伝的に組み込まれているため, 修正が効かない.

行動の連鎖を模式化した図を**エソグラム**：ethogram とよぶ. 図 22.6 は, イトヨの求愛行動のエソグラムである (Tinbergen 1942). 最初メスの姿が解発因子となってオスの求愛行動が解発される. メスとオスの間で行動のやりとりが行われ, 最終的に産卵・受精が行われる.

雌雄同体のカタツムリの交尾行動でも行動の連鎖が観察される. カタツムリの多くは雌雄同体で双方向交尾をし, 両方が産卵する. カタツムリの交尾方法には；(1) 上と下で行動が異なる**乗っかり型交尾**と, (2) ペアー個体の交尾行動が同一の**向き合い型交尾**がある（図 22.7）. 図 22.8 は, アフリカマイマイの乗っかり型の交尾行動である. 求愛を開始する上位置個体と, 求愛を受け入れる下位置個体は交尾行動がまったく異なる. 図 22.9 は求愛開始から交尾に至るまでの**エソグラム**である. 両者が 10 分程

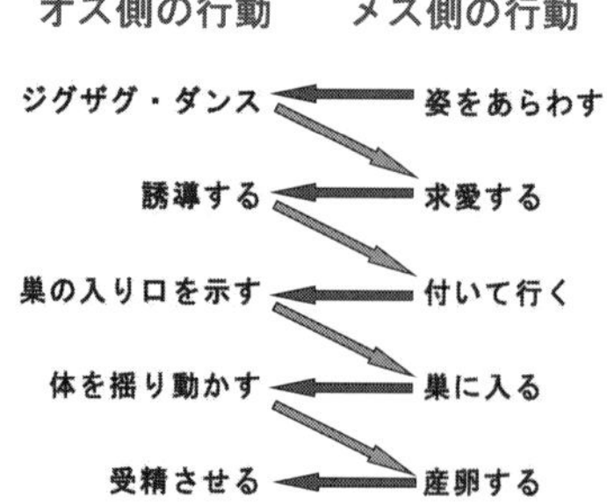

図 22.6　イトヨの求愛行動のエソグラム．Tinbergen (1942) に基づき修正し作成．

図 22.7　左：リンゴマイマイの向き合い型交尾．右：恋矢とよばれる交尾刺激構造物を突き出し，相手を刺激する．Tinbergen (1951) に基づき修正し作成．

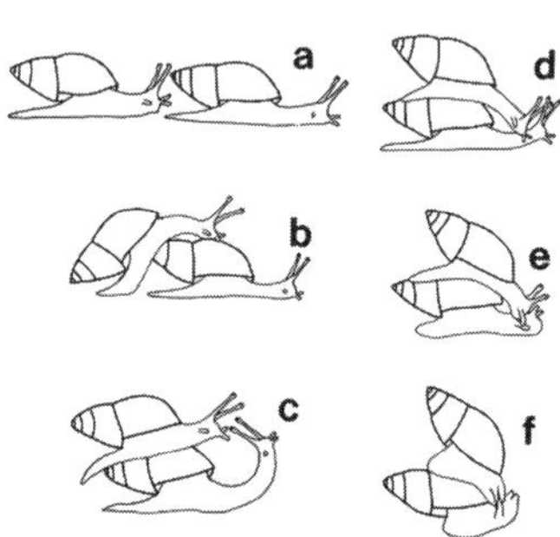

図 22.8　アフリカマイマイの乗っかり型交尾の模式図．上位置個体が求愛開始個体，下位置個体が求愛受け入れ個体の行動を示している．雌雄同体だが，上位置個体と下位置個体の行動がまったく異なる．Tomiyama (1994) から転載．

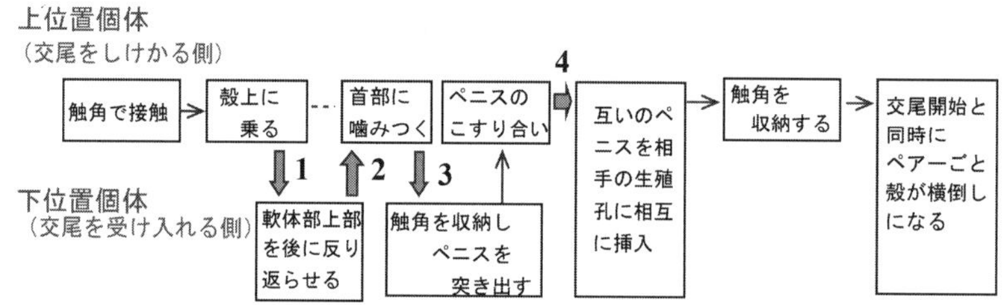

図 22.9　アフリカマイマイの交尾行動のエソグラム．アフリカマイマイは求愛開始個体が交尾を開始する．求愛受入個体は交尾を受け入れるか，拒否するかする．両者が求愛行動をやりとり（10 分程度）した後に交尾する．

度の行動をやりとりした後に交尾に至るが，途中で交尾拒否行動が生じ，交尾行動が中断した結果，約 90％の個体は交尾に至らない（図 22.10）(Tomiyama 1994)．

22.1.6　帰巣行動

動物が自分の巣を覚えており，正確にもどる現象を**帰巣行動**：homing と言う．帰巣行動は，アリストテレスの時代から知られていた．帰巣行動は，**移動行動**：migration の発展型として理解できる (McConaghy 2020)．帰巣行動の行動学的な研究は，ティンバーゲンが各種の動物で行った (Tinbergen & Kruty 1938)．

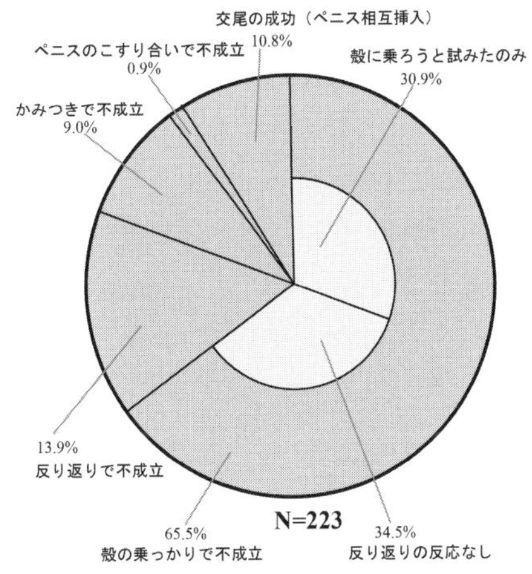

図 22.10 アフリカマイマイの交尾失敗の詳細．交尾中のどの行動で失敗したかの割合を示している．行動の途中で交尾拒否が生じ，交尾に至るのは全ペアーの 10.8％．交尾拒否事例の約 75％は交尾受入個体が拒否する．Tomiyama (1994) から転載．

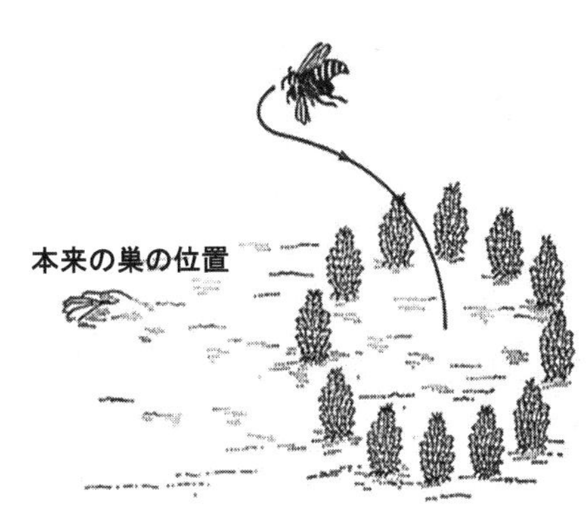

図 22.11 ツチスガリの一種の帰巣行動．巣の入口を見つけるのに地表の目印を利用しており，目印の松傘の輪を移動させると，巣を見つけ出せなかった．Tinbergen (1952) に基づき修正し作成．

ツチスガリの一種は，巣の入口を見つけるのに地表の目印を利用する．巣の入口の周りに松かさを並べてツチスガリに慣れさせ，ツチスガリが飛び去った後に，この松かさの輪を動かした．帰ってきたツチスガリは，松かさの輪の中で（実際にはそこに巣はない．）巣を捜した（図 22.11）．帰巣行動のために，何らかの記憶が行われている (Tinbergen 1932; Beusekom, 1946)

サケ・マス類の母川回帰行動は有名である．ギンザケを用いた野外実験では，鼻に栓をしたギンザケは母川に帰る率が低かった（表 22.2）．この結果から，ギンザケは，明らかに川の匂いで母川回帰していることが判った (Harden-Jones 1968)．現在では，サケ・マス類は，長距離移動は地磁気を頼りに移動し，短距離での河川や支流の選択は，川に溶け込んだ化学物質の匂いの記憶で回帰していることが判明している (Papi 1992; McConaghy 2020)．

伝書鳩の帰巣性は，古代から知られていたが，近年までその行動の制御方法は不明であった．ベーカーによる詳細な実験観察の研究の結果，ハトは体内時計と太陽の位置から方角を推定しており，太陽のない条件下では，磁場の変化によって方向を定位していることが判った (Baker 1982)．ハトの脳内に磁気を感じることができる特殊な細胞も見つかっている (McConaghy 2020)．

表 22.2 ギンザケの母川回帰行動．北米のイサカー川とイースト・フォーク川の河口でそれぞれ捕獲したギンザケを鼻に栓をした群と正常な群に分け放流した．マーキングした上で川の上流の再捕率を比較した結果，明らかに川の匂いで母川回帰していると解った．Harden Jones (1968) から修正し書き直す．

放流された川	処置の状態	放流数	再捕獲数	
			イサカー川	イースト・フォーク川
イサカー川	正常	121	46	0
	鼻に栓をする	145	39	12
イースト・フォーク川	正常	38	8	19
	鼻に栓をする	38	16	3

貝類（軟体動物）の帰巣行動は，潮間帯の貝類では，アリストテレスの時代から知られているが，雌雄同体の陸産貝類のアフリカマイマイでも帰巣行動が観察されている (Tomiyama 1993, 2000, 2002)．アフリカマイマイは，東アフリカ原産の雌雄同体のデンデンムシで，国外外来種でもあるが，雄性先熟という成長形式を採っている．すなわち，生殖腺が発達しても若齢成熟期は精子しか生産せず，完全成熟期に至って卵精子共に生産するようになる．本種は，性成熟する前の幼熟期には，分散型の移動様式を採るのに対し（図 22.12），性成熟するに従って，定住性が強くなる（図 22.13）．完全成熟期には，強い帰巣性を示すことが解っている (Tomniyama 1993, 2000, 2002; Tomiyama & Nakane 1993)．

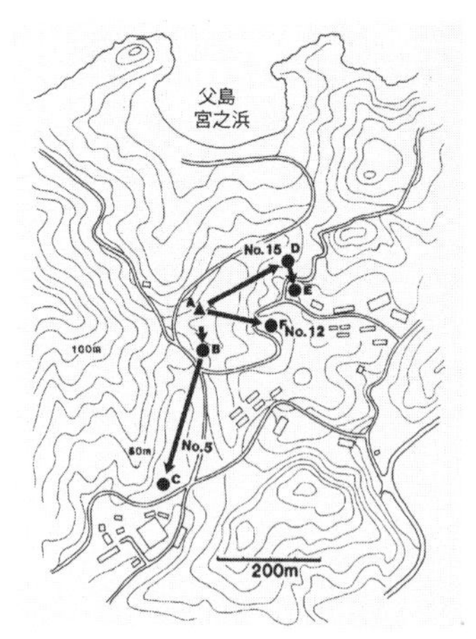

図 22.12　電波発信機を装着したアフリカマイマイの幼熟個体の分散．直線的に移動しており，半年間で約 500 m 移動した．小笠原諸島父島北部で観察．Tomiyama & Nakane (1993) から修正転載．

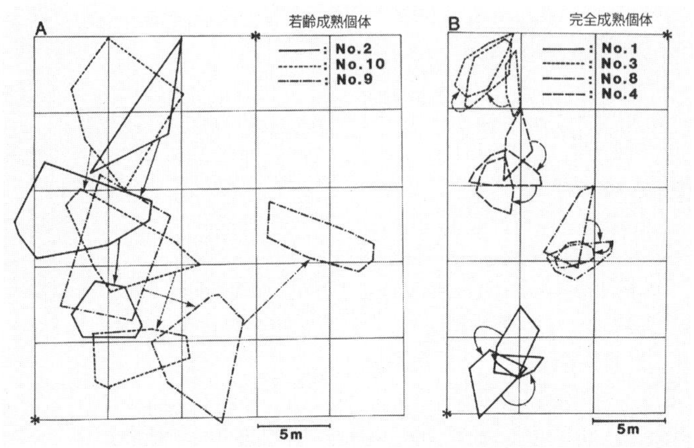

図 22.13　電波発信機を装着したアフリカマイマイの若齢成熟個体と完全成熟個体の約半年間の行動域の変化．成長するに従って定着性が強くなっている．小笠原諸島父島北部で観察．Tomiyama & Nakane (1993) から修正転載．

ミツバチの帰巣性と，蜜源までの方角や距離の記憶に関しては，フィリッシュが緻密な研究を行っている．一連の研究では，ミツバチが，巣箱から蜜源までの距離を正確に記憶していること，巣箱と太陽の方向との角度から，蜜源の方角も記憶できることを示した．さらに，ミツバチは，巣箱の仲間に蜜源の位置をダンスで伝えていることを発見した．(a) ダンスは餌場が近いことを示すが方向性は示さない．方向が解らなくとも餌場が見つかる場合に踊られる．(b) 尻振りダンスは，餌場の方向と距離を示す．直線移動と重力方向との角度は巣箱－餌場と巣箱－太陽の角度に等しい．距離はダンスの頻度で表される．；などの詳細な観察結果を報告した (Frisch 1967)．

22.2　闘争行動と闘争の儀式化の発見，宥和行動とあいさつ行動

22.2.1　動物の闘争行動

動物の闘争は，資源（生活空間・餌・配偶者，等々）をめぐって生じている．ダーウィンは，「人間の由来」(The Decent of Man) の中で，あらゆる闘争の事例を示した (Darwin 1871)．動物の闘争行動は，ティンバーゲンやローレンツなども詳しく研究した．それは，第一次大戦後の時代背景も影響していた．戦争の規模が大きくなり，その時代，平和論や戦争論がアカデミズムでも大きなテーマとなっていた．

動物の行動を見渡すと，闘争で殺し合いにまで至るのは人間だけのようであり，動物の闘争を研究すれば，戦争回避の方法が見つかるかも知れない，という希望も背景にあった (Tinbergen 1969)．

各種動物には，様々な闘争様式が知られている．ハシナガチョウチョウウオは，互いに頭をぶつけ合って闘争をする (Zumpe 1964)．ガラガラヘビは，オスどうしが，上半身を 1/3 立てて互いに頭で打ち合う．負けた方は，勝者に体で地面に押しつけられる．決して牙で咬み合うということはない (Shaw 1948)．ドブネズミ (*Rattus norvegicus*) の闘争は，レスリングのような取っ組み合いをし，後肢で蹴飛ばしたりもするが，鋭い歯で相手にかみつくことは滅多にない (Eibl-Eibesfeldt 1974)．

角を持ったエランドやニルガイのオスでは，角突き合いは，常に相手の頭に向かって行われる．角がよく発達した他のシカ類も，同様の闘争をする．ところが，角を持っていないニルガイのメスは，およそ 50％の割合で，相手の脇腹に頭をぶつける（図 22.14）(Walther 1958)．シカの闘争では，角で相手の腹を突くような行動はほとんど観察されない．イヌの闘争で，相手ののど笛や脇腹にかみつくような行動は，観察されない (Lorenz 1963)．このように，動物の闘争で共通に見られる現象として，ケンカで手加減をしているとしか思えない行動が広く観察される．動物の闘争では，相手に致命傷を与えるような行動はとらない．すなわち，手加減をしている．ローレンツは，これらの行動を**闘争の儀式化（儀式的闘争）**：conventional fighting と名付けた (Lorenz 1963)．ローレンツは，闘争の儀式化を「動物は，種の不利益になるような行動は行わないから.」という解釈で説明しようとしたが，進化的に厳密に考察すると「**種の利益説**」ではうまく説明がつかない (⇒第 I 部第 9 章参照)．闘争の儀式化は，**ゲーム理論**：game theory の提唱によって，進化的に矛盾なく説明できるようになった (⇒第 III 部第 24 章参照)．

図 22.14 ニルガイのメスの闘争．角を持っていないニルガのメスは，およそ 50％の割合で，相手の脇腹に頭をぶつける．

22.2.2 転位行動

動物は，闘争をある時点で決着させ，終了させないと，自らが消耗して不利益を被る．闘争の終結には，下記の 2 通りがある．(1) 闘争の決着が付く場合は，一方が降参する信号を出し，それが闘争を停止させる解発因子として働き，闘争が停止に至る．しかし，(2) 闘争の決着が付かない場合は，ある時点で，突然，まったく関係ない行動が解発されてしまう．これを**転位行動**：displacement behavior の解発と言う．転位行動は，**転嫁行動**：redirected behavior，もしくは，**葛藤行動（ジレンマ）**：conflict behavior / dilemma ともよばれる．

イトヨのオスどうしの闘争で，決着がなかなか付かない場合，突然闘争を停止して，お互いが地面を突き始める（図 22.15）．これは，巣作り行動として知られている行動様式である (Tinbergen & Iersel 1947)．クロウタドリは，高まった攻撃衝動を，相手にではなく，足下の木の葉にぶつける．鳥類ではこのほかに，セグロカモメの転位的巣作り行動，闘争中のニワトリの転位性採餌行動やソリハシセイタカシギの転位性睡眠なども知られている (Tinbergen 1969)．

ニホンザルは，上位のサルに対抗できないサルは更に下位のサルに転位行動として「やつあたり」する (河合 1964)．ヒトの普段の行動の 7 割は転位行動だとされている．

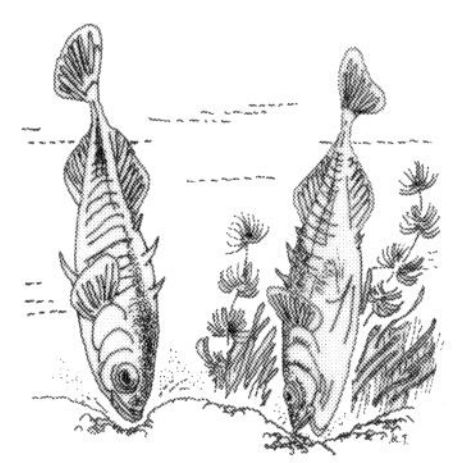

図 22.15 イトヨの転移行動．イトヨのオスどうしの闘争で決着がなかなか付かない場合，突然闘争を停止して，互いに巣作り行動を始める．Tinbergen & van Iersel (1947) に基づき修正し作成．

22.2.3　宥和行動：闘争行動の抑制

闘争行動を停止するためには，その解発因子が必要となる．闘争をやわらげる行動を**宥和**（ゆうわ）**行動**：comfort behavior と言う (Eibl-Eibesfeldt 1974)．相手が宥和行動を取ると闘争行動が抑制される．このため，宥和行動は闘争行動の防止作用，すなわち抑制として多用される (Wickler 1967)．これを**宥和的儀式**と言う．宥和的儀式は，**服従的な宥和行動**と**威圧的な宥和行動**の2通りに分けることができる．

服従的な宥和行動は，自分を相対的に相手より弱く位置づける行動である．それには，

(1) **降参**：わざと自分の弱い所を見せる，すなわち，あまえる．

(2) **擬児行動**：表情や遊びの行為をとり，弱い存在である子の真似をする．擬児行動は，イヌ科やネコ科の動物で顕著に観察できる．

(3) **儀式的投餌**：エサを優位個体にあげる．この行動は，求愛行動でも用いられる．

(4) **社会的毛づくろい（グルーミング）**：grooming グルーミングは，2個体間で行われるのが通常であるが，1個体で行う**セルフグルーミング**も広く知られている．セルフグルーミングは転位行動とセットになっている場合が多い．

威圧的な宥和的儀式は，自分を相対的に相手より強く位置づける行動で，動物の**はったり行動**とも言える．はったり行動はヒトにも多く観察できる．儀仗兵（ぎじょうへい）の閲兵式や歓迎の礼砲は，はったり行動が儀式化した典型例である．

22.2.4　あいさつ

動物の**あいさつ行動**は，宥和的儀式の一例である．ヒトのあいさつ行動には，服従的あいさつと威圧的あいさつのどちらも見られる (Eibl-Eibesfeldt 1971)．服従的あいさつは，自分の弱さを相手に見せるもので，典型例はおじぎである (図 22.16, 22.17)．他に，社会的キス，敬礼や半下座が知られている．威圧的あいさつは，自分の強さを相手に見せるはったり行動であり，ヒトの握手がその典型例として挙げられる．他に，示威的歩行や侮蔑的舌出し等がある．

22.2.5　かわいさの起源

命題：キティーちゃんは何故かわいいのか？　Why is Kitty kawaii? (pretty?)

ローレンツは，ヒトを含めて鳥類や哺乳類の子が共通して「かわいく見える」のは何故か，という命題を立て，子の視覚的に見える姿形が闘争抑制の解発因子として働いていると考察した (Lorenz 1943)．闘争抑制の視覚因子として，

(1) 体の大きさに対して頭が大きい，

(2) 顔の他の部分の大きさに対して，額が突き出した部分が大きい，

(3) 顔全体の真ん中より下位置に大きな目がある，

(4) 胴長で短く太い足，

という特徴を挙げた．

以上のような特徴を持った物体を見ると，人形や画を問わず，闘争行動が抑制され，かわいいと感じるという結果になる (Sternglanz *et al*, 1977)．「かわいい」と感じる感覚を商業的に利用した事例として，マンガ，アニメーション，キャラクター商品などが挙げられる．

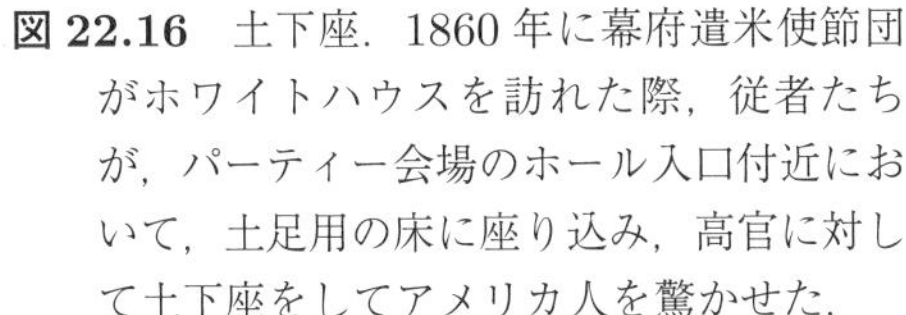

図 22.16　土下座．1860 年に幕府遣米使節団がホワイトハウスを訪れた際，従者たちが，パーティー会場のホール入口付近において，土足用の床に座り込み，高官に対して土下座をしてアメリカ人を驚かせた．

図 22.17　土足の場所での土下座はあまりにも非文明的であるとの観点から，最敬礼が，土下座に代わって明治期に考え出された．「最敬禮（さいけいれい）は天皇陛下をはじめ奉（たてまつ）り皇族，王公族に對（たい）して奉（たてまつ）りて行なふものである．先（ま）ず姿勢を正し，正面に注目し，状態を徐（おもむろ）に前に傾けると共に手は自然に下げ，指尖（ゆびさき）が膝頭（ひざがしら）の辺（あたり）に達するのを度（45 度）としてとどめ，凡（およ）そ一息の後，徐（おもむろ）に元の姿勢に復する．殊更（ことさら）に頸（くび）を屈したり，膝（ひざ）を折ったりしないようにする．」：文部省制定「昭和の國民禮法」(1942) より引用．

22.3　行動心理学の発展的解消

22.3.1　動物行動学 Ethology の行き詰まりと発展的解消

ローレンツ & ティンバーゲン流の動物行動学の果たした功績は，以下の 3 項目程度に集約できるだろう．

(1)　動物行動の基本型が遺伝による生得的な形質であることを明確に示した．

(2)　動物行動が進化によって生じてきたことを明確に示した．

(3)　儀式的闘争や宥和行動などの未知だった動物行動の現象を発見した．

以上のように，動物の行動の進化に関し，いくつかの側面で究極要因としての説明に成功した．しかし，研究そのものは，厳密な室内実験の設定や生理メカニズムの解明等，本来の野外観察主義から外れていった．すなわち，またしても「面白くない」学問分野に変容していき，科学への動機づけが弱体化していった．このため，新たな若手人材の参入が減ってしまった．人材の減少は，科学分野の活性にとっては致命的である．

動物行動学は，行動と進化を結びつけた視点で始まったものの，主観的な仮説提示しかできなかった．野外観察の結果，リリーサーの発見などの多くの法則性を抽出したものの，やがて新たな発見は枯渇してしまった．これは，帰納法による分析の限界を示すものであった．

結果として，旧心理学からのパラダイム転換（思考の転換）の結果として登場した動物行動学 Ethology は，さらなる新たなパラダイム転換を構築できず，研究分野としては，発展的解消をとげてしまった．

第 23 章

血縁選択説と行動生態学の登場，真性社会性動物，子殺し行動

23.1　行動生態学の成立と血縁選択説

23.1.1　動物行動の進化学的説明

ローレンツ & ティンバーゲンの動物行動学は，進化的に動物の行動を説明しようという観点から始まり，ある程度の成果を上げた．しかし，それは，野外観察の結果から得られた膨大な観察例の中から，帰納法で法則性を見いだすという方法論であった．動物がどのように行動しているのかという，至近要因的な説明は，帰納法だけでも可能であった．しかし，何故その様な行動に進化してきたのかという，究極要因の説明は，解釈論に陥ってしまい，科学的に矛盾のない結論は得られなかった．

動物が，何故その様な行動をとるのかという究極要因を説明するには，進化学的な解釈が必須になってくる．それには，帰納法から得られた結果から，ある仮説を抽出し，反証を与え，観察や実験結果からその仮説を検証する，という仮説演繹法による科学的な手続きが有効である．ただし，進化とは過去に起こった現象であり，仮説演繹法で検証する作業にはかなりの困難を伴う．それでも，動物行動の現象を，仮説演繹法を用いて，進化学的に説明しようという模索の中から新しい行動学が生まれてきた．

1960 年代，動物行動学とは生活史の研究などで親和性の高かった生態学の分野は，いち早く進化学的な手法も取り入れ，**進化生態学**：Evolutionary Ecology という新たな観点から，生物の生態を考察する分野が展開しつつあった．その様な，進化学を取り込んだ生態学の方法論を用いる手法で行動学を考察する分野がヨーロッパで生まれてきた．このような行動学を，心理学の影響がまだ濃かったそれまでの**行動学**：Ethology とは区別する意味で，**行動生態学**：Behavioral Ecology とよぶようになった．以下の章では，新たに起こった学問分野である行動生態学が提示してきた発見例や仮説検証の実際を紹介してみる．

23.1.2　動物の利他行動

動物の行動には，自分を犠牲にして他個体が有利になるような**利他行動**：altruistic behavior とよばれる行動様式が知られてきた．ここで自分を犠牲にするとは，進化的な説明では，相手の適応度を上げ，自分の適応度を下げるという行動をさす．適応度の高い生物が自然選択によって進化してきたはずで，利他行動は本来なら進化しないはずである．では，どのように利他行動の進化を矛盾なく説明できるのであろうか．動物の利他行動の例えとして，ヨーロッパレミングの自殺行動を挙げてみよう．北欧では，森に住むレミングがときどき大発生して，集団で大移動し，最後は海に飛び込んで自殺してしまう現象が伝承されてきた．自殺行動の伝統的な解釈は，集団の個体数が増えると食料不足になる．飢え死にに

よる共倒れを防ぐために一部が自殺し，残った個体は生きのびることができる．その結果，ヨーロッパレミングは種として存続できる．つまり，一部の個体が自殺する行動は種の利益のためである，という説明であった．

ここで，一部の個体が自殺することによって，集団が維持されるのかどうか簡単な思考実験をしてみよう．まず，自殺するという行動が長年観察されてきた訳だから，自殺行動は遺伝的で，自殺行動遺伝子は，その集団全体の個体が持っているはずである．自殺行動遺伝子をもつ個体を，以下，自殺遺伝個体とよぶ．

まず，種の利益のために行動する自殺遺伝個体からなる集団は，自分自身の利益のために行動する，利己的個体からなる集団に比べ，増殖率が高い条件にする．しかし，自殺遺伝個体ばかりの集団に利己的個体が現れたら，利己的個体は自殺しないため，利己的個体が集団内の比率を増やしていき，やがて，その集団は利己的個体で占められてしまうだろう．個体数が増えると大移動し，海に飛び込んで自殺遺伝子を持った自殺遺伝個体と，個体数が増えても移動しない遺伝的性質を備えた利己的個体が，集団内に混ざっていたとする．個体数が増えて共倒れの危険が増すと，自殺遺伝個体が大移動をして自殺してしまうので，利己的個体の頻度が増える．これが繰り返されると，利己的個体が多数派となって集団を占有してしまうだろう（図 23.1）．

すなわち，どう考えても，自殺遺伝個体が集団の多数派になる条件は存在せず，種のために自己犠牲をする利他行動は進化し得ない．

現代，行われている生態学的な研究によれば，レミングの自殺行動は確認されていない．たまたま，

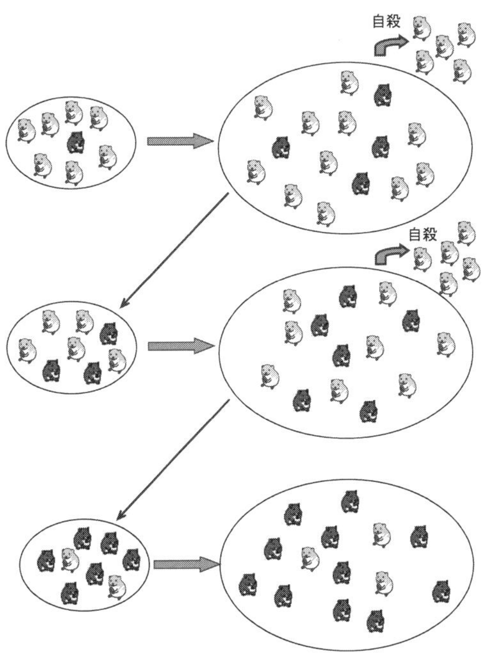

図 23.1　自然選択の考え方では自殺は進化し得ない！　個体数が増えると移動して自殺する遺伝的性質を備えた個体○と，個体数が増えても移動しない遺伝的性質を備えた個体●が，集団内に混ざっていたとする．個体数が増えて共倒れの危険が増すと，○が自殺してしまうため，●の頻度が増える．これを繰り返すと，●は多数派となって集団を占有してしまう．酒井ら (1999)「生き物の進化ゲーム」共立出版から転載・描き直し．

大発生したレミングの集団が港町に殺到し，一部の個体が岩壁から押し出されて溺死したという伝承が神話化したものと推定されている．レミングの大増殖と個体数の変動は，第 II 部第 16 章で述べたように，少なくとも捕食者との関係で説明ができそうだが，単純な原因では説明がつかず，明確には解決していない．

レミングが集団自殺するという神話の形成は，さほど古い話ではなく，ディズニー映画の自然記録映画「白い荒野」(White Wilderness ; 1958) のヤラセ映像が起源とされている．俗説に基づいて書かれたシナリオに沿って映画撮影が行われ，撮影地には元々レミングは生息しておらず，崖から落ちたのは別のネズミだったと判明している．撮影のために多くの野生ネズミをわざと溺れさせたとして，動物愛護団体から抗議を受けている．

23.1.3　社会性昆虫の進化と血縁選択説

以上のように，遺伝子プールにおける遺伝子頻度の増減を考える，通常の進化過程を考える限り，利他行動は進化し得ないように思われる．しかしながら，動物には数多くの利他行動が実在しており，それらの行動も．何らかの進化的過程を経て成立してきたはずである．どのような進化過程を組み立てれば，動物の利己的行動の進化が説明できるのであろうか．

そこで，**社会性昆虫**：social insect の利他行動に注目して，解説してみよう．

まず，親が子の世話をしない昆虫を**孤独性昆虫**と言う．次に，親が子の世話をする昆虫を，**家族性昆虫**とよぶ．さらに，卵を産んで，子の世話をし，社会性を持った昆虫類を**社会性昆虫**と言う (Clutton-Brock 1991)．社会性昆虫には，子の世話をするだけの**亜社会性昆虫**：sub social insect と，集団（コロニー）で生活しており，共同保育を行い，世代が重複し，繁殖的な分業を行う**真性社会性昆虫**：eusocial insect が知られている．

亜社会性昆虫では，一夫一妻で子育てをする，フン転がしの名称で知られている甲虫オオキバハネナシセンチコガネや，メスがオスの背中に卵を産み付け，オスが子育てを行うコオイムシの仲間の生態等が著名であろう．また，ゴキブリ類のキゴキブリ属やクチキゴキブリ属は，一夫一妻で，数年をかけて子育てを行う．このような亜社会性をもつゴキブリ類に近縁な昆虫から真性社会性のシロアリ類が進化してきたと言われている (Trivers 1985)．

真性社会性昆虫は，ハチ類（図 23.2），アリ類（図 23.3），および，シロアリ類（図 23.4）の 3 グループが古代から知られてきた．これらの昆虫には，分業に応じて，行動以外に形態等の生理的性質も変化した**カスト**：caste とよばれる複数個体が，同じ巣の中に存在する．子供を作ることに専念する女王を**繁殖カスト**とよび，子を作らず労働に専念する**ワーカー**（働きアリや働きバチ）を**労働カスト**とよぶ．

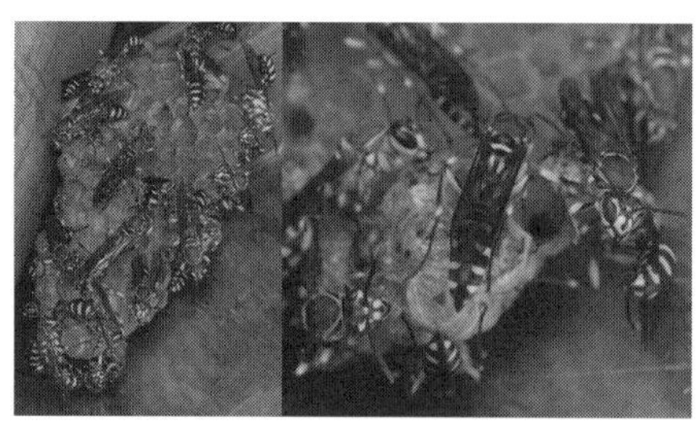

図 23.2　真性社会性昆虫のハチ類．左右ともにホソアシナガバチの一種 (和名なし) *Parapolybia nodosa* van der Vecht, 1966．中国・広西チワン族自自治区・桂林にて，2017 年 7 月 6 日に山田藍生さん撮影．写真は，山田藍生さん・江口克之さん（東京都立大学動物系統分類学研究室）のご厚意による．

図 23.3 真性社会性昆虫のアリ類．左：オオバナハリアリ *Myopopone castanea* (Smith, F., 1860)．ベトナム・バクザン省・西イェントゥ (Tay Yen Tu) 自然保護区にて，2017 年 3 月 21 日に山田藍生さん撮影．右：ナミバラアリ属の一種 (未記載種) *Acanthomrymex* sp. ベトナム・タインホア省・ベンエン (Ben En) 国立公園にて，2016 年 4 月 11 日に山田藍生さん撮影．アリ類は，体サイズで，メジャー・ワーカーやマイナー・ワーカーと名称を違える．写真は，山田藍生さん・江口克之さん（東京都立大学動物系統分類学研究室）のご厚意による．

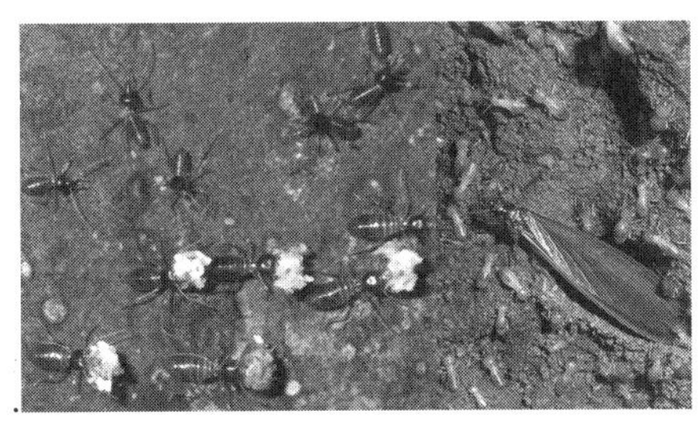

図 23.4 真性社会性昆虫のシロアリ類．左：コウグンシロアリ類 *Hospitaritermes* sp.で，2012 年 9 月 17 日，インドネシアのスマトラ・シムル島にて山根正気さん撮影．写真上に見える頭に角があるのがソルジャー (兵隊)．ワーカーは地衣類の団子を運んでいる．左：種名・属名不明（ソルジャーが写っていないため)．中央は，恐らく，新女王と思われる有翅虫．2010 年 2 月 1 日，インドネシアのスラウェシ・ティロンカビラにて山根正気さん撮影．写真は，山根正気さんのご厚意による．

23.1.4 1859 年「種の起源」以来 105 年間解けなかった問題

ダーウィンが問題提起をして以来，105 年間解けなかった動物行動学の難問があった．すなわち，「社会性昆虫に見られる不妊個体はどのように進化してきたのか？」という命題である．ワーカーは，巣内の他個体のために働く利他行動をとっている．しかし，この行動には，以下の 2 点で進化学的な矛盾が生じている．

矛盾：「思いやり行動などの利他行動は，自分の適応度を下げる行動である．自然選択説では，“利他行動” は進化し得ないではないか．ワーカーは子を作らないため，自らの形質は遺伝しない．もし仮にワーカーが利他行動をする遺伝子を持っていたとしても，子供には伝わらない．それでもすべてのワーカーは利他行動をとっている．」

結論として，どう考えても，自然選択説では社会性昆虫は進化し得ない．しかし，社会性昆虫は存在している．それも，社会性昆虫は，過去に独立して数回は進化していることが解っている．

ダーウィンはこの社会性昆虫の進化をうまく説明できなかった．子孫への情報伝達手段を遺伝のみに限定する限り，通常の説明では，自然選択説で利他行動の進化は説明不能になってしまう．

ちなみに，ヒトの場合は，①子孫への情報伝達手段を遺伝子以外のシステム（教育，言語情報，文字情報，等々）にも依存している．②行動は遺伝的であるが，学習等でかなり可変可能，の条件があり，利他行動が集団内で多数派になることは可能である．しかし，これは遺伝的変化を伴わないので**進化**：

Evolution；とは言わず，「**文化**」：Culture；とよんでおり，社会性昆虫の進化とは本質的に異なる．

23.1.5　血縁選択説：ハミルトンによる利他行動の進化の説明

社会性昆虫の進化を上手く説明できなかったダーウィンであるが，正解に近いことを述べていた（Darwin 1871）．つまり，「直接の子供が残せなくとも，同じ姉妹である女王バチが子供を残している．女王バチの子孫も働きバチの子孫であることには変わりない.」と．ただし，ダーウィンの時代の遺伝学は，混和式遺伝であり（⇒第 I 部第 1 章参照），遺伝子を想定したメンデル流の粒子式遺伝でないと，この仮説は説明できない．このため，ダーウィンはこの仮説に確信が持てなかった．

ハミルトンは，**血縁選択説（血縁淘汰説）**：kin selection theory という学説で，ダーウィンの命題提示 105 年後に，社会性昆虫の進化をうまく説明することに成功した（Hamilton 1964）．

利他行動の遺伝子を仮定すると，利他行動が進化するには利他的行動遺伝子を持った個体が集団の多数派にならなければならない．すなわち，利他的行動遺伝子をもつ個体が，他個体よりも適応度が高くなる必要がある．まず，自分が利他行動の遺伝子を持っているということは，親兄弟姉妹などの血縁者も同じ遺伝子を持っている確率が高い．自分が直接子を多く残せなくても，血縁者が子を多く残せれば，利他的行動遺伝子は多数派になれる．血縁者が多くの子を残せる（＝適応度を高める）ために，自分ができる行動は，血縁者に対する自分の利他な行動，すなわち，自分を犠牲にして血縁者を助ける行動である．その結果，血縁者の子は，利他的行動遺伝子をもつ確率が高くなる．血縁者を助ける行動（＝利他行動）の遺伝子を持った個体が，集団で多数派になれる可能性がある．結論として，血縁者を助ける行動（限定的な利他行動）は，自然選択説で説明可能になる．以上の説明が，血縁選択説の大まかな枠組みである．

ところで，血縁選択：kin selection；という言葉は，ハミルトンではなく，メイナード=スミスが作ったものである．ハミルトンの論文のレフェリー（査読者）を彼がしている時に，その内容（包括適応度）からヒントを得て，一般的な group selection と区別できる kin selection という用語を提唱したと言われている．

23.1.6　血縁度とその算出方法

ヒトの模式的な家系図（図 23.5）を用いて，血縁選択説を簡単に説明してみる．ここで，2 者間が同じ遺伝子を持っている確率を**血縁度**：relatedness / degree of relatedness と定義する．血縁度は，1/2 とか 1/4 等の分数表記の方が解りやすいが，足し算の都合上，小数で表すことも多い．

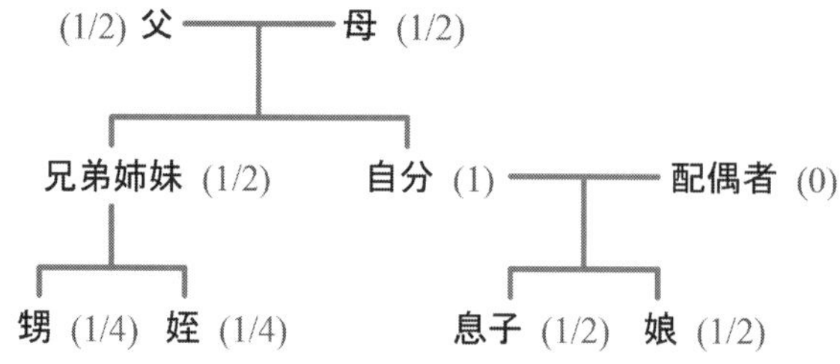

図 23.5　ヒトの場合の血縁度の考え方．詳細な説明は本文参照．

(1)　自分から，父母や子を見た場合（自分→父母，自分→子）の血縁度の計算：
　血縁度 $= 1/2 = 0.5$； 自分の遺伝子の半分を持っている確率であるから．

(2)　自分から同父母の兄弟姉妹を見た場合（自分→兄弟姉妹）の血縁度の計算：

血縁度 = 母親経由の遺伝子 $(1/2 \times 1/2)$ + 父親経由の遺伝子 $(1/2 \times 1/2) = 1/2 = 0.5$

(3)　自分から甥姪を見た場合（自分→甥姪）の血縁度の計算：

血縁度 $= 1/2 \times \{$ 母親経由の遺伝子 $(1/2 \times 1/2)$ + 父親経由の遺伝子 $(1/2 \times 1/2)\}$

$= 1/4 = 0.25$

(4)　自分から異父母の兄弟姉妹を見た場合（自分→異父母兄弟）の血縁度の計算：

血縁度 = 異父（あかの他人の遺伝子）(0) + 母親経由の遺伝子 $(1/2 \times 1/2) = 1/4 = 0.25$

すなわち，利他的行動遺伝子に基づく行動で兄弟姉妹を助けた場合，兄弟姉妹の適応度が上がる→兄弟姉妹の子が増える→甥姪が増える→利他的行動遺伝子をもつ個体の数が増える．自分の子育てと同じエネルギー投資で，自分の子の数以上に甥姪が増えるのであれば，利他行動をする個体の適応度が上がる．その結果，利他的行動遺伝子をもつ個体が集団の中で増えていき，利他的行動遺伝子をもつ個体が集団の中で多数派になる．すなわち，利他行動は進化しうる．ただし，ヒトの場合，「自分の子育てと同じ量の資源を使い、自分の子の数以上に甥姪が増える」という条件はほとんど生じないと思われる．

ここで血縁度 r とは，同祖遺伝子の共有確率，あるいは，その割合なのであって，塩基配列の類似性を表す値ではない．したがって，「ヒトとチンパンジーは 99.3％ が同じ DNA 塩基配列を持っているから，ヒトとチンパンジーの血縁度は 0.993 である」とは言わない．

23.1.7　ハミルトンによる包括適応度の提唱

ハミルトンは，適応度の計算を自分の直接の子孫数だけでなく，自分の血縁者の子孫数まで拡大した概念である**包括適応度**を提唱した．

$$\text{包括適応度}: I = W_0A - \Delta WA + \sum \Delta W_i r_i$$

ここで；

W_0A: 個体 A が何の社会関係もない時の適応度

$-\Delta WA$: 個体 A がその利他行動を通じて失う適応度

W_i: i 番目の個体が個体 A の利他行動によって増やす適応度

r_i: i 番目の個体と個体 A との間の血縁度

ハミルトンの包括適応度の式を 2 個体間の関係に置き換えてみると，利他行動が進化する条件が理解し易くなる．

$$I = W_0A - \Delta WA + \Delta WBr$$

A 個体が B 個体に利他行動をすることによって，A 個体自身の適応度が増すには？

$-\Delta WA + \Delta WBr > 0$，でないといけない．

ΔWA を A 個体にとっての損失 = コスト C とおく．

ΔWB を A 個体にとっての利益 = ベネフィット B とおく．

$Br - C > 0$ となり，この式を変形させると；

$$Br > C \qquad Br/C > 1 \qquad B/C > 1/r$$

となる．この条件でないと，A 個体が B 個体に対して行う利他行動は進化し得ない．これをハミルトンの式と言う．

ここで，ハミルトンの式に基づき，自分が血縁者に対して利他行動が進化しうる条件を具体的に考えてみよう．

(1)　同父母の兄弟姉妹　$1/r = 2.0$

自分の子 1 名を繁殖年齢まで生き残らせると同等のエネルギーを，利他行動に費やすことで，兄弟姉妹の子を 2 名以上生き残らせることができないと，利他行動は進化しない．

(2)　いとこ　$1/r = 4.0$

自分の子 1 名を繁殖年齢まで生き残らせると同等のエネルギーを，利他行動にまわすことで，いとこの子の生き残る数を 2 (4) 名以上増やせないと，利他行動は進化しない．

(3)　非血縁者　$1/r = \infty$

非血縁者を助ける利他行動は進化し得ない．

上記のような条件は，ヒトでは，ほぼ生じないと思われる．

23.1.8　マルハナバチ類を用いた社会性昆虫の利他行動の説明

ハナバチ類，例えば，マルハナバチの生殖様式は下記の様なものである．マルハナバチの新女王とオスは春先に結婚飛行に飛び立ち交尾する．オスはそのまま自由生活をして冬までに死亡する．新女王は，営巣し，精子を受精嚢で保育し，受精のために使用する．女王は，大量のワーカー（メス）を常時生産するほか，次の春先に新女王メスとオスを産出し，新女王と新オスは結婚飛行に飛び立つ．

ハミルトンは，ハチ類の血縁関係を用いて，社会性に基づく利他行動の進化を血縁選択説で説明した．それには，マルハナバチ類を含むハチ・アリ類に見られる**産雄性単為生殖**（**雄性産生単為生殖**）：arrhenotoky とよばれる繁殖様式の原理を知っておく必要がある．図 23.6 は，マルハナバチ類の受精時と発生時の染色体数の模式図である．2 本が 2 倍体，1 本が単数体を表している．相同染色体を両方もつ 2 倍体はメスとなり，相同染色体の 1 方だけもつ単数体はオスとなる．メスは減数分裂をして卵を形成するが，オスは減数分裂を経ずに精子を形成する．したがって，卵にはメスの相同染色体の 1 方（全遺伝子の半分）が入るが，精子にはオスの全染色体（全遺伝子）が入る．卵と精子が受精した卵はすべてメスになるのに対し，受精せずに単為発生した卵はすべてオスになる．結局，娘には父親の全遺伝子と母親の全遺伝子の半分をもつが，息子は遺伝的には父親を持たない．

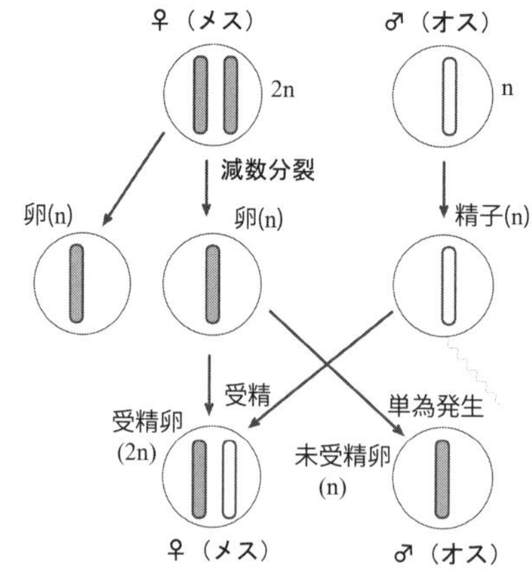

図 23.6　マルハナバチの生殖である雄性単為生殖の模式図．マルハナバチの受精から発生時の染色体数の模式図；2 本が 2 倍体，1 本が単数体を表す．マルハナバチは，単数・倍数性の性決定様式をしている．メスは相同染色体を両方もつ＝2 倍体．オスは相同染色体の 1 方だけもつ＝単数体．卵にはメスの相同染色体の 1 方（全遺伝子の半分）が入る．精子にはオスの全染色体（全遺伝子）が入る．卵と精子が受精した卵はすべてメスになる．受精せずに単位発生した卵はすべてオスになる．娘には父親の全遺伝子と母親の全遺伝子の半分が行く．息子は遺伝的には父親を持たない．

ところで，ライトは，近縁個体の遺伝的近さを表す用語として**近縁係数**：coefficient of relationship を使っている．血縁度と紛らわしいが，近縁係数は，雌雄が存在し，2 倍体の生物における係数であり，対象 2 個体のどちらからどちらを見ても同じ数値になる．だから，方向性は無視しても構わない．もちろん，血縁度でも近縁係数と同じ数値になる．しかし，下記で述べるオス単数体（半数体），メス倍数体の生物では，オスからメスを見た場合と，メスからオスを見た場合で，この血縁度の数値が異なってしまう．だから，社会生物学で使う血縁度では，方向性を決めないといけない．ここが，血縁度が近縁係数とは違うところである．

ここで，マルハナバチ類の家系図を示して，血縁度を計算してみる（図 23.7）．

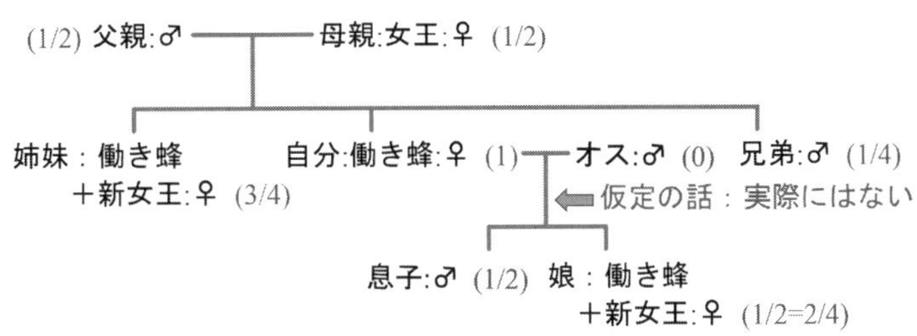

図 23.7 マルハナバチの場合の血縁度の考え方．詳細な説明は本文参照．

(1) 自分（ワーカーメス）→父親（オス）
自分の半分は父親の染色体なので；$r = 1/2$

(2) 自分（ワーカーメス）→母親（女王メス）
自分の半分は母親の染色体なので；$r = 1/2$

(3) 父親（オス）→自分（ワーカーメス）・姉妹（ワーカーメス・新女王メス）
父親の全染色体が伝わっているので；$r = 1$

(4) 父親（オス）→兄弟（新オス）
父親の染色体はまったく伝わっていないので；$r = 0$

(5) 母親（女王メス）→自分（ワーカーメス）・姉妹（ワーカーメス・新女王メス）
母親の染色体の半分が伝わっているので；$r = 1/2$

(6) 母親（女王メス）→兄弟（新オス）
母親の染色体の半分が伝わっているので；$r = 1/2$

(7) 自分（ワーカーメス）→息子（仮想の存在新オス）・娘（仮想の存在新メス）
自分メスの染色体の半分が伝わっているので；$r = 1/2$

(8) 自分（ワーカーメス）→兄弟（仮想の存在 新オス）
母親経由 $(1/2 \times 1/2)$ + 父親経由 $(1/2 \times 0) = 1/4$；$r = 1/4$

以上のように，血縁者間の血縁度が計算できるが，例えば，自分（ワーカーメス）→父親（オス）が $r = 1/2$ なのに対し，父親（オス）→自分（ワーカーメス）では，$r = 1$ になっている．つまり，必ずしも双方向的に血縁度が一致している訳ではない点に注意したい．

23.1.9 マルハナバチ類の姉妹間の血縁度と真性社会性の進化

最後に，自分（ワーカーメス）から見た姉妹（ワーカーメス + 新女王メス）との血縁度を計算する：

(9) 自分（ワーカーメス）→姉妹メス（ワーカーメス + 新女王メス）

母親経緯（$1/2 \times 1/2$）+ 父親経由（$1/2 \times 1$）$= 1/4 + 1/2 = 3/4$；$r = 3/4$,

仮に，自分（ワーカーメス）が子を作ったとすると，(7) 式で示した様に，自分（ワーカーメス）→息子（オス）と娘（メス）の血縁度は，$r = 1/2 = 2/4$，である．

結論として，マルハナバチ類の場合は，$3/4 > 2/4$ で，**自分の子よりも姉妹の血縁度が高い**，という結果になっている．

すなわち，ワーカーの行動を包括適応度（血縁者の子も考慮する）の大小で考えてみると，

(A)　自分で繁殖して血縁度 1/2 の子を残す．

(B)　母親（女王）の巣に残って，血縁度 3/4 の姉妹を残す．

同じエネルギーを投資するのであれば，(A) と (B) のどちらの適応度が高い（= 子孫を多く残す）のだろうか．自分で子を作るよりも，母親（血縁者）に利他行動をした方が，適応度が高くなる，という結論が導き出せる．これは，擬人的表現を用いれば，真性社会性のマルハナバチ社会は，女王バチがワーカーをこき使っているのではなく，ワーカーが，姉妹を生産させて女王バチをこき使っていると解釈できる．

上記のような計算をした結果，ハミルトンは，ハチ類の真性社会性の進化は，血縁選択説で説明可能であるとした．ただし，これには，以下の 3 前提条件が必要である．(a) 女王は 1 匹のオスとだけ交尾をする．(b) 女王は 1 巣に 1 匹である．(c) 血縁者どうしの交配はしない（ランダム交配である）．

23.1.10　新しい真性社会性動物の発見

真性社会性動物とは，集団生活するコロニー内にカスト分化が見られる動物をさす．アリストテレスの時代以来，真性社会性の動物は，ハチ類，アリ類，シロアリ類の 3 動物群しかいないと思われていた．しかし，青木は，1976 年の日本昆虫学会大会において，日本産のボタンヅルワタムシというアブラムシが真性社会性であるという発表を行った．本種は，生活史の大半が単為生殖でメスがクローンを生み続ける．したがって，コロニー内の血縁度 = 1 である．本種の 1 齢幼虫には口吻の外部形態に 2 型があり，1 匹のメスが生み分けている．(1 型) 口吻が長い型は 2 齢幼虫になる．(2 型) 口吻の短い型は 2 齢幼虫にならずに死んでしまう．口吻の短い型は，ヒラタアブの幼虫（捕食者）に群がって組み付き，口吻で刺し殺す行動をとることから，兵隊アブラムシである．すなわち，巣内に形態や行動が分化した個体が見られることから，本種は真性社会性の昆虫であると結論づけられた．その後の研究の結果，アブラムシ類の複数種が，真性社会性昆虫であることが判明した (青木 1987)．図 23.8 は，鹿児島県のマチク類で見られるタケツノアブラムシの普通型と兵隊型である．

図 23.8　タケツノアブラムシの普通型と兵隊型のアブラムシ．タケの表面で樹液を吸っている．小さい濃い色の個体が兵隊アブラムシ，薄い灰色の大型の個体が普通型のアブラムシ．鹿児島市の竹ヤブにて，2016 年 3 月 5 日に冨山清升が撮影．

トビコバチの一種：*Copidosomopsis tanytmemus* は，ノシメコクガ等のガの卵に卵を産み付け，1つの卵から多数の幼虫が生まれる多胎生殖の繁殖様式をとる．卵は多数の胚に分裂し，同じ卵から生まれた幼虫どうしはクローン（血縁度 = 1）である．最初に出てくる幼虫は口器が発達した防衛型（兵隊型）で，10〜20 個体出現するが，防衛型は成虫にならずに死亡する．その後，口器の発達しない大型の通常型が出てくる（図 23.9）．通常型のみが羽化する．防衛型幼虫は，大きな口器で，他種の寄生幼虫を喰い殺す．このため，防衛型は兵隊型カストと見なされ，本種が真性社会性昆虫であると認定できる (Cruz 1986)．

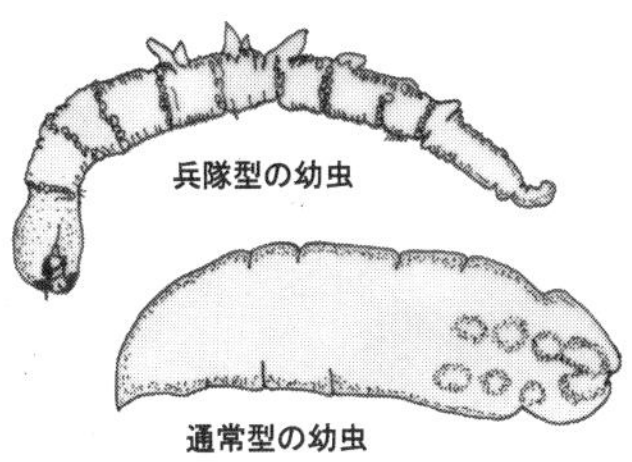

図 23.9 トビコバチの一種のカースト分化．トビコバチの一種の幼虫の模式図．防衛型幼虫（上）；防衛型幼虫は成虫にならない．通常型幼虫（下）；羽化して成虫になる．Cruz (1981) に基づき修正し作成．

アザミウマの仲間 *Kladothrips* 属の数種は，オーストラリア産のアカシアの葉に虫コブ（ゴール）を形成する．1 匹の長翅型の受精メスが虫コブを作る．アザミウマは，虫コブの中で産卵して増える．短翅型が先に生まれ，後から長翅型が生まれる．短翅型は外敵（他のアザミウマやガの幼虫）を攻撃する兵隊型カストである．長翅型成虫が分散して繁殖する (Crespi 1992)．短翅型のメスは完全な不妊ではないが，分散繁殖ができない．短翅型のメスとオスは，前脚で敵をつかみ，刺し殺す（図 23.10）．以上の結果から，これらのアザミウマは真性社会性昆虫であると見なされた．

オーストラリアに生息する，甲虫類のキクイムシの仲間 *Austroplatypus incompertus* が真性社会性動物であることが報告された．本種の雌は，受精後に樹皮下に杭道を作り，営巣する．雌の子は巣に残り，不妊カストとして巣の拡張や防衛を行う (Kent & Simpson.1992)．

東アフリカの砂漠地帯に穴を掘り，数 10 匹〜数 100 匹で集団生活しているハダカモグラネズミは，真性社会性の哺乳類であるとされている (Jarvis 1981)．人工飼育条件下で，24 匹のメスと 16 匹のオスを飼育したところ，繁殖したのは 1 匹のメスだけだった．1 匹だけの繁殖個体である女王メスを，ワーカー

図 23.10 アザミウマの一種 *Oncothrips morrisi* の短翅型（左上）と長翅型（中）．短翅型の前脚は太くて敵をつかむのに適している．この種は，アカシアの一種 *Acacia oswaldi* に虫こぶ（ゴール）を形成し（右上・下），その中で生活している（左下）．©オーストラリア連邦科学産業研究機構 (CSIRO：Commonwealth Scientific and Industrial Research Organisation).

である残りの個体が世話している．ワーカーは子の体をなめたり，餌を運んできたりしている．繁殖メスの尿中にあるフェロモン物質が他メスを不妊化させているらしい（図 23.11）．生息地や食物が局限され，個体が簡単に分散できない環境下で社会性が進化したと考えられている (Sherman *et al.* 1991)．また，アフリカ南部に生息するダマラランドデバネズミも真性社会性であることが確認されている (Bennett & Jarvis 2004)．

図 23.11　飼育中のハダカモグラネズミ．野生状態では，東アフリカの砂漠地帯に穴を掘り，数 10 匹～数 100 匹で集団生活している．©スミソニアン動物園（Smithsonian National Zoological Park）

ユレイツノテッポウエビは，中南米のベリーズのサンゴ礁海岸で海綿の体腔中に集団でコロニーを形成して生息している．コロニーには平均 180 匹の個体がいるが，どのコロニーでも卵巣ないし卵をもつ生殖メスは 1 匹のみで女王エビとみなされる．他のエビは，ハサミを使って侵入者からコロニーを守っているワーカーエビとみなされ，本種が真性社会性のエビ類と認定された．DNA 鑑定では同一コロニーの個体は血縁度が高く，すべて女王エビの子である可能性が高い (Duffy 1996; Duffy *et al.* 1999)．

扁形動物に属する寄生性の吸虫綱では，複数種で真性社会性動物が見つかっている．太平洋東岸のカリフォルニア州海岸の潮間帯に生息するキバウミニナ科に属する巻貝フトヘナタリの一種 *Cerithidea californica* には，棘口吸虫類の仲間 *Himasthla sp.*が寄生しているが，そのレジア幼生は，繁殖カストと兵隊カストに分化している (Hechinger *et al.* 2011)．日本の干潟にも生息するホソウミニナに寄生する棘口吸虫類の仲間数種にも，幼生のカスト分化が認められている (Miura 2012)．

23.2　子殺し行動の発見と血縁選択説による再評価

23.2.1　子殺し行動

ローレンツ流行動学には，動物の行動に関するいくつかの原則があった．

(1)　同じ種どうしでは殺し合いはしない．そのため，種内における闘争は，儀式的に行われている．
(2)　子はかわいい存在である．このため，同じ種の子は攻撃しない．

以上の原則に基づく動物の行動は進化の結果，確立したものである．ローレンツは，その究極要因を「種を保全するため」と説明しようとしたが，種の保全説は，自然選択の原理とは矛盾するため，説明不能に陥ってしまう．これらの行動は，現在では，第 III 部第 24 章で述べるゲーム理論で，究極要因が説明可能である．

ところが，いくつかの哺乳類の行動に，子供を殺すというローレンツ原則に反する行動が観察されるようになった．当初は，「異常個体による異常な行動」とされてきたが，自然選択説の観点から，子殺し行動の観察が再評価されるようになった (Trivers 1985)．

23.2.2　ハヌマンラングールの子殺し行動の発見

ハヌマンラングールは，インドの高地性の潅木林から半常緑樹林，乾燥熱帯林まで広い範囲に分布しているサルである．若葉，葉，花，果実などを採食し，採食にほとんどの時間を費やし，地上で暮らしている．インドの叙事詩「ラーマーヤナ」は，魔王に妻シーターを奪われた王子が，猿軍の力を借りて妻を助け，王位につく，という話である．この中で，弓の名人であるラーマ王子を助け，大活躍するサルの群れの大将の名前がハヌマーンである．ハヌマンラングールは，魔術と医術をつかさどるサルの神ハヌマーンに仕える動物と信じられていたため，インドでは聖なる動物として大切にされている．このため，人間の活域地と重複して生息しており，人里の寺院等でも，その姿をよく見ることができ，ニホンザルのように行動観察が容易である（図 23.12）．

図 23.12　ハヌマンラングール．インドに分布し，おとなオス１頭（アルファオス）と複数メスと子供からなる一夫多妻の群れを形成する．現在，日本で公開展示されているのは宇部市ときわ動物園のみ．左：個体名タラ．2017 年 11 月撮影．中：左がリンダ，右がタラ．2021 年 3 月撮影．右：個体名サト．2021 年 1 月撮影．撮影者はいずれも秋村隆穂さん．宇部市ときわ動物園，および，秋村隆穂さんのご厚意による．© 宇部市ときわ動物園．

京都大学の大学院生だった杉山幸丸は，インドでの野外観察において，ハヌマンラングールのオス親が子を殺す**子殺し行動**：infanticide を発見した（Sugiyama 1965, 1968）．

ハヌマンラングールは，おとなオス１頭（ボスザル＝アルファオス）と複数メスと子からなる一夫多妻の群れを形成する．群れからはじき出されたオスは別グループを形成し，群れの周辺にいる．交尾はボスオスしかできない．ボスザルが加齢で弱ってくると，他のオスが群れを乗っ取る．しかし，子がいるメスは発情しないし，交尾もしない．乗っ取りオスは前のボスザルの子を殺してしまう．子を殺されたメスは発情して，乗っ取りオスと交尾し子を作る．

サルの子殺し行動は，上記のローレンツ原則と大きく矛盾する行動であった．当時の杉山の解釈は，「群れを若返らせ，個体群密度を調節する行動.」，すなわち，種の利益説（群選択）の考察を提案した．しかし，学会からは「異常行動」と無視された．

ハーディーは，杉山の発見した子殺し行動について，「新オスが自分の適応度を上げるように進化した行動である.」との自然選択に基づく新解釈を発表した（Hrdy 1974, 1977）．すなわち，オスが群れを維持している期間は，長くて 3 年程度しかない．前オスの子がいるうちは，新オスは自分の子が作れず，適応度が上がらない．もし，前オスの子を殺してしまえば，自分の子を作れるため，適応度が上がる．このために子殺し行動が進化した．現在，本種の子殺し行動の進化は，この説明が妥当とされている．

23.2.3　ライオンの子殺し行動

ライオンの群れ（**プライド**）：Pride は数匹のオス（兄弟）とメスと子で構成される．メスの子はプライドに残るが，オスは追い出される．オスは兄弟で放浪して，年取ったオスの率いるプライドを乗っ取る（Bertram 1975）．前のオスの子はすべて，新オスによってかみ殺されてしまう（Bygott *et al.* 1979）．このライオンの子殺し行動も，新オスの適応度を上げる自然選択説で説明できる．ライオンのプライドを構成する子のオス親は，DNA 分析による親子鑑定で可能になり，ライオンの子殺し行動が明確に証明された（Packer *et al.* 1991）.

23.2.4　ゾウアザラシの子殺し行動

ゾウアザラシは，1 頭のオスが数 10 頭のメスを囲う一夫多妻である．メスは群れの中で共同保育をする．しかし，メスは，自分の子以外には常に攻撃的で，メス親による攻撃によって死亡する子が多い．親にはぐれた子は，他のメス親から攻撃を受け，死亡する事例も多い．母親は，眠っている間に他メスの子から乳を盗み飲みされる場合も多い．このため，メスは子の間での競争を緩和させ，自分の子を有利にするために，他の子を攻撃すると解釈されている（Le Boeuf. & Reiter 1985）.

23.2.5　鳥類の子殺し行動

鳥類の子殺し行動は，多くの事例が観察されている．**子殺し**は，作為者が，同種の子（母親の胎内を出てから独立して生きていける前までの個体）を直接的な攻撃を主要な要因として死に至らしめる行動，と定義される．鳥類の子殺し行動は，藤岡正博が詳しくまとめている（藤岡 1993）

ハーディーは，鳥類の子殺しの要因を (1) 餌としての利用，(2) 資源をめぐる競争，(3) 親による操作，(4) 性選択（⇒第 III 部第 25 章参照），(5) 社会病理，の 5 項目に分けて分析した（Hrdy 1979）.

鳥類の子殺し行動を，行為者と犠牲者の関係で分類分けすると下記のように列挙される．

(A)　兄弟殺し：ヒナが同じ巣の兄弟を直接的な攻撃で殺すこと．ワシ・タカ類で顕著．

(B)　親による子殺し：親がそれまで投資してきた子を殺すこと．普通は遺伝的にも自分の子である．

(C)　群れ内子殺し：ある個体が同じ群れの子を殺すこと．子は血縁者の場合が多い．集団繁殖性の鳥での子殺しは含めない．

(D)　非血縁者子殺し：ある個体が血縁関係にない同種の子を殺すこと．同種の子を捕食する場合も含める．

また，行為者にとっての機能（競争対象の資源，適応的な意義）によって，下記のようにも分類分けできる．

(a)　餌資源としての利用：いわゆる共食い．血縁者の共食いは**ヒナ数削減**に伴って行われる．

(b)　親による子の世話をめぐる競争：行為者が子殺しで得る利益が，親による子の世話である場合．

(c)　交尾相手をめぐる競争：つがい相手や交尾相手の獲得のために子を殺す現象．哺乳類では，ハヌマンラングールの例がこれにあたるが，鳥類ではあまり多くない．

(d)　資源をめぐる競争：親による子の世話と，交尾相手以外の資源（餌や営巣場所）をめぐる競争を減らすために，子を殺す現象．群れ生活している鳥で，群れ内の自分の血縁者の割合を増やすために，子殺しをする場合も含む．

以上のように，鳥類では，同種内の子殺し行動は，かなり普通に観察できる行動である

血縁選択性に関し，この章では，正確を期すために英語論文の引用が多くなってしまった．血縁選択説は，やや解りにくい概念のため，より詳しく知りたい方は，下記に示す日本語の書籍を参照して欲しい．

日本生態学会編 (2012) 生態学入門 第 2 版．東京化学同人，東京．

ドーキンス著 (1976) The Selfish Gene（利己的な遺伝子）．日高敏隆・岸 由二・羽田節子・垂水雄二訳 (2018) 紀伊國屋書店，東京．

第 24 章

最適戦略理論，ゲーム理論と ESS

24.1　最適行動戦略理論

24.1.1　行動学に経済学的な概念を持ち込む

動物は，ある個体の適応度が高いと，その個体の子孫が個体群内の多数派を占める結果をもたらす．これが自然選択の原理であり，そのようにして進化が進んできた．つまり，**動物の行動は，適応度を最も高めるために，最も効率的な行動を採るように進化してきた**とも言い換えることができる．その様な行動や生活様式を**最適資源投資戦略**：optimal resource investment strategy と言う．投資する資源のコスト（損）を最低限に抑え，得られるベネフィット（利益）を最大限得られるように，生物は進化してきたはずであり，その損得勘定は経済学の論理に置き換えて計算可能であるはずである．

動物の行動も最適資源投資戦略に則っているはずであり，その様な最節約的な行動を扱う理論を，**最適行動戦略理論**：The theory of optimal behavioral strategy とよぶ．

最適行動戦略の観点から，1970 年代後半から，各種の動物の行動分析が研究されるようになった（Krebs. & Davis 1981）．

1. 最適捕食戦略：行動に投資するエネルギーを最少にして最も効率良く餌を捕食するには？
2. 最適採餌戦略：餌探しエネルギー・餌から得るエネルギー・捕食されないための努力，の組合せの最適解は？
3. 最適繁殖戦略：最も多くの子孫を残すために最適な繁殖方法は？
4. 最適交尾戦略：最も効率良く多くの配偶者と交配して子孫を残すには？
5. 最適防衛戦略：最も効率良く，縄張りを防衛するには？

これらの経済学の論理に基づいた最適投資戦略おいては，2 種類の基本原理が示されている．

《最適投資の基本原理 1》損得勘定

「適応度の増加量（得）／投資の増加量（損）」の最も大きい対象にその資源を投資する．

《最適投資の基本原理 2》

複数の対象に資源を投資している時は，各対象の「適応度の増加量／投資の増加量」は等しい．

24.1.2　最適行動戦略の研究例

以下に，最適資源戦略の観点に基づき，動物の行動を研究した事例をいくつか紹介してみたい．

ヒメコバシガラスの最適捕食戦略：　ヒメコバシガラスは，バイ貝を拾って飛び上がって地面に落として殻を割る．高いところから落とすと簡単に割れるが，高いところに飛び上がると飛翔エネルギーを消耗する．最適捕食戦略として，最も効率の良い高さから落としているのであろうか．様々な高さからヒメコバシガラスがバイ貝を落として割る場合に必要な落とす回数と高さにはトレードオフ関係がある．高いところから落とすほど少ない回数で割れる．バイ貝を割るために必要な総飛翔高度（落とす回数 × それぞれの落下高度）は，カラスが最もよく落とした高さで最少の値をとる．つまり，最も効率が良くなる．カラスは最も効率の良い高さから貝を落としていたという結論になった (Zach 1979)．

ミドリガニ：*Carcinus maenas* は，二枚貝のイガイ類の殻を割って中身を食べる．この場合，大きな貝ほど，エネルギーが得られる．しかし，大きな貝ほど，貝殻を割る時間がかかる．最も効率の良い貝の大きさはあるのだろうか．カニが食べるイガイ類の殻幅は，1～4 cm 程度であった．貝殻割る動作の 1 秒間あたりに得られるエネルギー量を計算した結果，2.5 cm 程度の大きさの貝を食べた場合が，最も効率が良く，実際にカニが食べているイガイ類は 2.5 cm 付近の貝が最も多かった．結論として，このカニの捕食行動は，最適捕食戦略となっていることが解った (Elner & Hughes 1978)．

ヘラジカの最適採餌戦略：ヘラジカは，様々な餌植物を食べるが，どのような食物を食べるかは，必要なナトリウム量とエネルギー量によって決定される．餌に含まれるナトリウム量やエネルギー量は草の種類によって異なる．どのような食草の組合せで食べれば最も効率が良いか，理論値と実測値を比較してみた．ヘラジカは，最適採時戦略のモデルから予測された通り，陸生植物と水生植物を一定の比率で食べていた (Belovsky 1978)．

24.2　相互扶助行動とゲーム理論

24.2.1　相互扶助行動

動物には，単純な自然選択説では説明のつかない利他行動も広く見られる．例えば，シカや鳥の群の中で，見張り役は，敵を見つけると警戒音を発するが，その様な個体は捕食者から真っ先に狙われる．すなわち，自分の適応度を下げている．

哺乳類や鳥類の見張り役は，**相互扶助行動**：mutualism だと解釈されており，**相互利他行動**：reciprocal altruism，とか，**互恵性**ともよばれている (Trivers 1971)．しかし，その様な行動が進化するには，前提条件が必要である．すなわち，(1) 記憶に基づく高い学習効果を保持しており，(2) 偽情報を発したり，肝心な時に情報を出さない様なイカサマ行為には，高いリスク（社会的制裁）が伴わなければならない (Krebs & Davis 1991)．

しかし，見張り役行動の研究は，ベルディングジリスの事例が有名であるが (Sherman 1977)，互いの巣穴近辺に住み，警戒音を出し合う個体どうしは，血縁者である場合が多く，血縁選択説の実例とされている．最近は，相互扶助行動や互恵性そのものが成り立たないのではないかと疑問視する向きもある．

24.2.2　ゲーム理論

下記に示すように，動物の行動に関して，これまでの理論では説明の付かない現象がいくつか存在する．

(a)　最適戦略理論は，適応度を上げるために最も効率の良い行動を説明していた．しかし，ジャンケンの勝負のように，相手がいる場合は行動が複雑になってくる．相手の条件に応じて，自分の行動を変えないと負けてしまう．相手がいると単純な最適化理論では説明できなくなる．

(b)　すべての個体は適応度を高めるように進化してきたはずなのに，全個体がスーパーマンに進化することはない．個体間の行動に多様性があるのは何故だろうか．

(c)　シカの闘争は，相手に致命傷を与えない闘争の儀式化が進化している．しかし，種の利益説では，進化的な説明ができなかった．すなわち，思いやり遺伝子は集団の多数派にはならない．では，何故に動物は闘争をひかえめにするのだろうか.

(d) 血縁個体間での利他的な行動は，血縁選択説で進化が説明できた．しかし，闘争の儀式化や相互扶助行動のような非血縁個体間の利他行動が存在する．これらの利他行動は，血縁選択説でも説明ができない.

メイナード=スミス：John Maynard Smith；1920–2004（図 24.1）は，経済学で用いられるゲーム理論を生物進化に応用し，相手がいて自分の戦略を変化させなければならない状況下でどのように進化するのかという命題を説明した (Maynard Smith 1974, 1982)．ゲーム理論は，元々は，ノイマンがトランプ博打で勝つ方法を数学的に説明した理論で，経済学に応用してみたものである (Neumann & Morgenstern 1944)．ゲーム理論は，現代の経済学の根幹を成す理論となっており，金融工学（デリバティブ取引等）の複雑な経済学理論の根幹となっている.

図 24.1 ジョン・メイナードスミスさん (John Maynard Smith；1920–2004)．来日時の写真．鹿児島大学郡元キャンパス稲森会館にて奥様と．2001 年 11 月 16 日に冨山清升撮影.

一般にゲームの理論的状況とは,

(1) 自らの行動に対して相手がおり,

(2) その相手の出方を十分考慮した上で自らの行動を決定し,

(3) 自分の行動と相手の行動が相まって 1 つの結果を生じる.

という相手の出方を考えながら，自らの行動を決定するという戦略的状況をさす．これは，チェス・オセロ・将棋・ポーカー等の室内ゲーム，政治・経済等の人間の活動全般に見られる．ゲーム理論は，それらの状況を数理モデル化して分析する理論である.

経済学において，アダムスミスの古典資本主義理論では，「需要と供給の均衡点で物の値段が決まる.」だった．しかし，ゲーム理論で考えると，「需要と供給の均衡点は，必ずしも最適解ではない．そこに値段は落ち着かない.」となる.

メイナード=スミスの動物行動進化のゲーム理論的説明は，表 24.1 のようになる．表中の数値は適応度を表している．相手の出方（戦略）で自分の適応度が変わると，どの戦略が良いのか決定不可能（=最適解がない）となってしまう.

ある生物が，種内でのある社会的条件下において，各個体は自分の適応度を最大に上げるように進化してきた．集団内では，相手の行動が自分の行動に影響を与える．単一の固定した行動では，相手の出

表 24.1 Maynard-Smith の動物行動進化のゲーム理論的説明．数値は適応度．相手の出方（戦略）で自分の適応度が変わると，どの戦略が良いのか決定不可能（= 最適解がない）となる.

(a) **最適戦略の理論　：決定可能**

		適応度
自分の戦略	A	8（有利）
		∨
	B	5（不利）

(b) **ゲーム理論　：決定不可能**

		相手の戦略 a	相手の戦略 b
自分の戦略	A	8（有利）	6（不利）
		∨	∧
	B	5（不利）	9（有利）

方によっては，自分の適応度が下がる可能性が生じる．相手の出方によって，自分の行動も変化させる必要がある．すなわち，自分と相手の駆け引き状態は，ゲームとみなせる．これは，ゲーム理論で進化的にも説明可能になるが，数学理論で厳密だがかなり難解である．

24.2.3　タカ派戦略とハト派戦略の事例

メイナード=スミスが示した，2匹の動物が資源をめぐって争いをする事例を挙げ，簡単なゲーム理論を説明してみる（Maynard Smith 1982）．まず，ある種の動物の行動を，単純に，以下2種類の行動に分け，その行動が遺伝的であると仮定する．

(A)　タカ派戦略：自分も傷つくが，相手が逃げるか倒れるまで闘う．
(B)　ハト派戦略：自分の誇示はするが，相手が闘えば逃げる．

これらの戦略個体どうしの組合せは，以下の3通りになる．

(1)　タカ派－ハト派：タカが資源を独占する．
(2)　ハト派－ハト派：資源を半々に分け合う．
(3)　タカ派－タカ派：どちらかが倒れるまで闘う．

ここで，争いの対象となる資源の価値を V（10点）とする．闘って怪我するコスト $= -C$（-12点）とする．もし，$V > C$ であるなら，やがてすべてがタカ派（同じ戦略）になってしまうため，ゲーム的状況にするためには，C は V よりも値が大きくなければならない．タカ派－タカ派での勝率は1/2（50%）とする．

自分と相手の戦略の組合せは，表24.2のようになる．

表24.2　タカ派戦略個体とハト派戦略個体の対戦．資源の価値を V，闘って怪我するコスト $= -C$ とした場合の利得計算表．Maynard Smith (1982) のデータから作成．

	タカ派	ハト派
タカ派	1/2V-1/2V	V
ハト派	0	1/2V

(1)　タカ派－ハト派：タカ派は利益10点，ハトは利益0点．
(2)　ハト派－ハト派：それぞれ利益5点，怪我なしでコスト0点．
(3)　タカ派－タカ派：勝った時は利益10点，負けた時はコスト -12 点．

$$\text{勝つ確率が} 1/2 \text{ならば}\quad 1/2 \times 10 + 1/2 \times (-12) = -1 \text{点}$$

上記のような点数配分を与えた場合，例えば，ハト派ばかりの中にタカ派が侵入した状況を考えてみる．タカはハトに対して常に勝つので，個体群の中にタカ派が増えてくる．タカ派が増えるとタカ派どうしの闘いも増える．タカ派どうしの闘いでは，怪我も多くなり -1 点でタカ派は消耗する．タカ派が多数派になると，タカ派は同士討ちで消耗する．そこで，タカ派ばかりの集団に，ハト派が侵入すると，タカ派－ハト派でハト派は0点，タカ派－タカ派でタカ派は -1 点であり，ハト派の適応度が1点だけ高いので，ハト派が増えてくる．やがて，タカ派とハト派が一定の比率で安定する．このような状態を，**進化的に安定な状態**：Evolutionary Stable State と言う．

ある個体群中のタカ派とハト派の割合の計算方法は以下のようになる．

タカ派個体の平均利得率 H は；

$$H = P(1/2 \times V - 1/2 \times C) + (1-P) \times V$$
$$= (-1) \times P + (1-P) \times 10$$

ハト派個体の平均利得率 D は；

$$D = P \times 0 + (1-P) \times 1/2 \times V$$
$$= (1-P) \times 25$$

$H = D$（ハトとタカの平均利得率が等しい）の場合は，

　P は 1/2，（$P = C$ ／ C），となり，タカとハトが半々に共存する．

$V > C$（利益がコストを上回る）なら，

　ハト派は全滅する．つまり，ハト派だけになる条件は存在しない．

メイナード=スミスは，ブルジョア派という第 3 の戦略を採る個体も入れた条件での計算も示した．ブルジョア派は，自分の縄張り内ではタカ派であるが，相手の縄張り内ではハト派と使い分ける．この場合，組合せ表は 3×3 の組合せになる．結論は，条件によってブルジョア派だけが集団を占めてしまう場合が出てくる結果となった．

戦略様式を n 個にすると，$n \times n$ の表になる．戦略が無限大個なら，$\infty \times \infty$ の組合せになる．さらに，個々の戦略が非連続ではなく，連続した性質ならどうなるだろうか，というようにゲーム理論は，限りなく複雑にしていくことが可能である．では，究極の戦略（絶対的有利）は存在するのだろうか．答えは数学的に証明されており，存在し得ないことがわかっている．つまり，相手と自分との永遠の追いかけっこが続く．

似たような例は，コンピュータウィルスとワクチンソフトとの関係が挙げられる．すべてのウィルスソフトを排除できるワクチンソフトは存在し得ないことが証明されている．必ず出し抜くウィルスソフトが出現する．これは，数学的には**ゲーデルの不完全性定理**で証明可能となっている (Bert 2010)．ゲーデルの不完全性の定理はとてつもなく難解であり，ここでは詳述しない．

24.2.4　進化的に安定な戦略（ESS）

ある個体群が，ある戦略の個体で占められた場合，他の戦略個体が入っても排除されて安定的に存在できない状態で安定したとする．このような場合の戦略を**進化的に安定な戦略：ESS**：evolutionary stable strategy とよぶ (Maynard Smith 1982)．個体のとる戦略が 1 つに固定している場合，それぞれは進化的に安定な戦略にならない．例えば，タカ派だけ，もしくは，ハト派だけの集団は，安定に存在できない．ブルジョア派のような，ある確率でタカ派にもハト派にもなる戦略を想定すると，ブルジョア派の個体だけで占められる状態が理論上可能になる．その場合，このような混合戦略が，ESS（進化的に安定な戦略）である．

24.3　代替戦略と生活史多型

24.3.1　代替戦略：alternative strategy

同じ地域の同種の集団内に行動，形態，および，生活史などに多型が見られることがある．このような複数の型のことを**代替戦略**（代わりのやり方）(Maynard Smith 1982) とよぶ．同じ集団の中で行動や生活史に多型が見られる理由には，以下の 3 通りが存在することが判明している．

① ESS（進化的に安定な戦略）

(A)　混合戦略が集団に固定している場合
　　例：遺伝的に同じ個体が，タカ派とハト派を使い分けている．

(B)　遺伝的な多型が一定比率で平衡状態にある場合：**多型平衡**：polymorphic equilibrium
　　例：タカ派個体とハト派個体は遺伝的に異なる．

A と B の区別は DNA 鑑定をするか，1 個体の行動を長期間追跡しないと判別不能である．

② **条件依存戦略**

餌条件などの，生物の置かれている条件は個体によってばらついているのが普通である．その様な場合，遺伝的に同じ個体が，自分の置かれた条件に応じて行動や生活史を切り替えることがあり，これを**条件依存戦略**：conditional strategy とよんでいる．

その動物の行動多型による代替戦略が，混合戦略なのか，遺伝的多型なのか，または，条件依存戦略なのかは，遺伝子情報や行動を詳細に調査しなければ不明な場合が多い．以下に，行動多型の原因が判明している事例を紹介する．

24.3.2　イチジクコバチの仲間のオスの 2 型：混合戦略：mixed strategy

イチジクコバチ (*Idarnes* spp.) のオスには，翅（はね）のない，アゴの大きな無翅型（闘争型）と翅のある分散型（有翅型）の 2 型が存在する．無翅型（闘争型）は自分の育ったイチジクにとどまって，メスをめぐって激しく闘争する．分散型（有翅型）は翅で生まれたイジジクから飛んで分散する．分散型（有翅型）オスの比率が増えるほど，メスは，分散する前に無翅型（闘争型）と交尾してしまう比率が下がる (Hamilton 1979)．

24.3.3　ギンザケのオスの生活史の 2 型　；遺伝的多型：genetic polymorphism

通常，ギンザケは，海洋での回遊後 3 年で母川回帰する．3 年回帰のオスは大型で口が曲がっているためカギバナとよばれる．しかし，オスの中には，2 年で回帰するジャックとよばれる小型のオスが一定比率で存在する．このオスの生活史の 2 型は遺伝的な多型であることが判っている．ギンザケは，メスとオスで繁殖場の河床の小石を掘って産卵床の穴を掘る．カギバナオスは産卵メスをめぐって互いに闘争する．ジャック型オスは小さいので追い払われる．しかし，カギバナオスが卵に放精した瞬間に，ジャック型オスが突進してきて放精する．このため，卵の何割かはジャックオスの子供になる．これをこそ泥行動，もしくは，空き巣狙い行動とよぶ．図 24.2 は，ギンザケの体サイズと行動 2 型の関係を示している．こそ泥行動は小さなジャックオスによって最も効率的に行われている (Gross 1985)．このような，オスのこそ泥・空き巣ねらいをとる個体は，**スニーカー（間男）**：sneaker とよばれる．

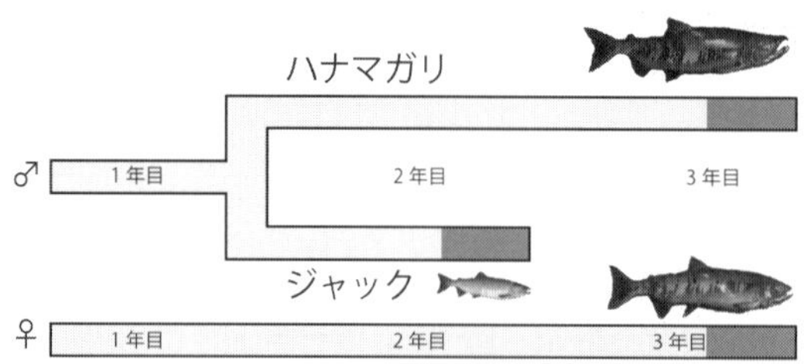

図 24.2　ギンザケのオスの生活史の 2 型．オスの通常型の鼻曲がりタイプとメスが 3 年で母川回帰するのに対し，オスの早熟型のジャックタイプは 2 年で回帰する．

24.3.4　カブトムシの角の多型：条件依存戦略

カブトムシは，餌条件によって体の大きさに大きな変異が生じる．体の小さなオスは，恐らく角に回すエネルギーを節約するために，角があまり成長しない．大型の角有りオスは，他オスと闘争してメスを獲得する．小型の角無しオスは，繁殖シーズンの早期と晩期に出現し，分散してメスを探索する．オスの角の大きさと，体サイズの頻度分布を比較すると，体サイズが正規分布を示すのに対し，角の大きさは，大まかに 2 型に分かれている（Eberhard 1980）．

コラム　種々の動物に見られる代替戦略に基づくスニーカー

北米原産のブルーギル（*Lepomis macrochirus*）は，日本では外来種として，河川の固有生態系を破壊している大きな原因となっていることで知られている．本種は，繁殖で混交戦略を採ることで知られている．ブルーギルのオスは 3 才〜3 才の時期と，7 才以上の時期の 2 回繁殖する．若い小型オスはスニーカー（空き巣ねらい）の放精をし，大型オスは縄張り形成してメスを囲う．一部の小型オスは，メスに行動擬態し，大型オスとメスのペアーに接近し，放精を行う．本種はオスが縄張り形成出来るサイズにまで成長するのに 7 年も要するため，そのサイズに死亡する個体も多い．このため，2 段構えの繁殖戦略を採る行動が進化したと推定される．

鳥類のエリマキシギ（*Philomachus pugnax*）のオスには，2 種類の羽色の遺伝的多型が知られている．オスには飾り羽の色彩に 2 型があり，黒い房毛型と白い房毛型がある．エリマキシギは繁殖期にレックと呼ばれる求愛する場所に集合する．オスはレックに数個体で縄張りを形成して飾り羽を派手に動かしてメスに求愛する．黒はさかんに求愛し縄張りを防衛する．白オスは居候で派手な求愛はしない．居候の白オスは，黒オスが縄張り防衛にかまけている間に，こっそりとメスと交尾する．

コラム　タネガシママイマイの完模式標本

生物の新種を記録することを記載とよび，記載論文という活字文章で公表する．その際，記載の基準とした標本（模式標本：type-specimen）の中から 1 個体だけ選定し，完模式標本（holotype）を設定しなければならない．その他の模式標本は副模式標本（paratype）とよぶ．写真は，左上：タネガシママイマイ（上）とクリイロタネガシママイマイ（下）の模式標本．いずれも左側が完模式標本（タネガシママイマイ：殻高 24.3 mm・殻径 27.8 mm；クリイロタネガシママイマイ：殻高 23.4 mm・殻径 27.3 mm），右上：タネガシママイマイ（左）とクリイロタネガシママイマイ（右）の模式標本．貸出し用に送付されてきた状態で，記載当時のラベルを下に示す．いずれも左側が完模式標本．下段：タネガシママイマイの完模式標本．ミネソタ大学ツインシティー校（The University of Minnesota, TwinCities）のピルスブリー・ホール（Pillsbury Hall），および，フィラデルフィア自然科学院（The Academy of Natural Science of Philadelphia）のご厚意による．

第 25 章

性選択理論と配偶者選択行動

25.1 性選択理論の登場

25.1.1 鹿のオスの角は何故大きいのか？ クジャクのオスの羽は何故美しいのか？

シカのオスは立派な角を持っている（図 25.1）．カブトムシのオスは大きな角を持っている（図 25.2）．クジャクのオスは美しい羽を持っている（図 25.3）．しかし，クジャクの長い尾やシカの大きな角は，動きがにぶくなって捕食されやすい原因となる．大きな角や美しい羽は，適応度が下がる原因となり，進化し得ない．すなわち，普通の自然選択ではうまく説明できない．

図 25.1 大きな角を持つシカ類のオス．上：エゾシカのオス．2018 年 12 月 27 日に北海道別海町野付半島にて．中：トナカイのオス．2010 年 10 月 11 日に北海道幌延町のトナカイ牧場にて．下：ヘラジカのオス．2016 年 9 月/15 日にポーランドのビェブジャ国立公園（Biebrzanski National Park）にて．いずれも大舘智志さんによる撮影．写真は大舘智志さんのご厚意による．

図 25.2 大きな角を持つカブトムシのオスがメスと交尾をしている．鹿児島市の雑木林にて，2011 年 8 月 16 日に冨山清升撮影．

図 25.3 クジャクのオスが尾羽を広げてメスを誘っている．野生型ではないため，羽に白色が混じっており，メスによる配偶者選択行動では，これがマイナスに働く可能性が高い．タイの Wat Simalai Songtham 寺院にて，2023 年 3 月 5 日に冨山知典さん撮影．写真は冨山知典さんのご厚意による．

角や飾り羽のように，性による形態差が大きい場合，それを**性的 2 型**：sexual dimorphism（メスとオスの形態が極端に異なる場合）と言う．性選択が働いている動物は，性的 2 型が多い．しかし，ヒトはサル類の中でも性差の少ない動物だとされている．ヒトでは，大きなオスの体サイズ，牙，飾り毛（ヒゲくらいか），極彩色の毛，などは存在しない．

自然選択の成功度を示す適応度は，適応度 ≒ 子の数 × 子の生き残り率 × 子の繁殖成功度，で近似していた（⇒第 I 部第 9 章参照）．子を沢山残し，生き残り率が高かったとしても，その前提となる配偶者との婚姻に成功しなければ，子供はまったく残せない．いかにして配偶者を獲得し，配偶者に気に入られるかが，適応度が高くなる鍵をにぎっている．つまり，(a) 配偶者を獲得するために，同種の同性どうしの闘争に勝利し，(b) 配偶者に気に入ってもらう，ことが必須条件となってくる．この条件に基づく選択は，通常の自然選択とは異なり，その種の内的な条件であるため，**性選択**：sexual selection とよんでいる（Darwin 1871; Andersson 1994; Macedo & Machado 2014）．

同じ性選択でも，同性どうしの闘争に基づく自然選択を**同性内選択**：intrasexual selection，異性の選り好みで生じる自然選択を**異性間選択**：intersexual selection とよんで区別している（Huxley 1938）．

25.1.2 同性内選択

同性内選択は，同性どうしの争いで生じる自然選択であるが，動物の場合，通常はオスどうしの争いである例が多い．メスをめぐってオスどうしで争いをする場合に，儀式的闘争が進化する．そこで闘争に有利なオスが，多くのメスを獲得でき，多くの子を残せるために，適応度が上がる．オスの間では，大きな角のような，闘争に有利な形質を持ったオスの適応度が上がる．闘争に有利な形質（大きな角）による適応度上昇が，その形質（大きな角）に基づく生存不利による適応度の低下を上回った場合，その形質（大きな角）が進化する．つまり，角の大きさで，動きが鈍くなって捕食され易くなることによる適応度の低下が，メスの獲得による適応度上昇よりも大きくなる均衡点までは，角が大きくなる進化を継続する（Fisher 1930; Trivers 1985）．

25.1.3 同性内選択の結果生じた形態変化の事例

ニホンジカ，ヘラジカ，トナカイなどの鹿類のオスが持つ立派な角は，同性内選択の結果，生じた典型的な形態変化の事例である（Macedo & Machado 2014）．

カブトムシ類のオスの角も同性内選択の結果，進化したものであるが（図 25.2），オスの角の大きさには，種内多型があり，非常に小さな角しか持たないオスも存在する．これは，幼虫時の栄養条件による条件依存戦略の結果（⇒第 III 部第 24 章参照）だと考えられている（Otte & Stayman 1979）．

北極圏を中心に分布するキタゾウアザラシや，南極圏に生息するミナミゾウアザラシのオスは，メスの 5 倍以上の体重がある．オスは，縄張りをめぐって，他オスと激しい闘争を繰り返すため，巨体であるほど有利になる（図 25.4）．その同性内選択の結果，巨大な体に進化したとされている（Galimberti *et al.* 2007）．

メスと交尾するための縄張りであるハレムを形成する哺乳類は，オスの体が大きくなる傾向にある．アザラシ類，有蹄類（シカやアンテロープ類），および，霊長類（サルや類人猿）では，ハレムが大きいほど性的 2 型が大きくなる傾向にある．これは，ハレムが大きいほどオスがハレムを守るための闘争が激しくなるからだと分析されているが（Alexander *et al.* 1981），闘争力が強いオスほど，より多くのハレムを持てるという，因果関係が逆の論理もある．

東南アジアに広く分布するシュモクバエ類は，オスが非常に長い眼柄を持つことで知られている（図 25.5）．シュモクバエ類の長い眼柄は，同性内選択によるオス間闘争の結果，進化したとの研究がある

図 25.4　旧江の島水族館で飼育されていたミナミゾウアザラシの「大吉」．体長 4.61 m，全長 5.41 m，体重約 3 t．飼育下では世界一大きい個体だった．子供時代に南氷洋で捕鯨船に拾われ，1964 年 4 月 20 日から 13 年 8 か月間飼育．新江ノ島水族館のご厚意による．© 株式会社江ノ島マリンコーポレーション．

図 25.5　左：長い眼柄を持つヒメシュモクバエ．日本の石垣島等に分布するヒメシュモクバエは，東南アジアなどに分布するシュモクバエ類ほどには性的 2 型が著しくなく，オスもメスも眼柄が長い．右：ヒメシュモクバエどうしが向かい合って対峙している．2020 年 1 月に，石垣島にて，工藤愛弓さん撮影．写真は工藤愛弓さんのご厚意による．

(Bubak *et al.* 2020)．長い眼柄は，日本の石垣島などに分布するヒメシュモクバエのように，性的 2 型がさほど大きくない種も存在し，元々は，広い視界を得ることができるという，視覚的な利益の進化による**前適応**：preadaptation があったのだろうと推定されている (de la Motte & Burkhardt 1983)．さらに，下記に挙げる異性間選択によっても進化した観察結果があり，シュモクバエ類の長い眼柄の進化には，同性内選択と異性間選択の両方が効いているらしい (Kudo 2019；Wilkinson *et al.* 1998; 藤家 2014; Takada *et al.* 2020)．

25.1.4　異性間選択

異性間選択は，異性の選り好みで生じる自然選択であるが，通常はメスによるオス選びが多数例である．メスがオスを繁殖相手として配偶者選択する際，メスはメス自身の基準でオスを選ぶ．オスがどんなに他のオスとの闘争に強くても，メスに選ばれなければ子が作れない．メスの配偶者選択にかなった，美しい羽のような形質を持ったオスは，メスとつがうことができ，子を作ることができる．その結果，メスの配偶者選択にかなった形質（美しい羽）を持ったオスの適応度が上がる．この際，配偶者選択に有利な形質（美しい羽）による適応度上昇が，その形質（美しい羽）に基づく生存不利による適応度の低下を上回っている場合には，通常の生存に不利な形質（美しい羽）が，両者の均衡点まで進化し続ける (Macedo & Machado 2014)．

上記で挙げたシュモクバエ類の長い眼柄は，異性間選択によっても進化したとの観察実験の結果が出ており，シュモクバエ類の長い眼柄の進化は，視界確保のための前適応に加え，同性内選択と異性間選択の両方が効いた結果，長くなるように進化してきたと考えられている (Kudo 2019；Wilkinson *et al.* 1998; 藤家 2014; Takada *et al.* 2020)．最新の研究では，ヒメシュモクバエのオスは求愛行動を行わず，視覚的にも味覚的（体表炭化水素成分のちがい）にも，交尾可能なメスを区別することができていないようだ，との報告が出ており (工藤ら 2022)，シュモクバエ類の性選択の進化に関する謎が深まっている．

25.1.5 異性間選択の証明

同性内選択は，大きなオスと小さいオスを区別し，交尾成功を比較できたりするため，その証明が，野外観察で比較的容易である．しかし，異性間選択による形態の進化は，長い間疑問視されてきた (Huxley 1938)．その理由は，以下の 2 つが挙げられる．①配偶者選択行動の形質間比較に基づく証明が，困難であった．例えば，クジャクのオスは，すべて羽が長いため，比較はできない．②異性間選択があると最適者（= 適応度が高い）が進化するとは限らなくなる．

25.1.6 アオアズマヤドリの異性間選択

ニューギニアに生息するアオアズマヤドリのオスは，ディスプレー用の「あずまや」を組み上げ，ディスプレー行動で，メスを「あずまや」まで引きつけ，「あずまや」の中か近くで交尾する．「あずまや」は，花，葉，カタツムリの殻，ヘビの抜け殻などで飾られ，人間社会のゴミ，例えばプラスチック片やボタンなども使われる（図 25.6）．自動カメラの観察で，より多くの装飾品を持っているオスは，より多くのメスを得ることが解った．特に，カタツムリの殻，青い羽毛，黄色い葉はメスに非常に好まれた．「あずまや」を作れない若いオスは，メスに擬態してスニーカーオスとなる．オスは，お互いに他個体の「あずまや」から装飾品を盗み合うので，オスの装飾品は部分的にはオス間の競争能力を反映している．アズマヤドリ類は異性間選択でオスの「あずまや」作りが進化したと言える (Borgia 1985)．

図 25.6 アオアズマヤドリ．本種は，性的 2 型が顕著で，オス（右上）は濃い青みがかった色彩なのに対し，メス（左上）は濃緑色の地味な色彩をしている．オスが製作するあずまや（下）は巣ではなく，メスを引きつけるための目印として機能する．あずまやの周辺をプラスチック片や貝殻等の青い物体で装飾する． 太田 祐さん（AAK Nature Watch）のご厚意による．©AAK Nature Watch

25.1.7 コクホウジャクの異性間選択

南アフリカに分布するコクホウジャクは，メスは黒い体で尾羽は短いが，オスは黒い体に長い尾羽を持ち，縄張りの中に複数のメスに巣を作らせる一夫多妻の婚姻形態である．オスの長い尾羽を切ったり，足したりした実験の結果，正常の尾羽のオスが縄張り内に 0.7 個のメスの巣を持っていたのに対し，羽を切ったオスは，0.4 巣に減った．羽を付け足したオスは，1.9 巣に激増した．

コクホウジャクにおける，尾の長さに関する異性間選択の実験結果，尾が切られた後では，交尾成功率が減少し，長くなると増加したことを示している．2 種類の対照実験は，(I) 操作をしなかった鳥と，(II) 尾をいったん切断し，長さを変えないように糊付けし直した鳥である．交尾成功度は，それぞれのオスの縄張り内にある使用中の巣の数で測定してある．この実験の結果，尾の短いオスの繁殖成功度が低下し，尾を長くしたオスの繁殖成功度が増加したことが判った (Andersson 1982)．

25.1.8　クジャクの異性間選択

ペトリーは，イギリスのフィリップスネイド自然公園の放し飼いのクジャク 180 羽の羽の美しさを比較した．オス尾羽の目玉模様の数をオスの美しさの尺度とし，交尾成功数を比較した．クジャクのオスの交尾回数と目玉模様の数との間には相関関係があり，目玉模様の多いオスほど交尾に成功していた (Petrie *et al.* 1991)．すなわち，羽の美しいオスほど繁殖成功度が高くなっており，異性間選択が観察できたとした (Petrie & Halliday 1994)．しかし，このペトリーの観察結果は，複数の他の研究グループが検証した結果，再現性がないことが解っており，やや疑問視されている．

25.2　配偶者選択行動

25.2.1　何故異性間選択が進化したのか

動物は，適応度を高める行動が進化してきた．このため，子を多く残す行動が進化した結果，子を多く残すために適した配偶者を選択する行動が，多くの動物で進化してきた．すなわち，ある基準に適合するか否かで配偶者を選択する行動が進化した (Cronin 1991)．この行動を**配偶者選択行動**：mate choice behavior と言う (Bateson 1983)．選ぶ側に，ある基準に基づく配偶者選択行動が進化した場合，選ばれる側もある基準を満たした形質を持った個体が進化する．これを配偶者選択行動に伴う**共進化**と言う．では，子を多く残せる配偶者の選択基準とは，どのようなものであろうか．以下に，動物の配偶者選択行動の様々な事例を紹介してみよう．

25.2.2　スゲヨシキリの鳴き声による配偶者選択行動

鳥類のスゲヨシキリのオスは，鳴き声のレパートリーの最も多様な個体が，春の繁殖シーズンに，メスを優先的に獲得する (Catchpole 1983)．メスにエストラジオール（発情ホルモン）を投与して発情メスをつくり，同じ条件を設定した．メスにオスの声を聞かせると，レパートリーの多いオスに，メスは強く反応した．レパートリーの多様性は，それぞれオスについて録音した音声データから計算した．老齢のオスや良い縄張りを持つオスは，早くからつがいを形成するかも知れないため，データにおけるそれらの影響分を修正した．異なるレパートリー数に対する 5 羽のメスの反応スコアを求めて比較した．

鳴き声のレパートリーの多いオスは，経験豊富で良い縄張りを持つ傾向が強い．その結果，その様なオスのつがいでは，ヒナの死亡率が低い．このために，メスは鳴き声のレパートリーでオスを選択する配偶者選択行動が進化したと結論づけられた (Catchpole *et al.* 1984)．

25.2.3　バンのオスの肥満度に基づく配偶者選択

バンの抱卵は，ほとんどオスが行う．抱卵している間は餌取りに行けないため，肥ったオスほど抱卵中に餌取りに出なくても抱卵継続ができる．肥ったオスは，卵を長時間抱けるため，卵のふ化率が良い．本種は一夫一妻であるが，メスが，オスをめぐって配偶者獲得のための闘争をする．ペアー形成時には，メスどうしで翼（つばさ）でたたき合ったり，足の爪で蹴り合ったりして闘争し，強いメスから順番に，好みのオスを獲得していく．

体重の重いメス，すなわち，順位の高いメスほど，肥っていて足の短い，太ったオスを選んでいることが判った．結論として，バンは，メスが肥満したオスを配偶者として選択する行動を進化させている (Petrie 1983)．

25.2.4 オーストラリアのカエルの鳴き声に基づく配偶者選択行動

オーストラリアのカエルの一種：*Uperoleia laevigata* は，体長 4 cm 以下，体重 4 g 以下の小さなカエルで，繁殖期に池の周りでオスが鳴いてメスを誘う．メスは鳴いているオスに近づき，オスの品定めをする．1 晩に 5〜6 匹のオスを巡る．体重の大きなオスほど低い周波数で鳴いている．卵は体外受精のため，大きなオスほど多量の精液を生産し，受精率が高い．メスは，周波数でオスの体重を推定して，配偶者を選択しており，自分の体重の 70 % の重さのオスを選ぶ配偶者選択行動をとっている．本種は，産卵に約 7 時間かかるため，メスは大きなオスとペアーになると，産卵中にオスの体重で水没して溺死してしまう．しかし，小さいオスでは精子量が少なく，すべての卵を受精させることができない．このため，オスの体重は，メスの体重の約 70 % が最適であり，メスは，その様なオスを鳴き声周波数で推定し，配偶者選択をしていることが判った (Robertson 1986, 1990)．

25.2.5 ツマグロガガンボモドキの婚姻贈呈

ツマグロガガンボモドキのオスは，交尾するために，獲物を狩ってきてメスに与える行動をとる．オスは獲物をつかまえると体外にフェロモンを出す．すると，交尾をしたいメスが寄ってくる．オスはメスに獲物を差し出す．これを**婚姻贈呈**：nuptial gift と言う．もし，獲物の体積が 16 mm^3 以上の獲物なら，メスは交尾を受け入れる．メスが獲物を食べている間は，オスはメスと交尾ができる．交尾が 23 分以上継続するなら，多く卵を受精させることができるため，十分な交尾時間であるが，獲物が小さいと十分な交尾ができない．オスの交尾が終わっても，メスが獲物を食べきれない場合は，オスは獲物を持って飛び去る (Thornhill 1976a, b)．

メスは卵生産の栄養を得て，適応度を上げるために，オスの大きな獲物を婚姻贈呈として受け取る行動が進化した．また，オスは自分の子供を増やし，適応度を上げるために，メスに大きな獲物を婚姻贈呈する行動が進化した (Thornhill 1983)．

しかしながら，野外には，獲物資源はあまり多くない．また，オスは獲物の探索で，クモの網にかかって死亡する確率が高まる．このため，**代替戦略** (⇒第 III 部第 24 章参照) として，体サイズが小型のオスに，メス擬態の行動が進化した．小型のオスは，自分では餌狩りが下手であるため，メスの行動を真似して獲物を持つオスに近づく．獲物を持つオスが，メス擬態のオスをメスと間違え，メス擬態のオスに獲物を差し出すと，メス擬態のオスは獲物を奪い取って逃げ去る．このような行動が進化した結果，小型オスもメスと交尾できるようになった．

25.2.6 モルモンコオロギの婚姻贈呈

モルモンコオロギのオスは，体重の 30 % に達する巨大な精包，すなわち，莫大なエネルギー投資をして，メスに婚姻贈呈する．オスは精包が用意できると，メスを誘うために鳴く．交尾したいメスは，オスに寄ってくる．オスは，寄ってきたメスの生殖孔に巨大な精包をくっつける．メスがその精包を食べている間に，精包中にある精子が，メスの体内に泳いで入って卵を受精させる，という配偶形態を採っている (Gwynne 1981, 1982)．

本種では，配偶者選択行動が，メスとオスのどちらの性にも存在する配偶者選択行動の逆転現象が生じている．集団内のオスが多い状況下では，メスが配偶者選択行動をし，精包の大きなオス，すなわち，餌が多いオスを選んでいる．しかし，集団内でオスが少ない状況下では，オスが配偶者選択をし，体の大きなメス，すなわち，卵を沢山産むメスを選ぶ行動を採る．このように，本種では，環境条件によって，配偶者選択行動の優先権がメスとオスで逆転するという，珍しい配偶者選択行動が進化してきた．

25.2.7　雌雄同体のアフリカマイマイの配偶者選択行動

配偶者選択行動は，異性間選択の進化に基づく行動であるから，雌雄の存在が明確に分かれる，雌雄異体の動物に特有の行動であると考えられてきた．ところが，雌雄同体の動物にも，配偶者選択行動が存在することが明らかになった．

アフリカマイマイは，雌雄同体だが，自家受精ができないため，自分の卵をふ化させるためには，交尾して相手から精子をもらう必要がある．本種の交尾は双方向交尾で，互いに精子を交換し合う（図 25.7）．交尾ペアーは，互いに配偶者選択行動をとる．本種の配偶者選択は以下の 3 条件が複雑に組み合わさった行動であることが解った（Tomiyama 1996）．

図 25.7　アフリカマイマイの交尾．発信機を背負った個体が小型個体と交尾している．本種は雌雄同体で，双方向に精子を交換しあう．小笠原諸島父島で 1989 年 7 月に冨山清升撮影．

① 体の大きさ：大きい個体ほど卵を多く生めるため，適応度が高い（図 25.8）．このため，なるべく大きなサイズの個体を選択する．その結果として，**サイズ同類交配**：size assortative mating が観察される．

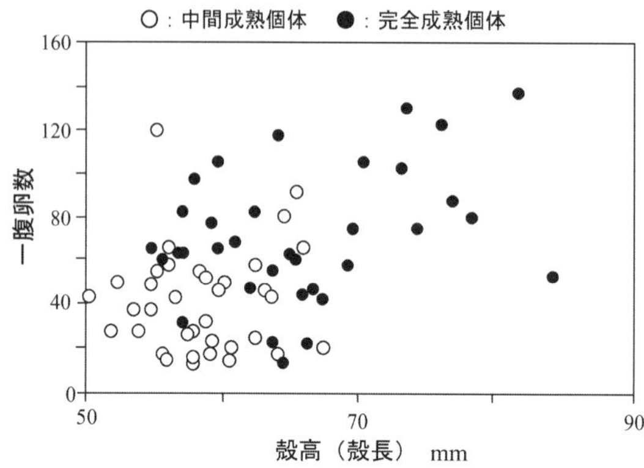

図 25.8　アフリカマイマイの殻の大きさと産卵数の相関関係．完全成熟個体は，卵も精子も十分に生産できる個体．中間成熟個体は，精子は生産できるが，卵形成が不十分な半成熟個体．（相関は有意：$r = 0.417$, $p < 0.01$）．

② 成熟した個体：本種は，若年齢時には精子しか生産せず，成熟すると精子と卵の両方を生産できるようになる**雄性先熟**：protandry という成熟様式を採る．このため，若齢個体は精子しか作れず産卵しないため，若齢個体と交尾をすると適応度が下がる．成熟個体と交尾すると相手の卵を受精させることができるため，適応度が上がる．このため，成熟個体を交配相手として選択し，若齢個体との交尾は拒否する傾向が強い．

③ 産卵態勢にある個体：本種は，約 10 日周期で産卵するが，産卵直後の個体は精子しか生産できない．このため，交尾で相手に与えた精子が無駄になり，適応度が下がる．産卵直前の個体と交尾すると適応度が上がる．その結果，卵形成直前に発達するタンパク腺の大きな個体を配偶者として選択している（図 25.9）．

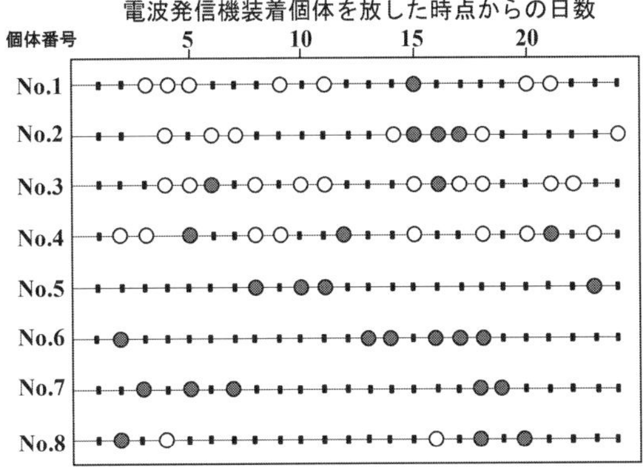

図 25.9 電波発信機を装着した 8 個体のアフリカマイマイの，観察期間 25 日間の交尾行動の有無．上段 4 個体（No.1〜No.4）は若齢成熟個体．下段 4 個体（No.5〜No.8）は完全成熟個体．小さな黒四角は，その日に交尾が観察されなかったことを示す．大きな白丸は交尾の位置が上位置（交尾を仕掛けた側）であったことを示す．大きな黒丸は交尾の位置が下位置（交尾を受け入れた側）であったことを示す．Tomiyama (2002) より引用転載.

25.2.8 サイズ同類交配

繁殖個体の中で，単純に体サイズが大きいほど多数の卵や精子が生産できるような，体サイズと適応度の間に相関関係にある動物もみられる．その様な動物の場合，互いにより大きい個体を配偶者として選択した結果，交尾ペアーどうしの体サイズが相関関係になる**サイズ同類交配**：size assortative mating が観察される例が多い．サイズ同類交配の有無が，観察対象動物に配偶者選択行動が有るかないかの指針となる場合がある．

上記で挙げたアフリカマイマイの場合，配偶者選択行動の基準の 1 つとして体サイズがあったのだが，本種でも交尾ペアーにサイズ同類交配が観察される (Tomiyama 1996)（図 25.10）．雌雄異体のヒメカノコという汽水性巻貝でもサイズ同類交配が観察される (菊池ら 2016, 2018)．同様な汽水性で雌雄異体の巻貝フトヘナタリは，複雑な配偶行動を示し，オスがメスに精包を受け渡す交尾様式を示すが（図 25.11），サイズ同類交配は観察されない (Takeuchi *et al.* 2008)．これは，本種の繁殖個体の体サイズに個体間変異があまり無く，卵生産数に個体差が少ないためと考えられる (武内ら 2022)．

25.3 配偶者選択行動の進化に関する仮説

異性間選択において，個体の適応度に直接関係ないような形質を選択する配偶者選択行動は何故進化したのだろうか．有力ないくつかの仮説を以下で紹介してみよう．

25.3.1 優良遺伝子仮説の仮説

配偶者であるオスが，体が大きくて，栄養状態が良いのであれば，その様なオスは，丈夫で死亡率が低い．その様なオスを配偶者として選んだ場合，その性質が遺伝的形質であれば，子も丈夫になる可能性が高い (長谷川 1992)．丈夫な配偶者の息子達は，死亡率が相対的に低いため，適応度が上がり，丈夫な配偶者を選択する行動をとったメスの子孫が，多数派を占めるようになる．その結果，優良な遺伝子を持った配偶者を選ぶ行動が進化した (Andersson & Simmons 2006)．

優良遺伝子仮説では，以下の 3 条件が重要になる．

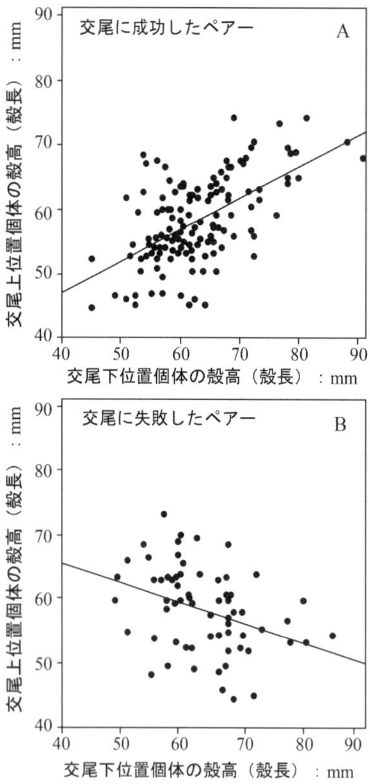

図 25.10　アフリカマイマイのサイズ同類交配．求愛行動や交尾行動時の上位置個体（求愛を仕掛ける側）と下位置個体（求愛を受け入れる側）の殻体積（mm^3）の関係．上段 A は交尾に成功したペアー（相関は有意：$r = 0.585$; $p < 0.01$）．下段 B は交尾に失敗したペアー（逆相関は有意：$r = -0.359$; $p < 0.01$）．

図 25.11　干潟に生息する雌雄異体の巻貝フトヘナタリの交尾行動．右側が上位置個体のオス，左側が下位置個体のメス．この種は交尾器を持たないが，軟体部を互いに押しつけることで交尾し，精包の受け渡しが行われる．写真中央に白い紡錘型の精包が見えており，軟体部の上を滑走させてメス側への受け渡しが行われている．2006 年 6 月 12 日．鹿児島市喜入町．鈴鹿達二郎撮影．

① オスは，自分の適応力の高さ，すなわち，良い遺伝子を持っていることを何らかの方法で宣伝している．

② メスは，オスの宣伝を基準に判断し，適応力の高いオスを配偶者として選択している．

③ オスの適応力の高さは遺伝的で，メスが産む子に伝えられる．

25.3.2　ランナウェイ仮説

羽の長いクジャクは，どう検討しても「丈夫で，死亡率が低い．」とは言えない．すなわち，羽の長いクジャクは生存に不利であり，従って，適応度が低い．このため，通常の自然選択を想定する限り，クジャクの長い羽は進化し得ない．

フィッシャーは，以下に述べるような**ランナウェイ仮説**：Runaway theory を提案した（Fisher 1930）．すべてのクジャクのオスの尾が短かった時代，体が丈夫で栄養状態も良いオスは，少し尾が長かった．尾の長いオスを選択する行動をとるメスが，丈夫な子を残せたため，適応度が高かった．ここで，オスの装飾形質とメスの選好性の間に遺伝的な相関が生じた．やがて，尾の長いオスを選択する行動をとるメスが集団の多数派になった，その結果，尾の長いオスを選択する行動が集団全体に広がった．オスの場合は，尾の長いオスがメスに選択され，多くの子を残せたため，適応度が高くなった．その結果，尾の長いオスが集団の多数派になっていった．やがて，栄養状態とは関係なく，メスは，尾の長いオスを選ぶ行動が，集団に固定した．その様な共進化の結果，オスは，世代を経るに従って，徐々に尾が長くなるように進化し，捕食回避不能のような，絶対的に生存に不利な状態にまで尾が長く進化したところで安定した．

ランナウェイ仮説は，過去の進化で起こったであろう過程を，仮説で説明しただけで，検証が不能であったが，コンピュータ・シミュレーションで，その進化過程が再現可能になった (Kirkpatrik 1982；Lande 1981)．この場合，T と C の 2 遺伝子座を想定する．

T 遺伝子（ラージ T 遺伝子）：オスの飾りが派手で，生存率が少し低い．
t 遺伝子（スモール t 遺伝子）：オスの飾りが地味で，生存率は少し高い．
C 遺伝子（ラージ C 遺伝子）：メスはどのオスとでも交配する．
c 遺伝子（スモール c 遺伝子）：メスは飾りの派手なオス（T 遺伝子をもつ）を好む．

集団の中でオス・メスを交配させ，コンピュータを走らせて数万世代を再現した．その結果，最初に C 遺伝子（ラージ C 遺伝子）のメスが少数派なら，T 遺伝子のオスはいずれ消失してしまう．c 遺伝子（スモール c 遺伝子）のメスが沢山いる条件では，T 遺伝子のオスは集団中に固定される．いったんメスの性質が集団に固定すると，際限なくオスの飾りが派手になっていく．この場合，メスの選り好みに多少コストがかかっても，メスの選り好みは進化する．したがって，ランナウェイ仮説は，実際に起こりうるということが，検証の結果明らかになった．

25.3.3 ハンディキャップ仮説

異常に長い尾やきれいな羽飾りは，見た通りのお荷物，すなわち，ハンディである．大きなハンディキャップを持っていても生存しているということは，その個体は，非常に大きな生存力があることを意味している．羽飾りがオスの生存力の信号として働いている．すなわち，大きな羽飾りなどは生存上不利であるが，そのハンディを克服しているので，本当は非常に適応度が高いことを示している．したがって，メスがその様なオスを選択する行動と，オスがハンディキャップの形質をもつという進化が生じた，という**ハンディキャプ説**：handicap theory がザハヴィによって提唱された (Zahavi 1975; Amots & Zahavi.1977)．

ハンディキャプ説は，当初は，うさん臭い仮説と見られていたが，この場合も，いくつかの遺伝子を想定した条件を設定し，コンピュータ・シミュレーションをした結果，進化で生じうるという結果が得られた (Mynard-Smith 1987)．

25.3.4 パラサイト（寄生者）仮説

配偶者選択行動の結果，高い適応度を保証する遺伝子型個体が選択され，その様な個体が個体群の多数派を占める結果になっていない，という問題が提起された．そこで，ハミルトン&ザックは，パラサイト（寄生者）仮説を提案した．

高い適応度を保証する遺伝子型個体の割合が，個体群の中で一定でないと仮定する．ある世代で優れた遺伝子型が，次の世代でもベストとは限らない状況を考えてみる．すなわち，生存力に影響する様々な変異が，次々に補給される状況を仮定すればよい．その様な状況は，実際にありうるのだろうか．すべての個体がスーパーマンにならない状況とは，第 III 部第 24 章で述べた相手とのゲーム状態，もしくは，共進化を仮定すればよい．ここで，相手とは何を想定すればよいのだろうか．検討の結果，宿主と，その宿主に寄生する，パラサイトとよばれる寄生虫や病原体とのゲーム状態（共進化）が考えられる，という仮説が提案された (Hamilton & Zuk 1982)．これを**パラサイト仮説**：pallasite theory と言う．

パラサイト仮説は，以下に説明するような原理である．

① オスは，体調が良い状態では，長い尾やきれいな羽を発達させる．

② 多くの動物には，多数のパラサイトが存在する．宿主のパラサイトに対する抵抗性は，パラサイトの寄生性とのイタチごっこで共進化してきた．この場合，宿主側の寄生虫に対する抵抗性の強さは子に遺伝する．

③ 寄生虫の中には，動物の生存力に重大な影響を及ぼすものも進化してきた．すなわち，寄生虫に対する抵抗力の弱いオスは，体調が悪くなり，きれいな羽を維持できなくなる．

④ きれいなオスに目を付けてメスが選り好みすると，寄生虫に対する抵抗性の強いオスを選ぶことになる．その結果，選ばれたオスの子は，寄生虫に対する抵抗性が遺伝しているため，死亡率の低い子になる．

⑤ 以上の結果，対寄生虫の強さに関する信号が，外見の美しさとなり，メスがその基準でオスを選んだ結果，美しいオスの適応度が上がり，美しい羽が進化する．

宿主の抵抗性遺伝子の遺伝子型と，寄生虫の寄生性遺伝子の遺伝子型を仮定した場合，ゲーム理論に従って，寄生虫も宿主も絶対的に相手を圧倒できる戦略は進化し得ない．すなわち，最適解がない状態となり，どちらも，特定の形質を持った個体が集団全体に安定して存在することはできない（表 25.1）．

表 25.1　宿主と寄生虫の寄生性と抵抗性の遺伝子型の仮定．寄生虫も宿主も絶対的に相手を圧倒できる戦略が存在し得ない．どちらも，特定の形質を持った個体が集団全体に安定して存在することはできない．

	寄生虫	
宿主	P	P'
H	強い	弱い
H'	弱い	強い

パラサイト仮説が正しいとするならば，寄生虫の蔓延度の高い種ほど，色が派手であったり，さえずりが豊富であったりするはずである．そこで，北米に生息する 109 種のツバメ類の寄生虫データを用いて，パラサイト仮説が検証された．鳥の種におけるオスの羽の派手さを，1～6 段階に評価した．各種における寄生虫の蔓延度を調査した．両者の相関関係を統計処理して調べた結果，寄生虫の蔓延度が高いほど，オスの羽は派手で，歌う歌が複雑であることが判り，パラサイト仮説の証明が補強された (Hamilton & Zuk 1989)．また，北米の 149 種のツバメ類とヨーロッパの 113 種のツバメ類も用いて，系統的制約による影響を排除するために，属ごとに調査した．種の間で，寄生虫の蔓延度と羽の美しさが比較された．その結果，寄生虫にたかられている率が高い種ほど，オスの羽の色が鮮やかであった．この結果も，パラサイト仮説を支持している (Read 1988)．

この章で紹介した，アオアズマヤドリにはシラミが付くが，目の回りは爪で掻けないために多くのシラミが付く．オスの目の回りのシラミの数と繁殖成功度の相関関係を調べたところ，シラミの数の少ないオスほど交尾回数が多く，メスは，何らかの指標で，オスの寄生虫の罹患率を判断していることが判った．この鳥の場合，寄生虫にやられていないオスは元気で形の良い「あずまや」を作れるらしい (Borgia & Collis 1989)．

グッピーは，内臓に線虫の一種 *Camallanus cotti* を持っている個体がいる．また，ウオジラミの一種は，エラに寄生して吸血する（⇒第 II 部第 17 章参照）．どちらにたかられても，グッピーは元気がなくなり，死亡する場合もある．寄生虫にたかられたオスと，たかられていないオスの求愛行動の相関関係を調べた．寄生虫が多くなるほど，求愛行動の頻度が低くなり，寄生虫にたかられるとオスの適応度が下がることが判った．この結果，魚類にも，パラサイト仮説があてはまることが判った（Kennedy *et al*, 1987）．

25.3.5　感覚便乗モデルの仮説

メスが，元々何らかの刺激に敏感であったという行動形質が存在した．その刺激は，本来は，オスの繁殖適応度とはまったく無関係であった．このような，本来の進化とは無関係な形質状態を持っていることを**前適応**と言う．オスは，メスが敏感に感じる前適応を利用し，メスの気を引く行動を進化させた．これを配偶者選択行動の**感覚便乗モデルの仮説**（Ryan 1980）と言う．

感覚便乗モデルは，パナマに生息するカエル類において，オスの鳴き声に対するメス配偶者選択行動で進化していることが野外実験の結果，証明された（Ryan *et al.* 1990）．また，熱帯魚のソードテールの雄の尾びれに生えている長い飾りが，視覚に基づく感覚便乗モデルによるメスの配偶者選択行動で，進化した結果であることも詳細な室内実験の結果，証明された（Basolo 1990）．

以上のように，配偶者選択行動の進化を説明する代表的な仮説を 5 種類ほど紹介したが，どれも，本来は，並列して提起できる学説ではない．どの仮説も検証の結果，正しいらしいという結論が得られている．この他にもいくつかの仮説が提唱されており，動物の配偶者選択行動は単一の要因で進化してきた訳ではなさそうである．動物群によって，進化の要因が異なるし，複数の要因が複合している事例もあるだろう．すなわち，動物の配偶者選択行動は非常に複雑な進化を経てきたという結論になる．

コラム　フトヘナタリにはサイズ同類交配が見られない

アフリカマイマイのように，体サイズのばらつきが大きく，サイズによって卵生産数が大きく異なる種では，配偶者選択行動の結果，サイズ同類交配とよばれる交尾ペアーのサイズに相関関係が生じる行動現象が観察される．干潟表面に生息する巻貝のフトヘナタリは，交尾行動を採ることが判っている．しかし，本種にはサイズ同類交配が観察されなかった．これは，本種の殻サイズの個体差が少なく，卵生産量の個体差があまり生じていないためと推定された（武内ら 2022）．

図の説明：A：全交尾個体の上位置個体と下位置個体の殻幅の散布図．$Y = 0.062X + 10.758$（X は下位置個体の殻幅，Y は上位置個体の殻幅）；$R^2 = 0.0048$ $(P > 0.05)$；$N = 100$．；B：全交尾個体の上位置個体と下位置個体の殻幅の頻度分布；黒：上位置個体，白：下位置個体．C: 全交尾個体の上位置個体と下位置個体の湿重量の散布図．$Y = 0.083X + 1.5029$（X は下位置個体の湿重量，Y は上位置個体の湿重量）；$R^2 = 0.0048$ $(P > 0.05)$；$N = 100$．；D：全交尾個体の上位置個体と下位置個体の湿重量の頻度分布；黒：上位置個体，白：下位置個体．

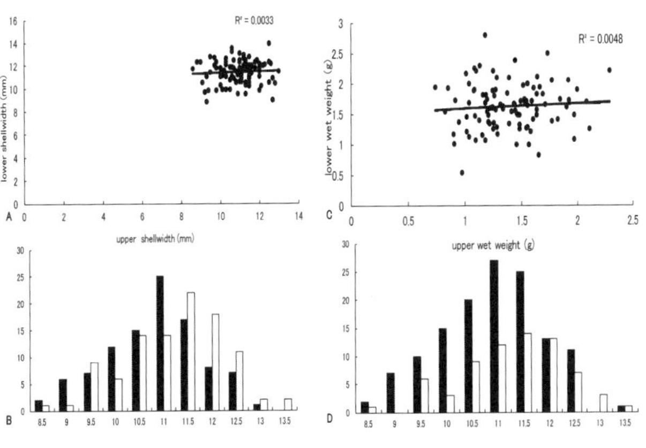

第 26 章

父権の確保と精子競争

26.1　父権の確保

26.1.1　父権の確保とは何か

子の保護をする親が片親の場合，メスが子を保護する場合は圧倒的に多い．これは，交尾の後にできた子は，メスの場合は，自分が産んだのだから，確実の自分の子であると見なされるが，オスにとっては，自分の子かどうか，はっきりしないからだとされている．オス親にとって，体外受精，多数回交尾，メスの浮気，等々の理由から，その子が確実にそのオス親の子だと断定できない場合が多い．このため，オス親は，自分の子である保証を確保する必要性がある．オス親が確実に自分の子である保証を担保する行動を，**父権**：paternity の確保と言う（Krebs & Davis 1991）．

オス親が，確実に自分の適応度を上げるには，確実な自分の子に投資する必要がある．子に対するオス親の投資は，昆虫以外の，父権の確保が難しい無脊椎動物では，非常に少ない．一部の環形動物や節足動物の数種で，報告例があるだけである．昆虫類では，亜社会性昆虫において，オス親投資は多数の種で見られる（⇒第 III 部第 23 章参照）．

しかし，親による子の保護が存在するか否か，メスとオスのどちらによる保護なのか，体外受精か体内受精か，大卵少産か小卵多産か，等々の条件が組み合わさってきた場合，進化的なメカニズムは，残念ながら完全には解決していない．

26.1.2　魚類におけるオス親投資

魚類では，オスだけが世話をする種は，49 科のうち 48 科でみられ，両親が世話をする種がみられるのは 10 科で，両者ともに受精は体外受精である．メスが子を世話する種がみられるのは，28 科のうち 22 科で，受精は体内受精である．体外受精では，オスの父権が保証されないため，父権を確保するために，オスは縄張りを保持したり，もしくは，メスが産卵するまで，オスが自分の側に確保しておく行動を採る．これは，確実にメスの卵に受精させるためで，その後，オスは，自分の子供の世話をする事例が多いとされている（Gross & Shine 1981）．

26.1.3　両生類におけるオス親投資

表 26.1 は，両生類における，親による子育て行動の科の数である．オス親による子育ては，体外受精をする科に多く，メス親による子育ては，体内受精を行う科が多い．サンショウウオ類のオス親による子育ては体外受精する 2 科で見られる．それ以外の科は体内受精をし，メス親が子育てを行う．カエル類では，受精は体外受精で，オス親が子育てする科が，メス親が子育てする科より多い（Gross & Shine 1981）．

表 26.1 両生類におけるオス親が子育てする，メス親が子育てする，子育てしない科の数．Gross & Shine (1981) のデータをもとに作成．

	♂親による子育て	♀親による子育て
体外受精	14	8
体内受精	2	11

26.1.4 ハ虫類，鳥類，哺乳類はすべて体内受精をする

ハ虫類の子育てはまれで，子育てする少数例は，すべてメスが子育てをする．鳥類は雌雄両親で子育てをする場合が大半で，一方が子育てする場合は，メスの例が多い．哺乳類の大半は，メスが子育てを行う．

結論として，オス親の子育て行動は，体外受精に伴う父権の確保である場合が多いとされている (Trivers 1985)．

26.2 交尾ガード

26.2.1 交尾ガードとは何か

オスは父権を確保するために，他のオスに交配されないように，オスがメスを抱え込む行動が発達している．これを，オスによる**交尾ガード**：copulatory guard とよぶ．交尾ガードは，交尾前ガードと交尾後ガードに大別できる (Trivers 1985)．

(1) 交尾前ガード：pre-copulation guard

メスの抱え込みには，縄張り行動や交尾前配偶者ガードが知られる．他のオスに交尾されないためには，メスを独占するために，オスはメスを確保しておけばよい．

(2) 交尾後ガード：post-copulation guard

この場合のメスの抱え込みには，交尾栓や交尾後配偶者ガードが知られている．交尾後にもメスが，他のオスと再交尾しないように，オスがメスを抱え込む必要性があるため，オスが自分の縄張り内に，メスを保持したり，交尾後配偶者ガードをしたり，交尾栓形成をしたりする．

26.2.2 縄張り行動

父権の確保のための動物の縄張り行動は，自分の縄張りを決めて他のオスを排除する行動である．動物の縄張り行動は，餌，生活場所，配偶者，等々の資源確保のために，各種の動物で発達しているが，配偶者確保のための縄張り行動が最も多く，複雑なシステムを伴う場合が多い (Trivers 1985)．

ウシガエルは，オスはレスリング（格闘）とコール（鳴き声）によって，メスが産卵に好むような良い縄張りをめぐって他のオスと競争する．良い縄張りでは，水温が高いことと植生がそれほど密になっていないことが良い条件であり，その様な縄張りでは卵の生存率が高い (Howard 1978)．

26.2.3　交尾前配偶者ガード

淡水産ヨコエビ類は，オスは，確実に自分の子を産ませるために，メスを直接抱え込んでおく，交尾前配偶者ガードの行動を採る（図26.1）．この仲間に属する種のメスは，脱皮直後に受精可能になる．オスは，メスの脱皮前の数日間，メスを抱え込んでガードしている（Corbet 1962）．

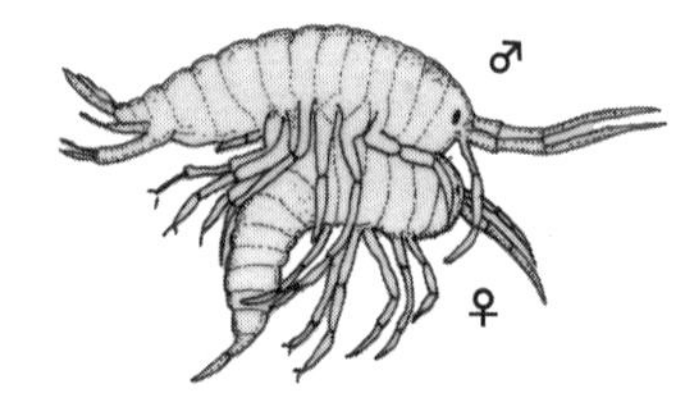

図26.1　淡水産ヨコエビの *Gammarus* 属における交尾前ガード．確実に自分の子供を産ませるためにメスを直接抱え込んでおく．

トンボ類は，産卵を終えるまで，オスがメスを直接保持している（Johansson *et al.* 2009）．ちなみに，トンボ類のオスは，交尾後も，メスが卵を産み続ける間，腹部先端でメスの胸部をしっかりつかんで，タンデム姿勢をとり続ける行動が観察される場合が多い（Birkhead. & Clarkson 1980）．

カササギのオスは，メスの産卵直前から産卵期間中，巣の近傍に侵入してくる他のオスから，自分の配偶者を守る行動を採る（Birkhead 1979）．

26.2.4　交尾栓（交尾プラグ）

昆虫のチョウ類は，交尾後に，オスがメスの生殖孔に粘液を塗りつけ，他オスと交尾できないようにする**交尾栓**（**交尾プラグ**）を形成する事例が多い．日本産のチョウでは，ギフチョウやウスバシロチョウ（図26.2）が特に目立つ大きな交尾プラグを形成することで知られている．ギフチョウのメスの交尾栓は，外部からも目立つため，メスを捕獲しなくとも，その個体が交尾済みであるか否かを，目視で，簡単に確認できる（大崎 2000）．

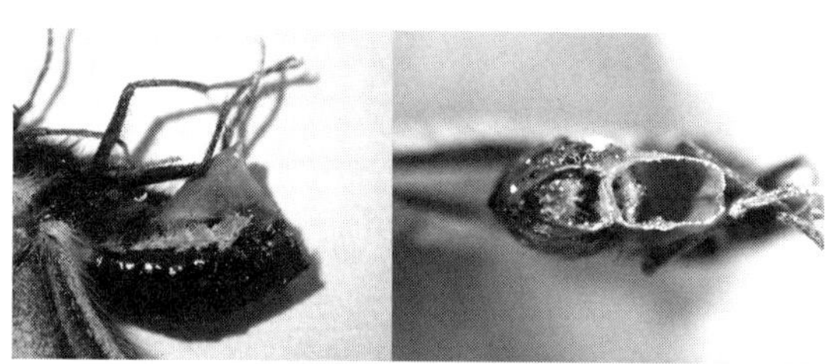

図26.2　ウスバシロチョウの交尾栓．左写真：交尾済みの交尾栓の付着したメス個体を横方向から撮影．下部の黒い部分がメスの尾部．その上の白色の三角形状が交尾栓．右写真：尾部と交尾栓を左写真の右方向（尾部の先端方向）から撮影したもの．左側の黒い部分が尾部の先端．右側の白い四角い袋状が交尾栓．標本は，2023年5月4日に岐阜県加茂郡白川町黒渕で高井 泰さんが採集．写真は高井 泰さん撮影．高井 泰さんのご厚意による．

クリハラリスのオスは，メスと交尾した後，そのメスが他オスと交尾しないようにする必要性がある．クリハラリスの警戒音には，3種類が知られているが，ワシ・タカ類に対する，「ガッ」という音が最も緊急性が高い．オスは交尾直後に，わざと，最も緊急な「ガッ」という**偽警戒音**を出し，メスが動かないようにしむける．メスがかたまって動かない間に，受精が進行すると考えられている（Tamura 1995, 2011）．また，本種は，オスが，メスの生殖孔を粘液で塗り固める簡易的な交尾栓を形成することでも知られている．簡易交尾栓は，時間が経つと自然に外れて落ちる（田村，2011）．

26.2.5 種々の交尾戦略行動

カイチュウの一種は，ネズミの腸に寄生している．オスはメスと交尾した後に，メスの生殖孔を交尾プラグで塞いで，二度と交尾できないようにする．また，オスは他オスを襲って，他オスの生殖孔も塞いでしまい，メスと交尾できないようにする行動を採る（Abele & Gilchrist 1977）．

ハナカメムシの一種のオスは，交尾の際，メスの体壁に直接穴を開け，メスの体内に精子を注入する．オスの精子はメスの体腔内を泳ぎ，卵にたどり着き，受精する．オスはときどき，他オスを襲って，他オスの体内に自分の精子を注入する．他オスの体内に入った精子は，他オスの体内を泳いで，他オスの生殖器にたどり着き，他オスがメスと交尾した際に，新たにメスの体内に送り込まれる（Carayon 1974）．

アカスジドクチョウのオスは，メスと交尾した後に，自分の粘液をメスにこすりつける．オスの粘液中には，他オスの交尾行動を減退させるフェロモンがあり，このフェロモンの臭いを感じた他オスは，メスとの交尾行動が減退する．オスは性欲減退フェロモンをメスに塗ることで，自分の精子だけによる受精を保証させている（Gilbert 1976）．

26.3 精子競争

26.3.1 精子混合

昆虫のメスは，一部を除き，交尾で受け取った精子，をいったん受精嚢や交尾嚢といった一時保持器官に保存する．メスの受精嚢には，**多回交尾**：multiple copulation によって，2 匹以上のオスの精子が混じり合う場合もある．複数オスの精子が，メスの体内で混じり合う状態を，**精子混合**：sperm mixture とよぶ．受精嚢がいっぱいで，2 匹目のオスの精子が入らないことも起こりうる．精子混合では，異なったオスの精子どうしの相互作用が生じる場合がある．

ウリミバエのオスに γ 線を照射すると，精子が不妊化し，メスと交尾しても卵がふ化しない．不妊オスの精子は，運動性があるため，卵と受精できるが，卵を正常に発生させることができない．不妊オスとだけ交尾したメスの産んだ卵はふ化しない（伊藤 2006）．このメスを正常オスと交尾させると卵のふ化率は 90％ になるが，正常オスとだけ交尾したメスの卵よりもふ化率が低下する．正常オスと交尾させたメスを，後から不妊オスと交尾させると，メスの卵のふ化率は 50％ に激減する．不妊オスと正常オスの精子が，メスの体内で混合した場合，どちらのオスの精子も卵に到達できる機会がある．正常オスの精子の方が卵への到達率が高いが，しかし，何らかの原因で，不妊オスの精子の影響を受けている．これは，精子混合による相互作用の結果と考えられる（Teruya & Isobe 1982）．

26.3.2 精子置換

多数回交尾をする昆虫類では，先に交尾したオスがメスに挿入した精子を掻き出して，新たに精子を挿入する行動が知られている．精子の掻き出し行動などで，精子の入れ替えを行い，自分の精子による受精を保証することを**精子置換**：sperm replacement と言う（Zini. & Agarwal. 2011）．

トンボ類は，交尾の際には，精包を形成して，メスの体内に押し込む行動を採る事例が多い．ミヤマカワトンボの一種のオスは，偽ペニスの先に特殊な鞭が付属していて，その先には銛（もり）のような「かえし」の構造物がある．オスはメスと交尾する際に，「かえし」で前に交尾したオスの精包を掻き出す行動をとる．前オスの精包を掻き出した後に，自分の精包をメスの体内に押し込む（Waage 1979）．トンボ類のオスでは自分の父権を確保するために先に交尾した他オスの精包を掻き出す行動が進化したと言える．

トンボの一種のオスは，偽ペニスの先に膨らむと太い棍棒状（こんぼうじょう）になる突起がある．オスはメスと交尾の際に，棍棒状の突起を押し込んで，先に交尾したオスの精包を奥に押し込んでしまう．オスは自分の精包を入口の近くに入れる．メスの卵の受精は，入口近くの精包にある精子で行われる．このため，オスは自分の父権を確保するために，先に交尾したオスの精包を押し込む行動が進化したと言える（Siva-Jothy 1984）．

アオマツムシのオスは，メスと交尾する際に，湾曲したペニスをメスの受精嚢に奥に差し込んで，自分の精液を噴射する．噴射の圧力で前のオスの精子の約 90％ が体外に押し出されてしまう．交尾オスは，メスの体外に押し出されてきた精子を栄養源として食べる．オスは自分の父権を確保するために，先に交尾したオスの精子を押し出して，自分の精子と置換している（Ono *et al.* 1989）．

26.3.3　精子競争

多数回交尾や体外受精で，自分の精子と他オスの精子が混じってしまう場合，自分の精子の受精率を上げるには，他オスの精子が受精する確率を減らしてしまえばよい．この目的のために，**精子競争**：sperm competition とよばれる異個体の精子の間での競争や，**精子共同**：sperm cooperation とよばれる，同個体の精子の間での共同行動が行われる（Birkhead 2000; Simmons 2002）．

モリアオガエル（*Rhacophorus arboreus*）のメスの産卵は，粘液で卵を混ぜて，卵塊を樹上に形成する．メスが産卵を始める前に，3〜5 匹のオスが 1 匹のメスの周りに集合してきて，メスに抱きついて産卵行動に参加する．メスの周囲のオスは，メスの卵に一斉に精子をかけて受精させる．このため，メスの卵は，複数個体のオスによって受精される．オスができるだけ多くの子を残す（＝父権の確保）ためには，他オスを圧倒できる，沢山の精子を卵にかければよいことになる．モリアオガエルの精巣は全体重 (約 15 g) の 5％ 程度 (約 1 g) もある巨大なもので，これは，多量の精子を生産する個体の適応度が高かったために，巨大な精巣が進化したと推定できる（Kusano *et al.* 1991）．ちなみに，他の日本産のカエル類の精巣の重さは，体重の 0.2〜1％ 程度の重さでしかない．

サルと類人猿における，体重と精巣重との間には相関関係があった．複数オスを持つ群れのサルの種の方が，単一オスの群れのサルの種よりも大きな精巣を持っている．つまり，複数オスの群れでは交尾が多数回になり，1 回の交尾でなるべく多くの精子を送りこまないと，自分の適応度が上がらない．このため，群れに複数オスがいる生態を採るサル類の種では，精巣が大きくなるように進化したと言える（Harcourt *et al.* 1981）．

26.3.4　精子共同

オポッサムでは，ほとんどの精子が，同じオス由来の別の精子と頭部でお互いに結合して，1 つになって泳いでいく．これは，多数の精子が共同遊泳することで，遊泳に要するエネルギーを節約していると考えられている（Biggers & Creed 1962）．ヒトの精子でも，共同遊泳現象が確認されている（Lesté-Lasserre 2022）．図 26.3 は，ヤマトクロスジヘビトンボの共同遊泳をしている精子束の写真である（Hayashi 2002）．

前鰓亜綱（ぜんさいあこう）に属する多くの巻貝では，長い尾を持つ通常の受精用精子と短くて蠕虫状（ぜんちゅうじょう）の精子の 2 種類を生産している（Hyman 1967）．後者はメスの体内で消化されてしまうため，オスからメスへの婚姻贈呈としての栄養源としての機能を担っている．小型の受精用精子を数百個も付着させた，精子の船として，精子束とよばれる巨大なヘルパー精子を生産する種も知られている（Fretter 1953; 林 1997）．

多くの動物で，精子の形態多型が知られており，これは，精子に何らかの役割分担が存在することを示唆している．しかし，ほとんどの動物では，精子の役割分担や進化的な意味は解明されていない．それでも，研究の進んだ少数の事例では，精子競争や精子共同が行われている事実が明らかにされている（Trivers 1985）．

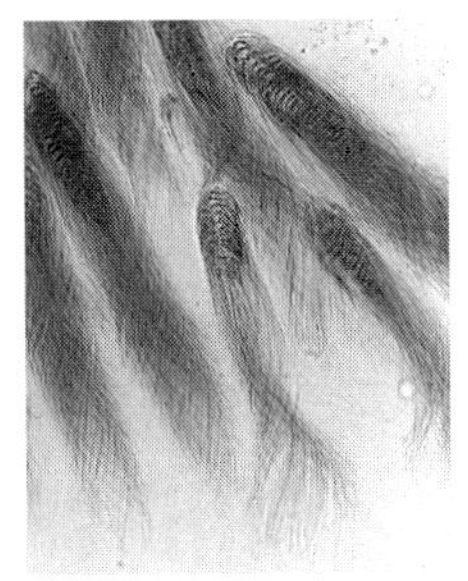

図 26.3 ヤマトクロスジヘビトンボの精子が精子束を形成し，共同遊泳をしている状態．写真は，林 文男さん撮影．写真は，林 文男さんのご厚意による．

コラム　精子のサイズや形態の多型現象

動物の各種分類群の多くの種から，精子の形態の多型が報告されている．すなわち，環形動物のイトミミズ類，軟体動物の前鰓亜綱に属する多くの種の巻貝類，節足動物のムカデ類，昆虫類の双翅目のハエ類，膜翅目のハチ類やアリ類，半翅目のカメムシ類やセミ類，鱗翅目のチョウ類やガ類，脊椎動物の鳥類綱のサイチョウ類，魚類綱のハゼ類に属するいくつかの種，いくつかの種での植物花粉，等々において，精子の形態多型が見つかっている．これらは，精子間で何らかの役割分担が行われていることを示唆しているが，その多くは実態が判明していない．

鱗翅目では，正型精子である核を持つ有核精子と，異型精子である核を持たない無核精子の 2 型が知られてきた．カイコガの精子形成の研究から精子の形態 2 型は精母細胞の形成時点から既に生じていることが解っているが，分化の究極要因は解明されていない（山舗・鴻上 2012）．

軟体動物の頭足綱に属するヤリイカ（*Heterololigo bleekeri*）では，オスの体サイズに多型が認められ，メスよりも体サイズが小さな小型オスと，メスよるも体サイズが大きい大型オスの 2 型によって構成されている．両者の精子のサイズを比較したところ，小型オスは大きなサイズの精子を生産し，大型オスは小さなサイズの精子を生産していることが判った．これは，小型オスが，大型オスとメスの交尾に割り込み，小型オスが大きな精子をメスに渡し，メスの体内における遊泳能力で大型オスの精子を圧倒し，受精率を上げていること解明された．これは，遊泳能力の差という精子競争が生じていることを示している（岩田 2012）．

図は，海産巻貝の前鰓亜綱に属するヒメウズラタマキビ（*Littoraria intermedia*）の精子が集団遊泳している様子を撮った顕微鏡写真 (×400) である（永田ら 2019）．ヒメウズラタマキビの精子にも形態多型が認められるが，その役割分担は解っていない．

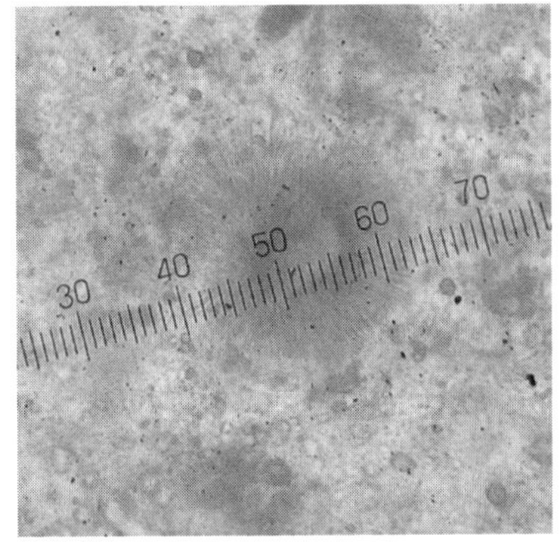

岩田容子 (2012) ヤリイカの繁殖生態に関する研究．*Nippon Suisan Gakkaishi* **78(4)**: 665–668.

永田祐樹・水元 嶺・冨山清升 (2019) いちき串木野市の大里川干潟におけるタマキビガイ 3 種の生活史，および，精子の集団遊泳の観察記録．*Nature of Kagoshima* **45**: 265–272.

山舗直子・鴻上（松田）有未 (2012) カイコの精子形成における二型性．蚕糸・昆虫バイオテック **81(1)**:31–40.

第 27 章

性の進化，性に関する諸問題

この章では，動物のメスとオスに代表される性に関する諸問題を取り上げる．生物の出現時には性は存在しなかったと推定されるが，単細胞の時期にも既に性が出現していたようである．その様な性にまつわる命題は，動物の行動の進化にも深く関わっている事例が多い．動物の性に関する疑問は，解決していない問題も多く，例えば，性は何故存在するのか？　性は何故メスとオスの 2 種類なのか？　メスとオスの数が何故同数なのか？　などが最初に挙げられるだろう（Maynard-Smith 1988）．

27.1　何故有性生殖が進化したのだろうか？

分裂や出芽によって個体が増殖する性を持たない生殖方法を**無性生殖**：asexual reproduction とよぶ．もっぱら無性生殖で増殖する生物として，ミドリムシ，コウボ，アメーバ，等々の単細胞生物に多く見られる．それに対し，2 種類以上の異なるタイプの細胞を産出し，それらが合体して新しい個体ができる生殖方法を**有性生殖**：sexual reproduction と言う．有性生殖は，イチョウ，ミツバチ，ヒト，等々の大多数の多細胞生物が採っている生殖方法である．

27.1.1　進化的に見て圧倒的に有利な無性生殖

では，何故に無性生殖から有性生殖が進化したのであろうか．有性生殖に何らかの適応度を高めるような進化的な有利性を想定しなければ，その説明ができない．単純に考えてみると，無性生殖が 1 個から最低 1 個体を生産できるのに対し，有性生殖は同じ 1 個体を生産するために，メスとオスの 2 個体が必要になる（図 27.1）．すなわち，単純に適応度を考えただけでも，有性生殖に比べ，無性生殖には 2 倍の有利性がある．進化的に考えれば，無性生殖があまりにも有利と考えられる．このためか，原核細胞生物では，無性生殖がむしろ多数である．

もう少し，無性生殖の有利さを掘り下げて考えてみよう．メスとオスが同数 N 個体ずつ生息する有性生殖集団に，無性生殖する突然変異体が n 個体誕生したと仮定する．メスが卵を産む能力は，どちら

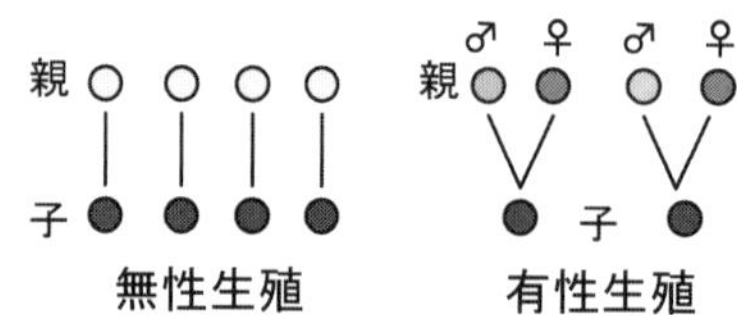

図 27.1　無性生殖の 2 倍の有利性．無性生殖は，有性生殖に比べ，進化的にあまりにも有利である．原核細胞生物や原生生物では，無性生殖がむしろ多数である．

も同じで k 個とする．有性生殖の子の性比は オス：メス ＝ 50％：50％ とする．子の繁殖齢までの生存率も同率の s とする．次世代の個体数は，無性生殖の場合は，skn 個体である．有性生殖の次世代個体数は，メスだけが卵を産むので，オスが $1/2 \cdot skN$ 個体，メスが $1/2 \cdot skN$ 個体であるため，総計は $1/2 \cdot skN + 1/2 \cdot skN = skN$ 個体である．

この場合，有性生殖のオスは卵を生まないから，無性生殖は有性生殖に比べて 2 倍の増加率がある．このために，集団中の無性生殖世代の割合は，徐々に増えていく．無性生殖世代は増加を続けて，集団の多数派を占め，やがては，有性生殖世代がいなくなってしまう．

有性生殖では，オスは子の数を増やすことには，何の貢献もしない余計な存在である．また，有性生殖では，その生殖形態を維持するために減数分裂とよばれる半数体の配偶子を作る複雑な手間（エネルギー消費）がかかる．2 種類の配偶子を接合（交尾・受精）させるという確率的な手間（エネルギー消費）も必要になってくる．

血縁選択を用いて，単純に両者の血縁度だけで考えてみよう．有性生殖の場合，親から見た子は血縁度は，$r = 1/2 = 0.5$ である．無性生殖の子は自分の一部だから $r = 1$ になる．つまり，無性生殖の方が適応度が高い．どう考えても，有性生殖に比べて，無性生殖の方が圧倒的に有利であり，より進化しやすいという結論にならざるを得ない．

2 倍の有利さをもつ無性生殖が，何故全生物界の有性生殖にとって代わらないのだろうか．これは，長期的な進化上の有利さが，有性生殖にあるらしいとしか推定しようがない．このため，有性生殖の進化的な有利さを説明する各種の仮説が提唱されてきた．

27.1.2 改良進化仮説

有性生殖は，減数分裂を経て配偶子どうしが接合するという手間と時間を浪費するメカニズムが必要である．このメカニズムの過程で，遺伝子の組換えが生じている．生物の形質や機能は，一般に，複数の遺伝子座によって決定されているため，単一の遺伝子によって支配されている例は少ない．例えば，1 遺伝子 1 酵素説で有名なアカパンカビのアルギニン代謝は，複数の遺伝子によって発現した複数の酵素が関わっている．

ここで，適応度を高める新しい変異形質を仮定する．その変異形質を発現するには A と B という 2 種類の突然変異遺伝子が必要と仮定する．無性生殖では，1 個体が A と B 両方の突然変異遺伝子をもつためには，A 遺伝子をもつ個体が，もう一度 B 遺伝子を突然変異でもつか，逆に B 遺伝子をもつ個体が，もう一度 A 遺伝子を突然変異で持たなければならない（図 27.2）．すなわち，適応度が高くなるのに非常に長い時間がかかる．

この場合を有性生殖で考えてみる．A 遺伝子と B 遺伝子が異なった個体に突然変異で生じた場合，A 遺伝子と B 遺伝子をそれぞれもつ個体が交配して接合し，子を作ることが可能である．すなわち，子の中に A 遺伝子と B 遺伝子をもつ個体が出現できる．これは，短時間で両方の遺伝子をもつ個体の出現が可能であることを意味している．結論として，有性生殖は無性生殖に比べて改良進化を早める効果があると言える．

改良遺伝子仮説の証明した研究として，クラミドモナスの有性生殖と無性生殖を比較した実験が有名である．クラミドモナスには，有性生殖系統と無性生殖系統が知られている．有性生殖系統と無性生殖系統をそれぞれ累代培養した結果，個体群サイズ 1 万 5000～55 万個体の条件で，150 世代後では有性生殖系統の適応度が最も高かった．有性生殖は進化的に適応度が高いという結論が得られ，改良進化仮説の証明例とされたが (Colegrave 2002)，直接証明にはなっていない．

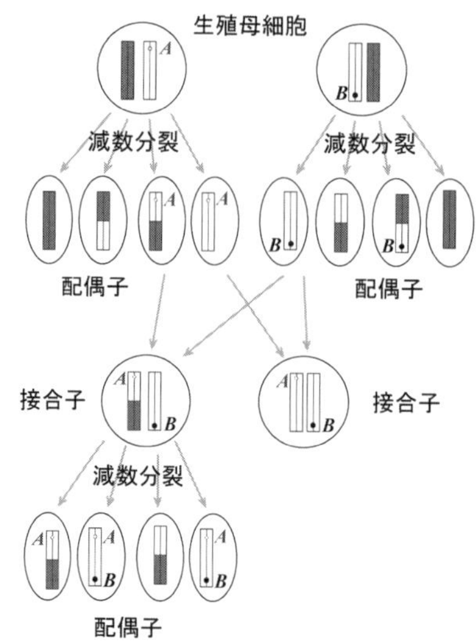

図 27.2　適応度を高める新しい変異形質を仮定する．その変異形質を発現するにはAとBという 2 種類の突然変異遺伝子が必要と仮定する．A 遺伝子と B 遺伝子が異なった個体に突然変異で生じた．A 遺伝子と B 遺伝子をそれぞれもつ個体が交配して接合し，子供を作る．子供の中に A 遺伝子と B 遺伝子をもつ個体が出現する．短時間で両方の遺伝子をもつ個体の出現可能．染色体の組換えも想定すれば，A と B の両遺伝子をもつ個体がより多く生じる．酒井ら (1999)「生き物の進化ゲーム」共立出版から転載・描き直し．

27.1.3　有害遺伝子除去仮説

これは，改良遺伝子仮説の逆を考えた場合の仮説である．1 世代の間に突然変異が生じる確率は，1 遺伝子座あたり約 10 万分の 1 と低い．長い時間の中では，多数の突然変異が生じる．しかし，大半の突然変異は，個体の生存に有害なものばかりで，有利な突然変異はまれである．有害遺伝子突然変異のうち，致死的な突然変異は個体の死で子孫に伝わらない．しかし，死なない程度の突然変異遺伝子である弱有害遺伝子は，子孫に伝わる．弱有害遺伝子は，世代を経るに従って，染色体上に蓄積していくであろう．このような**弱有害遺伝子**が蓄積すると，個体の適応度が著しく低下していき，進化的に不利になる．

弱有害遺伝子は，致死遺伝子と異なり自然選択の過程で消失することはない．無性生殖を繰り返す生物は，弱有害遺伝子の数が増加し続ける．逆回りできない工具のラチェット・レンチのように，弱有害遺伝子の数の増加の後戻りができない．この例えを提唱者の名前から採って，**マラーのラチェット**とよんだ．

図 27.3 は，有性生殖における，弱有害遺伝子減少のメカニズムの模式図である．配偶子を生産する個体 1 と個体 2 がそれぞれ a と b という弱有害遺伝子を持っていたとする．a 遺伝子をもつ個体と b 遺伝子をもつ個体が交配して子を作る．配偶子どうしの接合の結果，a と b どちらの弱有害遺伝子も持っていない個体が出現可能となる．これは，弱有害遺伝子の除去にほかならず，この個体は適応度が高くなる．

有性生殖では，弱有害遺伝子を持たない組合せの個体が出現可能になる．弱有害遺伝子は単独では適応度にあまり影響しないが，蓄積してくると適応度が下がる．弱有害遺伝子を減らすメカニズムのない無性生殖個体は，世代を経るに従って，適応度が低下していく．結論として，有性生殖個体は弱有害遺伝子を除去できるため，無性生殖個体よりも進化的に有利であると言える．ショウジョウバエやマウスなどのゲノムプロジェクトによる，全 DNA 塩基配列分析の結果，弱有害遺伝子仮説に否定的な見解も発表されたが (Keightley & Eyre-Walker 2000)，現在は，有害遺伝子除去仮説が性の維持機構として有力視されている．

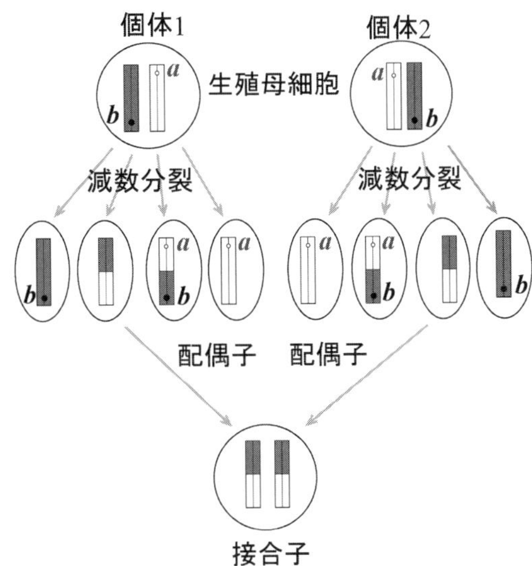

図 27.3　有性生殖における弱有害遺伝子減少のメカニズム．配偶子を生産する個体 1 と個体 2 がそれぞれ a と b という弱有害遺伝子を持っていたとする．a 遺伝子をもつ個体と b 遺伝子をもつ個体が交配して子供を作る．a と b どちらの弱有害遺伝子も持っていない個体が出現可能．酒井ら (1999)「生き物の進化ゲーム」共立出版から転載・描き直し．

27.1.4　遺伝的多様性仮説

この仮説は，提唱者から採ってワイズマン仮説とよばれる (Weismann 1904)．有性生殖は個体間で遺伝子の交換を行うため，一卵性双生児のような例外を除き，遺伝的にまったく同じ個体は存在しない．無性生殖個体に比べ，個体群内に非常に遺伝的に多様性がある．遺伝的に多様であれば，環境の激変があっても，生き残る個体が出てくる可能性がある．

地球環境は，過去に，幾度となく環境の激変をとげてきた．例として，以下のようなイベントが挙げられる．

① 全球凍結絶滅仮説：地球全体が氷結してしまった時期が，先カンブリア時代に数回あった．
② 低酸素大絶滅仮説：二畳紀末（古生代末期）に，恐らく外核由来の巨大プリューム上昇の結果，現在のシベリア地方で大火山活動が生じた．その結果，地球上が低酸素状態になり．全生物の 90% 以上が絶滅した．
③ 隕石落下大絶滅仮説：白亜紀末（中生代末期）の直径 10 km 程度の小惑星が，現在のメキシコ・ユカタン半島付近に落下し，気候激変で恐竜などが絶滅した．隕石落下による大絶滅は，その他の時代にも数回あったらしい．

恐らく，有性生殖は，遺伝子の組換えにより，短時間で多様な遺伝子型を作り出すことができるため，予測不可能な様々な環境変化に対応できるだろう．

遺伝的多様性仮説の証明例として，イースト菌の遺伝的多様性の研究が有名である (Goddard *et al.* 2005)．イースト菌は出芽生殖するが，貧栄養などの環境条件が悪くなると接合をして遺伝子交換を行う．組換えと減数分裂を行う遺伝子を削除した無性生殖系統を作製した．イースト菌の有性生殖系統と無性生殖系統をそれぞれ培養した．高温で，ブドウ糖の濃度の低い貧栄養の「厳しい環境」を培養条件として各系統を累代培養し，通常の培養条件と比較した．その結果，有性系統は無性に比べて適応度が高いことが判った．すなわち，環境激変時には，有性生殖が進化に重要であるという結論が得られた．

27.1.5　対病原体仮説（赤の女王仮説）

生物は出現して以来，ありとあらゆる病原体や寄生虫の攻撃にさらされてきた．病気で生物種が絶滅しないのは，病気を防御に阻止するあらゆるメカニズムが生物に進化してきたからである（Hamilton 1980; Hamilton *et al.* 1990）．

ここで，病原体に対する抵抗性遺伝子の，個体群内における広がり方を考えてみよう．図 27.4 で無性生殖と有性生殖を比較してみる．ある病原体 a がはびこって生物が適応度を著しく下げる危機に陥った．病原体 a には，変異遺伝子 A があると対抗できる．突然変異遺伝子 A をもつ個体が，集団の多数派になる．しかし，次に，病原体 b が出現しこれには遺伝子 B が有効であった．その結果，突然変異遺伝子 B をもつ個体は集団の多数派になるだろう．さらに，病原体 c が出現し，これには遺伝子 C が有効であった．突然変異遺伝子 C をもつ個体は集団の多数派になっていった．

無性生殖で A, B, C のすべての突然変異遺伝子をもつにはかなり時間がかかる．有性生殖では接合による遺伝子の組換えで，短時間で A, B, C すべての遺伝子をもつ個体が出現可能である．新たな病原体の出現のたびに，新たな対抗遺伝子が必要になり，生物は，新しい対抗遺伝子を獲得し続けなければならない．この状況を説明した仮説を**対病原体仮説**と言い，ルイス・キャロルの小説「鏡の国のアリス」に出てくる「周囲が走り続けるため，自分も走り続けなければならない」逸話にちなんで**「赤の女王仮説」**ともよばれる（Van Valen 1973; Ridley 1993）．

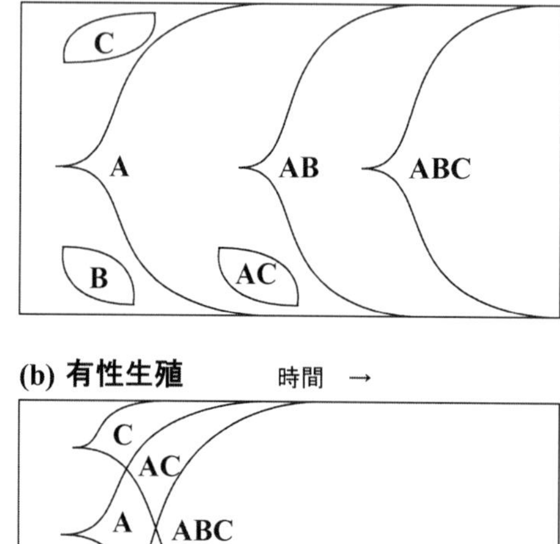

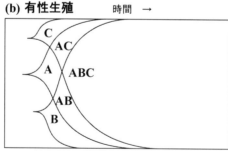

図 27.4　無性生殖と有性生殖の遺伝子の広がり方．無性生殖で A, B, C のすべての突然変異遺伝子をもつにはかなり時間がかかる．有性生殖では接合による遺伝子の組換えで，短時間で A, B, C すべての遺伝子をもつ個体が出現可能．Muller (1932) に基づき修正描画．

27.2　何故性は 2 種類（メスとオス）型が圧倒的に多いのだろうか？

有性生殖は，他個体との遺伝子の交換から進化してきた．遺伝子の交換だけなら，性がメスとオスの 2 種類だけという必然性はないのではないだろうか．性が 2 種類の状態に進化したのには，何らかの意味があるはずである．

27.2.1　ゾウリムシ類の接合型

性が 3 種類以上存在する生物の例として，ゾウリムシ類の**接合型**：mating type が挙げられるかも知れない．ゾウリムシは分裂して生息密度が高くなってくると，2 個体が接合して遺伝子交換する．ゾウリムシには，自分自身のクローンと接合しやすい種（自系接合種：endogamy / crossing between the same races）と，自分自身のクローンとは接合しにくいが，他個体クローンとは接合しやすい種（自系非接合種：exogamy / crossing between the different races）が存在する．自系非接合種の中には，すべての個体どうしで接合するのではなく，互いに接合しやすい系統がある場合がある．このような系統を**接合型**と言う．

例：　A 系統，B 系統，C 系統
　　　A − A，B − B，C − C は接合しない．
　　　A − B，A − C，B − C は接合する．

ゾウリムシには，接合型が 2 種類しかない種，10 数種類ある種，100 種類以上ある種など，まで様々な接合型の様式をもつ種が存在する．接合型は，維管束植物の自家不和合性（自家受粉できない）に近い性質とも言える．そこで，この接合型を性の原型とみなしてもさしつかえない．ここでは，性を単純に，接合できない者どうしを「性が同じ」，接合できる者どうしを「性が異なる」と定義する．このように，ゾウリムシには 3 種類以上の「性」をもつ種が多数知られている（Woodruff 1925; Sawka-Gądek *et al.* 2021）．

27.2.2　性は何故メスとオスの 2 種類型に進化したのだろうか？

恐らく，性の原型は，単細胞生物が接合を行って遺伝子交換を行う形質が進化した際に，接合型という様式で始まったと推定される．では，ゾウリムシのような多数の「性」が存在する状態から，オス・メス型に進化するまで，どのような道筋をたどったのであろうか．それを説明する仮説が提唱されている（Parker *et al.* 1972）．

原生生物で性が 2 種類ある生物において，オス・メス型にはっきり分化していない種も多い．形や大きさにほとんど違いがない配偶子を**同型配偶子**：homogamete / isogamete と言う．しかし，多細胞生物では，多くの種において，精子と卵子のように，オス・メス型にはっきり分化している．メスとオスで形や大きさの違いがある配偶子を**異型配偶子**：heterogamete / anisogamete と言う．

配偶子が，相手を見つけ，接合子し，生きのび，発生していくための条件には，下記の 3 条件が挙げられる．

(A)　とにかく生きのびること：捕食されない．飢え死にしない．
(B)　早く相手を見つけること：あちこち捜し回ることができる．
(C)　受精卵として正常に発生する：発生するに十分なエネルギーを保持しておく．

この (A)〜(C) の条件を満たすには，配偶子が下記の 2 種類の性質を兼ね備えることが理想である．

I.　素速く泳ぎ回ることができる．
II.　十分な栄養を保持している

しかし，条件 I と条件 II は完全に矛盾する．つまり，早く動き回るには，小さい体で運動性が良くなければならないが，小さい体では十分な栄養を保持できない．条件 I と条件 II を矛盾なく成立させるには，配偶子を 2 種類形成し，一方を運動性，もう一方を栄養性，と役割分担させればよい．その様な進化が生じた結果，オス・メス型の性に落ち着いたと考えることができる (長谷川 1993, 1996, 2023)．

ここで，異型配偶子進化のモデルの検証ではないが，第 3 の性が可能なのかどうか，コンピュータ・シミュレーションで検討した研究を紹介してみよう (巌佐 1988, 1993)．まず，2 種類の性が優占する集団に，第 3 の性をもつ突然変異個体が誕生したと仮定する．条件を与えて，進化のコンピュータ・シミュレーションを行ってみた．同性のペアーも 2 回目以降は接合できるが，異性ペアーよりもやや不利との条件とした．

表 27.1 のように，ヒトの性決定様式に似せて下記の遺伝子型を定義した．

第 1 の性の遺伝子型　XX
第 2 の性の遺伝子型　XY, YY
第 3 の性の遺伝子型　XZ, YZ, ZZ

Y 遺伝子は X 遺伝子の発現を押さえる．Z 遺伝子は X 遺伝子と Y 遺伝子の発現を押さえる．

シミュレーションの結果，2 性状態の中に第 3 の性が安定して存在は困難であり，逆に 3 性状態から 2 性状態になることも困難ということが判った．結論として，何らかの原因で 2 性になるとその状態で安定してしまうということが判った (長谷川 1993)．

表 27.1　第 3 の性は進化可能なのだろうか．Y 遺伝子は X 遺伝子の発現を押さえる，Z 遺伝子は X 遺伝子と Y 遺伝子の発現を押さえる，とする．コンピュータ・シミュレーションの結果，何らかの原因で 2 性になるとその状態で安定してしまう．

第1の性の遺伝子型	XX
第2の性の遺伝子型	XY, YY
第3の性の遺伝子型	XZ, YZ, ZZ

27.2.3　雌雄同体の生物の存在

多細胞生物には雌雄同体の生物が独立に何回も進化して生じている．例えば，花をつける植物の大半がこれに当たる．動物では，ミミズ，ヒル，ホヤ，カイメン，クモヒトデ，ナメクジ，カタツムリ，などが知られているが，いずれも固着性もしくは，移動性の極端に悪い生物である．これは，他個体と遭遇するチャンスが乏しい場合，自家受精で子を作ることによって，その時点で消滅してしまうリスクを回避できる．その様な進化の結果，**雌雄同体**：hermaphrodite の生殖様式が生じたと推定されている (Charnov 1982)．

雌雄同体であっても，自家受精を回避する機構や，自家受精しても子の数が極端に少なくなる機構が備わっている．つまり，自家受精や自家受粉は緊急避難的に行っていると解釈できる．また，雌雄同体でも基本は，遺伝子組換えを行う有性生殖と同じであり，クローンを作っている訳ではない．自家受精でも減数分裂して，接合を行うので，遺伝子の組換えは生じている．

27.3　性の決定様式

27.3.1　2 種類の性染色体による性決定機構

性染色体による**性の決定機構**は，すべての生物で最も多く見られる性決定様式である (Byers & Moodie 1990) (⇒第 I 部第 3 章参照)．メスは X 染色体を相同染色体として持ち，オスは X 染色体と対合する Y 染色体をもつ (XY 型)．もしくは，対にならない X 染色体のみを持ち Y 染色体を持たない (XO 型)．このような性決定機構を**雄ヘテロ型**：XY sex-determination system / X0 sex-determination system と言う．逆に，オスが Z 染色体を相同染色体として持ち，メスは Z 染色体と対合する W 染色体をもつ (ZW 型)．もしくは，対にならない Z 染色体のみを持ち W 染色体を持たない (ZO 型)．このような性決定機構を**雌ヘテロ型**：ZW sex-determination system / Z0 sex-determination system と言う．

ヒト：XX = メス, XY = オス
鳥類：ZZ = オス, ZW = メス
※どちらの場合も理論的には オス：メス = 1 : 1

性染色体による性決定様式には，いくつかの変形例が知られている．

ヒト，マウス，イエバエ，カイコガ等の場合，Y 染色体があるかないかでオスが決まる．これを **Y 優性型**：Y-centered sex determination の性決定と言う．

XX = メス, XY = オス, XO = メス,
XXY = オス, XYY = オス

ショウジョウバエの一種，ツエツエバエ (眠り病の媒介昆虫) では，X 染色体が 1 個ならオス，X 染色体が 2 個以上ならメスになる．これを **X 劣性型**：X-centered sex determination の性決定と言う．

XX = メス, XY = オス, XO = オス,
XXY = メス

27.3.2　環境要因による性決定機構

受精後，接合体を形成して以降の環境因子によって，性決定が行われる動物も知られている．

トカゲ，カメ，ワニなどのハ虫類では，卵のふ化温度によって性決定が行われる．このため，卵塊すべてがオスになったり，メスになったりする場合もあるため，性比の極端な変動が普通に見られることもある．

アカウミガメやアオウミガメを含む多くのカメ類では，基本型は，卵発生中の温度が高いとオスになり，温度が低いとメスになる．アオウミガメの人工ふ化の実験の結果，2°C 以下ではオスのみが発生し，28–30°C ではメスとオスの両方が，30°C 以上ではメスのみが発生することが判った (Bull 1980)．しかし，カミツキガメでは，ふ化温度が極端に高いか低い場合は，メスになり，中間的温度ではオスになるという発生条件が知られている．

タイセイヨウシルバーサイドという魚は，温度が低いとメスが発生し，温度が高いとオスが発生する (Fleisher 2011)．

チョウチンアンコウは，ふ化直後の稚魚の段階では性が決定していない．メスに付着できた稚魚はメスと血管も融合してしまい，寄生生活になり，オスに成熟する．メスに付着できなかった稚魚はそのまま大きくなり，メスに成熟する (多紀・奥谷 1991；Klepadlo *et al.* 2003)．

甲殻類の等脚類の一種 (*Ione thoracia*) は，魚類に寄生する寄生虫である．この種は，宿主内に先住のメスがいればオスになる．しかし，宿主内にメスがいなければメスになる (Subramoniam 2017)．

ジャガイモの根に付く線虫の一種は，土壌中の栄養が悪いとオスの割合が増える (Trudgill 1967).

27.3.3　環境による性決定様式が出現する要因

どのような要因で環境による性決定様式が出現するのだろうか．下記のような要因が考えられる (Charnov 1982).

(1)　受精卵がどのような場所でふ化することになるかがランダム．

(2)　受精卵のふ化場所の環境要因にかなりの変動がある．

(3)　ふ化場所の環境要因の変動によって，ふ化直後の個体の成長が影響を受ける．

(4)　オスの子とメスの子で，環境要因の影響の受け方が異なる．

これらの条件をウミガメで考えると，以下のように説明できる．まず，温度の低い所で生まれた子ガメは，ふ化後の成長も悪い．そのままメスに成長した場合，産卵数が少ない個体となり，適応度が低くなる．オスなら，体が小さくても，他メスと交尾し，多くの卵を受精できる．このため，温度が低い場合は，オスに生まれた方が適応度が高くなる．

27.3.4　性転換する動物

動物には，成長途中や生息環境によって性転換する種が多く知られている (Charnov 1982)．例えば，ボタンエビやアマエビなど，タラバエビ科のエビ，クマノミ類などサンゴ礁の海に生息する魚類，潮間帯のエゾフネガイなどの軟体動物，ムラサキクルマナマコなどのナマコ類などで性転換現象が見られる．

性転換する動物は，動物によって，①最初はメスで，後にオスなる，②最初はオスで，後からメスになる，が基本 2 型であるが，この様式は種によって決まっている．性転換の様式を説明する統一的な解釈として，**サイズ有利性モデル**が提唱されている (Erisman *et al.* 2009 等).

まず，体が大きいほど沢山の卵を生める生物を想定する．卵の生産エネルギーが，同じ数の精子の生産エネルギーに比べ，非常に大きい場合を想定する．その様な条件では，若い時期には，体が小さいために，メスは卵を多く生めず，繁殖成功が低い．すなわち，適応度が低い．しかし，オスであれば，体が小さくても精子を使って受精させることができる．

例えば，アマエビにおけるメスの大きさと卵の生産量を比較すると，メスは体が大きいほど，たくさんの卵を生産できるが，小さいエビは卵をあまり生産できない．このため，体が小さい若い時期は，オスであった方が，適応度が高い．逆に，体が大きくなると，メスに性転換した方が適応度が高くなる．

次に，オスが縄張りを張って，メスを獲得するような行動を採る生物を想定する．この場合，体が小さいと縄張りを持てないので，メスを獲得できない．したがって，体が小さい時期はメスとしての時期を過ごし，体が大きくなると，オスに性転換して自分の縄張りを持つようになる生活史であれば，高い繁殖成功度を得ることができる．

図 27.5 の 3 種類のグラフは，サイズ有利性モデルの模式図である．(a) は，オスからメスに性転換する動物，(b) は，メスからオスへの性転換動物，(c) は，性転換しない動物を表している．

(a)　メスの産卵数は体が大きいほど多い，交尾相手のメスの得易さはオスの体のサイズに依存せず．小さい時はオスが有利，大きい時はメスが有利，点線のところで性転換する．

(b)　大きなオスほど多くのメスと交尾でき，メスの体サイズの有利さを上回る場合．すなわち，小さい時はメスが有利，大きい時はオスが有利，点線のところで性転換する．

(c)　繁殖成功にメスとオスで差がない場合には，性転換は起こらない．

ブルーヘッドベラは，西大西洋のサンゴ礁に生息する一夫多妻の魚である，成長に伴い，メスからオス

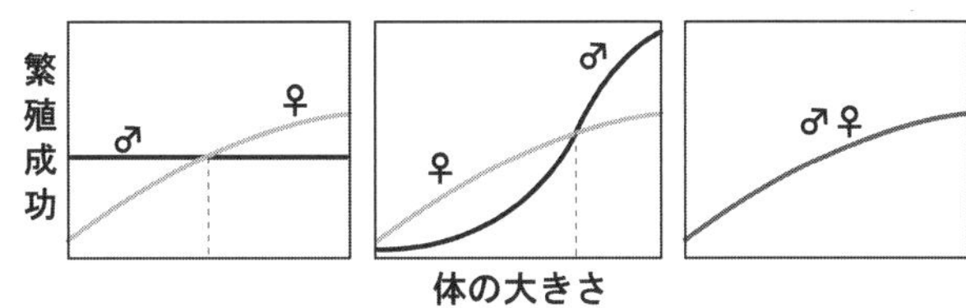

図 27.5 動物の性転換を説明するサイズ有利性モデル．(a) 1 個あたりの生産エネルギーは，卵が圧倒的に大きいため，小サイズ時にオスで，大サイズ時にメスに性転換する．(b) 縄張りを張る動物では，小サイズ時にメスで，縄張りを守ることができる大サイズでオスに性転換する．(c) 性転換しない動物．

に性転換する．メスは，体長 13 cm 以下で黄色い．オスは青い頭の色で体長 18 cm に達する．本種は，性転換すると，体色が，黄色が青色に変化するが，加齢しても小さいメスは黄色のままで体色変化せず，性転換もしない．オスは縄張りを張って，侵入する他オスを追い払い，メスと交尾する．体色が黄色いメスは，体の大きさに関わらず産卵できる．

ブルーヘッドベラで，縄張りオスを除去したり，オスのサイズを交換したりする実験を行った．その結果，自分が他個体よりも相対的に大きい場合には，オスに性転換し，自分よりも大きなオスがいる場合にはメスのままとどまることが判った．これは，サイズ有利性モデルの予測と一致する (Waner & Sweare 1991)．

雌雄同体のアフリカマイマイは，雄性先熟という生殖生息様式を採る (Tomiyama 1996)．本種は，成熟すると精子と卵子の両方を生産できるようになるが，若齢時には精子のみを生産し，完全成熟をすると精子と卵の両方を生産できるようになる．この性成熟様式もサイズ有利性モデルで説明できる (Tomiyama 2002)．

コラム　マレーシアの熱帯雨林におけるフィールドワーク

1990 年代に日本でも開始された IGBP（地球圏・生物圏国際協同研究計画）は，国立環境研究所がプロジェクトの受け皿組織となった．その一環として，東南アジアの熱帯雨林の保全に関する研究を目的とし，マレーシアとの共同研究が立ち上げられた．左写真は，マレーシア側の共同研究組織であるマラヤ大学と日本側との野外調査チームの記念撮影．1992 年 12 月 12 日撮影．クアラルンプール郊外のウル・ゴンバックにあるマラヤ大学の野外調査施設にて．右端は三浦慎悟さん（現在，新潟大学名誉教授），左端は椿 宜高さん（当時，国立環境研究所の野生生物保全研究チームの室長），中左の 3 名は，マラヤ大学の大学院生（左から，ロハーニさん，ロスニータさん，サイフルさん；マレーシアではファミリーネームがない．必要な場合は父親の名前を後に付ける.），中右の 1 名は研究施設の技官の方．大学院生らは，熱帯雨林に生息する哺乳類の行動の研究を行っていた．ウル・ゴンバックのフィールド・ステーションは，世界各国からの研究者の訪問も多く，この時はドイツの研究チームと同宿した．初めて使った会話ドイツ語は，かろうじて通じた．右写真は，長期間の野外調査の間の息抜きをしている様子．1992 年 12 月 8 日撮影．野外調査を行っている期間中は，ほとんど山に入っているが，時々，街に下りて食事をするのが楽しみとなっていた．スチームボート（寄せ鍋）の店で夕食をとっている．左から，高村健二さん（当時，国立環境研究所研究員），山本多聞さん（当時，京都大学農学研究科），右側が椿 宜高さん（同上）．

第 28 章

性比に関する諸問題，性比進化の仮説

28.1 何故メスとオスの性比は 1:1 であることが多いのだろうか

28.1.1 一般的なオス：メスの性比理論

性比 = (オスの数)/(オスの数 + メスの数)，で表現する場合が多い．

全部オスだったら 性比 = 1.0,
全部メスだったら 性比 = 0.0,
メス : オス = 1 : 1 なら 性比 = 0.5

雌雄異体の動物のほとんどがメスとオスの比率は 50 % : 50 % = 1 : 1 である．単純に思考すると，オスは子供を生産しないのだから，メスの数を多くした方が，子供の数が増えて適応度が上がるようにも思える．

オーソドックスな解説では，メス = XX，オス = XY である場合，メスの配偶子の遺伝子型 = X のみ，オスの配偶子の遺伝子型 = X と Y であるから，性決定はオスの配偶子遺伝子型で決まり，X : Y = 1 : 1 なので，メス：オス = 1 : 1 となる．基本的な説明はこれでも間違いではない．しかし，① XY 型性決定でも，メスによるメスオスの生み分けが可能な場合や，性比が 1 : 1 になっていない動物が存在しており，その説明ができない．② 性比がどのようにして 1 : 1 を維持しているのか，至近要因は説明できても，何故性染色体の分離を利用して，性比が 1 : 1 になるように進化したのか，究極要因が説明できない．

28.1.2 フィッシャーの性比理論

フィッシャーは，自然選択説を用いて，性比を説明した (Fisher 1930)．まず，前提条件として，

① オスの子 1 個体を生産するエネルギー量 = メスの子 1 個体を生産するエネルギー量である．
② メスとオスをどちらを多く産めるかは，遺伝的に決定されている．
③ メスとオスはランダム交配する．すなわち，近親交配は行わない．

このような条件下では，メス：オス = 1 : 1 で維持される．これを**フィッシャー性比**：Fisher's sex ratio と言う．フィッシャー性比は，負の頻度依存的自然選択で維持される．すなわち，メス：オス = 1 : x と置き，総個体数 = N とした場合，メスの個体数 = $N/(1 + x)$，となる．ここで，メスの産子数の平均を f とおくと，

$$\text{子の総数} = fN/(1 + x)$$
$$\text{オスの総数} = xN/(1 + x)$$

となる．(子の総数)/(オスの総数) = f/x，となり，オス 1 個体が残せる子の数は，平均して f/x

となる．オス：メス が残す 1 個体あたりの子の数は，$x : 1$ となり，性比の逆比となる．これは，(メスの個体数)：(オスの個体数) の比率に対して，(メスの残す子総数)：(オスの残す総数) の比率が逆比になっていることを示している．すなわち，少ない性の方が多くの子を残すために，自然選択は，少ない性の個体数が増える結果をもたらす．

少し長くなるが，理解しやすいように，数式をすべて言葉に置き換えて，以下に説明してみよう．

最初に，メスが多い個体群を想定する． そこでは，オスが少ないので，少ないオスは数多くのメスと交配できる．この条件では，オスはメスに比べて子を沢山残せる．すなわち，オスの適応度が高い．メスは適応度の高いオスを多く産んだ方が子孫の数が多くなる．すなわち，適応度が高くなる．オスを多く産むメスの適応度が高いので，オスを多く産むメスが，個体群の中のメスの多数派になる．このため，多くのメスがオスを沢山産むようになる．やがて，個体群中のオスの比率が高くなる．

今度は，個体群のオスの比率が高くなった状態になる．メスが少ないので，少ないメスは数多くのオスの取り合いになる．すなわち，メスはオスに比べて子を沢山残せるために，メスの適応度が高くなる．メスは適応度の高いメスを多く産んだ方が子孫の数が多くなる．すなわち，適応度が高くなる．メスを多く産むメスの適応度が高いので，メスを多く産むメスが個体群のメスの中で多数派になる．やがて，多くのメスがメスを沢山産むようになる．個体群中のメスの比率が高くなる．

以上のような負の頻度依存選択による振動を繰り返し，性比 $= 0.5$（メス：オス $= 1 : 1$）で落ち着く．

これを ESS 理論（進化的に安定な戦略）で考えると(⇒第 III 部第 24 章参照)，性比 $= 0.5$（メス：オス $= 1 : 1$）の時に進化的に安定な状態にある（ESS 状態）と解釈できる．すなわち，いろいろな性比で産む個体間のゲームの結果，メスを多く産んだり，オスを多く産んだりする遺伝子を持った個体が個体群に侵入しても，個体群の多数派を占めることができない状態に落ち着くことを意味する．

以上のような機構で，性比 $= 0.5$ で安定している性比をフィッシャー性比とよぶ．

オス個体数 $= M$，メス個体数 $= F$，
オスの子を育てるのに必要な投資量 $= C_m$，
メスの子を育てるのに必要な投資量 $= C_f$，とおくと，

$$C_m \cdot M = C_f \cdot F$$

の場合に 性比 $= 0.5$ で安定する．

28.1.3 フィッシャー性比で 0.5 からずれる例

トックリバチの一種 *Symmorphus canadensis* は，竹や木に間孔に甲虫の幼虫を詰め込んで巣室を作って産卵する．隔壁で隔だたれた部屋に 1 卵を産む．部屋の容積は，性比に逆比例していた．メスの方が大きいので，メス用の部屋にはオス用の部屋よりも多くのエサを詰め込む．すなわち，メスの子への投資量が，オスの子への投資量を上回っており，フィッシャー性比の前提条件①がくずれている．結果として，このハチの性比は，メスの方が少ない．

15 種のハチの仲間における，メスを育てるのに必要な相対的コスト（エサを詰める部屋の大きさで測る）と，産卵時の性比の関係は，相対的にメスを育てるコストが大きいほど，オスを多く産んでいる (Trivers & Hare 1976)．

クジラ類のオスの胎児死亡率と胎児性比を比較すると，オスが早く死ぬ度合いは，胎児の性比の日あたりの変化率で表している．1.0 に近いほど，オスの胎児の死ぬ度合いが高くなる．これは，オス胎児の死亡率が高い場合，出産までのエネルギー投資の平均値はオスがやや低くなる．すなわち，性比はオスに偏る．つまり，胎児段階でのオスの死亡率が胎児性比に影響している．このため，出産時の性比は 1.0

で落ち着く (Seger *et al.* 1986)．

28.2　フィシャー性比とは異なる理由で性比が 0.5 からずれる事例

フィッシャー性比の前提条件の③は，近親交配はしない，であった．では，近親交配する条件なら，性比はどう変化するのだろうか (Hamilton 1967)．

28.2.1　寄生バチの性比と局所的配偶競争

アゲハチョウの卵に寄生するハチ；キイロタマゴバチ，および，アゲハタマゴバチの 性比 = 0.1 であり，極端にメスに偏っている．メスバチは，複数個の卵をアゲハチョウ卵に産卵し，幼虫はアゲハチョウの卵中でふ化・生長する．幼虫は，アゲハチョウ卵中で蛹化し，羽化したメスオスは，アゲハチョウの卵中で交尾する．すなわち，同じメス親の子どうしが交尾するため，近親交配である．

メスどうしは同じ母親の子であるため，

- メス : オス = 1 : 1 の場合
  子 20 匹だった場合；メス 10 匹 ⟶ 1 匹が 20 卵産むとすると ⟶ 200 卵
  オス 10 匹 ⟶ 1 オスが何匹のメスとでも交尾できる
- メス : オス = 10 : 1 の場合
  子 20 匹だった場合：メス 18 匹 ⟶ 1 匹が 20 卵産むとすると ⟶ 360 卵
  オス 2 匹 ⟶ 1 オスが何匹のメスとでも交尾できる

すなわち，メスを多く産んだ方が子孫の数は多くなり，適応度が高い結果となる．このために，これらの種は，メスを多く産むように進化したといえる．

同じ状況をオスで解釈すると，同じ寄主で育ったオスどうしがメス（配偶者）との交尾めぐって激しく競争する状態になる．このため，オスをたくさん産んでもオスどうしで配偶者の取り合いになる．すなわち，母親の適応度は頭打ちになる．このために，オスを少なく産む母親の適応度が高くなる．したがって，メスを多く産むように進化した．このような状態を，**局所的配偶競争**：local mate competition とよぶ．

局所的配偶競争が生じる条件として，以下のような状況が挙げられる．

① 子が発育する場所（資源）がパッチ状に存在する．
② 1 つのパッチに少数の n 個体の母親が産卵するとする．
③ 交尾は同じパッチのメスとオスの間でランダムに行われ，受精したメスは産卵のために分散する．

28.2.2　局所的資源競争

ギャラゴ類 *Galago* spp.は，原始的なサルで原猿類の仲間である．樹上性で，アフリカに生息している．南アフリカでギャラゴの生態を調べていたアン・クラークは，野外調査でオスにばかり出くわす機会が多いことに気づいた．シカのオスのように目立つ性が集中して狩猟されるなら標本はオスばかりになる．しかし，ギャラゴのようなメスとオスの差の目立たない動物の標本の性比を調べれば，性比の偏りが判るかも知れないと考えた．そこで，世界中の博物館のギャラゴの標本を調査してみた結果，性比は明らかにオスに偏っていた．

ギャラゴはメスが森林に縄張りを形成する．オスはメスの縄張りを渡り歩いて交尾する．オスの子は巣立ち後，分散するが，メスの子は巣立ち後，縄張りを形成する．メスは縄張りを形成しないと子育てができない．通常，母親から娘に縄張りは相続される．

しかし，縄張りを形成できる森林の面積（資源）には限りがある．縄張りを持てないメスは完全にあぶれてしまう．メスとオスを1:1で産む母親よりも，メスを少なく産む母親の方が適応度が高くなる．そのために，性比がオスに偏る進化が生じた (Clark 1978)．メスの縄張り資源をめぐる競争なので，この現象を**局所的資源競争**：local resources competition とよぶ．

28.2.3 局所的資源競争の事例

台湾原産で国外外来種のクリハラリスは，日本において，メスの目撃例が多いという性比の偏りが知られていた．鎌倉市の山林での，電波発信機放探法によるクリハラリスの行動域の調査の結果（図28.1），オスの行動域は重なっている部分が多く，お互いに排他的ではない．すなわち，縄張りは形成していないことがわかる．それに対して，メスの行動域はほとんど重なっておらず，お互いに排他的で，縄張りを形成していることがわかる．

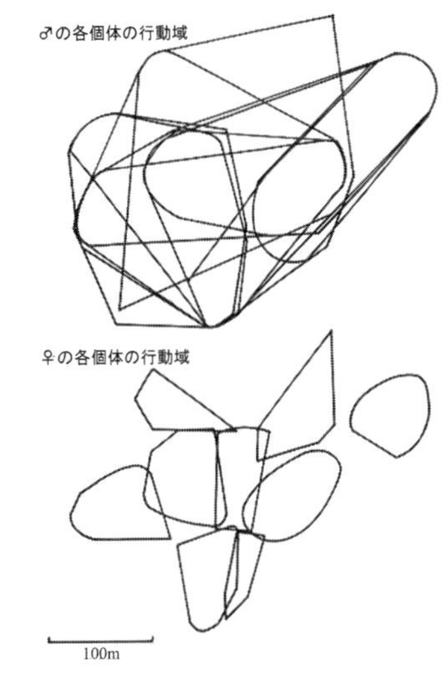

図28.1 クリハラリスの性比の偏り．鎌倉市の山林での，電波発信機放探法によるタイワンリスの行動域の調査結果．上：オスの行動域．下：メスの行動域．オスの行動域は重なっており，縄張りは形成していない．メスの行動域はほとんど重なっておらず，縄張りを形成している．Tamura *et al.* (1989) から引用．田村典子さんのご厚意による．

クリハラリスは台湾原産で，日本の鎌倉市や伊豆大島などで外来種として定着している．オスの子は，成熟後は母親のもとを離れるが，メスの子は，成熟後も母親の近くに縄張りを形成する傾向がある．温帯である鎌倉市や伊豆大島では，果実は少なく，特に冬期は餌不足となる．年中餌が豊富な台湾では，性比が0.5で正常であるのに対し，鎌倉ではオスに偏っていた．これは，局所的資源競争で，性比がオスに偏ったためと解釈された (Tamura et al 1989)．

鳥類は，サルのような恒常的な群れを形成しないため，巣立ちした子がそのまま母親の縄張りに定住する事例は，特殊な例（ヘルパー）を除いてほとんどない．巣立ちした子が，母鳥から離れて分散する距離には差がある．スズメ目（スズメ，メジロ，シジュウカラ，ホオジロ，等）は，オスが母親の近くの留まり，メスがより遠くに分散していく．これは，遠くに去ったメスは親との資源競争があまりないからである．これに対し，カモ目（カモ，ガン，等の水鳥の多く）は，オスの子が遠くに分散し，メスは親の近くに留まる傾向が強い．その結果，メスの子は親と資源競争が生じやすい．スズメ目（メス子が分散）ではメスに，カモ目（オス子が分散）ではオスに性比が偏っていた (Gowaty & Lennartz 1993)．

28.2.4 局所的資源拡充

鳥類には，子が巣立った後に，親巣に残って子育ての手伝いをするヘルパーの存在が知られている．親にとってヘルパーに残ってもらった方が適応度が上がる．すなわち，ヘルパーの性を多く産む自然選択が，かかる可能性がある．メスがヘルパーで残る種は，メスに性比が偏るだろうし，オスがヘルパーで残る種は，オスに性比が偏るだろう．これは，親の資源利用が拡充する現象から採って**局所的資源拡充**：local resources enhancement と命名された (Gowaty & Lennartz 1985)．

アカカンムリキツツキは，オスに偏った性比であることが知られていた．北米に生息するアカカンムリキツツキは，オスがヘルパーで親の巣に残る．6年間に85巣を調査した．その結果，オスの子99羽，メスの子69羽，であり，性比はオスに偏っていた．オスの子もメスの子も育てるコストは同じだった．

これは，局所的資源拡充でオスに性比が偏っていると結論づけられた（Gowaty & Lennartz 1985）．

28.2.5　互いに矛盾し合う局所的資源競争と局所的資源拡充

ヘルパーが親元に残ると，親と子の間に局所的資源競争が起きる可能性がある．これは，親元の縄張り内の資源が十分にあれば生じない．しかし，親と子の間に局所的資源拡充が起きる可能性がある．局所的資源競争と局所的資源拡充では性比の偏り圧は，まったく正反対な自然選択である．すなわち，親の縄張り内の資源の量で，どちらの選択圧が強く働くかが決まる．

セイシェルヤブセンニュウは，インド洋のセイシェル諸島に生息する小型の鳥で，メスとオスのペアーが縄張りを持つ．1年1回繁殖で，卵は1個しか産まない．メスの子はヘルパーとして親元に留まる．生息地の環境が悪く，エサの虫が少ないと，局所的資源競争のために性比がオスに偏る．1993年から1995年にかけて，個体数が多すぎて資源状態の悪いクーザン島から，資源状態が良好で未生息地のアリド島とクージーヌ島に，自然保護のために移住させた．資源状態が良くなると，オスに性比が偏っていた（メス：オス＝2：18）のが，メスに性比が偏る（メス：オス＝29：5）ようになった．すなわち，この現象は，局所的資源競争から局所的資源拡充へと自然選択の逆転が生じた実例である（Komdeur *et al.* 1997）．

コラム　アニメ「もののけ姫」に出てくる「シシ神の森」の不自然さの理由

1997年に公開され，大ヒットとなった日本の長編アニメーション「もののけ姫」に「シシ神の森」という日本の原生林の描写があり，森林の中も長時間のカットで描かれている．しかし，その森を通常の日本の原生林として見た場合，やや不自然な部分に気づく．すなわち，森林の下草や低層木層がまったくと言ってよいほど描かれていない．画面構成の煩雑さを省略した技法と捉えることも可能だが，どうも，それには別な理由がありそうだ．「もののけ姫」に出てくる自然描写のために，事前にアニメ制作者はロケハン（ロケーション・ハンティング：location scouting）隊を，鹿児島県屋久島の原生林に派遣した．ロケハンのスタッフは，屋久島の原生林が観察できる白谷雲水峡において写真撮影や正確なスケッチを行い，「シシ神の森」のモデルとした．現在，屋久島ではヤクシカ（*Cervus nippon yakushimae*）が増えすぎて，林内の低層木や下草が食い尽くされた状態になっている．1980年頃の屋久島の森は，尾根筋や斜面にはハイノキ（*Symplocos myrtacea*）等の低層木が生い茂り，登山道を外れると，あまり見通しの効かない森であった．それが現在では，ヤクシカの食害により，低層木や下草の多くが消失し，遠くまで見通せる森へと変容してしまっている．そのような現在の屋久島の森林の風景を正確に描写すれば，「シシ神の森」のような絵になるであろうことが容易に納得出来る．ヤクシカに因る被食圧によって，森林の下草や低木層が壊滅しているという仮説は，林床の一定面積を柵で囲ってヤクシカの侵入を排除した実験区画と自然状態の区画の間での植生回復の比較実験の観察結果からも支持されている（相場 2006）．写真左は，ハイノキ等の林床植生が生い茂った1983年夏時点での屋久島の原生林の林床．花山歩道から谷を隔てた尾根の斜面の森にて，生森佳治さん（現在，環境調査会社経営）が撮影．後左は松井英司さん（現在，熊本の県立高校の生物学教員），後右は山根正気さん（現在，鹿児島大学名誉教授），前は冨山清升（筆者）．1983年7月15日撮影．写真右は，現在の屋久島の森林の林床．花山原生林の近くにある西部林道沿いにおいて，林床植生が壊滅している様子とヤクシカ．林床にはヤクシカが摂食しない下草がわずかに生えているのみ．2019年10月12日撮影．

相場慎一郎（2006）屋久島の森林の構造と機能．*In*：大澤 雅彦・田川 日出夫・山極 寿一（編）．世界遺産 屋久島 ―亜熱帯の自然と生態系―．朝倉書店，東京．

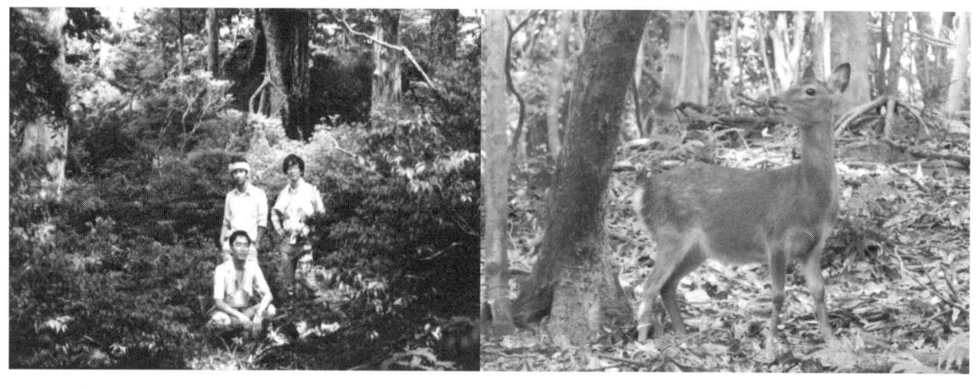

第 29 章

動物の配偶形態

29.1 動物の配偶形態とは

29.1.1 動物の配偶形態の分類分け

動物のメスやオスが生涯に，それぞれ何頭の異性とつがい関係をもつかということを，**配偶形態**，もしくは，**配偶システム**と言う．動物の配偶形態は，大まかに分けて，下記の 4 通りがある (Shuster & Wade 2003)．

(1) **一夫一妻**：monogamy ：1 頭のオスが 1 頭のメスとつがい関係をもつ．
(2) **一夫多妻**：polygyny ：1 頭のオスが多数のメスとつがい関係をもつ．
(3) **一妻多夫**：polyandry ：1 頭のメスが多数のオスとつがい関係をもつ．
(4) **乱婚**：promiscuity ：特定の個体とつがい関係をもたない．

一般に，つがい関係をもつ鳥類や哺乳類では，子の養育形態がどうなっているのか，を重視する．昆虫などでは，1 シーズン中に何匹の異性と交尾するのか，を重視する．配偶形態は種によって決まっていると思われていたが，種内や個体群内でも異なった配偶形態をもつ個体が混在していることが明らかになっている．

29.2 動物の一夫一妻の説明

29.2.1 一夫一妻

一夫一妻とは，特定のメスとオスがつがい関係をもち，メスとオスの両方で子育てを行う場合をさす．昆虫では，1 つの繁殖シーズンでの交尾相手が，オスから見てもメスから見ても 1 頭だけの場合を言う．

一夫一妻を**単婚**：monogamy，一夫一妻以外の配偶システムを**複婚**：polygamy ということもある．

29.2.2 鳥類の一夫一妻

驚くべきことに，地球上で記載されている約 9000 種の鳥類のうち，約 91％の種は，一夫一妻の配偶形態を採っている．では，何故に鳥類に一夫一妻が多いのか進化学的に考えてみよう (Greenwood 1980)．

一夫一妻の率のきわめて高い鳥類は，樹上性の鳥，崖上に巣を作る鳥，もしくは，二次的に地上性になった鳥に多い．分類学的に見れば，ワシタカ目，スズメ目，ミズナギドリ目，ガンカモ目に属する種は，一夫一妻の率が高い．これらの鳥類は，**晩生性**のヒナの型といって，ヒナは自分で餌の採れない状態でふ化する．このふ化形態を採る鳥類のヒナは，長期間の親の給餌が必要である．そのため，2 羽のオス・メス親による子の保護が理想的となる．

一方，一夫多妻や乱婚の傾向が強い鳥類は，生態型が地上性の鳥に多い．分類学的には，シギチョウ目，ダチョウ目，キジ目，ツル目，一部のガンカモ目に多く見られる．これらの鳥類のふ化生態は，**早生性**のヒナの型という，ヒナが自分で餌を採れる状態でふ化する．親鳥は抱卵はするが，ヒナへの給餌は行わない．

29.2.3　鳥類の一夫多妻の例

ダチョウは，典型的な一夫多妻の配偶形態を採る．繁殖期には 1 羽のオスが縄張り形成し，複数メスを群れの中に囲う．オスどうしで縄張りをめぐって争うこともある．オスの縄張りの中に何羽ものメスが来て交尾し，産卵する．巣は形成せず，オスが地面を掘って窪みを造り，そこにメスが卵を産卵する．群れの中でも優位なメスが最初に卵を産む．最初のメスが産卵した卵の周囲に他メスが追加して産卵する，抱卵は同じ群れのメスが交代で集中抱卵する．

ニワトリは，オスは縄張りを張って他オスを縄張り外に排除する．メスは，気に入った縄張りを渡り歩いて気に入ったオスと交尾する．抱卵はメスが行い，子育てもメスが行う．ヒヨコはふ化した時から自分で歩いて餌を採餌する．

29.2.4　哺乳類の一夫一妻

哺乳類の配偶形態の大半が，乱婚か一夫多妻である．一夫一妻を採る哺乳類の種は，全体の約 3% 以下に過ぎない (Greenwood 1980)．それも，その 3% という数値には，普段は孤独性の生態型を採り，交尾期にだけ，メスとオスで行動している種も含まれている．すなわち，生息密度が低すぎて，乱婚や一夫多妻になり様がない種も含んでいる．例えば，アグーチ類 (*Dasyprocta* spp.)，パカ類 (*Cuniculus* spp.)，ホッキョククジラ (*Balaena mysticetus*)，レイヨウ類の一部の種，等々がこれに該当し，これらの種では，夫婦で子を連れ歩いている観察例がない．

29.2.5　常時一夫一妻である哺乳類

常時一夫一妻である哺乳類の種は，さらに事例が少なく，テナガザル類，ヒト，若干のサル類（タマリン類など），砂漠産のネズミ類，イヌ科の大部分（キツネ，タヌキ，オオカミ，イヌなど），マングースの一部，および，ソレノドン類（モグラに近い）に限られる．

その中でも，集団生活をしつつ，一夫一妻の家族のまとまりを保持している哺乳類の種は，ヒト，オオカミ，コヨーテ，ミーアキャット（マングースに近い）のみである．これらの種は，ヒトを除けば，草原や砂漠の食肉目の仲間で占められる．ヒト以外は，血縁者の家族で構成される群れを形成している．

非血縁者どうしで集団生活しつつ，一夫一妻を維持している種は，ヒトしか知られていない．その意味で，ヒトは，かなり特殊な配偶形態をもつ哺乳類の種ということになる．

29.2.6　哺乳類で一夫一妻が少ない理由

哺乳類では，何故一夫一妻が少ないのだろうか．その理由として，哺乳類では，メスとオスで子への投資量の差が大きいことが挙げられる．哺乳類のメスは，卵子の受精から出産に至るまでの期間が鳥類よりもはるかに長い．子への長期の授乳期間も必要である．保育期間は，短くても 1 〜 2 か月，長ければ数年は子にかかりっきりになる．これに対し，哺乳類のオスは，メスと交尾を繰り返すことによって，自分の子孫を増やせる．このため，オスにとっては，子育てに関わるよりも，メスとの交尾にエネルギーを割いた方が適応度を高めることになる．このため，進化的に哺乳類では一夫一妻が少なくなったと考えられている (Greenwood 1980)．

また，哺乳類がもつ授乳の生態行動は，鳥類の給餌よりも安全・安定している．すなわち，子育ては，オスの世話がなくてもメスだけで何とかなる．鳥類においては，子育て期間中の餌不足は，ヒナの即死亡を意味する．しかし，哺乳類では，エサ不足に陥っても，母親の脂肪や筋肉を，一時的に母乳に転換できる．

哺乳類の種において，子が離乳した後でも，オスが子に給餌する種は非常に少ない．ヒト，タマリン類，および，オオカミなどのイヌ科の種で知られているのみである．大半の一夫一妻の哺乳類はオスが子育て中のメスに給餌する．

29.2.7 一夫一妻を採る哺乳類の種の特徴

何故一夫一妻の哺乳類の種がいるのだろうか．一夫一妻の種を生態型で分類分けすると下記のようになる．

(1) 樹上性の種：テナガザル類，タマリン類，日本のヒメネズミ
(2) 草原性の種：ヒト，イヌ科の各種，オグロプレーリードック
(3) 水棲の種：ビーバー類
(4) 森林性の種：ソレノドン類，オーストラリアのハッタネズミ，アフリカのシマクサマウス

これらの種の生息地は，エサが少なく，メスだけでの子育てが，かなり苦しい例が多い．このため，オスが子育ての手伝いをする事例の方が，適応度が高くなり，一夫一妻が進化したと考えられている．

日本産のヒメネズミは一夫一妻で，オスは授乳中のメスに給餌をする．そこで，オスの存在が適応度を上げているという仮説を検証するために，野外実験が行われた．まず，巣箱を仕掛けてヒメネズミに営巣させた．次に，子が生まれた段階でオスを除去して，子の発育を除去しなかった組と比較した．その結果，オスを除去された巣箱では，子の死亡率が上がり，子の巣立ち体重も減少した．すなわち，一夫一妻の本種では，オスの給餌によって適応度が上がっていることが証明された (Oka 1991)．

29.3 動物のその他の婚姻形態

29.3.1 動物全般の一夫多妻

一夫多妻の動物では，オスは複数のメスと交尾するために，多くのメスと交尾できるオスがいる一方で，まったくメスと交尾できないオスも生じる事例が多い．一夫多妻は，その生態型によって，いくつかに分類分けされている (Thornhill & Alcock 1983)．

29.3.2 資源防衛型一夫多妻

メスにとっての資源をオスが防衛し，資源のところにやってくるメスと次々に交尾するという生態型を**資源防衛型一夫多妻**と言う．これは，オスによる交尾縄張りの見られる例が多い．この場合，オスやメスそのものは資源には含めない．例として，昆虫類のシオカラトンボやアオハダトンボが知られている．

29.3.3 メス防衛型（ハレム型）一夫多妻

オスが守る資源がメスそのものである場合，オスが防衛するのは集合したメスの集団である．1 匹のオスが防衛する場合，メスの集団をハレムとよぶ．オスは縄張りの中にハレムを形成する．その様な一夫多妻を**メス防衛型一夫多妻**，もしくは，**ハレム型一夫多妻**と言う．その例として，ゾウアザラシ類がよく知られている．

29.3.4　レック型一夫多妻

特に資源のない場所にオスが集まって，小さな縄張りを作って求愛のディスプレーを行い，そこにメスがやってきて交尾が行われる．この際に，求愛しているオスが集合している場所をレックとよぶ．このような配偶形態を**レック型一夫多妻**と言う．アズマヤドリのように求愛用の巣を作り，そこに来たメスと次々に交尾する例もレック型一夫多妻としている．

29.3.5　スクランブル競争型一夫多妻

縄張りを形成したり，なんらかの資源を防衛するのではなく，オスが動き回ってメスを探索し，次々と交尾するというような配偶形態を**スクランブル競争型一夫多妻**と言う．この場合，オスがどれだけ多くのメスと交尾できるかは，探索の早さが影響する．スクランブル競争型一夫多妻は，繁殖期間が短く，集中して交尾活動が生じる動物に多い．また，交尾場所にオスが多すぎて，縄張り防衛にコストがかかりすぎる場合に生じることもある．例として，カブトガニの配偶形態が挙げられる．

29.3.6　一妻多夫制

一妻多夫にも様々な型があると予測されているが，一妻多夫の動物の事例が非常に少ないため，研究が進んでおらず，不明な部分が多い．比較的，研究が進んでいる鳥類では，タマシギ，マダライソシギ，アメリカヒレアシシギ，バンなどが一妻多夫であることが判っている (Ueda 1984)．

29.3.7　乱婚制

メスもオスも交尾相手が複数であるものを，**乱婚**とよぶ．メスもオスもまったく規則性がなく交尾している場合を，特に，乱婚とよぶ場合もある．何らかの規則性があっても，交尾相手が互いに複数であれば，乱婚とよぶ場合が多い．

コラム　イシマキガイの河川遡上行動

軟体動物腹足綱アマオブネガイ科に属するイシマキガイは，河口の汽水域から淡水域に広く分布する巻貝として知られている．本種は，淡水域で産卵するが孵化した幼生は水流と共に川を下り，河口の塩水域で孵化し，幼貝として定着し，成長・冬越しをする．冬越した幼貝は，翌年の夏から秋にかけて河川を遡上し，淡水域まで長距離移動することが知られている．小原・冨山 (2000) は，河口の調査区に生息するイシマキガイの幼貝が 10 月頃から急激に減少し，その上流部の調査区においてイシマキガイの小型個体が 10 月頃から急に増加する現象を観察した．この事実から，本種の河川遡上行動が秋口に開始されるのだろうと推定した．原口・冨山 (2018) は，鹿児島県鹿児島市を流れる五位野川において，河口に生息するイシマキガイについて，標識捕獲法を用いて本種の長距離移動を直接観察した．標識は，2017 年の 5 月と 9 月の 2 回行った．回収は毎月行った．その結果，5 月，9 月ともに，1 回につき 500 個体を計 3 回，合計 1500 個体を標識個体として放流し，5 月は，28 個体，9 月は 8 個体が回収された．5 月は全体の約 1.87 % が，9 月は，全体の約 0.53 % が再捕獲されたことになる．イシマキガイの直線移動距離と殻サイズとの間に相関関係は検出できなかった．河口の調査区でマーキングした個体は，放した地点よりも上流の調査地点で全て，再捕獲されたため，明らかに本種の幼貝は，汽水域から上流部へ遡っており，過去の研究例を支持する結果となった．

小原淑子・冨山清升 (2000) 同一河川に生息するカワニナとイシマキガイのニッチ分け．*Venus* **59(2)**: 135–147.

原口由子・冨山清升 (2018) 鹿児島市伍位野川におけるマーキング法によるイシマキガイ *Clithon retropictus* の生態の研究．*Nature of Kagoshima* **44**: 145–150.

第 IV 部

環境と保全の生物学

約 1 万年前の最終氷期の終了後，気候の安定化に伴い，人類は各種の農作物を品種として固定し，本格的な農耕を始めた．それ以降，世界の多地域で多発的な農耕文化が発生したことが知られている．人類は，農耕の開始と共に，生態系に組み込まれた動物種としての存在を脱却し，地球上の生態系から収奪する歴史が始まった．農耕による食料の安定供給と余剰生産は，ヒトの人口増加を促し，その結果として，世界各地で文明が発達した．17 世紀のマウンダー小氷期とよばれる寒冷期を経て，気候が安定化した 18 世紀後半以降，工業文明が発達し，地球上の生態系からの収奪が加速した．20 世紀に入ると，生態系からの収奪のひずみは，ヒトの生存自体を脅かす程度にまで進展し，環境問題として顕在化するようになった．現在，地球全体の生態系が，ヒトが原因によって危機的状態にあることが共通認識となり，いわゆる地球環境問題としてクローズアップされるようになった．フィールド生物学の各分野は，地球環境問題を分析し，解決策を見いだす重要な研究体系の 1 つと言ってもよい．以下の各章では，フィールド生物学からみた各種の地球環境問題を考察してみたい．

コラム　鹿児島県版レッドデータブック

レッドデータブックは，絶滅の恐れのある野生動植物リストの通称名で，本の表紙が赤色で統一されていることから，そのようによばれている．1993 年に，日本政府により，「絶滅の恐れのある野生動植物の種の保存に関する法律」の施行後，日本産の保護すべき希少な生物種を指定するために，まず，日本版のレッドデータブックが編纂された．その後，全国の各都道府県でも同様のレッドリスト地方版を出版することが推奨された．そのような動きの中で，鹿児島県は，2000 年から鹿児島県版のレッドデータブックの編集作業にとりかかり，2003 年に「鹿児島県の絶滅のおそれのある野生動植物」を出版した．鹿児島県は，南北約 600 km にもわたる広大な地域に位置しており，地理的には，九州の南端に位置し，奄美群島や種子島・屋久島などの島嶼が多い．このため，野生動植物は，固有種，南限種や北限種が多く，植物約 3,100 種，鳥類約 380 種，哺乳類約 50 種など多くの野生動植物が生息・生育している．このように貴重な野生動植物が数多く分布するため，鹿児島県のレッドデータブックは，他県には例のない動物編と植物編を分けた 2 分冊となった．それでも，動物編 642 ページ，植物編 657 ページという大冊となった．2014 年発行の第二版以降は，電子化され，書籍版はスリム化を図っている．2014 年発行の鹿児島県レッドリストは，哺乳類，鳥類，は虫類，両生類，汽水・淡水産魚類，昆虫類，陸産貝類・淡水産貝類，汽水・淡水産十脚甲殻類，維管束植物，藻類の各項目ごとに，希少性のレベルに合わせて編集が行われている．その結果，絶滅 22 種，野生絶滅 4 種，絶滅危惧 1 類 796 種，絶滅危惧 2 類 640 種，準絶滅危惧 1,158 種，情報不足 216 種となり，総計 2,836 種の種ごとの解説が掲載された．この数は，全国の都道府県の中でも群を抜いて多い．このようなレッドデータブック掲載の情報をもとに，条例に基づく保護種の選定等の鹿児島県の希少野生動植物の保護施策が行われている．

第 30 章

地球環境問題；地球環境問題各論

30.1 IGBP と地球環境問題

30.1.1 地球圏・生物圏国際協同研究計画（IGBP）

ここ約半世紀ほど，社会問題化している地球環境問題を避けて，フィールド生物学の議論はできないだろう．この章では，簡単に地球環境問題を手短に紹介したい．加えて，そこから派生した生態系サービスや SDGs（**持続可能な開発目標**：Sustainable Development Goals）の概念にも簡単に触れ，野外生物の保全に関する解説を行う．

1986 年の第 21 回国際科学会議：The International Council for Science：ICSU の決議において，全地球的な環境変化を調査し，問題解決の提言を行うため，国際協同研究プロジェクトが実施されることになった．これが，地球圏・生物圏国際協同研究計画：International Geosphere-Biosphere Programme：IGBP といわれるものである．公式には，1987 年から 2015 年まで実施されたことになっているが，いくつかの研究プロジェクトは，現在も継続中である．地球環境問題として注目を集めるようになった社会問題も，この IGBP に伴う広報活動によるところが大きい．

IGBP 関連の研究の結果，地球環境問題としては，地球温暖化問題が筆頭に挙げられるが，その他に，旧来の水質汚濁や大気汚染問題等の地域の公害問題に加え，地球全体の生物圏の問題が注目されるようになった．具体的には，生物多様性問題，希少野生動植物保護問題，外来種問題，森林破壊問題，砂漠化問題，オゾン層破壊問題，海洋汚染問題，酸性雨問題，環境ホルモン問題，人獣共通感染症問題，パンデミック感染症問題，等々が注目され，集中的な人材投入で世界的に研究が行われるようになった（Alverson *et al.* 2003）．

国際的には，地球温暖化問題や生物多様性問題などが注目されるようになり，政府間交渉のための定期的な国際会議も開催されるようなった．IGBP は，世界約 70 カ国が参加し，1 万人以上の研究者が従事した．日本では，環境省（当時は環境庁）が受け皿組織となった（植松 2012）．

30.1.2 地球環境問題

地球環境問題とは，1960 年代から学術テーマとして取り上げられてはいたが，IGBP プロジェクト研究によって宣伝され，注目を集めるようになった社会問題を指している．その中身は，現在は，(1) 地球温暖化，海面上昇，永久凍土の融解，(2) 大気汚染，酸性雨，(3) 水質汚染，土壌汚染，地下水汚染，(4) オゾン層破壊，(5) 生物多様性の衰退，生態系の破壊，(6) 森林破壊，過放牧，砂漠化，塩害，(7) 海洋汚染，海洋酸性化，海洋大循環の破壊，などの問題に集約されている．これらの項目の中から，代表的なものを以下にまとめてみる．

30.1.3 地球の長期気候変動

南極氷床のボーリングコアによって，氷の中に封入された氷河形成時の大気が，時系列的に分析できるようになった．大気中の酸素安定同位体比を調べることによって，当時の気温が推定できる．南極や北極などで堆積している過去の氷の酸素原子の同位体比には，当時の気候が反映されており，その測定により，過去の気候変動を解析することができる（Uemura *et al.* 2018）．

この原理を用いて，過去数百万年間の地球大気の気温変化を推定できるようになった．その結果，地球の気温は，現在と比べると，年単位で激変している時代が多く，最終氷期が終了して以降，特に過去約1万年間はむしろ気候変動が緩やかであることが判っている．ヒトが，安定して作物農業に従事可能になったのは，過去約1万年間の気候の安定化が関わっていると推定できる．また，過去約1000年間の気温変遷を比較すると，18世紀以降の約200年間は特に温暖で変動の少ない気候であったことが判っている．恐らく，産業革命以降の工業の発展を伴う近代文明の発展は，このような安定した気候の下支えがあっての結果と推定可能である．

過去にさかのぼっての酸素安定同位体比の推定は，最近は宇宙塵による測定方法が注目されている．鉄を含む宇宙塵は，常時地球に降っているが，地球大気に突入した際に，大気中の宇宙塵中の鉄が化合し酸化鉄の被膜を形成する．地上に落ちた宇宙塵は，最終的には堆積岩の中に封入される．過去の堆積岩を調査すると，その様な宇宙塵を多数確認することができる．宇宙塵の酸化鉄被膜にある酸素安定同位体比を算出することで，その宇宙塵が地球大気に突入した時点の，地球の気温が推定可能になる．堆積層で年代が決定されている地層の宇宙塵を調査すれば，その時代の気温が推定できる．この手法を用いれば，理論的には古生代から現代にいたる地球の気温の変遷追跡が可能になる（尾上 2019; 等）．

過去に，地球の気候を変動させてきた要因はいくつか挙げられる．プレート移動に伴う大陸陸塊の配置変化による海流の変動と海洋大循環の変化，海洋に比べ気温変動の大きい陸地面積の変化，および，大気大循環を妨げる大山脈の形成などである．

加えて，火山活動による細かいチリの大気中への放出は，太陽光の入射量を著しく阻害し，地球表面の気温を低下させる．例えば，1883年にインドネシアのクラカタウ島が大噴火し，島の大半が吹き飛ばされ，膨大な量の火山灰などの微粒子が，大気中にばらまかれた（⇒第II部第19章参照）．この結果，北半球全体の平均気温が0.5〜0.8°C低下したとされている（Simkin *et al.* 1984; Winchester & Perennial 2003）．また，約2万5000年前に，鹿児島県北部で生じた姶良カルデラの大噴火（大木 2000; 町田・新井 2003）は，ウルム氷期の最寒冷化の引き金を引いたとされている．約2億5100万年前の古生代末期の二畳紀と三畳紀の境界の時代：**P-T 境界**：Permian-Triassic boundary，現在のシベリア地方で大火山活動が起こり，大気の酸素濃度が約30％から約20％程度まで激減した．この時代，大気中のチリの影響で，気温もかなり低下したと推定されており，全生物の約90％以上が絶滅したとされている（Yanlong *et al.* 2019: Hana *et al.* 2020）．

火山活動のチリの影響と並んで，小惑星の衝突に伴う多量のチリの散布も，気温低下とそれに伴う生物の大量絶滅の原因になる．約6500万年前の中生代白亜紀と新生代古第三紀の境：**K-Pg 境界**：Cretaceous-Paleogene boundary の時期に，現在のユカタン半島付近に小惑星が衝突し，吹き上がった多量の粉塵による気温低下と，それに伴う気候変動が引き起こされ，恐竜を含む地球上の生物が種レベルで約75％が絶滅した（Alvarez *et al.* 1980; Hildebrand *et al.* 1991）．小惑星衝突に伴う気候激変は，約2億130万年前の三畳紀末：**T-J 境界**：Triassic-Jurassic boundary の大量絶滅の際にも生じたと言われている（Ward *et al.* 2001）．

また，**ミランコビッチサイクル**とよばれる地軸の歳差運動，自転軸の傾き変化，地球公転軌道の離心率の変化などが複合した，地球本体の周期的な天文運動も数千年単位の気候変動に関わっている．地球軌道要素の変動に伴った気候変動としては，約 7000 年前から約 5000 年前にかけての完新世気候最温暖期を例として挙げられることもある．この時期は地質学では縄文大海進とよばれる時期で，この時期，現代よりも気温が約 1～2°C ほど高かった．その結果，温暖化のため両極の氷床が解け，海水面が現代よりも約 4～6 m 高かったと言われている．現在は地球が太陽に最も近づく日近日点が，縄文大海進の時代には，北半球の夏期にあたり，さらに，現在は 23.4 度である地軸の傾きが，当時は約 24 度と大きく，それらの要素のために，北半球においては，気温の季節変動が現在よりも高かったことが理由とされている（安成・粕谷 1992; Miller *et al.* 2009; Buis 2020）．

天文活動を要因とする気候変動としては，太陽が放出する光の放射エネルギーそのものの変動も挙げられている．太陽中心部の核融合反応によって，多量のニュートリノが発生するが，ニュートリノは一瞬で太陽を貫き，約 8 分 19 秒で地球に到達する．その太陽ニュートリノの量を測定することで，太陽中心部の核融合活動の度合いが推定できる．しかし，太陽中心部の熱反応エネルギーは，約数千年の時間をかけて太陽表層に到達していると計算されている．現在，地上に降り注いでいる太陽エネルギーに比べ，太陽中心部の活動が著しく低く，太陽ニュートリノ問題として，そのギャップが謎となっていた（Haxton 1995）．しかし，その問題は，ニュートリノ振動の理論で本質的には解決している（McDonald *et al.* 2001）．それとは別に，太陽活動自体が強弱変動していると推定されており，地球に到達する太陽光も変動している．1645 年から 1715 年の間，太陽黒点の観測数が著しく減少し，太陽磁気活動が弱まった期間があり，**マウンダー極小期**：Maunder Minimum とよばれている．この時期，地球規模で気温が低下し，冬期にロンドンのテムズ川が氷結するなどしており，**マウンダー小氷期**ともよばれている．これは，太陽光自体が減少し，地球のオゾン層で吸収される紫外線量が減ったことに伴う，寒冷化であったと推定されている（Soon & Yaskell 2004）．

30.1.4　温室効果と地球温暖化

現代の地球上で生じている大きな気候変動は，大気中の温暖化ガスの増加と，それによる温室効果の進行に伴う地球温暖化が大きな要因とされている．

図 30.1 は，ハワイのマウナロア山，および，日本にある定点観測地（綾里，与那国島，南鳥島）で測定された，大気中 CO_2 濃度の年次変化である．また，南極氷床中に封入された過去の大気のから，当時の CO_2 濃度が算出された．北半球の夏と冬で，1 年周期の増減を繰り返しながら，年々上昇している（Global Monitoring Laboratory 2022）．夏と冬の増減は，地球上の陸上生態系の面積が，北半球は南半球の 2 倍と偏っており，夏期には北半球で森林の光合成による CO_2 吸収が多くなることが最大の原因である．加えて，ヒトの人口が北半球に偏っており，冬場に化石燃料を燃焼させ，CO_2 排出が増加することも，年間の CO_2 量の周期変化の原因となっている．

しかし，通年比較では，CO_2 濃度は年々上昇し続けている．その原因は，以下の 2 つが挙げられる．

(1)　ヒトの産業活動により，石炭や石油などの化石燃料が燃焼されている．

(2)　ヒトによる耕作地や牧草地の開拓といった土地利用が，本来ならば，生態系の中にしまい込まれるはずの薪等のバイオマス燃焼や土壌中有機物の分解を促している．

図 30.2 は，1985 年以降の，メタンの大気中濃度の変動を示したグラフであるが，近年，メタン濃度は急激に上昇していることがわかる（気象庁 2022）．このメタン濃度の上昇は，主に永久凍土層の融解による，泥中封入メタンの放出，ヒトの活動による農業や牧畜によって生じていると考えられる．

過去の人間活動によって放出された CO_2 のうち，累積で約 50～60 % が，海洋と陸域とに吸収され，

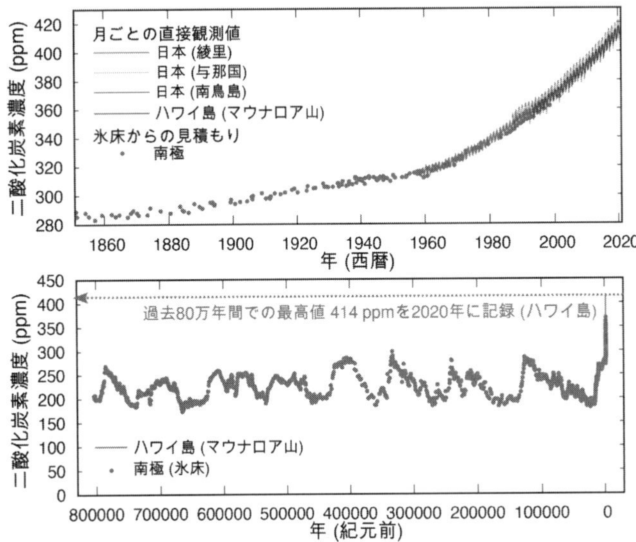

図 30.1 ハワイのマウナロア山にある定点観測地で測定された大気中 CO_2 濃度の年次変化．大気中の二酸化炭素濃度の長期変化．単位は ppm．日本での直接観測値（岩手県綾里，沖縄県与那国島，東京都南鳥島）は気象庁（『本編』から転載）*2，アメリカハワイ島マウナロア山での直接観測値はスクリップス二酸化炭素プログラム*4，そして南極氷床からの見積もりの合成値はアメリカ海洋大気庁国立環境情報センター*5 から；2021 年 1 月 9 日にそれぞれ転載．図は，国立環境研究所 (2020) から転載．

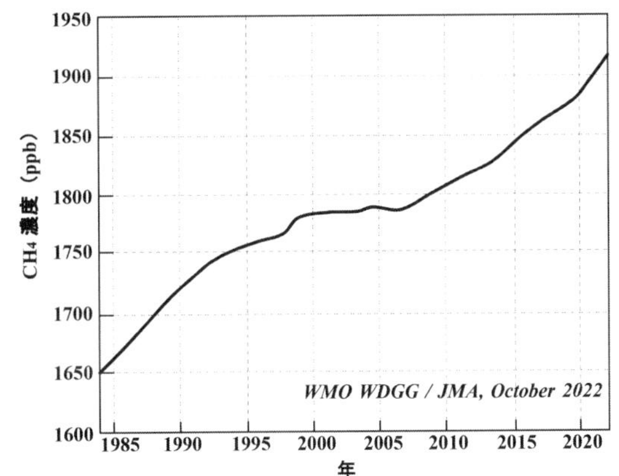

図 30.2 人間活動による大気中メタン濃度変化．気象庁 (2022) メタン濃度の経年変化より修正転載．

その残余分が，大気中 CO_2 濃度を上昇させていると考えられている．

太陽から地球に放射された光エネルギーのうち，約 3 割が，雲や地表面の反射で宇宙にもどり，残り約 7 割が，地球で吸収される．光の吸収によって暖められた雲や地表からは，黒体輻射（こくたいふくしゃ）の原理（温度のある物体は，電磁波の形でエネルギー放出をする．）によって，エネルギーの一部が赤外線として放射される．地球の大気は，赤外線を吸収する性質があるため，放出された赤外線の多くは，大気に吸収され気温を上昇させる（図 30.3）．このように大気は，入射された太陽放射エネルギーを，赤外線の放射と吸収の形で大気圏内にとどまらせることができ，大気と地表とを暖めている．この一連の作用を**温室効果**：greenhouse effect と言う．大気が赤外線をまったく吸収することがなかった場合には，地球の平均表面気温は約 33°C 低下すると計算されている (Bengtsson & Hammer 2001)．

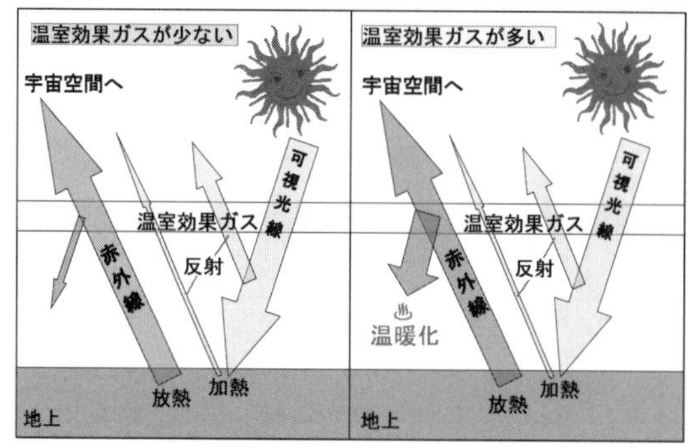

図 30.3　温室効果のメカニズム．地球に入射された可視光のうち，その 3 割は雲や地表面で反射され宇宙に戻り，2 割が雲で吸収され，5 割が地表面で吸収される．可視光の吸収によって暖められた雲と地表面からは，赤外領域の光線が周囲に放射されるが，大気は赤外光をよく吸収する性質をもつため，雲や地表面からの長波エネルギーの多くは大気を暖めるのに消費される．

大気中で放射赤外線を吸収する主要なものは，雲の水微粒子の他に，水蒸気，CO_2，および，メタンなどのガスである．これらの赤外線を吸収する作用のあるガスは**温室効果ガス**：greenhouse effect gas とよばれる．これら温室効果ガスの大気中の濃度の増減によって，温室効果の程度が変化し，地球の平均表面気温が大きく変化する結果をもたらす．過去数 10 年間の地球の平均表面気温は大きく上昇し続けているが（図 30.4）（IPCC 2007），これは，温室効果ガスの濃度上昇を考慮しないと説明できないとされている (Grunbaum 2020)．

地球温暖化は，海水面の上昇を引き起こし，問題化しつつあるが，その原因は，(1) 南極やグリーンランドなどの陸上氷河が溶け出し，多量の水が海に流れ込む，(2) 水温の上昇で，海水そのものの体積が膨張する，の 2 つに集約できる．海水の体積膨張に伴う海面上昇の方が，より深刻な問題なのであるが，氷床融解ばかりが議論され，海水体積膨張は，あまり注目されていない (Ishii & Kimoto 2009)．

地球温暖化に伴う気候変動も地球規模で深刻な状況を招きつつある．単純に気温が上がるだけはなく，地球上で温暖と寒冷の格差が拡大し，深刻な気温上昇に伴う乾燥化と局所的な寒冷化が生じている．また，海水温の上昇の結果，蒸発する水蒸気量が増え，台風やハリケーンなどの熱帯低気圧の巨大化も招いている（IPCC 2007）．

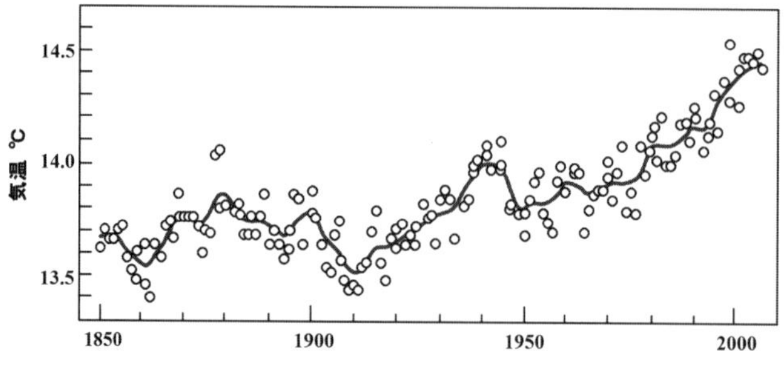

図 30.4　世界平均の地上気温の時系列変化．丸印は各年の値，太線は 10 年移動平均値，IPCC 編，IPCC 第 4 次評価報告書政策決定者向け要約 (2007) より改変転載．

30.1.5 大気汚染と酸性雨問題

主に都市部では，化石燃料を使用した，車などの交通手段や産業活動に伴う排出ガスなどによって，窒素酸化物（NOx），硫黄酸化物（SOx），および，太陽光による光化学反応によって生じたオキシダントなどが原因物質となって大気汚染が生じている．冬期の暖房用石炭の燃焼に伴う煤煙によるスモッグを「ロンドン型スモッグ」と言う．また，自動車の排気ガスなどの窒素酸化物が原因となり，大気中の光科学反応によって生成したオゾンやアルデヒド等のオキシダントとよばれる気体成分と，硝酸塩や硫酸塩から成る微粒子が混合したスモッグを「ロサンゼルス型スモッグ」，もしくは，**光化学スモッグ**とよぶ（Guderian 1977）．

大気中のNOxやSOxなどが，雨，霧，雪などに溶け込み，強い酸性状態となって，降下する現象を**酸性雨**：acid rain / acid precipitationとよんでいる．通常の雨は，空気中のCO_2が溶け込むため，弱酸性のpH 5.6程度である．それが，pH 5.6を越えた場合，酸性雨の指標となっている．酸性雨によって，土壌が酸性化し，植物に有害な重金属イオンが溶出し，酸性の雨による直接被害も相まって，森林の樹木が立ち枯れる被害が工業地帯周辺で目立っている（Boyle 1983）．

また，湖沼が酸性化し，周辺土壌から溶出したアルミニウムイオンや重金属イオンのために，ヨーロッパを中心に，魚類が生育できない湖が増えている．ノルウェー南部の715か所の湖沼で60％以上がpH 5以下となっている．酸性雨は，北欧スカンジナビア半島における多くの湖沼においてpHの大幅な低下を生じさせ，その様な湖沼の多くで魚類が死滅し，「死の湖」が増えている．

酸性雨が直接，建物や橋梁などの建造物のコンクリートや鉄筋を腐食し，強度を低下させている．屋外にある彫像や歴史的建造物も腐食の被害に遭っている．

酸性雨を発生させる大気汚染物質は，その排出源から数1000 kmも離れた広い地域にも拡散するため，特にヨーロッパにおいて，酸性雨は国境を越えた環境問題となっている（Lane 2003）．

30.1.6 水質汚濁と富栄養化

産業活動による廃棄物が直接河川や湖沼に流れ込むことにより，水の状態が損なわれ，直接的，もしくは，間接的に人間生活や生態系にも影響を与える状態を**水質汚濁**：water pollution / water contaminationと言う（李ら 2019）．水銀や有機溶媒のような有害物質による水汚染のほか，火力発電所などから排出される温排水による海洋への影響や，圃場改良普及による畑地から流出した汚濁水が河川湖沼や海洋への流出も水質汚濁に含めている．サンゴ礁地域のある海岸で，汚泥流出汚染が生じると，サンゴ類が呼吸できなくなり，大量死滅を招く（山野 2017）．

ヒトの活用によって，窒素やリンといった栄養塩類が過剰に水に排出されると，それらの栄養塩類の量が，増殖の律速条件となっていた藻類プランクトンが爆発的に大増殖する．この状態を水質の**富栄養化**：eutrophicationと言う．富栄養化によって，湖沼や河川では緑藻たらん藻が増殖し，水が緑色になった状態を**アオコ**の発生とよんでいる．アオコの中にはミクロキスティス属（*Microcystis* spp.）という動物に有害な種も存在する（Lambert Roux 2013）．海洋でウズ鞭毛藻類や夜光虫などが大増殖すると，海の色が赤くなり，**赤潮**とよばれる状態になることがある．赤潮は海中の溶存酸素を低下させ，ウズ鞭毛藻類には，有毒な種も存在するため，魚類の大量死滅を招くことがある（岡市 1997）．

富栄養化にとって増殖したプランクトンの死骸が海底に堆積し，バクテリアの分解によって海底の海水の酸素が消費され，無酸素状態の還元水が形成される．還元状態の海底では，イオウ化合物が還元され，イオウ微粒子が多量に形成される．その様な無酸素水とイオウ微粒子が，水流によって海氷に湧き上がると海水が青白色に濁った**青潮**とよばれる状態になる．青潮は無酸素水のため，魚類や貝類などの海洋生物の死滅も招く (中辻ら 1991).

30.1.7　生物濃縮と環境ホルモン

鉱山や工場の廃水に含まれる水銀やカドミウムなどの重金属や農薬の p, p′ −ジクロロジフェニルトリクロロエタン（DDT）などは，生物体内に残留し，容易に体外に排出されない性質を有するため，食物連鎖上位の動物ほど，体内濃度が高まるという**生物濃縮**：bioconcentration を起こす．生物濃縮は，ヒトも含む高次消費者に直接的でない水質汚染の被害を及ぼすという特徴がある．

ヒトが新たに作り出した化学物質の多くは，生物が分解や排泄することができない．生物群集と生態系も，またその様な物質に対する対処ができない．微量濃度でも，その様な物質が生体内に取り込まれると，食物連鎖の流れに沿って，生態系の内部で閉鎖的に循環していくことになる．その様な化学物質は，低濃度では毒性がなくても，食物連鎖の過程を通じて生物の体に濃縮し，上位消費者の段階で致命的な毒性を発現する例が知られている (Icon Group International 2010).

1949 年，アメリカのカリフォルニア州クリア湖で，不快昆虫であるユスリカを駆除するために，幼虫のすむ水中に DDD（ジクロロジフェニルジクロロエタン）(di-chloro-di-phenyl-di-chloroethane) という殺虫剤が，0.02 ppm になるように散布された．散布後もユスリカの発生は続いたため，農薬散布が継続された．1954 年に，湖に生息していたクビナガカイツブリが多量に死亡し，内臓の脂肪から 1600 ppm の DDD が検出された．湖に生息する他の生物からも，水中の DDD 濃度よりもはるかに高い DDD が検出され，その濃度の順位は，この湖の食物連鎖における栄養段階の下位から上位に向かう順番と一致していた．これが，生物濃縮の現象を科学的に考察された最初の事例となった (Carson 1962)．その後，日本を含む世界各地で生物濃縮による被害が報告されるようになった．

水質汚染物質の中には，生体内の内分泌による生理作用物質と同様の働きをし，その化学物質の直接毒性を及ぼす濃度よりも，はるかに低濃度で，生体に悪影響をもたらす物質が存在する．その様な化学物質を**内分泌攪乱化学物質**：endocrine disruptor：通称，環境ホルモン：和製英語；とよんでいる．アメリカ環境保護局：EPA が 1997 年 2 月にまとめた報告書によると，化学物質によるオスのメス化や，生殖障害が起きている動物は，カメ，クマ，カモメ，アザラシなど約 20 種が報告されている．ロンドンの数か所の川において性転換した魚，パリのセーヌ川でメス化したオスのウナギ，日本の鹿児島湾ではオス化したメスのイボニシ，多摩川で精巣の小さなコイなどが見つかっている (Khetan 2014)．現在では，約 70 種の化学物質が内分泌攪乱化学物質と見なされているが，代表的なものとして，ダイオキシン類，PCB：ポリ塩化ビフェニル：polychlorinated biphenyl / polychlorobiphenyl，プラスチック材料の BPA：ビスフェノール A：bisphenol A やフタル酸エステル，船底材料の有機スズ剤：トリブチルズズ：tributyltin / tributylstannane：TBT などが挙げられる (堀口 2000).

しかし，ヒトに対する影響があまり見られないとみなされるようになると，急速に話題に上らなくなった．

30.1.8　オゾン層破壊

1983 年 12 月の極域気水圏シンポジウムにおいて，気象庁気象研究所の忠鉢繁らによる日本の南極昭和基地の観測データの国際発表によって，南極のオゾン層が消滅し，**オゾンホール**：ozone hole とよばれるオゾン空白域が生じていることが報告された (岩坂 1990)．その後，人工衛星の観測により，地球規模でオゾン層が少なくなりつつある事例が明らかにされた．オゾン層は，太陽光に含まれる紫外線を吸収しているが，それが無くなると，有害な短波長紫外線が地上に降り注ぎ，ヒトの場合は，皮膚癌の増加を招く．一般の生物では，突然変異率が高くなると予想される．

オゾン層破壊の原因は，冷却機の溶媒として使用されるフロンガスであったが，1987 年のモントリオール議定書によって，フロンガスの排出規制の道筋が定められ，その効果のため，南極におけるオゾンホールの形成は，急速に衰えつつある (NASA 2022)．

30.1.9　過放牧，砂漠化と塩害

人口増加に伴い，世界の砂漠に隣接する草原地帯では，ヒトを養うために過放牧による草原の破壊が問題となっている．草原の回復能力以上の植食性の家畜を放牧すると急速に草原が破壊される．放牧される家畜の量が増えてくると，やがて草の成長が家畜の餌の量に追いつかなくなる．その結果，植物成長が急速に悪化し，草原の植生が薄くなり，現存量も大きく低下してくる．これを**過放牧**：overgrazing と言う (Jarvis 1985)．

草原が過放牧状態になると，植物による炭素吸収量が減少するだけでなく，草原の減少で地温が上がり，土壌中有機炭素の分解も加速する．また，生育する植物の種構成が変化し，一般に種数が減少する．それに伴って，土壌動物や土壌微生物の種組成も変わってしまう．その結果，草原の生物多様性が大きく低下することになる．草原の回復が間に合わない場合は，草原が荒れ地となり，降水量が少ない地域では**砂漠化**：desertification が進行する．

砂漠化の原因には，降雨減少による乾燥化なその気候的要因と人為的要因が挙げられる．人為的要因には，過放牧，過耕作，森林伐採，薪炭材のための過剰摂取などがある．砂漠化の進行は，土地の**土壌流亡**（**土壌流出**）や**土壌硬化**，土壌の塩性化などを引き起こす (Thomas & Middleton 1994)．

乾燥地において，灌漑管理が不適切に行われると，土壌表層における塩類集積が生じたり，地下水の塩類濃度の上昇が引き起こされ，作物の生育に支障をきたすようになる．この状態を，**土壌の塩害**と言う．塩害は，作物の生産低下をもたらし，やがては，耕作地放棄の原因となる．塩害は乾燥地で生じる場合が多く，塩害の生じた土地の回復は，不可能となる事例が多い (Chhabra 1996)．

30.1.10　海洋問題：海洋の温暖化，海洋酸性化，磯焼け，および，マイクロプラスチック

CO_2 などの温室効果ガスの濃度上昇と，それに伴う地球温暖化による地球規模の気候変動は，海洋生態系にも様々な影響を与える．サンゴ類は，細胞内に褐虫藻類とよばれる単細胞のウズ鞭毛藻類を共生させ，光合成産物を得ている．多くのサンゴ類の最適水温は 20〜28°C である．しかし，水温上昇で水温が 30°C を越え，生息環境が悪化すると褐虫藻類はサンゴの体外に放出されてしまい，サンゴの骨格が白く透けて見える**サンゴの白化現象**：coral bleaching という状態に陥る．短時間のうちに褐虫藻類がサンゴ体内に復帰しなければ，ポリープは死亡し，サンゴは枯れてしまう (van Oppen & Lough 2018)．オーストラリア東岸のグレートバリアリーフは，サンゴの白化現象で，サンゴ礁が壊滅的な打撃を受けている (Montaggioni 2023)．

海水温の上昇により，海洋生物でも分布域の変動が生じている．潮間帯生物の長期観察の記録では，南方系の種が増え，北方系の種が減少している事例が，アメリカ，ヨーロッパ，および，日本の沿岸で確認されている．例えば，日本の九州や四国の太平洋岸では，寒冷な環境に適応した海藻類が減少し，サンゴ群集に置き換わりつつある海岸も増えている (Kumagai *et al.*, 2018)．

地球温暖化によって，陸上氷河が減少すると，海水面の上昇が生じる．世界の平均海水面は，今後 21 世紀末までに，約 0.2〜0.6 m 上昇するとの予想もある．海水面の上昇は，沿岸の潮間帯生物群集に深刻な影響をおよぼす．河口域や前浜域には，長年の堆積活動による広大な干潟が広がる地域が多いが，これらの干潟がことごとく水没し，干潟の生態系が壊滅すると予想される．干潟は浅海域に長期間かかって形成されてきたもので，短時間では容易に回復できない．浅海域に海藻が繁茂している生物群集も多

い．浅海の水深が深くなり，光不足で海藻が壊滅する可能性が高く，北方海域沿岸の海藻を中心とした生物群集は壊滅の恐れがある．

近年，地球温暖化が原因で，巨大台風やハリケーンが発生し易くなっている．巨大嵐に伴う大波が沿岸域に打ち寄せ，マングローブ林や磯浜海岸の生物群集を，波浪によって物理的に壊滅させる事例が増えている．

CO_2 ガスの大気中の濃度上昇は，海水中に溶存する CO_2 量も増加させ，**海洋酸性化**：ocean acidification が進行しつつある．21 世紀初頭における海水の平均 pH は，8.1 で弱アルカリ性である．しかし，21 世紀末までに，pH 8.0〜7.8 程度にまで減少すると予想されている．海洋生物には，サンゴや貝類を代表として，有孔虫や石灰藻類など，炭酸カルシウムを体の形成に用いている生物も多い．海洋の酸性化は，これらの石灰化生物を壊滅させ，石灰骨格をもたない生物と置き換わり，海洋生物群集が激変させてしまう可能性が指摘されている（柳 2001）．

日本沿岸の岩場浅海域において，ウニ類が異常増殖し，海藻が枯渇してしまい，藻場の生物群集が壊滅してしまう**磯焼け**とよばれる現象が確認されてきた（藤田 2012）．近年，磯焼け現象は，世界各地の海域でも確認されている．磯焼けの究極要因は不明であるが，至近要因としては，海中の鉄分不足が原因とされている．製鉄所から出る産業廃棄物である鉄を多量に含むスラグを海底に散布することで，ある程度の藻場の回復が認められた例もある（山本 2008）．

ここ数年，海洋に流れ出したプラスチック廃棄物が破砕され微粒子化した**マイクロプラスチック**が問題化している（Amandine *et al.* 2014）．マイクロプラスチックは，直径 5 mm 未満のプラスチック粒子，もしくは，プラスチック断片と定義されている．現在，あらゆる海洋動物やそれを捕食する動物の体内からマイクロプラスチックが見つかっている．ビニール袋などの大きなプラスチック片を摂食することにより，消化管が閉塞し，死亡する事例は，海鳥類やウミガメ類で確認されていたが，マイクロプラスチックによる実害解明は，まだ研究途上にある．実例としては，サンゴがマイクロプラスチックを取り込むことにより，本来共生している褐虫藻を取り込めなくなった事例が報告されており（Okubo *et al.* 2018），また，マイクロプラスチックに沈着した有害化学物質が，生体内に蓄積される可能性が，指摘されている（Amandine *et al.* 2014）．

30.2　生態系サービスと SDGs

30.2.1　生態系サービス

1990 年代に，地球環境問題が注目されるようになって以降，産業発展の可否に直結する地球温暖化問題は，すぐさま国際会議の場で取り上げられ，CO_2 削減問題などが討議されるようになった．このように，人間社会の存続に直結する命題は，社会の理解を得やすいが，例えば，生物多様性や生態系の保全の問題は，経済的に何が重要で，何のために保全しなければならないのか，万人を納得させる大義名分が必要であった．そこで提案されたのが**生態系サービス**：ecosystem goods and services という考え方である．生態系サービスとは，生態系の働きのうち人間社会にとっての便益につながるものすべてを含む概念とされている（Bouma 2015）．

生態系サービスの根本的な考え方は，生態学の学問的醸成の中で形成されていたが，用語としては SCEP（1970）の報告書が初出とされている．しかし，用語や概念として流布されるようになったのは，地球環境問題が注目されるようになった 1990 年代以降である．

生態系サービスは，多種多様な分類が提案されているが，下記の 5 項目に大別できる．

供給サービス：生物由来の食料品の原料や水が供給される.
調整サービス：地域や地球全体の気候や海洋が制御され，調節が行われる.
文化サービス：野山や海川でレクリエーションを行う等の精神的で文化的利益を得ている.
基盤サービス：生態系の物質循環に伴い，光合成に伴う酸素や土壌形成などが供給される.
保全サービス：生物多様性を維持され，環境が保全されている，

以上の項目は，さらに細かく細分化されているが，要は，人類の経済活動にプラスになるものは，すべて包含されていると考えてよい.

2000年代以降，一部の環境学者や環境活動家の間では，もてはやされていた生態系サービスの概念であったが，現在は，2015年以降，にわかに出現したSDGs：Sustainable Development Goals：持続可能開発目標という概念に取って代わられてしまった観があり，一種の流行用語であったと考えてよい.

30.2.2 持続可能な開発目標（SDGs）

2015年9月25日，国連総会において，持続可能な開発のための17項目の**持続可能な開発目標**：Sustainable Development Goals：**SDGs**が採択された（Kanie *et al.* 2017）．17項目は，それぞれが人間生活に密接に関わる内容であるが，すべてがフィールド生物学に関わるものではないため，詳細は割愛する．ただし，多少，フィールド生物学と関連性のある項目としては，下記の5項目が挙げられるだろう（Ebbesson 2022）.

第6項　安全な水とトイレを世界中に：Clean Water and Sanitation
第7項　エネルギーをみんなに，そしてクリーンに：Affordable and Clean Energy
第13項　気候変動に具体的な対策を：Climate Action
第14項　海の豊かさを守ろう：Life Below Water
第15項　陸の豊かさも守ろう：Life on Land

しかしながら，SDGsについて，各専門分野から各種の批判が表明されている．フィールド生物学の観点からは，あまりにヒト中心主義であるため，生物多様性の保護は達成できず，意図としない生態系の破壊を引き起こす可能性がある，との指摘がある（Biermann 2022）.

30.3 人新世

30.3.1 人新世の提案

現代は，ヒトの活動によって，地球環境が著しく改変されている時代である．その変動は，地質学的時代変遷の中で，過去に5回程度生じたと言われている大量絶滅期に匹敵するか，それを上回っている．その意味で，現代は過去のどの地質時代とも異なっていることから，新生代第三紀完新世に続く，地質年代の区分として，開始時期を現代とした**人新世**：じんしんせい：Anthropocene；という新たな時代区分が提案され，認知されつつある（Saito 2023）.

人新世の提案は，1980年代にアメリカ合衆国の生態学者ユージン・F・ストーマーが行ったとされている（Andrew 2011）．その後，2000年にオランダの大気化学者パウル・クルッツェンがそれを独自に再提案して普及したとされている.

2000年2月23日にクエルナバカで開催された地球圏・生物圏国際協同研究計画（IGBP）の第15回科学委員会会議において，クルッツェンは，「人類の時代は完新世という言葉が用いられているが，人類が地球規模におよぼす影響は，石器時代と現代では大きく異なっている．現代は，人新世という新しい時代

に入っているのではないか.」という趣旨の発言をした．その反響は大きく，クルッツェンはストーマーと共著で，2000 年 5 月に IGBP のニュースレターに短い論文を発表した (Crutzen & Stoermer 2000)．さらに，2002 年にクルッツェンは「人類の地質学」という論文を発表した (Crutzen 2002)．

30.3.2　人新世が認知される手続き

人新世という地質時代が公式に認知されるためには，いくつかの手続きを経なければならない．2008 年，ロンドン地質学会の層序学委員会は，人新世を新しい地質時代区分するべきか検討を開始した．国際層序委員会（ICS）には，第四紀層序学小委員会の人新世ワーキング・グループ（AWG）も設立された (Zalasiewicz 2008)．人新世設定に関しては，委員の大多数が賛成であるが，人新世の開始年代についてはまだ結論が出ていない．人新世の始まりを，約 1 万 2000 年前の農耕革命を開始時期とするものから，1900 年頃，1960 年代以降という現代の時期を始まりとする提案までかなりの幅がある．しかし，最初に核兵器が使用され，天然には存在しない放射性物質が地球上にばら撒かれた 1945 年説が有力であった (Sanders 2015)．

地質の時代区分には，**国際標準模式層断面及び地点**（ゴールデンスパイク）：Global Boundary Stratotype Section and Point：GSSP の地層を決定しなければならない．2020 年には，世界で候補として絞り込んだ 11 か所の地層の中から，標準模式地層を選定する作業が始まった (Davison 2019)．その中には，日本の別府湾（大分県）海底にある堆積層も入っていた．

人新世の地層を汎世界的に認知する手段として，人新世を特徴づける地層のマーカーを決定する必要もある．地層のマーカーとしては，マイクロプラスチック，重金属，核実験に伴う降下物に含まれる放射性原子核などが挙げられている (Davison 2019)．

30.3.3　人新世に関する思考の社会的影響

人新世がヒトの活動によって生じたものであるならば，それはヒト社会や歴史・文化がもたらしたものである．人新世が国際的に認知された後は，人新世に関する論議は，自然科学の分野に留まらず，社会科学，人文科学，もしくは，芸術の分野へも広がりを持っていくと考えられるし，実際にその議論が始まっている (寺田匡宏・ナイルズ 2021)．

コラム　人新世のゴールデンスパイクが決定

人新世（じんしんせい，または，ひとしんせい）に関する勧告案は，国際地質科学連合（IUGS）の下部作業部会である人新世作業部会に策定が委ねられた．人新世の始まった時期の決定も IUGS で検討することとなった．人新世の認定には，国際標準模式層断面及び地点（GSSP：ゴールデンスパイク）を決定しなければならない．選定の最終段階において，GSSP 候補地は，日本の別府湾を含む 3 カ所にまで絞り込まれた．2023 年 7 月 12 日，IUGS の人新世作業部会は，核実験による人工元素であるプルトニウムが地層で検出されることや，プラスチックやコンクリート片等の人工物の生産が急激に増加すること等の理由から，人新世の始まりを 1950 年頃とすることを勧告した．また，国際標準模式層断面及び地点をカナダのクロフォード湖とすることを推薦した．人類は現在，地球の生態系に壊滅的な打撃を与え続けている．このような現状を，「プラネタリー・バウンダリー：Planetary boundaries」（地球の限界，もしくは，惑星限界）を超えた，持続可能ではない状態と呼んでいる．ヒトによる 1950 年代以降の大量生産・大量消費が急速に拡大している現状を「グレート・アクセラレーション：Great Acceleration」（大加速，もしくは，人類活動の巨大な加速）と呼んでいる．人新世という用語は，地質学等の自然科学の分野だけに限定されず，人類と自然との間の深刻な関係を分析する概念として，文学，哲学，経済学，社会学，および，政治学などの人文科学・社会科学の分野でも定着しつつある．

第 31 章

生物多様性問題；森林破壊・生態系の破壊と生物多様

31.1 生物多様性の 3 要素

31.1.1 生物多様性保護条約の締結

地球上では，ヒトの爆発的な人口増加のため，大規模な土地利用による改変や生物資源の収奪が進行中である．このため，自然生態系の攪乱が地球的規模で進行中であり，生命の歴史上かってない速さで多くの生物が絶滅しつつある．地球の生命の歴史において，古生代以降は，過去に 5 回の大量絶滅があったとされている（図 31.1）．現在は，第 6 回目の大量絶滅の時代だとされており．現代の生物の大量絶滅は，約 6700 万年前に生じた中生代白亜紀末期の恐竜大絶滅：**K-Pg 境界**：Cretaceous-Paleogene boundary よりも大規模で短時間である (Stuart. 2013)．

ヒトは，地球生態系の一員として他の生物と共存しており，また，生物を食糧，医療，科学等に幅広く利用している．近年，野生生物の種の絶滅が過去にない速度で進行し，その原因となっている生物の生息環境の悪化および生態系の破壊に対する懸念が深刻なものとなってきた (外務省 2021)．以上のよう

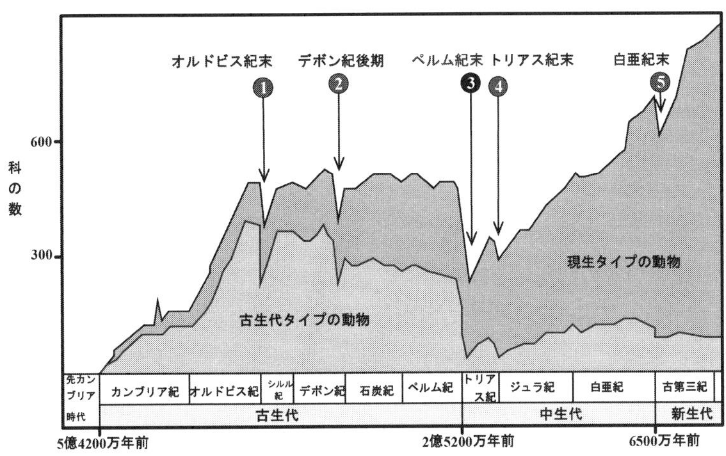

図 31.1 地球のカンブリア紀以降に，生物の大絶滅は 5 回生じたとされており，現代は 6 回目の大絶滅が進行中とみなされている．1 回目：古生代オルドビス紀末（O-S 境界），2 回目：古生代デボン紀末期（F-F 境界），3 回目：古生代ペルム紀末期（P-T 境界），4 回目：中生代三畳紀末期（T-J 境界），5 回目：中生代白亜紀末期（K-Pg 境界）．

に，現代，地球規模で生物多様性の喪失しつつあり，これにともない，自然生態系の機能の低下，および，資源としての生命情報の喪失も進行中である．この生命の損失は，ヒトにとっても計り知れない影響をもたらしており，ひいては，ヒトそのものの存在危機につながりつつある (Takacs 1996)．

このような事情を背景に，希少種の取引規制や特定の地域の生物種の保護を目的とする，「絶滅のおそれのある野生動植物の種の国際取引に関する条約」(**ワシントン条約**：後述）や，「特に水鳥の生息地として国際的に重要な湿地に関する条約（**ラムサール条約**：後述)」等の既存の国際条約を補完し，生物の多様性を包括的に保全し，生物資源の持続可能な利用を行うための国際的な枠組みを設ける必要性が国連等において議論されるようになった (外務省 2021)．

現在，以上のような状況を背景として，国際条約「**生物の多様性に関する条約**：Convention on Biological Diversity：CBD」(1992) が締結されるに至った．1987 年の**国際連合環境計画**：United Nations Environment Programme：UNEP 管理理事会の決定によって設立された，専門家会合における検討，および，1990 年 11 月以来，7 回にわたり開催された，政府間条約交渉会議における交渉が行われた．その様な交渉を経て，1992 年 5 月 22 日，ナイロビ（ケニア）で開催された合意テキスト採択会議において，本条約は，野生生物の多様性保護の国際合意書として，**ナイロビ議定書**：Nairobi Protocol として採択された (外務省 2021)．2003 年には，遺伝子組換え生物管理の国際合意書として，**カルタヘナ議定書**：Cartagena Protocol が締結された．

生物の多様性に関する条約（略称：生物多様性条約）とは，地球上の生物多様性の保全と，生物情報資源の公平な分配を目的とする．生物多様性の保全問題は，地球温暖化と並ぶ地球環境問題の最重要課題とされているが，産業に直結していないため，当初は，日本の対応は，鈍かった．しかし，2010 年 10 月 11 日～10 月 29 日に，第 10 回締約国会議 (COP10) が日本の名古屋で開催され，**名古屋議定書**：Nagoya Protocol が締結されるにおよび，その後，1995 年の**生物多様性国家戦略**：National Biodiversity Strategy and Action Plan：NBSAP の策定など，各種国内法が締結され，生物多様性問題も国民一般にも広く認識されるようになった．

31.1.2　生物多様性条約の内容

生物多様性条約は，その第 1 条において，下記の 3 項目が目的であると明記されている (外務省 2021)．

(1)　生物多様性の保全

この項目は，生物多様性の保全のための措置を論じている．生物の生息域保線として，保護地域の指定，管理，および，生息地の回復などを目的とする．また，生息域外保全，飼育栽培下での保存，繁殖，野生への復帰も含まれている．さらに，環境影響評価の実施が目指されている．

(2)　生物多様性の構成要素の持続可能な利用

この項目は，生物資源の利用のための措置を論じている．生物の持続可能な利用の政策への取り組みが奨励されている．加えて，生物の利用に関する伝統的・文化的慣行の保護も明記されている．この項目の解釈を巡り，例えば，伝統的・文化的慣行としてのクジラ漁の取り扱いで国際対立が頻発している．

(3)　遺伝資源の利用から生ずる利益の公正かつ衡平（こうへい）な配分

この項目で，生物資源の利用に関する技術移転，遺伝子資源利用の利益配分のルール作りを明記している．遺伝子資源は，その保有国に主権があると明記された．遺伝子資源利用による利益は，提供国と利用国が，公正かつ衡平に配分されることとされている．また，途上国への技術移転を公正で，最も有利な条件で実施するとしている．

例えば，遺伝子資源において，抗生物質が得られるバクテリア種の多くは，発展途上国が起源である．生物多様性条約発効以前は，先進国の製薬企業がそれらの抗生物質の利益を独占していた．しかし，この条約発効以降は，その様な菌株の主権は，その菌株が得られた国が第一義的に保有すると明記され，そこから得られた利益は公正に配分されることとなった．

遺伝子操作を加えた生物の管理をこの条約に組み込んだカルタヘナ協定では，バイオテクノロジーによる操作生物の利用，放出のリスクを規制する手段を確立することが義務づけられた．日本でも，遺伝子操作作物の取り扱い等に関する法整備が行われ，2004 年に「**遺伝子組換え生物等の使用等の規制による生物の多様性の確保に関する法律**」通称：**遺伝子組換え生物等規制法**・カルタヘナ法が制定された．

遺伝子操作生物の取り扱いの例では，害虫が付きにくい遺伝子を組み込んだ遺伝子組換えダイズが日本で栽培されると，その花粉などが野外に逸出し，ダイズの原種で野生自生のツルマメと簡単に交配してしまい，組換え遺伝子が野生のツルマメ集団に広がってしまう可能性が高かった．このため，遺伝子組換えダイズは，日本では栽培が禁止された（農林水産省 2022a）．

また，遺伝子組換えの結果，作出に成功した青いバラは（Nakamura *et al.* 2010 等），野外に逸出した場合，日本に自生するノイバラ等の野生種の間に組換え遺伝子が**遺伝子浸透**（**浸透性交雑**）する恐れがあった．このため，切り花状態で販売した場合の危険性の有無が，閉鎖型温室における長期間の栽培試験で検討された．そのため，青いバラは，作出から実際に販売されるまで，10 年以上の歳月を要した（サントリー 2010）．

31.1.3 遺伝子多様性，種多様性，生態系多様性

生物多様性条約では，生物多様性が，遺伝子レベル，種レベル，および，生態系レベルの 3 つのレベルで定義されている．それぞれ，遺伝的多様性，種多様性，および，生態系多様性に対応する．これらの 3 レベルの多様性に関する詳細な解説は，第 II 部第 18 章を参照して欲しい．

まず，遺伝的多様性の指標の 1 つである**遺伝子多様度**は，各遺伝子座における対立遺伝子数で多様さを確定，その数から算出する**ヘテロ接合体頻度**（⇒第 I 部第 7 章参照）によって定量化が可能である．すなわち，ある遺伝子座において，対立遺伝子数が多いほど，ヘテロ接合体率が高くなる原理を利用している．

次に，**種多様性**とは，ある地域における種の数が，多いか少ないかで，第一義的に判断して構わない．しかし，さらに詳しい視点では，単純な種数の大小だけではなく，各種ごとに個体数の偏りがないかを比較する必要も出てくる．特定の種に個体数が偏っていない状態を，偏った状態よりも，種多様性が高いとする．地域間における種の多様度を比較する指数は，いくつもの指数が提案されている（⇒第 II 部第 19 章参照）．

日本では，自然状態の改変工事に伴って義務づけられている**環境影響評価**（環境アセスメント：環境アセス）においては，種レベルの種多様性が，重要な評価基準とされる．ここで問題となる「種」とは，厳密な定義で導き出される生物学的種概念における種（⇒第 I 部第 8 章参照）ではなく，亜種，変種，品種，および，遺伝的多型による表現型の型までも包含される，ややあいまいな扱いである．そうでないと環境影響調査の現場では，具体的な作業ができない．また，これらの広範な「種」の取り扱いが，自然保護の現場で活用されることもある．例えば，生物学的種概念で厳密に種を固定してしまうと，ある地域に固有に分布している変種が開発現場に生息していた場合，「この種は，他地域にも広範に分布しているため，開発地域において絶滅しても問題はない．」といった乱暴な議論が生じる余地ができてしまう．実際の環境アセスメントの報告書の中でも，その様な暴論が述べられる弊害が頻発している．このため，固有の変種や地域個体群に命名されている和名は，できるだけ残そうという努力が，分類学者の間の共

通認識になりつつある．名前さえ付いていれば，保護対象の「種」としての説得力をもつ．このような保護現場において，**生物学的種概念**：biological species concept では独立種には相当しないが，和名の付いている「種」をして**政治学的種概念**：**政治的種概念**：political species concept に基づく「種」とよぶことがある．政治的種概念の言葉自体は，1998年頃，系統学者の三中信宏氏によって提唱されたものであるが，2003年に編纂された鹿児島県の絶滅のおそれのある野生動植物リスト（鹿児島県 2003）において，その様な政治学的な「種」が活用された（冨山 2003）．

複数の地域間で多様性の程度を比較する場合，**生態系多様性**は，客観的な数値化がやや難しい概念である．それでも，比較のための数値化の手法が，いくつか提案されている．まず，生態系の栄養段階が多層性になっている場合（⇒第II部第20章参照），その階層の数を比較する手法がある．具体的には，2次消費者までしか存在しない生態系よりも，5次消費者が存在する生態系の方が多様であると見なせる．また，食物連鎖における生物間のリンク数がいくつあるかで定量化が可能である．この場合，その地域に生息する種数が増えるほど，指数関数的にリンク数が増大するため，比較の際には，数値の対数変換が必要になる．他の手法として，草原，森林，湿地，湖沼，河川などの異なった生物群集が，どれくらいモザイク的に広がっているかを数値化する手法がある．この場合，面積が広くとも，草原だけが広がる地域よりも，河川や森林が組み合わさった地域の方が，生態系多様性の数値が高く評価される．

31.2 気候変動と森林破壊の影響

31.2.1 気候変動の植生への影響

降水量や年間気温による気候分布が，その地域の植生分布を決めていると言ってもよい．しかしながら，逆に植生分布そのものが，その地域の気候を規定している場合もある．森林地帯は，地表面で短波長の太陽光が反射される比率が低く，森林地帯では昼間の気温の急激な上昇を防いでいる．また，蒸散作用によって気化熱が奪われ，気温上昇を防いでいる．植生に乏しい市街地では，**ヒートアイランド現象**：heat island phenomenon により，コンクリートやアスファルトで覆われた地表付近の気温が45°C前後まで上昇することがある（山口 2009）．

森林地帯では，活発な蒸散作用によって，大量の水蒸気が放出され，その地域の雲を増やし，降水量を増加させる．タイ北部の雨緑樹林地域では，20世紀後半の間に，森林伐採によって森林被覆率が約30％以上も激減した．このために9月の平均降水量も減少した（石井・ブンヤリット 1988）．

地球温暖化に伴う，気温上昇と気候変化は，各地の植生に影響を与え，その地域の動物相も変化してしまっている．例えば，日本の夏緑樹林として広く分布するブナ林は，保水力が高く，大型動物の生息に適しており，鳥の子育て期の春先に，毛虫類が大繁殖することから，鳥類相も豊富である．しかし，現在の気温が約4°C上昇すると，このブナ林の約90％が消滅してしまうと予測されている（Mtaui *et al.* 2004）．茨城県の筑波山周辺では，1960年代以降の高温に強いアカガシ植生域の標高が上昇し，ブナ林の衰退が顕著である（小幡・田中 2018）．北海道のアポイ岳に咲く絶滅危惧種ヒダカソウは，温暖化の進行に伴うハイマツの上昇によって，約30年後には消滅してしまう可能性が指摘されている（北海道 2019）．南極大陸では，気候変化によって夏の気温が上昇し，地衣類以外のナンキョクコメススキとナンキョクミドリナデシコの2種の顕花植物が，急速に繁殖していることが明らかになった（Cannone *et al.* 2022）．

31.2.2 森林破壊と生息地の細分化

世界各地で森林破壊が進行している．世界の森林面積は，約39.9億haであり，全陸地面積の約30.6％を占めていた．しかし，世界の森林は，2010年から2015年までの平均の純変化で計算すると，毎年330

万 ha の速度で減少している (FAO 2020).

森林減少の原因は，地域によって異なる．東南アジア地域では，アブラヤシ：オイルパーム：*Elaeis* spp.；のプランテーション開発のために，熱帯雨林が皆伐され，アブラヤシの畑に開墾されている（図 31.2）．これは，先進国で合成洗剤による水質汚濁が問題になったため，粉せっけんの需要が激増し，その原料となるパーム・オイルの国際価格が高騰したためである．その意味で，粉せっけんは「まったく地球に優しくない.」(Fefe 2016; Robins 2021; Zuckerman 2021)．先進国地域では，粉せっけんは原材料の出所が明確な製品を使用すべきで，それができないのであれば，洗剤は粉せっけんではなく，毒性の低い高級アルコール系洗剤で我慢すべきだろう．アマゾン地域では，ハンバーガー用の安い牛肉を生産するために，熱帯雨林が伐採され，広大な牧場に変容しつつある．安価なジャンクフード販売拡大のために，熱帯雨林が破壊されつつある (Marguliis 2003; Runyan & D'Odorico 2016)．アフリカのサハラ砂漠と接するサバンナ地帯では，人口増加に伴い，燃料の薪を採取するために，森林破壊が急激に進行しつつあり，砂漠化も促進している (River 2018; Runyan & D'Odorico 2016)（⇒第 IV 部第 30 章参照）．

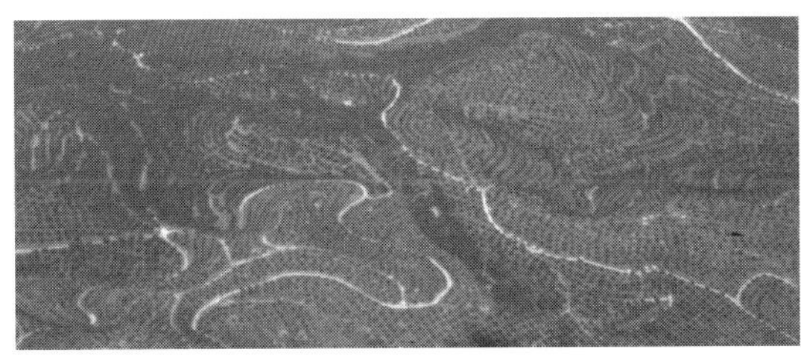

図 31.2 東南アジアの熱帯雨林が開墾され，アブラヤシ（オイルパーム）のプランテーションの大規模開発が行われている．マレー半島中部の熱帯雨林地域にあるアブラヤシのプランテーションを上空から撮影．写真中の点状に見えるものがアブラヤシの個体．1992 年 12 月 19 日に冨山清升撮影．

また，非伝統的な焼畑農業も破壊を加速している．伝統的な焼畑農業は，約 10 年サイクル程度の時間をかけ，森林を伐採し樹木を燃やし，灰を肥料とする循環型農業であった．森林が再生した段階で焼畑を行えば，まったく問題ないが，森林回復前に焼き払うと，森林は回復せず，やがて，チガヤ類の生い茂るアラン・アランとよばれる妨害極相植生に移行してしまう．いったん妨害極相植生が形成されると容易に森林は回復しない (Tanimoto 1981)．

日本においては，1980 年代まで，林野庁による自然林の全面皆伐と，スギやヒノキといった単一有用樹種の植林政策が採られていた．皆伐跡地にウラジロやコシダなどのシダ類が生い茂り，妨害極相となって，森林が回復しない現象も見られた．また，スギやヒノキの人工林は，下層木や下草が乏しく，そこに生息する動物は，種数も個体数も少なく，生物多様性が著しく低いという弊害も指摘されていた（田中 2011）．現在では，自然林の皆伐主義は変更され，部分皆伐による混交林の育成，タイミングをずらして伐採する択伐が行われるようになっている．また，植林も有用単一樹種の植林ではなく，本来自生していた広葉樹も植林する混交植林も行われている（鈴木・加藤 1997; 鹿又ら 2009; 長池 2012; 杉田ら 2015）．

しかしながら，2019 年に成立した，森林経営管理法や国有林野管理経営法案では，国有林，および，民間林の管理権まで，外資や民間企業に移管し，皆伐を推進する内容になった．先行して 2012 年に成立した再生可能エネルギーの固定価格買取制度によって，日本全国で，大型木材産業とバイオマス発電業者によって，採算のために伐採量にこだわる大規模な皆伐が横行し，裸地が広がる山が急増している．上記改正法では，払い下げを受けた民間業者には，裸地になった管理地への植林は義務づけられていない．したがって，民間業者にとっては，伐採地をハゲ山にした直後に，本来の所有者へ返還する方策が，最も採算の取れる方法という構造になっている (橋本 2019; 田中 2019)．

森林が消滅すると，その地域に生息する動物も消滅する．森林が動物の生息を支えるには，上位の栄養段階にある動物を，十分にささえることのできる植生面積が必要である (⇒第 II 部第 19 章参照)．森林面積が減っていくと，上位の栄養段階にある動物から絶滅していく．また，面積-種数関係の原理から，小面積の森林では，多数種の動物は生息することができない (⇒第 II 部第 19 章参照)．

分断化し，小面積化の進んだ森林であっても，人為的に森林間の植生回復作業を施すことにより，分断化した森林を繋げることができる．森林を繋げれば，連続した面積だけは大きく変容し，同じ面積でも，分断化した森林より，より多くの種が生存できる可能性が高まる．分断化した個体群間の生物の往来を阻んでいる，高速道路の下にトンネルを設けたり，動物用の橋を設けて野生動物が行き来できるようにする試みは，ある程度成功しつつある．開発された住宅地の道端に生け垣などを設け，河川沿いに植林を施し，森林を連続させ，局所個体群の間での移動を可能にし，野生動物の孤立化を防ぐ試みも行われている．

31.2.3　湿原，汽水域，干潟の保全

湿原や干潟は，近年になって保護すべき貴重な生態系と認識が深まった地域である．そもそも，湿原や干潟は，農業や漁業，および，工業地や住宅地といったヒトの産業利用地域には適せず，開発されてこなかった地域であった．しかしながら，このような地域は特に野生の水鳥などの重要生息地であり，狩猟の盛んな欧米おいて，狩猟鳥類保護の観点から湿地や干潟の重要性が注目されるようになった．また，開発から取り残された地域であったことから，希少な動植物の生息地であることが解明されるようになり，生物多様性の観点からもこれらの地域の重要性が再認識されるようになった．

1975 年に発効した国際条約，**ラムサール条約**：Ramsar Convention は，正式名称を「特に水鳥の生息地として国際的に重要な湿地に関する条約」：Convention on Wetlands of International Importance Especially as Waterfowl Habitat と言い，当初は，狩猟鳥としての水鳥類の保護を意識した条約であった．しかし，その後，湿地や干潟などを広く保全する条約として活用されるようになり，条約の性格が，生物保全を重視した解釈に変わってきた．この条約で指定された湿地は，条約締結国の責任において，保護措置が義務づけられている．日本では，本条約の趣旨を受け，生物多様性の観点から，重要な湿地を保全することを目的に「日本の重要湿地 500」が，2001 年に，選定結果が公表された (環境省 2022a)．

干潟，および，その周辺の水域を保全していくべき大きな理由として，この水域での高い水質浄化作用（陸から海に流入する，チッソ・リンの吸収除去能力）や，生物生産力の高さ，多くの魚介類の幼稚仔（幼魚，稚魚，仔魚）の生育場所としての重要性等々が挙げられている．それに加えて，汽水という特殊な環境下に生息する動植物は，通常の海域に比べると種数が少なく，分布域が狭い貴重な生物も多い．しかし，汽水域はこれまで，河川でも海域でもないため，基礎的な生物調査があまり行われてこなかった地域である．その意味で，干潟地域は，生物多様性保全の盲点となっていた地域でもあった．しかし，干潟は，埋め立てや干拓などの開発行為などによって環境破壊が最も著しい地域の 1 つでもある．このため，世界的に，干潟を含む汽水域や海浜域では自然環境が破壊され，絶滅の危機に瀕している汽水性生物が非常に多い．

干潟は定義上，河川河口に発達した河口干潟と，海岸線に発達した前浜干潟に分類分けされる．また，河川河口の汽水域潮間帯に現れる，小さな干潟も存在する．広大なアシ原もあれば，干潮時に，岸壁の下に幅数十 cm で現れるだけの干潟も存在する．

湿地や干潟の重要性は，日本でも認識が広く浸透しつつあり，全国に地域の干潟や湿地の保全を図る市民団体が多数立ち上がっている．

31.2.4　島嶼生態系の保全

島の生態系は一般に攪乱に対してきわめて脆弱である（⇒第 II 部第 19 章参照）．島嶼生物の保全の必要性が求められる場合，そのほとんどは人為的な直接の自然破壊，もしくは，外来生物の侵入によって生じる生態系の攪乱が原因となっている．その要因については，下記のように，島の生物がもつ種としての特性に由来する内的要因，および，生息環境の破壊による外的要因に大別できる（冨山 2016）．

内的要因

(1)　繁殖力の低さ：島の生物は繁殖能力の低い生物が多い．一腹卵数が 1 個しかないとか，繁殖を毎年はしないといった動物も数多い．

(2)　他種との競争能力の低さ：大陸島における競争種の欠落や，海洋島における生態型の進化によって，外来種との競争に弱い種が多い．

(3)　捕食回避能力の欠如：捕食者不在の環境で進化をとげたために，捕食者に対する捕食回避能力が欠如している種が多い．

(4)　移動能力の欠如：閉鎖生態系での独自の進化によって飛翔能力や分散能力を失ったものは，環境の激変に対応できにくい．

(5)　極端なニッチの細分化：著しい適応放散をとげた種群の各種は，生息環境の自由度が狭く，絶滅しやすい．

(6)　他種生物との相互関係：共進化によって，独自の生態型に進化した種は（⇒第 II 部第 17 章参照），パートナー種の喪失によって絶滅することが多い．

(7)　単純な生態系：島に生息できる種数が限られるため，島では似たようなニッチを占める種の数が少ない．1 つの種が取り除かれただけで，生態系全体が激変する場合が多い．

(8)　個体数の少なさ：島の生物は，生息個体数そのものが少なく，個体群内の遺伝的多様性も乏しい場合が多く，突発的な環境の激変や病原体の侵入によって絶滅する可能性が高い．

外的要因

(1)　生息域の直接破壊：開発などによる自然破壊が要因となって，生息地そのものが失われてしまう場合が最も目立つ．

(2)　天変地異：火山噴火や台風などによって，生息地が破壊されることもある．生態系に他の要因による負荷がかかっている場合には，特にその影響が著しい．

(3)　移入競争種：島外から似たような生活型を持った種が侵入することによって，在来種が生息場所や食物を奪われ駆逐されることが多い．

(4)　移入捕食種（病原体や寄生虫も含む）：本来捕食者のいなかった島嶼生態系に捕食者が島外から侵入することによって，島の在来種は直接捕食され，激減することが多い．

(5)　移入種による生態系の変化：単純な島嶼生態系に新たな生態型をもつ移入種の侵入によって，生態系全体が変化してしまう場合もある．

(6)　遺伝的攪乱：交配可能な種が島に侵入することによって，島外種との交雑が進み，島固有の種が消滅してしまうことがある．また，生息環境の破壊によって，生殖隔離して別種だったものが交配するようになり，もとの種の遺伝的まとまりが消滅してしまう可能性も指摘されている．

(7)　化学物質による破壊：農薬の散布や外因性内分泌攪乱化学物質の拡散などによって，島の固有種が絶滅に追い込まれる場合もある．

島嶼の生物や生態系の保全は，その観点から行われた研究例や実践例も少なく，ブラックボックス的な部分も多い．このため，行政の観点からも島嶼の固有種や生態系の保全も遅れがちであり，今後の大きな課題だろう．

31.3　絶滅危惧にある動物種

31.3.1　密猟と乱獲

特定の種においては，密猟が，個体数減少の大きな原因になっている場合も多い．特に，大型哺乳類では，本来の生息個体数が少ない場合が多く，希少種の絶滅の要因になっている．密猟の対象となる希少野生生物は，1975 年以降，**ワシントン条約**（**絶滅のおそれのある野生動植物の種の国際取引における条約**：Convention on International Trade in Endangered Species of Wild Fauna and Flora：CITES）によって国際取引を禁じる措置が採られるようになった．国内法では，1995 年，**絶滅のおそれのある野生動植物の種の保存に関する法律**（通称：**種の保存法**）が施行され，国際取引が禁止されている種や，国内の希少種の保護措置が執られている．全国の自治体単位でも，希少動植物保護条例のような，地域ごとの保護措置が講じられている（環境省 2022b）．

ゾウは，象牙が高値で取引されることから，密猟が続いている．現在でも，年間約 2 万頭が密猟の犠牲となっており，1979 年に 134 万頭と推定されたアフリカゾウは，2016 年時点で 42 万頭まで減少した（WWF 2022b）．国際自然保護連合：International Union for Conservation of Nature and Natural Resources：IUCN は現在，アフリカには 41 万 5000 頭のゾウが残っていると推定しており，そのうち，アフリカ中西部に生息するマルミミゾウの生息数は，過去 30 年間に 86％ 以上減少し，サバンナゾウ（アフリカゾウ）は過去 50 年間に，少なくとも 60％ 減ったとしている（IUCN 2022a）．南アフリカでは，大きな象牙の個体が選択的に密猟された結果，皮肉なことに，ゾウ個体群の象牙が小型化するという**方向性自然選択**（⇒第 I 部第 10 章参照）が生じている．

サイ類は，皮膚が変化して形成された角が薬になるという迷信から，漢方薬として密猟が続いていた．サイ類の密猟を防ぐため，角の切り落としや，マイクロチップの封入，といった保護措置が執られている（WWF 2022a）．

日本では，1970 年代までは，岐阜県や愛知県を中心に，**カスミ網**による野鳥の密猟が盛んであった（環境省 1981）．ツグミやルリビタキなどの野鳥料理を提供する料亭なども多かった．メジロ，ウグイス，ホオジロなどについては，その鳴声を競い合う「鳴き合せ会」というものが全国各地で開催され，マニアによってトリモチを用いた密猟が後を絶たない．現在，国内法では，メジロとホオジロの 2 種のみが，1 世帯につき 1 羽のみの個人飼育が許可されているが，輸入証明書があれば何羽でも飼育できるため，国内で密猟した野鳥に輸入証明書を付けて輸入鳥を装い，数十羽単位で飼育する悪質な事例が後を絶たない（環境省 1982）．

昆虫類もコレクターによる密猟の事例が多い．希少昆虫類が多い鹿児島県では，徳之島のヤマトサビクワガタ，奄美大島・徳之島の固有種のアマミマルバネクワガタ，奄美群島請島のみに生息が知られるウケジママルバネクワガタなどが密猟の事例として挙げられている．鹿児島県でも希少野生動植物保護条例によって絶滅危惧種の動植物の保護が図られている（鹿児島県 2022）．

乱獲の問題は，水産資源で深刻である．全世界の魚類を中心とした水産資源の水揚げ量は，1990 年代がピークで，その後は下がり続けている．これは，魚介類の乱獲によって，漁業資源が枯渇しつつあるためとされている．特に，日本近海では，その傾向が著しく，日本の水産資源の半数以上が枯渇状態になっているという．水産資源は，適正水準を超えて，無秩序に過剰な漁獲が行われると，水産資源の自らが持っている再生産力が阻害され，資源の大幅な減退を招く恐れが生じる．過剰な漁獲，つまり「乱獲」は短期的には漁業者に利益をもたらしたとしても，長期的には資源の枯渇を招き，水産業全体の衰退につながる．そのために乱獲を防止し，資源の保全・回復や持続的な利用につなげていくための資源管理が必要となる（農林水産省 2022b）．

漁業では，さらに，水産物を漁網などで捕獲する場合，意図としない生物も捕ってしまう**混獲**が問題になっている．一般に，漁網で水揚げされる魚介物の約 3 割以上が混獲物と言われており，小型の幼魚も多い．そのほとんどが，その場で投棄される．それらは，投棄された時点で死亡している動物も多い．効率の良い漁業のためにも，混獲を軽減する技術が求められている（松岡 1999; 村上 1999; 石谷・江藤 2009）．また，混獲では，ウミガメ類やイルカ類などの絶滅危惧種が混じっている事例も多く，そのほとんどが水揚げ時に死亡している（石原ら 2014; 田村ら 2014）．

延縄漁では，延縄漁時に，海鳥が枝縄の針に付いた餌を狙ってアタックし，海に引きずり込まれて溺死する事故が問題になっていた．しかし，日本の漁業者によって，(1) 延縄の投入時に鳥ラインとよばれる，海鳥が嫌う赤色テープの付いた細縄を同時に投入することによって，延縄投入時の海鳥アタックを防ぐ，(2) **二重加重枝縄**という延縄の餌の付いた枝縄に重りを 2 個取り付けることにより，すみやかな沈水をうながし，海鳥による枝縄への潜水アタックを防御する，といった各種技法が開発され，海鳥の溺死事故は大幅に軽減された（胡ら 2005; 横田・清田 2008）．

31.3.2 絶滅の渦（うず）

絶滅が危惧される種の野生個体群が，個体数を減らし，一定の個体数以下になると容易に個体数が回復せず，そのまま絶滅へと突き進む**アリー効果**：Allee effect が知られていた（⇒第 III 部第 22 章参照）．

これは，以下のようなメカニズムで生じると考えられる．生物の遺伝子 DNA の塩基配列の複製ミスによる点突然変異は日々生じつつあるが（⇒第 I 部第 6 章参照），有害遺伝子突然変異でも，致死的な突然変異は，個体の死で子孫に伝わらない．しかし，死なない程度の弱有害突然変異は子孫伝わり，世代を経るに従って個体群の中に蓄積していく．弱有害遺伝子は，致死遺伝子と異なり，自然選択の過程で消失することはない．特に，個体数が減って近親交配を繰り返す集団では，弱有害遺伝子の蓄積が増加し続ける．遺伝学者のマラーは，無性生殖で弱有害遺伝子が蓄積されていく過程を，ラチェット・レンチに例えた．逆回りできないラチェット・レンチのように，弱有害遺伝子の数の増加は，後戻りができない（⇒第 I 部第 7 章参照）．

絶滅危惧種のような小さな個体群では，遺伝的浮動の効果が高まり，自然選択による有害遺伝子排除効果は薄れるため，各個体の多くの遺伝子座に，弱有害突然変異遺伝子が固定していく．その結果，その生物種の適応度は徐々に減少していく．その様な個体群は，遺伝子多様性が著しく低下しており，ヘテロ接合体率を算出することで，絶滅の可能性を数値化して検出可能である（⇒第 I 部第 7 章参照）．

やがて，その様な個体群は，集団の細分化と小個体数化⇒小個体数の間での近親交配の進行＋遺伝的浮動による弱有害遺伝子の固定⇒適応度の低下⇒個体数の更なる減少…というループに入り込み，急激に個体数を減らしていくことになる．これを**絶滅の渦**（うず）：extinction vortex と言う（Blomqvist *et al.* 2009）．特に，ある種の個体群が分断化すると，それぞれの小個体群の中で絶滅の渦が生じ，種全体が絶滅へと突き進む結果となる可能性が高くなる．

アフリカに生息するチーターは，遺伝子多様性が著しく低い種であることが知られており，別個体どうしで皮膚移植が可能な程度に遺伝的に均質である．つまり，チーターは過去のある時期に個体数が著しく減少し，近親交配の結果，遺伝子多様性が低下してしまったと考えられる．しかし，チーターは，絶滅の渦への突入からは免れ，現在の個体数まで増えることができた．しかしながら，現在も遺伝子多様性は低いままである，と解釈されている (CCF 2020)．

日本のトキは，絶滅の渦への突入した結果，絶滅してしまった種と考えることができる．江戸時代までは日本の田園に普通に見られたトキは，狩猟圧の結果，激減してしまった．1981年には，国内に野生状態で生き残っていた5羽を捕獲し，ゲージの中で交配繁殖させようとした．しかし，とき既に遅く，国内産トキは絶滅してしまった．現在は，中国産のトキのつがいを譲り受け，繁殖させることに成功している．繁殖個体は100羽を越え，一部は放鳥し，野生状態にもどす試みも進められている (環境省 2022c)．

31.3.3　キーストン種とアンブレラ種

生物群集の中で個体数は少ないけれども，その生物群集に対して重大な影響を与える種を**キーストーン種**とよんでいる (⇒第II部第18章参照)．これは，アメリカの生物学者ペインが，カリフォルニアの岩礁海岸において，ヒトデ類の除去実験の結果，ヒトデ類が，その地域のキーストーン（要石：かなめいし）当たる種として命名したものである．

キーストーン種の他の事例としては，ラッコが挙げられる．ラッコは，毛皮を得る狩猟のために激減してしまった．ラッコは，褐藻の生い茂る浅海域では，海藻を食べるウニ類を主な餌としている．しかし，ラッコのいなくなった海では，ウニへの捕食圧が無くなった結果，ウニがその地域の海藻を食べ尽くし，生物多様性が著しく損なわれる結果を招いた．ラッコがその生息地の生物群集の安定化に重要な役割を果たしているという意味で，キーストーン種とみなすことができる (Cox *et al.* 2022)．

生物多様性の保全の観点から見れば，ある地域のキーストーン種を保全することで，その地域の生物群集が安定的に保たれると思われる．しかしながら，特定の生物群集を構成する多数の種の中で，どの種（複数種でも可）がキーストーン種の役割を担っているのかを知るのは容易なことではない．「取り除いてみないと判らない．」では，お話にならない．

このような批判から，生態系保全の観点から**アブレラ種**：umbrella speciesという概念が提唱された．ある地域の生態圏において，食物段階の最上位に位置するような種，食物ピラミッドの頂点にいる種，もしくは，目立って象徴的な種が絶滅しないように保全することで，そこの生態系全体が保全できるような種をアンブレラ種と命名した．これには，生態圏全体を傘で覆って護るという意味が込められている (Nakamura 2018)．

食物段階の最上位に位置する種として，具体的には，東南アジアのトラ，日本の森林のイヌワシなどが挙げられる．象徴的な種としては，パンダやコウノトリが挙げられている．

31.3.4　絶滅危惧種とレッドリスト

日本の希少野生生物種種を保全するための法律として，1993年に「絶滅のおそれのある野生動植物の種の保存に関する法律」が施行された．この法律は，野生動植物保存法，もしくは，種の保存法ともよばれる．この法律を受けて，国レベルで，保護措置を積極的に講じなければならない野生生物種が，**絶滅危惧種**：threatened species / endangered speciesとして各分類群において指定された．絶滅危惧種の掲載された冊子を**レッドデータブック**と言い，それに掲載されているリストを**レッドリスト**とよんでいる (環境省 2022d)．元々は，国際自然保護連合：IUCNが作成した，絶滅のおそれのある野生生物のリストをレッドリストとよんでいた (IUCN 2022b)．IUCNのレッドリストの正式名称は，The IUCN Red

List of Threatened Species と言う．レッドデータブックは，その後，全国の都道府県レベルでも整備された．

レッドリストには，その絶滅の危険性に応じてランク別にカテゴリー指定されている．環境省のレッドリストでは，以下のように分類分けされている．

(1) 絶滅危惧 I 類（Critically Endangered + Endangered：CR + EN）
(2) 絶滅危惧 IA 類（Critically Endangered：CR）
(3) 絶滅危惧 IB 類（Endangered：EN）
(4) 絶滅危惧 II 類（Vulnerable：VU）

しかしながら，その選定に当たった専門委員が，各分類群の分類学者が当たったこともあって，分類群によっては「珍しい物リスト」になっており，真の意味でのレッドリストになっていないという批判もある．また，分類群によっては，各カテゴリー分けされた数値的根拠があいまいで，担当者の「**感覚的客観**」（≒主観）に頼っているという根強い批判も多い．

コラム　IGBP（地球圏・生物圏国際協同研究計画）プロジェクト

全地球的な環境変化を調査し，問題解決の提言を行うために，国際協同研究プロジェクト地球圏・生物圏国際協同研究計画（IGBP）が実施されることなり，IGBP プロジェクトが発足した．日本では，環境省（当時は環境庁）の直轄研究機関だった国立環境研究所が受け皿組織となった．国立環境研究所には，地球環境研究グループが発足し，その下部に各種の研究チームが組織された．各研究グループによる数多くの研究プロジェクトが立ち上がり，多くの国際共同研究も立ち上げられた．そのような国際共同研究の一環として，東南アジアの熱帯雨林の保全と生物多様性の研究を目的とし，マレーシア政府との共同研究が行われた．マレーシア側からは，マラヤ大学（Universiti Malaya：UM），マレーシアプトラ大学（Universiti Putra Malaysia：UPM），および，マレーシア森林科学研究所（Forest Research Institute Malaysia：FRIM）が共同研究機関となり，プロジェクト研究が推進された．写真は，マレーシアのヌグリスンビラン州にあるパソー自然保護地区に設置された森林観察タワーである．パソー保護区には，マレー半島ではほとんど失われてしまった低地熱帯雨林が保全されており，樹木の樹高は高い木で約 70 m に達する．このような森林構造を持つパソー原生林の生態解明のため，樹冠部を貫く形で，観測タワーが建設された．タワーの材質は腐食に強いアルミニューム製（高温で脆弱になるジュラルミンは材質として向いていない）で，3 本のタワーが三角形に立てられ，地表から 40 m の部分に 3 本のタワーを繋ぐ空中回廊（キャノピー・ウォーク：canopy walk）が設けられている．タワーの 1 本は樹冠から突き出るように 50 m の高さに設定されたが，後に 70 m まで延伸された．写真左端は，タワーの途中から空中回廊を見上げたもの．中左は，空中回廊の様子．中右は，光合成測定装置を担ぎ上げ，空中回廊上で植物の光合成測定の観測を行っている様子．右端は，林冠部を突き抜け，地上 50 m にまで伸ばされたタワーを空中回廊部から見上げた写真．1993 年 5 月 11 日に冨山清升が撮影．

第 32 章

外来種問題

32.1　外来種問題の現状：外来種問題の 5 要素

32.1.1　外来種とは何か

外来種：alien species とは，以前に使用されていた**帰化動物**や，**帰化植物**と同義語であり，過去あるいは現在の自然分布域外に，人為によって直接的・間接的に移動させられた種，亜種，あるいは，それ以下の分類群を指し，生存し繁殖することのできるあらゆる器官，配偶子，種子，卵，および，無性的繁殖子を含むものを指している．エルトンは，外来種の問題を生物学的観点から初めて取り上げた (Elton 1958)．また，外来種のうち，その導入，もしくは，拡散が，生物多様性を脅かすものを**侵略的外来種**とよんでいる (村上 鷲谷 2002)．一部の解説本で，在来の生態圏に悪影響をおよぼさずに定着できた外来種を帰化種として区別している事例もみかけるが，程度の差はあれ，外来種の侵入は在来の生態系には必ず何らかの影響をおよぼしている．外来種問題における，帰化種と侵略的外来種の区別は個々人の主観に頼っているだけである．

また，外来種はその起源によって，**国外外来種**と**国内外来種**に分けられる．国外外来種とは原産国が日本国外であり，本来，国内に生息していなかった外来種をさす．また，国内外来種とは，主に本来生息の認められなかった地域に，国内生息地からその地域に導入・定着した種をさす．加えて，同種ではあるが，遺伝的に異なる別個体群からの移入も国内外来種としている．さらに，特殊な事例として，遺伝子組換え生物や，外来種と在来種の交配品種も，本来が自然状態では存在しなかった生物であり，外来種とされている．

外来種と在来種の区別は，その地域に定着した時期が，新しいか古いかの違いでしかないが，一般の文献では，大まかに明治期以降（1867 年以降）に移入された生物を外来種として扱っている．しかし，クサガメは，文献記録や DNA 鑑定の結果から，江戸時代中期以降に朝鮮半島から持ちこまれたものと推定されており，外来種扱いとなっている (加賀山 2021)．また，奈良時代以降，植物を中心に多くの中国産の生物が日本に持ちこまれてきたと推定される．さらに，農耕文化の伝搬と共に，コムギやイネに伴って伝来したと考えられる植物種（**史前帰化植物**），例えば，春の七草の 1 つナズナなどは，在来種の扱いである (前川 1943)．以上のように，外来種と在来種を分ける厳密な時代区分は存在しないと言ってよい．

32.1.2　外来種は何が問題なのか

生命の起源以来，その進化過程において，生物は，自らが生息する環境に適応して各種の形質を進化させてきた．また，陸地や海洋も時代にそった地質変動に伴い，その形態を変遷させてきた．陸上移動，飛翔，および，遊泳など，それぞれの生物がもつ移動手段で生息地を拡大，もしくは，移動させてきた．

その様な過程の中で，その地域に固有の生物が分布するようになった．生物分布は，それぞれの分類群によって，海洋，河川，山岳地，気候，海流，および，海底地形等の何らかの要因によってその分布は，限定的な地域に制限されている．生物は，その生息地の生物群集の中で，個体間相互作用，もしくは，種間相互作用によって，個体間競争，種間競争，あるいは，捕食-被食関係などによって，一定の生息個体数に制限を受けているし，無限に増殖することもできない（⇒第 II 部第 13 章参照）．

自然状態であれば，上記の様な条件下で，生態系とそれに付随する生物群集は安定な状態，もしくは，緩やかに変動する状態で保たれてきたとも言える．無論，小惑星衝突や大火山活動等に伴う天変地異によって，生態系が激変する場合（⇒第 IV 部第 30 章参照）もたまには生じただろう．

しかしながら，現代は，ヒトの活動によって，生態系が著しく改変されている時代である．その変動のために，現代は**人新世**という新たな時代区分に分類分けされるようになった（⇒第 IV 部第 30 章参照）．

この人新世において，ヒトの活動によって，生物が 1 つの構成要素である生態系はあらゆる攪乱を受けている（⇒第 IV 部第 31 章参照）．農作物等の生物の産業利用によって，新しい生物の新しい分布地が創出されている．産業活動によって，本来の生息地が攪乱された地域には，それまで分布できなかった生物が進出しつつある．狩猟によって有力な捕食者が除かれ，それまで押さえつけられていた種が，大増殖するようになった．また，ヒトの活動に伴い，意図的・非意図的に関わらず，新たな生息地に導入される新たな種が大幅に増えた．

その様な急激な種間関係の変化に，多くの生物は，適応する手段をあまり持ち合わせていない．遺伝的変化とそれに伴う形質変化は，ある程度の時間が必要である（⇒第 I 部第 6 章参照）．在来種が，新たに直面することになった種，すなわち外来種との種間関係に適応できなかった種は絶滅するしかない．ヒトによる在来の生態系の改変と並んで，外来種の存在は，このように，在来の生態圏の破壊と急激な改変をもたらしている．外来種の地球規模での伝播により，地球規模で生態系の均質化が進みつつあるのが，人新世の 1 つの特徴でもある．つまり，生態系の均質化は，ヒトの生存をも危うくしつつある（⇒第 IV 部第 31 章参照）．

32.1.3 外来種問題の 5 大要素

外来種問題が生態系に及ぼしている影響は，下記の 5 項目に分類分けすることができる．

(1) 生物間相互作用を通じて在来種を脅かす．
新たな捕食者や寄生者として，あるいは，競争者とて，在来種の分布個体群の存在を脅かす．日本各地に意図的に導入されたオオクチバスやブルーギルが各地の淡水域で，在来種の強力な捕食者となっている事例は典型例である．

(2) 在来種と交雑して雑種を作ることにより，在来種の純系を失わせる．
外来種が，在来種と近縁であった場合，自然の分布状態では生じなかった交配が生じてしまい，在来種が持っていた本来の遺伝的性質が失われてしまうことがある．これを，**遺伝的攪乱**：genetic disturbance / 遺伝子浸透：introgression，もしくは，遺伝子汚染とよぶことがある．遺伝子汚染という単語は，差別用語の側面もあり，使用は控えた方がよい．京都の賀茂川では，DNA 鑑定の結果，食用として持ち込まれたチュウゴクオオサンショウウオが逸出し，日本固有種であるオオサンショウウオと交雑していることが判明した（松井 2017）．

(3) 生態系の物理的な基盤を変化させる．
本来存在していた食物連鎖の中に，外来種が組み込まれることにより，食物網や栄養段階の構造が変化していまい．結果として，生態系全体が影響を受ける．伊豆諸島の各島では，野ネズミ駆除のために導入したニホンイタチが在来の鳥類，ハ虫類，昆虫類を捕食し，生物群集が壊滅した (Hasegawa 1999)．

(4) ヒトに病気や危害を加える．
新たな病原体は，ヒトに危害を加える．2020 年から世界的大流行（パンデミック）となった新型コロナ症（COVID-19）は記憶に新しい．また，東アフリカを原産とするアフリカマイマイは広東住血線虫という人獣共通感染症を引き起こす寄生虫を付随させて広まってしまった (Sohal *et al.* 2022)．

(5) 産業への影響．
農作物に危害を加える新たな害虫の種は，出現し続けている．ヨーロッパ原産のムラサキイガイは，幼生が船舶のバラスト水に混じって全世界に伝播し，導水管を詰まらせたり，船の走行障害を引き起こしたりしている (Bonham *et al.* 2017)．

32.2　外来種問題の対策と外来種の管理

32.2.1　外来種の規制

日本も加盟している生物多様性条約では，その第 8 条で外来種の対策が義務づけられている．この条約を受け，国内法として 2005 年に「**特定外来生物による生態系等に係る被害の防止に関する法律**」（通称：**外来生物法**）が制定された（環境省 2022e）．外来種法では，海外から日本へ持ち込まれ，日本の在来生物の生存を脅かしたり，生態系を攪乱したり，または，乱す恐れのある外来生物の取扱い規制と，外来生物の防除を行うことを定めている．外来種法の制定をうけ，全国の都道府県では，外来種規制の条例を制定し，専門家で構成される外来種対策委員会を立ち上げ，外来種問題の把握と解決に努めている．全国的に，市民団体レベルでも，外来種問題の啓発活動と外来種防除の活動が地道に展開されている．

32.2.2　外来種の対策

外来種問題の対策は，

(1) 外来種の国外等からの持ち込み等の侵入経路の規制と予防的措置，
(2) 外来種の移動や飼育の禁止や管理，
(3) 外来種遺棄の禁止，
(4) 外来種の駆除，
(5) 外来種問題の普及・啓蒙活動や教育活動，

に大別できるだろう．

この中で，外来種の駆除は，いくつかの目立つ事例で成功しつつある．奄美大島では，フイリマングースがハブ対策として数頭が持ちこまれた結果，一時期は全島で約 2 万頭にまで増殖し，在来の絶滅危惧種を捕食するなどして，問題が顕在化していた．しかし，環境省による詳しいモニタリング調査に基づくワナかけや，探索犬の投入等によって，ほぼ根絶に成功した (松田・橋本 2017; 環境省 2022f)．熊本県の宇土半島では，台湾原産のクリハラリスが 2008 年頃から定着し，個体数の激増が問題になっていたが，農林水産省森林総合研究所による根絶作戦の結果，2023 年には捕獲数ゼロにまで減少させることに成功し，根絶は成功したとみられている (Tamura & Yasuda 2023)．

教育活動では，外来種問題が学校の教科書や副読本で取り上げられるようになり，外来種問題の認識が一般に広く浸透するようになった (環境省 2022e)．

第 33 章

生物保全問題の別視点；流域思考と都市の生態系保全など

33.1 別な視点からの外来種問題

33.1.1 外来種は本当に悪い存在なのか？

第 IV 部第 32 章で外来種問題を扱った．そこでは，外来種は，在来の生態系を脅かす存在として排除すべきものとの，従来の主流的な考え方を紹介した．ここでは，別な視点からの外来種問題を取り上げてみたい．誤解を与えないように最初に強調しておきたいが，外来種を肯定的にとらえるつもりはないし，外来種を排除するべきではないと指摘したい訳でもない．ましてや，外来種を積極的に導入せよとの主張は論外である．

外来種問題は，生物多様性を低下させ，生態系を攪乱させている大きな要因であることはほぼ間違いない．まともな進化生態学の研究者であれば，外来種にはあまり肯定的な評価を与えないのが通例であろう．しかし，外来種の負の側面とされてきた事象が本当に当たっているのか，個別論としてではなく，全体論から観た個々の事象を検討してみる価値はあるだろう．ピアスは，その様な観点から外来種問題を詳細に取り上げ，問題点を浮き彫りにしており，外来種をひたすらに敵視する旧来の思考は間違いだ，と結論づけている (Pearce 2015)．

33.1.2 外来種が生物間相互作用を通じて在来種を脅かしている問題の検証

オーストラリアのクイーンズランド州では，1935 年にサトウキビ畑の害虫駆除を目的として，プエルトリコから約 6 万匹のオオヒキガエルが放たれた．しかし，サトウキビ畑の害虫駆除に役に立たなかったばかりか，本種を捕食したヘビ類やワニ類が耳下毒腺の猛毒によって大量死してしまい，絶滅種も生じるのではないかと危惧された．しかし，捕食行動の回避や毒耐性系統の出現などによって，オオヒキガエルのために絶滅に追い込まれた捕食者は生じなかった (Shine 2010; Shine & Doody 2011)．

ビクトリア湖では，ナイル川の肉食魚ナイルパーチの導入により，適応放散していたシクリッドフィッシュ類の多くの種が絶滅に追い込まれた (Wilson 1992)．しかし，最近の研究では，主たる絶滅要因は，水質の悪化であり，ナイルパーチの導入が絶滅を促進したに過ぎない可能性が高いとされている (Witte 2000; Verschuren *et al.* 2002)．

33.1.3 外来種の侵入が生物多様性を低下させている問題の検証

南大西洋に位置するアセション島は，元々は荒涼地の広がる火山島であった．その島では，世界中から持ちこまれた植物種が繁茂し，外来種がほとんどを占める島嶼生態系を形成している．むしろ外来種によって，非常に高い生物多様性が保持されている．在来種は少数のシダ類と海岸植物であったが，外来種の生物群集の中で生育している (Catling & Stroud 2010)．

ハワイ島やヴァージン諸島など約30の島嶼群において，侵略的外来種とされる植物約250種の動態調査が行われた．これらの外来種が新たな島嶼に侵入した事例は1万例を超えたが，その中で在来種に重大な影響を与えている事例は数例に過ぎなかった (Maris 2011; Pearce 2015)．

33.1.4　外来種が生物群集を変化させ，生態系の基盤を変化させている問題の検証

固有種のハト類ドードーが絶滅した島として有名なモーリシャス島では，在来植物765種のうち約90％が生き残っている．この島に定着した外来種植物は730種であり，島の生態系の一部分となっている．動物では，アルダブラ環礁から導入されたアルダブラゾウガメが定着しており，恐らく，その昔，ドードーが担っていたと思われる固有植物の種子発芽散布に貢献している (Janzen 1980)．

プエルトリコ島では，サトウキビやコーヒーのプランテーションの開発によって1940年代には，島の森林の約94％が失われる状態となった．しかし，1960年代以降，プランテーションが衰退し，元農地が森林へと回復していくと，在来種に加えて外来種の樹木も繁茂し，森林面積は10倍に増えた．森林には，外来種動物も混交した生物群集が形成されていった．開拓時代に在来種の鳥類60種中7種が絶滅してしまったが，新たに形成された森林は生き残った鳥類種に新たな生息場所を提供している．新たに形成された森林は，原生植生ではなく，外来種も交えた新しく出現した生態系となっている (Rudel *et al.* 2000)．

太平洋戦争後，米軍物資に紛れて種子が持ち込まれたとされているセイタカアワダチソウは，川原の土手や休耕田などに入り込み，特に西日本を中心に大繁殖をするに至った (中川恭・榎本 1975)．一面に真っ黄色な花を咲かせ，景観を害する上に，**他感作用**：Allelopathy物質を根茎から分泌して在来種の成長阻害を行い，在来生態系を破壊していると，一時期はかなり嫌われた (榎本・中川 1977; 中村・根本 1996)．しかし，研究が進むと，本種は土壌中の肥料分の多い放棄畑等で主に繁殖しており，自然状態の在来植生地には侵入できないことや，過剰だった土壌中の栄養分が減ってくると急激に生育が衰えることが解ってきた (小西 2010; 平舘ら 2012)．また，原産地の北米地方や，日本の侵入地では，在来昆虫の貴重な蜜源になっていることも判明した (榎本・中川 1977; 渡邊 2015)．

33.1.5　外来種との共生に発想を切り替える必要性

外来種を排除し，在来種を重んずる思考が極端に走った結果，大きな過誤が生じる事例もある．道路工事で法面の裸地には，一昔前までは，ネズミムギ（イタリアンライグラス）やシロツメクサの種子が吹き付けられ，土留め植物として利用されていた．それが，外来種導入という理由で嫌われ，在来種のイタドリやヨモギなどが法面緑化に使われるようになった．しかし，それらの種子が不足したため，中国から輸入されたイタドリ種子などが，現場で流通するようになってしまった．遺伝子多様性の攪乱の観点からもゆゆしき問題であり，在来種にこだわるあまりに生じた悲喜劇であった．「出目も解らないような，得体の知れない在来種を用いるよりも，由来がはっきりしており，原生植生地には逸出繁茂しないことが解っているクローバーなどの外来種を用いた方がまだましだ.」と日本生態学会のシンポジウムで発言したところ，「トンデモない発言だ.」と逆に攻撃を受ける始末であった．中国から輸入されたヨモギが，在来種ヨモギと交雑する事象も確認されている．近年では，生物多様性に配慮した法面緑化工法が行われている (中野 2018; 福永 2010 等)．遺伝的攪乱の観点からも，少なくとも，土木工事の法面緑化などで在来種を用いる工法は止めた方がよい．それに代わる方策として，**蒔き出し法**などの別工法が考えられる．蒔き出し法とは，近隣の開発地において，在来の森林林床の落葉落枝層を採取し，それら

を詰め込んだ稲俵を裸地斜面に設置する手法で，落葉落枝層の埋土種子が芽吹き，そのまま近在の初期植生の形成を促す工法である (梅原ら 1982)．

世界各地で外来種の根絶や排除の事業が数限りなく行われてきたが，成功に至った事例はあまり多くない．ガラパゴス諸島では，2000年から始まった外来種駆除プロジェクトにおいて，外来種の動植物35種を標的として43件の駆除計画が実施されたが，10年後に成功したのは9件のみだった (Coello & Saunders 2011; Gardener 2011; Hobbs *et al.* 2013)．

日本では，根絶に成功した代表例として，特殊病害虫としてのウリミバエやミカンコミバエの根絶 (伊藤 1980) が，最初の事例として挙げることができる．しかし，この2種は，定義上外来種ではないとする指摘もある．

哺乳類では，小笠原諸島における一部の島嶼でのクマネズミやヤギの根絶 (常田 2006; 橋本 2009)，奄美大島におけるフイリマングースの根絶 (石井 2003; 山田 2006; 船越ら 2007; 奄美新聞 2021)，九州の大分県島嶼部や宇土半島におけるクリハラリスの根絶 (安田 2017；Tamura & Yasuda 2023) などが挙げられる．しかし，膨大な予算を投入した事例や，侵入直後の根絶は順調な場合が多いが，いったん定着してしまった植物や昆虫類の根絶事業はあまり芳しくない (五箇 2017)．

以上のような状況を受け，定着し，その生物群集に組み込まれてしまった外来種は，無理に根絶を目指すのではなく，外来種と固有生態系の共存を目指すべきではないかという世界的な潮流に変わりつつある．特殊病害虫の事例のような有害な外来種ではなく，なおかつ，現状において生態系や産業に著しい影響を与えていない外来種は，正確なモニタリングを行った上で，無理に排除対象とする必要はないと思われる．

33.1.6 ビオトープの問題

近年，1990年代頃から，自然を体験できる施設として**ビオトープ**：biotopという人工的な自然観察施設が全国的に作られている．ビオトープは，ドイツのフィールド生物学である植物社会学の流れを汲むもので，ドイツが起源とされている概念である．その定義は，「有機的に複数の生物が結びついた生息空間.」を指しており，必ずしも，日本で行われているような，人工的な自然観察場だけを指している訳ではない．また，生態学における，生態系の定義とも，ややずれる部分もある．

日本では，ビオトープは，自然観察を体験できる場として，本来の自然が破壊された場所において，周辺の生物を移植し，疑似的な生態系を建設し，自然観察を行える場所としての位置づけが定着している．代表的な事例は，学校や公園に人工池を構築し，周辺に湿地を製作し，野生の動植物を移植し，建設後は，成るに任せる方式が一般的である．ビオトープは，学校の校庭の一角に造られる小規模な施設から (木俣 2001)，河川改修や大規模公園の建設の一環として建設される大規模な施設まで多様である (養父 2010)．近代の土木工事においては，人口構築物で固めてしまい，徹底的に原自然を破壊してきた工法が一般的であった．その様な工法に対する反省として生まれてきた，多自然型工法の思考の1つとして，大規模ビオトープをとらえることもできる．

ビオトープ自体は生物多様性や生態系の保全の観点からも評価すべき施設ではあるが，まったく問題がない訳でもない．ビオトープに移植する動植物を，本来その場所に生息していた生物を復元するのが理想的なのだが，得てして，その需要を満たすだけの数の生物を周辺から得られない事例が多い．その様な場合には，他所から動植物を移植することになる．結果として，生物多様性の保全の観点から，「遺伝的撹乱」，「種構成の撹乱」，「生態系の撹乱」を引き起こす工事になりかねない．環境復元工事やビオトープへの生物移植の需要を満たすために，由来のはっきりしない在来種を大量増殖して販売する業者も存在する.

近年,「ホタルの里」運動が全国的に盛んであるが, その需要を満たすために, ホタル類やカワニナ類を, その様な業者から仕入れている事例もあるようだ. ホタル類やカワニナ類は, 種の系統分類学的な研究すら決着していないグループでもあり, 遺伝的攪乱, 種構成の攪乱, および, 生態系の攪乱などが引き起こされる事態は, かなりの問題があるだろう.

最近では, 奄美大島にある大型ビオトープにおいて, 業者から仕入れた外来種のドジョウを入れている例がある. これは, 奄美大島の在来種であるシノビドジョウへの影響が懸念されている (2022 年 11 月 30 日：鹿児島県外来種対策検討委員会における席上報告).

日本では, ビオトープの建設は, 土木工事の一環として行われてきた歴史があり, 生物多様性の観点, 特に進化学・生態学からの評価があまり重視されてこなかった. その意味で, 日本におけるビオトープの建設には, 大いに改善の余地がある.

33.2　極相林の思考と, 日本土着思考としての里山運動

33.2.1　教科書的な植生遷移の紹介

裸地へのコケ植物や草本植物などの侵入・定着が生じ, 草地から陽樹林へ移行し, **陽樹林**から**陰樹林**へ移行するような, ある場所において時間経過と共に継続して生じる植生の変遷を**植生遷移**と言う. 火山の溶岩原や氷河堆積物のような荒原には, 初期条件として有機物は存在せず, 植物の生育が制限された環境である. しかし, このような環境にパイオニア的な植物が侵入し, 生育・定着をしてくると, 地表に**落葉落枝層**が蓄積され, 土壌が形成されてくる. 土壌を伴った植生は, 多くの動物が生息できる生物群集へと変遷していく.

火山荒原や氷河堆積物地のような, 生物のあまり生息できない環境から始まる遷移状態を**一次遷移**と言う. 一次遷移には, 溶岩地帯のような乾燥した状態から始まる**乾性遷移**と, 湖が徐々に埋まり, 湿原を経て森林へと移行する**湿性遷移**がある. 遷移が進行するに従って, 植生が変化していく過程を**遷移系列**と言う.

植生が存在している地域が, 山火事や, 伐採, 台風倒木, または, 斜面崩壊などによって, 攪乱された場所で進行を始める遷移を**二次遷移**と言う. 攪乱された地域によって, 土壌形成の程度, 窒素等の土壌含有量, 切り株や**埋土種子** (残留種子・休眠中の種子) の存在などの初期条件が異なるため, 二次遷移の進行形態は, その土地によって大きく異なる.

遷移が進行し, 陰樹林の安定植生となり, 遷移の進行が停止した安定状態となった植生を**極相**とよぶ. 極相状態の森林を**極相林**と言う. 以上のような植生遷移の概略は, クレメンツやホイッタカーが 20 世紀に提唱したもので (Clements 1916; Whittaker 1975), 古典的な遷移理論とよばれる.

33.2.2　ギャップ更新と多極相説

森林を構成する樹木が, 病害虫被害や寿命によって枯死したり, 風害によって倒壊するような場合, 森林の樹冠部に穴が形成される. このような樹冠の穴を**ギャップ**とよんでいる. 温帯林では, ギャップが林冠に占める割合は, 5–30 % を占める. ギャップが生じると森林の林床部にまで太陽光が差し込む様になり, それまでの暗い林床部では生育のできなかった草本や陽樹が生育できるようになる. また, 休眠していた埋土種子が一斉に芽吹き, 倒壊した大径木の残された根部からの芽生えが生じることもある. そのようにして, ギャップ地では新たな遷移が始まり, 植生が更新されていく. これを**ギャップ更新** (ギャップダイナミックス) と言う. ギャップ地の形成は, ランダムではあるが, まれな出来事ではな

いため，ギャップ地による植生更新地がモザイク状に構成され，森林全体が成立している (Keddy 2017).

ある地域の森林が遷移し，極相林とよばれる状態に到達するまで非常に長い年月がかかると推定されている．例えば，桜島のある九州南部の照葉樹林では，スダジイやタブノキの生い茂る陰樹の森林に到達するまで，約 1000 年が必要とされる (Tagawa 1964)．森林が長期間，何のアクシデントも無く保たれることはあり得ず，何らかの原因による倒木が生じ，ギャップが常に存在する状態に置かれている．その意味で，極相林は，事実上存在しないと言ってもよい．すなわち，陰樹の優先する森林が自己再生を繰り返しているような理想状態の極相林は，恐らく存在し得ない．ギャップによる草地や陽樹などの存在は無視し，陰樹が優占した森林の一部分だけをもって，単に極相林とよんでいるに過ぎない．

植物生態学において，ある 1 つの気候条件に 1 種類の極相林を想定する考えた方を**単極相説**と言い，複数の極相状態を想定する考え方を**多極相説**とよんでいる (Keddy 2017)．日本のような地形や土壌条件が単一の広がりを持たない地域では，単極相はあり得ないし，ギャップ地が組み合わされば，植生はさらに複雑になる．その様な森林に動物も組み合わさった生物群集は，非常に複雑な存在となる．

極相という考え方は，古典生態学の必然性を重視した思考であろう．新たに形成されつつある生態系に加入してくる種構成には，かなりの偶然性が影響し，確率論的な過程も影響する．その結果として，生態系は，安定した定常状態に向かって変化しているのではなく，常に種構成は入れ替わり，ダイナミックに変動し続けている系だと受け止めるべきだろう．

33.2.3 代替植生，潜在植生と原植生

森林伐採地に生じた草地や陽樹林，もしくは，造林になどによって形成された人口林を，本来はそこに極相林として存在しているはずの森林の代わりの植生という意味で**代替植生**（**代償植生**），もしくは，**2 次林**とよんでいる．それに対し，人為の影響が無くなれば生じるはずの植生を**潜在自然植生**とよんでいる (Reinhold Tüxen 1956)．潜在自然植生とは，「現状で放置すればどのような植生になってしまうか.」と理解すべきもので，**原植生**とは異なるものである．

例えば，東京近郊の多摩丘陵地域の潜在自然植生は，シラカシの森林ということで見解は一致している．しかし，それは「放置しておけば，どのような植生になるか.」であって，多摩丘陵の原植生は，恐らくシラカシ林ではない．東京近郊に残る屋敷林には確かにシラカシの木が目立つが，シラカシは，槍の柄や加工品の用材として有用であったために，江戸時代に積極的に植林されたものであって，本来，その地域にシラカシの極相林や優先林が存在した訳ではない．

関東地域の場合，この潜在自然植生に当たるものは，シイ類やカシ類などの照葉樹林（常緑性暖帯樹林）とされているが，今日その姿は社寺林として古い神社の境内にわずかにみられるに過ぎない．社寺林の植生は，クスノキ，スギ，シラカシ等の植林由来の樹木が多い．関東地方の原植生は，ケヤキやエノキを主体とした落葉性暖帯樹林に，照葉樹林（常緑性暖帯樹林）や草原がパッチ状に連なった植生であったであろうと推定されている．少なくとも，シラカシを優占種とした潜在自然植生とされている植生ではなかった．

多摩丘陵は，温暖な縄文時代には，焼畑や火入れによって広大な草原であったと推定されている (木村允の未発表データ；1990 年の講演で発表)．縄文時代から続く焼畑文化や，薪炭用の伐採などによって，日本の山林の多くが，潜在植生と言われるものとはかなり異なった植生であっただろうと推定されている．薪炭採取によって，アカマツの混じる薪炭林，草地や裸地が広がる植生は，当時の写真を見れば判るように，1960 年代までは普通に見られた（図 33.1）．

図 33.1 約100年前の絵はがき．箱根堂ヶ島温泉付近．山はほとんどハゲ山で，草地が広がっていることが解る．現在は，うっそうとした自然林で覆われている．

33.2.4 日本土着思想としての里山論

1990年代以降，自然保護の現場で，**「里山」**：Satoyama / semi-natural rural suburban area という単語が急速に広まった．現在の日本では，里山を語らずして，自然保護が語れないような状況となっている．しかし，その様な日本の自然保護の現状を国際会議の場で紹介すると，驚愕の対象となる．「いわゆる都市生態学とは異なる概念．日本の原生林，草原，湿原，河川，干潟，海岸，海洋，等々の保護はどうなっているのか．日本国外の熱帯雨林や砂漠化地域，サンゴ礁地域の保全はどう考えているのか．よもやその様な自然保護思考を日本国外に輸出しようと考えているのではあるまいか.」等々の疑問を呈される．

里山という言葉を生態学の分野で初めて用いた人物は，京都大学の植物生態学者であった四手井綱英と言われている．しかし，生物保全関連の分野で，里山という用語が一般的になったのは，さほど古い出来事ではないようだ．

愛知県瀬戸市に広がる「海上の森」（かいしょのもり）が，2005年に開催された日本国際博覧会（愛知万博）の会場候補地として，1990年に選定された際，万博そのものに対する反対運動と相まって，自然保護運動が加わり，オオタカが生息し，地域固有種シデコブシが自生する森として，海上の森保護運動がシンボル化された．自然保護運動としては，博覧会国際事務局 (BIE) や世界の主要な自然保護団体を巻き込んだ反対運動が展開された．海上の森自体は，第三紀更新世に形成された川砂利層の丘陵地に形成された薪炭林であり，森林そのものが原植生という訳ではなかった．このため，海上の森の重要性をアピールする用語として，里山という言葉が使用されるようになった．

里山の用語を教示した人物は，京都大学の動物生態学者であった日高敏隆と言われている．保護運動のメンバーから「薪炭林や2次林では，保護をアピールする言葉として弱い．何か良い言葉がないだろうか.」と相談を受け，「琵琶湖周辺で人里近くの森林という意味で里山という言葉があるが...」と教えたのが最初と日高本人からも聞いている．その後，日高自身も好んで里山という言葉を用いるようになった（日高 2017）．

里山という言葉は，その後，生物保全の際のキーワードとして，全国各地の自然保護の現場や文献でも広く使用されるようになり，高等学校の生物学の教科書にも登場する言葉となった（東京書籍 2017；鷲谷 2023）．

里山という言葉が使われる際，それがどのような生物群集を指しているのか，ややあいまいな部分もあるが，一般的に，薪炭林として利用されてきた2次林を指していると思われる．里山とよばれる，森林を保護することそのものには異論はないものの，薪炭林評価の思考様式やその保護方法には，いささか違和感がある．薪炭林は，上記で示したように，たまたま，1960年代のエネルギー革命の結果，焚き木や木炭の採取場としての役割を失い，二次遷移に伴う植生遷移が進行途上にある森に過ぎず，里山は原植生ではない．「手つかずの自然」として，文字通り「手つかず」に保全すれば，遷移が進行し，2次林植生に特有に出現する動植物はやがては消滅してしまうだろう．それが「自然」だとするのであれば，それでもよいが，2 次林植生を保全し，ヒトが利用できる森林に保ちたいのであれば，人手を加える行為が必須となる．そこを薪炭林と見なし，定期的に下草刈りを行い，大径木に育った木は適度に伐採するなどの人手を加えた措置が必要であろう．

里山が**里山論**：Satoyama theory として語られるとき，そこには何かしら日本の土着思想が見え隠れする．**里山運動**：Satoyama movement や里山論にも多様な立場があるが，例えば，日本土着の山村文化と一体化した森林の評価が語られる．それも景相（ランドスケープ）と捉えることも可能だが，それは進化学や生態学の主要な解釈とはかなり異なる．一部の里山論では，獣害や害虫被害も一体のものとして受け入れる．古文書資料を解釈し，地方伝承に基づき，歴史学，および，民俗学の観点からも森林利用を行う．森林利用を含めた生活様式に，土着の地域文化を見いだしていく．近代経済学に基づく最節約的な合理的思考を排除し，独自の里山経済論を展開していく．

このような一部の里山論の論理展開は，進化生態学としての自然科学の思考からは，いささか外れており，宗教哲学もしくは，社会思想の分野に片足を，または，両足を突っ込んでいる．これを宗教哲学として見るならば，里山論は，工芸分野の「**民藝論**」：Mingei theory に近いものがある．民藝論は，その提唱者であった柳宗悦が，当初はイギリスで盛んだったウィリアム・モリスが主導した**アーツ・アンド・クラフツ運動**：Arts and Crafts Movement を模倣したものであった．柳は，民衆的工芸品を略して「民藝」という言葉も提唱した．しかし，柳の**民藝運動**：Mingei movement は，日本固有の土俗思想を取り入れ，独自の宗教哲学を展開し，本来目指した生活文化としての工芸分野（クラフトワーク）からかけ離れた存在となっていった（熊倉・吉田 2005；中見 2013）．里山論も民藝論と似通った状況を呈しており，本来の保全生物の前提とした生態学の思考とは別物になりつつある．

里山運動の今後に関しては，いささか逆説的な言い方になるかも知れないが，次のような展開も考えうる．里山運動は，生態学や自然科学の各種理論との整合性を採るような努力は止めにして，これまで以上に日本土着の土俗思想を積極的に取り入れ，柳が提唱したような宗教哲学に昇華していけば，新たな展開が見いだせるかも知れない．

33.3　流域思考と都市生態系

33.3.1　流域思考

前段で述べた里山論は，農業や林業などの一次産業と共に存在する 2 次林（薪炭林）などの代替植生の生物群集が象徴する，二次的な自然を主たる対象として扱っている．あるいは，都市の中で要素論的に孤立した小さな自然をイメージさせる．それに対し，ウィルソンが主張するクリエーション：The Creation や「大地と海と生き物の賑わう地球」は（ウィルソン 2006），基本的には原生的な大規模な自然をイメージさせる（岸 2010）．

岸 由二は，景観生態学で使われていた**ランドスケープ**：land scape に対し「**山野河海**（さんやかかい）」という訳語を与え，**バイオダイバーシティー**：biodiversity を「**生き物のにぎわい**（いきもののにぎわい）」と訳した（岸 1996））．公式には，それぞれ，景観（景域，もしくは，景相），および，生物多様性という訳語で知られている．ヒトの文化や歴史の表現も含む生態圏の有り様を表現する場合，land scape という単語は，いささか座りが悪いし，本質を言い表していない．日本語でも適当な表現がないのが現状であった．山野河海が名訳かどうかは判断しかねるが，景観や景相よりもよほど本質を言い表している．

このような山野河海の自然ランドスケープを表現するために，これらを総合し，大規模な広域生態系でも，農村域から都市域でも，原生的な自然域でも，大規模でも小規模でも適用可能な枠組みとして「**流域**」：watershed / river basin という概念が提案されている（岸 1996）.「流域」という単語も，**景観生態学**：landscape ecology における「景観」と同様に誤解を招きかねない言語表現で，その概念を言い表す為に，もっと座りの良い単語はないものかと受け止めてしまう．流域などと言われると，誰しも集水域のようなものを連想する．川が無く集水域の存在しない小さな離島のような地域にも「流域」の概念は適用可能であるため,「流域」と集水域は，近いけれども完全イコールではないとの説明を要する.

「流域」という象徴的枠組みを一般に普及させる考え方として**流域思考**：watershed thinking という概念も提案されている（岸 2021a；岸 2023）．文字通り，流域＝集水域を自然保護の単位として考え，実践することで,「流域」という概念としての枠組みを，市民にも行政にも定着させようという活動が地道に行われている（岸 2012; 岸 2021b）.

流域思考の実践活動として成功した事例は，三浦半島の先端にある集水域「小網代」の事例が挙げられる．小網代は，小さいながらも，分水嶺から河口干潟までがセットの形態で，未開発状態のまま残されてきた地域で，世界的に観ても貴重な存在である（図 33.2）．正確には，小網代の森は，原生植生ではなく，休耕田跡地も混じった 2 次林植生である．小網代の保全活動は，1980 年代の市民運動から始まって，やがては行政をも巻き込み，首都圏における「奇跡の自然」を守った実践例として貴重である（岸・柳瀬 2016）．関東圏では，神奈川県の鶴見川流域の保全活動も進行中である（図 33.3）

図 33.2　神奈川県三浦半島の小網代の森の遠景．神奈川県教育委員会・かながわトラスト緑財団の資料から引用．© 神奈川県教育委員会.

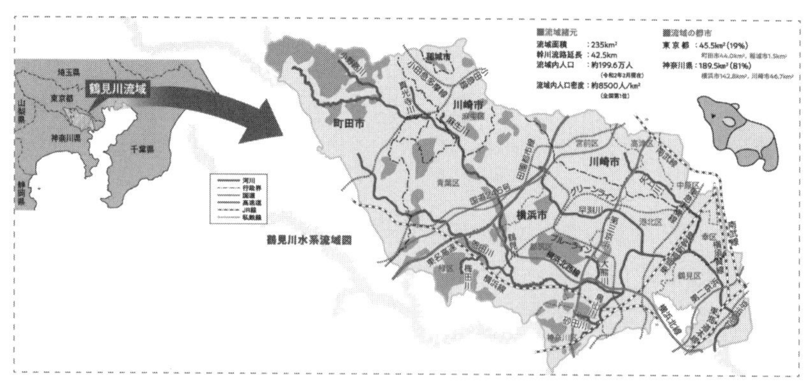

図 33.3　神奈川県の鶴見川流域の概略図．国土交通省水管理・国土保全局の資料から引用．© 鶴見川流域ネットワーキング（TR ネット）.

流域思考では，自然保護実践の1つの方法として，自分が生まれ育った，もしくは，居住する地域の山野河海（景相）を感じ取ることが重視される．分析するための進化学や生態学などの知識は後から付け足していけばよい．山野河海を感じ取るためには，それなりの現場に出ての体験が必要で，体験を積むことによって，その地域の山野河海を感じ取ることができるようになる．その様な能力を「**自然感**」：sense of nature とよんでいる（岸 1996）．それは，各人が，鋭い自然感を身につけることで，「流域」という概念を感じ取り，その保全活動を実践できるようになっていくだろう，という思考に基づいている．

33.3.2 都市生態系と都市における生物進化

イギリスは，市民が資金を出し合い，身近な自然や歴史的建造物を買い上げ，保護地区とするナショナルトラスト：National Trust 運動の発祥地であり，数々の先進的な保全生物学の取り組みも実践されてきた．ナショナルトラストは，正式名称を**歴史的名所や自然的景勝地のためのナショナル・トラスト**：National Trust for Places of Historic Interest or Natural Beauty とよび，1895 年に，オクタヴィア・ヒルによって始められた．イギリスでは，市民一人一人の自然保護活動への意識も高く，街や村にはバードウォッチャー：bird watcher とよばれる，その地域に生息する動植物の知識に精通した自然愛好者がおり，頼み込めば自然観察の案内もしてくれる．

イギリスは，ウルム最終氷期に国土の多くが氷河に覆われていたため，本来は生息していたはずの動植物の多くが絶滅してしまっている．現在，森林が回復しているとは言え，非常に貧弱な生態系が残されているのみである．南部の温暖なイースト・サセックス州の森林でさえ，構成樹種はわずか数種に過ぎない（図 33.4）（Seymour 2021）．

図 33.4 イギリス南部の夏緑樹林．イギリス南部イースト・サセックス州（the county of East Sussex）のブライトン（Brighton）郊外にあるキャッスルヒル国立自然保護区（Castle Hill-National Nature Reserve）にて．樹林はうっそうと茂っており，一見，日本の森林に似ているが，大径木に乏しく，構成樹種は約 4 種のみ．1995 年 11 月 14 日に冨山清升撮影．

イギリスの国立公園：national nature reserves は，大規模な森林地帯もあるが，小さなものは，牧場の草原地帯のような地区もある．草原には，しょぼくれたヤブが点在する程度で（図 33.5），草原を維持するために，定期的に羊を放牧したりもする（South Downs National Park 2022）．手つかずの原生植生を至上のものとして価値を見いだす，日本の自然保護のあり方とは根本的に考え方が異なっている．

自然保護の思考が，日本とは根本的に異なっている事例として，外来樹種の積極導入が挙げられるだろう．氷河期の絶滅で欠けてしまった樹種を回復させるために，国外から新たな樹種を植林する事業も行われている．しかしながら，日本原産のイタドリのように，一部ではびこり，失敗した事例もある（Child & Wade 2000）．

その様なイギリスの自然保護施策の中で，恐らく世界で初めての試みと思われる国立**都市自然公園**：

図 33.5　イギリス南部のイースト・サセックス州（the county of East Sussex）ブライトン（Brighton）郊外に位置するキャッスルヒル国立自然保護区（Castle Hill-National Nature Reserve）の遠景．上：草地が広がる丘に夏緑樹林とヤブが広がる光景．草地は公園の芝地ではなく，自然植生の草原であり，草原維持のためにときどき，ヒツジを放牧している．草原の狭い面積での α 多様性は高いが，草原全体の種数は日本の草原よりもはるかに少ない．下：ヤブ地の倒木を利用し，アナグマの木彫がほどこしてあった．1995 年 11 月 14 日に冨山清升撮影.

urban nature reserves の設置という新たな取り組みが開始された．都市という存在は，ヒトのみが利用している地域ではなく，多くの野生の動植物が共存しているという観点から，自然保護を考えていこうという取り組みである．2019 年には，ロンドンが国立都市自然公園の第 1 号地域して指定された（Natural History Museum 2022）．今後，イギリス国内の 20 数か所の都市が順次，国立都市自然公園として指定されていく予定のようだ．イギリスの都市自然公園の考え方は，上記に紹介した流域思考に似通っているとも言える．

都市自然公園設定の背景には，現在，ヨーロッパで主流になりつつある都市生態系や都市における進化という考え方がある（Schilthuizen 2018; Ernstson & Sörlin 2019）．都市地域には他地域にはない，独自の生態系が形成されており，そこでは独自の進化が進行中であるという観点から，研究も進んでいる．**工業暗化**（⇒第 I 部第 10 章参照）も**都市進化**：urban evolution の一例であろう．

今後，**都市生態系**：urban ecosystem を対象とした進化生態学の動向からは目が離せない（Vollaard *et al.*2017; Tredici 2020）．

コラム　三浦半島小網代の森の自然保護運動

日本において，自然保護運動を始めると，反対活動ばかりが得意な政治団体がすぐに介入してきて，当初の自然保護の目的はどこかに消え去ってしまい，反対のための反対，はては選挙目当ての政治運動とすり替えられてしまうのが，大半の現場の実情ではなかっただろうか．結果として，良識ある多くの市民や住民が自然保護活動から遠ざかってしまう結果をもたらしてきた．神奈川県三浦半島の突端に，小網代の森とよばれる集水域が源流から河口に至るまでほぼ保全されている「奇跡」の森が存在する．現在，小網代の森は，市民団体「NPO 法人小網代野外活動会議」の調整の下，上記のような政治運動とは別次元の運動として保全活動が展開されている．この運動は，2012 年に第 6 回「みどりの式典」において，13 本の受賞者の 1 つとして，【緑化推進運動功労者内閣総理大臣表彰】を受けた．この保全運動の歴史や詳細は，岸 (2012) や岸・柳瀬 (2016) に詳しく掲載されており，新しい自然保護活動の実践例として大いに参考になるだろう．

終章　日本の進化学や生態学周辺の話

ここでは，結果的に割愛し，本章に収めることのできなかった進化生態学周辺の内容を収録してみた．自然科学からやや外れる領域に属する話，個人的な意見に近い内容が多い．現在，日本の自然科学に欠けている分野は，従来の科学史からも外れる科学社会学の領域であろう．筆者は歴史学や社会学の専門家でもないし，あまり深くは掘り下げることができないが，多少は日本の進化学や生態学周辺の科学社会学に近い話も取り上げてみた．

1．日本へ進化学の導入

アメリカでは，聖書に忠実なキリスト教パブテスト教会系が主流派のため，進化学は聖書の記述内容と異なるという理由で進化学を拒否する層がかなりの割合で存在する．現在も進化学を学校で教えることを禁じている州がある．このため，アメリカにおける進化学の教育は，あらかじめ宗教対策が必要で，他国と異なり，やや特殊である．アメリカにおける進化学拒否は，自然科学以外の知識人層でも顕著で，その背景の1つに，アメリカにおける博物学（進化学，分類学，古生物学や生態学等の分野）の祖とされるアガシーの存在が挙げられる．アガシーは，スイス生まれの動物学者であり，天変地異説を唱えたフランスの博物学者キュビエの弟子で，その天変地異説を生涯信じ続けた．氷河期の提唱でも有名である．1846年に招かれて渡米．1848年にはハーバード大学教授となり，同大学の比較動物学博物館を創立した．内陸部の長距離移動の手段が幌馬車しかなかった時代，博物学を普及させるべく，全米各地に講演旅行を繰り返し，その講演旅行や著作，人を引きつける魅力等によって，アメリカでは並ぶ者のないと言われるほどの著名人となった．しかし，彼は，死に至るまで全力を投じてダーウィンの学説に反対し続けた．1865年，晩年には老骨にむち打って，ダーウィン進化論を否定する観察をすべく，南米やガラパゴス諸島への旅行にも出かけた (Patterson 1978)．

日本への進化学の導入は，大森貝塚の発見でも有名なアメリカの生物学者モースによって行われた．モースはアメリカの動物学者で，明治期初期のお雇い外国人教師であった．日本の近代動物学の祖とされる．モースは，アガシーの門下生であったが，師とは反対にダーウィン進化論の熱烈な支持者であった．ダーウィン進化学は，日本へは，モースによってかなり省略された形で紹介された (Morse 1887)）．モースは，1877年（明治10年)，1878年（明治11年)，1882年（明治15年）の三度にわたって来日し，現在の東京大学において動物学の教鞭をとった．モースは，日本の近代生物学の定着に大きな貢献を果たした (Morse 1917)．

加えて，日本へのダーウィン進化論の紹介は，モースとはまったく別のルートからもなされた．東京帝国大学の第2代総長を勤めた加藤弘之は，**社会進化論**：社会ダーウィニズム：Social Darwinism；という形で，明治初期にヨーロッパの進化論を紹介した．加藤がかなり歪んだ形で日本に持ち込んだ社会進化論は，その後，日本の近代保守思想の根幹を成す1つとなった．

加藤は，但島国出石藩の生まれ．藩校で朱子学を学ぶ．17歳で江戸に出て佐久間象山に師事し洋式兵学を学ぶ．蕃書調所（御用学者養成所）教授手伝となりドイツ学を研究．明治維新後政府へ出仕，外務大丞等を歴任．1877年東京大学法・理・文学部綜理，1881年東京大学綜理．元老院議官，東京帝国大学総長を歴任し，1890年貴族院議員勅選．1900年男爵．帝国学士院長，枢密顧問官．自由民権運動の勃興に直面して，加藤は，歪んだ形の社会進化論の立場から，反民権を唱え，自由民権運動の弾圧，キリスト教排撃の急先蜂ともなった．

加藤は多数の著作を残しているが，すべてが，彼が慣れ親しんだ論語の素読の影響が強く反映された記述で，ヨーロッパの著作物の内容紹介と解釈のみに終始している (加藤 1882, 1893, 1904, 1906)．加藤本人が，論語の様に権威があると思い込んだ海外の文献に関して，ひたすら講釈するだけで終わっており，そこには，およそ批判的精神や彼自身の独創性は感じられない．加藤は，江戸幕府の御用学者として，上意下達の官僚主義的な色彩がきわめて強い人物で，権威主義的な体質を近代日本の学界・教育界に持ち込み，日本の科学研究と高等教育の正常な発展を大きく阻害した．

社会進化論は，イギリスのスペンサーによって提唱されたもので，選択原理と生存競争の概念を人間社会に適用して，社会の発展を説明し制御しようとする社会理論および社会運動の総称を指し，ダーウィン進化論とはまったくの別物である．19 世紀後半〜20 世紀初頭にかけての西欧社会の帝国主義的な資本主義を生物学的に正当化しようとした一種のイデオロギー（科学宗教）として機能したもので，自然科学ではない．ダーウィン進化論の自然選択説の概念を曲解し，人間社会に当てはめ，それに沿った政策を主張する立場を採る．帝国主義的侵略の肯定，社会保障政策批判，優生政策などが社会進化論の政策綱領となる．自己責任と自助努力を喧伝し，低福祉低負担を好ましい国家財政のあり方だとする新保守主義（ネオコン）の立場は社会進化論と通底するところがある．

ゴールトンは，社会進化論の理論として，優生学を主張した．優生学とは，民族の将来の遺伝的素質を，肉体的・精神的な面において，向上または減退させる社会的要因を研究する体系で，民族にとって好ましいと考えられる形質をもたらす遺伝子の増加をもたらす要因・手段を追求し，好ましくない有害な遺伝子の減少を可能にする要因・手段を研究した．優生学の主張に従って，劣悪な遺伝素質をもつ者の生殖を阻止する意味合いの優生法とよばれる法規が各国で制定された．しかし，どの形質が優良なのか劣悪なのかの判断基準がそもそもあいまいで恣意的な面が強く，優生法の悪用により数々の人権侵害が行われてきたことは歴史的事実が証明している．ドイツのナチズムは積極的に優性学の社会的適用を試みたが，結果としてユダヤ人大虐殺，障碍者の強制断種などのきわめて非難すべき反人道的行為がなされたことは記憶に新しい．日本への優生学の影響は 20 世紀初頭には既に現れ，政府関係者が「民族浄化」を叫ぶなどし，強制隔離や強制断種を定めたライ予防法 (1931) や国民優生法 (1940) が制定された．国民優生法を引き継いだ中絶に関する法律，優生保護法 (1948 年制定) では，母体保護という名の中絶の条項以外にも，優生学思想的な国民優生法の思想が残っていた．1997 年になってようやく法改正がなされ，名称も母体保護法と変更された．ライ予防法は，1996 年に廃止された．

2. ルイセンコ生物学

ルイセンコ生物学とは，ソ連が発祥で，ルイセンコが主張し，スターリンが国策として取り入れ，1950 年代に日本の生物学界隈で大流行したイデオロギー的色彩を強く帯びた生物学の思想である．ルイセンコ生物学は，日本の進化学や生態学に対し，大きな負の遺産を残し，それがために日本の進化生態学は，世界に比較し，半世紀以上の遅れをとってしまったと断言して構わない．未だに，日本の知識人には，文系を中心にルイセンコ生物学を肯定的に評価する層が残存しており，その悪影響は計り知れない．

ルイセンコ生物学とは，ソ連においてどのように発生し，どのような思想であったかは，藤岡 (2010) に詳しい．ルイセンコ生物学とは，「弁証法的唯物論の生物学」，もしくは，「プロレタリア科学」として位置づけられ，相対的に，ダーウィン進化学やメンデル遺伝学は，反動的ブルジョア科学とされた．反動的ブルジョア科学は，粛清され，抹殺されなければならない存在であり，ソ連の生物学者の多くが，シベリア送り等の粛清の対象とされた．ルイセンコ生物学では，生物は環境に対応した獲得形質で変化が可能な存在であり，競争を是とする自然選択などあり得ないし，ヒトもマルクス・レーニン主義的な教育で変更可能である，という理論展開がなされ，ソ連イデオロギーの肯定と推進に利用された（Medvedev 1969）．

太平洋戦争の期間中，日本の科学者は欧米との情報交流を遮断され，精神的に孤立状態に置かれていたが，進化学や生態学を含むフィールド生物学の分野においては，精神的孤立が1980年頃まで継続していた．この孤立状態を岸（1991）は**進化学の鎖国**：Isolationism for neo-Darwinian trend of Evolutionary Biology in Japanと表現した．情報は自由に海外から流入していたにも関わらず，進化生態学の分野では，自然選択に伴う進化理論の発展が国内に紹介された気配がない．それは，進化遺伝学の分野に比較して顕著であり，日本では進化学に関わるコミュニティが分断されていた可能性が高い（長谷川 2005）．その背景には，ルイセンコ生物学の進化観に強い影響を受けた日本の生物学指導層の存在があった．

1950年代，日本の知識人には，太平洋戦争でアメリカに敗れ去った敗北感を払拭するために，「戦争では負けたが，学問で負けた訳ではない．」という気概が満ちていた．その敗北感を補完するための新しい科学が模索される中で，当時のソ連で流行していた科学思考が日本に積極的に移入された．その様なソ連の生物科学の中枢を占めた体系がルイセンコ生物学であった．若手の生物学研究者の多くは，ルイセンコ生物学に熱狂し，ダーウィン進化学やメンデル遺伝学を排撃した．しかし，1956年に始まったソ連のスターリン批判によって，ソ連本国では，ルイセンコ生物学は後ろ盾を失い，急速に衰退した（中村 1997）．しかし，日本では，熱狂は1960年代以降も継続することになった．

ルイセンコ生物学は，ダーウィン進化学の自然選択説や生物間競争を真っ向から否定しており，ヒトの競争を積極的に肯定する社会進化論に対する悪印象もあり，侵略主義や競争主義を嫌悪する知識人からは熱狂的に迎え入れられた（徳田 1952；福本 1953；松浦 1954）．その様な時期に学生時代を送った研究者は，私が大学院生時代には定年を迎える時期になっており，回想として当時の熱狂を聞かされたものだ．実際，未だにルイセンコ生物学を信じ込んでいる研究者も実在していた記憶があり，「生物進化などトンデモナイ．」という主張する研究者も存在していた．

その様な雰囲気の中で，T. ドブジャンスキー，G. G. シンプソン，E. W. マイヤー，J. L. ステビンズ，J. S. ハクスリー，S. G. ライト，やJ. B. ホールデンといった，現代分野としての進化学を学べるはずもない．大学の授業で体系的に進化学や進化生態学を学んだ記憶はない．幸か不幸か，山根正気さんという新進の若手の進化生態学研究者が研究室赴任され，その方の強い勧めもあって，大学1年時に，マイヤーの「Population, Species and Evolution」（Mayr 1970）という本を通読した．その後，進化学の分野に興味を持ち，周辺の本や論文を積極的に読むようになった．その後，1994年にマイヤーさんが来日された際，ボロボロになったその本にサインして頂いたのが良い思い出になっている．とにかく当時の学生は，私自身も含め，進化生態学は，ほぼ独学するしか術がなかったと記憶している．世代があと一回りか二回りして，大学で，まともな進化学を学べた者達が大学や学会の指導的立場に就くようになって初めて，日本の進化生態学は，世界と同レベルになれることだろう．

3. 1968年国際遺伝学会 in 東京と伊藤嘉昭さん

進化生態学を専門とする人でも，伊藤嘉昭さん（1930–2015）を直接知る者は，現在では，かなりの年配者だけになってしまった．私は，大学院生時代に伊藤さんからは懇意にして頂いた立場であったし，伊藤さんの紹介を別の本で書いた関係もあるため（冨山 2017），さんづけで呼びたい．

伊藤さんは，1950年代～1990年代にかけて，日本における進化生態学に強い影響力のあった方で，彼無くして，日本の進化生態学の歴史を語ることはできない．伊藤さんは，旧制東京農業専門学校（現在の東京農工大）の卒業で，1950年に農林省に入省し，東京の農業技術研究所において研究生活を始められた．しかし，1952年に勃発したメーデー事件に巻き込まれ，冤罪で逮捕拘置されるという災難に遭われた．その後，1969年に無罪を勝ち取るまでの17年間，公職に就けない状態であった（辻 2017）．

伊藤さんは，アルバイトなどで食いつなぐ中，東京都立大学の生態学研究室（その後，動物生態研・植物生態研・微生物生態研の3研究室に分割独立）への出入りを許され，本人の談話によれば，実質大学院生として勉強することになった（冨山 2017）．当時の日本の大学は，フィールド生物学を重視していなかった関係で，東京都立大学の生態学研究室は，日本における生態学の重要な拠点となっており，多数の国内外の専門雑誌も有していた．鳥類研究で有名な浦本昌紀（1931–2009）さんが，東京大学から東京都立大学の大学院に移籍してきたのも，「生態学の文献が東京大学よりも揃っていたから」という理由であった．1988年の時点で，東京都立大学理学部生物学科動物生態学・植物生態学研究室の廊下に林立していた文献キャビネットには，20世紀初頭からの国内外のそうそうたる生態学研究者の論文別刷が大量に保管されていたと記憶している．これらの別刷コレクションは，現在は，OBの斉藤 晋さんがお世話する形で，すべて，群馬県立大学の図書館に移管され，収蔵されたと聞いている．

当時の東京都立大学は，東京大学の非主流派が形成した大学として知られていたが，入試日程を国立大学とずらしていた関係で，国立大学に落ちた連中の溜まり場ともなっていた．東大くずれの語学の達人も多く，生態学研究室のメンバーが，ガウゼをロシア語の原文で読み下し，ヴォルテラのイタリア語の論文をゼミで紹介する，生態学が盛んだったポーランドの論文を原文で読み込む，程度のことは普通に行われていた．ドイツの植物社会学や動物行動心理学の論文は，ほぼ全員がドイツ語で読むことが必修となっており，伊藤さんもドイツ語では鍛えられたとボヤいていた（冨山 2019）．

東京都立大学時代の伊藤さんのエピソードは冨山（2017）で詳しく述べたため，詳述しない．ただし，下記に2つほど未公表のエピソードを書き添える．

東京都立大学時代の1960年代の伊藤さんは，当時のフィールド生物を専攻する若手研究者のご多分に漏れず，ルイセンコ生物学にかぶれていた（伊藤 1957）．しかし，1968年に品川プリンスホテルを主会場として開催された国際遺伝学会：International Congress of Geneticsへの参加が，伊藤さんにとっての大きな転機となる．まず，伊藤さんは，東京都立大学で開催されたドブジャンスキーのサテライト講演を聴講している（冨山 2017）．DNAの塩基配列暗号がほぼ解明された年が1966年で，1968年国際遺伝学会in東京は，その直後に開催された遺伝学の国際学会ということもあり，全世界から，著名な遺伝学者達が集結した．進化学と関連の深い集団遺伝学の分野でも，S. G. ライト，E. B. フォード，T. G. ドブジャンスキー等々のそうそうたるメンバーが揃い踏みとなった．学会会場では白熱した議論が闘わされ，当時の大会の熱気は，ものすごいものであったという．加えて，1968年は，遺伝子暗号を解明したニーレンバーグとコラナがその業績でノーベル賞を受賞した年でもある．その国際遺伝学会に参加された伊藤さんは，その様な熱気に圧倒され，頭の中からはルイセンコもミチューリン（ルイセンコの並ぶソ連の育種学者）も吹き飛んでしまったようだ．その年の直後に発表した文献では，DNAによる遺伝が重要であることを強調するなど（岸 2019），完全に毒気が抜かれてしまっていた．伊藤さんは常々，「英語で論文を沢山書け．国際学会に参加するなど国外と積極的に交流しろ．」と，若手を鼓舞されていた．それ以前とは180°変わってしまった態度を批判する人も多かったが，国際派伊藤さんは1968年に誕生したと思われる．

伊藤さんが，裁判係争中，東京都立大学時代の1959年に出版した「比較生態学初版」は，自他共に認める名著である．この本は，伊藤さんが若干29歳で書いた本で，本人は，「私が生態学の論文を1000本以上読み込んだ結果である.」と豪語されていたそうだが (辻 2019), これは嘘ではないものの若干の脚色がある. 当時の生態研を知る浦本昌紀さんや木村 允（植物生態学）さんのお話では, 研究室では, 毎週のゼミに加え, 勉強会も頻繁に開催され, 膨大な量の国外論文が読み込まれていた. その様なゼミに参加されていた伊藤さんが触れた論文が1000通を超えていたというだけで, 決してご自分一人で論文を読破していた訳ではない.

その後, 比較生態学第2版（1978）が出版されたが, 口の悪い後輩連からは,「最新の研究紹介が少なく, 勉強不足は否めない. 初版のようなキレが見られなくなった.」との批判が出ていた. それは, ある意味で仕方がないことで, 第2版の出版時には, 既に伊藤さんは1972年から沖縄に赴任しておられ, 情報源としていた東京都立大学の国外雑誌群や, 生態研のゼミからは, 断ち切られた状態だった. 文献無し・耳学問無しの状態では, どうしても情報過疎に陥ることは, やむを得ないことだ.

伊藤さんは, 1978年に名古屋大学農学部に赴任し, その後も日本におけるフィールド生物学の分野で指導的な立場を発揮し, 大きな予算プロジェクト研究の推進や, 国際学会の招致などでも中心的な役割を果たした. 1993年に名古屋大学農学部を教授で退職された伊藤さんは, 沖縄大学に赴任し, 1998年まで勤められた.

生態学において, 個体群サイズと, 個体群の動態に影響を与える様々な要因を研究する分野を個体群生態学とよび, 日本においては独特な発展をしてきた. 日本では, 各県に農業試験場があり, 地方拠点ごとに国立の農業研究所が設置されており, 相当数の農業害虫の研究者が存在する. 農業害虫の防除のためには, 対象種の個体群動態の研究が必須である. 結果的に, 日本において, 個体群生態学の研究者人口は, 生態学研究者の中でもかなりの比率を占めている. また, 林業や漁業に関しても全国各地にそれぞれの研究機関が設置されている. それらの研究機関も, 多くの研究者を抱えており, 生態学の研究者も多い. 日本の生態学研究は, 大学の研究室における研究に加え, これらの研究所関連の生態学研究者グループが発展させてきた側面が大きい. 伊藤嘉昭さんは, これらの農学等の応用科学系の生態学の中でも, 応用動物昆虫学会等において, 動物系の研究者グループを束ねる大きな役割を果たされていた (辻 2017).

伊藤さんが日本のフィールド生物学に与えた影響の解説は, 辻和希 (2017) に詳しい.

4. 今西進化論

今西錦司 (1902–1992) は, 棲み分け理論や日本のサル学の発展に貢献した研究者としてよく知られるし, 一部の進化生態学の研究者の間では, 今西のナチュラリストとしての側面は評価も高い. しかし, 今西といえば1970年代に流行った今西進化論の方が有名であろう. 1960年代のルイセンコ生物学が, どちらかと言えば研究者に限られた熱狂だったのに対し, 今西進化論の流行は, 一般への浸透も少なからずあったという点でやや大規模であった. 一般への普及という観点から見ると, それなりの宣伝活動があった訳で, その背景には保守層からの支援があった.

今西進化論は何かと問われると,「生物は変わるべくして変わる.」が有名なフレーズだが, 末期には, 本人が「これは科学ではなく, 思想である.」と述べていた. 今西進化論は, 時期によって変化しているし, その傍流含め, 雲をつかむような内容で, 自然科学としてまともな評価を試みると迷路に迷い込む (今西 1970, 1976, 1977, 1980). 欧米のダーウィン進化論に対抗しうるとした日本独自と称する進化論のすべてをさす, 程度に受け取っておいた方がよい. 今西進化論は, ルイセンコ生物学と同様に「種の利益」説に基づく進化の理解であり, 主要な主張の「種社会」は, 全体主義的な進化観が色濃い. しかし, 事の本質は, 今西進化論そのものではなく, その周辺が巻き起こした今西進化論現象の方にある (柴谷 1981；岸 2019）.

恐らく，太平洋戦争敗北に打ちのめされた世代は，欧米流に対抗しうる思想や科学大系を模索し，一部は対抗軸としてのソ連の思想に活路を求めた．その結果の 1 つがルイセンコ生物学の流行であった．しかし，さらに，日本独自の土着思想やそれに基づく科学が要求される中で，今西進化論が持ち出されるようになったと見るべきだろう（岸 2019）．

今西を取り巻いていた，日本のフィールド生物学を見る限り，1970 年代まで真に進化学を理解できていた「正統派」の研究者がまったく不在であった（岸 2019）．その様な情報過疎の中で，今西本人が正統派の進化学を知る機会もなく，井の中の蛙状態で，自ら「日本独自」と銘打った進化論を膨らませていったようである（岸 1991）．

今西進化論が一般にも流行し，今西現象と言われる状態を呈したのが 1980 年前後の頃で，やや勉強好きだった大学の同級生も傾倒した結果，今西を褒めちぎっていたことを覚えている．欧米流のダーウィン進化学の対抗軸として，日本独自の進化理論を展開する今西理論が，一般にはとにかく痛快に映ったようだ．街頭テレビが普及した 1950 年代，プロレスの中継において，日本人レスラーの正義の味方「力道山」に対し，悪役外人レスラーのルー・テーズやシャープ兄弟が，悪逆の限り尽くして，力道山を追い込む．「力道山もこれまでか！」と思わせたところで，必殺技の空手チョップが決まって外人レスラーが倒される．あらかじめ決められたシナリオだとは知らずに日本の観客は大喝采を送る，という光景がよく見られたものだ．それに，日本独自の今西進化論が，悪役の西欧流ダーウィン進化論をやっつける光景に一般大衆が溜飲を下げる状況を重ね併せ，岸 由二は，**「今西進化論の空手チョップ説」**：Imanishi's evolution theory as Karate Chop と呼んだ（岸 1991）．空手チョップ説の比喩は人気を得たようで，出典を明記せずに，多数の研究者が，あちこちで流布していた記憶である（冨山 2017）．

今西進化論は，1980 年代になって，日本のアカデミズムが欧米の現代進化学（進化の総合説）を受け入れ，消化できるようになるにつれ，後ろ盾を失い，急速に忘れられていった（岸 2019）．

5. 社会生物学と進化学の開国

1970 年代後半，社会生物学という新たなフィールド生物学の研究体系がアメリカで流行はじめ，その過激な主張と共に，**社会生物学論争**：The Battle for Science in the Sociobiology という自然科学の枠組みを超えた論争が勃発していた．論争の高まりと共に，Nature や Science といった科学雑誌もそれを取りあげ始めるようになった．この分野は，利他行動，親子関係，攻撃行動や共同行動などの動物社会の永遠のテーマであった各種命題に進化学の観点から画期的な解答を与えるという触れ込みであった．当時台頭しつつあった新保守主義が，社会生物学を，その思想根拠に利用し始めたため，リベラリストからは，動物行動の擬人化や差別主義の助長という厳しい批判が寄せられ，社会科学分野も巻き込んだ激しい論争に発展していた（Caplan. 1978; Alexander 1979; Breuer 1981, 1982; Segerstrale 2000）．

その様な海外の動向に，日本の一部の若手が注目し，積極的に社会生物学とよばれる体系を紹介し始めた．だいたいこのような新しい物好きは，主流派からは出現せず，日本では，北海道大学農学部の昆虫学研究室や応用動物学研究室の若手，および，東京都立大学理学部動物生態学研究室の若手が，新しい学説であった血縁選択説やゲーム理論等を積極的に取り上げ始めた．社会生物学の思考の基礎は，集団遺伝学と結びついた進化学の理解が必須であったから，新しい進化学や生態学の動向も大量に日本に導入されるに至った（岸 2019）．しかし，進化に関する基本知識が日本のアカデミズムに流布されていなかったことが原因となり，社会生物学論争が主要な論点の 1 つとしていた，ヒトの進化に関する話題そのものは，日本でまったく不発で，論争に至らなかった．

それまで，日本の大学における生態学研究は，IBP プロジェクトを中心とした生産生態学の研究が中心で，進化学とは無縁でいられた．研究者人口の多かった個体群生態学を中心とした農業研究所等の応用系の生態学においても，基礎生物学とみなされていた進化学は，仕事（研究）の範ちゅう外であった．しかし，上記のように，好むと好まざるとに関わらず，生態学研究者にとっても進化学の知識が必須となり，「進化生態学」とよばれる分野として認知されるようになった．当時の日本のフィールド生物学の界隈では，進化と言えば，社会進化論，ルイセンコ生物学や今西進化論の評論をする程度で済んでいたが，一気に欧米流の進化学が流れ込んできたため，一種の価値観の変動が生じざるを得ない状況となった．

生態学研究者が進化学を意識せざるを得なくなった大きな転換点となったのは，1980 年 8 月に京都国際会館を中心に開催された国際昆虫学会議：International Congress of Entomology：ICE；だったと思われる．フィールド生物学の国際学会として，太平洋戦争後としては，恐らく初めての国際会議で，国外の昆虫類の生態や進化を扱う研究者が大挙として来日し，最先端の発表を行った．日本の若手研究者達は，社会生物学や行動生態学と言われ始めていた進化生態学に関する最新の研究に初めて触れ，衝撃に近い刺激を受けたと聞かされている．特に，昆虫の生態を扱う研究者比率の大きい個体群生態学の研究者集団をして，現代進化学を抜きにして生態学は語れないとの認識を新たにしたはずだ．

このような状況を岸 由二は，**「進化学における黒船襲来」**：Arrival of the Black Ships in Evolutionary Biology at Japan とか **「進化学の開国」**：Opening door for Neo-Darwinism among Japanese ecologists と比喩した（岸 1991）．進化学分野の黒船襲来説も人気のあるフレーズとなったみたいで，多くの生物学者が，出典を明らかにせずに多用するようになった．発案者の岸 由二は，「**進化学の鎖国**：Isolationism for neo-Darwinian trend of Evolutionary Biology in Japan や**進化学における黒船襲来**にしても，**今西進化論の空手チョップ説**にしても，オリジナリティは尊重すべきだ．」，と盗用者達を批判している（冨山 2017）．

伊藤嘉昭さんを中心とする農学研究者間では，個体群生態学の研究は盛んに行われていたが，日本の生態学の主流は，IBP の影響もあり，1980 年頃まで，生産生態学やシステム生態学であった．すなわち，多くの生態学研究者達は，進化学とは切り離された思考の中で，研究を展開することができた（岸 2017）．このためなのか，進化学と生態学はまったく別系統の学問体系であると信じ込んでいる若手研究者が未だに多い．敢えて強調しておきたいが，進化学と生態学は表裏一体の体系である．さらに遺伝学も加えて三位一体の体系となっている．1970 年代の生産生態学の流行が，進化学の鎖国状態を継続させ，促進させた可能性が高い．それが，進化学の黒船襲来により，日本の進化生態学は，一気に進化学の開国へと突き進んだ（岸 2019）．

1980 年代初期，進化生態学の分野で出遅れた，京都大学，九州大学，名古屋大学，九州大学，東北大学の野外生物学系の各研究室も一斉に進化生物学を研究テーマとして取り上げ始め，一時期，その主導権争いになりかかった時期もあった．それが，1983 年～1985 年に科学研究費特定研究「生物の適応戦略と社会行動」が採択され，群雄割拠状態だった進化生態学の分野を束ねる役割を果たした（岸 2019）．フィールド生物学分野が国の特定研究予算に採択されたこと自体が異例な措置であったし，有力視されていた別プロジェクトを差し置いての採択であった．これは，アメリカで台頭しつつあった保守派による新保守主義が，その理論的根拠として社会生物学を利用していることが明らかになっていたため，日本の保守派が敏感に反応し，日本でも社会生物学の研究を推進しようという政治力学が働いたものと聞かされている．

特定研究「生物の適応戦略と社会行動」の効果によって，進化生態学の若手への浸透は一気に加速した．1987 年に，東京都立大学動物生態学研究室が世話役となって，個体群生態学会が定期的に開催している，合宿制の「個体群生態学シンポジウム」が，静岡県の熱川温泉のホテルで開催された．ゲスト講演者として，進化の中立説の中心人物のお一人だった方も招かれていた．学会の議論が白熱したというよりも，「進化生物学の世界の潮流に，若手がようやく追いつき，追認の情報交換が交わされた．」，という印象だった．数人の集団遺伝学の研究者もゲスト演者として招かれていたが，個体群シンポジウムに参加した感想として，「生態学会と言えばルイセンコ進化論や今西進化論といった無意味な論議をやっている集団という印象が強かったが，意外と最先端の議論が闘わされており，認識を改めた．」という内容を話されていた．このシンポジウムの詳細は，個体群生態学会の会報にまとめられているが，その文面からは大会の熱気が伝わってこないのが残念なところだ．このシンポジウムは，一部の研究者から「熱川事件」とよばれているエポックメーキングな会合として記憶されている．

その後，熱川事件の興奮が影響してか，1988年から1990年代初頭にかけて，関東地方のフィールド生物学の若手研究者を中心に，自主的な「夏の学校」とか「春の学校」といった合宿セミナーや，「進化生物酒話会」といった大学横断的な自主ゼミナールが頻繁に開催されるようになった．その中心メンバーは，植物生態学・分類学，動物生態学，進化学，および，数理生物学分野の若手だったと記憶している．岸 由二さんが「進化学の黒船襲来」，「進化学の開国」や「今西の空手チョップ説」という概念を披露されたのもその様なゼミの席上のことだったとはっきり覚えている．

「進化学の開国」の総仕上げとして，1990年に，横浜市磯子で開館したばかりの旧横浜プリンスホテルを会場にして，INTECOL：International Congress of Ecology：国際生態学会議が開催され，また，1991年に，京都の大谷大学を会場として，IEC：International Ethological Congress：国際行動学会議が開催された．これらの学会には国内外から主要な研究者が集結し，活発な議論が行われた．今でこそ，国際学会の招致や参加など珍しいことでもなくなったが，「開国」直後のフィールド生物学の学徒達にとっては，現在からは想像できないようなインパクトとなった．これらの学会で初めて国際デビューした日本の大学院生も多く，その後の国際会議への積極的参加や，多数の国外留学へと繋がり，日本のフィールド生物学の発展に大きく貢献した．これらの国際学会を招致した中心メンバー（伊藤嘉昭，日高敏隆，木村 允，宮脇 昭，大島康行，浦本昌紀等）の多くが，1968年国際遺伝学会 in 東京の目撃者であったことは見逃せない．当時は，まだ若手研究者だったフィールド生物学専攻の面々が，「いずれは自分達で生態学の国際学会を招致しよう」と熱く語り合ったというエピソードを聞かされていたが，果たして22年後にそれが実現したことになる．

「進化学の開国」のエピソード紹介のしめくくりとして，日本進化学会の設立にも触れておく必要があるだろう．日本には，歴史的に「進化学会」というものが存在しなかった．上記で述べたように，日本においては，現代的な意味での進化学が育っていなかったため，当然の結果だったのだろう．大学で「進化学」の看板を掲げる学科なり研究室も最近まで存在しなかった．個々の研究者でも，「自分は進化学の研究者である．」と名乗る人もほとんどいなかった．日本では，伝統的に遺伝学，生態学，行動学，分子系統学，および，系統分類学などの研究者がついでに進化学をやっていた程度でしかなかった．進化学者を名乗ることによる，ルイセンコ学派や今西進化論者とのトラブルを避ける意味合いも強かったように思える．1980年代の「進化学の開国」の騒動を受け，「このままではまずい．」と感じた，主に遺伝学の若手研究者達が中心となり，1990年代に進化学会の設立準備会が立ち上がり，その後，日本進化学会が発足した．日本進化学会は，2017年には社団法人化し，順調な発展をとげている．

6. IBP と IGBP

1986年の第21回国際科学会議：The International Council for Science：ICSU：の決議において，全地球的な環境変化を調査し，問題解決の提言を行うため，国際協同研究プロジェクト地球圏・生物圏国際協同研究計画：International Geosphere-Biosphere Programme：IGBP；が実施されることになった．公式には，1987年から2015年まで実施されたことになっている．地球環境問題として注目を集めるようになった社会問題もこのIGBPに伴う広報活動によるところが大きい．日本では，環境省（当時は環境庁）が研究プロジェクトの受け皿組織となった．

IGBPに先立つこと，約20年前に，国際生物学事業計画：International Biological Programme：IBP；という国際プロジェクト研究が存在した．これは，国際学術連合会議が提案した結果，1965年から1974年までの期間に全世界で実施されたもので，研究は，(1) 陸上生物群集の生産力，(2) 生物生産過程，(3) 陸上生物群集の保護，(4) 陸上生物群集の生産力，(5) 海洋生物群集の生産力，(6) ヒトの適応能，(7) 生物資源の利用と管理，の以上7部門から構成された．1970年前後に公害問題が社会問題化していたこともあり，IBPプロジェクトの宣伝の結果，「エコロジー」とか「環境」という言葉が流行した．

IBPは，日本では日本学術会議が窓口となり，文部省による特定研究予算「生物圏の動態」が実施されたため，研究の主体は大学となり，全国の大学から多くの研究者が参加した．日本におけるIBPの中心を担い，拠点となった大学は，何故か大阪市立大学と東京都立大学という公立大学であった．これは，大阪市立大学理学部に吉良竜夫さん（植物生態学），東京都立大学理学部に宝月欣二さん（植物生態学）と北沢右三さん（動物生態学）という生態学の重鎮がいたせいでもあるが，日本の有力国立大学では，生態学や進化学などのフィールド生物学を軽視し，フィールド生物学分野を基礎科学として行っている，拠点を担える研究室があまり存在しなかったことが大きい．

ただし，国立大学の中でも例外的に東京教育大学（現在の筑波大学）は，基礎科学系としてのフィールド生物学の研究者を多数擁していた．例えば，アメリカの生産生態学の中心人物だったジョージア大学のE. P. オダムがいた教室の大学院を卒業し，オダムの大著Fundamental of Ecology（生態学の基礎）を翻訳した三島次郎さんや，日本生態学会の重鎮だった沼田 真さん等は，東京教育大系の研究者であった．しかし，東京教育大学は，前身の東京高等師範学校や東京文理大学が，国家教育の推進役だった反動から大学紛争の拠点大学となっていた．結果として，筑波大学法が制定され，東京教育大学の事実上の解体と筑波移転が実行された．その様な1970年代前半，東京教育大系の研究者集団は，大混乱の渦中にあり，IBPプロジェクトを主導できる状況にはなかった．

IBPの研究プロジェクトによって，日本における生態学を中心としたフィールド生物学が大きく発展し，数多くの人材も育成され，全国の大学に拠点研究室が形成される結果となった．

IBPの統一研究テーマが，「人類の福祉と生産力の生物学的基礎」であり，世界各地の様々な生態系において生物群集の生産力が調査研究され，生物資源の有効な利用と開発の可能性が研究されたため，フィールド生物学の中でも生産生態学，もしくは，システム生態学という分野（⇒第II部第20章参照）が中心に研究されたため，一時期，日本の生態学は，生産生態学が研究の主流となった．このことが，生態学を担う人材の一部の分野への偏りと，進化生態学の導入の大きな遅延をもたらした事実を負の側面として記憶しておいてもよいだろう．

地球環境問題としてのIGBPは，政府予算の主な受け皿が環境省であったため，研究拠点は環境省傘下の国立環境研究所が担い，共同研究や外注研究の形で，全国の大学や他庁省の研究施設に研究の下請けを出す方式を採った．このため，IBPプロジェクトの際とは異なり，既に全国の大学で数多く育っていたフィールド生物学の研究者においては，IGBPの研究推進の盛り上がりに欠けたことは否めない．IGBP関連の研究予算は，環境省が統括していたが，「推進費」とよばれる研究費は，自由度が非常に低く，大学にとっては使いづらい予算であった．それでも，フィールド生物学系を統括されていた上席研究員の古川昭雄さん（植物生態学）は，全国の大学のできるだけ多くのフィールド生物学の研究者に推進費を配分しようと尽力されていた．また，国立環境研究所内に形成された地球環境研究プロジェクトの各研究チームは人員が少なかった上に，時限を区切った研究室であったため，長期的展望に基づく研究の継続性は意識されていなかった．例えば，動物系を率いていた野生生物保全研究チームは，室長のTさん（昆虫生態学）以下，正規の研究員が3名しかいなかったし，プロジェクトが終了した現在は解散してしまっている．日本におけるIGBPでは，莫大な予算を背景に，国際的なプロジェクト研究も多数推進され，その結果，数多くの論文，報告書や書籍も出版された．しかし，広報不足もあり，それらの成果が広く世に知られているとは言い難い．

7. またしても周回遅れ

日本における現代的な進化学の導入は，上記のような理由で非常に遅れをとっていたが，進化生態学の若手研究者が手をこまねいていた訳ではない．現在進化学を網羅する日本語の教科書が存在していなかったことから，岸 由二監修により，一部の若手研究者によって，フツイマ著の進化学の教科書を分担して紹介する作業が行われ，1991年に「進化生物学（原書第2版）」として出版された(Futuyama, 1986)．その後，進化に関する日本語の教科書は多数が出版され，充実していった．進化生態学関連の教科書も，翻訳本を中心に1980年代から多数出版されるようになった．

社会生物学の日本への導入が図られていた1980年代前半，アメリカでは，景観生態学という新規軸のフィールド生物学が流行っていた．しかし，景観生態学は，ごく一部の大学で導入されただけに終わり，少なくとも大学の生態学研究室レベルでは，全国的な広がりを見せなかった．これには，景観生態学側に特に目を引くような新しい理論の提示が無かったという理由も挙げることができる．

その後の1990年代から始まった地球環境問題に関わるIGBPが，大学の研究としては不発に終わったことは上述の通りである．

現在，ヨーロッパを中心に，地球環境問題やSDGs運動と共に，フィールド生物学も新しい時代を迎えつつある（⇒第IV部参照）．外来種をめぐる新しい価値観，都市生態系の評価と都市における生物の進化，等々，面白いテーマがメジロ押しの状態である．都市生態系や都市進化学は，都市を閉鎖生態系を有した島嶼のようなものと位置づければ，マッカーサーが導入した確率論と偶然性を重視した進化生態学の方法論が有力なツールになるだろう．

しかしながら，日本国内の反応はきわめて鈍い．一部の研究者は，このようなニューウェーブに気づいてはいるものの，大きな動きにはなっていない．

コラム　都市生態系の進化と保全

これまで日本で主流であった生態学，および，それに基づく自然保護政策においては，外来種は徹底的に排除すべき対象とされてきた．しかしながら，イギリスでは，半世紀以上前から，生態系のヒトによる管理が標準モデルとなっており，近年，ヨーロッパにおいては，外来種との共存指向が主流になりつつある．さらに，ヒトの影響が最も顕著な都市環境における生物の生態系や進化生態学的な研究も進行しつつある．外来種もその例外ではなく，都市生態系という生息条件下において，独自の進化が展開されている可能性がある．都市環境では，人為的攪乱環境に適応できる種が限られるため，動物・植物ともに特定の分類グループに偏った生物相が形成される場合が多い．さらに，都市生態系の構成要素が貧弱なために食物連鎖が単純であることなどの理由により，都市の生態系は一般に外的攪乱を受けやすい．人為的攪乱により，いったん失われてしまった地域の生態系はほとんど回復が望めない．しかし，生態系が単純な都市近郊地域の場合，逆に，都市生態系の回復の過程が短時間で観察できる可能性がある．つまり，人為的攪乱によって生じる生態系への影響や回復過程の研究や評価が都市部では比較的容易に行える．これまで，これらの都市地域における生物種に関する研究は，都市生態系の保全という観点からは行われてこなかった．しかし，都市生態系の中で，独自の遺伝的進化が育まれつつある可能性が高い．このような都市生態系における生物進化の研究は，始まったばかりの分野であり，今後，大きな発展が期待できる．

おわりに

この本は，大学の教養教育の授業を念頭に置いたフィールド生物学の入門書を意識した．このため，各専門分野で欠落している重要項目も多い．また，授業において理系の学生を対象とする機会が多いため，文系の学生にはやや難しい内容になってしまったかも知れない．さらに，本書は，応用分野にはほとんど言及していない．希少野生動物の保全問題や外来種対策問題などは，現在，実際に取り組んでいる問題であり，行政の各種委員も引き受けている関係で，現場の情報はリアルタイムで入ってくる．また，過去に関わった，とある自然保護の問題に関しては，行政相手に政治がらみのかなりの困難を伴う交渉事にも携わった経験もあるため，「何であの問題に言及しないのだ．」と叱られそうである．しかし，基礎的内容を目指した本である以上，これらの応用生物学は最低限触れる程度にとどめた．また，野外生物に興味のある皆さんは，哺乳類，鳥類，魚類，もしくは，貝類，などといった動物群ごとの縦割りの解説も興味のある問題かも知れない．このような各論は，それぞれの専門分野の解説書を読んで欲しい．

本書は，ページ数の関係で，大半は動物分野を扱っており，植物分野はあまり取り上げなかった．また，分子進化学，集団遺伝学，生命の起源，古生物学，人類の進化，系統分類学，数理生態学，生理生態学，発生生態学，生産生態学，神経行動学，内分泌行動学，行動心理学，人間行動学，等々に関する分野は割愛するか大幅に縮小した．

行動学分野では，初期行動学に属する行動心理学に関する解説は，ほとんど掲載しなかった．また，血縁選択説に端を発し，1970 年代アメリカで勃発した社会生物学論争も紹介していない．このため，現代行動学では重要項目の１つとされる「親による子の操作」や「オスとメスのコンフリクト」等の近縁者間における適応度上昇をめぐる葛藤状態に関する解説もページ数が多くなるためカットした．以上の不足分は，類書を参照して欲しい．

日本のフィールド生物学は，研究者人口は少なくはないものの，昔から分野の流行り廃りや偏りが激しかった．その時代時代の流行に流された部分も大きい．いくつか挙げると，1970 年代は，環境問題がクローズアップされ，生産生態学やシステム生態学が主流となった．1980 年代は，社会生物学や行動生態学とよばれる動物の行動進化を扱った分野が流行となった．1990 年代以降は，地球環境問題に関連して，保全生物学が流行となっている．また，日本の生態学に関わる研究者人口の特徴として，農学，林学，水産学や畜産学などの応用生物分野や，それに付随した昆虫等の個体群生物学分野の研究者が多いという状況が挙げられるだろう．

数式に関しては，例えば，日本では，ロトカ・ヴォルテラの競争式・捕食式は，生態学分野の必修公式として，日本の教科書には，必ず掲載される傾向が強い．残念ながら，この数式は野外観察事例にはほとんどあてはまらず，その詳細な解説には，ページ数もかなり消費するため，削除も考えた．しかしながら，上記で示した応用生物学分野における野外生物学の基礎を学ぶ学生の需要を考え，ある程度の記述は掲載した．

そもそも，生物学の１つの体系として数理生物学という分野があるが，元々は，物理学・工学由来とも言われている．産業革命以降の工業の発展に伴い，それらの産業を支えるために工学とよばれる分野が発達した．工学では，現場の現象を説明するために，物理学の法則に立脚した定式化が必要となり，数式を用いた数理モデルを構築する方法論が主流となった．その方法論を生物学に持ち込んだのが数理生物学とも言える．しかし，フィールド生物学では，野外における諸現象には，あまりに例外事象が多く，元々，法則が成り立ちにくい分野である．このため，数理生物学とは，本来，相性の悪い分野であり，ロトカ・ヴォルテラの式はその典型なのかも知れない．以上，この本で言及しなかった分野に関する詳細は，それぞれの専門分野の本を参考にしてもらいたい．

日本において，フィールド生物学に関する入門的な教科書が少ない原因を列挙することは可能だろう．まず，第一に，終章で述べたようなルイセンコ生物学や今西進化論の跳梁跋扈（ちょうりょうばっこ）の結果，研究者養成の大学機関において，偏った教育が行われていた可能性が挙げられる．第二に，流行に流されやすいという日本の大衆文化の特徴は，研究者とて例外ではなく，上記で示したように過去に生産生態学，個体群生態学や行動生態学といった特定分野への研究の偏りがあったことも挙げられるだろう．第一と第二の原因の結果，日本では，フィールド生物学を広く語れる人材が育ってこなかった可能性が高い．

第三の原因として，図や写真の著作権問題を挙げることができる．一般に生物学の本は，図や写真の掲載が多いのが特徴で，文系に比して図表の多い理系分野の中でも，恐らく，際立っているのではないだろうか．特に本書のようなフィールド生物学の分野は，掲載する図や写真が非常に多い．オリジナル研究を記述した書籍であれば，自前の図表の使い回しで済むが，教科書ともなれば，引用や借り物の図版も多くなる．しかし，昨今は著作権問題が厳しくなっており，図や写真の著作権問題の解決が出版における大きな律速条件になっている．これがフィールド生物学分野の教科書が少ない原因の１つになっているように思える．この本文中でも，各種論文から図や写真を多数引用する予定だったが，転載許可が得られない，もしくは，手続きが煩雑な図版が多く，掲載を予定していたかなりの数の図や写真をカットせざるを得なかった．その代わり，本文で図版の結果を文章で表現するように工夫した．

最後に，本書と AI（artificial intelligence：人工知能）との関係についても言及しておかなければならないだろう．現在，AI を用いた作文が流行りつつある．学生レポートにも AI に書かせたとおぼしき作文をときどきみかけるようになった．しかし，本書の本文に関しては，AI は敢えて用いなかった．クセの強い文章だが，読み易くする目的で，AI による校正にもかけていない．ただし，著作権問題をクリアーするために，いくつかのマンガ絵は，AI に描かせたイラストを用いている．もしかしたら，本書が，最後の人力のみの作文によるフィールド生物学の教科書になってしまう可能性すらあるだろう．

本書の執筆作業にあたっては，多くの新たな経験をさせてもらった．詳細は，後段の謝辞の記述にゆずりたいと思う．

コラム　フィールドワーク（野外調査）の実際

1983 年 7 月 20 日．環境庁委託の屋久島の花山原生林総合調査の際の集合写真．約 1 週間の調査を終え，屋久島西部の花山登山道から大川林道に下山した直後の様子．左から：山根正気さん（現在，鹿児島大学名誉教授），生森佳治さん（現在，環境調査会社経営），冨山清升（筆者）；撮影は松井英司さん（現在，熊本県の県立高等学校の生物学教員）．

謝　辞

私の出身研究室である東京都立大学理学部生物学科生態学研究室（後に動物生態研・植物生態研・微生物生態研の3研究室に独立）では，「フィールド生物学全般を扱った教科書を出版しよう.」という企画が，1950年代から何回も浮上しては消えていた．紆余曲折の末に，2000年に，東京都立大学生態研が得意とした生産生態学を中心とした，分野をしぼった形で，「生態学への招待」（開成出版社）という教科書が出版された．しかし，フィールド生物学全般を扱った教科書を出版するという宿題は，そのまま残された．2020年頃に，再び，東京都立大学生態研の懸案事項であった教科書の出版計画が持ち上がった．しかし，肝心の分担執筆者の中途脱落が相次ぎ，結果として，私が引き取る形になってしまった．たった一人では，迅速な執筆は心許なかったが，多くの方々のご支援とご協力により，何とか完成でき，出版にこぎつけられたことに安堵している．

まず，最初に，本書の出版作業全般に関して，学術図書出版社の貝沼稔夫さんの多大なるお世話を賜りました．あつく御礼申し上げます．本書の執筆作業では，特に，岸 由二さん（慶応大学名誉教授），および，柳瀬博一さん（東京工業大学リベラルアーツ研究教育院）には，最後まで激励と数多くの御教示を賜りました．浅見崇比呂さん（信州大学名誉教授）には遺伝生態学に関する数多くの御教示を賜りました．辻 和希さん（琉球大学農学部）・増子恵一さん（専修大学）には進化生態学全般に関する御教示を頂きました．山根正気さん（鹿児島大学名誉教授）には，系統分類学や進化学に関する御教示を頂きました．二町一成さん（鹿児島県昆虫同好会），北村 實さん，高井 泰さん（岐阜県昆虫分布研究会），坂巻祥孝さん・畑 邦彦さん（鹿児島大学農学部），佐々木瑞希さん（帯広畜産大学），浦部美佐子さん（滋賀県立大学），宮本旬子さん・内海俊樹さん（鹿児島大学理学部生物学履修プログラム），工藤愛弓さん（山口大学理学部生物学科），長谷川眞理子さん（総合研究大学院大学名誉教授），長谷川雅美さん（東邦大学名誉教授），林 文男さん（東京都立大学理学部生物学科），林 典子さん（森林総合研究所多摩支所），安田雅俊さん（森林総合研究所九州支所），東樹宏和さん（京都大学生態学研究センター），湯本貴和さん（京都大学名誉教授），上田恵介さん（立教大学名誉教授），横山 潤さん（山形大学理学部生物学科），寺田美奈子さん（神田外国語大学名誉教授），斉藤 晋さん（群馬県立大学名誉教授）・斉藤 修さん，布山喜章さん（東京都立大学名譽教授），布山かおるさん，酒井聡樹さん（東北大学理学部生物学科），守屋成一さん（元農水省研究所），佐藤行人さん・鶴井香織さん・野林千枝さん（琉球大学農学部昆虫学研究室関係），大舘智志さん（北海道大学低温科学研究所），行田義三さん，冨山知典さん，秋村隆穂さん（宇部市ときわ動物園），西 邦雄さん，村田真木さん，薮本 舞さん，太田 祐さん（AAK Nature Watch），冨山秀則さん，山田藍生さん・江口克之さん（東京都立大学動物系統分類学研究室），大山卓司さん，㈱江ノ島マリンコーポレーション様，および，宇部市ときわ動物園様には，写真の提供のお世話，貴重なコメント，および，ご自身の著書からの大幅な引用を許諾して頂きました．某さんには，本文の語句修正などのこまかい校閲上のアドバイスを頂きました．宮下和喜先生（東京都立大学名誉教授）には，外来種問題に関する多くの御教授を頂きました．坂井雅夫さん（鹿児島大学名誉教授）には，生命現象とセントラルドクマ・生物進化に関する考察のご教示を賜りました．さらに，多数の国外研究者の皆様方や研究機関には研究を通じて数多くの支援を受けました．

講義ノート作成や本書執筆内容に関しましては，下記の皆様から多くのご教示を賜りました（敬称は略させて頂きます）：

小原淑子・鎌田育江・古城祐樹・若松あゆみ・野中佐紀・宇都誠一郎・河野舞子・玉井宏美・大滝陽美・真木英子・下野 甲・菊池陽子・小野田 剛・杉原祐二・杉田典正・田島史啓・野澤香世・安東美穂・吉田健一・竹ノ内秀成・国村真希・今村留美子・染川さおり・田上英憲・武田由美子・河野尚美・武内麻矢・吉田 騰・福留宗一郎・原口由子・武内有加・平田今日子・鈴鹿達二郎・越迫さおり・轟木直人・小麦崎 彰・松元千香・中島貴幸・片野田裕亮・小長井利彦・安永洋子・井上康介・下之段佑一・吉田稔一・橋野智子・當山真澄・市川志野・佐川文夏・前園浩矩・岩重佑樹・山下 彩・藤田めぐみ・内田里那・松田銀斗・川野勇気・林田佳子・吉住嘉崇・金田竜祐・佐藤 海・谷口明子・福留早紀・吉本 健・原井美波・山角公彦・平田浩志郎・北迫大和・春田拓志・前川菜々・柳生良太・加藤史寛・山口龍太郎・若林佑樹・大島浩明・中﨑喬大・冨田悠斗・木村喬祐・今村隼人・坂井礼子・竹平志穂・中山弘幸・鮒田理人・大窪和理・宮田幸依・四村優理・神薗耕輔・神野瑛梨奈・藤木健太・福島聡馬・井上真理奈・岡本康汰・君付雄大・石原尚大・田口晃平・東中川 荘・高田滉平・村永 蓮・坂井礼子・永田祐樹・黒木理沙・緒方李咲・上村まこ・水元 嶺・奥 奈緒美・植木拓郎・牧本里穂・木村玄太郎・齋藤元樹・宮里優斗・古谷圭汰・高尾政嘉・中間朋和・坂元遊杜・尾花京佳・平元千晴・平山 諒・有村祐哉・林 佑香・安倍響佑・河野一駿・巻木永愛・古田朋綺・矢次結香子・林 佳樹・假屋千尋・緒方史也・永田龍之介・谷門泰圭・登立翔也・塩崎拓也・他：鹿児島大学理学部冨山清升研究室の卒業生皆様方，中根猛彦・田川日出夫・大迫暢光・町田武生・塚原潤三・清原貞夫・前田三千治・木野田 毅・奴久妻聡一・山下桂司・松井英司・大平 裕・生森佳治・塩谷克典・清水建司・和田一久・稲田広司・大原昌宏・高井 泰・原田豊・金井賢一・他：元鹿児島大学理学部生物学科の皆様方，浦本昌紀・新島渓子・松本忠夫・矢部辰夫・増沢武弘・記野秀人・吉川研二・鈴木惟司・草野 保・佐藤信太郎・中根正敏・矢部 隆・藤森眞理子・武内美奈・長谷川英祐・石井裕之・宮下徳子・岡 輝樹・福山欣司・岡田泰和・他：元東京都立大学理学部生物学科動物生態学研究室の皆様方，木村 允・船越眞樹・本間 暁・石田 厚・中野隆志・鈴木準一郎・西谷里美・久保田康裕・可知直毅・原 登志彦・鞠子 茂・内田臣一・占部城太郎・川窪伸光・小野幹雄・伊東元己・副島顕子・大森雄治・他：元東京都立大学理学部生物学科植物生態学・微生物生態学研究室・牧野標本館の皆様方，古川昭雄・椿 宜高・高村健二・永田尚志・安田雅俊・宮崎忠国・奥田敏捷・木村勝彦・藤間 剛・三浦慎悟・山下多聞・他：元国立環境研究所地球環境研究グループの皆様方，田代美穂・森野 浩・小島純一・堀 良通・山村靖夫・菊地義昭・吉村健二・米倉竜次・亀山 裕・広瀬裕一・三輪 岳・鷹取裕美子・中山秀貴・浦山・青柳 克・川上正太・佐藤誓子・宮本菜穂子・伊藤哲也・半澤浩美・小野寺 優・山内視嗣・他：元茨城大学理学部地球生命環境科学科の皆様方，佐藤行人・鶴井香織・他：元琉球大学農学部昆虫学研究室の皆様方，伊藤嘉昭・粕谷英一・他：元名古屋大学農学部害虫学研究室の皆様方，日高敏隆・桐谷圭治・堀田 満・矢原徹一・松田裕之・山口陽子・清水善和・加藤 真・岩崎敬二・曽田貞滋・原田泰志・中嶋康裕・福井康雄・中井克樹・山本智子・遊佐陽一・細 将貴・西 浩孝・他：元京都大学各学部の皆様方，青木淳一・藤條純夫・松本忠夫・三中信宏・伊東元己・堂前雅史・廣野喜幸・石原道博・足立直樹・千葉 聡・岡野隆宏・他：元東京大学各学部の皆様方，巣瀬 司・青木重幸・牧野俊一・秋本信一・黒須詩子・他：元北海道大学農学部昆虫学研究室の皆様方，斉藤裕・新妻昭夫・綿貫 豊・後藤哲夫・河田雅圭・日野輝明・井上忠行・他：元北海道大学農学部応用動物学研究室の皆様方，鶴崎展巨・大谷 剛・桒原康裕・他：元北海道大学理学部生物学科の皆様方，立田晴記・池田 啓・鈴木信彦・森 敬介・西濱士郎・野間口真太郎・山内 淳・古賀庸憲・朝倉 彰・他：元九州大学理学部生物学科の皆様方，木元新作・湯川淳一・津田勝男・他：元九州大学農学部昆虫学研究室の皆様方，嶋田正和・徳永幸彦・藤岡正博・他：元筑波大学生物学群の皆様方，坂下泰典・重田弘雄・波部忠重・奥谷喬司・山本愛三・近藤高貴・湊 宏・間嶋隆一・長谷川和範・斉藤 寛・土屋光太郎・黒住耐二・上島 励・佐々木猛智・久保弘文・平野義明・福田 宏・沼波秀樹・高田宜武・狩野賢二・高見明宏・竹之内孝一・他：日本貝類学会の皆様方，長谷川 馨・山崎 清・安井隆弥・延島冬生・千葉勇人・竹内浩二・菅沼弘行・立川浩之・佐藤文彦・久保田繁男・沼沢健一・小谷野伸二・大林隆司・ナサニエル＝セーボレー Jr.・木村ジョンソン・北川憲一・有川美紀子・他：東京都・小笠原村関係の皆様方，笠井聖仙・塔筋弘章・九町健一・池永隆徳・上野大輔・渡部俊太郎・小沼 健・他：鹿児島大学理学部生物学プログラムの皆様方，福田晴夫・湯川淳一・他：鹿児島大学農学部害虫学研究室の皆様方，和田 節（元九州農業試験場），宮竹貴久（岡山大学農学部昆虫生態学研究室），河合 渓・高宮広士・大塚 靖・山本宗立・他（鹿児島大学島嶼研究センター），橋本達也・大西佳子・田金秀一郎・本村浩之（鹿児島大学総合研究博物館），川西基博・栗和田 隆（鹿児島大学教育学部），山田 貢・石井忠明・林 嘉英・尾上克郎・武久吉博・沖田恒治・岸川正人・吉田郁子・古賀剛人・古賀勝利・友貞雅裕・木村義成・松永茂樹・泉 和彦・徳久道生・金子浩美・藤井千恵子・石井浩美・久我秀樹・牟田正徳・川崎一邦・野中豊明・簗波真史・佐藤昌治・瀬川安彦・藤本健児・畑瀬 晃・井手直美・木原正人・古賀 宏・小松啓司・古賀典夫・廣重法道・橋本彰二・岡野隆宏・庄野 宏，および，その他多数の研究仲間の皆様方．以上の方々，および，出版に関して助力を賜った方々に篤く御礼を申し上げます．

ここまで，謝辞を書き連ねて気づいたのだが，括弧の中の肩書きが，皆さん「元」とか名誉教授だらけになってしまった．御逝去された方々もあり，野外調査で国内外のフィールドを駆け回った若き「同志」達もみんな年寄りばかりになってしまった．いささか感慨深い．

本書の出版にあたり，日本学術振興会の科学研究費補助金，基盤研究（C）21K12327 − 0001 を使用させて頂いた．

参考文献

資料的価値を持たせるために，本文中ではできるだけ，一次資料を引用文献として挙げるようにしたが，価格が手頃で，一般向けの易しい教科書を以下にいくつか提示したい．より専門的な内容，特定分野や特定生物群に関しては，それぞれに良質の本が出版されているため，そちらを参照して欲しい．

日本ベントス学会 (2020) **海岸動物の生態学入門**．KAIBUNDO，東京．

日本生態学会 (2012) **生態学入門 第 2 版**．東京化学同人，東京．

デイヴィッド・サダヴァ, 他 (2014) **カラー図解 アメリカ版 大学生物学の教科書 第 4 巻 進化生物学**．石崎 泰樹・斎藤 成也 (翻訳・ 監修)．講談社（ブルーバックス），東京．

デイヴィッド・サダヴァ, 他 (2014) **カラー図解 アメリカ版 大学生物学の教科書 第 5 巻 生態学**．石崎 泰樹・斎藤 成也 (翻訳・ 監修)．講談社（ブルーバックス），東京．

嶋田正和・増田 健・上村慎治・道上達男 (2019) **大学生のための基礎シリーズ (2) 生物学入門 第 3 版**．東京化学同人，東京．

エリック・シモン, 他 (2016) **エッセンシャル キャンベル生物学 原書 6 版**．池内昌彦・伊東元己・箸本春樹（監訳）．丸善出版，東京．

引用文献（一部に一般的教科書としての参考文献を含む）

【序章】

長谷川眞理子 (2002) 生き物をめぐる 4 つの「なぜ」．集英社新書; 集英社, 東京．

Huizinga, J. (1938) *Homo Ludens.* Random House.

岸 由二 (2019) 利己的遺伝子の小革命 1970-90 年代 日本生態学事情．278pp．八坂書房，東京．

Lakatos, I. (1978) *The Methodology of Scientific Research Programmes.* Cambridge University Press, Cambridge.

Popper, K. (1976) *Unended Quest. Fontana rev. edition.* 森 博 訳 (1978) 果てしなき探求．岩波書店, 東京．

高島弘文 (1974) カールポパーの哲学．東京大学出版会, 東京．

Tinbergen, N. (1963) On Aims and Methods in Ethology. textitZeitschrift für Tierpsychologie **20**: 410–433.

【第 I 部　動物進化学の基礎】

Abe, M. & Kuroda, R. (2019) The development of CRISPR for a mollusc establishes the formin Lsdia1 as the long-sought gene for snail dextral/sinistral coiling. Development **146(9)**: https://journals.biologists.com/dev/article/146/9/dev175976/49273/The-development-of-CRISPR-for-a-mollusc（閲覧日：2023 年 1 月 3 日）

Alberts, B., Johnson, A., Lewis, J., Morgan, D., Raff, M., Roberts, K. & Walter, P. eds. (2022) *Molecular Biology of the Cell 7th Edition.* Garland Science, New York and Abingdon, UK.

Alexander, R. D. (1968) Life cycle origins, speciation, and related phenomena in crickets. *The Quarterly Review of Biology* **43**: 1–41.

Alexander, R.D. & Bigelow, R.S. (1960) Allochronic speciation in field crickets, and a new species, *Acheta veletis. Evolution* **14**, 334–346.

浅見崇比呂（2007）Chapter 5 カタツムリの左右―鏡像進化のパターンとメカニズム．*In*: 生態と環境（シリーズ 21 世紀の動物科学 11，松本忠夫・長谷川真理子共編）．pp. 199–244. 培風館, 東京．

浅見崇比呂・大羽 滋 (1982) 関東地方におけるオナジマイマイの殻型多型現象．東京都高尾自然科学博物館研究報告 **11**: 13–28.

Asami, T. & Asami, N. (2008) Maintenance mechanism of a supergene for shell color polymorphism in the terrestrial pulmonate *Bradybaena similaris. Basteria* 72: 119–127.

Asami, T., Fukuda, H. & Tomiyama, K. (1993) Inheritance of shell banding in the land snail *Bradybaena pellusida. Venus* **52**: 155–159.

Asami, T., Cowie, R. H, & Ohbayashi, K. (1998) Evolution of mirror images by sexually asymmetric mating behavior in Hermaphroditic snails. *The American Naturalist* **152**: 225–236.

Ashilock, P. D. & Mayr E. (1991) *Principles of systematic zoology.* Second Edition. McGraw-Hill, Inc.

Baetson, W. (1909) *Mendel's Principles of Heredity.* Cambridge University Press, London.

Bateson, W, (1912). *Biological Fact and the Structure of Society.* Oxford: Clarendon Press.

Bateson, W. (1913). *Problems of Genetics.* Yale University Press.

Bateson, W. & Punnett, R. C. (1911). On the interrelations of genetic facto". *Proceedings of the Royal Society B.* **84**: 3–8.

Baltimore D. (1970) RNA-dependent DNA polymerase in virions of RNA tumor viruses. *Nature* **226**: 1209–1211.

Bensch, S., Grahn, M., Müller, N., Gay, L. & Åkesson, S. (2009) Genetic, morphological, and feather isotope variation of migratory willow warblers show gradual divergence in a ring. *Molecular Ecology* **18 (14)**: 3087–3096.

Biquand, E., Okubo, N., Aihara, Y., Rolland, V., Hayward, D. C., Hatta, M., Minagawa, J., Maruyama, T. & Takahashi, S. (2017) Acceptable symbiont cell size differs among cnidarian species and may limit symbiont diversity. *ISME Journal* **11**: 1702–1712.

Birky, C. W. Jr. (1994). Relaxed and stringent genomes: why cytoplasmic genes don't obey Mendel's laws. *Journal of Heredity* **85 (5)**: 355–366.

Birky, C. W. Jr.; Strausberg. R. L., Forster, J. L. & Perlman, P. S. (1978). Vegetative segregation of mitochondria in yeast: estimating parameters using a random model. *Molecular and General Genetics* **158 (3)**: 251–261.

Boag, P. T. (1983) The Heritability of External Morphology in Darwin's Ground Finches (Geospiza) on Isla Daphne Major, Galapagos. *Evolution* **37**: 877–894.

Bouchet, P., Rocroi, J. P., Frýda, J., Hausdorf, B., Ponder, W. Valdés, Á. & Warén, A. (2005) Classification and nomenclator of gastropod families. *Malacologia* **47 (1–2)**: 1–397.

Brooks, D. R. & Mclennan, D. A. (1991) *Phylogeny, Ecology, and Behavior.* The University of Chicago Press, Chicago and London.

Brown, T. A. (2002) *Genomes, 2nd edition.* Wiley-Liss, Oxford.

Buckler, E. S., Phelps-Durr, T. L., Buckler, C. S., Dawe, R. K., Doebley, J. F. & Holtsford, T. P. (1999) Meiotic drive of chromosomal knobs reshaped the maize genome. *Genetics* **153 (1)**: 415–426.

Bush, G. L. (1966) *The Taxonomy, Cytology, and Evolution of Genus Rhagoletis in North America (Diptera, Tephritidae).* Harvard University Press, Cambridge, MA, USA.

千葉 聡 (2017) 歌うカタツムリ．岩波書店，東京.

千葉 聡 (2020) 進化のからくり．講談社（ブルーバックス），東京.

Clarke, C. A., Mani, G. S. & Wynne, G. (1985) Evolution in Reverse: clean air and the peppered moth. *Biological Journal of the Linnean Society* **26 (2)**: 189–199.

Crick, F. H. (1958) On Protein Synthesis. *In*: F. K. Sanders (ed.). *Symposia of the Society for Experimental Biology, Number XII: The Biological Replication of M acromolecules.* pp.138–163. Cambridge University Press.

Dagan, T., Artzy-Randrup, Y. & Martin, W. (2008) Modular networks and cumulative impact of lateral transfer in prokaryote genome evolution. *Evolution* **105 (29)**: 10039–10044.

Davison, A., McDowell, G. S., Holden, J. M., Johnson, H. F., Koutsovoulos, G. D., Liu, M. M., Hulpiau, P., Van Roy, F., Wade, C. M., Banerjee, R., Yang, F., Chiba, S., Davey, J. W., Jackson. D. J., Levin. M. & Blaxter, M. L. (2016). Forming is associated with left-right asymmetry in the pond snail and the frog. *Current Biology* **26**: 654–660.

Darwin, C. R. (1859) *On the Origin of Species by Means of Natural Selection, or the Preservation of Favoured Races in the Struggle for Life.* John Murray, London.

De Bary, H. A. (1879) *Die Erscheinung der Symbiose: Vortrag gehalten auf der Versammlung Deutscher Naturforscher und Aerzte zu Cassel.* Strassburg.

De Carvalho, M. R. (1996) Higher-level elasmobranch phylogeny, basal squalene, and paraphyly. In Stiassny, M.L.J., Parenti, L.R., & Johnson, G.D.(eds.), *In: Interrelation of Fishes 3.* Academic Press, New York. De Vries, H. (1901) *Die Mutationstheorie. Versuche und Beobachtungen über die Entstehung von Arten im Pflanzenreich.* Veit & Comp., Leipzig.

Dean, M, Carrington, M, Winkler, C., et al. (1996). Genetic restriction of HIV-1 infection and progression to AIDS by a deletion allele of the CKR5 structural gene. Hemophilia Growth and Development Study, Multicenter AIDS Cohort Study, Multicenter Hemophilia Cohort Study, San Francisco City Cohort, ALIVE Study. *Science 273*: 1856–1862.

Dobzhansky, T (1937) *Genetics and the origin of species.* Columbia University Press, New York.

Dubey, J. P. (2010) *Toxoplasmosis of animals and humans.* CRC Press, Florida.

Eldredge, N. (1985) *Unfinished synthesis. Biological Hierarchies and modern Evolutionary Thought.* Oxford University Press, Oxford, New York.

Eldredge, N. (1989) *Macro-Evolutionary Dynamics. Species, niches, and Adaptive Peaks.* McGraw-Hill Publishing Company, New York.

Eldredge, N. & Cracraft, J. (1989) *Phylogenetic patterns and the evolutionary process. Method and theory in comparative biology.* Columboa University Press, New York.

Eldredge, N. & Gould, S. J. (1972) Punctuated equilibria-: An alternative to phyletic gradualism. *In*: Models in Paleobiology (Schopf,T. J. ed.). Freeman, Cooper & Company, San Francisco.

Endler, J. A. (1977) *Geographic variation, speciation and clines.* Princeton University Press, Princeton, New Jersey

Esser, C., Ahmadinejad, N., *et al.*+13 authors (2014) A genome phylogeny for mitochondria among alpha-proteobacteria and a predominantly eubacterial ancestry of yeast nuclear genes. *Molecular Biology and Evolution* **21(9)**: 1643–1660.

Falconer, D. S. & Mackay, T. F. C. (1989) *Introduction to quantitative genetics - Fourth edition.* Longman, Essex.

Fisher, R. A, (1930) *The Genetical Theory of Natural Selection.* Oxford University Press.

Forbes, A. A, Powell, T. H.Q., Stelinski, L. L., Smith, J. J. & Feder, J. L. (2009). Sequential sympatric speciation across trophic levels. *Science.* **323**: 776–779.

Ford, E. B. (1964) *Ecological genetics.* 4th edn 1975. Chapman and Hall, London.

藤木典生 (1988) 遺伝医学入門．金芳堂，京都.

Fukuda H. (2017). Nomenclature of the horned turbans previously known as *Turbo cornutus* [Lightfoot], 1786 and *Turbo chinensis* Ozawa & Tomida, 1995 (Vetigastropoda: Trochoidea: Turbinidae) from China, Japan and Korea. *Molluscan Research* **37(4)**: 268–281.

Futuyama, D. J. (1986) Evolutionary Biology (2nd ed.). Sinauer Associates. 岸 由二也訳. (1991) 進化生物学（原書第２版）612pp. 蒼樹書房，東京.

Gast, R. J., Moran, D. M. , Dennett, M. R. & Caron, D. A. (2007) Kleptoplasty in an Antarctic dinoflagellate: caught in evolutionary transition?. *Environmental Microbiology* **9 (1)**: 39–45.

Gayon, J. (1996) The Individuality of the Species: A Darwinian Theory? - From Buffon to Ghiselin, and Back to Darwin. *Biology & Philosophy* **11(2)**:215–244.

Gerhardt, H. C., Ptacek, M. B., Barnett, L. & Torke, K. G. (1994) Hybridization in the Diploid-Tetraploid Treefrogs Hyla chrysoscelis and Hyla versicolor. *Copeia* **1**: 51–59.

Ghiselin, M. T. (2010) *Species Concepts.* Wiley.

Gibbs, H.L. and Grant, P.R. (1987) Oscillating selection on Darwin's Finches. *Nature* **327**: 511–513.

Gittenberger, E., Hamann, T. D. & T. Asami, T. (2012) Chiral speciation in terrestrial pulmonate snails. *PLoS One* **7(4)**: e34005.

Goldschmidt, T. (1996) *Darwin's dreampond : drama in lake Victoria.* MIT Press. 丸 武志 訳 (1999) ダーウィンの箱庭ヴィクトリア湖－目の前で進化が起こる夢のような場所がアフリカにあった．思索社, 東京.

Grant, P. R. & Grant, B. R. (1992) Hybridization of bird species. *Science* **256**:193–197.

Grant, P. R. & Grant, B. R. (2009) The secondary contact phase of allopatric speciation in Darwin's finches. *Proceedings of the National Academy of Sciences of the United States of America* **106**: 20141–20148.

Grant, P. R. & Grant, B. R. (2014) *40 years of evolution: Darwin's finches on Daphne Major Island.* Princeton University Press, Princeton, New Jersey.

Grant, B. S. & Wiseman, L. L. (2002) Recent history of melanism in American peppered moths. *Journal of Heredity* **93(2)**: 86–90.

波部忠重 (2011) 二枚貝綱/掘足綱－日本産軟体動物分類学．北隆館，東京.

Hardy, G. H. (1908) Mendelian Proportions in a Mixed Population. *Science* **28**: 49–50.

Hartl, D. L. (2012) *Essential Genetics: A Genomics Perspective: A Genomics Perspective 6th Edition.* Jones and Bartlett Publishers, Sudbury, MA.

Hartl, D. L. & Jones, E. W. (2002) *Essential Genetics: A Genomics Perspective: A Genomics Perspective Third Edition.* Jones and Bartlett Publishers, Sudbury, MA. 布村喜章・石和貞夫 監訳. (2005) エッセンシャル遺伝学. 培風館, 東京.

Haldane, J. B. S. (1924) *Daedalus; or, Science and the Future.* University of Cambridge.

長谷川政美・岸野洋久 (1996) 分子系統学. 岩波書店, 東京.

Hasegawa M. & Moriguchi, H.. (1989) Geographic variation in food habits, body size and life history traits of the snakes on the Izu Islands. *In*: Matui, M., Hikida, T. and Goris, R. C. eds. *Current Herpetology in East Asia.* p.414–432.

Himi, E., Maekawa, M., Miura, H. & Noda, K. (2011) Development of PCR markers for Tamyb10 related to R-1, red grain color gene in wheat. *Theoretical and Applied Genetics* **122(8)**: 1561–1576.

Hood, G. R. & Yee, W. (2013) The geographic distribution of *Rhagoletis pomonella* (Diptera: Tephritidae) in the Western United States: Introduced species or native population?. *Annals of the Entomological Society of America* **106 (1)**: 59–65.

Hooke, R. (1665) *Micrographia: or some physiological descriptions of minute bodies made by magnifying glasses. with observations and inquiries thereupon.* Royal Society, London.

Hori, M. (1993) Frequency-dependent natural selection in the handedness of scale-eating cichlid fish. *Science* **260**: 216–219.

Hoso, M., T. Asami, T, & Hori, M. (2007) Right-handed snakes: convergent evolution of asymmetry for functional specialization. *Biology Letters* **3**: 169–172.

Hoso, M., Kameda, Y., Wu, S. P., Asami, T. & Kato, M. (2010) A speciation gene for left-right reversal in snails results in anti-predator adaptation. *Nature Communications* **1**: 133.

ICZN : International Commission on Zoological Nomenclature. (1999) International Code of Zoological Nomenclature (ICZN) 4th edition. 日本分類学会連合 訳 (2005) 国際動物命名規約 第 4 版 日本語版［追補］. 日本分類学会連合, 東京.

Irwin, D. E. (2009). Incipient ring speciation revealed by a migratory divide. *Molecular Ecology 18 (14)*: 2923–2925.

Irwin, D.E., & Wake, D.B. (2016) Ring Species. *In*: Kliman, R.M. (ed.), *Encyclopedia of Evolutionary Biology.* **vol. 3**, pp. 467–475. Oxford: Academic Press.

Jameson, K. A., Highnote, S. M., & Wasserman, L. M. (2001) Richer color experience in observers with multiple photopigment opsin genes. *Psychonomic Bulletin and Review* **8 (2)**: 244–261.

Jiao, X, Nawab, O, Patel, T, Kossenkov, A. .V., Halama, N, Jaeger, D. & Pestell, R. G. (2019) Recent Advances Targeting CCR5 for Cancer and Its Role in Immuno-Oncology. Cancer Research 79 (19): 4801–4807.

Johnson, L. J. & Tricker P.J. (2010). "Epigenomic plasticity within populations: its evolutionary significance and potential". *Heredity* **105**: 113–121.

Kodama, Y. & Fujishima, M. (2012) Paramecium bursaria. Science Direct: https://www.sciencedirect.com/topics/agricultural-and-biological-sciences/paramecium-bursaria（閲覧日：2023 年 1 月 3 日）

片野田裕亮・中島貴幸・小麦崎彰・轟木直人・冨山清升 (2017) 鹿児島県喜入町のマングローブ干潟におけるヘナタリ *Cerithidea cingulata* (Gmelin, 1791) の生活史と ω 指数に基づく種間関係の分析. *Nature of Kagoshima* **44**: 189–199.

Karlin, L.,S. (1986) *Theoretical studies on Sex Ratio Evolution.* Princeton University Press, Princeton, New Jersey.

Karlin S. & Nevo, E. (1986) *Evolutionary processes and theory.* Academic Press, Inc.

Kettewell, B. (1973) *The Evolution of Melanism: The Study of a Recurring Necessity, with Special Reference to Industrial Melanism in the Lepidoptera.* Clarendon Press, Oxford.

Kimura, M. (1968) Evolutionary rate at the molecular level. *Nature*: **217**:624–626.

Kimura, M. (1969) The rate of molecular evolution considered from the standpoint of population genetics. *Proceedings of the National Academy of Sciences of the United States of America* **63(4)**:1181–1188.

木村資生 (1988) 生物進化を考える. 岩波新書. 岩波書店, 東京.

Kimura, M. & Ohta, T. (1971) Protein Polymorphism as a Phase of Molecular Evolution. **Nature 229**:467–469.

Kimura, M. & Ohta, T. (1974) On some principles governing molecular evolution. *Proceedings of the National Academy of Sciences of the United States of America.* **71(7)**: 2848–2852.

駒井 卓 (1963) 遺伝子に基づく生物の進化. 培風館, 東京.

木原 均 (1944) 普通小麦の一祖先たる DD 分析種の発見 (豫報). 農業及園芸 **19(10)**: 13–14.

岸 由二 (1991) 現代日本の生態学における進化理解の転換史. *In*: 柴谷篤弘・長野 敬・養老孟司 編. 講座 進化②. pp.153–198. 東京大学出版会, 東京.

岸 由二 (2019) 利己的遺伝子の小革命. 八坂書房, 東京.

Klug, W., Cummings, M., Spencer, C., Palladino, M. & Killian, D. (2020) *Essentials of Genetics 10th Edition.* Pearson.

Kuriyama, T., Brandley, M. C., Kitayama, A., Mori, A., Honda, M. & Hasegawa, M. (2011) A time-calibrated phylogenetic approach to assessing the phylogeography, colonization history and phenotypic evolution of snakes in the Japanese Izu Islands. *Journal of Biogeography* **38**: 259–271.

Kitayama, T., Misawsa, H., Miyaji, K., Sugimoto, M. & Hasegawa, M. (2013) Pigment Cell Mechanisms Underlying Dorsal Color-Pattern Polymorphism in the Japanese Four-Lined Snake. *Journal of Morphology* **274**: 1353–1364.

Kitayama, T., Murakami, A., Brandley, M. & Hasegawa, M. (2020) Blue, Black, and Stripes: Evolution and Development of Color Production and Pattern Formation in Lizards and Snakes. *Frontiers in Ecology and Evolution* **8**: 1–14.

Lande, R. (1979) Quantitative Genetic Analysis of Multivariate Evolution, Applied to Brain: Body Size Allometry. *Evolution* **33(1)**: 402–416.

Lande, R. (1981) The minimum number of genes contributing to quantitative variation between and within populations. *Genetics* 99(3–4): 541–553.

Lande, R. (1981) Neural theory of quantitative genetic variance in an island model with local extinction and colonization. *Evolution* 46(2): 381–389.

Libert. F., Cochaux, P., Beckman, G., Samson, M., et al. (1998). The deltaccr5 mutation conferring protection against HIV-1 in Caucasian populations has a single and recent origin in Northeastern Europe. *Human Molecular Genetics* **7 (3)**: 399–406.

Linnæus, C. (1735–1770) *Systema naturæ.* Leiden.

Lloyd, M. & Dybas, H. S. (1966) The periodical cicada problem. I. Population ecology. *Evolution* **20 (2)**: 133–149.

Lock, B. A. (2006) Behavioral and morphologic adaptations. *In: Reptile Medicine and Surgery-Second edition* (Mader, D. R. ed.). Elsevier Inc.

Losos, J. B., Warheitt, K. I. & Schoener, T. W. (1997) Adaptive differentiation following experimental island colonization in Anolis lizards. *Nature* **387**: 70–73.

Lyell, C. (1830–1833) Principles of geology, being an attempt to explain the former changes of the earth's surface, by reference to causes now in operation. Vol. 1–3. John Murray, London. 河内洋祐 訳 (2006) ライエル地質学原理 (上) (下) .朝倉書店, 東京.

Margulis, L. (1970) *Origin of Eukaryotic Cells.* Yale University Press.

Marshall, D. C., Moulds, M., Hill, K. B. R., Price, B. W., Wade, E. J., Owen, C. O., Goemans, G., Marathe, K., Sarkar, V., Cooley, J. R. Sanborn, A. F., Kunte, K., Villet, M. H. & Simon, C. (2018) A molecular phylogeny of the cicadas (Hemiptera: Cicadidae) with a review of tribe and subfamily classification. *Zootaxa.* **4424 (1)**: 1–64.

Matthew, W. (2019) Loch Ness monster could be a giant eel, say scientists. The Guardian. Archived from the original on 6 September 2019. Retrieved 6 September 2019.

Martin, W. & Kowallik, K. (1999). *Annotated English translation of Mereschkowsky's 1905 paper 'Über Natur und Ursprung der Chromatophoren imPflanzenreiche'. European Journal of Phycology* **34 (3)**: 287–295.

Mayr, E (1963) *Animal species and evolution.* Belknap Press of Harvard University press, Cambridge, Massachusetts.

Mayr, E (1970a) *Population, species and evolution.* Harvard University press, Cambridge, Massachusetts.

Mayr E. (1970b) *Systematics and the origin of species — renewed.* Columbia University Press, New York.

Mayr E. (1971) *Principles of systematic zoology.* First Edition. McGraw-Hill, Inc.

Mayr, E. (1979) *Evolution and the diversity of life. Selected essays.* The Belknap press of Harvard University press, Cambridge, Massachusetts.

Mayr, E. (1982) *The Growth of Biological Thought — Diversity, Evolution and Inheritance.* The Belknap Pres of Harvard University Press, Cambridge, Massachusetts.

McConkey, G. A., Martin, H. L., Bristow, G. C. & Webster, J. P. (2013) Toxoplasma gondii infection and behaviour — Location, location, location? *Journal of Experimental Biology 216*: 113–119.

Mendel, G. J. (1865) Versuche uber Pflanzen-Hybriden. *Verhandlungen des naturforschenden Vereins in Brunn 4*: 115–165.

Meselson. M. & Stahl, F. W. (1958) The replication of DNA in *Escherichia coli. Proceedings of the National Academy of Sciences of the United States of America 44*: 671–682.

Meyer, C. J., Cassidy, K. A., Stahler, E. E., Brandell, E. E., Anton, C. B., Stahler, D. R. & Smith, D. W. (2022) Parasitic infection increases risk-taking in a social, intermediate host carnivore. *Communications Biology* **5**: Article number**1180**: https://www.nature.com/articles/s42003-022-04122-0 （閲覧日：2023年1月3日）

三中信宏 (1997) 生物系統学. 東京大学出版会, 東京.

宮本旬子・末永勝征・吉井景子・宿久 洋 (2012) 生物汎用図録集. 南方新社, 鹿児島.

Moritz, C., Schneider, C. J. & Wake, D. B. (1992) Evolutionary relationships within the *Ensatina Eschscholtzii* complex confirm the ring species interpretation. *Systematic Biology* **41 (3)**: 273–291.

Muller, H. J. (1940) Bearing of the Drosophila work on systematics. *In*: Huxley, J. eds. *The New Systematics.* pp.185–268. Clarendon Press, Oxford.

Muller, H. J. (1945) The gene. *Proceedings of Royal Society of Biology,* **134**: 1–37.

中野道治・増田優・谷口研至・草場信. (2019) NBRP 広義キク属: キク属モデル系統の開発と植物多様性研究への展開. 植物科学最前線 **10**:148–157.

Neil, G & Ellie, R. (2018) *First phase of hunt for Loch Ness monster complete.* University of Otago. Archived from the original on 21 April 2019. Retrieved 21 April 2019.

Newman, C. E., Feinberg, J. A., Rissler, L. J., Burger, J. & Shaffer, H. B. (2012). A new species of leopard frog (Anura: Ranidae) from the urban northeastern US. *Molecular Phylogenetics and Evolution* **63 (2)**: 445–455.

新川詔夫・太田亨・吉浦孝一郎・三宅紀子 （2020）遺伝医学への招待改訂第6版. 新川詔夫（監修）. 南江堂, 東京.

Nishi, H. & Sota, T. (2007) Geographical Divergence in the Japanese Land Snail *Euhadra herklotsi* Inferred from Its Molecular Phylogeny and Genital Characters. *Zoological science* **24(5)**: 475–485.

Nishino, K., Kosako, H., Shoji, K., Takanashi, H., Fujii, T., Arimura, S. & Kiuchi, T. (2022) A *Wolbachia* factor for male killing in lepidopteran insects. *Nature Communications* **13**: 6764.

Nyumura, N. & Asami, T. (2015) Synchronous and non-synchronous similarity in sibling species of pulmonates. *Zoological Science* **32**: 372–377.

Ochman H., Lawrence, J. G. & Groisman, E. A. (2000). Lateral gene transfer and the nature of bacterial innovation. *Nature* **405**: 299–304.

Ogawa T. & Okazaki T (1980) Discontinuous DNA replication. *Annual Review of Biochemistry* **49**: 421–457.

岡部正隆・伊藤 啓. (2002) なぜ赤オプシン遺伝子と緑オプシン遺伝子が並んで配置しているのか. 細胞工学 21(7). 秀潤社, 東京.

Okazaki, R. Okazaki, T; Sakabe, K. Sugimoto, K. & Sugino, A. (1968) Mechanism of DNA chain growth. I. Possible discontinuity and unusual secondary structure of newly synthesized chains. *Proceedings of the National Academy of Sciences of the United States of America* **59 (2)**: 598–605.

Okazaki T. (2017) Days weaving the lagging strand synthesis of DNA - A personal recollection of the discovery of Okazaki fragments and studies on discontinuous replication mechanism. *Proceedings of the Japan Academy. Series B, Physical and Biological Sciences* **93 (5)**: 322–338.

Orr, H. A. (1991) Is single-gene speciation possible? *Evolution* **45**:764–769.

Otte, D. & Endler, J. A. eds. (1989) *Speciation and its consequences.* Sinauer associates, Inc. Publishers, Sunderland, Massachusetts.

Panchen, A. L. (1992) Classification, Evolution and the Atre of Biology. Columbia University Press,

Patterson, C. (1978) *Evolution, first edition.* Natural History Museum, London. 磯野直秀・磯野裕子 訳. (1982) 現代の進化論. 岩波書店, 東京.

Patterson, C. (1999) *Evolution, second edition.* Natural History Museum, London.

Peter Neumann, R. H. & Radloff, S. E. (2004) Genetic variation in natural honeybee populations, Apies mellifera capensis. *Naturwissenschaften* **91(9)**:447–450.

Rice, W. R. (2014) An X-Linked Sex Ratio Distorter in Drosophila simulans That Kills or Incapacitates Both Noncarrier Sperm and Sons. *Genetics* **4(10)**: 1837–1848.

Ridley, M. (1986) *Evolution and classification. The reformation of Cladism.* Longman, London and New York.

Riggs, A. D., Russo, V. E. A. & Martienssen, R. A. (1996). *Epigenetic mechanisms of gene regulation.* Plainview, N.Y: Cold Spring Harbor Laboratory Press.

Robertson, W. R. B. (1916) Chromosome studies. I. Taxonomic relationships shown in the chromosomes of Tettigidae and Acrididae. V-shaped chromosomes and their significance in Acrididae, Locustidae and Gryllidae: chromosome and variation. *Journal of Morphology* **27**: 179–331.

Robinson, K. M., Sieber, K. B. & Dunning, H. J. C. (2013) A review of bacteria-animal lateral gene transfer may inform our understanding of diseases like cancer. *PLOS Genetics* **9 (10)**: e1003877.

Sagan, L. (1967) On the origin of misusing cells. *Journal of Theoretical Biology* **14(3)**:255–274.

Samson, M., Libert, F., Doranz, B. J., Rucker, J., Liesnard, C., Farber, C. M., Saragosti, S., Lapoumeroulie, C., Cognaux, J., Forceille, C., Muyldermans, G., Verhofstede, C., Burtonboy, G., Georges, M., Imai, T., Rana, S., Yi, Y., Smyth. R. J., Collman, R. G., Doms, R. W., Vassart, G., Parmentier, M. *et al.* (1996). Resistance to HIV-1 infection in Caucasian individuals bearing mutant alleles of the CCR-5 chemokine receptor gene. *Nature* **382**: 722–725.

Sanger F, Air G. M., Barrell B. G., Brown N. L., Coulson A. R. & Fiddes C. A., et al. (1977). Nucleotide sequence of bacteriophage phi X174 DNA. *Nature.* **265**: 687–695.

酒井聡樹・高田壮則・近 雅博 (1999) 生き物の進化ゲーム．共立出版，東京．

Sato, Y., Tsurui-Sato, K., Katoh, M., Kimura, R., Tatsuta, H. & Tsuji, K. (2020) Population genetic structure and evolution of Batesian mimicry in Papilio polytes from the Ryukyu Islands, Japan, analyzed by genotyping-by-sequencing. *Ecology and Evolution* **11(2)**: 872–886.

Schmitt, M. (2002) Willi Hennig als akademischer Lehrer. *In*: Schulz J. (ed.). *Fokus Biologiegeschichte. Zum 80. Geburtstag der Biologiehistorikerin Ilse Jahn. Berlin.* pp.53–64.

Seki, K., A. Wiwegweaw A. & T. Asami, T. (2008) Fluorescent pigment distinguishes between sibling snail species. *Zoological Science* **25**:1212–1219.

Silvertown, J., Cook, L., Cameron, R., Dodd, M., McConway, K., Worthington, J., Skelton, P., Anton, C., Bossdorf, O., Baur, B., Schilthuizen, M., Fontaine, B., Sattmann, H., Bertorelle, G., Correia, M., Oliveira, C., Pokryszko, B., Ożgo, M., Stalažs, A., Gill, E., Rammul, Ü., Sólymos, P., Féher, Z., & Juan, X. (2011) Citizen Science Reveals Unexpected Continental-Scale Evolutionary Change in a Model Organism. *Plos One* **6(4)**: 1–8.
https://journals.plos.org/plosone/article?d=10.1371/journal.pone.0018927（閲覧日：2023 年 1 月 3 日）

Simon, E. J., Dickey, J. L. Reece, J. B. & Hogan, K. A. (2016) *Campbell Essential Biology.* 6th *edition.* Pearson Education. 池内昌彦・伊東元己・箸本春樹 監訳.(2016) エッセンシャル・キャンベル生物学 原書 6 版．丸善，東京．

Starr, C & Taggart, R. (1992) The Unity and Diversity of Life. 6th ed. Wadsworth, California, USA.

杉原祐二・冨山清升 (2016) ウミニナ *Batillaria multiformis* 集団におけるサイズ頻度分布季節変動の個体群間比較. *Nature of Kagoshima* **42**: 429–436.

Surridge, A. K., & Osorio, D. (2003). Evolution and selection of trichromatic vision in primates. *Trends in Ecology and Evolution* **18 (4)**: 198–205.

Suzuki, H., Sato, Y., & Ohba, N. (2002) Gene Diversity and Geographic Differentiation in Mitochondrial DNA of the Genji Firefly, *Luciola cruciata* (Coleoptera: Lampyridae). *Molecular Phylogenetics and Evolution* **22**: 193–205.

田中義麿 (1977) 基礎遺伝学 訂正 31 版．裳華房，東京．

Thomson, K. S. (1988) *Morphogenesis and Evolution.* Oxford University Press, Oxford, New York.

冨山清升. (2016) 薩南諸島の陸産貝類. *In*: 鹿児島大学生物多様性研究会 編．奄美群島の生物多様性-研究最前線からの報告．pp.143–228. 南方新社, 鹿児島.

Ueshima, R. (1993) Morphological divergence and speciation in the Clausiliid snails of the Luchuphaedusa (Oophaedusa) ophidoon species complex, with special reference to the hybrid-zone. *Venus* **52 (4)**: 259–281.

Ueshima, R,. & Asami, T. (2003) Single-gene speciation by left-right reversal. *Nature* **425**: 679.

Umen, J. G. (2020) Volvox and volvocine green algae. *EvoDevo* **11(1)**: 1–19.

Van Batenburg, F. H. D., & Gittenberger, E. (1996.) Ease of fixation of a change in coiling: computer experiments on chirality in snails. *Heredity* **76**: 278–286.

Venter,J. C. et al. +274 authors (2001) The Sequence of the Human Genome. *Science* **16**: 1304–1313.

Vidyasagar, A. (2022) Paramecium: Characteristics, biology and reproduction. *Live Science*:
https://www.livescience.com/55178-paramecium.html（閲覧日：2023 年 1 月 3 日）

Vogel, J.& Xylander, W.R. (1999) Willi Hennig - Ein Oberlausitzer Naturforscher mit Weltgeltung. Recherchen zu seiner Familiengeschichte sowie Kinder- und Jugendzeit. *Berichte der Naturforschenden Gesellschaft Oberlausitz.* **7/8**: 131–141.

渡邉 淳 (2017) 診療・研究にダイレクトにつながる遺伝医学. 羊土社, 東京.

Watson, J. D. (2017) *Molecular Biology of the Gene, 7th Edition.* Pearson.

Watson, J. D. & Click, F. H. C. (1953) Molecular structure of nucleic acids; a structure for deoxyribose nucleic acid. *Nature* **171**: 737–738.

White, M. D. J. & Contreras, N. (1979) Cytogenetics of the parthenogenetic grasshopper Warramaba (Formerly Moraba) Virgo and its bisexual relatives. V. Interaction of W. Virgo and a Bisexual Species in Geographic Contact. *Evolution* **33(1)**: 85–94.

Williams, K.S. & Simon. C. (1995). The ecology, behavior, and evolution of periodical cicadas. *Annual Review of Entomology* **40**: 269–295.

Willmer, P. (1990) *Invertebrate Relationships: Patterns in Animal Evolution.* Cambridge University Press.

Wiley, E. O. (1981) *Phylogenetics. The Theory and Practice of Phylogenetic Systematics.* Wiley-Interscience, New York. 宮 正樹・西田周平・沖山宗雄 共訳 (1993) 系統分類学：分岐分類の理論と実際. 文一総合出版, 東京.

Wiley, E. O., Siegel-Causey, D., Brooks, D. R. & Funk, V. A. (1991) *The Compleat Cladist, A Primer of Phylogenetic Systematics.* Special Publications, Museum of Natural History, University of Kansas. 宮 正樹 訳 (1993) 系統分類学入門—分岐分類の基礎と応用. 文一総合出版, 東京.

Williams, G. C. (1966) *Adaptation and Natural Selection.* Princeton University Press, Princeton.

Winkler, H. (1920) *Verbreitung und Ursache der Parthenogenesis im Pflanzen - und Tierreiche.* Verlag Fischer, Jena.

Winther, R. G. (2001). August Weismann on Germ-Plasm Variation. *Journal of the History of Biology.* **34 (3)**: 517–555

Wolda, H. (1963) Natural Populations of the Polymorphic Land snail *Cepaea Nemoralis* (L.). *Archiv Neerlandaises de Zoologie* **15**: 381–471.

Wright, S. (1984). *Evolution and the Genetics of Populations: Genetics and Biometric Foundations New Edition.* University of Chicago Press.

Yamamoto, Y., H. Aiba, T. Baba, K. Hayashi, T. Inada, K. Isono, T. Itoh, S. Kimura, M. Kitagawa, K. Makino, T. Miki, N. Mitsuhashi, K. Mizobuchi, H. Mori, S. Nakade, Y. Nakamura, H. Nashimoto, T. Oshima, S. Oyama, N. Saito, G. Sampei, Y. Satoh, S. Siva (1997) Construction of a contiguous 874-kb sequence of the *Escherichia coli* -K12 genome corresponding to 50.0-68.8 min on the linkage map and analysis of its sequence features. *DNA research* **4**: 91–113.

八杉龍一・小関治男・古谷雅樹・日高敏隆 編集 (1996) 岩波 生物学事典 第4版. 岩波書店, 東京.

Zachos, F. E. (2016) *Species Concepts in Biology. Historical development, theoretical foundations and practical relevance.* Springer.

Zhuravlev, A. & Riding, R. (2000). *The Ecology of the Cambrian Radiation.* Columbia University Press.

Zimmerman, E. C. (1958). *Insects of Hawaii Volume 8 Lepidoptera: Pyraloidea.* University of Hawaii Press, Honolulu.

Zouei, N., Shojaee, S., Mohebali, M. & Keshavarz, H. (2018) The association of latent toxoplasmosis and level of serum testosterone in humans. *BMC Res Notes* **11**: 365.

Zuckerkandl, E. & Pauling, L. C. (1962). Molecular disease, evolution, and genic heterogeneity. *In*: Kasha, M., Pullman, B (eds.). *Horizons in Biochemistry.* pp.189–225. Academic Press, New York.

【第 II 部　進化から見た動物生態学】

有村祐哉・冨山清升 (2021) 鹿児島市山林部おける陸産貝類の分布. Nature of Kagoshima 48: 345-357.

Arditti, J., Elliott, J., Kitching, I. J. & Wasserthal, L. T. (2012) 'Good Heavens what insect can suck it' — Charles Darwin, *Angraecum sesquipedale and Xanthopan morganii* praedicta. *Botanical Journal of the Linnean Society* **169(3)**: 403–432.

Arrhenius, O. (1921) Species and area. *Journal of Ecology* **19**: 95–99.

Baer, J. G. (1971) *Animal parasites.* George Weidenfeld and Nicolson Ltd., London.

Baltensweiler, E., Weber, U. M. & Cherubini, P. (2008) Tracing the influence of larch-bud-moth insect outbreaks and weather conditions on larch tree-ring growth in Engadine (Switzerland). *Oikos* **117(2)**: 161–172.

Barnes, B. M. (1989) Freeze Avoidance in a Mammal: Body Temperatures Below 0 °C in an Arctic Hibernator. *Science* **244**: 1593–1595.

Beattie, A. J. & Hughes, L. (2002). *Ant-plant interactions. In*: Herrera, C. M. & Pellmyr, O. eds. *Plant-Animal Interactions.* pp. 211–235. Blackwell Publishing, Malden, MA.

Begon, M., Harper, J. L. & Townsend, C. R. (2006) *Ecology, fourth edition.* Blackwell Publishing, Ltd. 堀 道雄 監訳 (2013) 生態学－個体から生態系へ. [原書第 4 版]. 京都大学出版会, 京都.

Benzing, D. H. (1991). *Myrmecotrophy: origins, operation, and importance. In*: Ant-Plant Interactions. (Huxley, C. R & Cutler, D. F. eds.). Oxford University Press, New York, NY. pp. 353–373.

Bernard, S., Gonze, D., Cajavec, B., Herzel, H. & Kramer, A. (2007) Synchronization-induced rhythmicity of circadian oscillators in the suprachiasmatic nucleus. *PLOS Computational Biology* **3 (4)**: e68.

Berryman, A. A. (1981) Population systems. A general introduction. Plenum Publishing, New York. 吉川 賢 訳. (1985) 個体群システムの生態学. 蒼樹書房, 東京.

Blondel, J. (2003) Guilds or functional groups: does it matter? *Oikos* **100**:223–231.

Bos, A. R. & Gumanao, G. S. (2012) The lunar cycle determines availability of coral reef fishes on fish markets. *Journal of Fish Biology* **81 (6)**: 2074–2079.

Bos, A. R., Gumanao, G. S., van Katwijk, M. M., Mueller, B., Saceda, M. M. & Tejada, R. P. (2011) Ontogenetic habitat shift, population growth, and burrowing behavior of the Indo-Pacific beach star Archaster typicus (Echinodermata: Asteroidea). *Marine Biology* **158 (3)**: 639–648.

Brian, M. V. (1956) Segregation of species of the ant genus Myrmica. *Journal of Animal Ecology* **25**: 319–337.

Charlesworth, B. (1980) *Evolution in age-structured populations. Sercond edition.* Columbia University Press, New York

Charnov, E. L. (1982) *The Theory of Sex Allocation.* Princeton University Press, Princeton, NJ.

Chapman, R. F. (1998) *The Insects; Structure and Function, 4th Edition.* Cambridge University Press.

Clements. E. F. & Shelford, E. (1939) *Bio-ecology.* John Wiley & Sons, Inc., New York.

Cohen, J. E., Briand, F. & Newman, C. M. (1990) *Community of Food Webs.* Springer.

Connell, J. H. (1978) Diversity in tropical rain forests and coral reefs. *Science* **199**: 1302–1310.

Connor, E. F. & McCoy, E. D. (2001) Species-area relationships. *Encyclopedia of Biodiversity* **5**: 397–411.

Courchamp, F., Berec, J. & Gascoigne, J. (2008) *Allee effects in ecology and conservation.* Oxford University Press, New York.

Cole, L. C. (1954) The Population Consequences of Life History Phenomena. *The Quarterly Review of Biology* **29 (2)**: 103–137.

Colinvaux, P. A. (1973) *Introduction to Ecology.* Wiley, New York.

Cox, C. B. & Moore, P. D. (1980) *Biogeography. An ecological and evolutionary approach. Third edition.* Blackwell Scientific Publications, London.

Crespi, B. J. (1992) Eusociality in Australian gall thrips. *Nature* **359**: 724–726.

Cromie, W. (1999) *Human Biological Clock Set Back an Hour.* Harvard Gazette.

Cruz, Y. P. (1986) The defender role of the precocious larvae of *Copidosomopsis tanytmemus* Caltagirone (Encyrtidae, Hymenoptera). *Journal of Experimental Zoology* **237(3)**: 309–318.

Da Silva, K. B. & Nedosyko, A. (2016) Sea Anemones and Anemonefish: A Match Made in Heaven. *In*: Goffredo, S. & Dubinsky, Z. eds. *The Cnidaria, Past, Present and Future.* pp.425–438. Springer.

Dawkins, R. & Krebs, J. R. (1979) Arms races between and within species. *Proceedings of the Royal Society of London. Series B* **205**:489–511.

Deevey, E. S. Jr. (1947) Life tables for natural populations of animals. *The Quarterly Review of Biology* **22**: 283–314.

De Bruijn, F. J. ed. (2015) *Biological Nitrogen Fixation.* Wiley-Blackwell.

DeWitt, T. J., Sih, A. & Wilson, D. S. (1998) Costs and limits of phenotypic plasticity. *Trends Ecology Evolution* **13**:77–81.

dDodson, S. I. (1989) The ecological role of chemical stimuli for the zooplankton : predator-induced morphology in *Daphnia. Oecologia* **78** : 361–367.

Doi, H., Matsumasa M., Toya, T., Satoh, N., Mizota, C., Maki, Y. & Kikuchi, E. (2005) Spatial shifts in food sources for macrozoobenthos in an estuarine ecosystem: Carbon and nitrogen stable isotope analyses. *Estuarine, Coastal and Shelf Science* **64**: 316–322.

Dummerman, K. W. (1948) The fauna of Kurakatau 1883–1933. *Koninklijke Nederlandse Akademie van Wetenschappen: Natuurkundige Verhandelingen van de Hollandsche Maatschappij der Wetenschappen te Haarlem* **(2)44**: 1–594.

Dungy, C. T. (2018) *Trophic Cascade.* Wesleyan University Press.

Dyson, E. A., Hurst, G. D. & Anderson, W. W. (2004) Persistence of an extreme sex-ratio bias in a natural population. *Proceedings of the National Academy of Sciences of the United States of America* **101(17)**: 6520–6523.

Ehrlich, P. R. & Roughgarden, J. (1987) *The Science of Ecology.* Macmillan.

Elton, C. S. (1927) *Animal Ecology.* University of Chicago Press, Chicago.

Elton, C. S. & Nicholson, M. (1942) The Ten-Year Cycle in Numbers of the Lynx in Canada. *Journal of Animal Ecology* **11**: 215–244.

Elton, C. S. & Miller, R. S. (1954) The ecological survey of animal communities: with a practical system of classifying habitats by structural characters. *Journal of Ecology* **42**: 460–496.

Emlen, J. M. (1973) *Ecology: An Evolutionary Approach.* Addison-Wesley, MA.

Fenchel, T. (1975) Factors Determining the Distribution Patterns of Mud Snails (Hydrobiidae). *Oecologia* **20**: 1–17.

Fogden, M & Fogden, P. (1974) *Animals and Their Colors: Camouflage, Warning Coloration, Courtship and Territorial Display, Mimicry.* Crown Pub.

藤田めぐみ・内田里那・冨山清升 (2021) 鹿児島湾河口・干潟における巻貝相の調査. *Nature of Kagoshima* **47**: 237–244.

藤原 誠・鈴木桂子 (2013) 幸屋火砕流堆積物及びその給源近傍相のガラス組成と堆積様式. 火山 **58(4)**: 489–498.

古城祐樹・冨山清升 (2000) 同一河川におけるカワニナとイシマキガイの分布と微小生息場所. *Venus* (*Japanese Journal of Malacology*) **59(3)**: 245–260.

Futami, K. & Akimoto, S. (2005). Facultative Second Oviposition as an Adaptation to Egg Loss in a Semelparous Crab Spider. *Ethology* **111 (12)**: 1126–1138.

Galster, W. & Morrison, P. R. (1975) Gluconeogenesis in arctic ground squirrels between periods of hibernation. *American Journal of Physiology.* **228 (1)**: 325–330.

Gause, G. F. (1932) Experimental studies on the struggle for existence: 1. Mixed population of two species of yeast. *Journal of Experimental Biology* 9: 389–402.

Gause, G. F. (1934) *The struggle for existence.* Williams & Wilkins, Baltimore, MD.

Geiser, F. (2004) Metabolic Rate and Body Temperature Reduction During Hibernation and Daily Torpor. *Annual Review of Physiology* **66**: 239–274.

Gibbs, H. L. & Grant, P. R. (1987) Oscillating selection on Darwin's finches. *Nature* **327**: 511–513.

Gilmour, J. P., Smith, L. D., Heyward, A. J., Baird, A. H. & Pratchett, M. S. (2013) Recovery of an Isolated Coral Reef System Following Severe Disturbance. *Science* **340**: 69–71.

Giselin, M. T. (1969) The evolution of hermaphroditism among animal. *The Quarterly Review of Biology* **44**: 189–208.

Goodfellow, M.,Shaw, S. & Morgan, E. (2006) Imported disease of dogs and cats exotic to Ireland: Echinococcus multilocularis. *Irish Veterinary Journal* **59(4)**: https://irishvetjournal.biomedcentral.com/articles/10.1186/2046-0481-59-4-214 （閲覧日：2023 年 1 月 3 日）

Gotelli, N. J. (2008) *A Primer of Ecology.* Sinauer Associates, Sunderland, Mass.

Grant, P. R. & Grant, B. R. (1992) Hybridization of bord species. *Science* **256**: 193–197.

Grant, P. R. & Grant, B. R. (2009) The secondary contact phase of allopatric speciation in Darwin' s finches. *Proceedings of the National Academy of Sciences of the United States of America* **106**: 20141–20148.

Grant, P. R. & Grant, B. R. (2014) *40 Years of Evolution: Darwin's Finches on Daphne Major Island.* Princeton University Press, Princeton, NJ.

Grasswitz, T.R.& Jones, G.R. (2002). *Chemical Ecology. Encyclopedia of Life Sciences.* John Wiley & Sons, Ltd.

Gross, M. R. & Charnov, E. L. (1980) Alternative male life histories in Bluegill Sunfish. *Proceedings of the National Academy of Sciences of the United States of America* **77**: 6937–6940.

Gumz. M. L. (2016) *Circadian Clocks: Role in Health and Disease.* Springer, New York, NY.

波部忠重 (1977) 伊豆諸島の陸産貝類相とその生物地理学的意義. 国立科学博物館専報 10: 77–82.

橋野智子・冨山清升 (2013) 鹿児島湾におけるイシダタミガイ Monodonta labio confuse Tapprone-Canefri,1874 の生活史，及び殻の内部成長線分析に基づく年齢推定. *Nature of Kagoshima* **39**: 143–155.

Hartfield, P. & Hartfield, E. (1996) Observations on the Conglutinates of Ptychobranchus greeni (Conrad, 1834) (Mollusca: Bivalvia: Unionoidea). *American Midland Naturalist* **135 (2)**: 370–375.

Hidayanti, A. K„ Gazali, A. & Tagami, Y. (2022) Effect of Quorum Sensing Inducers and Inhibitors on Cytoplasmic Incompatibility Induced by Wolbachia (Rickettsiales: Anaplasmataceae) in American Serpentine Leafminer (Diptera: Agromyzidae) : Potential Tool for the Incompatible Insect Technique. *Journal of Insect Science* **22(1)**: 1–9.

Holt, B. G., Lessard, J. P. , Borregaard, M. K., Susanne A. Fritz, S. A., Araújo, M. B., Dimitrov, D. Fabre, P. H..,Graham, Gary, C. H., Graves, G., Jønsson, K. A., Nogués-Bravo, D., Wang, Z., Whittaker, R. J., Fjeldså, J. , & Rahbek, C. (2013) An Update of Wallace's Zoogeographic Regions of the World. *Science* **339(6115)**: 74–78.

Howse, P. & Wolfe, K. (2012) *The Giant Silkmoths: Colour, Mimicry & Camouflage.* Papadakis.

Howard, V.W. Jr. (1994) Kangaroo Rats. *In*: Hygnstrom, S. E., Timm, R.M. & Larson, G. E. (eds.). *Prevention and Control of Wildlife Damage.* Wildlife Committee.

Hubbell, S.P. (1979) Tree Dispersion, Abundance, and Diversity in a Tropical Dry Forest. *Science* **203**: 1299–1309.

Hubbell, S.P. (2001) *The Unified Neutral Theory of Biodiversity and Biogeography*. Princeton University Press, Princeton.

Huffaker, C., Shea, K. & Herman, S. (1963) Experimental studies on predation: Complex dispersion and levels of food in an acarine predator-prey interaction. *Hilgardia* **34(9)**: 305–330.

Huggett, R. J. (1998) Commensalism. *In*: Gerrard, J. ed. *Fundamentals of Biogeography.* Routledge, London.

Hughes, T. P., Kerry, J. T. & et al. (2017) Global warming and recurrent mass bleaching of corals. *Nature* **543**: 373–377.

Humphries, M. M., Thomas, D. W. & Kramer, D. L. (2003) The role of energy availability in mammalian hibernation: A cost-benefit approach. *Physiological and Biochemical Zoology* **76 (2)**: 165–179.

Hutchinson, G. E. (1957) Concluding remarks. *Cold Spring Harbor Symposia on Quantitative Biology* **22**: 415–427.

平尾聡秀・島谷健一郎・村上正志 訳 (2009) 群集生態学：生物多様性学と生物地理学の統一中立理論. 文一総合出版, 東京.

Ian, T. (1997) *Krakatau: the destruction and reassembly of an island ecosystem.* Harvard University Press, MA.

市川志野・中島貴幸・片野田裕亮・冨山清升. (2014) トカラ列島の陸産貝類相の生物地理学的研究. 日本生物地理学会会報 **69**: 23–36.

稲留陽尉・山本智子 (2008) 北薩地域のタナゴ類の分布と二枚貝の利用について. *Nature of Kagoshima* **34**: 1–4.

Innami, S., Suzuki, T. & Sahashi, Y. (1961) On Mechanism of "Konjac" mannan Metabolism in Gastrointestinal Bacteria in Relation to Nutrition: Part I. On Isolation of "Konjac" mannan-decomposing Enzyme, Mannase, from Human Gastrointestinal BacteriaPart II. On Possible Metabolic Pathways in the Growth Response in Mannase Producing Bacterium, *Aerobacter mannanolyticus. Agricultural and Biological Chemistry* **25(2)**: 155–169.

Iswandaru, D., Indra Gumay Febryano, I. G., Santoso, T., Kaskoyo, H., Winarno, G. D., Hilmanto, R., Safe, R., Darmawan, A. & Zulfiani, D. (2020) Bird community structure of small islands: a case study on the Pahawang Island, Lampung Province, Indonesia. *Silva Balcanica* **21(2)**: 5–18

伊藤賢介・小泉 透 (2001) 平成 12 年の九州地域の森林虫獣害発生状況. 九州の森と林業 **55**: http://www.ffpri-kys.affrc.go.jp/kysmr/data/mr0055k2.htm（閲覧日：2023 年 1 月 3 日）

伊藤嘉昭 (1966) 比較生態学 初版増補版. 岩波書店, 東京.

伊藤嘉昭 (1975) 動物生態学 上巻. 古今書院, 東京.

伊藤嘉昭 (1976) 多産と少産・生態的進化の二つの道－生態学の弁証法-1-. 科学と思想 **21**: 188–201.

Jiggins, C. D. (2016) Chapter 7 Beware! Warning colour and mimicry. *In*: Jiggins, C. D. ed. *The Ecology and Evolution of Heliconius Butterflies.* Oxford University Press.

Kameda, Y., Kawakita, A. & Kato, M. (2007) Cryptic genetic divergence and associated morphological differentiation in the arboreal land snail *Satsuma* (*Luchuhadra*) *largillierti* (Camaenidae) endemic to the Ryukyu Archipelago, Japan. *Molecular Phylogenetics and Evolution* **45**: 519–533.

神村 学 (2015) 特集「昆虫の休眠—再び—」にあたって. 蚕糸・昆虫バイオテック **84(2)**： 97–98.

金田竜祐・中島貴幸・片野田裕亮・冨山清升 (2013) 鹿児島県喜入干潟における海産巻貝ウミニナ；*Batillaria multiformis* (Lischke,1869)（腹足綱ウミニナ科）の貝殻内部成長線分析. *Nature of Kagoshima* **39**: 127–136.

Katanoda, Y., Nakashima, T., Tomiyama, K., Aasami, T., Ichikawa, S. & Ampon Wiwegweaw (2020) The origin of *Semisulcospira libertina* (Gould, 1859) (Gastropoda; Pleuroceridae) distribution in Take-shima, Northern Ryukyu Islands, Japan as established by a gigantic volcanic explosion approximately 7,300 years ago, based on a DNA analysis. *Biogeography* **22**: 6–8.

Kato, M. (1995) The aspidistra and the amphipod. *Nature* **377**: 293.

Kato, M. & Kawakita, A. (2017) *Obligate Pollination Mutualism.* Springer.

Kato, M., Takimura, A. & Kawakita, A. (2003) An obligate pollination mutualism and reciprocal diversification in the tree genus *Glochidion* (Euphorbiaceae). *Proceedings of the National Academy of Sciences, USA* **100**: 5264–5267.

Keddy, P. A. (1992) Assembly and response rules: two goals for predictive community ecology. *The Journal of Vegetation Science* **3**:157–164

Kelly, S. A., Panhuis, T. M. & Stoehr, A. M. (2012) Phenotypic Plasticity: Molecular Mechanisms and Adaptive Significance. *Comprehensive Physiology* **2**: 1417–1439.

菊池泰二 (1974) 生態学講座 13 動物の種間関係. 共立出版, 東京.

木元新作 (1981) 動物群集研究法 I －多様性と種類組成. 共立出版, 東京.

木元新作 (1982) 動物群集研究法 II －構造と機能. 共立出版, 東京.

岸 由二 (2019) 利己的遺伝子の小革命 1970-90 年代 日本生態学事情. 278pp. 八坂書房, 東京.

岸田 治・入江貴博 (2007) 特集にあたって 特集 1 表現型の可塑性：その適応的意義の探求. 日本生態学会誌 **57**: 25–26.

北村俊平 (2015) 特集 1：鳥類がもたらす生態系サービス－総説－. 鳥類による生態系サービス：特に花粉媒介と種子散布に着目して. 日本鳥学会誌　**64(1)**: 25–37.

北沢祐三 (1973) 生態学講座 14.土壌動物生態学. 共立出版, 東京.

厚生労働省 (2015) 平成 27 年度厚生労働白書―人口減少を考える（本文）.
https://www.mhlw.go.jp/wp/hakusyo/kousei/15/（閲覧日：2023 年 1 月 3 日）

Krebs, C. J. (2009) *Ecology: The Experimental Analysis of Distribution and Abundance (6th Edition).* Pearson Benjamin Cummings.

Kritzer, J. P. & Sale, P. F., eds (2006) *Marine metapopulations.* Academic Press, New York.

熊本市植物園 (2014) 見ごろ情報！！　あの花は今？ ♪
https://www.ezooko.jp/imgkiji/pub/detail.aspx?c_id=31&type=top&id=409（閲覧日：2023 年 1 月 3 日）

久野英二 (1986) 動物の個体群動態研究法 I-個体数推定法. 共立出版, 東京.

黒田長久 (1972) 生態学講座 23. 動物地理学. 共立出版, 東京.

桒畑光博 (2013) 鬼海アカホヤテフラ（K-Ah）の年代と九州縄文土器編年との対応関係. 第四紀研究 **42(4)**: 111–125.

Lack, D. L. (1947) *Darwin's Finches: An Essay of the General Biological Theory of Evolution.* Cambridge University Press.

Lack, D. L. (1954a) The evolution of reproductive rates. *In: Evolution as a process* (Huxley J., Hardy, A. C . & Ford, E. B. eds). Allen & Unwin, London.

Lack, D. L. (1954b) *The Naural Regulation of Animal Numbers.* The Clarendon Press, Oxford.

Lack, D. L. (1966) *Population Studies of Birds.* The Clarendon Press, Oxford.

Lack, D. L. (1971) *Ecological Isolation in Birds.* Blackwell, Oxford.

Lamarre, G. P. A., Medoza, I., Rougerie, R., Decaens, T., Herault, B. & Beneluz, F. (2015) Stay out (almost) all night: Contrasting responses in flight activity among tropical moth assemblages. *Ecolgy, Behavior and Bionomics* **44(2)**: 109–115.

Lamont, C. C. (1954) The Population Consequences of Life History Phenomena. *The Quarterly Review of Biology* **29(2)**: 103–137.

Lewontin, R. (2000) *The Triple Helix: Gene, Organism, and Environment.* Harvard University Press.

Lewontin, R. & Levins, R. (1985) *The Dialectical Biologist.* Harvard University Press.

Lim, A., Kumar, V., Hari Dass, S. A. & Vyas, A. (2013) Toxoplasma gondii infection enhances testicular steroidogenesis in rats. *Molecular Ecology* **22**: 102–110.

Linsenmair, K. E., Heil, M., Kaiser, W. M. & Fiala, B. (2001) Adaptations to biotic and abiotic stress: Macaranga-ant plants optimize investment in biotic defence.. *Journal of Experimental Botany* **52(363)**:2057–2065.

Loreau, M., Naeem, S. & Inchausti, P. eds. (2002) *Biodiversity and ecosystem functioning: synthesis and perspectives.* Oxford University Press.

Lotka, A. J. (1925) *Elements of Physical Biology.* Williams and Wilkins, Baltimore.

MacArthur, R.H. (1958) Population ecology of some warblers of northeastern coniferous forests. *Ecology, 39*: 599–619.

MacArthur, R.H. & Levins, R. (1967) The limiting similarity, convergence and divergence of coexisting species. *American Naturalist* **101**: 377–385.

MacArthur, R.H. (1965) Patterns of species diversity. *Biological Review* **40**: 510–533.

MacArthur, R.H. (1972) *Geographical Ecology: Patterns in the Distribution Species.* Harper & Low, New York. 269pp. 巌 俊一 監訳. (1982) 地理生態学. 蒼樹書房, 東京. 300pp.

MacArthur, R.H. & Wilson, E. O. (1963) An equilibrium theory of insular zoogeography. *Evolution* **17**: 373–387.

MacArthur, R. H. & Wilson, E. O. (1967) *The theory of Island Biogeogtaphy.* Princeton University Press, Preinceton, New Jersey.

MacLulich, D. A. (1937) *Fluctuations in the Numbers of Varying Hare* (*Lepus Americanus*). No. 43. The University of Toronto Press, Toronto.

町田 洋・新井房夫 (1978) 南九州鬼界カルデラから噴出した広域テフラ—アカホヤ火山灰. 第四紀研究 **17(3)**: 143–163.

McKey, D., Elias, M., Pujol, B. & Duputié, A. (2010) The evolutionary ecology of clonally propagated domesticated plants. *New Phytologist* **186 (2)**: 318–332.

Magurran, A. E. (2004) *Measuring biological diversity.* Blackwell, Oxford.

真木英子・大滝陽美・冨山清升 (2002) ウミニナ科１種とフトヘナタリ科３種の分布と底質選好性：特にカワアイを中心にして. *Venus* (*Japanese Journal of Malacology*) **61(1–2)**: 61–76.

Maran, T. (2017) *Mimicry and Meaning: Structure and Semiotics of Biological Mimicry.* Springer.

丸塚 孝・濱崎博一・隈元清仁・眞田 宗・大隅祥暢・大場康臣 (2022) ウェステルマン肺吸虫症の診断に局所麻酔胸腔鏡下生検が有用であった１例. 呼吸臨床 **6(10)**：No.e00158.

松村正哉 (2005) ギルド内捕食 は捕食者のパフォー マンスを高めるか：生態化学量論からのアプローチ. 日本生態学会誌 **55**: 419–424.

May, R.M. (1973) *Stability and Complexity in Model Ecosystems.* Princeton University Press, Princeton.

Mead, A. R. (1960) *Giant African Snail.* Chicago.

Mead, A. R. (1979) *Economic malacology with particular rfeference to Achatina fulica. Pulmonatus 2B.* Academic Press, London.

目崎茂和 (1980) 琉球列島における島の地形的分類とその帯状構造. 琉球列島の地質学研究 **5**: 91–101.

三橋 渡 (2016) チョウの性比異常とボルバキア－リュウキュウムラサキとボルバキアのせめぎ合い. 昆虫と自然 **51(1)**: 9–12.

宮田幸依・冨山清升・平田浩志郎・金田竜祐 (2022) 鹿児島湾におけるカワアイ *Pirenella pupiformis* Ozawa & Reid, 2016 (腹足綱; キバウミニナ科) の殻の内部成長線解析. 日本生物地理学会会報 **77**: 5–13.

水元 嶺・永田祐樹・冨山清升 (2019) 鹿児島県いちき串木野市大里川河口干潟におけるウミニナのサイズ組成および微細内部成長線分析. *Nature of Kagoshima* **45**: 311–318

Morgan, T. H. (1910). Sex-limited inheritance in *Drosophila. Science* **32**: 120–122.

Morgan, T. H. (1922) Croonian Lecture -On the mechanism of heredity. *Proceedings of the Royal Society of London. Series B, Containing Papers of a Biological Character* **94 (659)**: 162–197.

Morgan, T. H. (1926). The Theory of the Gene. Yale University Press, New Haven.

Moriya, S., Shiga, M. & Adachi, I. (2003) Classical biological control of the Chestnit gall wasp in Japan. *International Symposium on Biological Control of Arthropods*: 407–415.
https://www.researchgate.net/publication/265996946_Classical_biological_control_of_the_chestnut_gall_wasp_in_Japan （閲覧日：2023 年 1 月 3 日）

Moss, R. & Watson, A. (2001) Population cycles in birds of the grouse family (Tetraonidae). *Advances in Ecological Research* **32**: 53–111.

Murie, A. (1944) Dall Sheep, Chapter 3. *In*: Wolves of Mount McKinley. National Park Service Fauna No.5, Washington.

Murphy, B. A. (2019) Circadian and circannual regulation in the horse: internal timing in an elite athlete. *Journal of Equine Veterinary Science* **76**: 14–24.

Myers, A. A. & Giller, P. S. (1988) *Analytical Biogeography: an Integrated Approach to the Study of Animal and Plant Distributions.* Chapman & hall, London. 578pp.

中島貴幸・冨山清升・浅見崇比呂・片野田裕亮・市川志野・Ampon Wiwgweaw (2022) 薩南諸島におけるチャイロマイマイ *Phaeohelix submandarina* (Pulmonata; Bradybaenidae) の種内変異の研究. 日本生物地理学会会報 **77**: 54–69.

日本遺伝学会 監修 (2021) 改訂 遺伝単-遺伝用語集 対訳付き. 生物の科学 遺伝 別冊 **No.25**.

日本生態学会 (2004) 生態学入門 初版（日本生態学会 編）. 東京化学同人, 東京.

日本生態学会 (2012) 生態学入門 第 2 版（日本生態学会 編）. 東京化学同人, 東京.

日本ベントス学会 (2020) ベントスの多様性に学ぶ 海岸動物の生態学入門（日本ベントス学会・山本智子 編）. 246pp.海文堂, 東京.

農林水産省森林総合研究所 (2022) 2022 年度 森林総合研究所公開講演会. https://www.ffpri.affrc.go.jp/news/2022/20221005ffprilec/index.html （閲覧日：2023 年 1 月 3 日）

Odum, E. P. (1971) *Fundamentals of Ecology*. W. B. Saunders Company, Philadelphia.

奥 奈緒美・冨山清升・橋野智子 (2020) 殻の内部成長線解析に基づく桜島袴腰大正溶岩の潮間帯におけるイシダタミの生活史. *Nature of Kagoshima* **46**: 371–381.

奥野忠一・久米 均・芳賀敏郎・吉澤 正 (1971) 多変量解析法. 日科技連, 東京.

奥野忠一・芳賀敏郎・矢島敬二・奥野千恵子・橋本茂司・古河陽子 (1976) 続多変量解析法. 日科技連, 東京.

Ota, N. & Tokeshi, M. (2002) A population study of two carnivorous buccinid gastropods on an intertidal stony shore. *Venus* **60(4)**: 261–271.

Paine, R. T. (1969). A Note on Trophic Complexity and Community Stability. *The American Naturalist* **103**: 91–93.

Painter, T. S. (1933) A New Method for the Study of Chromosome Rearrangements and the Plotting of Chromosome Maps. *Science.* **78 (2034)**: 585–586.

Paracer, S. & Ahmadjian, V. (2000) *Symbiosis: An Introduction to Biological Associations.* Oxford University Press.

Payne, J. B. (1980). *Competitors. Malayan Forest Primates: Ten Years' Study in Tropical Rain Forest.* 261–277.

Peak, J. F. (1981) The land snail of islands - a dispersalist viewpoint. *In: The Evolving Biosphere.* pp.247–263. Academic Press, London.

Pflüger, H. J. & Bräunig, P. (2021) One hundred years of phase polymorphism research in locusts. *Journal of Comparative Physiology A volume* **207**: 321–326.

Pianka, E. K. (1978) *Evolutionary Ecology* (*Second Edition*). Harper & Row, Publishers, New York. 進化生態学（伊藤嘉昭 監修）. 1980. 蒼樹書房, 東京.

Price, T. D., Qvarnström, A. & Irwin, D. E. (2003) The role of phenotypic plasticity in driving genetic evolution. *Proceedings: Biological Sciences* **270**: 1433–1440.

Quicke, D. L. J. (2017) *Mimicry, Crypsis, Masquerade and other Adaptive Resemblances.* Wiley Blackwell.

Ricklefs, R. E. & Miller, G. L. (2000) *Ecology. Fourth Edition.* Freeman, San Francisco.

Roff, D. A. (1992) The Evolution of Life Histories. Springer.

Root, R.B. (1967) The niche exploitation pattern of the Blue-gray Gnatcatcher. *Ecological Monographs* **37**: 317–350.

斉藤 晋 (2000) 動物の生態学. *In:* 斉藤 晋・寺田美奈子・増沢武弘 (2000) 生態学への招待. pp.55–132. 開成出版, 東京.

斉藤 晋・寺田美奈子・増沢武弘 (2000) 生態学への招待. 開成出版, 東京.

斉藤 隆 (1997) やらなきゃわからないエゾヤチネズミの個体数変動の特徴：(<特集>個体群研究のフロンティア：個体群生態学の新たな発展). 日本生態学会誌 **47(2)**: 167–169.

Sakai, S. (1999) A new pollination system: dung-beetle pollination discovered in *Orchidantha inouei* (Lowiaceae, Zingiberales) in Sarawak, Malaysia. *American Journal of Botany* **86 (1)**: 56–61.

佐藤嘉一・伊禮英毅 (2003) 九州・沖縄に侵入してきたヤシ類害虫. 森林科学 **38(6)**: 46–51.

Schierwater, B, Streit, B. Wagner, G. P. & DeSalle, R. (eds.) (1994) *Molecular ecology and evolution: Approaches and applications.* Birkhauser Verg, Basel, Boston, Berlin.

Schmidt-Nielsen, K. (1975) Scaling in biology: The consequences of size. *Journal of Experimental Zoology* **194(1)**: 287–307.

Schoener, T. W. (1974) Resource partitioning in ecological communities. *Science* **185**: 27–39.

Shine, I. & S. Wrobel, S. (1976) *Thomas Hunt Morgan: Pioneer in genetics.* University of Kentucky Press, Lexington, Kentucky.

Simberloff, D. S. & Wilson, E. O. (1969) Experimental zoogeography of islands: Effects of island size. *Ecology* **57**: 629–648.

Simkin, T., Fiske, R. S., Melcher, S. & Nielsen, E. eds. (1984) *Krakatau 1883, The Volcanic Eruption and Its Effects First Edition.* Smithsonian, USA.

Smith, S. & Read, D. (2008) *Mycorrhizal Symbiosis 3rd Edition.* Academic Press.

Soler, M. ed. (2017) *Avian Brood Parasitism: Behaviour, Ecology, Evolution and Coevolution (Fascinating Life Sciences).* Springer.

Sutton, W. S. (1902). On the morphology of the chromoso droup in Brachystola magna. *The Biological Bulletin* **4 (1)**: 24–39

Sutton, W. S. (1903). The Chromosomes in Heredity. *Biological Bulletin* **4 (5)**: 231–251.

Swingle, C. F. (1940) Regeneration and vegetative propagation. *The Botanical Review* **6 (7)**: 301–355.

田川日出夫 (1987) 生物の消えた島. 福音館書店, 東京.

Tagawa, H. ed. (2005) *The Krakataus: Changes in a Century since Catastrophic Eruption in 1883.* Shiubndo Co. Lrd., Kagoshima, Japan.

武内麻矢・菊池陽子・武内有加・冨山清升 (2022) 鹿児島県喜入干潟におけるフトヘナタリの繁殖行動およびウミニナ類の鹿児島における分布. *Nature of Kagoshima* **48**: 161–175.

田子泰彦 (2010) 神通川で漁獲されたサクラマスの最近の魚体の小型化. 水産増殖 **50(3)**: 387–391.

田中誠二 編著 (2021) バッタの大発生の謎と生態. 北隆館, 東京.

田中 肇 (2009) 昆虫の集まる花ハンドブック. 文一総合出版, 東京.

Tanaka, S., Hirano, K. & Nishide, Y. (2012) Re-examination of the roles of environmental factors in the control of body-color polymorphism in solitarious nymphs of the desert locust Schistocerca gregaria with special reference to substrate color and humidity. *Journal of Insect Physiology* **58(1)**: 89–101.

田中 豊・垂水共之・脇本和昌. (1984) パソコン統計解析ハンドブック II 多変量解析編. 共立出版, 東京.

谷口明子・冨山清升・大滝陽美・鈴鹿達二郎・福留早紀 (2019) 鹿児島県喜入のマングローブ林干潟におけるフトヘナタリ *Cerithidea rhizophorarum* の木登り行動. *Nature of Kagoshima* **45**: 151–161.

田村典子 (1995) マレーシア産樹上性リス類の空間利用と森林構造. *Tropics* **4(4)**: 337—43.

Terborgh, J. & Estes, J. A. eds. (2010) *Trophic Cascades: Predators, Prey, and the Changing Dynamics of Nature. 1st Edition.* Island Press, Washington DC.

Thompson, R. C. A.& McManus, D. P. (2001) Aetiology: parasites and life cycles. *In*: Eckert. J., Gemmell, M. A., Meslin, F. X. & Pawlowski, Z. S. (eds). pp.1–19. *WHO/OIE Manual on Echinococcosis in Humans and Animals.* A Public Health Problem of Global Concern. Paris: Office Internationale des Epizooities.

Tsurui - Sato, K., Sato, Y., Kato., E., Katoh, M., Kimura, R., Tatsuta, H & Tsuji, K. (2019) Evidence for frequency - dependent selection maintaining polymorphism in the Batesian mimic *Papilio polytes* in multiple islands in the Ryukyus, Japan. *Ecology and Evolution* **9**: 5991–6002.

Tsutsumi, H. & Tanaka, M. (1994) Cohort analysis of size frequency distribution with computer programs based on a graphic method and simplex's method. *Benthos Research* **46**: 1–10.

Tauber, M. J., Tauber, C. A. & Masaki, S. (1986) *Seasonal Adaptations of Insects.* Oxford University Press.

Tilman, D. (1982) *Resouece Competition and Community Structure.* Princeton University Press, Princeton, N.J.

Toju, H. & Sota, T. (2006) Phylogeography and the geographic cline in the armament of a seed-predatory weevil: effects of historical events vs. natural selection from the host plant. *Molecular Ecology* **15(13)**: 4161–4173.

冨山清升. (1983) 中・北部琉球列島における陸産貝類相の数量的解析. 日本生物地理学会会報 **38(2)**: 11–22.

冨山清升. (1984a) タネガシママイマイ *Satsuma tanegashimae* (Pilsbry) の種内変異の研究 – I. 殻形質に基づく個体群間変異の統計学的解析と生物地理学的考察. *Venus (Japanese Journal of Malacology)* **43(3)**: 211–227.

冨山清升. (1984b) 鹿児島県三島村の陸産貝類相と陸産貝類の分散様式について. 沖縄生物学会誌 **22**: 23–26.

Tomiyma, K. (1984c) Land snail fauna of Muko-jia, Uji-gunto, northern Ryukyu Islands, Japan, with description of a new subgenus, a new species and a new subspecies. *Venus* **43(3)**: 199—10.

Tomiyam, K. & Nakane, M. (1993) Dispersal pattern of the giant African snail, Achatina fulica (Gastropoda, Pulmonata), equipped with a radio-transmitter. Journal of Molluscan Studies 59: 315–322.

Tomiyama, K. (1996) Mate-choice criteria in a protandrous simultaneously hermaphroditic land snail, *Achatina fulica* (Ferussac) (Stymlommatophora: Achatinidae) *Journal of Molluscan Studies* **62**: 101–111.

冨山清升 (2002) 島嶼における外来種問題～島嶼生態系への影響と対策. *In*: 日本生態学会 編. 外来種ハンドブック. pp.230–231. 地人書館, 東京.

冨山清升. (2016) 薩南諸島の陸産貝類. *In*: 鹿児島大学生物多様性研究会 編. 奄美群島の生物多様性-研究最前線からの報告. pp.143–228. 南方新社, 鹿児島.

冨山清升 (2019) 国外外来種としてのアフリカマイマイ. 鹿児島大学島嶼研ブックレット 11. 北斗書房, 鹿児島.

Tompa, A. S. (1984) Reproduction of land snail (Stylommatophpra). *In: The Mollusca. Volume 7 Reproduction.* pp.47–140. Academic Press, New York.

當山真澄・冨山清升 (2021) 桜島大正熔岩転石海岸におけるシマベッコウバイの ω 指数を用いた同所的共存の生態学的分析. *Nature of Kagoshima* **47**: 263–274.

Urabe, M. (1993) Two Types of Freshwater Snail Semisulcospira reiniana (Brot) (Mesogastropoda: Pleuroceridae) Identified by Electrophoresis. The Japanese Society of Limnology **77**: 109–116.

Urabe, M. (1998) Contribution of genetic and environmental factors to shell shape variation in the lotic snail *Semisulcospira reiniana. Journal of Molluscan Studies* **64**: 329–343.

Utida, S. (1957a) Cyclic fluctuation of population density intrinsic to the host–parasite system. *Ecology* **38**: 442–449.

Utida, S. (1957b) Population fluctuation, an experimental and theoretical approach. *Cold Spring Harbor Symposium, Quantitative Biology* **22**:139–151.

Uvarov, B. P. (1921) A revision of the genus locusts L (= PACHYTLUS, FIEB) with a new theory as to the periodicity and migrations of locusts. *Bulletin of Entomological Research* **12(2)**:135–163

van der Pijl, L. (1956) Remarks on pollination by bats in the genera Freyginetia, Duabanga and Haplophragma, and on chiropterophily in general. *Acta Botanica Neerlandica* **5(2)**: 135–144.

Varley, G. C. (1970) The concept of energy flow applied to a woodland community. *In: Quality and Quantity of Food.* pp.389–405. Blackwell, Oxford.

Volterra, V. (1926) Variations and Fluctuations of the Number of Individuals in Animal Species Living Together. In: R. N. Chapman (Ed.), *Animal Ecology.* pp.31–113. New York: McGraw-Hill.

和田英太郎 (1986) 生物関連分野における同位体効果-生物界における安定同位体分布の変動. *Radioisotopes* **35**: 136–146.

Warner, R. R. (1975) The adaptive significance of sequential hermaphroditism in animals. *The American Naturalist* **109**: 61–82.

Watts, P. D., Oritsland, N. A., Jonkel, C. & Ronald, K. (1981) Mammalian hibernation and the oxygen consumption of a denning black bear (Ursus americanus). *Comparative Biochemistry and Physiology A.* **69 (1)**: 121–3.

Weinberg, W. (1908) Über den Nachweis der Vererbung beim Menschen. *Jahreshefte des Vereins für vaterländische Naturkunde in Württemberg* **64**: 368–382.

Whittaker, R. H. (1965) Dominance and Diversity in Land Plant Communities: Numerical relations of species express the importance of competition in community function and evolution. *Science* **147**: 250–260.

Whittaker, R. J, & Fernandez-palacios. J. M. (2007) *Island Biogeography: Ecology, Evolution, and Conservation. Second Edition.* Oxford Univ Press.

Williams, K.S. & Simon, C. (1995) The ecology, behavior, and evolution of periodical cicadas. *Annual Review of Entomology* **40**: 269–295.

Wilson, E. O. (1992) *The Diversity of Life.* W. W. Norton Company.

Winchester, S. & Perennial, H. (2003) Krakatoa: The Day the World Exploded: August 27, 1883. Harper Collins. 柴田裕之 訳 (2004) クラカトアの大噴火 - 世界の歴史を動かした火山. 早川書房, 東京.

Wipfler, B., Wieland, F., DeCarlo, F. & Hornschemeyer, T. (2012) Cephalic morphology of *Hymenopus coronatus* (Insecta: Mantodea) and its phylogenetic implications. *Arthropod Structure & Development* **41(1)**: 87–100.

山田佳裕・上田孝明・小板橋忠俊・和田英太郎. (1998) 琵琶湖生態系の水平・鉛直構造も出る—安定同位体比からの評価. 陸水学雑誌 **59(4)**: 409–427.

Yamane, Sk. & Tomiyama, K. (1986) A small collection of land snails from the Krakatau Islands, Indonesia. *Venus* (*Japanese Journal of Malacology*) **45(1)**: 61–64.

山階芳麿 (1955) 琉球列島における鳥類分布の境界線. 日本生物地理学会会報 **16–19**: 371–375.

Yamawo, A., Suzuki, N. & Tagawa, J. (2019) Extrafloral nectary-bearing plant *Mallotus japonicus* uses different types of extrafloral nectarines to establish effective defense by ants. *Journal of plant research* **132(4)**: 499–507.

山浦悠一・天野達也 (2010) マクロ生態学：生態的特性に注目して. 日本生態学会誌 **60**: 261–276.

依田恭二 (1982) 森林の生態学 (生態学研究シリーズ) . 築地書館, 東京.

Yokoyama, H., Tamaki, A., Koyama, K., Ishihi, Y. Shimoda, K. & Harada, K. (2005). Isotopic evidence for phytoplankton as a major food source for macrobenthos on an intertidal sandflat in Ariake Sound, Japan. *Marine Ecology Progress Series* **304**: 101–116.

横山 潤 (2008) 共進化と種分化 (絶対送粉共生系における共種分化過程の解析: イチジク属 - イチジクコバチ類送粉共生系を例に. *In*: 横山潤, 堂囿いくみ 責任編集. 共進化の生態学 : 生物間相互作用が織りなす多様性. 文一総合出版, 東京.

良永知義 (1998) 寄生虫とのつきあいかたー魚介類の寄生虫と食品衛生－. 中央水研ニュース **No.19** (平成 10 年 1 月発行).

吉住嘉崇・冨山清升 (2020) 鹿児島県喜入干潟における巻き貝相の生態的研究. *Nature of Kagoshima* **46**: 291–305.

Zimecki, M. (2006) The lunar cycle: effects on human and animal behavior and physiology. *Postepy Hig Med Dosw* **60**: 1–7.

【第 III 部　行動生態学】

青木重幸 (1987) 兵隊を持ったアブラムシ. 自然誌選書, どうぶつ社, 東京.

Abele, L. G. & Gilchrist, S. (1977) Homosexual rape and sexual selection in acanthocephalan worms. *Science* **197**: 81–88.

AAK Nature Watch (2023) アオアズマヤドリ. https://aaknaturewatch.com/blog/birdwaching/post_492/ （閲覧日：2023 年 1 月 3 日）

Alchetron (Free Social Encyclopedia for the World) (2022) *Synalpheus regalis.* https://alchetron.com/Synalpheus-regalis （閲覧日：2023 年 1 月 3 日）

Alexander, R. D., Hoogland, J. L .R., Howard, D., Nooman, K. M. & Sherman, P. W. (1981) Sexual dimorphisms and breeding systems in pinnipeds, ungulates, primates and humans. *In*: Chagnon, N. A. and W.irons, E. O. eds. *Evolutionary Biology and Human Social Behavior: Anthropological Perspectiv.* pp.402–603. Belmont, California: Wadsworth.

Andersson, M. (1982) Female choice selects for extreme tail length in a widowbird. *Nature* **299**: 818–820.

Andersson, M. (1994) *Sexual Selection.* Princeton University Press, Preinceton, New Jersey.

Andersson, M & Simmons, L. W. (2006) Sexual selection and mate choice. *Trends in Ecology & Evolution* **21(6)**: 296–302.

Amots & Zahavi.(1977) *The Handicap Principle. The Balking Agency*, Amherdt, Massachusetts, U.S.A. 大貫昌子・長谷川真理子 訳 (2001) 生物進化とハンディキャップ原理. 白揚社, 東京.

Baker. R. R. (1982) *Migration: Paths through space and time.* Hodder & Stoughton, London.

Basolo, A. L. (1990) Female preference predates the evolution of the sword in swordtail fish. *Science* **250**: 808–810.

Bateson, P. P. G. (ed,) (1983) *Mate Choice.* Cambridge University Press, Cambridge.

Bechterev, V. M. (1913) *Objektive Psychologie oder Psychoreflexologie.* Leipzig.

Bennett, N. C. & Jarvis, J. U. M. (2004). Cryptomys damarensis. *Mammalian Species* (*American Society of Mammologists*) **756**: 1–5.

Belovsky, G. E. (1978) Diet optimization in a generalist herbivore; the moose *Theoretical Population Biology* **14**: 105–134.

Bertram, B. C. R. (1975) Social factor influencing reproduction in wild lions. *Journal of Zoology* **177**: 463–472.

Berto, F. (2010) *There's Something about Gödel: The Complete Guide to the Incompleteness Theorem.* John Wiley and Sons.

Bethe, A. (1898) Dufen wir den Ameisen und Bienen psychische Qualitaten zuschreiben? *Arch.Ges.Physiol.* **70**: 15–110.

Beusekom, G. van (1946) *Over de orientatie van de Bijenwolf (Philanthus triangulum Fabr.).* Leiden.

Biggers, J. D. & Creed, R. F. S. (1962) Conjugate spermatozoa of the North American Opossum. *Nature* **196**: 1112–1113.

Birkhead, T. R. (1979) Mate guarding in the magpie *Pica. Animal Behaviour* **27(3)**: 866–874.

Birkhead, T. R. (2000) *An Evolutionary History of Sperm Competition.* Harvard University Press.

Birkhead, T. R. & Clarkson, K. (1980) Mate Selection and Precopulatory Guarding in Gammarus pulex. *Zeitschrift für Tierpsychologie* **52(4)**: 365–380.

Borgia, G (1985) Bower quality, number of decorations and mating success of male satin bowerbirds (Ptilonorhynchus violaceus): an experimental analysis. *Animal Behaviour* **33(1)**: 266–271.

Borgia, G. & Collis, K.(1989) Female choice for parasite-free male satin bowerbirds and the evolution of bright male plumage. *Behavioral Ecology and Sociobiology* **25**: 445–453.

Brooks, D. R. & Mclennan, D. A. (1991) *Phylogeny, Ecology, and Behavior.* The University of Chicago Press, Chicago and London.

Brückner, G. H. (1933) Untersuchungen zur Tiersoziologie, insbesondre der Auflösung der Familie. *Zeitschrift für Psychologie* **128**: 1–120.

Browe, L.P., Brower J. V. Z. & Cranston, F. P. (1965) Courtship behaviour of the queen butterfly Danaus gilippus berenice (Cramer). *Zoologica* **50(1)**: 1–39.

Bubak, A. N., Watt, M., Yaeger, J. D. W., Renner, K. & Swallow, J. (2020) The stalk-eyed fly as a model for aggression — is there a conserved role for 5-HT between vertebrates and invertebrates? *Journal of Experimental Biology* **223(1)**: jeb132159.

Bull, J. J. (1980) Sex determination in reptiles. *The Quarterly Review of Biology* **55**: 3–21.

Byers, J.A. & Moodie, J.D. (1990) Sex-specific maternal investment in pronghorns and the question of a limit on differential provisioning in ungulates. *Behavioral Ecology and Sociobiology* **26**: 157–164.

Bygott, J. D., Bertram, B. C. R. & Handy, J. P. (1979) Male lions in large coalitions gain reproductive advantage. *Nature* **282**: 839–841.

Carayon, J. (1974) Insemination traumatique heterosexuelle et homosexuelle chez Xylocoris maculipennis (Hem. Anthocoridae). *Comptes Rendus de l'Académie des Sciences - Series D* **278**: 2803–2806.

Catchpole, C. K. (1983) Variation in the song of the great reed warbler *Acrocephalus arundinaceus* in relation to mate attraction and territorial defence. *Animal Behaviour* **31(4)**: 1217–1225.

Catchpole, C. K., Dittami, J. & Leisler, B. (1984) Differential responses to male song repertoires in female songbirds implanted with estradiol. *Nature* **312**: 563–564.

Charnov, E. L. (1982) *Sex Allocation.* Princeton University Press, Preinceton, New Jersey.

Clark, A. B. (1978) Sex ratio and local resource competition in a prosimian primate. *Science* **201**: 163–165.

Clutton-Brock, T. H. (1991) *The Evolution of Parental Care.* Princeton University Press, Preinceton, New Jersey.

Corbet, P. S. (1962) *A biology of Dragonflies.* Witherby, London.

Colegrave, N. (2002) Sex release the speed limit on evolution. *Nature* **420**: 664–666.

Crespi, B. J. (1992) Eusociality in Australian gall thrips. *Nature* **359**: 724–726.

Cronin H. (1991) *The ant and the peacock. Altruism and sexual selection from Darwin to today.* Cambridge University Press, Cambridge. 長谷川真理子 訳 (1994) 性選択と利他行動. 耕作舎, 東京.

CSIRO (Commonwealth Scientific and Industrial Research Organization) (2022) Galling thrips on Australian Acacia.
https://www.ento.csiro.au/thysanoptera/Acacia/AcaciaThrips2.html（閲覧日：2023 年 1 月 3 日）

Cruz, Y. P. (1981) A sterile defender morph in a ply embryonic hymenopterous parasite. *Nature* **294**: 446–447.

Darwin, C. R. (1871) *The descent of man, and selection in relation to sex.* John Murray, London.

Darwin, C. (1872) *The Expression of Emotions in Man and Animals.* London.

Descartes, R. (1662) *Les principes de la philosophie. Première partie / Descartes ; avec des notes et un appendice, par Émile Thouverez.* Paris.

Duffy, J. E. (1996) Eusociality in a coral-reef shrimp. *Nature 381*:512–514.

Duffy, J. E., Morrison, C. L. & Ríos, R. (1999) Multiple origins of eusociality among sponge-dwelling shrimps (*Synalpheus*). *Evolution* **54(2)**: 503–516.

Duyn, M. & van Oyen, G. M. (1948) Het sjirpen van de zadelsprinkhaan. *De Levende Natuur 51*: 81–87.

Eberhard, W. G. (1980) Evolutionary consequences of intracellular organelle competition. *The Quarterly Review of Biology 55*: 231–249.

Eibl-Eibesfeldt, I. (1957) *Rattus norvegicus. Kampf I (erfahrener Männchen).* Encyclopedia cinema E131, Göttingen (Inst. Wiss. Film). Kampf II (erfahrener Männchen). Encyclopedia cinema E132, Göttingen (Inst. Wiss. Film).

Eibl-Eibesfeldt, I. (1971) Zur Ethologire menschlichen Großverhaltens. II. Das Großverhalten und einige andere Muster freundlicher Kontaktaufnahme der Waika-Indianer (Yaniama). *Zeitschrift für Tierphysiologie* **29**: 196–213.

Eibl-Eibesfeldt, I. (1974) *Grundriß der Vergleichenden Verhaltensforschung.* R. Piper & Co. Verlag, München. 伊谷純一郎・美濃口 坦 訳 (1978) 比較行動学 I, II. みすず書房, 東京.

Elner, R. W., Hughes, R. N. (1978). Energy maximization in the diet of the shore crab. *Carcinus maenas. Journal of Animal Ecology* **41**: 103–116.

江ノ島水族館 (2022) ミナミゾウアザラシの「大吉」. https://www.enosui.com/history.php?category=2（閲覧日：2023 年 1 月 3 日）

Erisman, B. E., Craig, M. T. & Hastings, P. A. (2009) A phylogenetic test of the size-advantage model: evolutionary changes in mating behavior influence the loss of sex change in a fish lineage. *The American Naturalist* **174(3)**: 83–99.

Fabre, J. H. C. (1879-1910) *Souvenir entomologique.* Delagrave, Paris. vol.1-10.

Fretter, V. (1953) The transference of sperm from male to female prosobranch, with reference, also, to the pyramidellids. *Proceedings of the Linnean Society of London* **164**: 217–224.

Frisch, K. von (1967) *The dance language and orientation of bees.* The Belknap Press of Harvard University Press, Cambridge.

Fisher, R A. (1930) *The Genetical Theory of Natural Selection.* Clarendon Press, Oxford.

藤家 梓 (2014) 琉球諸島におけるヒメシュモクバエ (ハエ目: シュモクバエ科) の分布. *The science bulletin of the College of Agriculture, University of the Ryukyus* **61**: 49–54.

藤岡正博 (1993) 鳥類における子殺し. *In*: 藤岡正博 監修. 動物社会における共同と攻撃 動物社会における共同と攻撃, 東京.

Fleisher, M. H. (2011) Temperature-Sensitive Period of Sex Determination in the Atlantic Silverside, Menidia menidia. *Canadian Journal of Fisheries and Aquatic Sciences* **43(3)**: 514–520.

Galimberti, F., Sanvito, S., Braschi, C. & Boitani, L. (2007) The cost of success: reproductive effort in male southern elephant seals (*Mirounga leonina*). *Behavioral Ecology and Sociobiology* **62**: 159–171.

Gilbert, L. E. (1976) Post mating female odor in Heliconius butterflies: A male-contributed antiaphrodisiac. *Science* **193**: 419–420.

Goddard, M.R., Godfray, H.C.J. & Burt, A. (2005) Sex increases the efficacy of natural selection in experimental yeast populations. *Nature* **434**: 636–640.

Gowaty, P. A. & Lennartz, M. R. (1985) Sex ratios of nestling and ledgling red-conceded woodpeckers (Picoides borealis) favor. males. *American Naturalist* **126**: 347–353.

Gowaty, P. A. & Lennartz, M. R. (1993) Differential dispersal, local resource competition, and sex ratio variation in birds. *American Naturalist* **141**: 263–280.

Greenwood, P. J. (1980) Mating systems, philopatry and dispersal in birds and mammals. *Animal Behaviour* **28(4)**: 1140–1162.

Gross, M.R. (1985) Disruptive selection for alternative life histories in salmon. *Nature* **313**: 47–48.

Gross, M. N. & Shine, R. (1981) Parental care and mode of fertilization in ectothermic vertebrates. *Evolution* **35**: 775–793.

Gwynne, D. T. (1981) Sexual Selection and Sexual Differences in Mormon Crickets (Orthoptera: Tettigoniidae, *Anabrus simplex*). *Evolution* **38(5)**: 1011–1022.

Gwynne, D.T.(1982) Mate selection by female katydids (Orthoptera Tettigoniidae, Conocephalus nigropleurum). *Animal Behavior* **34**: 286–888.

Hamilton, W. D. (1964) The genetical evolution of social behaviour, II. *Journal of Theoretical Biology* **7**: 1–52.

Hamilton, W.D. (1967) Evolutionary sex ratio. *Science* **156**: 477–488.

Hamilton, W. D. (1979) Wingless and fighting males in fig wasps and other insects. *In*: Blum, M. S. & Blum, N. A. eds. *Sexual Selection and Reproductive Competition in Insects.* pp.167–200. Academic Press, London.

Hamilton, W. D. (1980). Sex versus non-sex versus parasite. *Oikos* **35 (2)**: 282–290.

Hamilton, W. D. & Zuk, M. (1982) Heritable true fitness and bright birds: a role for parasites. *Science* **218**: 384–387.

Hamilton, W. D. & Zuk, M. (1989) Parasites and sexual selection. *Nature* **341**: 289–290.

Hamilton, W. D. Axelrod, R. & Tanese, R. (1990). Sexual reproduction as an adaptation to resist parasites. *Proceedings of the National Academy of Sciences of the USA* **87 (9)**: 3566–3573.

Harcourt, A. H., Harvey, P. H., Larson, S. G. & Short, R. V. (1981) Testis weight, body weight and breeding system in primates. *Nature* **293**: 55–57.

Harden-Jones, F. R. (1968) *Fish Migration.* E. Arnold, London.

長谷川真理子 (1992) クジャクの雄はなぜ美しい. 紀伊國屋書店, 東京.

長谷川眞理子 (1993) オスとメス＝性の不思議. 講談社（講談社現代新書）, 東京.

長谷川眞理子 (1996) 雄と雌の数をめぐる不思議. NTT 出版, 東京.

長谷川眞理子 (2023) オスとメス＝進化の不思議. 筑摩書店（ちくま文庫）, 東京.

林 文男 (1997) 束になって泳ぐ精子. 日経サイエンス **27(7)**: 142–145.

Hechinger, R. F., Wood, A. C. & Kuris, A. M. (2011) Social organization in a flatworm: trematode parasites form soldier and reproductive castes. *Proceedings of the Royal Society B: Biological Sciences* **278**: 656–665.

Heinroth. O. (1910) *Beiträe zur Biologie, insbesondere Psychologie und Ethologie der Anatiden.* Berlin.

Howard, R. D. (1978) The Evolution of Mating Strategies in Bullfrogs, *Rana catesbeiana. Evolution* **32(4)**: 850–871.

Hrdy, S. B. (1974). Male-male competition and infanticide among the langurs (*Presbytis entellus*) of Abu, Rajasthan. *Folia primatologica* **22(1)**: 19–58.

Hrdy, S. B. (1977) Onfanticide as a primate reproductive strategy. *American Science* **65**: 40–49.

Hrdy, S. B. (1979) *Mothers and Others. The Evolutionary Origins of Mutual Understanding.* Harvard University Press.

Hunter, M. L & Krebs, J. R. (1979) Geographical Variation in the Song of the Great Tit (Parus major) in Relation to Ecological Factors. *Journal of Animal Ecology* **48(3)**: 759–785.

Huxley, J S. (1938) *The present standing of the theory of sexual selection. In*: de Beer, G. R. ed. Evolution, Clarendon Press, Oxford.

Hyman, L. H. (1967) *The Invertebrates. Volume 6: Mokkusca I.* pp.287–292. McGraw Hill, New York.

伊藤嘉昭 (2006) 改訂版 動物の社会－社会生物学・行動生態学入門. 東海大学出版, 東京.

巌佐 庸 (1988) 性の数と性の進化. 科学 **58(2)**:78–86.

巌佐 庸 (1993) なぜ性は二つなのか？ 遺伝 **47(1)**:19–23.

Iwasa, Y., Pomiankowski, A. & Nee, S. (1991) Quantitative genetic models for the evolution of costly mate preference. *Evolution* **45(6)**: 1431–1442.

Jarvis, J. U .M. (1981) Eusociality in a mammal: cooperative breeding in naked mole-rat colonies. *Science* **212**: 571–573.

Johansson, F., Söderquist, M. & Bokma, F. (2009) Insect wing shape evolution: independent effects of migratory and mate guarding flight on dragonfly wings. *Biological Journal of the Linnean Society* **97(2)**: 362–372.

河合雅雄 (1964) ニホンザルの生態. 講談社, 東京.

Keightley, P. D. & Eyre-Walker, A. (2000) Deleterious mutation and the evolution of sex. *Science* **290**: 331–333.

Kennedy, C. E. J., Endler, J. A., Poynton, S. L. & McMinn, H. (1987) Parasite load predicts mate choice in guppies. *Behavioral Ecology and Sociobiology* **21**: 291–295.

Kent, D. S. & Simpson, J. A. (1992). Eusociality in the beetle Austroplatypus incompertus (Coleoptera: Curculionidae). *Naturwissenschaften* **79 (2)**: 86–87.

菊池陽子・武内麻矢・冨山清升 (2018) マングローブ干潟におけるヒメカノコガイ *Clithon* (*Pictoneritina*) *oualaniensis* の生活史. 日本生物地理学会会報 **73(1)**: 214–228.

菊池陽子, 武内麻矢, 冨山清升 (2016) 北限のマングローブ林周辺干潟におけるヒメカノコガイ *Clithon oualaniensis* のサイズ分布. *Nature of Kagoshima* **42**: 397–404.

Kirkpatrik, M. (1982) Sexual selection and the evolution of female choice. *Evolution* **36**: 1–12.

岸 由二 (2019) 卵の大きさはいかに決まるか. *In*: 利己的遺伝子の小革命 1970-90 年代 日本生態学事情. pp.238–259. 八坂書房, 東京.

Klepadlo, C., Hastings, P. A. & Rosenblatt, R. H. (2003) Pacific football fish, *Himantolophus sagamius* (Tanaka) (Teleostei: Himantolophidae), found in the surf-zone at Del Mar, San Diego County, California, with notes on its morphology. *Bulletin of the Southern California Academy of Sciences* **102(3)**: 99–106.

Komdeur, J., Daan, S., Tinbergen, J. & Mateman, C. (1997) Extreme adaptive modification in sex ratio of the Seychelles warbler eggs. *Nature* **385**: 522–525.

Krebs, J. R. & Davis, N. B. (1981) *An Introducaton to Behavioural Ecology.* Blackwell Scientific Publications. 城田安幸・上田恵介・山岸 哲 訳. 行動生態学を学ぶ人に. 蒼樹書房, 東京.

Krebs, J. R. & Davis, N. B. eds. (1991) *Behavioural Ecology. An Evolutionary Approach. Third Edition.* Blackwell Scientific Publications. 山岸 哲・巌佐 庸. 進化からみた行動生態学. 蒼樹書房, 東京.

Kudo, A. (2019) Description of the karyotype of *Sphyracephala detrahens* (Diptera, Diopsidae). *Comparative Cytogenetics*: **13(4)**: 383–388. https://www.ncbi.nlm.nih.gov/pmc/articles/PMC6904354/ （閲覧日：2023 年 1 月 3 日）

工藤あゆみ・, 藤井 武・石川 幸雄 (2022) オスの茎の目のハエ, スフィラセファラデトラヘンス (双翅目：Diopsidae) の交尾の試みにおける性別の識別の欠如と同種の成熟. 動物行動学ジャーナル **40**: 123–131.

Kusano, T., Toda, m. & Fukuyama, K. (1991) Testes size and breeding systems in Japanese ananas with special reference to large testes in the treefrog, *Rhacophorus arboreus* (Amphibia : Rhacophoridae). *Behavioral Ecology and Sociobiology* **29**: 27–31.

Lack, D. (1943) *The Life of the Robin.* London.

Lack, D (1947) *Darwin's Finches.* Cambridge University Press, Cambridge.

Lande, R. (1981) Models of speciation by sexual selection on polygenic traits. *Evolution* **78**: 3721–3725.

Lashley, K. S. (1938) Experimental analysis of instinctive behavior. *Psychological Review* **45**: 445–471.

Le Boeuf, B. J. & Reiter, J, (1985) Lifetime reproductive success in northern elephant seals. *In*: Clutton-Brock, T. H. *Reproductive Success.* University of Chicago Press, Chicago.

Lesté-Lasserre, C. (2022) Sperm move in packs like cyclists to push through thick vaginal fluid. *New Scientist* **22 September 2022**.

Loeb, J. (1913) Die Tropismen. *Handb.vergl.Physiol.*, 4.

London Zoo (2005) Picture of Naked mole-rat / Heterocephalus glaber at London Zoo. https://zooinstitutes.com/animals/naked-mole-rat-london-zoo-22077.html（閲覧日：2023 年 1 月 3 日）

Lorenz, K. Z. (1935) Der Kumpan in der Umbelt des Vogels. *Zeitschrift für Ornithologie* **79**: 67–127.

Lorenz, K. Z. (1937) Über die Bildung des Instinktbegriffes. *Naturwissenschaften* **25**: 289–300, 307–318.

Lorenz, K. Z. (1943) Die angeborenen Formen möglicher Erfahrung. *Zeitschrift für Tierphysiologie* **5**: 235–409.

Lorenz, K. Z. (1949) *Er redete mit dem Vieh, den Vögeln und den Fischen.* Translated by Wilson, M. K. (1961) *King Solomon's Ring.* Methuen, London. 日高利隆 訳 (1998) ソロモンの指環－動物行動学入門. 早川書店, 東京.

Lorenz, K. (1963) Das sogenannte Böse. Borotha-Schoeler, Vienna.

Lorenz, K. Z. & Tinbergen, N. (1938) Taxis und Instinkthandlung in der Eirollbewegung der Graugans. *Zeitschrift für Tierpsychologie* **2**: 1–29.

Maynard Smith, J. (1974) The theory of games and the evolution of animal conflicts. *Journal of Theoretical Biology* **47**: 209–221.

Maynard Smith, J. (1982) *Evolution and the Theory of Games.* Cambridge University Press.

Mynard-Smith, J. (1987) Sexual selection-a classification of models. *In*: Bradburry, J. & Andersson, M. eds. *Sexual Selection: Testing the Alternatives* pp.9–20. John Wiley & Sons, Chichester, U.K.

Maynard-Smith, J. (1988) The evolution of recombination. *In: The Evolution of Sex —An examination of current ideas.* pp.106–125. Sinauer Associates,

McConaghy, C. (2020) *Migrations.* Flatiron Books.

McDougall, W. (1936) *An out line of psychology. 7th ed.* London.

Medvedev, (1969) *Rise & Fall of Trofim D. Lysenko.* Columbia University Press, New York. 金光不二夫訳 (1971) ルイセンコ学説の興亡. 河出書房新社, 東京.

Macedo, R. H. & Machado, G. eds (2014) *Sexual Selection. Perspectives and Models from the Neotropics.* Academic Press, London.

Miura, O. (2012) Social organization and caste formation in three additional parasitic flatworm species. *Marine Ecology Progress Series* **465**: 119–127.

Motte, I. De La & Burkhardt, D. 1983. Portrait of an Asian Stalk-Eyed Fly. *Naturwissenschaften* **70**:451–461.

Neumann, J. L. von & Morgenstern, O. (1944) *Theory of Games and Economic Behavior.* Princeton University Press.

二町一成 (2011) リュウキュウムラサキ再考. YADORIGA やどりが **231**: 19–29.

O'Day, D. H. & Horgen, P. A. (1981) *Sexual Interactions in Eukaryotic Microbes* Academic Press, New York.

Oka, T. (1992) Home range and mating system of two sympatric field mouse species, *Apodemus speciosus* and *Apodemus argenteus. Ecological Research* **7(2)**: 163–169.

愛知県岡崎市公式観光サイト (2022) ニホンジカ. https://okazaki-kanko.jp/animal/67（閲覧日：2023 年 1 月 3 日）

Ono, T., Siva-Jothy , M. T. & Kato, A. (1989) Removal and subsequent ingestion of rivals' semen during copulation in a tree cricket. *Physiological Entomology* **14(2)**: 195–202.

大崎直太 編著 (2000) 蝶の自然史 — 行動と生態の進化学. 北海道大学図書刊行会, 札幌.

Otte, D. & Stayman, K. (1979) Beetle horns: some patterns in functional morphology. *In*: Blum, M. S. & Blum, N. A. eds. *Sexual Selection and Reproductive Competition in Insects.* pp.259–292.Academic Press, New York.

Packer,C., Gilbert, D. A., Pusey, A. E. & O'Brieni, S. J. (1991) A molecular genetic analysis of kinship and cooperation in African lions. *Nature* **351**: 562–565.

Papi, F. (ed.) (1992) *Animal Homing.* Chapman & Hall, London.

Parker, G. A., Baker, R. R. & Smoth, V. G. F. (1972) The origin and evolution of gamete dimorphism and the male-female phenomenon. *Journal of Theoretical Biology* **36**: 529–553.

Pavlov, I. P. (1927) *Conditioned reflexes.* Oxford.

Pelkwijk, J. J. & Tinbergen, N. (1937) Eine reizbiologische Analyse einiger Verhaltensweisen von Gasterosteus aculeatus L. *Zeitschrift für Tierpsychologie* **1**: 193–204.

Perrins, G. M. (1965) Population fluctuations and clutch size in the great tit, Parus major L. *Journal of Animal Ecology* **34**: 601–647.

Petrie, M. (1983) Female moorhens compete for small fat males. *Science* **220**: 413–415.

Petrie, M. & Halliday, T. (1994) Experimental and natural changes in the peacock's (Pavo cristatus) train can affect mating success. *Behavioral Ecology and Sociobiology* **35**: 213–217.

Petrie, M., Haliday, T. & Sanders, C. (1991) Peahens prefer peacocks with elaborate trains. *Animal Behaviour* **41**: 323–331.

Pinterest (2022) *Euplectes progne.* https://www.pinterest.ie/pin/169025792244309458/（閲覧日：2023 年 1 月 3 日）

Pinterest (2022) *Ptilonorhynchus violaceus.* https://www.pinterest.ie/pin/satin-bowerbird-ptilonorhynchus-violaceus-satin-bowerbirds-male-and-female-at-bower--237353842844130297/（閲覧日：2023 年 1 月 3 日）

Read, A. F. (1988) Sexual selection and the role of parasites. *Trends in Ecology & Evolution* **3**: 97–107.

Regelson, W. (2002) *Pheromones: Understanding the Mystery of Sexual Attraction.* Smart Publications.

Ridley, M. (1993) *The Red Queen: Sex and the Evolution of Human Nature.* Viking Books, UK. 長谷川真理子 訳. (1995) 赤の女王—性とヒトの進化. 翔泳選書, 東京.

Robertson, J. G. M. (1986) Female choice, male stratifies and the role of vocalizations in the Australian frog Uperoleia rugosa. *Animal Behaviour* **34**: 773–784.

Robertson, J. G. M. (1990) Female choice increases fertilization success in the Australian frog, Uperoleia laevigata. *Animal Behaviour* **39(4)**: 639–645.

Russell, E. S. (1938) *The behaviour of animals: an introduction to its study.* London.

Ryan, M.J.(1980) Female mate choice in a neotropical frog. *Science* **209**:523–525.

Ryan, M.J., Fox, J.H., Wilczynski, W. & Rand, A.S.(1990) Sexual selection for sensory exploitation in the frog *Physalaemus pustulosus. Nature* **343**: 66–67.

San Diego Zoo Wildlife Alliance Animals & Plants (2022) *Rangifer tarandus.* https://animals.sandiegozoo.org/animals/reindeer-caribou（閲覧日：2023 年 1 月 3 日）

Sawka-Gądek, N., Potekhin, A., Singh, D. P. Grevtseva, I., Arnaiz, O., Penel, S., Sperling, L. Tarcz, S., Duret, L., Nekrasova, I. & Meyer, E. (1921) Evolutionary Plasticity of Mating-Type Determination Mechanisms in Paramecium aurelia Sibling Species. *Genome Biology and Evolution* **13(2)**: https://doi.org/10.1093/gbe/evaa258（閲覧日：2023 年 1 月 3 日）

Segerstråle, U. (2000) *Defenders of the Truth: The Battle for Science in the Sociobiology Debate and Beyond.* Oxford University Press, Oxford. 垂水雄二 翻訳 (2005) 社会生物学論争史 1，2. みすず書房，東京.

Shorelines Life and science at the Smithsonian Environmental Research Center (2023) *Synalpheus regalis.* https://sercblog.si.edu/（閲覧日：2023 年 1 月 3 日）

Sternglanz, S. H, Gray, J. L. & Murakami, M. (1977) Adult preference for infantile facial features: An ethological approach. *Animal Behavior* **25**: 108–115.

Shaw, C. E. (1948) The male combat "Dance" of some Crotaild snakes. *Herpetologica* **4**: 137–145.

Sherman, P.W. (1977) Nepotism and the evolution of alarm calls. *Science* **197**: 1246–1253.

Sherman, P.W., Jarvis, J.U.M. & Alexander, R.D. (1991) *The Biology of the Naked Mole-rat.* Princeton Univ.Press, Princeton.

Shuster, S. N. & Wade, M. J. (2003) *Mating Systems and Strategies.* Princeton University Press.

Simmons, L. W. (2002) *Sperm Competition and Its Evolutionary Consequences in the Insects.* Princeton University Press.

Siva-Jothy, M. T. (1984) Sperm competition in the family Libellulidae (Anisoptera) with special reference to *Crocothemis erythraea* (Brulle) and *Orthetrum cancellatum* (L.). *Advanced in Odontology* **2**: 195–207.

Skinner, B. F. (1953) *Science and Human Behavior.* Macmillan, New York.

Subramoniam, T. (2017) *Sex Biology and Reproduction in Crustaceans.* Academic Press.

Sugiyama, Y. (1965) Behavioral development and social structure in two troops of Hanuman langurs (*Presbytis entellus*). *Primates* **6(2)**: 213–247.

Sugiyama, Y. (1968) Ecology of the lion-tailed macaque (*Macaca silenus Linnaeus*)—A pilot study. *Journal of the Bombay Natural History Society* **65(2)**: 283–293.

Takada, K., Furuta, T., Hanada, M., Sato, Y., Tanicuchi, K., Tanizawa, A., Yagi, T. & Adachi-Yamada, T. (2020) Handicap theory is applied to females but not males in relation to mate choice in the stalk-eyed fly *Sphyracephala detrahens. Scientific Reports* **10(1)**: 19684.

Takeuchi, M., Ohtaki, H. & Tomiyama, K. (2008) Reproductive behavior of the dioecioustidal snail, *Cerithidea rhizophorarum* (Gastropoda: Potamididae). *American Malacological Bulletin* **23**: 81–87

武内麻矢・菊池陽子・武内有加・冨山清升 (2022) 鹿児島県喜入干潟におけるフトヘナタリの繁殖行動およびウミニナ類の鹿児島における分布. *Nature of Kagoshima* **48**: 161–175.

多紀保彦・奥谷喬司 (1991) ♂と♀のはなし　さかな. 技報堂出版, 東京.

Tamura, N. (1995) Postcopulatory mate guarding by vocalization in the Formosan squirrel. *Behavioral Ecology and Sociobiology* **36**: 377–386.

田村典子 (2011) リスの生態学. 東京大学出版会, 東京.

Tamura, N., Hayashi, F. and Miyashita, K. (1989) Spacing and kinship in the Formosan squirrel living in different habitats. *Oecologia* **79**: 344–352.

Teruya, T. & Isobe, K. (1982) Sterilization of the Melon fly, Dacus cucurbitae Coquilett (Diptera : Tephritidae), with Gamma-Radiation : Mating Behaviour and Fertility of Females Alternately Mated with Normal and Irradiated Males. *Applied Entomology and Zoology* **17**:111–118.

Thorndike, E. L. (1911) *Animal intelligence.* Macmillan, New York.

Thornhill, R. (1976a) Sexual Selection and Paternal Investment in Insects. *The American Naturalist* **110**: 153–163.

Thornhill, R. (1976b) Sexual Selection and Nuptial Feeding Behavior in Bittacus apicalis (Insecta: Mecoptera). *The American Naturalist* **110**: 529–548.

Thornhill, R. (1983) Alternative Female Choice Tactics in the Scorpionfly *Hylobittacus apicalis* (Mecoptera) and Their Implications. *American Zoologist* **24(2)**: 367–383.

Thornhill, R. & Alcock, J. (1983) *The Evolution of Insect Mating Systems.* Harverd University Press.

Tinbergen, N. (1932) Über die Orientierung des Bienenwolfes (*Philanthus triangulum* Fabr.) *Zeitschrift für vergleichende Physiologie* **16**: 305–335.

Tinbergen, N. (1942) An objectivistic study of the innate behaviour of animals. *Bibliotheca Biotheoretica* **1**: 39–98.

Tinbergen, N. (1948a) Social releases and the experimantal method required for their study. *The Wilson Journal of Ornithology* **60**: 6–52.

Tinbergen, N. (1948b) Dierkundels in het meeuwenduin. *De Levende Natuur* **51**: 49–56.

Tinbergen, N. (1951) *The Study of Instinct.* Oxford University Press

Tinbergen, N. (1969) *The Study of Instinct.* The Calarendon Press, Oxford. 永野為武 訳 (1975) 動物の本能. 三共出版, 東京.

Tinbergen, N. & Iersel, J. J. A. van (1947) "Displacement reactions" in the Threespined stickleback. *Behaviour* **1**: 56–63.

Tinbergen, N. & Kruty, W. (1938) Über die Orientierung des Bienenwolfes (*Philanthus triangulum* Fabr.) III. Die Bevorzugung bestimmter Wegmarken. *Zeitschrift für vergleichende Physiologie* **25**: 292–334.

Tinbergen, N., Meeuse, B. J. D., Boerema, L. K. & Varossiewau, W. W. (1942) Die Balz des Samtfalters, *Eumenis* (=*Satyrus*) *semele* (L.). *Zeitschrift für Tierpsychologie* **5**: 182–226.

Tolman, E. C. (1932) *Purposive behaviour in animals and man.* New York.

Tomniyama K. (1993) Homing behavior of the giant *African snail*, Achatina fulica (Ferussac) (Gastropoda ; Pulmonata). *Journal of Ethology.* 10(2): 139–147.

Tomiyama, K. (1994) Courtship behavior of the giant African snail, *Achatina fulica* (Gastropoda ; Achatinidae). *Journal of Molluscan Studies* (*Malacological Society of London*). **59**: 47–54.

Tomiyama, K. (1996) Mate choice criteria in a protandrous simultaneously hermaphroditic land snail *Achatina fulica* (Ferussac) (Stylommatophora: Achatinidae), *Journal of Molluscan Studies* **62**: 101–111.

Tomiyama, K. (2000) Daily movement around resting sites of the Giant African snail, *Achatina fulica* on a North Pacific Island. *Tropics* 10(2): 243–249.

Tomiyama, K. (2002) Age Dependency of Sexual Role and Reproductive Ecology in a Simultaneously Hermaphroditic Land Snail, *Achatina fulica* (Stylommatophora: Achatinidae). *Venus* (*The Japanese Journal of Malacology*) **60(4)**: 273–283.

Tomiyama K. & Nakane M. (1993) Dispersal patterns of the giant African snail, *Achatina fulica* (Ferussac) (Stylommatophora: Achatinidae), equipped with a radio-transmitter. *Journal of Molluscan Studies* **59**: 315–322.

Trivers, R. L. (1971) The evolution of reciprocal altruism. *The Quarterly Review of Biology* **46**: 35–57.

Trivers, R. (1985) *Social Evolution*. The Benjamin / Cummings Publishing Company, California. 中嶋康裕・福井康雄・原田泰志 訳 (1991) 生物の社会進化. 産業図書, 東京.

Trivers, R. L & Hare, H. (1976) Haplodiploidy and the evolution of the social insect. *Science* **191**: 249–263.

Trudgill, D. L. (1967) The Effect of Environment On Sex Determination in Heterodera Rostochiensis. *Nematologica*: https://brill.com/view/journals/nema/13/2/article-p263_12.xml（閲覧日：2023 年 1 月 3 日）

Ueda, K. (1984) Successive nest building and polygyny of Fan-tailed Warblers Cisticola juncidis. *International Journal of Avian Science* **126(2)**: 221–229.

梅谷献二 (1992) ♂と♀のはなし　虫．技報堂出版，東京．

U.S. Fish & Wildlife Service (2022) *Alces alces*. https://fws.gov/species/moose-alces-alces（閲覧日：2023 年 1 月 3 日）

Van Valen, L. (1973). A new evolutionary law. *Evolutionary Theory* **1**: 1–30.

Waage, J. K. (1979) Dual function of the damselfly penis: sperm removal and transfer. *Science* **203**: 916–918.

Walther, F. R. (1958) Zum Kampf- und Paarungsverhalten einiger Antilopen. *Zeitschrift für Tierpsychologie* **15**: 340–380.

Waner, R.R. & Sweare, S.E. (1991) Social Control of Sex Change in the Bluehead Wrasse, Thalassoma bifasciatum (Pisces: Labridae). *Biological Bulletin* **181**:199–204.

Watson, J. B. (1930) *Der Behaviorismus*. Stuttgart.

Weismann, A. (1904) *The Evolution Theory*. Cornell University Library (June 12, 2009).

Whitman, C. O. (1919) The Behavior of Pigeons. *The Carnegie Institution publications* **257**: 1–161.

Wickler, W. (1967) *Vergleichende Verhaltensforschung und Phylogenetik. In*: Hererer, C. ed. *Die Evolution der Organismen. I. 3rd ed.* pp.420–508. G.Fischer, Jena.

Wilkinson, G. S., Presgraves, D. C. & Crymes, L. (1998) Male eye span in stalk-eyed flies indicates genetic quality by meiotic drive suppression. *Nature* **391**: 276–279.

Woodruff, L. L. (1925) The Physiological Significance of Conjugation and Endomixis in the Infusoria. *The American Naturalist* **59**: 225–249.

Zach, R. (1979) Shell dropping: decision making and optimal foraging in Northwestern crows. *Behaviour* **68**: 106–117.

Zahavi, A. (1975) Mate selection — a selection for a handicap. *Journal of Theoretical Biology* **53**: 205–514.

Zini, A. & Agarwal. A. eds. (2011) *Sperm Chromatin: Biological and Clinical Applications in Male Infertility and Assisted Reproduction*. Springer.

Zumpe, D. (1964) *Chelmon rostratus: Kampfverhalten*. Encyclopedia cinema E207, Public wiss. Film 1 A, 335–339. Göttingen (Inst. Wiss. Film).

【第 IV 部　環境と保全の生物学】

Alvarez, L. W., Alvarez, W., Asaro, F. & Michel, H. V. (1980) Extraterrestrial Cause for the Cretaceous-Tertiary Extinction. *Science* **208**: 1095–1108.

Alverson, K. D., Bradley, R. S. & Pedersen, T. F. eds. (2003) *Paleoclimate, Global Change and the Future (Global Change - The IGBP Series)*. Springer.

奄美新聞社 (2021) 3 年近くマングース捕獲ゼロ．2021 年 2 月 16 日: https://amamishimbun.co.jp/2021/02/16/29958/（閲覧日：2023 年 1 月 3 日）

Amandine, C., Jean-Henri, H., François, G., France, C. & Anne, G. (2014) Annual variation in neutronic micro- and meso-plastic particles and zooplankton in the Bay of Calve (Mediterranean–Corsica). *Marine Pollution Bulletin* **79(1–2)**: 293–298.

Andrew, C. R. (11 May 2011) *Confronting the 'Anthropocene'*. The New York Times.

Bengtsson, L. O. & Hammer, C. U. eds. (2001) *Geosphere-Biosphere Interactions and Climate.* Cambridge University Press.

Biermann, F. ed. (2022) *The Political Impact of the Sustainable Development Goals. Transforming Governance Through Global Goals?* Cambridge University Press.

Blomqvist, D., Pauliny, A., Larsson, M. & Flodin, L. (2009) Trapped in the extinction vortex? Strong genetic effects in a declining vertebrate population. *BMC Evolutionary Biology* **10**: 33.

Bonham, V., Shields, J. & Riginos, C. (2017) *Mytilus galloprovincialis (Mediterranean mussel).* CABI Compendium.

Bouma, J. A. ed. (2015) *Ecosystem Services. From Concept to Practice.* Cambridge University Press.

Bowles, M. L. & Whelan, C. J. (eds) (1994) *Reatoration of endangered species. Conceptual issues, planning and implementation.* Cambridge University Press, Cmbridge.

Boyle, R. H. (1983) *Acid Rain.* Schocken Books.

Buis, A. (2020) *Milankovitch (Orbital) Cycles and Their Role in Earth's Climate.* NASA's Jet Propulsion Laboratory News, February 27, 2020: https://climate.nasa.gov/news/2948/milankovitch-orbital-cycles-and-their-role-in-earths-climate/ （閲覧日：2023 年 1 月 3 日）

Cannone, N., Malfasi, F., Favero-Longo, S. E., Convey, P. & Guglielmin, M. (2022) Acceleration of climate warming and plant dynamics in Antarctica. *Current Biology* **32(7)**: 1599–1606.

Carson, R. L. (1962) *Silent Spring.* Houghton Mifflin. 南原 實 訳 (1964) 生と死の妙薬-自然均衡の破壊者〈科学薬品〉. 新潮社, 東京.

Catling, D. C. & Stroud, S. (2010) The Greening of Green Mountain, Ascension Island. *In*: Joachim, M. & Silver, M. eds. *Post-Sustainable: Blueprints for a Green Plane.* Metropolis Book.

CCF (2020) The Science of Cheetah Conservation (the Cheetah Conservation Fund: CCF). *Sanctuary Asia* **40(11)**: https://www.sanctuarynaturefoundation.org/article/the-science-of-cheetah-conservation （閲覧日：2023 年 1 月 3 日）

Chhabra, R. (1996) *Soil Salinity & Water Quality.* Routledge.

Child, L. E. & Wade, P. M. (2000) *The Japanese Knotweed Manual: The Management and Control of an Invasive Alien Weed (Fallopia japonica) Paperback.* Packard Publishing Ltd.

Clements, F. E. (1916) *Plant Succession; an analysis of the development of vegetation.* Carnegie Institution of Washington.

Coello, S. & Saunders, A. (2011) *Final Project Evaluation: Control of Invastive Species in the Galapagos Archipelago ECU/00/G31.* UNDP Ministerio del Ambiente.

Cox, I., Hartman,M., Owens, M. & Passalacqua, T. (2022) Sea Otters as Keystone Species. A World Unseen: The Diversity of Life -Stories from the world of plants, animals, fungi and microorganisms. April 27, 2022:
https://u.osu.edu/worldunseen/2022/04/27/sea-otters-as-keystone-species/ （閲覧日：2023 年 1 月 3 日）

Crutzen, P. J. (2002) Geology of Mankind. *Nature* **415**: 23.

Crutzen, P. J. & Stoermer, E. F. (2000) Opinion: Have we entered the "Anthropocene"? *IGBP Newsletter 41.*

Davison, N. (May 30, 2019). The Anthropocene epoch: Have we entered a new phase of planetary history?. *The Guardian.*

Ebbesson, J. (2022) *The Cambridge Handbook of the Sustainable Development Goals and International Law.* Cambridge University Press.

Edwards, V. M. (1995) *Dealing in diversity: America's market for nature conservation.* Cambridge University Press, Cmbridge.

Elton, C. S.(1958) *The ecology of invasions by animals and plants.* Methuen, London.

Ernstson, H. & Sörlin, S. (2019) *Grounding Urban Natures. Histories and Futures of Urban Ecologies.* The MIT Press, Cambridge, MA..

榎本 敬, 中川恭二郎 (1977) セイタカアワダチソウに関する生態学的研究－第 1 報 種子および地下茎からの生長. 雑草研究 **22(4)**: 202–208.

FAO (2020) *Global Forest Resources Assessment 2020.* Food and Agriculture Organization of the United Nations (FAO).

Fefe, B. (2016) *The Shocking Truth About Palm Oil: How It Affects Your Health and the Environment.* Piccadilly Books, Limited.

藤田大介 (2012) 磯焼け. *In*: 渡邊 信 編. 藻類ハンドブック. pp.437–439. NTS Inc.

福永健司 (2010) 生物多様性に配慮した法面緑化技術－法面自然回復緑化の考え方. 日本緑化工学会誌 **36(2)**: 274–280.

船越公威・久保真吾・南雲 聡・塩谷克典・岡田 滋. (2007) 奄美大島における外来種ジャワマングース Herpestes javanicus のトラッキングトンネルを利用した生息状況把握の試み (実践報告). 保全生態学研究 **12(2)**: 156–162.

外務省 (2021) 生物多様性条約. 生物の多様性に関する条約：Convention on Biological Diversity (CBD): https://www.mofa.go.jp/mofaj/gaiko/kankyo/jyoyaku/bio.html (閲覧日：2023 年 1 月 3 日)

Gardener, M. (2011) *Implementing Novel Ecosystem Management in the Galapagos Island.* Charls Darwin Foundation, Galagagos, Equador.

Global Monitoring Laboratory (2022) Trends in Atmospheric Carbon Dioxide: https://gml.noaa.gov/ccgg/trends/ (閲覧日：2023 年 1 月 3 日)

五箇公一 (2017) 外来生物の防除対策〜これまでとこれから〜. 森林野生動物研究会誌 **42**: 45–48.

Grunbaum, M. (2020) *The Greenhouse Effect: Understanding Climate Change.* Scholastic.

Guderian, R. (1977) *Air Pollution. Phytotoxicity of Acidic Gases and Its Significance in Air Pollution Control.* Springer.

Hana, J., Marcus, G., Klaus, W., Sascha, F., *et. al.* (2020) Permian-Triassic mass extinction pulses driven by major marine carbon cycle perturbations. *Nature Geoscience* **13(11)**: 745–750.

Hasegawa, M. 1999. Impacts of introduced weasel on the insular food web. *In*: H. Ohta. ed. *Diversity of reptiles, amphibians and other terrestrial animals on tropical islands: origin, current status and conservation.* pp.129–154. Elsevier.

橋本淳司 (2019) 世界の潮 「森林環境・譲与税」という新たな税は森を救うか. 世界 **920**: 18–22.

橋本琢磨 (2009) 小笠原におけるネズミ類の根絶とその生態系に与える影響. 地球環境 **14(1)**: 93–101.

Haxton, W.C. (1995) The Solar Neutrino Problem. *Annual Reviews of Astronomy and Astrophysics.* **33**: 459–504.

林未知也：国立環境研究所 (2020) 最新科学でわかる日本の気候変化と「2°C 目標」の意義 日本の気候変動 2020 －大気と陸・海洋に関する観測・予測評価報告書を読む.地球環境研究センターニュース 31(13): https://www.cger.nies.go.jp/cgernews/202103/364001.html (閲覧日：2023 年 1 月 3 日)

日高敏隆 (2017) 里山物語. *In*: 2017〜2020 年度用教科書「国語総合 (332)」現代文編. 東京書籍, 東京.

Hildebrand, A. R,. Penfield, G. T., Kring, D. A,. Pilkington, M., Camargo Z., A., Jacobsen, S. B., & Boynton, W. V. (1991) Chicxulub crater: a possible Cretaceous/Tertiary boundary impact crater on the Yucatan Peninsula, Mexico. *Georogy* **19(9)**: 867–871.

平舘俊太郎・森田沙綾香・楠本良延 (2012) セイタカアワダチソウの蔓延を防ぐ. 土壌環境を考慮した新しい考え方. 農環研ニュース **96**: 5–7.

Hobbs, R. E., Higgs, E. S. & Carol Hall, C. M. eds. (2013) *Novel Ecosystems: Intervening in the New Ecological World Order.* John Wiley & Sons, Ltd.

北海道環境生活部自然環境局 (2019) 北海道の希少野生動植物 北海道レッドデータブック 2019. 北海道庁.

堀口敏宏 (2000) 野生生物の内分泌攪乱現象の現状と原因物質/貝類. *In*: 川合真一郎・小山次朗 編. 水産環境における内分泌攪乱物質. pp.54–72. 恒星社厚生閣, 東京 2000.

Huston, M. A. (1994) Biological diversity. The coexistence of species on changing landscapes. Cambridge University Press, Cmbridge.

Icon Group International (2010) *Bioconcentration: Webster's Timeline History, 1971–2007.* ICON Group International, Inc.

IPCC (2007) IPCC 第 4 次評価報告書政策決定者向け要約.

石塚和裕・ブンヤリット＝プリヤコーン (1988) タイ国の林業の現状と造林事業の将来. 熱帯林業 **11**: 9–16.

Ishii, M., & Kimoto, M. (2009) Reevaluation of historical ocean heat content variations with time-varying XBT and MBT depth bias corrections. *Journal of Oceanography* **65**, 287–299.

石原 孝・亀崎直樹・松沢慶将・石崎明日香 (2014) 漁業者への聞き取り調査から見る日本の沿岸漁業とウミガメの関係. *Wildlife and Human Society* **2(1)**： 23–35.

石井信雄 (2003) 奄美大島のマングース駆除事業 ： とくに生息数の推定と駆除の効果について. 保全生態学研究 **8(1)**: 73–82.

石谷 誠・江藤拓也 (2009) 小型底びき網漁業における混獲投棄魚の実態について. 福岡県水産海洋技術センター研究報告 **19**: 21–27.

伊藤嘉昭 (1980) 虫を放して虫を滅ぼす—沖縄・ウリミバエ根絶作戦私記. 中公新書, 東京.

IUCN (2022a) IUCN African Elephant Database (International Union for Conservation of Nature and Natural Resources: IUCN): https://safariclubfoundation.org/iucn-african-elephant-database/ （閲覧日：2023 年 1 月 3 日）

IUCN (2022b) Red List (International Union for Conservation of Nature and Natural Resources: IUCN): https://www.iucnredlist.org/about/background-history （閲覧日：2023 年 1 月 3 日）

岩坂泰信 (1990) オゾンホール―南極から眺めた地球の大気環境 (ポピュラー・サイエンス)．裳華房, 東京.

Janzen, D. H. (1980) When is it co-evolution? *Evolution* **34(3)**: 593–601.

Jarvis, L. S. (1985) *Overgrazing and range degradation in Africa : is there need and scope for government control of livestock numbers?* University of California.

加賀山翔一 (2021) 在来種ニホンイシガメと外来種クサガメ・ミシシッピアカミミガメの分布予測に基づく保全と防除対策の検討. 爬虫両棲類学会報 **2021(2)**: 123–136.

鹿児島県 (2022) 鹿児島県希少野生動植物の保護に関する条例について: https://www.pref.kagoshima.jp/ad04/kurashi-kankyo/kankyo/yasei/zyorei/jyorei.html （閲覧日：2023 年 1 月 3 日）

環境省 (1981) かすみ網による密猟防止推進について: https://www.env.go.jp/hourei/18/000020.html （閲覧日：2023 年 1 月 3 日）

環境省 (1982) 野生鳥類の密猟防止の推進について: https://www.env.go.jp/hourei/18/000313.html （閲覧日：2023 年 1 月 3 日）

環境省 (2022a) ラムサール条約と条約湿地: https://www.env.go.jp/nature/ramsar/conv/index.html （閲覧日：2023 年 1 月 3 日）

環境省 (2022b) ワシントン条約と種の保存法: https://www.env.go.jp/nature/kisho/kisei/cites/ （閲覧日：2023 年 1 月 3 日）

環境省 (2022c) 自然環境・生物多様性. トキ: https://www.env.go.jp/nature/kisho/hogozoushoku/toki.html （閲覧日：2023 年 1 月 3 日）

環境省 (2022d) レッドリスト・レッドデータブック: https://www.env.go.jp/nature/kisho/hozen/redlist/index.html （閲覧日：2023 年 1 月 3 日）

環境省 (2022e) 日本の外来種対策: https://www.env.go.jp/nature/intro/1law/index.html （閲覧日：2023 年 1 月 3 日）

環境省 (2022f) 令和 3 年度奄美大島におけるマングース防除事業の 実施結果について（お知らせ）: https://kyushu.env.go.jp/okinawa/press_00006.html （閲覧日：2023 年 1 月 3 日）

Kanie, N., Biermann, F. & Young, O. (2017) *Governing through Goals: Sustainable Development Goals as Governance Innovation.* The MIT Press.

Keddy, P. A. (2017) *Plant Ecology: Origins, Processes, Consequences 2nd Edition.* Cambridge University Press.

木俣美樹男 (2001) 総合的な学習にやくだつ　つくって，そだてる！ 学校ビオトープ (1). ビオトープってなんだろう？ ポプラ社, 東京.

岸 由二 (1996) 自然へのまなざし. 紀伊國屋書店, 東京.

岸 由二 (2012) 奇跡の自然－三浦半島小網代の谷を「流域思考」で守る. 八坂書房, 東京.

岸 由二 (2021a) 生きのびるための流域思考. ちくまプリマー新書, 筑摩書房, 東京.

岸 由二 (2021b) 奇跡の自然の守り方. ちくまプリマー新書, 筑摩書房, 東京.

岸 由二 (2023) 「流域地図」の作り方. In: 精選論理国語, pp.20–27. 明治書院, 東京.

岸 由二・柳瀬博一 (2019) 「奇跡の自然」の守りかた. ちくまプリマー新書, 筑摩書房, 東京.

気象庁 (2022) メタン濃度の経年変化: https://ds.data.jma.go.jp/ghg/kanshi/ghgp/ch4_trend.html （閲覧日：2023 年 1 月 3 日）

Khetan, S. K. (2014) *Endocrine Disruptors in the Environment. 1st Edition.* Wiley.

胡 夫祥・志賀未知瑠・横田耕介・塩出大輔・東海正・酒井久治・有元貴文 (2005) まぐろ延縄の釣針沈降特性に及ぼす枝縄構成の影響. 日本水産学会誌 **71(1)**: 33–38.

小西真衣 (2010) セイタカアワダチソウ（Solidago altissima L.）. 草と緑 **2**：29–35.

Kumagai, N. H., Molinosa, J. G., Yamanoa, H., Takaod, S., Fujiid, M. & Yamanaka, Y. (2018) Ocean currents and herbivory drive macroalgae-to-coral community shift under climate warming. *The Proceedings of the National Academy of Sciences of the United States of America* **115(36)**: 8990–8995.

熊倉功夫・吉田憲司 編 (2005) 柳宗悦と民藝運動. 思文閣出版, 東京.

Lambert, A. & Roux, C. eds. (2013) *Eutrophication: Causes, Economic Implications and Future Challenges (Environmental Science, Engineering and Technology)* UK ed. Edition. Nova Science Pub Inc.

Lane, C. N. (2003) *Acid Rain: Overview and Abstracts.* Nova Publishers.

Margulis, S. (2003) *Causes of Deforestation of the Brazilian Amazon.* World Bank Publication.

Maris, E. (2011) *Rambunctious Garden. Saving Nature in a Post-Wild Woeld. Bloomsbury USA.* 岸 由二・小宮 繁 共訳 (2018) 自然という幻想. 草思社, 東京.

前川文夫 (1943) 史前帰化植物について. *The Japanese Society for Plant Systematics* **13**: 274–279.

McDonald, A. B., Klein, R. J. & Wark, D. J. (2003) Solving the Solar Neutrino Problem. *Scientific American* **288**: 40–49.

町田 洋・新井房夫 (2003) 新編 火山灰アトラス － 日本列島とその周辺. 東京大学出版会, 東京.

松井正文 (2017) チュウゴクオオサンショウウオが在来のオオサンショウウオに与える影響. 地域自然史と保全 **39(1)**: 13–19.

Matsui, T., Yagihashi, T., Nakaya, T., Taoda, H., Yoshinaga, S., Daimaru, H. & Tanaka, N. (2004) Probability distributions, vulnerability and sensitivity in Fagus crenata forests following predicted climate changes in Japan. *Journal of Vegetation Science* **15**: 605–614.

松田 維・橋本琢磨 (2017) 奄美大島の外来種マングース対策－世界最大規模の根絶へ向けて－. *In*: 鹿児島大学生物多様性研究会 編. 奄美大島の外来生物. 生態系・健康・農林水産業への脅威. 南方新社, 鹿児島.

松岡達郎 (1999) 混獲投棄とその防止に関する研究. 日本水産学会誌 **65(4)**: 630–633.

Miller, F. P., Agnes F. A. F. & McBrewster, J. (2009) *Milankovitch Cycles.* Alphascript Publishing.

Montaggioni, L. F. (2023) *Corals and Reefs: From the Beginning to an Uncertain Future (Coral Reefs of the World, 16).* Springer.

村上 修 (1999) 混獲・投棄魚問題について（小型魚を保護するために…）. マリンネット北海道 試験研究は今 No.399: https://www.hro.or.jp/list/fisheries/marine/o7u1kr0000005tv3.html （閲覧日：2023 年 1 月 3 日）

村上興正・鷲谷いづみ eds (2002) 外来種ハンドブック. 地人書館, 東京.

長池卓男 (2012) 混交植栽人工林の現状と課題－物質生産機能に関する研究を中心に. 日本森林学会誌 **94**: 196–202.

中川恭二郎・榎本 敬 (1975) セイタカアワダチソウの日本における分布. 農学研究 **55**: 67–78.

中見真理 (2013) 柳宗悦－「複合の美」の思想. 岩波新書. 岩波書店, 東京.

Nakamura, F. ed. (2018) *Biodiversity Conservation Using Umbrella Species: Blakiston's Fish Owl and the Red-crowned Crane (Ecological Research Monographs).* Springer.

中村直紀・根本正之 (1996) セイタカアワダチソウ の cis-dehydromatricaria ester 含有量および放出量. 雑草研究 **41(4)**: 359–361.

Nakamura, N., Suzuki, T., Shinbo, Y., Chandler, S. & Tanaka, Y. (2020) Development of Violet Transgenic Carnations and Analysis of Inserted Transgenes. In: Ozaki, T. & Yagi, M. eds. *The Carnation Genome.* pp.135–146. Springer.

中野裕司 (2018) 法面緑化の現状と課題～生物多様性保全等法面緑化の目的に対応した地域区分設定, 市場単価構成の見直しについて～. けんせつ Plaza: http://www.kensetsu-plaza.com/kiji/post/22463 （閲覧日：2023 年 1 月 3 日）

NASA (2022) Ozone Hole Continues Shrinking in 2022, NASA and NOAA Scientists Say: https://www.nasa.gov/esnt/2022/ozone-hole-continues-shrinking-in-2022-nasa-and-noaa-scientists-say （閲覧日：2023 年 1 月 3 日）

Natural History Museum (2022) *The Urban Nature Project*: https://www.nhm.ac.uk/about-us/urban-nature-project.html （閲覧日：2023 年 1 月 3 日）

中辻啓二・長坂誠司・村岡浩爾 (1991) 東京湾の青潮の発生機構に関する基礎実験. 水工学論文集 **35**: 603–608.

農林水産省 (2022a) 遺伝子組換え農作物をめぐる国内外の状況: https://www.maff.go.jp/j/syouan/nouan/carta/zyoukyou/ （閲覧日：2023 年 1 月 3 日）

農林水産省 (2022b) 海面漁業生産統計調査: https://www.maff.go.jp/j/tokei/kouhyou/kaimen_gyosei/index.html （閲覧日：2023 年 1 月 3 日）

小幡和男・田中信行 (2018) 筑波山におけるブナ・イヌブナの毎木調査に関する報告書. 茨城県.

岡市友利 編 (1997) 赤潮の科学. 第二版. 恒星社厚生閣, 東京.

尾上哲治 (2019) 溶融宇宙塵から復元する大気酸素同位体比と生物生産の変動. 日本学術振興会科学研究費 基盤研究費 (B)：https://kaken.nii.ac.jp/ja/grant/KAKENHI-PROJECT-17H02975/ （閲覧日：2023 年 1 月 3 日）

李 盛源・鈴木裕一・佐藤芳徳・安原正也・谷口智雅 (2019) 新版 水環境調査の基礎. 古今書院, 東京.

Ridley, M. (1983) *The explanation of organic diversity. The comparative method and adaptations for mating.* Clarendon Press, Oxford.

Robins, J. E. (2021) *Oil Palm: A Global History (Flows, Migrations, and Exchanges).* Univ of North Carolina Pr.

Simkin, T., Fiske, R. S., Melcher, S. & Nielsen, E. eds. (1984) *Krakatau 1883, The Volcanic Eruption and Its Effects First Edition.* Smithsonian, USA.

植松光夫 (2012)「地球圏-生物圏国際協同研究計画 (IGBP) の動向」『学術の動向』(日本学術協力財団) **17(11)**: 62–67.

Okubo. N., Takahashi, S. & Nakao, Y. (2018) Microplastics disturb the air\thozoan-algae symbiotic relationship. *Marine Pollution Bulletin* **135**: 83–89.

大木公彦 (2000) 鹿児島湾の謎を追って. 春苑堂出版, 鹿児島.

Pearce, F. (2015) *The New Wild.* The Marsh Agency Ltd., London. 藤井留美 訳 (2016) 外来種は本当に悪者か？ 草思社, 東京.

Primack, R. B. (1993) *Essentials of conservation bilogy.* Sinauer Associates, Inc., Sunderland, Massachusetts.

River, C. ed. (2018) *The Sahara: The History and Legacy of the World's Greatest Desert.* CreateSpace Independent Publishing Platform.

Rudel, T. R., Perez-Lugo, M. & Zichal, H. (2000) When Fields Revert to Forest: Development and Spontaneous Reforestation in Post-War Puerto Rico. *Proffessional Geographer* **52(3)**: 386–397.

Runyan, C. & D'Odorico, P. (2016) *Global Deforestation. 1st Edition.* Cambridge University Press.

Saito, K. (2023) *Marx in the Anthropocene. Towards the Idea of Degrowth Communism.* Cambridge University Press.

Sanders, R. (2015) Was first test the start of new human-dominated epoch, the Anthtopocene? *Berkeley News* **January 16, 2015**.

サントリーグローバルイノベーションセンター (2010) 世界初！　Challenge to the Impossible.「青いバラ」への挑戦：https://www.suntory.co.jp/sic/research/s_bluerose/story/（閲覧日：2023 年 1 月 3 日）

Seymour, E. (2021) *Secret Sussex: An unusual guide (Secret Guides).* Jonglez.

鹿又秀聡・野宮治人・宮縁育夫 (2009) 大面積皆伐の対策はどうあるべきか？　森林総合研究所 平成 21 年版 研究成果選集: 36–37.

Schilthuizen, M. (2018) Darwin Comes to Town: How the Urban Jungle Drives Evolution. Picador. 岸 由二・小宮 繁 訳 (2020) 都市で進化する生物たち. "ダーウィン" が街にやってくる. 草思社, 東京.

Shine, R. (2010) The Ecological Impact of Invasive Cane Toads (Bufo Marinus) in Australia. *Quarterly Review of Biology* **85(3)**: 253–291.

Shine, R. & Doody, J. S. (2011) Investive species control: Understanding conflicts between researchers and the general community. *Fronties in Ecology and the Environment* **9(7)**: 400–406.

Sohal, R. J., Gilotra, T. S. & Lui, F. (2022) *Angiostrongylus Cantonensis.* StatPearls Publishing LLC.

Soon, W. W. & Yaskell, S. H. (2004) *The Maunder Minimum and the Variable Sun-Earth Connection.* World Scientific Publishing Company.

South Downs National Park (2022) Castle Hill Nature Reserve.: https://www.alltrails.com/trail/england/west-sussex/castle-hill-nature-reserve（閲覧日：2023 年 1 月 3 日）

Stuart, N. (2013) *Extinction Event. 7th edition.* Caravan Publishing.

杉田久志・高橋利彦・猪内次郎・田口春孝・松木佐和子 (2015) カラマツ人工林における地掻き処理を伴った帯状皆伐による多樹種混交林の天然更新. 日本森林学会誌 **97**: 296–303.

鈴木武彦・加藤和弘 (1997) 皆伐後のコナラ林の植生回復過程に関する研究.ランドスケープ研究: 535–539.

Tagawa, H. (1964) A study of the volcanic vegetation in Sakurajima, south-west Japan. I. Dynamics of vegetation. *Memoirs of the faculty of science, Kyushu University, Series E, (Biology).* **3**: 166–229.

Takacs, D. (1996) The Idea of Biodiversity: Philosophies of Paradise. Johns Hopkins University Pr. 狩野秀之・新妻昭夫・牧野俊一・山下恵子 訳 (2006) 生物多様性という名の革命. 日経 BP 社, 東京.

Tamura, N. & Yasuda, M. (2023) Distribution and management of non-native squirrels in Japan. *Frontiers in Ecology and Evolution* **10**: 1–12.

田村怜子・塩出大輔・金子由佳里・胡 夫祥・東海 正・小林真人・阿部 寧 (2014) 中層・低層定置網の箱網用海亀脱出装置に対する海亀の行動. 日本水産学会誌 **80(6)**: 900–907.

Tanimoto, T. (1981) Vegetation the Alang-alang Grassland and Succession in the Benakat District of South Sumatra, Indonesia. *Bulletin of the Forestry and Forest Products Research Institute* **314**: 11–19.

寺田匡宏・ダニエル=ナイルズ 編著 (2021) 人新世を問う．環境，人文，アジアの視点．京都大学学術出版会.

Thomas, D. S. G. & Middleton, N. J. (1994) *Desertification: Exploding the Myth.* Belhaven Press.

東京書籍 (2017) Biology. 改訂 生物．2018 年度-202 年度 ご審査用教科書見本．東京書籍, 東京.

冨山清升 (2016) 南西諸島の陸産貝類．*In:* 鹿児島大学生物多様性研究会編．奄美群島の生物多様性－研究最前線からの報告．pp.143–228. 鹿児島大学生物多様性研究会, 鹿児島.

Tredici, P. D. (2020) *Wild Urban Plants of the Northeast: A Field Guide. Second edition.* Comstock Publishing Associate.

常田邦彦 (2006) 小笠原のノヤギ排除の成功例と今後の課題．哺乳類科学 **46(1)**: 93–94.

梅原 徹・永野正弘・麻生順子 (1982) 森林表土のまきだしによる先駆植生の回復法．緑化工技術 **9(3)**: 1–8.

Uemura, R., Motoyama, H., Masson-Delmotte, V., Jouzel, J., Kawamura, K., Goto-Azuma, K., Fujita, S., Kuramoto, T., Hirabayashi, M., Miyake, T., Ohno, H., Fujita, K., Abe-Ouchi, A., Iizuka, Y., Horikawa, S., Igarashi, M., Suzuki, K., Suzuki, T. & Fujii, Y. (2018) Asynchrony between Antarctic temperature and CO2 associated with obliquity over the past 720,000 years. *Nature Communications 9: Article number*:961 (2018).

van Oppen, M. J. H. & Lough, J. M. eds. (2018) *Coral Bleaching: Patterns, Processes, Causes and Consequences (Ecological Studies Book 233) (English Edition) 2nd edition.* Springer.

Verschuren, D., Johnson, T. H., Kling, H. J., Edgington, D. N., Leavitt, P. R., Brown, E. T. Talbot, M. R. & Hecky, R. E. (2002) History and Timing of Human Impact on Lake Victoria, East Africa. *Proceedings of the Royal Society B* **269**: 289–294.

Vollaard, P., Vink, J. & de Zwarte, N. (2017) *Making Urban Nature.* nai010 publishers.

Ward, P. D., Haggart, J. W., Carter, E. S., Wilbur, D., Tipper, H. W. & Evans, T. (2001) Sudden productivity collapse associated with the Triassic-Jurassic boundary mass extinction. *Science* **292**: 1148–1151.

鷲谷いづみ (2023) 人類による環境への影響．*In:* 精選論理国語．pp.125–132. 明治書院, 東京.

渡邊朝子 (2015) セイタカアワダチソウ訪花によって確認された新潟県新発田市におけるニホンミツバチの連続生息分布．*Naturalistae* **19**: 21–27.

Whittaker, R. H. (1975) *Communities and Ecosystems.2nd edition.* Macmillan.

Wilson, E. O. (1992) *The Diversity of Life.* Allen Lane, London.

Witte, F., Msuku, B. S., Wanink, J. H., Seehausen, O., Katunzi, E. F. B., Goudswaard, P. C. & Goldschmidt, T. (2000) Recovery of cichlid species in Lake Victoria: an examination of factors leading to differential extinction. *Reviews in Fish Biology and Fisheries* **10(2)**: 233–241.

Winchester, S. & Perennial, H. (2003) Krakatoa: The Day the World Exploded: August 27, 1883. Harper Collins. 柴田裕之 訳 (2004) クラカトアの大噴火 — 世界の歴史を動かした火山．早川書房, 東京.

WWF (2022a) Adopt a Rhino (World Wide Fund for Nature:WWF): https://www.worldwildlife.org/species/rhino （閲覧日：2023 年 1 月 3 日）

WWF (2022b) Elephant species (World Wide Fund for Nature: WWF): https://www.worldwildlife.org/species/elephant （閲覧日：2023 年 1 月 3 日）

山田文夫 (2006) マングース根絶への課題．哺乳類科学 **46(1)**: 99–102.

山口隆子 (2009) ヒートアイランドと都市緑化．気象ブックス 029. 成山堂書店, 東京.

山本光夫 (2008) 「海の森」再生に向けて～鉄鋼スラグと腐植物質による磯焼け回復技術～．Ocean Newsletter 201: https://www.spf.org/opri/newsletter/201_2.html （閲覧日：2023 年 1 月 3 日）

山野博哉 (2017) 世界と日本におけるサンゴ礁の状況，今後の予測，そして保全に向けた取組．日本サンゴ礁学会誌 **19**: 41–49.

柳 哲雄 (2001) 海の科学．海洋学入門．第 2 版．恒星社厚生閣, 東京.

Yanlong, C., Sylvain. R., Leopold, K. & Zhifei, Z. (2019) Quantitative stratigraphic correlation of Tethyan conodonts across the Smithian-Spathian (Early Triassic) extinction event. *Earth-Science Reviews* **195**: 37–51.

安田雅俊 (2017) 九州に定着した特定外来生物クリハラリスの由来と防除． 森林野生動物研究会誌 **42**: 49–54.

養父志乃夫 (2010) ビオトープづくり実践帳—設計から施工，メンテナンスまでがひと目でわかる．誠文堂新光社, 東京.

横田耕介・清田雅史 (2008) 海鳥類の混獲回避技術—近年の取り組み．日本水産学会誌 **74(2)**: 226–229.

Zalasiewicz, J. (2008) Are we now living in the Anthropocene? *GSA Today* **18(2)**: 4–8.

Zuckerman, J. C. (2021) *Planet Palm: How Palm Oil Ended Up in Everything—and Endangered the World.* The New Press.

【終章　日本の進化学や生態学周辺の話題】

Alexander, R. D. (1979) *Darwinism and Human Affairs.* University of Washington Press. 山根正気・牧野俊一訳 (1988) ダーウィニズムと人間の諸問題. 思索社, 東京.

Breuer, G (1982) Sociobiology and the Human Dimension. Cambridge University Press, Cambridge. 垂水雄二訳. 社会生物学論争. 思索社, 東京.

Breuer, G (1981) *Der sogenannte Mensch : was wir mit Tieren gemeinsam haben und was nicht—Sociobiology and the human dimension.* 垂水雄二訳 (1988) 社会生物学論争：生物学は人間をどこまで説明できるか. どうぶつ社, 東京.

Caplan, A. L. (1978) *The Sociobiology Debate.* Harper & Row, New York.

藤岡 毅 (2010) ルイセンコ主義はなぜ出現したか 生物学弁証法化の成果と挫折. 283pp. 学術出版会, 東京.

Futuyama, D. J. (1986) Evolutionary Biology (2nd ed.). Sinauer Associates Inc., Massachusetts. 進化生物学（原書第 2 版）. 1991 岸 由二也訳. 612pp. 蒼樹書房, 東京.

長谷川眞理子 (2002) 生き物をめぐる 4 つの「なぜ」. 集英社新書. 集英社, 東京.

長谷川真理子 (2005) 進化という歴史科学の生成と変遷. *In*: シリーズ進化⑦ 進化学の方法と歴史（石川 統・斎藤成也・佐藤矩行・長谷川真理子 編集）. pp.6–63. 岩波書店, 東京.

ホールステッド, L. B. (1988) 「今西進化論」批判の旅. 中山照子訳. 築地書館, 東京.

福本日陽 (1953) 進化と生産. In: 現在の進化論（徳田御稔 編）. pp.203–230.

今西錦司 (1970) 私の進化論. 思索社, 東京.

今西錦司 (1976) 進化とは何か. 講談社, 東京.

今西錦司 (1977) ダーウィン論：土着からのレジスタンス. 中公新書, 東京.

今西錦司 (1980) 主体性の進化論. 中公新書, 東京.

伊藤嘉昭 (1957) 戦後の科学技術・ミチューリン生物学. *In*: 自然科学概論 第 1 巻（武谷三男編）. pp.305–318. 勁草書房, 東京.

伊藤嘉昭 (1959) 比較生態学. 岩波書店, 東京.

伊藤嘉昭 (1978) 比較生態学 第 2 版. 岩波書店, 東京.

加藤弘之 (1882) 人権新説. 谷山楼, 東京.（国立国会図書館アーカイブ）

加藤弘之 (1893) 強者の権利の競争. 哲学書院, 東京.（国立国会図書館アーカイブ）

加藤弘之 (1904) 進化学より観察したる日露の運命. 博文館, 東京.（国立国会図書館アーカイブ）

加藤弘之 (1906) 自然界の矛盾と進化. 金港堂書籍, 東京.（国立国会図書館アーカイブ）

粕谷英一 (2017) 指導教官と論争する. *In*: 生態学者・伊藤嘉昭伝 もっとも基礎的なことがもっとも役に立つ（辻 宣行 編集）, pp146–155. 海游社, 東京.

岸 由二 (1991) 現代日本の生態学における進化理解の展開史. *In*: 柴谷篤弘・長野 敬・養老孟司-編. 講座進化② 進化思想と社会. 東京大学出版会, 東京. pp153–198.

岸 由二 (1993) 太田氏の主張と生物科学編集部〔含 コメント〕. 生物科学 **45(3)**:161–168.

岸 由二 (2017) 伊藤さん応答せよ. *In*: 生態学者・伊藤嘉昭伝 もっとも基礎的なことがもっとも役に立つ（辻 宣行 編集）. 海游社, 東京. pp342–358.

岸 由二 (2019) 利己的遺伝子の小革命 1970–90 年代 日本生態学事情. 278pp. 八坂書房, 東京.

松浦 一 (1953) 西欧の遺伝学者たち. 自然 **9(11)**; 45.

Medvedev, (1969) *Rise & Fall of Trofim D. Lysenko.* Columbia University Press, New York. 金光不二夫訳 (1971) ルイセンコ学説の興亡. 河出書房新社, 東京.

Morse, E. S. (1887) 動物進化論 (第 2 版). 石川千代松訳. 明治書房, 東京.

Morse, E. S. (1917) Japan Day by Day. 日本その日その日. 石川欣一訳. 東洋文庫（全 3 巻, 1970 年）. 平凡社, 東京.

中村禎里 (1997) 日本のルイセンコ論争. みすず書房, 東京.

大崎直太. (2017) 純な魂に. *In*: 生態学者・伊藤嘉昭伝 もっとも基礎的なことがもっとも役に立つ（辻 宣行 編集）, pp99–103. 海游社, 東京.

太田邦昌 1993a. 生物“学者”の基礎学力問題：「以上」と「more than」(I) .生物科学, **45**:105–111.

太田邦昌 1993b. 生物“学者”の基礎学力問題：「以上」と「more than」(II) .生物科学, **45**:151–160.

Patterson, C. (1978) Evolution. Trustees of the British Museum (Natural History).

Pianka, E. K. (1978) *Evolutionary Ecology (Second Edition)*. Harper & Row, Publishers, New York. 進化生態学（伊藤嘉昭 監修）. 1980. 蒼樹書房，東京.

Segerstrale, U. (2000) *Defenders of the Truth: The Sociobiology Debate*. 垂水雄二訳 (2005) 社会生物学論争史 1, 2 誰もが真理を擁護していた. みすず書房，東京.

柴谷篤弘 (1981) 今西進化論批判試論. エピステーメー叢書，東京.

徳田御稔 (1952) 二つの遺伝学. 理論社，東京.

冨山清升 (2017) 伊藤嘉昭さんにまつわる思い出. *In*: 生態学者・伊藤嘉昭伝 もっとも基礎的なことがもっとも役に立つ（辻 宣行 編集）. 海游社，東京. pp18–36.

辻 宣行 (2017) 生態学者・伊藤嘉昭伝 もっとも基礎的なことがもっとも役に立つ. 421pp. 海游社，東京.

Weil, S. (1947) La Pesanteur et la Grâce. 冨原眞弓訳 (2017) 『重力と恩寵』新校訂版からの新訳. 岩波文庫. 岩波書店, 東京.

コラム　絶滅してしまった野生動物のその後

野生状態で絶滅してしまった動物種は多いが，このコラムでは，その後の方策をいくつか紹介したい．日本の野生絶滅種の代表格であるトキ（*Nipponia nippon*）は，中国の系統を導入した増殖事業が成功し，野生状態に戻す段階まで成功した事例である．また，世界各地では，野生絶滅種の系統保存や増殖事業が行われている事例も多い．しかし，絶滅してしまった動物種の正確な分類学的位置すらはっきりしない事例も多く，日本では，1910 年頃に絶滅したとされるニホンオオカミの正体が今ひとつ解っていなかった．

(1)　ロンドン動物園における野生絶滅した陸産貝類や無脊椎動物の系統保存事業：ポリネシア諸島では，外来種のアフリカマイマイ（*Achatina furica*）が大増殖し，その駆除のためにフロリダ原産の肉食性のヤマヒタチオビ（*Euglandina rosea*）導入された．しかし，アフリカマイマイは駆除されなかった代わりに，固有種のポリネシアマイマイ種群（*Partula* 属）の各種が絶滅に追い込まれた．幸いにして，*Partula* 属の多くの種が研究のために系統保存されていたため，ロンドン動物園では，本来の生息地の環境が回復するまでの期間，*Partula* 属の系統保存事業が行われることになった．写真の左は，ロンドン動物園の無脊椎動物保護施設の飼育棟入口．中は，実際に飼育ケースで *Partula* 属の各種を飼育している状態．右は，ロンドン動物園無脊椎動物部門の研究スタッフ．1995 年 9 月 13 日に冨山清升が撮影．この事業は現在も継続している．

(2)　ニホンオオカミの正体と起源：絶滅種であるニホンオオカミ（*Canis lupus hodophilax*）は，従来の仮説では，(1) 更新世に日本に生息していた巨大オオカミを直接の祖先とし，大陸から渡来して島嶼的矮小化の進化をとげた種がニホンオオカミである．(2) ニホンオオカミは，巨大オオカミが日本に来た時点では，既に生息していた別種である．という 2 種類の学説があった．しかし，2022 年 5 月，山梨大学総合分析実験センター等の研究グループは，放射性炭素同位体（^{14}C）年代測定によるサンプルの詳細な年代決定，および，微量の DNA を効率よく増幅する技術を確立によって，残されている化石や標本の詳細な分析を行った．その結果，従来の学説は 2 種類とも覆された．すなわち，(1) 更新世の約 5 万 7000～3 万 5000 年前，ユーラシア大陸から巨大オオカミの系統が日本列島に渡来した．(2) 約 3 万 7000～1 万 4000 年前，シベリアの更新世のオオカミや現生オオカミの祖先とつながりのある別の系統が列島にやってきた．(3) その後，両者が交雑し，ニホンオオカミが生まれた．この研究の結果，従来の 2 つの仮説とは異なり，ニホンオオカミは，複雑な進化過程を経て成立したことが判明した．

科学技術振興機構 (2022) ニホンオオカミ，大陸から来た 2 系統が交雑し誕生 山梨大など解明. `https://scienceportal.jst.go.jp/newsflash/20220525_n01/`（閲覧日：2023 年 1 月 3 日）

索　引

あ行

か行

さ行

た行

な行

は行

ま行

や行

ら行

わ行

種名索引

か行

さ行

た行

な行

は行

ま行

や行

ら行

わ行

著者紹介

冨山　清升（とみやま　きよのり）

1960年神奈川県横浜市生まれ．1983年鹿児島大学理学部生物学科卒業．佐賀県立佐賀北高等学校教諭（理科：生物学）等を経て，1991年東京都立大学大学院理工学研究科博士課程生物学専攻修了．理学博士．国立環境研究所研究員，茨城大学理学部地球生命環境科学科助手，鹿児島大学理学部地球環境科学科准教授，等を経て，現在，鹿児島大学総合教育機構共通教育センター教授．専門分野は，動物行動学，動物生態学，動物進化学，生物地理学，保全生物学．

動物の進化生態学入門

――教養教育のためのフィールド生物学――

2023年9月10日　第1版　第1刷　印刷
2023年9月30日　第1版　第1刷　発行

著　者　冨 山 清 升
発行者　発 田 和 子
発行所　株式会社　学術図書出版社

〒113-0033　東京都文京区本郷5丁目4の6
TEL 03-3811-0889　振替 00110-4-28454
印刷　三美印刷（株）

定価はカバーに表示してあります．

ISBN978-4-7806-1169-4　C3045

「動物の進化生態学入門—教養教育のためのフィールド生物学—」のアンケート用紙①

所属学校：　　学部名：　　学科・コース名：

授業名：　　年月日：　　開講期：　　曜日：　　時限：

学籍番号：　　氏名：　　年齢：　　学年：

(1) この本・開講授業（←どちらかに◯を付ける）の内容に関して五段階評価で◯印をつけてください．

学習のヒントは得られなかった ← 1・2・3・4・5 → 本のレベルは適切だった
全く興味が持てなかった ← 1・2・3・4・5 → 興味が持てた
内容が理解できなかった ← 1・2・3・4・5 → 十分理解できた
新しい知識は得られなかった ← 1・2・3・4・5 → 多少は得られた
学習のヒントは得られなかった ← 1・2・3・4・5 → 多少は得られた
構成や資料が良くなかった ← 1・2・3・4・5 → 適切だった
図表が理解しにくかった ← 1・2・3・4・5 → 理解しやすかった
本のレベル：　難しい・易しい ← 1・2・3・4・5 → 本のレベルは適切だった
（上記の難しい or 易しい　のどちらかに◯をつける）

(2) この本（もしくは，開講授業）の内容に関する感想・意見・要望・コメントをたくさん書いてください．特に本文の解説で，「ここは図や写真が欲しかった」という部分があれば，具体的に指摘してください．

(3) あなたは高等学校で理科は何を学習しましたか？　（例：「生物基礎」，「生物学」，「化学」，「物理」，「地学」，「科学と人間生活」等）また，「生物学」を高校で学んでこなかった人は，専門課程の授業で「理解できない」もしくは「ついて行けない」と感じたことのある人は科目や感想を詳しく書いてください．

(4) 所属している大学・学部・学科に関して感想を忌憚なく書いてくだい．

「動物の進化生態学入門 —教養教育のためのフィールド生物学—」のアンケート用紙②

所属学校：　　　　　学部名：　　　　　学科・コース名：

授業名：　　　　　年月日：　　　開講期：　　曜日：　　時限：

学籍番号：　　　　　氏名：　　　　　年齢：　　学年：

(1)　この本・開講授業（←どちらかに◯を付ける）の内容に関して五段階評価で◯印をつけてください.

学習のヒントは得られなかった	← 1・2・3・4・5 →	本のレベルは適切だった
全く興味が持てなかった	← 1・2・3・4・5 →	興味が持てた
内容が理解できなかった	← 1・2・3・4・5 →	十分理解できた
新しい知識は得られなかった	← 1・2・3・4・5 →	多少は得られた
学習のヒントは得られなかった	← 1・2・3・4・5 →	多少は得られた
構成や資料が良くなかった	← 1・2・3・4・5 →	適切だった
図表が理解しにくかった	← 1・2・3・4・5 →	理解しやすかった
本のレベル：　難しい・易しい	← 1・2・3・4・5 →	本のレベルは適切だった

（上記の難しい or 易しい　のどちらかに◯をつける）

(2)　この本（もしくは，開講授業）の内容に関する感想・意見・要望・コメントをたくさん書いてください．特に本文の解説で，「ここは図や写真が欲しかった」という部分があれば，具体的に指摘してください.

(3)　あなたは高等学校で理科は何を学習しましたか？　（例：「生物基礎」，「生物学」，「化学」，「物理」，「地学」，「科学と人間生活」等）また，「生物学」を高校で学んでこなかった人は，専門課程の授業で「理解できない」もしくは「ついて行けない」と感じたことのある人は科目や感想を詳しく書いてください.

(4)　所属している大学・学部・学科に関して感想を忌憚なく書いてくだい.

「動物の進化生態学入門 —教養教育のためのフィールド生物学—」のアンケート用紙③

所属学校：　学部名：　学科・コース名：

授業名：　年月日：　開講期：　曜日：　時限：

学籍番号：　氏名：　年齢：　学年：

(1) この本・開講授業（←どちらかに○を付ける）の内容に関して五段階評価で○印をつけてください．

学習のヒントは得られなかった	← 1・2・3・4・5 →	本のレベルは適切だった
全く興味が持てなかった	← 1・2・3・4・5 →	興味が持てた
内容が理解できなかった	← 1・2・3・4・5 →	十分理解できた
新しい知識は得られなかった	← 1・2・3・4・5 →	多少は得られた
学習のヒントは得られなかった	← 1・2・3・4・5 →	多少は得られた
構成や資料が良くなかった	← 1・2・3・4・5 →	適切だった
図表が理解しにくかった	← 1・2・3・4・5 →	理解しやすかった
本のレベル：　難しい・易しい	← 1・2・3・4・5 →	本のレベルは適切だった

（上記の難しい or 易しい　のどちらかに○をつける）

(2) この本（もしくは，開講授業）の内容に関する感想・意見・要望・コメントをたくさん書いてください．特に本文の解説で，「ここは図や写真が欲しかった」という部分があれば，具体的に指摘してください．

(3) あなたは高等学校で理科は何を学習しましたか？　（例：「生物基礎」，「生物学」，「化学」，「物理」，「地学」，「科学と人間生活」等）また，「生物学」を高校で学んでこなかった人は，専門課程の授業で「理解できない」もしくは「ついて行けない」と感じたことのある人は科目や感想を詳しく書いてください．

(4) 所属している大学・学部・学科に関して感想を忌憚なく書いてくだい．

「動物の進化生態学入門—教養教育のためのフィールド生物学—」のアンケート用紙④

所属学校：　　　　　　　　　　学部名：　　　　　　学科・コース名：

授業名：　　　　　　　　　　　年月日：　　　　開講期：　　曜日：　　時限：

学籍番号：　　　　　　　　　　氏名：　　　　　　　　　　　年齢：　　学年：

(1)　この本・開講授業（←どちらかに○を付ける）の内容に関して五段階評価で○印をつけてください.

学習のヒントは得られなかった	← 1・2・3・4・5 →	本のレベルは適切だった
全く興味が持てなかった	← 1・2・3・4・5 →	興味が持てた
内容が理解できなかった	← 1・2・3・4・5 →	十分理解できた
新しい知識は得られなかった	← 1・2・3・4・5 →	多少は得られた
学習のヒントは得られなかった	← 1・2・3・4・5 →	多少は得られた
構成や資料が良くなかった	← 1・2・3・4・5 →	適切だった
図表が理解しにくかった	← 1・2・3・4・5 →	理解しやすかった
本のレベル：　難しい・易しい	← 1・2・3・4・5 →	本のレベルは適切だった

（上記の難しい or 易しい　のどちらかに○をつける）

(2)　この本（もしくは，開講授業）の内容に関する感想・意見・要望・コメントをたくさん書いてください．特に本文の解説で，「ここは図や写真が欲しかった」という部分があれば，具体的に指摘してください.

(3)　あなたは高等学校で理科は何を学習しましたか？　（例：「生物基礎」，「生物学」，「化学」，「物理」，「地学」，「科学と人間生活」等）また，「生物学」を高校で学んでこなかった人は，専門課程の授業で「理解できない」もしくは「ついて行けない」と感じたことのある人は科目や感想を詳しく書いてください.

(4)　所属している大学・学部・学科に関して感想を忌憚なく書いてくだい.